松山大学研究叢書　第81巻

川東　竫弘著

帝国農会幹事　岡田温（上巻）

一九二〇・三〇年代の農政活動

御茶の水書房

岡田　温

帝国農会幹事　岡田温（上巻）目　次

目　次

帝国農会幹事　岡田 温（上巻）

――一九二〇・三〇年代の農政活動――

序論

岡田温（おかだ　ゆたか。明治三～昭和二四年、一八七〇～一九四九年）は明治・大正・昭和の三代にわたって、愛媛県および中央の帝国農会で永年にわたり活躍した、第一級の農村のリーダー、優れた農政活動家である。また、『農業経営と農政』（昭和四年）、『農業はどう経営すべきか』（同五年）、『農村更生の原理と計画』（同八年）、『実践農業経営』（同一〇年）、岡田温撰集三巻（『農業経営』『農業政策』『農村時論』、同一一年）、『農業経営の再検討』（同一七年）、『愛媛県温泉郡石井村農村計画』（同一九年）など、多くの著作を残した実践的農業経営・農政理論家である。さらに、郷土で農民の立場に立って働き、農民の父として、慈父として慕われ、郷土の純粋な青年達から推され、一時衆議院議員も務めた政治家でもある。帝国農会退職後は郷里に帰り、石井村長を務め、また、愛媛県食糧営団理事長も務め、さらに戦後には温泉郡・松山市の農民組合連合会長に就任し、また、愛媛県農民組合連合会結成（中立）の準備委員長として活動するなど、多方面で死ぬまで働いた人物である。

これまで、岡田温（以下、温と略）について、部分的な略歴や紹介はあるが、本格的な伝記、研究はない。本書は、地域に生まれ、学び、地域住民（農民）ならびに日本の農業、農民、農村のためにその生涯を捧げた、「小農論者」・温の事跡を辿ることにより、今では殆んど忘れられた存在である温を世に明らかにし、正当に評価せんとするものである。

まず、私が温について研究を始めた経緯について触れておきたい。私の研究テーマは大学院時代以来、戦前日本の米価政策史研究で、一九八〇年四月に松山商科大学（現、松山大学）に職を得てからもその研究を続けていた。その研究のなかで、帝国農会の幹事で農政理論家である温の存在を知り、また、温が愛媛県出身であることも知り、一度はご子息のかたにお会いしたいと思ってはいたが、その機会を逸していた。その後、一九八九年から松山市史の編纂に加わり、農業分野を担当することになり、愛媛農業史の調査・研究を始めた。その時に岡田家を訪問し、温のご子息の長男慎吾氏（愛媛県農業試験場長等歴任）に会い、いろいろ御教示をいただいた。その後、一九九二年、慎吾氏から自分は高齢でもう研究はできないので、若い人に父・温の資料を使って研究に役立ててほしいと申し出があり、一九九二年九月と九三年三月の二度にわたり、松山大学に温関係の資料類の一部寄贈を受けた。その時の寄贈資料は三五〇〇点余りあり、貴重な資料が多数含まれていた。一九九五年八月慎吾氏が亡くなられ、その七年後の二〇〇二年七月、奥様の環さんから義父・温の残りの資料全部ならびに夫・慎吾の資料、さらに温の次女の禎子（作家、愛媛の教育委員等歴任）の資料も松山大学に寄贈するので、研究に役立ててほしいと申し出があり、九月に資料類の寄贈を受けた。この時、本だけで三二二六冊、資料類はダンボール箱で一〇八箱程もあった。実に膨大な資料であった。

温関係では、帝国農会関係、愛媛県農会関係、各府県農会関係、農林省関係、愛媛県関係、帝国議会関係、帝国大学農科大学関係、住友四阪島製錬所の煙害関係、米騒動関係、敗戦後の農民組合関係、種々の農業雑誌、機関紙、新聞、パンフ、教科書、岡田家の家計簿、土地所有、温の原稿、論文、温への手紙・ハガキ類、そして、何より貴重な温の日記、手帳があった。慎吾関係では、愛媛県関係、県史関係、農協関係、農業試験場関係、新聞切り抜き、東京帝国大学農学部実科時代の講義ノート等が多数あった。さらに、禎子関係では、小説原稿、学テ、勤評関係の原稿などがあった。これらは、いずれも貴重な第一級の生資料であり、また、価値ある歴史的記録であった。松山大学では、これらを分類・整理し、「岡田文庫　農政関係資料目録」（二〇〇五年）としてまとめた。

岡田文庫の資料類はどれも貴重だが、中でも温の書き残した日記が最も価値ある資料であった。日記は、明治二五（一八九二）年五月七日から、亡くなる直前の昭和二四（一九四九）年七月二二日まで、ほぼ毎日のように書かれていた。公務日誌とそれ以外の日誌の二冊を書いている年もあった。年齢は二二歳から七九歳にかけてである。実に五八年間に及んでいた（ただし、残念なことに、散逸等のため現存分は五三年分）。

日記の分量は勿論であるが、何よりも内容に価値があった。日記には尋常小学校教員時代のこと、帝国大学農科大学時代のこと、農事会本部時代のこと、温泉郡農会技師・愛媛県農会技師時代のこと、帝国農会幹事・衆議院議員時代のこと、石井村長・愛媛県食糧営団理事長時代のことなどが大変詳しく記されていた。また、温は政府の各種調査会の委員にも就任しており（小作制度調査委員会、小作調査会、米穀調査会、農村経済更生中央委員会、米穀生産費調査会、食糧政策審議会等）、その記事も出てきて、政策立案過程の一端も判明する。さらに、岡田家は明治二〇年代までは三町六反ほどの耕作地主で作男や常雇を使い、二町歩ほどを耕作していたが、産業革命化の中で、農業経営が不利となり、親戚の瓦解や温の進学、米穀販売商の瓦解等のため、土地所有が減少し、明治末には九反一畝七歩、うち自作は七反一九歩ほどの零細な耕作小地主に転落したが、その自作農業の一端も記されていた。

日本資本主義は日清・日露戦争前後に確立する。鉱工業部門での資本主義確立下、農工間の不均等発展が進み、資本主義と農業・農民・農村との対立・矛盾が生じ、農業・農民・農村の不利化・圧迫・犠牲が進展していく。とりわけ、一九二〇～三〇年代の不況、恐慌期に農村窮乏が激しい。三〇年代の後半には農業・農村恐慌が回復していくが、農村は戦時体制・食糧管理体制に組み込まれ、敗戦を迎える。そして、戦後危機、占領下の戦後改革（変革）を体験する。その歴史の渦中に飛び込み、農業・農民・農村のために、公生涯を捧げたのが温であった。

温日記は、温の個人的な生きざまの記録である。同時に温は公人であり、温日記は日本資本主義の各段階における農業・農民・農村問題と農政運動の記録となっていた。

すなわち、日本資本主義下の農業の展開と温の経歴を重ねてみると、(一)日本資本主義の確立期＝農工間不均等発展時期の農事改良運動時代(帝国大学時代、農事会本部書記・温泉郡農会技師時代)、(二)日露戦争後から第一次大戦期の日本資本主義の独占形成期＝農工間不均等発展拡大時期の農事改良運動時代(愛媛県農会技師時代)、(三)一九二〇年代の独占資本確立期＝農業・農民・農村の不利、圧迫、犠牲が進展する時期の農村振興運動時代(帝国農会幹事・衆議院議員時代)、(四)一九三〇年代前半の独占資本主義の矛盾の激化期＝大恐慌が勃発し、農村窮乏が激化する時期の農村匡救運動・農村経済更生運動時代(帝国農会幹事時代)、(五)一九三〇年代後半以降敗戦に至る戦時国家独占資本主義期＝日中戦争・太平洋戦争下の農業・農村の戦時編成時代(石井村長・愛媛県食糧営団理事長時代)、(六)敗戦期＝戦後危機、占領下の戦後復興期における食糧危機・農地改革・農民運動の高揚時代(愛媛県食糧営団理事長、温泉郡・松山市農民組合長)の具体的諸相が判明する。まさに、温日記は生きた農業・農民・農村史であり、農政運動史となっていた。

岡田家からの資料の寄贈以降、私は同家からの要望に応えるべく、また、温の研究は天命だとも思い、研究を始めた。そして、二〇一〇年、私は温の全生涯のうち、(一)と(二)の時期、愛媛県農会での活動の時代を中心に、『農ひとすじ岡田温――愛媛県農会時代――』を刊行し、温泉郡農会および愛媛県農会技師時代の温の農業・農民・農村への献身的な活動ぶりを紹介した。(1)

本書はそれに続き、温の真髄の本領発揮、帝国農会幹事時代(一九二一年四月～一九三六年九月)を中心に、温の農政活動を具体的に明らかにすることを課題としている。

さて、農業・農民・農村のために活動した、温の農村問題の基本的捉え方を紹介し、ならびに温の農業論についての世の評価を見ておこう。

日本資本主義の確立期に農村では地主制も確立し、地主・小作の矛盾・対立も発生、大戦後には小作争議が高揚し、社会問題化していくが、温の基本的立場は、寄生化した地主、農事改良に励まない地主に批判的であり、地主の立場・地主制擁護論者ではない。他方、温は小作争議に奔走する農民に対しても批判的であり、小作の立場・小作擁護論者でもない。温は最初の著書、昭和四年の『農業経営と農政』（龍吟社）の中で、地主・小作の対立を「（資本主義）網中の鯖と鰯が喧嘩をしている」(2)と言い、鯖（地主）を倒しても鰯（小作）は助からないと断じている。

温は、商工資本主義と農業・農民・農村との対立こそ最大の矛盾と考えていた。すなわち、温は同書の中で「極めて精巧な構造」で出来ている「資本主義網の構造」により、農村に低農産物価格が押し付けられ、理由なくして農家の負担が過重とされ、農村の資金が都市に吸い尽くされ、資本家中心の経済政策、都市本位の社会政策がなされ(3)、その結果、農業・農民・農村が「半身不随の経済生活」(4)の状態に置かれていると糾弾する。つまり、温の基本的立場は農業・農民・農村に犠牲・負担を強いる商工資本主義と商工偏重の経済理論に反対で、農業・農民・農村を守り、振興させんとする立場である。

他方、温は社会主義にも批判的、反対である。それは、土地その他資本が共有となり、私有財産制が否定され、農民は国家の小作人となり、生産物は国家に徴収・搾取され、農民は踏み台とされるからである(5)。

つまり、温は資本主義の立場でも、社会主義の立場でもない。地主の立場でも、小作の立場でもない。温は「小農制」論の立場である。温の言う「小農」とは、小作農とか貧農とかいう意味ではなく、家族労働によって農業を営む「小規模の家族経営農業者」の意味である。所有は自作を理想としていた(6)。そして、温は農村指導原理も、農村振興も、国政の大本もすべて「小農制」の基礎の上に樹立せられんことを祈願していた(7)。

温を帝国農会幹事に抜擢した矢作栄蔵（当時、帝国農会副会長、東京帝大経済学部教授）は、温の『農業経営と農政』（昭和四年刊行）の推薦の序の中で、本書の意義および温の農業・農政論について、大要次の如く述べている。「これまで我国で公刊された農業政策や農業経営学に関する著書は、主として西洋の事実に基いて作られた西洋の理論を我国情に当嵌めて論ぜられたものが多く、実際の農業経営改善の指針とし、あるいは農業者の指導誘掖、農業生産の増殖、農業者の福利増進を図る農政のためには不適当であり、不安心であったと問題点を指摘し、それに対し、温の著書は我国の農業生産統計や農林省、帝国農会によって行なわれた農業経済調査、農業経営調査も踏まえており、農業経営問題の実証的研究としては嚆矢であろう」とその先駆性を高く評価した。そして、矢作は温の経歴について、温は帝国農会の幹事で農業経営部長の重職を務め、農業経営調査指導の第一人者であり、また、郡農会、県農会の技師を歴任し、農家の経営事情に通暁し、さらに、理論面でアーサー・ヤング等の大規模経営論やチャヤノフ等の家族経営論の究明も行なっている。これらの点から、温は「我国の家族的小規模農業経営の特質を闡明し、その改善に関する指導原理を組立てるには最も十分なる知識を有（った）」人で、本書の出版は「我農業経営の改善に対して及ぼす所の効果測り知るべからざるものがあらふ」と、高く評価した。さらに、矢作は本書を推薦する理由はそれだけではなく、今日、日本農業の不利な条件（人口多く、国土狭い）を克服せんとして世界の天然資源の公平なる分配論が唱えられているが、それは、実際上は極めて困難であり、徒らに農業者に不平と苦痛を増大させるもので、真に農民の福利を念願するものとしてはとらないとして退け、温の農政論の特徴を次の如く述べている。「（温は）実際的の人であると同時に一面又道徳家であって、農民に精神上の苦痛や不平を与えることを斥け、与えられたる条件の下で出来るだけ農民の幸福を増進しようという信念の持ち主である。此の意味に於て著者は我が徳川時代の二宮尊徳、貝原益軒というような人の学風に似通った所があり、佐藤信淵の混同秘策の如き、今日の言葉でいえば帝国主義的な考え方には反対の立場にある人である。……著者は我国農業の特質を究め、農業者に不平や精神上の苦痛を与えるような空理空論を避け、現実可能な方法のみを論じて居るのであるから、其所説は実益本位で無駄がない、本書の最も顕著な特色は実にここにあると思う。要するに本書は岡田君の農政并に農業経営改善に対する精進の結果であるとともに、或る意味に於ては岡田君の人格そのものの現れと云い得るのであって、其穏健着実にして有益なる暗示と明示に富む論策は、必ずや我農業の進歩、農民の福利増進に貢献する所尠からざるを信ずるものである」と。(8) 矢作は温の「小農制」論、農政面での非帝国主義的農政論、空理空論を避けた現実主義的実益本位の農政論、等の特質を明らかにしている。

また、帝国農会で温の薫陶を受けた後進たち（東浦庄治、土屋春樹、千葉蓉山、石橋幸雄、野村千秋、等）は、温の退職を期に、温の功績を記念して、昭和一二年に『岡田温撰集』全四巻（うち、三巻は温の著作、別巻は弟子たちの農業経営論集）を刊行したが、その刊行の辞の中で、温は「我国農業経営指導の開拓者であり、小農論者としての代表的存在」であり、現在の農業経営指導事業は温が確立し、今日地域で農業経営指導の第一線で活躍する人々の多くは温によって薫陶せられた人々であること、そして、農会はこれまで、農業、農政の発展にとって重要な役割を果たしてきたが、農会の今日の盛大は温の力に負うところ少なからず、温の果たした役割は決して見逃すことは出来ないと断じ、温をして「農民の実際生活と自己の豊富なる経験とを基礎として、常に理論と現実を総合し、これを実際運動に移せる人として氏の如きは蓋し稀である」とこれまた高く評価した。(9)

また、農政や篤農家を観察してきた農政記者たちは、昭和一六年刊行の『昭和篤農傳』（新紀元社）の中で、温を「聡明なる小農主義的農本主義者」と特徴づけた。すなわち、「同じ農本主義者にもいろいろあるが、彼は加藤完治氏などとは少し型が違ふようだ。彼の物の観方、農村の掴み方は科学的であるとともに、経済的、更に政治的であり、これをもって聡明なるとの形容詞が冠せられるのである。日本農業特有の農業経営を家族的農業経営すなわち小農とする彼の小農理論は、農会人としての多年の体験を通じて確立されたのであるが、これは彼の農村ならびに農業指導の出発点となるもので、彼自身、これは私の四十年間迷ひに迷った結果漸く辿りついた結論である」[10]と。

また、慶応大学の農業経済学者・小池基之は、昭和一七年刊行の温の『農業経営の再検討』を紹介・書評し、「本書は一言にして云へば家族的小農経営の提唱といふ立場から、小農経営の特質を闡明し、農業経営の合理化を、農業経営の指導方法を解明せるもので……従来の資本主義の農業論、農業政策を排除し、家族的小農経営の保護育成の根本方針を樹立しようといふのが本書の基調」であるとその特徴を述べた上で、温の農地政策の基本的考え＝「小農制の理想は適正規模の自作農である。自家所有の土地を自家労働にて経営し『家給し人足る』的安定生活を得たる農家の平和的な楽土農村をつくることである。従って自作農政策はまた土地政策の中枢である。……総ての農業政策は専業農家を目標としたものでなければ効果の少ない」を引用し、温の不在地主の排除、在村地主の所有制限（五町歩以上の禁止）、村外人の所有の禁止、土地価格騰貴の抑制、適正小作料の決定、高率小作料の低下、等の土地政策論を紹介し、小池は「本書を通読して、多くの示唆と反省を与えられるのは、それが全く著者の体験的な豊かさの上に築かれていることに基くものである。……経営問題の研究に当って本書のわれわれに与へる糧は極めて豊富である」[11]と高く評価している。

昭和三七年に愛媛県農業協同組合中央会（藤谷隆太郎会長）が中心となり、石井村の椿神社に頌徳碑を建立し、そして、『思い出集　岡田温先生頌徳　遺徳を偲びて』を出版したが、その中で、特に、温を「慈父」の如く慕う石橋幸雄（元、帝国農会幹事）は、温は「自作農主義にたつ徹底した家族的小農主義者」であり、その論述は決して「観念的或いは学者的なものではなく理論を重んじながらもあくまで多年の経験と実態に対する深い認識に基くもの」で、独自の味がにじみでていて広く傾聴せしめるものであったこと、そして、その人柄は大変よく、若い人たちともよく議論し、どんなことを言っても怒ることなく、失敗しても叱ることなく、説得上手であったと言う[12]。また、温を「海よりも深く、山よりも高く、終生忘れることのできない大恩人」と敬愛する土屋春樹（元、帝国農会幹事）も、温を「稀にみる清廉潔白にして崇高な人格者」であり、長年帝国農会幹事を務めたが、決して幹事長の椅子を狙うが如きことはせず、農業経営部長で押し通し、「ただ、ひたむきに農村農家の福利の増進と繁栄を念願する以外に何ごとも望まなかった。実に偉大なる農村指導者であり、わが国特異の小農経営、家族農業経営の研究家であり、真の農政家であった」[13]とまで述べている。

また、愛媛で温の講演を聴き、温に心酔した郷土の農民・山上次郎は、温の「真髄」について次のように述べている。「先生はもとより共産主義者ではなかった。と同時に資本主義者、保守党盲者では断じてなかった。又、農は国家の大本という昔からの決まり文句のみで農村を考えようとする農本主義者でもなかった。私をして言わしむれば、先生は日本の風土における農民の生きる道としての小農論の推進者であると同時に、その擁護援助に生涯を捧げた殉教的人物であったと思うのである。……世に農学者、農政家、農民運動者を以て任ずる人は多いし、また、よく農民の父など言われる人もいる。しかし、名実共にその名を恥かしめない人が幾人居るであろうか。先生こそは永遠にその名にふさわしい棺を蔽うて益々光彩を放つ人であろう[14]」。

これらは温ならびに関係者の評価であり、ある程度は割引して受け取る必要があろう。というのは、温は確かに小農論者と言いうるが、だからと言って、温は反地主、地主制解体論者とは言えないからである。帝農幹事に就任した直後の大正一〇、一一年の時期であるが、温は農村の実態をよく調査し、認識しているが故に、地主を十把ひとからげに論じ、批判することはしなかった。地主とは統計上「土地を所有するもの全部」を指すが、五〇町歩以上の大地主もいれば、自作、自小作やわずか数畝の痩畑を所有している地主もおり、また、富豪もいれば貧乏人もいる、また、世間では地主とは普通「小作人を持って居る地主」という意味であるが、これも種々雑多で、階級別に見なければならない。例えば、一～三町歩の地主は一部自作し、一部小作に出していて（耕作小地主）、なるほど農村の堅実な階級であるようだが、生活に余裕なく、家族揃って真面目に農業に精励し、且つ質素に生活をしていても生活が立ち行かず、年々減少している階級である。しかも地方において村長、議員、農会、産業組合等で最も活動しているのがこの小地主の階級である。従ってこのような小地主を世間が論難、攻撃するのは考えものであると言う。そして、温は地主を二種類に分けて、時代の推移を観察せず、覚醒せず、小作人の撫育もせず、村の世話もせず、義務を果たさず、我利一点張りで所有権を振りかざすような地主は国家社会から排斥されてしかるべきであるが、農民を代表して商工界や政界に対抗し、小作人を撫育し、村の指導者となって村の世話を行なっている耕作小地主は評価し、保護・督励すべきことを主張していたからである。(15) その後もこの立場は変わらなかった。

要するに、温の基本的立場は小農論プラス公益的役割を果たしている耕作小地主論であったといえよう。それは、岡田家の公的役割を果たした社会的地位、耕作小地主の出自の反映でもあろう。

次に、温の簡単な略歴および温にかんする研究史について見ておこう。

温は、明治三（一八七〇）年六月二〇日、久米郡南土居村に父・為十郎、母・ヨシの長男に生まれ、小学校を卒業後、自宅で農業に従事しながら、愛媛県尋常師範学校に聴講生として学び、二八年三月から斎院および石井尋常小学校教員を務めた後、考えるところがあって、教員をやめ、妻子を実家に残し、二九年二月上京し、九月帝国大学農科大学農学科乙科に入学、三二年七月卒業し、同年八月帝国農会の前身である農事会本部に就職した。しかし、家庭の経済的都合から三三年末に帰郷し、三四年四月温泉郡農会初代技師に就任、三八年五月愛媛県農会技師に転任し、二〇年間にわたり、愛媛県で活動した。愛媛県時代は農事改良、農業教育など農民の指導と利益増進のために献身的に活動し、とりわけ、住友の四阪島製錬所の煙害問題が起こるや、被害農民のために住友と闘った。また、明治四四年からは各町村で農業調査を指導し、農事改良方針を樹立せしめた。また、大正二（一九一三）年一二月からは県の技師も兼務、七年から温が企画提案した画期的な愛媛県産業調査に専念し、一〇年八月に完成させ、県の産業政策（農業政策を含む）を立案した。

そして、第一次世界大戦後、農業・農民・農村問題が社会問題となるや、大正一〇（一九二一）年四月、帝国農会副会長の矢作栄蔵のたっての要請を受け、帝国農会に入り、昭和一一（一九三六）年九月まで一五年余にわたり幹事として活動した。温は幹事に就任するや、全国的規模における米生産費調査、農業経営調査を立案し、遂行した。また、一九二〇・三〇年代の農村危機下、下からの農政運動を展開し、米価引き上げ、農民負担軽減、地租軽減、農産物関税引き上げ、新農会法制定、自作農創設維持、小作法制定、農林省独立、義務教育費国庫負担増額、町村農会技術員への国庫補助、郡農会廃止反対、農産物販売斡旋、農家負債整理、農村救済土木事業、農村経済更生計画、外地米移入制限等の政策立案を行ない、それらの運動に取り組んだ。さらに、その間、大正一三（一九二四）年五月には郷土の農村青年に推されて衆議院議員に当選し、議会で農業・農民・農村のために活動した。帝農退職後は帝国農会特別議員に選ばれ、帝農をサポートした。昭和一三（一九三八）年四月、温は東京を引き上げ、帰郷したが、翌一四年一一月に推されて石井村長に就任し、一九年四月まで村長を続けた。また、一八年二月には愛媛県食糧営団理事長も務めた。敗戦後は食糧営団理事長として、食糧配給に尽力し、また、政府の食糧対策審議会の委員を務め、食糧政策の立案もした。さらに農民組合の結成にも携わり、二三年五月からは温泉・松山市農民組合連合会会長にも就任した。そして、二四年七月二六日、晴耕雨読、原稿執筆の中、七九歳で死去した。

このように、愛媛および中央で大変大きな仕事をした温であるが、これまでの農政のリーダーや小農論を取り扱った研究史では何故か一切取り上げられていないのである。例えば、栗原百寿の『農業団体に生きた人々』（農民教育協会、昭和二八年）は、温の後継者の東浦庄治は取り上げているが、温は一切出てこない。小倉倉一『近代日本農政の指導者たち』（農林統計協会、昭和二八年）も玉利喜造、横井時敬、石黒忠篤、矢作栄蔵、那須皓などは取り上げているが、温は出てこない。綱沢満昭『日本の農本主義』（紀伊國屋新書、一九七一年）も横井時敬や山崎延吉は取り上げるが、温は出てこない。玉真之助『日本小農論の系譜』（農山漁村文化協会、一九九五年）も東浦や栗原百寿らを取り上げるが、温はやはり出てこないのである。

温の経歴、人品等の紹介についても貧弱で、これまで、農政記者会著『昭和篤農傳』（新紀元社、昭和一六年）、藤谷隆太郎編『思い出集　岡田温先生頌徳　遺徳を偲びて』（岡田温頌徳会、昭和三七年）、岡田慎吾「父・岡田温を語る」（農業信用保険協会『信用保証』第十巻第二号、昭和五二年）、石橋幸雄「岡田温と系統農会」（月報『中央農事報』№2、一九七八年）、「岡田温」（『愛媛県史　人物』、平成元年）、旗手勲「岡田温」（『日本史大辞典』平凡社、一九九二年）、がある程度である。

また、温の農業論、農本主義論等を論じた研究論文についても、武内哲夫「農本主義と農村中産層」（「島根農科大学研究報告」第八号、一九六〇年）、武田共治『日本農本主義の構造』（創風社、一九九九年）、野本京子『戦前期ペサンティズムの系譜――農本主義の再検討――』（日本経済評論社、一九九九年）、松田忍「『農家経営改善事業』推進派の成立――一九二〇年代農政における「経営」問題の浮上の視点から――」（『日本歴史』第七一九号、二〇〇八年）、同「二・二六事件と農政運動の組織化――帝国農会の変容と関西府県農会聯合・大日本農道会――」（『史学雑誌』第一一九編第七号、二〇一〇年）やその他をまとめた『系統農会と近代日本――一九〇〇～一九四三年』（勁草書房、二〇一二年）等がそれらの論稿の中で触れている程度である。これらについて少しコメントしておこう。

武内哲夫は一般的危機段階での農本主義の代表として温を取り上げ、温の『農業経営と農政』（昭和四年）と『農村更生の原理と計画』（昭和八年）をもとに、温は下からの農民運動（小作争議）に対抗する「中小地主、自作上層……のイデオローグ」であり、温の農村経済更生論は「中産層を基盤とした経済主義……勤労主義的家族経営としての経営埋没主義」の主張であり、また、国体と家族経営を適合関係におくところの「国体擁護のイデオローグ」であり、さらに「ファシズムへの傾向を強めていく」とまで述べている。また、武田共治は国家独占資本主義期における農本主義の一人として温を取り上げ、温の『農村更生の原理と計画』をもとに、温を「保守官僚農本主義」といい、温は「国体主義者」であり、「都市対農村」の構図で「小作問題の隠蔽」を行なった「地主擁護」論者で、その理論的特徴は「地主擁護、家族主義、自給基調主義、自覚更生主義、国体擁護主義」だと述べている。この二人の論者の見解は、全く誤りだとまでは言わないが——温は経営埋没主義ではなく農業・農民のため農政運動を行なっており、また保守官僚ではなく民間人で誤解であり、さらに都市（資本主義）が農村を搾取しているのは事実であり、それを小作問題の隠蔽、地主擁護というのは言い過ぎであろう——、温の特定の時期の言説を中心に極論したもので、温が全生涯にわたって活動した業績・事跡を踏まえての論評ではなく——温は四阪島煙害問題解決のために尽力し、また、米生産費調査、農業経営調査を行ない、米価維持、植民地米移入制限、農家負担の軽減等農民のために多面的に活動した——、一面的で、またややイデオロギー過剰、バランスを欠いた論評であろう。

それに対し、野本京子は単に言説だけでなく、本人の現実の活動をふまえた研究視角で検討する。妥当な視点である。私も人物を評価する場合、何を言ったかだけではなく、何をしたかが最も重視されるべきと考えるからである。野本は温を「小地主や自作上層のイデオローグ」ではなくて、「小農論」の代表の一人として取り上げ、その「自作農」像を検討している。温は日本農業の特質を家族農業経営・勤労主義的家族経営（小農経営）に求めていること、そして、その小農制は家族制度を基礎としており、家族制度が破壊されると小農の生活安定が崩壊すること、家族農業経営の存続は自作農制が最良の制度であること、その経営規模は家族の労働能率を基礎として、一町五反ないし二町内外の規模を理想としていたこと、あるべき自作農創設は「所有・経営・労働の三位一体となった自作農の創設」であったことなどを明らかにしている。しかし、野本も基本的には言説に依拠していたといえる。

松田忍の著書は未公開・整理中であった岡田温の資料を駆使した力作で、特に、一九二〇年代「農業経営改善事業」推進派の成立や二・二六事件後の関西府県農会聯合を母体とした「大日本農道会」派の帝農への影響力の拡大など、新しい論点を提起している。その「『農業経営改善事業』推進派の成立」は、特に温が直接生産農民の経営・生活の安定を第一義的に考え、帝国農会の経営部長として、力を入れ、指導、活動した農業経営改善事業を重視し、温を「農業経営改善事業推進派」の代表として取り上げている。温の活動を踏まえた妥当な評価であるが、ただ、「派」とまで言いうるかどうか、疑問がある。それは、本書が詳述するように、温は農業経営改善活動のみならず、農業政策を立案し、農政運動を中心的に担う農政活動家であったからである。また、松田の「二・二六事件と農政運動の組織化」は、昭和農業恐慌を契機として、関西府県農会（兵庫県農会長山脇延吉ら）は急進的な大日本農道会の母体となり、荒木貞夫、平沼騏一郎ら右翼勢力と結びつきながら帝国農会を突き上げ、温らの「農業経営改善事業推進派」と対立がはじまり、二・二六事件後、関西府県農会聯合・大日本農道会の影響が強まり、一九三六年八月には帝農の部制改革を断行させ（農政部の設置）、人事面でも温、勝賀瀬質、高島一郎ら古参幹部が辞任し、温らがとってきた「農業経営改善路線」が「精神的な農民運動路線」に押され、完全に後景に退いたこと、そして、三九年には山脇延吉が帝農副会長に就任するなど人事面でも農道派に乗っ取られ、帝農の性格が変質したことなどを論じている。大きな歴史の流れとしてはそのような方向に向かっているとは思うが、三六年の帝農の部制改革・人事配置にはやや過大評価がみられる。というのは、部制改革を行なったのは温であり、後継の人事配置を行なったのも温であり、温の薫陶を受けたものが幹部に就任しているからである。温の後継者は東浦庄治であり、農道会派ではない。従って、農道会派によって乗っ取られたとは言えない。また、温自身も急進的な大日本農道会路線に違和感を感じていたからである。

さて、温が帝農幹事として活動した一九二〇代から三〇年代前半の時期は、日本資本主義の慢性的不況・恐慌、危機の時代であり、なかでも農村が最も深刻な打撃を受けた時代であった。日露戦後から第一次大戦期にかけて、農村経済は市場経済・商品経済化の網に巻き込まれ、変動がありながらも発展を続けていたが、第一次世界大戦終結に伴う戦後恐慌を契機に日本農業の基軸である米価と繭価が大暴落し、深刻な農村恐慌状態に陥り、零細な小農民の経営と生活が大打撃を受け、危機に陥った。また、経済政策は商工本位で、農業は軽視され、また、商工業に比し、農家の負担は過重で踏み台にされた。また、戦前農村の支配的関係であった地主・小作制度に異議申し立てが出され、小作争議が勃発、高揚し、この小作争議は農村の問題のみならず、社会問題と化した。また、昭和恐慌期には農業、農民、農村の窮乏化が一層進み、小農経済が破綻し、また、小作争議は激化した。依然、商工業に比し農業は不利なままに置かれた。このような激動の時代に、請われて中央の帝国農会入りし、その幹部として、一五年余にわたり、一番長く農政運動を担ったのが温であった。

本書は、温の帝国農会幹事時代（一九二一～三六年）の一九二〇年代の農村振興運動時代、および一九三〇年代前半の農村匡救運動・農村経済更生運動時代、ならびに農業恐慌回復期・日中戦争期に限定して、温の農政活動の姿を具体的に再現、紹介、研究、考察することを課題とする。

なお、帝国農会の農政運動および歴史にかんする先行研究としては、既に、帝国農会に勤務した経験のある栗原百寿（昭和一四年六月～一七年一二月、農政部調査課嘱託）が戦後の昭和二八年に「帝国農会を中心とした系統農会の農政運動史」としてまとめている。同書は、帝国農会の創立（明治四三年＝一九一〇）から、農業団体の統合による帝国農会の解散（昭和一八年＝一九四三）までの三三年間の農政運動を四つの時期、すなわち、（一）帝国農会成立から大正一一年の新農会法制定まで、（二）新農会法から昭和五・六年の大恐慌まで、（三）昭和七年の農村経済更生運動から昭和一二年の日華事変まで、（四）日華事変から昭和一八年の農業団体統合までに区分し、その農政運動を概観したもので、要所をおさえたすぐれた農政運動史となっている。その概観の上で、栗原は帝農の農政運動の性格・特徴について「農会の農政運動は、地主を指導勢力とし、全農業者の利益を代表して、政府の手厚い補助と厳重なる監督を受ける系統農会を主体とする運動（であり）……小作農民運動が階級的な反政府的農民運動であったのにたいして、農会の農政運動はむしろ地主的な農村秩序に立脚して、政府の農業保護政策を支援し鞭撻し、促進する協調的政治運動であったのであった。そのかぎり、いわゆる農民運動が小作農民的、反政府的、階級闘争的であったのに対比していえば、公共的、全農民的な系統農会の農政運動は地主的であり官僚的であり階級協調的であった」と地主的性格を強調したが、同時に栗原は「しかしながら、農会運動が地主的であったということは、かならずしもそれが狭い意味で地主の利益のみを擁護し、地主の利害のみを問題にしてきたということではない。そうではなくて、地主層がいわゆる農業者の利益代表として、全農民層の利益を代表する前衛として進出し、地主の利益と矛盾しないかぎり一般農民層の利益を擁護代表して、地主と農民層との協調をおし進めていったということである」と地主の利益のみでなく、全農業者の利益のための運動であったと、その反政府的側面も指摘した（帝農の農政運動の二面性）。とりわけ、農政運動を担った農会人に対しては、「農会人の意識からいえば、けっして地主的でも政府与党的でもなくて、真面目に全農業者の利益を広く擁護して、農村農業の協調的発展をおし進めることを目標としていたわけである[16]」と下からの農政運動の性格を述べていた。私は、帝農の農政運動の二面性のうち、栗原の後者の見解・全農業者の利益擁護運動論に大筋同意する。帝農の農政運動は、会長・副会長・評議員らの役員（地主が中心）だけでなく、実際の運動、政策立案は農会の職員・幹事が担っていたからである。とくに、帝農では岡田温であり、彼は小農論者であり、全農業者（耕作小地主を含む、自作・小作）の利益擁護のために運動したのであり、寄生地主や大地主の小作料引上げや土地引上げ等のために運動したのではなかった。

栗原百寿はその後の昭和三〇年五月心筋変性症で急逝し（四四歳）、栗原による帝国農会ならびに系統農会史や農政運動史は未完のままに終わった。そして、その約二〇年後の昭和四七年に農会関係者（東畑精一、池田斉、土屋春樹、綿谷赳雄、多田誠、石橋幸雄、石渡貞雄、杉村乾等）の手によって、帝国農会史の決定版が帝国農会史稿編纂会『帝国農会史稿　記述編』、『帝国農会史稿　資料編』（財団法人　農民教育協会）として刊行された。だが、同書の問題点は、栗原論文を踏まえて、帝国農会の農政運動を詳細に論じる筈であったが、この農政運動についての記述を大きく欠いていた。帝国農会史稿編纂会長の土屋春樹（元、帝農幹事）自身が次のように反省している。「委員の多くは他に多忙な本務のある人々であった。その中から選ばれた執筆委員が古い資料を探しまわり、一定期間内に精読し、更に適切に表現しなければならないことは苦行であった。病に倒れるものも出た。不測の災害に見舞われるものもあった。こうして執筆委員であった人は勿論、編纂委員一同が精一杯の努力を傾けたにかかわらず、甚だ遺憾なことであったが、締め切り最終期限まで、予定通りの原稿を得ることができなかった。系統農会の中央機関として、帝国農会が果たした主要な役割は、農政運動にあったのであるが、就中、その主要項目を大きく欠く結果となった。……しかし、茲に敢えて上梓することにした所以は、一、不備の部分はある程度資料編で補い得ること、二、本書を公にすることで、今後の完成に便宜を与えるものあると確信したからである[17]」。

その後、帝国農会の農政運動については、宮崎隆次が一九八〇年に「大正デモクラシー期の農村と政党――農村諸利益の噴出と政党の対応（一〜三）――」を著している。それは一九二〇年代に農村問題が発生し、農村諸団体（系統農会、日本農民組合、大地主協会、全国町村町会）の運動がおこり、それへの既成政党の対応について論じたもので、結論は既成政党が農村諸団体の要求を無視、冷淡、消極的であったり、また、第四六議会を転機に農村問題が争点となっても、真面目に農村問題を解決するために尽力したのではなく、農民票をとるための熱意の競争にすぎず、その結果、農村問題の解決に有効に対応しなかったと、極めて批判的に論じたもので、政党論がメインであるが、同時に、帝国農会の農政運動について、実証的で堅実な考察をしており、『帝国農会史稿』以降の優れた、農政運動論ともなっている。(18) また、二〇一二年に松田忍が刊行した『系統農会と近代日本――一九〇〇～一九四三年』も、岡田温の日記や岡田文庫の一次史料をもとに農政運動も論じた優れたものである。

本書は栗原百寿、宮崎隆次の論考や松田忍の著書も踏まえつつ、当時の帝農の農政運動を岡田温の日々の活動及び言説を中心に、逐年ごとに詳細に再現、研究し、『帝国農会史稿　記述編』の欠点を埋めんとするものである。

本書は、温の日記を多用して叙述している。それによると、一九二一年（大正一〇）以降の帝国農会の農業政策の立案の殆どすべては温が行なっていたことが判明する。そして、温は多くの論争的論文を執筆し、また、全国に講演に飛び回っていたことも判明する。温の農政運動論は、基本的に地主制擁護ではなく、全農業者の利益擁護のために闘ったと見て良い。一個人の力量のすごさに驚嘆せざるを得ない。

ところで、温の日記で特筆すべきことは、日本農業・農政史上著名な人物、また、地方の農会関係者が次々に登場することである。温が中央で活動を始めた一九二〇年代以降を見ると、次の如くである。

帝国農会の会長、副会長関係では、松平康荘（会長）、大木遠吉（同）、矢作栄蔵（同）、牧野忠篤（同）、酒井忠正（同）、桑田熊蔵（副会長）、安藤広太郎（同）、月田藤三郎（同）、山田斂（同）など。

帝国農会の特別議員、評議員関係では、横井時敬、古在由直、原凞、志村源太郎、那須皓、安藤広太郎、佐藤寛次、岡本英太郎、加賀山辰四郎、斎藤宇一郎、秋本喜七、山口左一、山田斂、堀尾茂助、村上国吉、中倉万次郎、三輪市太郎、長田桃蔵、八田宗吉、藤原元太郎、山田恵一、南鷹次郎、池田亀治、池沢正一、高田耘平、石坂養平、小串清一、石黒大次郎、小林嘉平治、恒松於菟二、山脇延吉など。

帝国農会の幹事・参事・副参事・書記関係では、牛村一、福田美知、山崎延吉、増田昇一、高島一郎、平田慶吉、渡辺忠吾、内藤友明、千坂高興、大石茂治郎、東浦庄治、勝賀瀬質、小林隆平、中川潤治、原田雄一、青鹿四郎、鈴木常蔵、天明郁夫、吉岡荒造、松田茂、土屋春樹、石橋幸雄、千葉蓉山、島津秀蔵、野村千秋、菅野鉱次郎、山中直一、赤松清一郎、石井牧夫、山下粛郎など。

官僚関係では、岡本英太郎、石黒忠篤、小平権一、渡邊侶治、飯岡清雄、松村真一郎、石原熊助、道家斉、副島千八、長満欽司、長瀬貞一、小浜八弥、井野碩哉、戸田保忠、荷見安、村上龍太郎、間部彰、永松陽一、湯河元威、三宅発志郎、田中長茂、竹山祐太郎、五十子巻三、岡本直人など。

学者関係では、玉利喜造、横井時敬、古在由直、佐藤寛次、原凞、那須皓、麻生慶次郎、川瀬善太郎、宗正雄、橋本伝左衛門、木村修三、大槻正男、末弘厳太郎、近藤康男、東畑精一、加藤茂苞、河田嗣郎、柳田国男、穂積陳重、小早川九郎など。

政治家関係では、農商務大臣、農林大臣、農政研究会、中正倶楽部のメンバーや著名な政治家が多数出て来る。山本達雄（農商務大臣）、荒井賢太郎（同）、前田利定（同）、高橋是清（農林大臣）、岡崎邦輔（同）、早速整爾（同）、町田忠治（同）、山本悌二郎（同）、後藤文夫（同）、山崎達之輔（同）、島田俊雄（同）、東武（北海道）、斎藤宇一郎（秋田）、池田亀治（秋田）、高橋熊次郎（山形）、八田宗吉（福島）、助川啓四郎（福島）、高田耘平（栃木）、石坂養平（埼玉）、吉植庄一郎（千葉）、山口左一（神奈川）、小野重行（神奈川）、畦田明（長野）、山本慎平（長野）、増田義一（新潟）、石坂豊一

（富山）、西村正則（石川）、松浦五兵衛（静岡）、三輪市太郎（愛知）、松山兼三郎（愛知）、尾崎行雄（三重）、小屋光雄（三重）、長田桃蔵（京都）、川崎安之助（京都）、村上国吉（京都）、土井権大（兵庫）、井上雅二（兵庫）、西村丹治郎（岡山）、湛増庸一（岡山）、荒川五郎（広島）、長岡外史（山口）、三土忠造（香川）、山内範造（福岡）、中倉万次郎（長崎）、東郷実（鹿児島）など。その他、犬養毅、清浦奎吾、加藤高明、若槻礼次郎、浜口雄幸、幣原喜重郎、井上準之助、田中義一、床次竹二郎、鈴木喜三郎、鳩山一郎、下岡忠治、伊沢多喜男、上山満之進、平沼騏一郎、安達謙蔵、小川郷太郎、小林嘉平治、前田利定なども出てくる。

地方農会の役員関係（会長、副会長等）では、伊藤広幾（北海道）、南鷹次郎（北海道）、佐藤昌介（北海道）、池田亀治（秋田）、佐藤維一郎（秋田）、片野重脩（秋田）、青木源三郎（山形）、田倉孝雄（福島）、大島英二（福島）、中村哲蔵（茨城）、田村律之助（栃木）、斎藤与左衛門（栃木）、赤石武一郎（群馬）、石坂養平（埼玉）、磯野敬（千葉）、秋本喜七（東京）、黄金井為造（神奈川）、小串清一（神奈川）、山口左一（神奈川）、宮川千之助（山梨）、平野桑四郎（長野）、山本荘一郎（長野）、佐藤友右衛門（新潟）、小野周平（新潟）、石黒大次郎（新潟）、麻生正蔵（富山）、谷欽太郎（富山）、山田斂（福井）、松岡勝太郎（岐阜）、坪井秀（岐阜）、山口忠五郎（静岡）、堀尾茂助（愛知）、天春文衛（三重）、宇佐美祐次（三重）、小林嘉平治（三重）、松原五百蔵（滋賀）、長田桃蔵（京都）、川崎安之助（京都）、村上国吉（京都）、山脇延吉（兵庫）、片岡安雄（奈良）、福井甚三（奈良）、木本主一郎（和歌山）、谷口源十郎（鳥取）、恒松於菟二（島根）、国光五郎（山口）、山田恵一（香川）、門田晋（愛媛）、伊野部重明（高知）、大森武雄（福岡）、城島春次郎（福岡）、田口文次（佐賀）、石井次郎（佐賀）、中田正輔（長崎）、三津家伝之（熊本）、成清信愛（大分）、鈴木憲太郎（宮崎）、宇都曾一（鹿児島）など。

また、地方農会の技師・幹事、技手関係は多数出てくる。若林巧（北海道）、秋山文雄（北海道）、小森健治（北海道）、

湯浅中夫（青森）、福士進（岩手）、大森堅弥（岩手）、大野重雄（岩手）、北畠保治（宮城）、玉手棄陸（宮城）、渡部安三（秋田）、直井市輔（山形）、石川瀧太郎（山形）、菅野三津蔵（山形）、多々良哲次（山形）、大野正道（福島）、宗豫利吉（福島）、野村直雅（福島）、森実重（福島）、今井庫太郎（茨城）、八木岡新右衛門（茨城）、山越金次郎（茨城→福島→大分）、有馬重一（茨城）、居田槌平（栃木）、山本潔（栃木）、高木三郎（栃木）、明間宏（栃木）、多胡覚朗（群馬）、清水及衛（群馬）、永井一雄（群馬）、内田鷹助（群馬）、高井二郎（埼玉）、畑中幹之助（千葉）、伊藤正平（千葉）、山崎時治郎（千葉）、牛込寛次（東京）、宮田孝次郎（東京）、磯貝久（神奈川）、吉田源一（神奈川）、中込茂作（山梨）、木下秀盛（山梨→滋賀）、竹内進（長野）、三木俊夫（長野）、伊藤千代秋（長野）、渡邊正喜（長野）、宮崎吉則（長野）、尾崎盛信（長野）、藍沢誠一（新潟）、山谷与一（新潟）、笹川孝助（新潟）、佐藤賢太郎（新潟）、本間喜栄門（新潟）、八木和一郎（富山）、双川喜一（富山）、横本賢太郎（富山）、大石斎治（富山）、西村正則（石川）、松田豊彦（石川）、藤元与善（石川）、藤高亭爾（福井）、松本修介（福井）、森芳雄（福井）、岡本篤二（福井）、山田良作（岐阜）、菱田尚一（岐阜）、栗下恵毅（岐阜→宮崎→福岡→秋田）、戸島寛（岐阜）、岩本虎信（岐阜）、横山芳介（静岡）、後藤藤平（静岡）、石上数雄（静岡）、赤松弘（愛知）、松山兼三郎（愛知）、中村亀久生（愛知）、三品利康（愛知）、大石茂治郎（三重→富山）、牛場勘四郎（三重）、梶原善十郎（三重）、大橋克（三重）、浅沼嘉重（滋賀）、大島国三郎（京都）、高落松男（大阪）、太田宗治郎（大阪）、前瀧千仞（兵庫）、長島貞（兵庫）、石原治良（兵庫）、越前二郎（奈良）、緒方尚（奈良）、大宅農夫太郎（奈良）、菊田楢伊（奈良）、鎌田楠一（和歌山）、黒田清（和歌山）、杉山善夫（鳥取）、中村秋平（鳥取→徳島）、山下兼吉（鳥取）、梶正雄（島根）、松平次郎（島根）、菅野鉱次郎（岡山）、桜井茂男（岡山）、塩見邦治（岡山）、井上虎太郎（広島→山口）、麦生富郎（広島）、山上岩雄（広島）、井納等（広島）、大熊仲次郎（徳島）、志摩三郎（徳島）、岬吉之亟（徳島）、金子柳太郎（香川）、岡田忠次郎（香川）、山岡瀧寿（高知）、青木国治（高知）、山本富吉（高知）、森下馬助

（高知）、森部隆輔（福岡）、米倉茂俊（福岡）、広吉政雄（福岡）、香月秀雄（福岡）、藤健蔵（福岡）、田崎竹一（佐賀）、白水晃（佐賀）、井出治一（佐賀）、徳永正俊（長崎→福岡→鹿児島）、奥島孝雄（長崎→奈良）、有川善太郎（熊本）、合志茂市（熊本）、田島熊喜（熊本）、森井清充（熊本）、佐藤頼光（大分）、佐藤虎雄（大分）、井上靖（大分）、安東多加喜（大分）、荒川玄二（大分）、吉田貞造（宮崎→香川）、笹川孝助（宮崎）、愛甲彦寿（鹿児島）、新井隆寿（鹿児島）、稲田彰（鹿児島）など。

愛媛県農会、郡農会の役員関係では、亀岡哲夫、門田晋、井谷正命、日野松太郎、村瀬武男、重見番五郎、鶴本房五郎、森盲天外、工藤養次郎、宮脇茲雄、宮内長、武智雅一、岡田久一郎、越智茂登太、村上半太郎、武田徳太郎、岡本馬太郎など。また、技師・技手関係では、多田隆、福島正巳、真木重作、加藤和一郎、縄田寿一、升田常一、石井信光、大西広人、隅田源三郎、富永安吉、根本通志、大西宰三郎、三好五郎一郎、関谷米五郎など。

愛媛の政治家（代議士、軍人、文化人等）関係では、久松定謨、内藤鳴雪、勝田主計、白川義則、岩崎一高、井上要、渡辺修、成田栄信、河上哲太、太宰孫九、小野寅吉、門屋尚志、須之内品吉、杉宜陳、砂田重政、青野岩平、高山長幸、佐々木長治、村上紋四郎、清家吉次郎、深見寅之助、武知勇記、岡本馬太郎、川島義之、十河信二、水野広徳など。

愛媛県官吏関係では、直井市輔、佐々木林太郎、辻本正一、小橋清法、西村弥吉、藤井伝三郎、宮之原健輔、小曾戸俊男など。

郷里関係では、曽我部右吉、一色耕平、加藤徹太郎、日野松太郎、武智太市郎、白石大蔵、柳原正之、堀内浅五郎、松田石松、重松亀代、仙波茂三郎、石丸富太郎、松尾森三郎、大原利一、今村菊一、渡辺好胤、宮内長、野口文雄、柏忠太郎、野村茂三郎、渡部荘一郎、渡辺鬼子松、大西良実、沖喜予市、柏儀一郎、日野道得など。

同窓会（講農会、交友会）や大学時代の友人関係では、原鐵五郎、西大路吉光、藤巻雪生、渡邊侳治、飯岡清雄、谷口俊一、奥野道夫、中村道三郎、丸毛信勝、成毛基雄、見山慶次郎、梶原善十郎、岡村正太郎、染谷亮作、中込茂作、岩本虎信、浅田岩吉、青木国治、平島平五郎など。

親族関係では、岡田義朗、岡田義宏、岡田英雄、八木忠衛、八木龍一、八木定、末光元広、越智太郎、越智末一郎、永木又一、小野基道、岡井三郎、など。

その他として、渋沢栄一、徳富蘇峰、渋沢治太郎、千石興太郎、衛藤一六、加藤完治、安井てつ、木津無庵、古瀬伝蔵、三井栄長なども出てくる。

まさに、温日記は、生きた農政運動史となっているのである。

なお、上記の人物中、傍線部の人物が東京帝大農学部実科の卒業生であり、温の同窓、後輩である。だから、系統農会の農政運動は、東京帝大実科のネットワークが大きな役割を果たしたといえる。

注

(1)『農ひとすじ　岡田温――愛媛県農会時代――』愛媛新聞サービスセンター、二〇一〇年。
(2) 岡田温『農業経営と農政』、龍吟社、昭和四年、一〇頁。
(3) 同右書、一〇～三七頁。
(4) 同右書、八頁。
(5) 同右書、三七～五二頁。
(6) 岡田温『農業政策』岡田温撰集、第二巻、昭和一二年、三九、四六頁。
(7) 岡田温『農業経営と農政』序言、一一頁。
(8) 岡田温『農業経営と農政』への矢作栄蔵の序、一～五頁。
(9) 岡田温『農業経営』岡田温撰集、第一巻、刊行の辞、昭和一二年。
(10) 農政記者会著『昭和篤農伝』新紀元社、昭和一六年、二三〇～二三二頁。
(11) 小池基之「岡田温著『農業経営の再検討』」三田学会雑誌第三六巻第一一号、昭和一七年一一月、八四～九二頁。

(12)石橋幸雄「岡田さんと私」『岡田先生頌徳――思い出集』昭和三七年、一～四頁。
(13)土屋春樹「岡田さんは偉かった」『岡田先生頌徳――思い出集』九頁。
(14)山上次郎「岡田温先生の真髄」『岡田先生頌徳――思い出集』七九頁。
(15)岡田温「地主の研究」『愛媛県農界時報』二三二号、大正一〇年八月上旬号。「戒飭すべき地主と保護すべき地主」『帝国農会報』第一一巻第一二号、大正一〇年一二月。『愛媛県農界時報』二四八号、二四九号、大正一一年一月一五、二五日。
(16)栗原百寿「帝国農会を中心とした系統農会の農政運動史」『栗原百寿著作集V　農業団体論』校倉書房、一九七九年、一五五、一五六頁。なお、栗原百寿の経歴、農業理論については、西田美昭・森武麿・栗原るみ編『栗原百寿農業理論の射程』八朔社、一九九〇年。
(17)帝国農会史稿編纂会『帝国農会史稿　記述編』財団法人　農民教育協会、昭和四七年、の序、五頁。
(18)宮崎隆次「大正デモクラシー期の農村と政党――農村諸利益の噴出と政党の対応(一～三)――」『国家学会雑誌』第九三巻七・八号、九・一〇号、一一・一二号、一九八〇年。

第一章　大正後期の岡田温

大正一〇年（一九二一）四月一六日、温は帝国農会参事兼幹事に就任した[1]。五〇歳のときである。就任の辞は次の如くである。

「顧みれば、明治三一年……駒場出校の年……帝国農会の前身、全国農事会の、雑然たる全国実業会より、分離独立したる年の五月同会に就任し、幹事長玉利博士の指導の下に、公生涯の初歩を農会の畑に踏み出した、越えて同三十四年二月、家庭の都合上辞任帰国し、爾後は郷里の郡県農会に歴任し、農会の業務に従事すること、正に二十三年、春雨秋風夢と過ぎ、紅顔将に白頭に化せんとするの外何等認むべき事績もなく、神の厳責なくんばまだしもの幸ひなり。

然るに再び出て丶、帝国農会に奉仕するの身となりぬ。思ひがけなき境遇の変化にて、米櫃は座敷に用なく、出処進退或は当を得ざりしならんも、そは姑らく措き、斯くて今日迄の公職公生涯は、終に一歩も農会外に出でたることなく、人間萬事天命とせば、吾れは農会のために生まれ、農会のために死すべき宿命と観せざるを得ず。希ふ処は農会志士の掩護により、宿命的天職に全力を傾注し、農会の忠僕となりて倒れんことなり。

大正十年四月　　　　帝国農会参事兼幹事　岡田　温[2]」。

この文章から温の謙虚な姿が読み取れ、また、帝農幹事就任は正に本人も自覚するが如く、「天命」「宿命的天職」であった。そして、その言葉の通り、実行した。

なお、温はまだ、愛媛県農会及び愛媛県技師としての任務も続けており、以降、東京と愛媛とを往復し、実に多忙な日々を送ることになった。また、温は母校東京帝国大学農学部農学科実科の危機に対し、大正一〇年一月二三日、講農会会長（同窓会）に推薦され、以降、実科独立問題にも奔走することになった。

注

（1）任命は四月一五日付け。帝国農会参事兼幹事である（『帝国農会報』第一一巻第五号、大正一〇年五月、六三頁）。
（2）就任の辞は『帝国農会報』第一一巻第五号、大正一〇年五月、扉。なお、この文章には年月の若干の間違いがある。温が農事会に就職したのは明治三一年五月ではなく、八月一日であり、家庭の都合から帰郷したのは明治三四年二月ではなく、三三年の年である（拙著『農ひとすじ　岡田温』参照）。

第一節　帝国農会幹事活動関係

一　大正一〇年　原敬・高橋是清内閣時代

大正一〇年（一九二一）四月一四日、温は帝国農会副会長・矢作栄蔵のたっての要請により、上京した。松山から尾道までは船で行き、この日は奈良に行き、魚佐旅館に投宿し、翌一五日法隆寺、聖徳太子千三百年遠忌等を参拝し、大阪に戻り午後三時発にて東京に向かい、一六日午前八時東京に着し、帝国農会（麹町区有楽町二丁目一番地）に出頭した。温は矢作副会長に会い、幹事就任は九月からと懇請したが、拒否され、直ちに就任させられた。この日の日記に「八時着……。一旦勝山館ニ着キ、帝国農会ニ出頭ス。就任ハ九月ヨリト懇請セシモ矢作副会長承知セス。直ニ就任スヘク強要セラレ大体承知ス」とある。

温が帝農幹事に就任したときの帝国農会の役員は、会長が松平康荘（貴族院議員。慶応三年福井藩主の次男に生まれ、大正二年より帝農会長）、副会長が矢作栄蔵（東京帝大経済学部教授兼農学部教授。明治三年埼玉県生まれ、二八年七月帝国大学法科大学政治科卒業、大正九年一〇月より帝農副会長）、評議員が伊藤広幾（北海道農会副会長、衆議院議員、

政友会）、秋本喜七（東京府農会副会長、衆議院議員、政友会）、村上国吉（京都府農会、帝農議員）、中倉万次郎（長崎県農会、帝農議員、衆議院議員、政友会）、山口左一（神奈川農会、帝農議員）、堀尾茂助（愛知県農会、前、衆議院議員）、斎藤宇一郎（秋田県農会副会長、衆議院議員、憲政会）、山田斂（福井県農会副会長、貴族院議員、研究会）、滝口吉良（山口県農会長）、山田恵一（香川県農会副会長）、横井時敬（特別議員、東京帝大教授、農学博士）、古在由直（特別議員、東京帝大総長、農学博士）、桑田熊蔵（特別議員、前、帝農副会長、法学博士）、原凞（特別議員、東京帝大教授、農学博士）、志村源太郎（特別議員、日本勧業銀行総裁）であった[1]。

また、帝農幹事として、福田美知（石川県生まれ、明治三九年七月東京帝大法科大学卒業、法学士、大正三年より幹事）と山崎延吉（明治六年六月石川県生まれ、三〇年七月東京帝大農科大学農芸化学科卒業、農学士、愛知県立農林学校長、帝農特別議員をへて、大正九年一一月より幹事、前幹事牛村一の後任）が居て、参事に増田昇一（静岡県生まれ、大正四年七月東京帝大農科大学卒業、農学士、一〇年一月から参事）と高島一郎（明治二三年六月福井県生まれ、大正五年七月東京帝大農科大学卒業、農学士、一〇年一月から参事。多額納税者高島茂平の長男）、副参事に内藤友明（明治二七年一二月富山県生まれ、旧姓大野、大正六年東京帝大農科大学実科卒業、九年一月調査嘱託に採用、一〇年一月から副参事）がいた[2]。

そして、温の就任により各幹事の会務は、福田美知が庶務部（庶務人事に関する事項、会計に関する事項等）、温が事業部第一部（調査部、調査に関する事項、図書に関する事項）、山崎延吉が事業部第二部（地方部、系統農会指導奨励等）を任務分担とした。なお、帝農の事務所は、麹町区有楽町二丁目一番地にあった（それまでは赤坂溜池三会堂[3]）。

四月一七日、温は横井時敬先生（帝農評議員、東京帝大教授）を訪問、挨拶し、一八日には山崎、福田の両幹事と来る帝農評議員会、道府県農会長及び同役職員協議会の打ち合わせをした。二一日に温は就任挨拶状を認め、以降各界に就任挨拶に回った。二二日は帝農会長松平侯爵邸と農商務省の各課、二三日は秋本喜七（帝農評議員、東京府農会副会長）と古在由直（帝農評議員、東京帝大総長）、二四日は横井時敬を再度訪問した。このとき、横井先生からは帝国農会への不満を聞いている。この日の日記に「横井先生ノ自宅ニ訪問ス。帝国農会ニ対シ慊焉タルモノアリ。先生ノ意見ニモ当ラサル処アルモ、帝国農会トシテハ注意スヘキコトナリ」とある。内容不明だが、横井は矢作栄蔵ら帝農幹部に不満を有していたことがわかる。二五日は産業組合中央会、二六日は石黒忠篤農政課長宅、二七日は駒場に原凞先生（帝農評議員、東京帝大教授）、西ガ原農事試験場に安藤広太郎先生（農商務省農事試験場長）を訪問、挨拶をした。

さて、温が幹事に就任したときの内閣は、原敬政友会内閣（大正七年九月二九日～一〇年一一月一三日）であった（農商務大臣は山本達雄）。そして、原内閣の食糧・米価政策は、米騒動を受け、生産面では内地における開墾助成法（大正八年四月）による生産拡大と植民地朝鮮における産米増殖政策（大正九年一二月）の二本柱であり、流通面では臨時財政経済調査会の答申に基づいて第四四議会に提出された、米穀の需給調節を図る米穀法の制定（大正一〇年四月）であった。また、土地政策は、小作争議の激化に対応し、農商務省に小作制度調査委員会を設置し（大正九年一一月）、石黒忠篤農政課長が中心となり改革のため検討を始めた。

さて、本年の経済状況をみると、大戦のブームが前年の大正九年三月の株式の暴落を契機に崩壊し、戦後恐慌・農業恐慌が続いていた。例えば、米価（一石当たり）をみると、大正九年三月には五四・五四円と高値であったが、四月に五一・七五円、五月に五〇・六〇円、六月に四四・四二円へと下落し、さらに一〇月に三七・二五円、一一月に三二・三七円、一二月に二六・三一円と年初の半値以下に大暴落し、この米価暴落が大正一〇年に入っても続き、一月二七・九一円、二月二六・五五円、三月二五・五二円と推移し(4)、農業恐慌状態を呈していた。

この米価大暴落に対し、帝国農会は大正九年六月に道府県農会役職員協議会、一〇月に第一一回通常総会を開き、米価維持に関する決議を行なったが、微温的形式的であった。そこで、地方農会から突き上げがあった。大正九年一一月二七、二八日に富山市で北陸四県農会ならびに農政倶楽部の連合会が会議を開き、帝国農会に対し米穀対策の全国会議を招集するよう要望した。また、同年一二月二日には兵庫県農会の主唱で、神戸市で兵庫外二府三県農会主催の全国道府県農会並びに農政倶楽部代表者協議会が開かれ、そこで、画期的な米投げ売り防止の決議を行なった。それを受けて、帝国農会は一二月一三、一四日の両日、帝農主催の第一回道府県農会代表者協議会を東京で開き、一石三五円以下の不売を決議し、一二月二五日から米投げ売り防止運動を展開し（実際は早くも一五日から実施）、翌一〇年四月四日の米穀法公布日までの約四カ月間にわたって続けられた[5]。そのような、農業恐慌時に温は帝農幹事に就任したのだった。

大正一〇年四月二八日、帝農は全国評議員会を開催した。志村源太郎、横井時敬、原凞、堀尾茂助（愛知）、秋本喜七（東京）、村上国吉（京都）の各評議員が出席し、米投げ売り防止運動について矢作副会長が報告し、また、二九、三〇日開催の道府県農会長会、同役職員協議会に提出する議題の協議を行なった[6]。

四月二九〜三〇日、帝農は道府県農会長及び同役職員協議会を事務所にて開催した。全国から六七名の農会長、副会長、幹事技師らが出席した。会議事項は、（一）米投売防止に関する顛末報告、（二）米穀法施行に関する件、（三）郡制廃止に関する件で、一日目（二九日）午前一〇時開会し、矢作副会長開会を宣し、新任の参事兼幹事の温を紹介し、ついで、山崎延吉幹事が「米投売防止に関する顛末」を報告し、後、「米穀法実施に関する件」を議題とし、米買い上げ時期、買い上げ数量等について意見が出された。午後は農商務省より岡本英太郎農務局長及び石黒忠篤農政課長が出席し、産業上郡制廃止に関する当局の意見についての説明及び質疑があった。そして、二日目（三〇日）に午前八時より福田幹事同道し、秋本喜七ら委員七人が山本達雄農商務大臣、中橋徳五郎文部大臣を訪問し、米穀法の実施を早くすること、農会法改正を次期議会に提出されんこと等を陳情し、あと、協議会を開き、「米穀法実施に関する建議」、「郡立学校の県費支弁に関する建議」、「郡農会補助に関する建議」等を決議した。このうち、「米穀法実施に関する建議」は次の如くで、米穀法の早期発動、四〇〇万石以上の買上げを求めるものであった。「一、米穀買上の実行甚だしく遅延し已に其時期を逸せるの憾みあり。政府は一日も早く速に之れに着手せられたきこと。二、買上数量は四百万石以上たること。三、第一回の買上は期間一ケ月以内に於て少なくとも二百万石以上たること。四、買上米は硬質米と限定せざること。五、買上に就ては生産者の団体に特別の便宜を与へられたきこと。六、買上価格は生産費をも斟酌して定められたきこと。七、証券の割引に対する加算額は再割引の手数料等をも充分に考慮せられたきこと。八、外米の輸入を速に制限せられたきこと」(7)。

五月一日、温は山崎幹事とともに石黒農政課長宅を訪問し、農会法改正（農会費の強制徴収等）について懇談した。また午後一時より講農会（東京帝大農科大学農学実科等の同窓会、温が会長）は赤坂三会堂にて来る一〇月ジュネーブにて開催の第三回国際労働会議に使用者側代表として出席する田村律之助（栃木県農会副会長、明治二二年東京農林学校簡易科卒）のための農業労働問題研究会を開き、出席した。

五月二日、温は愛媛への帰途につき、翌三日午後九時帰郷した。四日、温は県庁に出勤し、県の辻本正一勧業課長に帝農幹事就任について内諾を求めた。六日から温は、帝国農会の用務で大分市における九州八県連合共進会視察のため出張し、七、八日の両日、大分での共進会場を視察した。八日の夜八時発の高坂丸にて帰途につき、翌九日朝七時高浜に着した。九日は県庁に出勤し、県技師として従来から取り組んでいる愛媛県の産業調査会の業務に従事した(8)。また、この日、『愛媛県農界時報』(9)に国際労働会議についての原稿「農業の重大問題（第三回国際労働会議）」を草し、一〇日も同原稿を草した。一一日は県庁に出勤、一二日は午前県農会、午後県庁に出勤、一三～一八日も県庁に出勤し、産業調査会特別委員会に提出する愛媛県「産業政策要項」の原稿を起草した。また、一八日の午後は久米村にて開催の一三カ村篤農家懇談会に出席し、講話を行なった。二〇～二二日は伊予郡役所における婦人講習会に出席し、講話を行ない、二二日に証書授与式を行なった。

五月二三日に温は産業調査会特別委員会に提出する「産業政策要項」の執筆を終え、二四日、午後一時より農工銀行楼上にて産業調査会の最後の特別委員会を開催し、温が「産業政策要項」の提案説明を行ない、そして、二五、二六日に同特別委員会で討議を行ない、同「要項」を決議した。

五月二七日には石井村で麦多収、苗代精農表彰の賞状授与式を挙行し、農政問題について講話した。二九日は『愛媛県農界時報』の原稿「農業の重大問題（第三回国際労働会議）」の執筆、三一日に『愛媛県農界時報』の原稿を草了した。同原稿「農業の重大問題」は『愛媛県農界時報』に三回にわたって掲載された。その大要は次の如くで、日本農業は小規模な家族経営が大部分だから、欧米の農業組織と異なっており、慎重にすべきだというものであった。

「来る十月スイスのジュネーブにて第三回国際労働会議が開催され、今回は農業労働問題が中心となっており、我が農業に重要な関係を有するのだが、農業者は馬耳東風に看過している。今回の会議に日本の代表者は四名で、内二名は政府代表（前農商務次官犬塚勝太郎、前農務局長道家斉）、一名は資本家代表（栃木県の地主田村律之助）、一名は労働者代表（宮崎県で岡山孤児院の開墾地管理者松本圭一）であり、それぞれに数名の顧問が同伴している。農業は工業と異なり、天然条件に支配され、各国著しく差異があり、殊に日本の農業は小規模の企業者的家族経営が大部分であるから、欧米の大農組織とは全然事情を異にし、したがって、欧米の農業組織における労働問題と日本の農業組織における労働問題とは余程趣を異にしている。例えば、農業労働者の労働時間を九時間とか一〇時間に制限する問題は労働者のみならず、家族労働にも適用せねばならず、価格問題にも関係し、難問題でしばらく結論を保留する。次に農業労働者の失業問題だが、日本では今のところ供給不足であり、失業問題は起こっていない。次に女子の夜間労働の一〇時以降の制限問題について、普通農事には殆ど関係がないが、養蚕業には多大な関係があるから特別な規程を設ける必要があろう。最後に農業労働者に組合権、同盟罷業権を認める問題であるが、被傭労働者にかぎるならば問題はないが、しかし、小農、小作者が余暇で雇われる場合も一切労働者とみるのだから乱用され、農村の平和が攪乱されるかも知れない、だからよほど慎重にしなければならない」[10]。

六月一日、温は零時半の自動車にて今治に出張し、知己の田坂庄三郎（今治市農会長）、加藤徹太郎（県会議員、前、桜井村長）、升田常一（越智郡技手）らに会い、帝農幹事就任の件について詳話、歓談し、二日は越智郡農会及郡役所を訪問し、帰松した。三日は午前県農会に出勤し、米買い上げに関する郡農会長会開催の計画、午後は『産業調査要項』の冒頭部分の起稿、四日は田村律之助に贈る農業労働問題に関する意見を草した。五日は米穀法の実施に伴う米買い上げに関する打ち合わせのため、郡農会長会を開催し、亀岡哲夫会長、門田晋幹事、加藤和一郎技手、各郡農会長、また、県から藤井伝三郎らが出席し、協議した。

六月六日、温は『産業調査要項』の原稿を終稿した。それは、三年にわたって行なった本県産業の現状ならびに過去の歴史を描写した『産業調査書』を簡単な『産業調査要項』に編成したものであり、そして、この産業調査をもとに立案した「産業政策要項」が掲載されていた。この「産業政策要項」は、本県の行政及び各機関の整備（産業部の組織改善、試験研究機関の整備、民間機関の督励、実業教育の奨励等）、生産能率の増進（農業者への講習、農業経営改善、金融の充実）、社会的施設（小作制度調査会の設置）など、総合的で具体的な改善政策の提案であった[11]。

この「産業政策要項」のうち、農業政策要項についてみれば大要次の如くである。

第一項　制度及び機関の整備

(一)産業部の組織

産業政策上、制度を革新し、商工、蚕糸、農務、水産等を独立課とすること。

(二)試験研究機関の整備

農業試験場の整備。現今農業生産上可及的急速に試験研究を要するは、一、米麦多収穫栽培の大障害である病虫害の防除、良品種の選定、すなわち、安全なる多肥栽培法、二、各特用作物の増収ならびに加工利用法の増進、三、果樹栽培及び貯蔵に関する研究、四、農具に関する研究指導であり、その目的を達成するに必要なる施設をなすこと。

(三)民設機関の督励

産業状態が複雑になるに従い、生産、販売、金融、その他に対し、施設を要するもの頗る多い。そこで、各産業者は同業者の団体組織により各自研究し、自治的に改善発展を図る必要がある。官はその民設機関を経費を補助して督励し、その発達を助長する必要がある。民設機関中、よく系統的に組織せられ、発達しているのは農会であるが、町村農会のなかには、不備不振のもの少なくないので、特に指導奨励をなす必要がある。

(四)実業教育の普及充実

農業教育は、程度の高い農業学校(甲種)は現状にとどめ、県もしくは町村組合において乙種程度の農学校の増設を図ること、また実業補習学校の充実を図ること、また、農林業技術者養成所を改正して、町村の専任者の地位待遇を改善すること。

第二項　生産能率の増進

(一)教育的施設

農業者のために講習講話、巡回指導、共進会、品評会、展覧会、競技会の開催を図ること。

(二)経営組織改善に関する施設

一、基本的調査及施設

市町村産業調査、農業基本調査を行うこと、耕地の拡張および改良を行うこと。

一、生産的施設

一、食糧作物の多収穫奨励並に右奨励に対する障害の排除。

米麦栽培者は価格の騰落に鑑み、その生産方法に疑惑を抱くに至りたるも食糧充実の急務なる国策に鑑み、可及的多量収穫の栽培を奨励するを必要とする。しかし、多量生産の結果が往々生産者の不利益を招致する場合があるので、多収奨励とともに農業倉庫の利用、低利資金の融通、地主小作問題の調和、等生産の障害事項の排除に関する施設を併用すること。

一、各特用作物及甘藷の加工利用販路に関する調査研究並に増殖奨励。

一、肥料取締りの励行及び使用法に関する指導など。

一、分配的施設

農業倉庫の充実。食糧の充実並びに米価調節上、農業倉庫は最も重要な機関であって、産米額の約一割七分を収容できるように、建設費の四割五分を補助し、倉庫を建設すること。また、穀物輸出検査所及び検査場の設置、南予の米産地に穀物検査を施行すること。

(三)金融の充実

産業組合の普及充実、低利資金の供給および産業資金の造成を図ることなど。

第三項　社会的施設

（一）小作制度調査会の設置

小作問題は天下の難問題にして、農村においては思想問題の核心となり、村治、産業、その他一切に累を及ぼす性質を有す。今や農村は桃源郷里にあらず。著しく時代思想の影響を受けつゝあるをもって、これを放任すれば大問題を惹起し、多年の奨励施設を一朝にして根底より破壊せんとするが如きを以て、地主、小作、官庁、農会から委員を選出し、小作制度調査会を設置し、小作制度の改善、地主小作間の融和、自作農の創設、地主会の斡旋等を図ること

（二）移住出稼者に関する施設

本県においては入稼者に比し出稼者多く、これに対する斡旋指導をする必要がある。

このように、「産業政策要項」の中で、農務課の独立、農業試験場の整備、農会の奨励、農業実業教育の重視、多収穫栽培の奨励とともに生産者の経済的不利益の除去対策のために、農業倉庫の普及、産業組合の普及による低利資金の供給、小作制度の改善、地主小作の融和、自作農創設、等の方針を正面から打ち出しており、温の視野の広い政策能力の高さとその先見の明を示すものであったといえよう。

六月六日の夜、温のために石井村有志による送別会があり、出席した。気分がよかったのだろう、酩酊している。「午後五時ヨリ天山橋ニテ村有志八十余名ニテ送別会ヲ開ク。非常ニ酩酊シ、一時頃帰宅ス」。

六月八日から温は再び、帝農幹事としての業務に従事した。この日午前八時高浜発厦門丸にて出発し、九州各県農会視察（各県農会の動静、米買上げに関する農家の態度調査、郡制廃止と農会の善後策など）に出かけた。翌九日午前六時宮崎につき、宮崎県農会、宮崎郡農会を視察、一〇日は吉田貞造（宮崎県農会技師兼幹事）らとともに宮崎郡住吉村及び北

諸県郡五十市村を視察し、都城の水元旅館に投宿し、一一日は北諸県郡農会を視察し、鹿児島に向かい、薩摩屋旅館に宿泊した。一二日は愛甲彦寿（鹿児島県農会技師）らとともに桜島を視察し、また、西桜島村役場を訪問した。また、この日、恩師の玉利喜造先生宅を訪問した。(12)一三日は鹿児島県農会及び谿山村を視察し、また、玉利先生を再度訪問した。一四日は薩摩郡農会を視察し、熊本県球磨郡人吉町に行き、このしや旅館に宿泊。一五日は有川善太郎（熊本県農会技師）らとともに熊本県八代郡農会及び郡築村を視察し、熊本に行き上林町丸小旅館に投宿した。一六日は熊本県農会を視察。一七日は飽託郡農会を視察し、熊本を出て、大牟田市に行き朝日旅館に投宿した。一八日は大雨、大洪水のため大牟田にとどまり、一九日午前一〇時大牟田を出て、長崎に行き、午後六時着し、徳永正俊（長崎県農会技師）に迎えられ、大村町の福島屋に投宿。二〇日は長崎県農会及び県庁を訪問し、諫早に行き北高来郡農会を視察し、佐賀県武雄町に行き、田崎竹一（佐賀県農会技師）らに迎えられ、東京屋に投宿。二一日は杵島郡農会、小城郡農会を視察し、佐賀市に行き、田口文一（佐賀県農会長）、田崎技師らと夕食をなし、宿泊。二二日は佐賀県農会を視察し、福岡に行き、福岡県農会の米倉茂俊、広吉政雄らに迎えられ、栄屋に投宿。二三日は午前福岡県農会を視察、午後農科大学（九州帝大）訪問。そして、森部隆輔（福岡県農会幹事）、南波清三郎（福岡県農事試験場技師）、旧友の浅田岩吉（福岡県農業技師）、見山慶二郎らと会食。二四日は大森武雄（福岡県農会副会長）らとともに遠賀郡、鞍手郡、田川郡の炭坑被害地を視察し、大分県別府に行き、山越金次郎（大分県農会技師）の出迎えを受け、松屋旅館に投宿。二五日は山越技師とともに速見郡農会、大分県農会を視察し、午後八時出発の高坂丸にて愛媛県高浜港に向かい、翌二六日午前八時帰松した。二七日は愛媛県農会評議員会の開催、二八、二九日は喜多郡三善村の農業基本調査の原稿手入れ等を行なった。

六月三〇日、温は東京での帝農幹事の業務遂行するため、上京の途につき、七月二日朝七時半東京に着し、以降幹事として種々業務を始めた。四日は山崎、福田幹事と三人にて日本勧業銀行に帝農評議員の志村源太郎（勧業銀行総裁）を訪問し、米穀法による米買上げに関する意見を聞き、午後六時より評議会を開催した。矢作副会長、横井時敬、原凞、秋本喜七及び前幹事の牛村一[13]らが出席し、矢作副会長不在中（一〇月のジュネーブでの第三回国際労働会議に出席）の事務処理及び米穀法による米買上げ問題を討議した。五日は評議員会決議により米買上げ第二回施行に関する建議を議した。六日は農業労働問題に関する意見を起草、七日は農商務省に長満欽司食糧局長を訪問し、米問題につき意見を交換し、米買上げを求めたが、長満局長は第二回買上げは言明しなかった。八日早朝、温は矢作副会長宅を訪問し、府県農会代表者会開催の相談をし、翌九日、来る一九・二〇日に開催することを決定し、各府県に通知した。一〇日は農業労働問題の起草、一二日は農会代表者会議に関する一切の準備を行ない、一三、一四日は農業労働問題の執筆等を行なった。

七月一六日から一八日まで農相官邸にて、小作制度調査委員会の特別委員会[14]が開催され、温はこのときから嘱託として参加するようになった。

七月一九、二〇日の両日、帝国農会は本会事務所にて道府県農会代表者協議会を開催した。全国から四七名の農会長（副会長、幹事、技師）らが出席した。協議事項は一「第一回政府買上米に関する各地の状況並びに同問題に対し今後農会の採るべき方法如何」、二「郡制廃止の農会に及ぼす影響並びに其対応策」であった。農商務省からは長満食糧局長、対島弥作技師、渡辺五六技手らが臨席し、愛媛県農会からは多田隆技師が出席している。そして、協議の結果、「政府米買上に関する建議」「郡制廃止の農会に及ぼす影響並に其対応策の件」を決議している。前者の建議は「米価を適当に維持して農民の利益を保護するは、食糧の増殖を奨励し其供給を潤沢ならしむる所以にして、抑も亦米価の暴騰を未然に防止し国民の生活を安定せしむべき根本方策なり。米穀法精神亦此外に出でざるべきは多言を要せず。然るに本法の実施せらるゝや、第一回の買上方法其の当を失したるが為、価格調節に対し殆んど何等の効果なかりしのみならず、政府の標榜せる数量調節の目的をも達すること能はず、其成績所期の如くなさざりしは頗る遺憾とする所なり。政府は宜しく第一回の成績に鑑み、左記各項を考慮し、速に第二回の買上を実行し本法制定の目的を達成せられんことを要望す」で、米穀法の精神・効果が達成されていないことを批判し、米穀法制定の目的にもとづき第二回目の米買上げを政府に求めるものであった。後者の建議は大正一〇年四月郡制廃止に伴い、郡農会への郡費補助が廃止され、郡農会の活動に支障を来すことになるために、農会費の強制徴収のため農会法の改正、農会への国庫補助の増額等を求めるものであった。(15) これらの建議案は先の日記から判明するように温が執筆したものと考えられる。

七月二〇日、帝農は夜六時より鉄道協会にて今回ジュネーブの国際労働会議に出席する矢作栄蔵、横井時敬（政府側顧問）や田村律之助（使用者側代表）の送別会を行ない、二一日、温は田村に国際労働会議質問書の回答書を手渡した。この日の日記に「労働会議質問書ノ回答弁ヲ田村代表ニ」とある。ここから、田村の国際労働会議での発言は温の考えが大きく反映しているものと考えられる。

七月二二日、温は石川県の町村農会長会議に出席のために出張した。この日午後八時上野発にて出発し、翌二三日午後一時石川県大聖寺に着し、松田豊彦（石川県農会技師）に迎えられ、江沼郡物産陳列場にて開催の町村農会長会に出席し、夜は松田技師らと片山津温泉に行き、森元第二別荘に投宿した。二四日も町村農会長協議会に出席し、温は午後二時より約一時間半余り、農会の事業施設に関する基礎観念について講演した。終わって、駒場会に出席し、松田技師に見送られ、午後八時四四分発にて金沢を出発し、愛媛への帰国の途に着き、二五日午前七時大阪に着し、一〇時三〇分発の第一二宇和島丸に乗り、翌二六日午前八時帰宅した。

愛媛に帰国して以降、温は再び、県庁と県農会に出勤し、種々業務に従事した。七月二八日には温は県庁の辻本正一課長に面会し、県当局の了解を得ずに帝農幹事に就任したことを弁明した。この日の日記に「辻本課長ニ上京一件（上局不了解）ノ状況ヲ聞キ、意見ヲ述フ」とある。二九日には県庁に出勤し、産業調査書の編集をした。

七月三〇、三一日は『愛媛県農界時報』の原稿「地主の研究」の執筆をした。温の地主観がわかる。その大要は十把一からげに背徳人扱いする世間の地主批難に反論し、地方で公益的役割を果たしている小地主を擁護し、覚醒を求めるものであった。

「都会の労働問題とともに農村の小作問題が発生し、現在の片務的小作契約は早晩何とかしなければ納まらないのは何人も認めるところである。しかし、この際大いに考えなければならないのは地主である。現在学者も政治家も社会の要地にいる人々の九分九厘は地主を不労所得者とみなし、批難し、同情者は殆んど見当たらない。しかし、英国では一八四六年に穀物法を廃止したため忽ちにして土地の価値が二分の一、三分の一に激落した、また、ロシア革命で地主は一朝にして全滅した、これを如何に観察するか、社会の多数が地主の現在の行動に問題ありとして、国家が法をもって拘束すれば如何にする、小作争議で小作人の心が地主を離れたらどうするか、理屈の如何に拘わらず、多数の世間の批難があれば地主は覚醒反省すべきでないか、他方覚醒反省すべき理由なしとすれば正々堂々反駁論難すべきでないか。しかし、世間の地主批難が当たらざること多い。すなわち、地主は全部富豪にあらず、聖人君子にあらず。ゆえに地主の負担に堪ゆる範囲の条件をもって論難するにあらずんば公平なる批判でない。地主を批判する場合は予め階級を指定しなければ徹底しない。本県の地主階級の数は（大正八年）、五反以内が五八・六六％、五反～一町が二一・八三％、一～三町歩が一四・二九％、三～五町歩が三・四二％、五～一〇町歩が一・三二％、一〇～五〇町歩が〇・四六％、五〇町以上が〇・〇二％である。地主にも富豪もあれば貧乏人もある。雑漠なものをとらえては地主問題は論ぜられない。次に、世間は普通に地主とは小作人を持っているものをいうが、これも種々雑多である。一・二町～二・三町所有している小地主は一部は自作し、一部は小作し、なるほど堅実な生活をしているが、負債もあり、その生活は汲々し、年々減少している階級である。三～五・六町の地主は経済上の地位は稍安固で村の指導者となって村の世話を出来るぐらいの義務は負担できるが、調子に乗って政治に関与すれば忽ち財産を失い、現状維持がすこぶる困難な階級である。一〇町以上の地主となれば村落にては立派なもので社会奉仕をなす余力があるが、しかし、都会の資本家に比べれば貧弱なものである。それ以上の地主となれば、余力があり、地方に対し尽力をせんと欲せばなし得る階級である。小作問題は勿論、総ての農村問題は地主の態度如何により善悪何れなりとも進展する。一部の学者論客が主張する如く、地主は次第に土地を失い、滅亡にいたるほかないというが、それは社会主義の理想に近づくが、農村の実際問題として如何にや、地主なき状態（古代の区分田時代）が農村の幸福なりや。土地を国有とするは社会主義者の信条なれど、世界の農民は総て反対である、ロシアはこれを採用して国民は餓鬼道に走った。農家が衣食に汲々するばかりで社会の劣等者集団となってしまえば、農村の圧迫に対し対抗する力がなくなる。戦争にも兵隊だけでなく将校が必要である。農民を代表して実業界、政治界に角逐する闘士将校を必要とする、それには相当の修養と経済力を有した地主階級を必要とする、現在最も活動しているのは小地主だが、今後は中地主、大地主の活動を要望する。だから、小作争議を起こして地主を滅亡の淵に陥れるが如き論難、攻撃は考えものである。しかしながら、覚醒もせず、小作者を撫育もせず、村の世話もしない我利一点張りの地主は国家社会より排斥されても仕方ない。概して、地主を尊重し、分に応じ地主にまっとうな道を歩ませ、地方公益のために義務を果たすよう要求すべし、地主を一括して背徳人扱いするのは不心得である」[16]。

八月二日、温は国際連盟の第三回国際労働会議総会（一〇月開催）に政府代表顧問として出席する矢作副会長のジュネーブ行きを見送るため、午後二時高浜発の船にて神戸に向かった。三日午前七時神戸に着し、夜六時からの海岸通りの某亭にて、来神の福田美知（帝農幹事）や兵庫県農会の人たちとともに矢作副会長のための最後の送別宴を催し、この日温は下通り清風館に投宿した。翌四日午前一一時、温は福田美知、前瀧千仭（兵庫県農会技師）らと矢作博士を見送った。この日の日記に「栈橋会社ニ行キ矢作博士ニ面ス。十一時出船ヲ船中ニ見送ル。外国行ノ見送ハ盛ナモノナリ。クライストハ一万頓、独乙ノ分捕船ナリ」とある。温は矢作博士を見送った後、第一二宇和島丸にて帰途につき、翌五日午前七時帰松した。そのあと、温は県庁に出勤し、帝農幹事への就任にかんし、川上親俊内務部長に詫びを入れた。この日の日記に「内務部長ニ面会シ、先日上京一件ノ詫ヲナス。然ルニ部長ノ言動左程トガムルニ非ス……。察スルニ勧業課長ノ細工過半ナルカ如シ」と記している。ここから、県当局の上層部は了解しており、辻本勧業課長が賛成していなかったことが伺われる。

八月七日、温は石井信光（愛媛県農会書記）とともに、喜多・西宇和郡の青年講習会等のため出張の途につき、高浜港より船にて長浜に行き、午後六時出石寺（真言宗）に着した。八日から一〇日まで、温は出石寺にて開催の喜多・西宇和両郡の青年講習会に出席し、来会の生徒一一五名に対し講義を行なった。一一日は午前六時半出石寺を出て、大洲町に向かい、一一時大洲に着し、小西に投宿した。一二日は午前八時より大洲町の如法寺にて開会の喜多郡篤農懇談会に出席し、午後は農商課長臨席の上、麦多収穫品評会賞状授与式を挙行した。一三日は午前七時発にて内子町に向かい、親戚の芳我芳蔵宅を訪問し、岡井一郎（温の甥）の結婚挙式日取につき相談をし、九時大洲発自動車にて出発し、午後一時帰松した。一四日は日曜日であったが、「産業調査要項」の校正が来ており、訂正した。

八月一五日、温は、福井県農会主催の農会職員懇談会出席のため、午前一〇時半発第一三宇和島丸にて、海路神戸に向かった。一六日午前四時神戸に上陸し、五時五〇分発にて福井に向かい、午後三時福井に着した。帝農会長の松平康荘侯爵を訪い、五時一〇分発にて敦賀に向かい、七時三〇分着し、藤高亨爾（福井県農会技師）の出迎えを受け、具足屋に投宿した。翌一七日、温は午前一〇時より敦賀町小学校にて開催の農会職員懇談会に出席した。各郡より二五〇余名が来会し、この日は農商務省技師の渡邊侃治（明治四二年東京帝大農科大学農学実科卒）が講演した。一八日は午前一〇時より温が農会の奨励施設の基礎要件について講演した。終わって、午後一〇時発にて帰郷の途につき、一九日午前五時大阪に着し、八時発の第一二宇和島丸にて乗り、翌二〇日午前七時高浜に着した。その後、県庁に出勤し、「産業調査要項」の訂正、其他雑務を行なった。多忙である。そのためか、二一日以降温は体調を崩している。二五日から温は再び県農会に出勤し、二六、二七日は午後一時より四時まで愛媛県農業技術員養成所生徒に講義を行なった。二九日は午前中は石井小学校における中堅青年講習会に出席し、一〇時より一二時まで講義をし、午後は養成所の生徒に講義。三〇日も午前八時より一時間、石井小学校で中堅青年講習講話、午後は養成所で講義。三一日も中堅青年講習会で講義を行なった（この日にて終了）。

なお、温は八月二七日に辻本正一課長に面会し、県庁の産業調査事務嘱託解任を申込み、三〇日、ようやく県庁の産業調査の嘱託の解任がなされた。この日の日記に「県庁ニ出テ知事ニ面会ス。本日ヲ以テ県嘱託ヲ解カル。但シ此間ニ於ル課長ノ処置冷酷ナリシカ如ク、頗ル不快ヲ感ス」と記している。

九月一日、温は県庁に出頭し、知事以下各課に県関係職務解任の挨拶をし、午後は二時間農業技術員養成所生徒に対し講義した。二日は県農会に出勤し、町村農会技術者設置及び配置を考案した。三日は県農会主催の郡農会長及び技術者協議会を開催した。四日から六日まで三日間、県農会主催の高等農事講習会を県公会堂にて開催し、講師の河田嗣郎博士（京都帝大経済学部教授）が「農業労働者の減少と人口の都市集中の原因について」と題し、講演を行ない[17]、温も出席し、また、その後、温は博士をホテルに訪問し、小作問題について話を聞いた。五日も温は午前中博士の講演会に参加した。

九月五日、温は午後二時半高浜発にて、国際連盟の第三回国際労働会議総会に政府側顧問として出席する横井時敬先生ら一行を見送るために広島を経て神戸に向かい、翌六日午前六時過ぎ神戸着した。そして、一一時北野丸にて出帆の横井時敬、岡本英太郎（農商務省農務局長、政府代表）、伊藤悌蔵（農務課長）、小平権一（農商務省技師、書記官）、佐藤寛次（東京帝大助教授、使用者側顧問）、田村律之助（使用者側代表）の諸氏を見送り、終わって、午後三時神戸発の第一五宇和島丸にて帰途につき、翌七日午前七時半高浜に着した。温はそのまま、県農会へ出勤し、亀岡哲夫県農会長及び門田晋幹事と明年度愛媛県農会事業計画及び予算の大綱を協議、決定した。八日は午後一時より四時まで農業技術員養成所の生徒への講義を行ない、夜は六時より明治楼にて愛媛県知事ら県高等官による温の送別会がなされた。九日、温は伊予郡原町村役場での伊予郡農会主催の農会事業研究会に行き、同村内に農会廃止を唱えるものがあり、農会不振のため、農会の必要につき、有志篤農家一六〇余名に対し、二時間余講演を行なった。一〇日は来る関西府県農会聯合会の準備および養成所の生徒に講義を行なった。一一日、温は多忙のため、久松家果樹園嘱託辞任願いを別邸に提出、一二日は甥の岡井一郎の結婚式に出席し、一四日は午後養成所の生徒に講義した。

九月一六、一七日の両日、愛媛県農会主催で松山で第一九回関西府県農会聯合協議会を開催した。全部で三四名が出席し、帝農からは福田美知幹事、増田昇一参事が臨席した。議題は「農会令改正に関する希望要項」「税制整理に対し農業者の利害関係事項の考究」「地主小作問題に関し府県農会の執るべき方法」等であった[18]。一九日、温は伊予郡砥部村農会事業研究会に行き、農会の必要につき講演し、午後は養成所の生徒に最終講義を行なった。二一日は県庁に行き、辻本課長に面会し、産業調査事務切上げについて協議を行なった。

以上のように、松山に帰ってからの温の業務は極めて多忙であった。

九月二二日、温は帝農幹事としての活動のため上京の途につき、翌二三日午前七時着京し、以降、帝農幹事の業務に従事した。二四日は帝農第一二回通常総会提出問題の起草を行ない、二六日も同問題の起草を行ない、午後六時からは在京評議員会を開催した。二七日～三〇日も総会及び委員会提出問題の起草を行なった。

一〇月一、二日、帝農は全国評議員会を開催し、志村源太郎評議員が議長となり、総会提出問題を協議した。三日は自作農創設の意をもって登録税免除建議案を草した。

一〇月四日から七日までの四日間、帝国農会は第一二回通常総会を開催した。全国から四五名の農会長及び五名の特別議員が出席した。帝農側から福田美知、山崎延吉、温らの幹事が出席し、農商務省側から山本達雄農相、石黒忠篤（農政課長）らが臨席した。一日目（四日）、松平康荘会長病気、矢作栄蔵副会長渡欧不在のため、志村源太郎特別議員が議長になり、議事を進めた。山崎延吉幹事が会務報告、福田美知幹事が大正一一年度の予算案等の説明をし、ついで農商務大臣の諮問案「市町村農会経費賦課の方法並びに其制限如何」「市町村農会の総会に代わるべき代議員会に付代議員選挙に関する規程如何」について石黒忠篤農政課長より説明がなされ、後、山本達雄農商務大臣の告辞があった。二日目（五日）、建議案「農務省新設に関する建議案」「郡制廃止に伴ふ郡農会経営に関する建議案」「米籾輸入税に関する建議案」「小作法制定に関する建議案」「農業者の租税其他公課負担に関する建議案」「自作農奨励上特に登録税免除並に低利資金融通に関する建議案」が提案、説明され、多くは可決された。なお、これらの建議案は日記から判明するように温が大半起草したものと考えられる。三日目（六日）、農商務大臣の諮問案、予算案等の委員会が開催され、四日目（七日）にすべての議案が可決された(19)。

一〇月一八日から温は愛知県に篤農家懇談会、郡市農会協議会、小作争議視察等のために出張の途につき、この日午前一〇時出発し、午後九時二〇分安城町に着し、赤松弘（愛知県農会技師）の出迎えを受け、豊田旅館に投宿した。翌一九日、温は安城町の農林学校における篤農家懇談会に出席し、来会の篤農家一四〇名余、有志一〇〇余名に対し、「農民の政治的覚醒」と題し講演を行なった。夜は山崎延吉宅に投宿した。二〇日も懇談会に出席、農事試験場の参観等を行ない、豊田旅館に投宿した。二一日は岡崎市公会堂における三河西部郡市農会の郡市農会役職員懇談会に出席し、終わって名古屋に向かい、桶屋町山田旅館に投宿した。二二日は西春日井郡役所における尾張郡郡市農会役職員懇談会に出席し、温は農会の事業について講話を行ない、二三日は赤松弘（愛知県農会技師）とともに愛知郡天白村大字野並に行き、小嶋通を訪問し、同村の小作問題の状況を聴取した。温はこの日の日記に「人心ノ趨向眞ニ寒心スヘシ。隣村笠寺、鳴海等ノ小作問題ハ兎ニ角、本村ノ如キハ地主ニ同情セザルヲ得ズ」と記している。二四日は稲沢町農業館（郡農会事務所）における萩原町の地主・小作問題に関する善後策を講ずる会合に出席した。この日の日記に「種々有益ナル資料ヲ得タルモ、要スルニ問題発生ノ要因ハ十分ニ伏在セル処ナリ。要スル半農半商工ノ地ナリ」とある。終わって、午後二時半発にて神戸に行き、清風館に投宿し、翌二五日兵庫県農会事務所にて開催の関西連合販売斡旋処協議会に出席した。終わって、午後八時神戸発にて、上京の途につき、翌二六日午前八時着京した。

一一月一日、温は農商務省に行き、福岡県における農業倉庫理事者養成講習会（一二月予定）の講師の打ち合わせをした。

一一月二日、温は米生産費調査項目の研究を始めた。この日の日記に「米生産費調査ノ研究ヲ開始ス」とある。大正一一年から帝農は米生産費調査を全国的に実施するが、ここから温の発案で開始されたことがわかる。

一一月四日に原敬首相が暗殺されるという衝撃的事件がおきた。温の日記にも「原首相午后七時東京駅ニテ中岡艮一ナルモノ丶タメニ暗殺サレル」とある。

一一月六日、温は愛媛県農会技師としての業務遂行のために、午後五時発にて帰郷の途につき、翌七日尾道に降り、午後三時尾道発の船に乗り七時半高浜に着した。八日以降、温は県農会に出勤、種々業務を見、また、県の産業調査編集等の残務を処理した。このとき、愛媛県が、愛媛県産業調査の結果にかんがみ、一一月の県会に大正一一年度の勧業関係の新事業として、三町村ごとに一人の割合をもって「市町村産業技術員」をおき、一人二〇〇円を補助する予算案を計上した。それは産業調査の政策を立案した温の提案＝市町村農会技術員の設置と異なっていた。そこで、市町村技術員の設置奨励に多年にわたり努力してきた県農会との間で鋭い対立が発生した。温もこの県庁の方針に反対であった。一二日の日記に「町村技術者問題ニ付、加藤、松本両県会議員ニ県方針反対意見ヲ述フ」とある。そして、一三日に温は政友会の県議と協議し、宮崎通之助知事（政友系）を訪問した。「日曜日ナリシモ町村技術者ノ件ニ付、亀岡会長ヲ電召シ善後策ヲ講スルタメ、例日ノ如ク出勤。県農会ニテ赤松義光君来訪シ、少時談話ノ処へ海南新聞社ヨリ電話アリ。政友会議員集合セル処へ出席シ一策ヲ提出シタルニ、衆議之レヲ容レ、清家議長、門田幹事ト自分三人ニテ知事ヲ官邸ニ訪ヒ協議シタルニ、原案ノ変更ハ承知セサリシモ、県農会補助増額ハ、其主旨ヲ賛成シタラシキヲ以テ一同帰リ、更ニ海南紙《ママ》楼上ニテ協議シ、折柄亀岡会長モ来会シ、右ノ状況ヲ報告シ、更ニ門田君ト三人ニテ、渡部旅館ニ返リ、中食ヲナシ、明日ヲ期シ散会ス」。一四日は亀岡県農会長らと明年度予算を協議した。

なお、中央政界のことであるが、一一月一三日、元老西園寺公望の強力な推薦で前蔵相の高橋是清が原敬の後継首相に就任した。閣僚はすべて留任し、農商務相は山本達雄が引き続き務めた。

一一月二〇日、温は午後八時出発の汽船にて、上京の途についた。翌二一日神戸に上陸し、大阪に行き、大阪府農会、兵庫県農会府県聯合農産物並に副業生産品販売斡旋所の協議会に出席し、二二日午後四時発にて上京し、翌二三日午前七時東京に着した。二五日には米生産費に対する要項の考案をした。

一二月上旬も、温は帝農の種々の業務・雑務に従事した。一、二日は農商務省に出頭し、農家経済調査主任会議に出席し、また、農業倉庫講習会の講師打ち合わせ等をした。七日は『帝国農会報』の原稿「戒飭すべき地主と保護すべき地主」を執筆した。その大要は次の如くで、農村で公益的役割を果たしている地主とそうでない地主を分けるものであった。

「世間で小作問題を論ずるに小作者に同情し、地主を玉石混交十把一束に強欲無情、市井の高利貸の徒とみなし、強度の色眼鏡を通して観察しているのが多いが、それは軽率な論断であること。地主批判をする場合は統計をキチンと押さえなければならず、大正八年の農商務省の田畑所有者の統計によれば、四八四万五二八〇戸中、五反未満が四割九分強、五反〜一町が二割四分強であわせて七割四分弱を占め、この階級は大部分自作兼小作、または自作者であり、小作争議の場合には小作者組になる地主であり、一町〜三町の地主は一割八分強で、小作争議の場合には中立または地主側になる階級であるが、小作料にて安全に生活しうる階級ではないこと、三町歩以上の地主は自作地よりも小作地が多く小作料が収入の大部分を占める階級で小作問題の対象となる階級であるが、僅か九分二厘に過ぎないこと。現今農村において村長、議員、農会、産業組合などの役職員を務め、最も活動しているのは二・三町ないし四・五町の自作兼小地主であり、農村の中堅であり、国家として保護・督励すべき階級であること、そして、この階級の生活は苦しく、もしこの階級を失えば農村は無産者と大地主の二階級の対立となり、社会問題はますます深刻となるので充分の理解を以て批判をしなければならないこと。近年小作者の人格を尊重し、保護啓発に努める地主が増大していることは喜ぶべき現象である。小作料の適否について、明治三一、三二年頃をさかいにわが国農業は著しく進歩した、農事改良に努力したのは小作人である、地主が小作料を上げてそれを分捕るのは正当でないこと、ただ、三〇年を基準に増騰した小作料を小作人が減額要求するは正当であるが、増騰していない小作料に対しても一様に減額を要求するは正当の理由はない、小作者は調子に乗って余りに不穏当な要求をすると社会の同情を失う[20]」。

一二月一一日、温は埼玉県秩父郡小鹿野町へ出張し、同郡農会主催の講演会に出席し、秩父町の竹寿館に投宿、翌一二日小鹿野町千歳座にて午後二時半より四時迄講演し、夜一一時帰京した。

なお、温は一二月一一日より、東京府牛込区市ケ谷田町三の一九に家を借り、移転している。

一二月一三日、温は愛媛県での県農会総会・郡市農会長会技術員協議会への出席のために、午後五時発にて帰国の途につき、翌一四日尾道より船にて午後九時帰宅した。

一二月一五日から一八日まで愛媛県農会の通常総会が開催された。県の方針である大正一一年度から市町村産業技術者設置に対し、大議論がなされた。一五日「通常総会。県ノ新事業町村技手問題ニテ大議論……大紛擾ヲ起ス」、一六日「同上。会議益難状トナル」、一七日「同上。知事出席。町村産業〔技〕手設置ニ関シ弁明ヲナス。本日迄カ会期ナリシカ、一日延期ス」、一八日「同上。午前中ニ会議ヲ終了ス」等々。

一二月一八日から二〇日まで三日間、県農会は郡市農会長技術員協議会を開催した。協議事項は「郡市農会技術員給補助」「町村農会技術員給補助」「農業基本調査」「農業倉庫経営講習」「青年農事講習」「婦人農事講習」「篤農家懇談会」「米麦多収穫品評会」「副業品展覧会出品」「農産物販売斡旋」「桑苗育成講習」等であった。[21] 議論は県の町村産業技手設置問題であった。一八日の午後から協議会がはじまったが、総会以上に激しかった。一八日「午后郡市農会長及技術員会ヲ開ク。町村産業問題ニ対シ議論、総会以上ニ喧々タリ」、一九日「協議会。午后各郡農会長、知事ヲ訪問シ、町村産業技手設置ニ対スル質問ヲナシ、且ツ希望要件ヲ提出ス」、二〇日「協議会。日没頃ニ至リテ漸ク終了ス。本年ハ町村産業技手ノ問題ノタメ終始会議ノ和気ヲ欠キタリ」等々。このように、県の方針に対し、農会側が激しく反対していることが判明する。

一二月二二、二三日は『愛媛新報』元旦号の原稿「小作問題」、『海南新聞』元旦号の原稿「農工業の結合と衝突」を執筆した。二四日は温泉郡農会開催の農会の存廃問題に対する協議会に出席し、二六日は伊予郡農会主催、実業学校における篤農家懇談会に出席し、農会に関する所見を述べた。二八日は『愛媛県農界時報』の原稿「町村産業技手設置について」を執筆し、そして、年末実家で迎年の準備をした。

注

(1)『帝国農会報』第一〇巻第一〇号、大正九年一〇月、五九頁。なお、矢作栄蔵の略歴は次のとおり。明治三年埼玉県生まれ、二八年七月帝国大学法科大学政治科を卒業し、大学院に入り農業経済学を専攻、三四年東京帝大農科大学助教授、四〇年法学博士となり、農科大学及び法科大学教授に就任。大正八年経済学部の独立とともに経済学部教授兼農学部教授となる。大正九年一〇月より帝農副会長に就任。そして、矢作は人材を抜擢し（山崎延吉、岡田温等）、農政運動に乗り出した。

(2) 幹事・参事の経歴は、『大衆人事録』等による。

(3) 幹事の任務分担は、帝国農会史稿編纂会『帝国農会史稿　記述編』農民教育協会、昭和四七年、二一七頁、による。

(4) 加用信文監修、農政調査会編集『改訂日本農業基礎統計』農林統計協会、一九七七年、五四六頁。

(5) 帝国農会史稿編纂会『帝国農会史稿　記述編』農民教育協会、昭和四七年、二九八～三一〇頁。

(6)『帝国農会報』第一一巻第五号、大正一〇年五月、六六頁。

(7) 同右書、六三～六六頁。帝国農会史稿編纂会『帝国農会史稿　資料編』農民教育協会、昭和四七年、九九四～九九五頁。

(8) 温の提案で、大正七年から調査機関を置き、三年余と数万円の経費を用いて行なった愛媛県産業の総合的調査。

(9) 大正一〇年四月より愛媛県農会の発行する新聞。月三回刊行。『愛媛県農会報』を改題したもの。

(10)『愛媛県農界時報』二二四号、二二五号、二二六号（大正一〇年五月一五日、二五日、六月五日）。

(11) 報告書の『産業調査要項』は大正一〇年八月愛媛県から刊行された。

(12) 玉利喜造は鹿児島高等農林学校長。温の大学時代の恩師。安政三年（一八五六）鹿児島藩士の次男に生まれ。明治一三年駒場農学校卒業（第一回卒業生）、駒場農学校助教授をへて、明治二〇年東京農林学校教授、二三年帝国大学農科大学助教授、二四年同教授をへて、明治三六年一月から盛岡高等農林学校長、四二年五月からは鹿児島高等農林学校長の職（～大正一一年六月）にあった。

(13) 牛村一は石川県出身で、明治一三年三月駒場農学校を卒業し、全国農事会以来の幹事であったが、大正九年一〇月病気のため退職していた。

(14) 小作制度調査委員会第五回特別委員会。このとき、幹事私案として、第二次小作法案研究資料が提案され、審議されている（農地制度資料集成編纂委員会『農地制度資料集成』第四巻、一五六頁）。なお、小作制度調査委員会は、大正九年一一月一二日農商務省に設置。温は石黒の要請により同年一二月に嘱託に任命され、第五回から出席した。

(15)『帝国農会報』第一一巻第八号、大正一〇年八月、二一～三、四七～四八頁、帝国農会史稿編纂会『帝国農会史稿　資料編』、九九六～

九九八頁。
(16)『愛媛県農界時報』第二三二号、大正一〇年八月上旬。
(17)『愛媛県農界時報』第二三四号、大正一〇年八月下旬。
(18)『愛媛県農界時報』第二三七号、大正一〇年九月下旬。
(19)『帝国農会報』第一一巻第一〇号、大正一〇年一〇月、五九〜六八頁。
(20)『帝国農会報』第一一巻第一二号、大正一〇年一二月、四〜一〇頁。
(21)『愛媛県農界時報』第二四六号、大正一〇年一二月下旬。

二　大正一一年　高橋是清・加藤友三郎内閣時代

大正一一年（一九二二）、温五一歳から五二歳にかけての年である。帝国農会幹事として本格的に活動する。しかし、温はまだ、愛媛県農会技師を続けており、その仕事も残っており、極めて多忙であった。

第一次大戦後の農業・農民・農村の危機は本年も続いた。温は帝農幹事として、帝国農会の業務（各種会議を温が提案、設計し、本年から実施した米生産費調査等）を行なうとともに、農村振興運動（農務省独立化、農会法改正、農家負担の軽減、米価維持、自作農創設、小農保護等）に取り組んだ。とりわけ、帝国農会の念願の「新農会法」（農会費の強制徴収権等）が政府（高橋是清政友会内閣）の手によって漸く第四五帝国議会に上程され、温はその通過に尽力した。また、本年もよく全国に出張し、講演を行なった。また、本年小作争議が前年の凶作を契機に全国的に激しくおこり、視察等に出かけている。さらに温は政府の小作制度調査委員会の委員を続けており、「小作法案」の審議等多忙である。

この年の正月、温は故郷の石井村で過ごした。一日は、石井尋常小学校での拝賀式に参列し、正午過ぎより松山に行き、久松家、知事、知人宅を廻礼している。

一月四日、温は県農会の業務で、朝一番の汽車にて、加藤和一郎（愛媛県農会技手）とともに北宇和郡での青年講習会の講話及び北宇和郡三島村農業基本調査のために出張の途につき、高浜より船に乗り、夜八時半宇和島に着し、明治旅館に投宿した。五日正午より宇和島市の大超寺における北宇和郡社会部及び郡農会主催の青年講習会に出席し、農政一般について二時間講話し、また、翌六日も午前八時より一二時半まで講話した。終わって、午後三時発汽車にて北宇和郡三島村に行き、小松屋に投宿し、七日から九日まで村役場にて農業基本調査の結果の精算、編輯に従事し、また、九日の夜には同村の青年処女を集め、一時間半の修養談をなし、翌一〇日午前、三島村尋常小学校において農業基本調査の結果を資料として農業経営に関する講話を行なった。終わって、午後三時半近永発にて宇和島に戻り、午後七時発の第一三宇和島丸にて帰松の途につき、翌一一日午後一時半高浜に着した。

一月一三日、温は帝農幹事の仕事に復するため、一二時発の汽車にて上京の途についた。この日午後二時高浜港を発し、八時尾道に着き、九時一五分発普通三等に乗り、翌一四日午後一一時二〇分東京駅につき、一二時前帰宅した。

一月一六日以降、温は帝農幹事として業務を遂行した。一六日は農商務省に出頭し、飯岡清雄農商務省技師（明治四一年東京帝大農科大学農学実科卒）と農会法改正問題（農会費の強制徴収等）等を協議し、一七日は帝農評議員会を開催し、志村源太郎、秋本喜七委員ら出席の下、道府県農会役職員協議会提出問題を協議した。一八日は新年の挨拶回りで、山崎延吉幹事とともに矢作栄蔵副会長宅（本人は渡欧中）、玉利喜造先生（鹿児島高等農林学校長）を、一九日は古在由直先生（東京帝大総長）を訪問し、また、農商務省の石黒忠篤農政課長を訪問し、道府県農会役職員協議会の打合せを行なった。

一月二〇日から二三日まで、帝国農会は道府県農会役職員協議会を帝農事務所にて開催した。全国から五〇名の幹事、技師らが出席した。志村源太郎評議員が副会長代理で議長を務め、協議事項は「小作争議に関する件」「米の生産費調査に関する件」、「米の生産量（現在米）調査の件」、「高等農事講習会開催の件」、「帝国農会の事業に関し道府県農会の要望の件」、ならびに岡山県農会提出の「農用発動機及動力用農具機械の研究及奨励方針に関する件」等であった。一日目（二〇日）は「小作争議に関する件」が協議され、愛知、福岡、大阪、岐阜等から小作争議状況の報告があり、ついで温提案の「米の生産費調査に関する件」が協議され、議論百出し、京都、兵庫、秋田、富山、岡山、千葉、滋賀、山口、愛媛、佐賀の委員に付託となった。二日目（二一日）は「米の生産量（現在米）調査の件」が協議され、本件は農会が調査するのは不可能で政府が調査すべしとして、建議することになり、「高等農事講習会開催の件」は原案通り決まった。また、石黒忠篤農政課長が協議会に出席し、農会法改正法律案の経過、国際労働会議の状況、小作法案私案の説明がなされた。三日目（二二日）は各委員会の会議、四日目（二三日）は各委員会の報告がなされ、「小作争議に関する件」「米の生産費調査に関する件」、「米の生産量（現在米）調査の件」、「農用発動機及動力用農具機械の研究及奨励方針に関する件」、「系統農会役職員大会開催に関する件」などを決議した。

このうち、「小作争議に関する件」の決議は次の如くであった。「今や、地主、小作の紛議は漸次各府県に亘りて発生せんとし、農業の生産、町村の自治に悪影響を及ぼし、惹て国家の基礎を危殆ならしめんとするの傾向あり。是れが適当なる対策は到底農会の力のみを以て遂行し得べきものにあらずと雖も其の地方の事情に鑑み、左記事項の施設奨励に努め、尚其筋に対し次の建議をなさんとす。一、農会は特に地主、小作問題の調査、研究に対する施設を講ずること。二、農会に於て市町村若しくは適当の区域に地主、小作協調に関する施設をなすことを奨励すること。三、小作農をして自作農たらしむる為の必要なる施設を講ずること。四、適当なる方法により極力地主小作の自覚を促すこと。五、農業に対する社会の諒解を求め、農業保護の必要を知らしむること。六、自作農創定の目的を達する為め之に必要なる事項の施設を其筋に建議すること。七、農会をして小作紛議の権威ある仲裁機関たらしむる様、農会令を改正せられんことを其筋に建議すること。八、農民負担の軽減に関し充分に考慮せられんことを其筋に建議すること」。また、附帯決議として「小作法案に就いては更に帝国農会に於いて研究せられたきこと」であった。このように、基本的に帝国農会の小作争議対策は、地主小作の協調、自作農創設、地主自作の覚醒、農家負担の軽減等の方針であり、それは温の考えでもあった。

また、温提案の「米の生産費調査に関する件」の決議は「米の生産費資料調査に関しては其調査項目及調査方法等に就て研究を要する事項極めて多し。仍て帝国農会に於て広く各方面より委員を嘱託して調査会を設置して項目及調査方法等を慎重に研究決定し、府県農会は之に基き調査を遂行すること」で、米生産費調査会の設置であった(1)。

さて、一月二一日、高橋是清政友会内閣下の第四五通常帝国議会が再開された。原敬内閣を引き継いだ高橋内閣（大正一〇年一一月一三日〜）は、「新農会法」（農会の目的を農事改良から農業改良に変更、国庫補助金の一五万円の限度を撤廃、農会費の強制徴収等）の上程を準備していた（衆議院上程は二月一六日）。この法案は帝国農会にとって今議会最大の重要農政案件であり、その成立に尽力した。

一月二六日に農会の「別働隊」といわれる農政研究会（議会内の農業、農政に関心・利害を有する議員）が帝農事務所にて会合を開き、温も出席し、本議会に対する農業問題を協議した。この日の日記に「午后四時半ヨリ事務処ニテ農政研究会実行委員会ヲ開キ、本議会ニ対スル農業問題ヲ議ス。出席者三十余名。天春氏ヲ議長トス」とある。二七日には来会の坪井秀（岐阜県農会顧問）と松岡勝太郎（岐阜県地主、元衆議院議員）と、終日意見交換をした。農会法改正問題や小作争議対策等と考えられる。三一日にも衆議院図書館にて農政研究会の会合があり、出席し、農務省独立と農会法改正促進を決議した。この日の日記に「十一時ヨリ帝国議会ニ行キ、衆議院図書館ニテノ農政研究会ニ列席ス。天春氏不在ノタメ中倉氏議長トナリ、農務省独立ト農会令〔法〕改正促進ヲ決議シ、直ニ建議案提出ノ運ヒヲナス」とある。日記中、天春（文衛）は三重県選出の衆議院議員、中倉（万次郎）は長崎県選出の衆議院議員で、いずれも政友会である。

二月、温は、新農会法案成立問題や帝農の業務を種々遂行し、また出張した。一日は農政研究会の決議事項及び状況を各府県農会へ報告し、また、来る四日開会の政友会所属農政研究会開催を各員に通知した。また、米生産費調査の計画もした。

二月二日、温は『帝国農会報』の原稿「農政の不徹底なる禍根」を執筆した。その大要は次の如くで、政府の食糧政策、小地主保護対策、農政の不徹底さ等を指摘するものであった。

「食糧局が設置され、府県に食糧技師が配置されたが、食糧政策の方針が不徹底である。当局が食糧増殖を高唱、奨励しても、農家は従来の如き無条件の多収穫栽培に疑惑、不安を感じている。大正九年度の如きはむしろ豊作を恨むがごとき、心理状態となり、肥料を減じたり、害虫駆除を怠ったり、桑を植えたりなどした。これは全部政府当局の責任ではないが、食糧政策の不統一不徹底な結果で、生産者は多量に作るが利益か、中量に作るが利益か迷った結果である。また、地方の指導者も米の多量を目的とするか、農家の利益を目的とするか、迷った結果である。

また、生産者は政府が米穀法により米価の支配権を握っていること、そして、消費者の多数や学者、実業家は米価は可及的安価が良いと高唱し、その声が当局者を動かしていると感じ、そこに生産者は不安を感じ、食糧の増殖力を減殺しつつある。

さらに、近年悪化した、見方によれば進歩した、小作争議の結果、地主は大打撃を受けつつある。大地主は自衛策をなし得る資力があるが、小地主はこの難関を切り抜ける力はない。従って現状に放置すれば小地主は滅亡しかない。もし、農村に小地主が倒れ、中産階級を失ったならばどうなるであろう。然るに、政府は小地主に対し、保護存続か、放任撲滅か、すなわち、中小農保護政策が不明であり、不徹底である。

目下審議中の小作法は大体において小作者保護法である。現在の小作を保護し、安定させることは生産政策上も社会問題上も急務である。片務的な地主の特権行為に制限を加えることは無論必要である。しかし、その小作を保護し、地主を抑制する法の精神中に、特に小地主の保護を加えなかったならば大変なことになるだろう。もし、此の精神がなかったならば、小作法はまず小地主を倒し、次いで中地主を倒し、大地主は倒れずして、一層兼併して農村は小農と大地主（不在地主）の二階級となるやもしれず、かくしては国家の由々しき大事件である。だから、小作法制定とともに中小農保護政策を確立しなければならない。

その他、農政の不統一不徹底をいくらでも指摘できるが、農務省の独立が出来ない一事が一切を説明するに十分である。経済組織の複雑となった現代に農、商、工を一省にしていては、産業政策が徹底するはずはない。鉄道省は独立したのに農務省が独立しないのは、真面目に農業政策を考究していない結果でないか」(2)。

二月三日、温は来会の松岡勝太郎（岐阜県地主、元衆議院議員）、野村勘左衛門（福井県地主、衆議院議員）、山田斂（福井県地主、多額納税貴族院議員）らの地主と会合した。小作争議対策や小作法案問題等と思われる。四日は午後五時より鉄道協会にて政友会所属農政研究会を開催し、農会法改正建議と農務省独立運動の件を協議した。五日は小作制度委員会の幹事私案の「小作法案」を精読した。

二月六日から八日まで農相官邸において、小作制度調査委員会の第六回特別委員会があり、温も嘱託として出席した。石黒忠篤農政課長が各種の報告を行ない、小作法案の審議がなされた。七日、八日も小作法案の審議をした。八日の日記に「各員ノ修正意見等種々アリ。大体マトマリタルヲ以テ、更ニ之レヲ整理シ、来ル十日開催スルコトニテ閉会。平野、斎藤、安藤、山田、岡本、岩田、末弘、自分、石黒氏」とある。

二月九日、温は午前九時半東京発下関行特急にて高島一郎（帝農参事）とともに、佐賀に帝農の講習会等のために出張の途につき、翌一〇日午後二時七分佐賀に着し、田崎竹一（佐賀県農会技師）らに迎えられた。翌一一日から帝国農会主催の高等農事講習会が佐賀市公会堂（うち、一一、一三日は武徳殿）において開催された（～一五日）[3]。農会関係技術者、役員、町村長など約二三〇名が出席し、温は、会長代理として主旨を述べ、高島参事の農村社会政策の講義の後、温が午後一時より三時まで、農会廃止論への批評、農会の事業経営について講義した。一二日も高島参事の講義の後、温が午後一時より三時まで、農会の事業経営について講義した。一三日も温が午前九時より正午まで、生活問題、農村社会問題、農業基本調査等について講義し、午後は町村農会長協議会に出席した。一四日は午前九時より午後二時半まで講義し、来着の山崎延吉幹事と交代し、三時三〇分佐賀発にて、愛媛に県農会の業務のために帰郷の途につき、途中大宰府に詣で、門司を経て、翌一五日午前六時二〇分広島に着し、宇品より汽船に乗り、一二時高浜に着し、午後二時帰宅した。

帰郷後も温は多忙であった。二月一七日から温は県農会に出勤し、種々雑務を処理した。一九日から二一日までは温泉郡河野村小学校に行き、県農会主催の婦人講習会に出席し、講義を行ない、また、二一日午前講義の後、午後難波村に行き、北温青年会の講演会に出席し、農界の現状を論じ、青年の奮起を促し、船にて松山に帰った。

二月二二日、帝農から早く上京せよとの電報が来て（「新農会法」のこと）、予定を変更して、二三日午後二時高浜発にて上京の途につき、午後九時一五分尾道発にて東上し、二四日午後一一時東京に着した。

さて、温が帰郷中の二月一六日に、高橋内閣は「新農会法案」を衆議院に提出した。法案は一八名の委員会に付託され、委員長は植場平（政友会）がなり、三回にわたり開かれ、衆議院ではさしたる紛糾もなく、二一日の本会議で可決され、貴族院に送付された。貴族院では二月二五日に「新農会法案」が上程された。温は貴族院に行き、傍聴した。この日の日記に「当日、農会法改正案ノ提出アリ。玉利先生ヨリ質問出ツ。次テ阪本氏ノ質問アリ。委員付托トナル。玉利氏、山田氏委員トナル」とある。日記中、玉利喜造[4]、山田斂委員は法案擁護論者であったが、阪本釤之助（勅選議員）委員は会費の強制徴収に強硬な反対論者であった[5]。この日、玉利、山田両氏が帝農に来訪し、「新農会法案」問題について打ち合わせをしている。二六日は、石黒農政課長を自宅に訪問、貴族院における「新農会法案」に関する件などを協議している。

二月二六日、温は午後七時発にて、京都に講習会のために出張の途につき、翌二七日午前七時京都に着し、下鴨の京都府立農林学校にて開催の府農会主催の各級農会技術者の講習会に出席し、午前一〇時から午後五時過まで二四〇余名に対し講義を行ない、川崎安之助（京都府農会副会長）らと夕食をともにし、午後八時五〇分京都発にて帰京の途につき、翌二八日午前八時二〇分東京駅に着した。そして温は直ちに帝農に出勤し、各雑務を処理している。そして、この日、午後五時より九段上富士見軒にて、玉利先生勅選貴族院議員の祝賀会に出席した。古在由直東京帝大総長を始め五一名が出席した。その後、温はさらに鉄道協会にて開催の貴族院農政懇談会にも出席しており、誠に多忙であった。

三月も温は新農会法問題や帝農の業務、全国農民大会の開催準備等を種々遂行し、また、出張した。二日は貴族院で審議中の「新農会法案」について、貴族院議員の山田斂を訪問し、農商務省の意向、質問なきことを伝えた。この日の日記に「尾張町林家ニ山田斂君ヲ訪ヒ、農会令〔法〕ニ関スル質問ナキコトヲ希望スル農政課連ノ意中ヲ伝へ、快諾ヲ得」とある。三日にも貴族院議員の玉利博士を訪問し、農商務省の意向を伝えた。「明日ノ農会令〔法〕委員会ニ関スル注文ヲナス」。多忙な中、四日は午後四時上野発にて、温は群馬県前橋に行き、午後八時着し、多胡覚郎（群馬県農会技師兼幹事）等の出迎えを受け、東郷館に投宿し、翌五日師範学校にて開催の、勢多郡農会主催の講習会に出席し、来会の講習生約二〇〇余名に対し、講義を行ない、夜は慰労会があり、駒場出身の者が多数参加した。六日も午前中正午まで講義を行ない、午後三時一六分発にて帰京の途につき、七時上野に着した。

「新農会法案」の貴族院での委員会審議であるが、貴族院の空気は悪かった。また、高橋首相のリーダーシップが欠如し、さらに失言等もあり、内閣、議会はゴタゴタし、温は農会法の行く末に不安を感じていた。三月七日早朝、温は委員の山田斂を訪問し、貴族院の形勢を聴いている。この日の日記に「早朝、林旅館ニ山田斂氏ヲ訪問シ、一昨日来ノ貴族院ノ形勢ヲ聞ク。高橋首相ノ失言ニ研究会ノ感情ヲ損シ、貴族院ノ形勢不良ナルモ、政変ノ起ルガ如キコトナカラントノ楽観ニテ、未ダ農会法問題ニ失望スルカ如キアラスト」とある。しかし、八日には貴族院の空気は沈静した。この日の日記に「蓋シ貴族院暗雲去リ、研究会ノ態度決定セルタメ、諸案片付ク見込」とある。

三月九日、温は福田美知幹事と協議し、来る一九、二〇日に農政上の重要問題（農務省新設、農業者公課負担軽減等）のために、全国農民代表者大会の開催を決め、各府県農会へ電報及び書にて通知した。一〇日も全国農民大会の準備を行なった。一一日は神奈川県農会主催の高等農事講習会のために大船に出張し、午前一一時より午後三時四〇分まで農業奨励研究の欠陥、小作問題等について講話し、終わって、四時発にて東京に戻り、六時より帝国農会における農政研究会の会合に出席した。一二日は日曜であったが、出勤し、各府県農政倶楽部あてに各郡一名の代表者を農民大会に送るよう電報を発し、また、帝国議会への建議案「農業者公課負担軽減に関する建議案」「農業用機械輸入税免除に関する建議案」の執筆も行なった。一三日も建議案「農業用機械発明奨励に関する建議案」を執筆し、いずれも土井権大代議士（兵庫県選出の衆議院議員、国民党）に渡した。また、午後五時より帝農事務所にて貴族院議員との農政懇話会があり、平野長祥男爵ら一二名が出席し、岐阜の松岡勝太郎より岐阜小作事件の話を聞き、また「新農会法案」の協議もした。一五日は午後六時からは帝農評議員会を開催し、来たる農民大会に関する件等を審議した。一六日は全国農民大会の準備を行ない、また、玉利先生と帝国農会の前途について密談した。「玉利先生ト有楽町ノカフェー店ニテ密談ヲナス。蓋シ帝国農会ノ前途ノ件ナリ」。一七日は衆議院図書室にて農政研究会実行委員会を開き、来る一九、二〇日の農民大会の順序について協議を行ない、また、温は農民大会の宣言書を草した。「農民大会ノ宣言書ヲ草ス（土井権大君起草）」。「新農会法案」についてであるが、三月一七日、同法案は、貴族院の委員会にて玉利、山田ら帝農側委員の援護があり、服部一三（勅選議員）以外の賛成を得て通過した。「農会法改正ハ四回目ノ委員会ニテ服部氏一人ノ反対ニテ通過ス」。

三月一九日、帝国農会と農政研究会は、午後一時より丸の内鉄道協会にて全国農民大会を開催した。全国から三五〇余名が出席した。斎藤宇一郎（秋田県選出の衆議院議員、憲政会）が開会挨拶、秋本喜七（東京府選出の衆議院議員、政友会）が議長となり、中倉万次郎（長崎県選出の衆議院議員、政友会）が第四五議会の農政問題の経過報告を行ない、宣言文の採択をし、ついで、協議事項に入り、農務省新設促進、農業者公課負担軽減、次回総選挙に際し衆議院議員選出に関する件を決議し、協議事項の実行方法について協議し、実行委員二〇名を選出した。そして、帝農にて委員会を開き、実行方法を協議した。二〇日も実行委員会を開き、高橋首相、山本農相、各政党幹部等に面会し、午後五時より帝国ホテルにて再び農民大会を開催した。この日の日記に「昨日ニ続キ実行委員会（二十名）ヲ開キ、第三ノ問題ヲ議決シ、一同衆議院ニ行キ、堀尾氏等ノ十名ハ高橋首相、山本農相ニ各別ニ面会シ、又川崎氏等一組ハ各政党ノ首領ニ三回面会シテ、前日決議ノ主旨ヲ陳述シ、賛成ヲ求メ、且ツ意見ノ交換ヲナス。午后二時前終了。午后五時ヨリ帝国ホテルニテ、前日ニ続キ農民大会ヲ開ク（秋本、中倉両氏未来ノタメ斎藤氏ヲ議長ニ推シ、政友会ヨリ不平出ツ）。堀尾、川崎両氏ヨリ本日訪問ノ結果ヲ報告シ一同賛同……。右ニテ閉会トシ、数ノ演説アリ……。八田氏ノ演説新聞記者ノ反感ヲ買ヒ、問題ヲ起ス。六時半食卓ヲ開ク。山本農相、三土書記官長、川原茂輔、下岡忠治、東武、土井、八田君ノ演説アリ。非常ノ盛況ニテ十時散会……。二百六十三名、実ハ三百名出席ス。新聞記者、石川ノ出席代表者××氏ヲ乱打ス」とある。なかなか激しい大会であった。なお、大会の宣言文、決議案を作成したのは温であり、温の考え方がよく文章に表れているので、宣言文を掲げておく。

「農は国家の基礎にして国民生活の源泉なり。今や農村は生産要素の枯渇と公課負担の過重なる結果、逐年経済的並精神的苦境に陥り、延いて思想の動揺悪化を誘致し、以て国家の大患を醸成しつゝあり。然るに歴代政府の産業政策並社会政策は往々にして商工に偏重し、其結果として文化的施設は全然都市に集中して殆ど農村を顧みず、而かも国家的義務責任は却って多くの農業者に転嫁せらるゝの状態となり、直接間接の負担を大ならしむるが如きは吾人の常に憂悶措く能はざる所なり。而して其源は主として我が農業者の政治的智識訓練の欠乏に職由せずんばあらず、其態度の常に退嬰的にして、議員選挙に際し幾多の情弊の下に漫然投票を為すが如き、其の結果として真率なる農政刷新の言論は華麗なる都市商工政策の大声に圧せらる。吾人は最早現状に黙視する能はず、公平なる国民の生活を基礎とし農村の文化を促進すべき堅実なる農政確立を要望し、一致協力して目的貫徹のため最善の手段を取らんとす(6)」。

さて、貴族院の委員会を通過した「新農会法案」は、全国農民大会中の三月二〇日に、貴族院本会議に上程され、目賀田種太郎(勅選議員)や武井守正(勅選議員)から反対意見が出されたが、押し切る形で可決確定された(公布は四月一二日、施行は大正一二年一月一日)。帝農念願の重要法案「新農会法案」が成立し、翌二一日、温ら幹事三名は自動車にて、石黒、玉利、松平会長(侯爵)へ大会報告、新農会法通過の挨拶に回った。また、二二日も温は山崎幹事と共に志村勧銀総裁、農商務省農政課を訪問し、新農会法通過の挨拶及び大会報告をしている。

また、三月二〇日から二四日まで帝農主催の高等農事講習が開講されていた。二四日には石黒忠篤農政課長が病気のため(「新農会法案」の審議で疲れ、寝込んでいた)、代わりに温が午前中三時間農会の経営について講義を行なった。そして、午後三時半から高等農事講習の修了証書授与式を行なった。

三月二六日、温は午前七時二〇分上野発急行にて群馬県高崎に講演のため出張し、群馬郡農会主催多収穫品評会に出席し、午後一時より三時半まで講演し、午後三時五五分高崎発にて帰京の途につき、七時半帰宅した。そして、休む暇なく、その夜午後一〇時三〇分東京駅発にて岐阜県に講演のため出張の途についた。翌二七日午前九時半岐阜に着し、栗下恵毅（岐阜県農会技師）、岩本虎信（岐阜県産業技師）、宮田孝次郎（岐阜県産業技師）らの出迎えを受け、市役所における岐阜県農会主催の町村農会事業経営懇談会に出席し、午後一時半より三時過ぎまで温が農会経営の基礎観念について講演を行ない、同窓の晩餐会に出席し、玉井屋に投宿した。二八日は午前八時岐阜発にて太田町に向かい、加茂郡役所に行き、一一時より議事堂にて農会経営懇談会に出席し、午後一時間半余にわたり、来会の五〇余名に対し講演を行なった。終わって、午後七時発にて岐阜に戻り、宿泊。二九日は午前七時発の自動車にて山田良作（岐阜県農会技師）らとともに大野郡高山町に向かい、午後六時着し、梅盛旅館に投宿した。三〇日午前一〇時より大野郡公会堂にて開催の農会経営懇談会に出席した。三一日は午前七時半高山発の自動車にて金山町に行き、また高山に戻り投宿した。四月一日、温は高山町の物産陳列場、稲葉郡加納町の農事試験場等を見学し、午後一時五五分発にて小作争議の激しい揖斐郡揖斐町に渡邊佺治（農商務省技師）、山田良作（岐阜県農会技師）、佐野卓男（岐阜県属）らとともに向かい、同郡役所を訪問し、大野勇揖斐郡長より揖斐郡の小作争議全般について、また清水村の小作争議の状況について弓削氏より説明を受けた。二日は渡邊、山田、佐野らとともに揖斐郡北東部の清水村、嵩村、富秋村を視察し、大垣に帰り、一〇時一五分発急行にて帰京の途に着き、翌三日午前八時東京に着し、帰宅した。この日、午後は上野公園での平和記念東京博覧会（三月一〇日〜七月三一日）の参観をした。

四月以降、温は「新農会法」も通過したため、ややゆっくりしている。五日から八日にかけて自作農負担調査などの原稿執筆、九日は上野の博覧会の参観、一〇日は東京経済雑誌社の記者に対し小作争議についての談話、一二日は来日した英国皇太子の入京を奉迎、一三、一四日は愛媛県の三島村農業基本調査の手入、一五日は上京した妹の橘シカ及び娘の末光清香母子を伴い、平和博覧会を見物、一六、一八日は農商務省の飯岡清雄技師作成の農会法施行規則草案について検討し、意見を作成、一九日は米生産費調査項目及び方法案の起草、二〇日に飯岡技師に農会法施行規則草案を訂正の意見を付して返送、二一日は駒場交友会に出席等々。

四月二二日、温は午後五時発にて東京を出発、愛媛へ帰国の途につき、翌二三日午後二時尾道発の第十相生丸にて、松山に向かい、午後七時高浜に着し、帰宅した。以降、温は愛媛県農会技師として業務を行なった。二五日は三島村農業基本調査の手入れ、二六日は県農会に出勤し、亀岡哲夫会長、多田隆幹事と愛媛県農事大会開催の件、縄田寿一県農会技手後任の件等を協議した。

五月一日、温は午前七時発の自動車にて東予での講演のため出張し、この日は新居郡西条町に行き、郡役所北側の公会堂にて午前一一時より午後三時半まで町村長有志五〇余名に対し、講話を行ない、夜は新屋に投宿し、工藤養次郎（新居郡農会副会長）、上岡茂（同農会技手）、真木重作（同）らと晩餐をともにした。二日は午前八時一〇分の汽車にて西条町から宇摩郡三島町に行き、旧農学校講堂にて午後一時より三時半まで町村長その他三〇数名に対し、農家負担の過重とその対応策について講話を行なった。終わって金刀比羅宮を参詣し、真夜中の一二時多度津発の群山丸にて帰松の途につき、翌三日午前七時半高浜に着した。そして、この日正午より、温は石井小学校における講話会に出席し、二〇〇余名に対し農民の負担について二時間余り講話を行なった。四日は県農会に出勤し、三島村農業基本調査の結論を脱稿し、三島村に送った。六日は農事試験場における温泉郡の講話会に出席し、五〇余名に対し小作法と農家負担について四時間余り講話、七日は伊予郡に行き、郡中実業学校において二〇〇余名に対し講話を行なった。

五月七日、温は午後七時石井発、八時四〇分高浜発の紫丸にて上京の途についた。この時、温は親孝行で、母・ヨシ（嘉永四年一〇月生まれ、このとき七〇歳）を同行した。翌八日正午一二時大阪天保山桟橋に上陸し、奈良に行き、奈良を見物し、伊勢山田に行き、油屋支店に投宿。九日伊勢神宮を参拝し、名古屋に向かい、東上し、一〇日午前六時半東京に着した。

五月一〇日は午後一時より農相官邸にて、小作制度調査委員会の第七回特別委員会があり、出席した。ジュネーブでの第三回国際労働会議の報告が岡本英太郎農務局長（政府代表）よりなされた。一一日は母・ヨシと娘の清香を日光参拝のため送りだした後、午後一時より小作制度調査委員会に出席した。農家経済調査について飯岡清雄農商務省技師より説明、ジュネーブでの第三回国際労働会議の報告が横井時敬博士（政府代表顧問）よりなされた。一二日も午前一〇時より小作制度調査委員会があり、出席した。この会議で、横井博士から小作法は欠点が多く、不安心である、調停法を先に出したほうが良いと発言し、その意見にまとまっている。この日の日記に「小作法ノ前ニ争議調停法ノ制度ヲナスコトニ委員ノ意見一致シ、次回ニハ其具体案ヲ提出スルコト、シテ、午後五時散会」とある。一四日は母と共に上野の東京博覧会を見物、一五日は福田美知幹事宅を訪問し、帝農役員組織につき、協議した。

五月一五、一六日は『農政研究』の原稿「自作農創定の理想」を起草した。その大要は次の如くで、兼業農家の自作農創設ではなく、家族の労働能率を考え、一町五反から二町内外の専業農家の自作農創設を理想と論じ、また、現代の農民圧迫政治、小農撲滅政治を撤廃すべきだと論じた。

「自作農創定の理想として、現在の五四八万一二〇〇余戸の農業者を全部自作農たらしめるか、その一部を淘汰して残りの者を自作農たらしめるかが第一の論点であるが、自分は次の理由により後者を理想とする。現在の農業者全部を自作農にするには、一戸平均一町三畝以上の所有・耕作を禁止しなければならない。つまり、五人家族で一町歩の自作を理想とすることになる。しかし、一町歩の経営は一人ないし一・五人の労働力で経営でき、五人家族では過小規模である。また、一町歩経営では世間並の文化生活はできない。次に一部を淘汰し、他を自作農たらしむるには何れの階級を目標とすべきかが第二の論点である。現在五反未満の耕作者が一九三万八三〇〇余戸、三五%を占めているが、この階級は殆んど兼業農家であり、農業者として扱うのは不都合である。重要な農業政策が農業が副業か本業か分らない兼業農家を目標とするのは間違っている。しかもこの兼業者の大部分は小作者である。この階級の小作者までも自作者たらしめんとする所論は農業政策と社会政策を混同したものである。自分は農業を専業とするものに対し、家族の労働能率を基礎として、少なくとも一町五反ないし二町内外の自作農を造るを理想と考えている。従って経済事情優良な小作者と小作兼自作者の階級を目標とするのが適当である。小作者が自作農になるのは向上である。しかし、自作農創定は生活の安定が精神だから、経済的利害を明確にしなければならない。即ち、自作農となって支払う金額（購入資金の利子と土地の負担公課の合計金額）が、小作者の支払う金額（小作料×米価）より少ないならば自作農となるのが利益だが、前者が高い場合は不利である。私が種々計算して、例えば、小作料が一石二斗で、米価が三五円の場合は支払い金額が四二円である。他方、反当り売買価格が四〇〇円の場合、公課を一三円と仮定し、金利を低めの五%と仮定すれば、自作農となって支払う金額は三三円で引き合うが、金利を七、八%に仮定すれば、四四・二〇円で引き合わないのである。現在の地価は生産要件以外の要素で構成され、高くなっており、自作農になるためには相当経済力のある者でないといけない。少々の利子補給ぐらいでは難しい。迂遠な第三者は気がつかぬかも知れないが、今日の政治は何れの点から見ても農民圧迫政治である。租税公課は商工業者に比べて二〜五倍の重税で、小農撲滅的課税法である。近頃社会政策ということがやかましいが、農村は顧みられない。真面目に自作農制定政策を講じるならばまずもって農民圧迫政治、小農撲滅政治の改廃より出発しなければならない(7)」。

五月一七日は大正一〇年度の帝農の決算書閲覧を行ない、夜は母と神田明神を参拝、一八日は飯岡清雄技師と農会法施行細則について協議、一九日は母と明治天皇神宮、農科大学、高輪泉岳寺を見学、二〇日は乃木大将邸、久松伯邸、紅葉館、増上寺、二代秀忠公の廟、日比谷公園、桜田門、二重橋より皇城等を見学、二一日は三越、松坂屋買い物等、二二日は佐賀講習筆記手入等、二三日は群馬県講習筆記手入等、二四日は府県戸数割規程の研究等、二五日は農商務省に出頭し、農会法施行規則について協議を行ない、また、午後五時より帝農評議員会開催し、志村源太郎、横井時敬、原凞、山口左一、斎藤宇一郎ら出席の下、米生産費調査の件、農会法改正に伴う明年度農会補助金増額の件等を決議した。二六日は大蔵、農商務両大臣へ農会補助増額（一〇〇万円）申請文の起草等、二七日は郡制廃止に伴う郡農会の善後策について遺憾なきことを期するために各府県知事に対する懇請文の起草等(8)、二九日は銀行の利回りと土地の利回りの調査等、三〇日は協調会委嘱講習要項の考案を行なうなどした。

六月一日、温は母を伴い、午前七時二〇分上野発にて善光寺に向かい、午後二時善光寺に着し、参詣し、午後七時三〇分発にて大阪に向かい、出発し、翌二日午前五時名古屋にて東海道線に乗り換え、八時半京都に下車し、伏見に行き桃山東西両御陵、乃木神社を参詣し、京都に戻り、三十三間堂、大仏、豊国神社、清水寺を参詣し、午後四時京都発にて大阪に下り、梅田駅にて親戚の山本薫一に母を托し、温は六時五〇分発にて名古屋に向かい、夜一一時四〇分名古屋に着し、山田屋に投宿した。三日午前一〇時、温は迎えの赤松弘（愛知県農会技師）とともに宿を出て、熱田に行き、農政記者同志会と帝農の職員（山崎延吉、内藤友明）一行による愛知、岐阜の農村視察団に合流し、熱田神社を参詣の後、惟信町の服部善之助宅を訪問し、下郷鳴海町長や立松元笠寺村長及び服部氏から小作争議の状況を聞き、その後、仏陀会を訪問し、木津無庵氏らから話を聞き、夜は愛知県農事協会招待の慰労会に出席し、山田屋に投宿した。四日は清洲の農事試験場分場や枇杷島青物市場、東春日井郡勝川町の丹羽正美氏宅等を訪問し、午後三時発にて岐阜に向かい、長良川畔鐘秀館に投し、長良川の鵜飼を見、一一時二〇分の急行に乗り、帰京の途につき、五日午前八時三〇分東京駅に着した(9)。

六月五日以降、温は再び帝農に出勤、業務をなした。五日は米生産費調査の再訂正、六日は帝農にて佐藤寛次東京帝大助教授と米生産費調査委員の人選を協議、七日は農商務省に出頭し、米生産費調査委員に付、石黒忠篤農政課長、飯岡清雄技師、伊藤悌蔵農産課長、長満欽司農務局長に面会し、委員を依頼し、また、米生産費調査要項を起草した。八日も米生産費調査要項を改草し、九日に生産費調査要項を脱稿し、印刷して、各委員に送付した。一〇日は農商務省に岡本英太郎農務局長を訪問し、去る五日岡本局長が摂政宮殿下に進講した農村問題の内容を聞いている。一一日は終日在宅し、農家負担についての原稿の下書きをした。

なお、中央政界の動向についてであるが、六月六日に、高橋是清政友会内閣は閣内不統一、政友会の内紛から総辞職し、一二日に元老松方正義らの推薦により海軍大将で海相の加藤友三郎が貴族院を背景に内閣を組織した。農商務大臣には荒井賢太郎（貴族院議員）が就任した。政友会は政権が憲政会に移ることを恐れてこの内閣を全面的に支持した(10)。

六月一二日、帝国農会は午前一〇時より米生産費調査委員会を開催し、佐藤寛次、石黒忠篤、伊藤悌蔵（農産課長）、大工原銀次郎（農事試験場技師）、服部武雄（農商務省技師）、飯岡清雄（同）、斎藤馨之助（勧業銀行監査役）、大島国三郎（京都府農会技師）、菅野鉱次郎（岡山県農会技師）の委員が出席した。しかし、「評議続出シテ終ラズ、明日ニ延期シテ五時閉会ス」。一三日も午前一〇時より午後五時まで米生産費調査委員会を続行し、米生産費調査の項目を審議決定した(11)。一四日は米生産費調査の資料の手入れを行なった。一五日は米生産費調査方法様式の編成を行ない、一六日に米生産費調査要項全部を草了している。このように、帝国農会の米生産費調査の制度設計等は温が総て行なっていたことが判明する。一八～二〇日は小作問題の原稿を起草。二二日は午後、平和館における仏教徒社会事業連合大会に出席し、農村問題につき一時間半余講演した。

六月二三日、温は『農政研究』の原稿「小作料物納金納の可否論」を草し、古瀬伝蔵に郵送した。その大要は次の如くで小作料金納論であった。

「小作料は金納を可とする。理由は今日地主も小作も納税、商売一切貨幣経済であり、実物経済は皆無で金納が良い、小作者にとって金納にすれば凶作時には米価が高く売れ、豊作時には米価が安くても収量が多いから利益となり金納が良い、地主も物納の場合には米価が下がる多収穫を願わないが、金納だと豊年を願い、小作と共同して稲作の改良を図るので、金納が良い。しかし、その実行は容易ではない。理由は金納額を算定する基準が困難、納期も困難、商人の支配圧迫力が強くなる、地主も従来米を自分の物と扱っていたので、不安を感じるだろう[12]」。

六月二二日、温は午後一〇時三〇分発にて名古屋に協調会の講演のために出張の途につき、翌二三日午前八時二五分名古屋に着した。協調会より上野篤氏に迎えられ、午後一時より県会議事堂にて、現在の農業経営、農家の負担について約二時間半講演し、山田旅館に投宿した。翌二四日も午前九時より一二時半まで小作問題について講演を行なった。後、県農会に立ち寄り、また、上野篤及び赤松弘（愛知県農会技師）と夕食を共にし、午後六時半名古屋発にて帰途につき、翌二五日午前五時半東京に着し、六時過ぎ帰宅した。この日、『帝国農会報』第一二巻第七号の「農家の負担」の原稿を執筆した。二六日も同原稿を執筆した。

六月二八日午後一時から農商務省商品陳列場にて、小作制度調査委員会の第八回特別委員会が開催され、出席した。この日、小作調停法の審議がなされた。「地方ヨリハ土井権大君、小塩八郎右エ門君ノミ。小作調停法案ヲ審議ス。右ハ前回ニ於テ、小作法ノ審議ノ容易ナラザルヲ以テ、先ツ調停法ヲ単独ニ施行スルヲ可トストノ決議ニ基キタルナリ」。二九日も同委員会があり、出席した。また、この日は午後六時から帝農評議員会があり、古在由直、横井時敬、桑田熊蔵、原凞、秋本喜七らの委員出席の下、全国道府県農会役職員協議会提出議案、米麦生産費調査の件其他を議した。このとき、矢作副会長の問題（次の大会で、副会長を再任するかどうか）が話題になっている。「話題ニ矢作氏問題出ツ」。三〇日も午後から小作制度調査委員会があり、出席し、小作調停法案を議決した。「午后小作制度調査委員会。本日ニテ小作調停法案ヲ決議シ、併テ実施ニ要スル施設及予算ニ関スル事項ヲモ決議ス」。

七月一日から五日まで、帝農は全国道府県農会役職員協議会を東京府商工奨励館にて開催した。全国から七四名の農会役職員（副会長、幹事、技師ら）が出席した。協議事項は新農会法及び同施行規則案に関する研究、米麦生産費調査に関する件等であった。一日目（一日）は志村源太郎（副会長代理）が議長となり、新農会法及び同施行規則案を協議し、農商務省の飯岡技師が詳細に説明をした。二日目（三日）は山崎延吉幹事が議長となり、同案について逐条質疑を行ない、委員会に付託し、また、米麦生産費調査について温が詳細な説明を行ない、委員会に付託した。三日目（四日）には関西府県農会提出の農会国庫補助増額に関する件、系統農会役職員恩給規定に関する件を審議し、四日目（五日）には香川県農会提出の麦価低落対応策について審議し、また、協議事項の新農会法施行規則、米麦生産費調査を決定し、午前中にて協議会が終了した。なお、岡本英太郎農商務次官が会議に出席し、去る六月五日に摂政宮殿下に進講した農村問題に関する所感が述べられている(13)。

七月七日は『帝国農会報』の原稿「農家の負担」を草了した。その大要は次の如くで、小売商に比して農家の負担の過重ぶり、税法の問題点を明らかにしたものであった。

「世にも不思議にして同情に堪えざるは農家の境遇である。都市は公課負担軽くして、日に文化の恵みに撫育され、他方農村は文明の恩恵薄く、不公平な過酷の負担に血も汗も絞られている。帝国農会の調査により、農家の生活費と公課と米価の趨勢をみるに、明治二五年を一〇〇として、大正二年には、米価二〇八、生活費二七四、公課三〇三となっており、米価の騰貴率より生活費や租税公課の増加率の大なるは、収支償わざる農家の生活困難を暗示するもので、自作農減少の事実、理論と一致する。

国家社会の発展に伴い租税公課の漸増するは当然だ、故に全国民の負担が公平に増加するならば、苦痛は一蓮托生だが、事実は農家のみが格別に重い租税を負っている。農家の租税公課の過重な事が数字的に証明されたのは、去る明治三六年の大蔵省の税務審査会で、資本同一なる農と商工を比較すると、土地収益一〇〇に対し地租が一九・七七、売上収益一〇〇に対し営業税が六・五〇で、農家は商工業者の三倍弱の国税を負担している。家族経営の自作農と小売商を比較すると、自作農収益一〇〇に対し地租七・四二、小売商収益一〇〇に対し営業税四・七一で、自作農は小売商の二倍弱の負担をしている。

租税は国民の所得を基礎とし、担税能力に応じて賦課するのが基本原則である。収益の如何にかかわらず、農耕地に高率に課税し、農家に他の職業者の幾倍も税金を負担せしめるのは洵に聖世の一大怪事である。

以上は国税についてであるが、地方税も同様であるが、地方税は国税よりも不公平の度一層大である。最近の福島県農会の調査によると、農は商に比し二倍強、工に比し三倍強の負担である。

何故、農家の負担が特に重いかというに、現行税法が農家に特に重いように出来ているからである。直接国税の地租と営業税を比較すると、地租は法定地価の一〇〇分の四・五、営業税は小売商の場合最高率で売上高の一万分の三〇である。課税の対象が異なるので、軽重の比較が面倒だが、仮に水田の反当たり法定地価五〇円とすると、地租は二・二五円、反収を二・五石、米価三五円として反当たり売上高を計算すると八七・五円で、地租の割合は売上高の一〇〇分の二・五七である。もし、収量を最近数年間の一石九斗弱とすると、地租は売上高の三・三八となる。他方、小売商の営業税は売上高の一万分の三〇で、もし売上高の一割の利益がありとせば利益金の一〇〇〇分の三〇で、地租などとは比較にならぬほど軽いのだ。

地方税についても明らかに土地に多く賦課するように規定している。すなわち、地方税賦課制限法は、本税一〇〇に対し、府県税の地租八三・〇、営業税二九・〇、市町村税地租六九、営業税四七である。故に、国税の最も重い地租に対して地方税の負担もまた最も重いのである。

以上の外、一層農家を苦しめているものに間接の負担がある。教育費、都市失業者の受け入れ、種々の社会事業（赤十字社等）への寄付金等。

何故、このようなことになったのか。それは、（一）中央地方を問わず農村に理解なき者が行政立法の中心を独占していること、（二）従来言論界が農村問題を重視しなかったこと、（三）農政学者の啓蒙指導が足りなかったこと、（四）農民の政治思想が幼稚で、農業に理解なき議員を選挙してきたこと、である。これらの結果、三〇〇〇万余の農民をして今日の境遇に至らしめたのである。

故に、当局者が農村を理解し、同情し、言論界が農村問題を重視し、公平な報道をし、農学者が農村問題解決の資料を提供し、方針を示し、そして農民が覚醒して農業に理解ある議員を選挙することが、農村問題解決、農家負担問題解決の対策である(14)」。

七月七日、温は米生産費調査委員会の決議事項の手入を行ない、八〜一一日は米生産費調査の様式の作成を行ない、完成した。この日の日記に「米生産費調査様式ノ一切ヲ終了シ、印刷ニ付スルコト、セリ」とある。なお、この「米生産費資料調査」「米生産費資料調査表」は『帝国農会報』第一二巻第八号に掲載された(15)。一二日は余土村自作農創設に関する原稿の起草、一三日は幹事と明年度予算の打ち合わせ等々を行なった。

七月一四日、温は午後九時一〇分上野発にて、秋田、山形に講演、視察等のため出張の途につき、翌一五日午後四時秋田に着し、稲葉秋田県農会技手の出迎えを受け、小林旅館に投宿した。翌一六日午前一〇時から県記念会館にて開催の秋田県農会主催第一三回農事研究会に出席し、郡制廃止後の郡農会問題について協議し、温が午後一時から二時間、来会の七〇余名に対し、農会経営の基礎要件と題し講演を行なった。一七日には午前五時五〇分発にて内山秋田県農会技手とともに山本郡榊村に行き、榊村役場にて村農会書記、村長から村是計画の説明を聴取し、終わって、秋田に戻り、そして、酒田に向かい、渡部旅館に投宿した。一八日は室岡園一郎秋田県農会技手らとともに飽海郡北平田村に行き、同村の斎藤与七氏の農業経営を視察した（三町八反所有、一三町経営）。そして、酒田に戻り、山居倉庫を視察し、また、郡農会長の本間光勇を訪問し、午後四時山形に向かい、八時着し、石川瀧太郎（山形県農会技師）の出迎えを受け、ホテルに投宿した。一九日は午前山形県庁を訪問し、知事、内務部長、直井市輔農務課長に面会し、郡制廃止に関し郡農会の事業について意見を述べ、後、室岡園一郎県農会技手とともに東村山郡出羽村に行き、一〇余町歩経営の半沢久次郎宅を訪問し、山形に戻り、夜一一時発にて帰京の途につき、二〇日午前八時四五分上野に着した。

七月二一日の朝、温は洗面中に左手に針が折れ込み、順天堂病院に行き、切開した。午後二時からは農商務省に行き、新農会法公布に伴う帝国農会会則作成の協議を行ない、翌二二日も同会則の協議をした。また午後四時より日本倶楽部にて協調会の小作問題研究会に出席し、石黒忠篤農政課長及び坪井秀（岐阜県農会顧問）より小作争議に関する有益な講演を聴き、また、温は余土村の産業組合の小作地取扱のことを談じた。二四日は福田美知幹事と農民の負担と小作問題に関する調査委員会の設置について協議した。

七月二五日、温は午前七時五〇分両国から急行にて千葉県に講習会での講義のために出張し、一〇時君津郡木更津に着き、郡農会事務所にて開催の県農会主催の町村指導員養成講習会に出席した。翌二六日、温は午前八時半より午後二時半まで講義を行ない、終わって午後二時五〇分発にて千葉に帰り、羽田旅館に投宿した。なお、温は体調を崩し、腹痛、下痢を繰り返していた。二七日、本千葉前の内海病院にて左手の抜糸を行ない、休息の後、午前一一時五〇分千葉発にて長生郡茂原町に行き、午後一時二〇分着き、長生郡繭販売所にて開催の町村農会指導者養成講習会に出席し、二時間程講義を行ない、大和屋旅館に投宿した。二八日も講習会に出席し、午前八時半より午後四時まで講義を行ない、終わって四時九分茂原発にて帰京し、七時半帰宅した。

七月三〇日早朝、温は駒場に原凞先生を訪問し、帰国（愛媛）の挨拶と二、三の用件について報告したが、その際来る一〇月の帝国農会総会における副会長問題につき情報を得ている。この日の日記に「横、玉、志ノ複雑ナル問題トナリシ」とある。ここから、矢作副会長の後任をめぐって、横井時敬、玉利喜造、志村源太郎の間で確執があったことが伺われる。

七月三一日、温は雑事を片付け、福田幹事に、通常総会を一〇月一八日より開くこと、明年度予算に米生産費調査費を入れること等を指示した後、午後五時半発にて愛媛に帰郷の途につき、翌八月一日午後八時高浜に着し、帰宅した。

八月四日、温は県農会に久しぶりに出勤し、縄田寿一（前県農会技手）後任問題を門田晋幹事、多田隆技師と協議した。

八月七日、温は朝一番自動車にて新井俊愛媛県産業技師とともに今治市に出張し、一〇時に着し、第三小学校にて開会の越智郡の地主懇談会に出席した。各村から大地主約五〇名が出席していた。温が全国における小作争議の状況を話し、地主の反省を促がし、対策を協議した。その結果、越智郡地主懇談会を設立することを決議し、会則の起草委員を選定し、散会した。この日、順成舎に投宿し、翌八日午前八時発の自動車にて帰松した。九日は県農会に出勤し、明年度事業について門田晋幹事、多田隆技師と協議した。

八月一一日、温は熊本での講演・講話のため、午前の船にて広島に渡り、午後三時七分発急行にて熊本に向かい、翌一二日午前二時五〇分上熊本に着した。菊池郡書記の徳丸源蔵が自動車にて迎へ来り、隈府に着し、菊栄館に投じ、午前一〇時より菊池郡議事堂にて開催の町村農会役職員協議会に出席し、各町村より出席の一五〇余名に対し、農会経営の基礎要件について一時間半ほど講演を行なった。一三日午前も同協議会に出席し、石井村農政倶楽部のことを話し、午後一時からは蚕業学校にて開催の高等農事講習会（一三日～一九日）に出席し、一六日まで講義を行なった。なお、温は熊本の政争について、一三日の日記に「当県ノ政争ハ極端ニテ村会議員選挙スラ数千円ヲ要ス。一村ノ自党者ヲ支配スルカタメニハ毎日之ニ全力ヲ注カサルヘカラス。即チ全力ト資本ヲ注入セサルヘカラス」と記し、あきれている。一六日の午前に講義を終えて、午後二時二〇分上熊本を出発し、翌一七日午前六時四〇分に広島に着き、八時宇品発にて松山に向かい、午後二時帰宅した。

八月一八日～二二日は実家で、原稿の執筆（余土村小作地管理）や親族との会合（八木龍一、定兄弟分資）、岡田義宏[16]（従兄弟、叔父岡田義朗の次男）の結婚式、家族一同と海水浴に行くなど少しゆっくり休養した。

八月二三日以降、温は再び県農会等の業務に従事した。二三日は午後一時より農業技術員養成所生徒に講話、二四～二六日は郡市農会役職員協議会を開催し、二七日から第二一回愛媛県農事大会を県公会堂にて開催した。議題は農村負担の過重に対する対策如何、昨年の県会で問題となった町村農業技術員設置に関する問題等で、県下から四八〇余名が出席し、大盛況であり、この日、温は「農村負担問題と農業者の生活問題」について講演を行なった。翌二八日も農事大会を続け、前日にも増して五〇〇余名が出席し、頗る真面目に協議をなし、飯岡清雄農商務省技師の「農業経営の禍根」と森恒太郎の「小作争議と農業革命」の講演があった(17)。後、実行委員二六名、郡市農会長及び県会議員を選定し、知事に陳情することを決議し、閉会した。二九日には評議員会を開き、明年度事業の協議をした。

八月三〇日、温は正午石井発にて再び帝農の業務に従事すべく、上京の途につき、途中、富山県での北陸四県農会役職員協議会等の出席、講演のため、富山に立ち寄った。三一日午後七時富山に着し、梶原善十郎（富山県産業技師）、横本堅太郎（富山県農会技手）等に迎えられ、富山館に投宿し、翌九月一日、温は北陸四県農会役職員協議会（県会議事堂）に出席し、郡農会の役職員一〇〇余名に対し、農会不振の原因につき講演した。また、二日は富山県農政倶楽部総会に臨席し、午後二時より約一時間半ほど現代農政問題につき講演を行なった。三日は高岡市商業会議所に行き、約四〇名に対し農会の任務について講話し、四日は魚津町に行き、上新川郡会議事堂における講演会に出席し、四〇名に対し農会の精神について十分に説明し、終わって、午後六時一九分発にて上京、翌五日帰宅した。

九月六日以降、温は帝農の業務を行ない（商工業負担調査に関する調査方針の研究、府県農会準則の研究、小作調停法の研究、全国自小作田畑の割合、最近五カ年稲作田一反の収量、金額、法定地価、地租等の調査、等々）、また、原稿の執筆（余土産業組合の小作地管理の原稿手入、三島村農業基本調査の仕上げ、等々）をしている。

九月一三日、温はまた出張の途についた。この日午後一一時上野発にて関東々北農会役職員協議会に出席のため、福島県に向かい、翌一四日午前七時福島に着した。午前一〇時より県会議事堂にて開催の関東々北一二府県農会役職員協議会に出席し、馬渡俊雄福島県知事が主催者となり、万事斡旋し、会議を進めた。夜は松葉楼にての慰労会に出席し、さらに馬渡知事の招待を受け、藍沢誠一（新潟県農会技師兼幹事）、高井二郎（埼玉県農会技師兼幹事）とともに会飲し、藤金本館に投宿した。また、翌一五日も同協議会に出席し、午後二時終了し、閉会した。その後、温は高田小十郎（福島県農会技手）ともに郡山に行き、農事試験場開催の農蚕展覧会を参観し、その夜は三春町に行き、川北旅館に投宿した。一六日は午前高田小十郎技手らとともに田村郡大越村を視察し、午後は三春町の田村郡役所にて町村農会長、指導監督員ら有志一三〇余名に対し、三時間半にわたり講演し、覚醒を促した。夜、午後一一時五〇分郡山発にて、埼玉県浦和に向かい、翌一七日午前五時二〇分浦和に着し、野沢隆（埼玉県農事試験場技師）らの出迎えを受け、九時より赤十字社にて埼玉県農会主催の農会経営講習会に出席し、一〇〇余名に対し、午前午後を通じて六時間半ほど講話を行なった。終わって、松葉軒にて同窓の晩餐会に出席し、午後八時四〇分発にて帰京の途につき、一〇時半帰宅した。

九月一八日午後一時より農商務省にて小作制度調査委員会第九回特別委員会があり、出席した。この日、小作調停法の原案を決定した。そして、一九日から二一日にかけて、小作制度調査委員会の第二回総会が開催され、小作調停法案が審議された。そして、二一日に小作調停法案が可決・答申された。この日の日記に「午后一時ヨリ小作制度委員会……。種々ノ質問修正アリシモ、結局僅少ノ修正ニテ特別委員案ヲ可決ス。農村ノ重大法案ナリ」とある。

九月二二日は農商務省から荷見安事務官、飯岡清雄技師が来会し、帝国農会会則の協議を行なった。

九月二四日、温は奈良県農会主催の高等農事講習会のために、午後四時半の汽車にて奈良に出張した。翌二五日午前九時三〇分奈良に着し、青木国治（奈良県農事試験場長）、緒方尚（奈良県農会技師）に迎えられ、師範学校に行き、午前一〇時より午後三時半まで講義し、魚佐旅館別荘に投宿した。二六日も午前九時より午後二時まで講義、二七日も午前九時より午後三時まで講義を行ない、直に一一〇余名に対し修了証書を授与した。翌二八日は、吉野山探勝、南朝遺跡を見て、神武天皇御陵を参拝し、午後六時二〇分発にて帰京の途につき、二九日午前八時半帰京した。

九月三〇日、帝農に出勤し、午後五時より帝農評議会を開催し、横井時敬、桑田熊蔵、山口左一出席の下、新農会法公布に伴う帝国農会の会則の改正、農会職員退職死亡手当金制度等につき協議した。

一〇月も温は種々の業務に従事した。一日は午前五時二五分上野発にて群馬県吾妻郡中之条に行き、途中渋川駅にて久保貞次郎（群馬県農事試験場長）とともに、午後二時より中之条農学校同窓会主催の講演会に出席し、来会の一五〇余名に対し、農家経済について約三時間講演を行なった。後、金幸にての同窓宴会に出席し、鍋屋に投宿した。翌二日、温は午前四時半渋川発にて帰京し、一〇時二〇分上野に着し、直ちに農商務省における府県農会主任官会議に出席した。三、四日も同会議に出席した。五日は帝農総会提出問題の整理を行ない、午後は西ヶ原農事試験場を訪問し、安藤広太郎農事試験場長に面会し、麦栽培指導に関する委員会について相談した。

一〇月五、六日、温は『農政研究』の原稿「小作争議に関する考案の片々」を執筆した。その大要は次の如くで、現実的で穏健な温の考えがあらわれている。

「自分は郷里で大正四年に小作争議に出逢って以来、争議の解決を不断に考えている。あちこち考えた道筋を二、三述べたい。

一、土地国有論について。小作争議解決策の最も徹底したものは地主も小作も無くする土地国有論である。それは社会主義者の信条だ。しかし、自分は農業者の立場より土地国有には反対だ。所有は砂礫を沃土に化すとは千古の金言だ。耕地の所有は最大の生産を上げ、農業を安定させる第一の要素で、国有論には自作農中心主義の見地より反対である。

一、争議と解決について。争議の解決策と争議の解決は別だ。たとえ完全な解決策が案出されても、争議は止むことないであろう。思うに争議解決策は地主小作の境遇を公平に観察し、公正と思う判断裁定をすることであろう。

一、小作料に対する正当の要求について。小作料についての地主の要求は土地に課せらるる租税諸公課と土地資本に対する相当の利息である。現時の経済組織社会制度では正当な要求だ。他方、小作料に対する小作者の要求は小作料が正当な生産費を浸潤することの無いようにとの要求も正当である。然し、正当な生産費につき、家族の労働報酬賃金をいかに考えるかが難問だ。これは小作者を企業者と観るか賃金労働者と観るかによって考え方が違うが、その労働賃金が他の諸事業の労働賃金、特に季節的労働賃金より下らざる様にとの要求は正当である。但し、実際問題として現在の如く小作料が物納では合理的に小作料を算出する道はない。

一、要求譲歩の順序について。耕地の収益には三方面よりの分配要求がある。耕作者は労働及び企業に対する報酬を要求し、地主は投資の利息を要求し、国家は租税を要求する。要求は正当でも支払うもの無い場合はその譲歩の緩急をいかに考えるかが正当であろう。小作者の要求は日々眼前の生活資料だから譲歩の余地は無い。地主は小作ほど切迫していないから譲歩の余地はある。最も譲歩力のあるは国家である。国家が土地に多額の租税を課し、まず収穫を天引きして残りを関係者で分配せよとは旧い制度で、国家が小作争議を挑発するとみなされる。故に国家が土地の負担を軽減してこれを小作者の利得になる様にすれば小作争議の解決は容易になるだろう。

一、実際問題について。争議を未然に防ぐには物本位の考え方を止め、人本位、従業者の生活問題より出発することが根本である。また、制度方法としては愛媛県温泉郡余土村の産業組合の小作管理（産業組合にて全小作地を借り入れ、組合より小作者に貸付する）や群馬県勢多郡木瀬村の収穫物分配法（委員制にて平年作を精査し、之を標準として地主と小作者に分配率を定める）などが優良の制度である。

一、小作調停法について。小作調停法は委員会で決議になったから成立するだろう。自分は多大の期待をしている。その期待は争議の終息に対するものではなく、小作問題に対し、真面目な研究の出発点になるからである。一時は争議の発生を促すことになると思うが、憂うることでなく、内部の化膿腫物が外部に噴出するだけである。年来不平の鬱積せるところは兎も角一通り争議を起こし漸次合理的改善に導かれ、第二、第三の立法制定を促し、農業政策の基礎が確立するだろう(18)」。

一〇月七日、温は『帝国農会報』の原稿「再び農家の公租負担について」を執筆した。その大要は次の如くで、再度農家負担の過重について具体的に数字を挙げて論じたものであった。

「農家の租税諸公課負担問題は新しい問題ではないが、然し、従来は漠然と唱えられ、対策もまた甚だ漠然としたものであったが、去る九月一四、一五両日の東北関東一府一二県農会連合会の決議、（一）農家の過重な租税公課諸負担内容を明らかにする資料を作成し、農業者に自己の境遇を自覚せしめること、（二）帝国農会は各職業者の負担公課の比較調査を行なうこと、（三）義務教育費の国庫補助を増額することや、八月二七、二八両日の愛媛県農事大会の決議、（一）郡町村農会において農村の実情を調査し、農業者をして自己の負担過重を自覚せしむること、（二）農業者の政治的自覚を促し、農村の実情に理解ある議員を選出すること、（三）全国府県において世論を喚起し、適当な運動をなすよう帝国農会に建議すること、などをみると、近年余程具体的になってきた。

農民が年来踏台にされてきたことに気がつくに従い、全国至る所に以上の如き気運が起きてきた。

農、商、工その他の負担の軽重とは賦課金額の多少ではなく、所得（総収入と生産費の差）に対する負担の割合である。現行法による商工業者と農業者との所得と租税の負担割合をみると、最も高率なのは小売業者であって売上高の一万分の三〇、仮に一割の利益があるとして営業税は利益金の一〇〇〇分の三〇（一〇〇分の三）である。然るに地租は、全国平均法定地価三四・六四円、地租一・五六円、五カ年平均反収（大正五〜九年）一・八八四石、売上高五九・

一五円で計算すると、地租は売上高の一〇〇〇分の二六・七（一〇〇分の二・六七）となる。以上は、国税であるが、地方税はさらに懸隔が甚だしい。本税一〇〇に対し、府県税の地租は八二、営業税は二九、町村税は地租六六、営業税四七となっており、地租は営業税の三倍を賦課せよという法律だ。このように、税法上明らかに農民に重税を課することになっている。何れの地方でも農家の負担は商工業者よりも遥かに重い負担となっている」(19)。

一〇月九日、温は帝農総会提出問題の準備を行ない、一〇日も午前は同準備、午後は一時より帝農にて麦生産奨励に関する委員会を開催し、安藤広太郎博士、稲垣乙丙博士、馬場由雄食糧局技師ら出席の下で、米の多量買上げ（麦の買上は不可能のため）、小麦関税存続、麦の利用の研究、陸海軍、司法省へ買上げの交渉、代用作物の奨励、上流家庭へ食用宣伝、等について協議を行なった。一三日は農商務省に出頭し、農政課にて帝国農会会則についての相談を行ない、一四日は米需給の資料を作成した。また、この日午後四時衆議院議員の成田栄信に呼ばれている。選挙対策のためであった。この日の日記に「午后四時成田栄信君ヲ幸町ノ事務処ニ訪問ス。蓋シ同君ノ希望ニヨル……。要スル先生ノ地盤動キシヲ以テ、其活路ヲ発見スヘク農業主義ヲ鼓吹セントシ、自分ニ看板ヲ上ケシメントノ魂胆ナリ」とある。一五日は帝国農会総会準備のため、福田美知幹事、高島一郎参事と総会提出案の協議を行ない、一六日は横浜港に行き、去る八月のジュネーブでの第三回国際労働会議総会、イタリアでの万国農事会に出席し、帰朝する矢作栄蔵副会長を出迎えた。一七日は地方評議員会を開催し、帝農の副会長問題を協議した。この日の日記に「山口、伊藤、秋本三氏出席、副会長問題ノ協議ヲナス……。未タ現副会長ノ意向ノ不明ナルヲ以テ、右決定ヲ待ツテ議スルコト、シ、午后二時散会ス」とある。一八、一九日は評議員会を開催し、桑田熊蔵、横井時敬、斎藤宇一郎、秋本喜七、山口左一、山田斂らの評議員が出席し、帝農総会の議題を審議した。

一〇月二一日から二四日まで、帝国農会は第一三回通常総会を開いた。道府県の議員四四名、特別議員五名、顧問二名が出席し、政府側からは荒井賢太郎農商務大臣、岡本英太郎農商務次官、長満欽司農務局長、副島千八食糧局長、石黒忠篤農政課長らが臨席した。一日目（二一日）午前一〇時開会し、松平康荘会長が開会を告げ、会長病気のため矢作栄蔵副会長が議長席につき、議事を進めた。山崎延吉幹事が会務報告、福田美知幹事が経費収支予算案の説明、温が建議案の説明を行なった。この総会での建議案は「農務省新設に関する建議」「農会国庫補助増額に関する建議」「米穀法運用に関する建議」「農業者の負担軽減に関する建議」「衆議院選挙法別表改正に関する建議」であった。後、農商務大臣の告辞、岡本農商務次官の第三回国際労働会議の報告、長満農務局長の小作制度調査委員会の報告があった。矢作栄蔵が副会長の続投やる気満々であったのだろう。この日の日記に温は「副会長問題ハ殆ト消失ス」と記している。二日目（二二日）は午前、福田幹事が「帝国農会会則案」「帝国農会俸給及び旅費規程案」等の提出問題の説明を行ない、午後は委員会を開催した。温は米穀法運用と農業者の租税軽減委員会に出席したが、横井時敬博士と対立している。「横井博士ト意見合ハス」。三日目（二三日）も委員会を開催し、温は横井博士に撹乱された。「負担軽減ノ委員会ニハ横井博士ノ冗弁ノタメ、充分ノ研究出来ズ」。なお、この日、臨時評議員会を開き、矢作の留任が決まった。「臨時評議員会ヲ開キ、矢作副会長辞任問題ヲ片付ク……。留任」。四日目（二四日）は通常総会の最終日で、大体原案通り可決され、また、来る一一月二四日に現下の農業の重要問題に対し、全国農業者の強固なる世論を作り正当、穏健なる手段により政府当局及び一般社会に訴えんとして全国農会大会を開催することを決め、無事閉会している。[20]この日夜、温は大会に出席した日野松太郎（周桑郡選出の県会議員、帝国農会議員）に伴われ、芝御成門政友会本部に河上哲太（愛媛選出の衆議院議員、政友会）を訪問し、築地三丁目松本に連れて行かれた。そして、そこで愛媛出身の弁護士須之内品吉を紹介された。この日の日記に「今夕ノ催シハ河上、日野両君ノ会合ト須之内君ノ自分ニ対スル渉介ノ意ナリシナルヘシ」とある。なお、須之内品吉は大正一三年の衆議院選挙に愛媛から政友会で立候補する予定で、そのための紹介であった。

一〇月二五、二六日は農商務省にて小作制度調査委員会の特別委員会があり、出席し、永小作問題や国際労働会議決議事項を協議している。自作農保護問題には入らず、散会している。

一〇月三〇日、温は広島県の町村農会長協議会での講演のため、午後五時半発にて出張の途につき、翌三一日午後三時半広島に着した。井上虎太郎（広島県農会技師）に迎えられ、大手町玉明館に投宿し、井上虎太郎から広島県農会の現状を聴いている。県農会長は知事、副会長は県の大地主、県の技師は二人、郡農会には技術者なく常任幹事一名のみ、多くは郡書記の古手であり、温は「概シテ官営」と記している。この日、温は旅館で『帝国農会報』の原稿「米穀法の根本疑義」を草した。

一一月一日、温は広島市公会堂における広島県農会主催の広島市外五郡一五二ヶ町村の町村農会長協議会に出席し、午前一〇時から正午まで講演を行ない、午後は改正農会法について注意し、終わって、沢原俊雄（広島県農会副会長）、土屋耕二（県農務課長）、井納等（同農会技手）らとともに汽車にて三次町に向かい、香川旅館に投宿した。二日は三次町の双三郡役所における双三、高田、比婆郡の三郡六六町村の町村農会長協議会に出席し、講演を行ない、三日、温は朝八時半自動車にて、井上技師、土屋耕二農務課長らとともに府中町に行き、恋一色旅館に投宿した。四日は府中町の芦品郡役所における福山市外芦品、神石、甲奴、深安の四郡の町村農会長協議会に出席し、講演を行なった。

一一月四日、温は「米穀法の根本疑義」を旅館にて脱稿している。この論文の大要は次の如くで、米穀法が生産者を圧迫し、消費者本位になっていると批判したものであった。

「農業者は米穀法により相当保護されるものと期待した。しかし、米穀法は政府当局が弁明した如く、生産者を保護するためのものではなく、また消費者を擁護するものでもなく、食糧の需要供給の円滑を図り、国民生活の安定を期するということで、実際の作用効果が公平なものであれば国策として結構なものであろう。しかし、政府の弁明や米穀法の機能について研究すればするほど、米穀法の根本本質は農業政策を脅威する生産者圧迫政策であり、生産者を犠牲にする消費者本位の政策である、と言わざるを得ない。また、米の繰越米が多量の場合、その圧迫力は非常に多大なもので、農家の被る損害は軽微でない。結論として現行法には其根本性質に大なる疑義がある」(21)。

一一月五日、温は井上、土屋とともに福山と府中の間の駅家村に行き、農家の住宅を視察し、あと、尾道に行き、鶴水館に投宿した。六日は午前一〇時より一市三郡六三町村の町村農会長会に出席し、講演を行なった。この会合で、県農会長民設の提案があり、可決されている。翌七日午前五時半尾道発の汽船にて愛媛に帰郷し、一一時に高浜に着した。温は県農会へ出頭し、郡農会補助問題、温の後任技師問題について協議した。八日も県農会に出勤し、門田幹事、多田技師と温の後任問題について協議した。結論は「要スルニ多田君ノ上位ニ置クヘキ適任者ナキタメ、下員二名ヲ入ル、コトニ協議ス」であった。一〇日県農会に出勤し、門田幹事と多田技師と協議し、真木重作（新居郡農会技手）、福島正巳（伊予郡農会技手）を入れることを決定した。

一一月一一日、温は再び帝農の職務に戻るため上京の途についた。正午石井駅を出て夜八時尾道に着し、九時三〇分発にて東上し、翌一二日午後一一時過ぎ帰宅した。一三日から帝農に出勤し、先の帝農総会の決議にもとづく全国農会大会開催の準備等を行なった。

一一月一七日、温は大会準備を行ない、矢作副会長に報告した後、午後一〇時三〇分上野発にて長野県へ篤農家懇談会のため出張の途につき、翌一八日午前六時二〇分長野に着し、竹内進（長野県農会技師）らに迎えられ、午前一〇時城山館における長野県篤農家懇談会に出席した。温は議論が活発なことに驚いている。この日の日記に「来会者ハ各郡ヨリ四百余名ニテ盛況ナリ。特ニ驚キタルハ提出問題ニ対スル討議ノ各発言者ノ能弁、雄弁ハ他ニ類例ヲ視ス」とある。後、懇親会に出席し、犀北館に投宿した。翌一九日も篤農家懇談会に出席し、午後温が二時間半ほど講演した。終わって、午後一〇時三〇分発にて帰京の途につき、翌二〇日午前七時帰宅した。温は風邪をひいていたが、帝農に出勤し、逓信省簡易保険運輸課に行き、自作農創設等の低利資金について事情を聞き、また、憲政会を訪問し、下岡忠治総務等に面会し、全国農会大会につき協議した。また、二一日も農会大会の準備を行ない、政友会本部とも協議を行なった。二二日も農会大会準備をした。多忙の中、温は二三日、群馬県館林での講演のため、午前七時三〇分発にて館林に行き、農業経済について二時間講演し、直ちに帰京した。

一一月二四日、帝国農会は東京丸の内商工奨励館にて全国農会大会を開催した。午前一一時開会であるが、開会前から出席者が続々集まった。全国から一六〇〇名ほど出席した。矢作栄蔵副会長が開会挨拶、山崎延吉幹事が大会宣言案の説明、福田幹事が三つの決議事項の説明を行ない、午後は各政党および各府県代表者の演説会となった。そして、大会宣言と三つの決議「農業者の負担軽減に関する件」、「米穀法運用に関する件」、「衆議院選挙法中別表改正に関する件」を可決した。大会宣言は、「夫れ国土の経営に任じ国民の生命を維持すべきは農民の責務なり。然るに今や本邦農民は経済的破綻により沈衰の極に達し為めに我帝国の基礎亦危機に陥らんとす。吾人は憂国の赤誠を以て奮然世論を喚起し、農村振興のために統一ある運動をなさざるを得ず。茲に全国農会大会を開催し、敢て天下に宣す」というものであった[22]。決議の「農業者の負担軽減に関する件」は、商工業者に比して農業者の負担が重く不公平であり、負担軽減を求めるものであり、「米穀法運用に関する件」は、米価は生産費を償わざるまでに低落しており、政府に米の買上げをもとめるものであり、

「衆議院選挙法中別表改正に関する件」は、一人の議員を選出するに、市部に比べて郡部は不利であり、その是正を求めるもの、であった。[23]この日の日記に「朝七時出勤シタルニ、大会出席続々来会ス。午前十時ニハ商工奨励館ノ階上立錘ノ余地ナキニ至リ、開会前有志ノ一大演説会トナル。正午迄ノ出席届出シ分、九百九十七名、其後続々来会ス。十一時開会(副会長座長ヲ勤ム)。宣言ヲ決議シ、協議ニ入ルヤ、発言者非常ニ多ク、一時騒擾ヲ極ム……。先ツ提出問題ヲ決議シ、中食。午后一時開会……。演説会……。中西六三郎氏（政）、下岡忠治君（憲）、西村丹治郎（革）、吉植庄一郎……。高田耘平、土井権大ノ六代議士ノ演説アリ。夫ヨリ府県順ニ五分間演説ヲナシ、三十余名ニシテ午后五時閉会ス……。万歳ニテ。夜ハ鉄道協会ニテ中央農事協会設立ノ会アリ」とある。

一一月二五日は午前一〇時から帝農事務所にて道府県農会役職員会及び道府県代表者聯合協議会を開催し、全国農会大会決議事項遂行の件、政府米買い上げ方法に関する件、中央農事協会設立に関する件を審議し、決議事項遂行については運動委員を選んで遂行することになり、一七道府県の委員を決めた。[24]翌二六日に温は運動委員一六名とともに、荒川賢太郎農相、水野錬太郎内相官邸を訪問し、大会決議を陳述した。二七日にも温は運動委員一七名とともに加藤友三郎首相、大蔵次官、政友会本部、憲政会本部を訪問した。この日の日記に「運動委員十七名及山崎、福田、自分ト一行、大蔵次官ヲ官邸ニ訪ヒ、陳述シ、夫ヨリ永田町首相官邸ヲ訪ヒ、加藤首相ニ陳情ス。今回ハ尤モ緊張シ、首相亦端然トシテ傾聴ス。其状況ハ相当首相ヲ動カシ得タルモノ、如シ。夫ヨリ松本楼ニテ中食ヲナシ、政友会及憲政会本部ヲ訪問ス。政友会ニテハ床次、武藤、中西三総務出ツ。別ニ異リタルコトナク、普通ノ挨拶ニ過キサレドモ、憲政会ニ於テハ安達総務大ニ談ス……。一同事務処ニ引上テ更ニ小委員（神奈川、東京、千葉、茨城、愛知、岐阜）ヲ選ヒテ、後事ヲ託シ、一先ツ解散ス」とある。二九日も運動委員を招集し、午前食糧局に副島千八局長を訪問し、米買い上げを要請、午後は田村町の革新倶楽部に行き、西村丹治郎、村上両氏に面会し、陳情を行なった。[25]

一二月も温は種々運動、業務を行なった。一日、温は帝農にて成田栄信、八田宗吉、西村丹治郎の三代議士と地租軽減に関する内協議を行ない、営業税と同額の軽税の協議をした。二、三日は実科問題で奔走した（後述）。四日は大会決議実行小委員を招集し（菱田尚一、松山兼三郎、池沢正一）、午前一〇時半貴族院の研究会本部を訪問し、酒井忠亮子爵、榎本武憲子爵等に面会し、陳情した。午後は大会決議実行小委員とともに八田、成田の政友会代議士と会い、今後の運動方針を協議した。

一二月八日、温は午後一〇時半東京発にて、高知、京都での講演のため出張の途についた。翌九日午後三時大阪につき、神戸に行き、七時半滋賀丸に乗船し、高知に向かい、一〇日午前八時高知に着し、山岡瀧寿（高知県農会技師）らの出迎えを受け、商業会議所における高知県農会主催の農民大会に出席した。町村長、農会長ら有志二六〇余名が出席し、交々雄弁を振るっていた。温は日記に、「実ニ弁論ノ国ニテ、長野ト正ニ好一対ナリ。然シ長野県ノ方稍進歩セルカ如シ」と述べている。温は午後「農村荒頽ノ対策」と題して講演し、あと、懇親会に出席し、城西館に投宿した。また、一一日には高知県農会役職員会協議会に出席し、約一時間半ほど生活様式其他について講演を行ない、終わって高知の講農会メンバーと昼食し、実科問題の経過を話し、後、浦戸に出て、午後三時半の室戸丸に乗船し、京都に向かい、一二日午前八時大阪天保山に上陸し、一〇時半京都に着し、この日は嵐山等を見学し、三条亀屋に投宿した。一三日は午前一〇時より京都府立農林学校における町村農会長会に出席し、来会の一七〇余名に対し、温は中央における軽税運動の経過を報告した。終わって、午後五時五〇分京都発にて帰京の途につき、翌一四日午前七時三〇分東京に着し、一旦帰宅し、また出勤し、雑務を行なっている。

一二月一五日、矢作副会長の紹介にて埼玉県大里郡八基村渋沢治太郎村長（渋沢栄一の甥）が来会し、温に村是調査について相談にきた。その結果、温が同村の産業基本調査を行なうことを決め、明年一月二八日に八基村を訪問することを約束している。

一二月一五日の夜、温はまた愛知県岡崎での農産物共進会での講演のため、出張の途につき、翌一六日午前八時四〇分岡崎に着し、赤松弘（愛知県農会技師）に出迎えられ、共進会を視察し、午後二時より温は岡崎小学校にて「農業問題の根底」と題し二時間余にわたって講演を行なった。終わって、夜一〇時四〇分発にて帰京の途につき、翌一七日午前七時一五分東京に着した。温は一旦帰宅し、また出勤した。

一二月一七日、温は福田幹事とともに政友会の望月圭助代議士（広島県選出）を訪問し、減税（地租軽減）の陳情を行ない、また午後四時から交恂社に福田幹事とともに政友会の河上哲太代議士（愛媛県選出）に面会し、減税の陳情をした。一八、一九日は『時事新報』元旦号の原稿「地租軽減と小作料」の執筆等を行なった。二二日は減税問題運動委員会の準備等を行ない、二三日に午後全国農会大会決議小委員（山口左一、池沢正一、松山兼三郎、菱田尚一、菅野鉱次郎）及び農政研究会幹事会を開き、運動方法を協議した。その後、小委員にて副島千八食糧局長を訪問し、米の買い上げを要求した。二六日は午後一時より政友派に属する農政研究会の会合に出席し（五〇余名が出席）、地租問題に対する態度について協議した。何れも強硬で、結局地租軽減と米価低落防止を政友会の幹事に要求し、容れられなければ、今日の出席者の名を以て議員会を開き決することを決定した。二七日は午後矢作副会長と地租軽減問題の対策を協議した。

一二月二八日、温は赤坂紅葉にて、山崎延吉主催の那須、小平両氏及び農政記者招待会に出席し、午後九時三〇分東京発にて愛媛への帰郷の途についた。翌二九日一二時半三ノ宮に下車し、午後三時発の第一二宇和島丸に乗船し、三〇日午前一〇時高浜に着し、一二時過ぎ帰宅した。三一日は迎年の準備をなした。

注

（1）『帝国農会報』第一二巻第二号、大正一一年二月、八七〜九一頁。『帝国農会史稿　資料編』九九九〜一〇〇二頁。

(2)『帝国農会報』第一二巻第二号、大正一一年二月、二六〜二九頁。
(3)『帝国農会報』第一二巻第三号、大正一一年三月、八〇〜八一頁。
(4)玉利喜造は鹿児島高等農林学校長を退職したあと、大正一一年二月から勅選の貴族院議員になっていた。
(5)『帝国農会史稿　記述編』二七八頁。
(6)『帝国農会報』第一二巻第四号、大正一一年四月、八一〜八四頁。『帝国農会史稿　資料編』一〇〇三頁。
(7)『農政研究』第一巻第二号、大正一一年六月、一八〜二一頁。
(8)『帝国農会報』第一二巻第六号、大正一一年六月、五一頁。
(9)同右書、五八〜六二頁。
(10)高橋是清内閣は高橋を支持する内閣改造派（小川平吉、岡崎邦輔、野田卯太郎、横田千之助ら）と非改造派（床次竹二郎、山本達雄、中橋徳五郎、元田肇ら）が対立。閣内不一致を理由に、六月六日、総辞職を決行し、非改造派六名を除名した。高橋らは大命再降下を期待していたが、政友会の内紛と高橋の統率力に失望した元老は、海相の加藤友三郎を推薦した。その結果、大正一一年六月一二日、加藤友三郎内閣が成立したが、貴族院から七名の閣僚を入れたことが特徴であった。同内閣を政友会は憲政会との対抗上、全面的に支持した。ワシントン会議の全権の一人であった加藤友三郎は、海軍軍縮のみならず、陸軍軍縮も推進した（『日本史大事典』）。
(11)『帝国農会報』第一二巻第七号、大正一一年七月、五三頁。
(12)『農政研究』第一巻第四号、大正一一年六月、二七〜二九頁。
(13)『帝国農会報』第一二巻第七号、大正一一年七月、五一〜五三頁。
(14)同右書、一八〜二六頁。
(15)大正一一年の帝国農会の米生産費調査は一府県三町村ずつ重要米産地を選び、一町村に三戸の専業農家を選び（一府県九戸）、調査項目は、(一)栽培反別、地価、従業者、(二)種子、(三)肥料、(四)農具、(五)労力、(六)雑、(七)収穫物、(八)租税諸公課、(九)小作料及び売買価格、(十)納屋、畜舎、であった（『帝国農会報』第一二巻第八号、大正一一年八月）。
(16)岡田義宏は、明治二四年五月一五日に新宅の岡田義朗の次男に生まれ、松山中学、熊本第五高等学校を経て、大正四年東京帝国大学農科大学に入学、同七年卒業し、同年香川県農事試験場技師に着任し、わずか二年にして農事試験場長に就任していた。なお、のち昭和二年には朝鮮総督府に赴任し、農務部長や農事試験場長等を歴任する（『わがふるさと土居町のあゆみ』三三六頁）。
(17)『愛媛県農界時報』第二七一号、大正一一年九月五日。
(18)『農政研究』第一巻第七号、大正一一年一一月、七六〜七九頁。
(19)『帝国農会報』第一二巻第一〇号、大正一一年一〇月、二一〜二四頁。

(20)『帝国農会報』第一二巻第一一号、大正一一年一一月、三〜七、四六〜五六頁。
(21) 同右書、三〇〜三三頁。
(22)『帝国農会報』第一二巻第一二号、大正一一年一二月、二頁。この宣言文は温の執筆と思われる。
(23) 同右書、三、四頁。
(24) 同右書、四六頁。
(25) 同右書、五七〜六三頁。

三　大正一二年　加藤友三郎・山本権兵衛内閣時代

大正一二年（一九二三）、温五二歳から五三歳にかけての年である。

本年も第一次大戦後の農業、農民、農村の危機が続いた。大正一二年の内閣は加藤友三郎内閣（大正一一年六月一二日〜一二年八月二六日、貴族院中心）である。この加藤内閣に対し、政友会が準与党で、憲政会と革新倶楽部が野党であった。加藤内閣は第四六議会において、財政緊縮・減税の方針をとったが、営業税のみ減税し、地租についてはなんら減税せず、不公平な政策を打ち出していた。そのため、各政党が来年の総選挙も意識して、農村問題を重視して、種々の法律案や建議案を提出し（地租軽減法律案や地租廃止法案、米穀法中改正法律案、産業組合中央金庫法案、農務省新設建議案、農村振興建議案など）、農村問題が中心となった。また、加藤内閣は、前年の小作制度調査委員会で決定された「小作調停法案」を三月九日第四六議会に提出した（ただし、政府側は熱意無く、後、衆議院で審議未了となっている）。

温は帝農幹事としての種々の業務（各種会議、米生産費調査、また、本年温が提案した農業経営調査の準備等）を行なうとともに、農村振興運動（農家負担・地租軽減、米価維持、自作農創設、小農保護、農務省独立化等）に取り組んだ。一月二六、二七日に全国道府県農会代表者協議会、四月一二日に再度全国道府県農会代表者協議会を開き、六月五日には全国農会大会を開催し、とくに、農家負担軽減（地租軽減）、米価引上げ運動に熱心に取り組んだ。また、本年はよく論争的原稿を執筆し、さらに全国によく出張し、講演をした。

なお、本年は九月に関東大震災が発生し、東京の温宅も被害を受け、生々しい記事もみられる。以下、本年の多忙な温の活動を見てみよう。

温は正月を故郷の石井村で過ごし、一日から『帝国農会報』の原稿「三たび農家の負担について」を起草し、二日に草了した。その大要は次の如くで、批判への反論であった。

「地租軽減問題は政府当局者が最近の農家の境遇を理解しているか否か、国政上農業問題の位置を如何に考えているか、農業問題の解決に誠意あるや否や、天下の農業者が相変わらず誤魔化されるや否や、の問題で農業の栄枯盛衰の岐れる関が原である。最近地租問題で流布されている議論は、弁解のような、揚げ足とりのような枝葉末節の議論ばかりである。例えば、（一）営業税は軽減しないのに、地租軽減を求めるのは不都合である。地租は古く定めた地価に一定税率を課すもので、さ程重くない。たとえ地租を軽減するとしても、現在の公定地価は不合理だからまず地価修正が必要であるが、地価修正は容易でないという説。（二）地租軽減しても仰々しいほどに農家の利益、窮状救済にはならない説。（三）米価の維持向上が地租軽減より有利だとの説。（四）小学校教育費国庫補助の増額による負担軽減の方が地租軽減より効果があるという説、等々。

しかし、これらは間違いである。（一）について、地租は粗収入の一〇〇〇分の二六・七に相当し、粗収入に対しかかる高率の税金は外にない。また、地価修正が面倒だから手をつけないとは暴論である。（二）について、地租が農家負担の根源をなしているのだから、これを軽減せずに農家負担は軽減できない。また、農家負担の四分の三以上は地方税である。本税が軽減されれば地方税も軽減され、農家負担の軽減となる。（三）について、米価維持は一時的、地租軽減は永久的であり、これは混同してはいけない。（四）について、貧弱町村に多く分配することは社会政策であって、公課負担の問題ではない。国民負担の軽減であって、農家の負担軽減ではない。故に我々は全国民とともに教育費の国庫負担増額を要求し、他面に農家負担の軽減の意味において地租の軽減を要求するものである。

要するに、我々の主張は農業者は四民中、勤労に比し、収益に比し、文化の恩典に比し、最も重き租税を負担しているのであるから負担の軽減を要求するものである。今、政府は軍備を縮小し、行政整理を行ない、営業税その他の減税に充てようとしているのであるから、我々が地租軽減を要求することは毫も不都合はない[1]」。

一月四日、温は県農会に出勤した。この日は午後三時から道後大和屋にて門田晋（県農会幹事）、多田隆（同技師）、加藤和一郎（同技手）、石井信光（同書記）、宮脇茲雄（温泉郡農会長）ら県農会関係者と会合し、中央における減税運動（農家負担の軽減）の経過について話をした。六日は郡市農会役職員協議会の協議案を考案し、八日も同議案の手入れを行ない、また、喜多郡久米村の農業基本調査の序文の執筆等をした。

一月一〇日、愛媛県農会は県農会主催の郡市農会役職員協議会を開催し、出席し、また、その間、温は県の技術者養成所生徒に対し米の政策について一時間ほど講義をした。一一日も協議会に出席した。

一月一二日、温は再び帝国農会の幹事として活動するため、午前一〇時高浜発の第十一宇和島丸にて上京の途につき、途中高松、三重に講演のため立ち寄った。この日午後一〇時高松に着し、吉田貞造（香川県農会技師）の出迎えを受け、辻梅旅館に投宿し、翌一三日、温は県公会堂にて開催の香川県農会主催郡市農会役職員協議会及び農民大会に出席し、来会の一八〇余名に対し午後三時から二時間ほど「農会経営の精神」と題して講演した。終わって、村井楼にての慰労会に出席し、夜九時半高松発の義州丸にて上阪した。翌一四日午前五時半大阪に着し、三重県に向かい、一一時二四分津に着し、大石茂治郎（三重県農会技手）に出迎えられ、岡宗旅館に投宿した。そして、温は帝国農会主催の農政経済講習会（一二日より五日間開催）の講師として、一五日は午後一時より四時まで、一六日は午前九時より午後四時まで農業経済について講義を行ない、また、会長代理として証書授与式も行なった。終わって、その夜七時発にて上京し、翌一七日午前七時半東京に着した。そして、この日の午後、小作制度調査委員会（一五日より開会）があり、出席した。そこでは、自作農創設案と自作農地租免税案が議題となっていたが、自作農地租免税案を成立すべく、自作農創設案は時期尚早とのことであった。

さて、加藤友三郎内閣は大正一二年度予算案において、財政緊縮・減税の方針をとったが、営業税のみ減税し、地租についてはなんら減税せず、不公平な政策を打ち出していた。それに対し、野党の憲政会は地租の二分減（地租一〇〇分の四・五を二・五に二％の減額）を打ち出し、また、革新倶楽部は地租の地方委譲を打ち出しており、準与党の政友会側の態度が注目されていた。温が東京に帰った日の一月一七日、政友会幹部が地租の地方税委譲案を表明したが、地租の減税ではなかった。この日の日記に「政友会幹部ニテ地租ヲ地方税ニ委譲案ヲ公表セシタメ、一層混沌トナリ、小委員滞京シテ運動シツ、アリ。一方、政友会ニテハ昨年末二十八日ニ二百二十名ノ連名調印シテ内部ノ運動ヲナスモノアリテ、形勢全ク予測スヘカラサルニ至ル」とある。帝国農会側の要望は、地租の地方税委譲ではなく、昨年一〇月二三日の帝国農会総会や一一月二四日の全国農会大会で決議された「農業者の負担軽減」、即ち「地租の軽減」であった。

一月一八日以降、温は農家負担軽減・地租軽減問題に奔走した。一八日、温は農業者の負担軽減の減税問題委員会を召集し、そして、政友会の実行委員を訪問し、帝農の方針にもとづき初志貫徹せられんことを要望した。しかし、一九日、政友会は地租の地方税委譲を決定した。「政友会幹部ニテ三大政綱、地租ヲ地方税委譲決定ス」。そこで、二〇日、温は再度帝農の減税問題委員会を招集し、二六日に全国道府県農会代表者協議会を開催することを決めた。この日の日記に「一七県ノ委員殆ト参集……。委員会開催。午后別室ニテハ評議員会ヲ開キ、他ノ一室ニテハ委員会ヲ開キタルガ、政友会ノ幹部案ニ対スル連判組ノ実行委員ニ農会ノ希望要求及激励ノタメ議長室ニ行キ状況ヲ徴シテ帰ル。二十六日全国農会代表者会ヲ開クコトノ決定シ、直ニ各府県農会ニ打電ス」とある。二一日は全国道府県農会代表者協議会の決議案を作成した。二二日、温は終日帝農で減税委員会を開催した。この日午後政友会総務三土忠造が帝農に来会し、委員に対し、政友会側の地租の地方委譲案の説明を行なった。温は三土の来会に対し、「農会ノ位置ノ向上ナリ」と記している。二三日にも温は帝農で減税委員会を開催した。この日は、憲政会の下岡忠治が帝農に来会し、憲政会の地租減税方針の説明に来ている。二大政党が帝農に働きかけており、農会の存在感が伺われる。

また、二三日に、温は帝農にて、農商務省の石黒忠篤農政課長、飯岡清雄技師、矢作副会長と来年度（大正一三年度）新規事業の農業経営調査に関する協議を行なった。この農業経営調査は、大正一〇年から始まった農商務省の農家経済調査とは別に、農業経営改善を目的とした調査で、温が発案者である。帝国農会は大正一二年度に農業経営審査会を設けるが、この会合はその準備であった(2)。

一月二四日、温は午後一二時二五分上野発にて埼玉県浦和市に講演のため出張し、県会議事堂にて開催の市郡町村農会長会議に出席し、一時間半ほど減税問題に関する経過、今後の対策について講話し、午後四時三五分発にて帰京した。二五日は福田幹事とともに矢作副会長宅を訪問し、明日の大会の打ち合わせを行ない、午後は帝農にて中央農事協会（大正一一年一一月設立）の評議員会があり、温も出席した。この日の日記に「（地租二分減に対し）頻ニ帝国農会ノ意見ヲ要求シタルモ、単ニ漠然ト答ヲナス。憲政会臭味多シ」とある。ここから、温ら帝国農会側は憲政会側の地租二分軽減論に対しては、「臭味」を感じ、距離を置いていることが分かる。

一月二六、二七日の両日、帝国農会は加藤友三郎内閣の第四六議会再開にあわせて、政府、議会に地租軽減、米価維持のために米の買上げ等圧力をかけるために全国道府県農会代表者協議会を開催した。全国から一一〇名の役員が出席した。一日目（二六日）午前一一時開会し、矢作副会長が挨拶をなし、議長となり会議を進めた。福田幹事が昨年の一一月二四日の全国農会大会以来の運動経過を報告し、午後は政友会の武藤金吉、島田俊雄両総務、憲政会の下岡忠治総務、革新倶楽部大口喜六代議士がそれぞれ地租問題に対する態度を表明した。政友会は地租を大正一三年度より地方に委譲すること、憲政会は大正一二年度より地租二分減、革新倶楽部は大正一二年度より地租全廃を説明した。その後、農会側の態度を決めるために一七名の委員を選出した。二六日の日記に「全国農会代表者開催。一府県二名ツヽ、副会長議長ニツキ午前ハ経過報告ヲナシ、午后一時ヨリ武藤、島田両政友会総務……下岡憲政会総務……、大口革新倶楽部総務ノ減税問題ニ対スル各政党ノ方針ヲ説明ス……。質議応答、午后五時右畢ツテ討議ニ移リ、委員一七名ヲ選ヒテ之ニ托スルコト、シ閉会ス」とある。二日目（二七日）は午前一〇時より委員会、午後本会議を開き、大会決議を採択した。この大会では政党間で暗闘があった。この日の日記に「府県農会代表者会二日目……。午前委員会。本日ノ会議ハ各政党ハ多大ノ注意ヲ以テ観察シ、農会ノ内外大ニ緊張ス。午后一時ヨリ本会議ヲ開キ、（一）地租委譲ヲ承認スル負担軽減、（二）米穀法運用ニヨル米価向上、（三）小農保護ヲ決議ス……。委員会ニテハ各政党的暗闘アリ。開会後、松山、門田、田倉、西村、池沢、山田ノ六人ニテ政友会幹部ニ面会シテ決議ヲ伝へ、副会長ト三幹事ハ三政党本部ニ昨日ノ挨拶ニ巡ル」とある。

この全国道府県農会代表者協議会での決議は、「一、農家負担軽減の実現を期すること。説明（一）大正十三年度より国税たる地租を地方税に移譲すること、（二）大正十二年度に於て応急的負担の軽減を図ること。二、米穀法の運用に依り、米の価格を相当に維持すること。三、小農保護策を樹立し、直に此か実行を期すること。参考（一）自作農の維持創定を図ること、（二）小作法の制定を図ること、（三）積極的低利資金の融通を図ること、（四）産業組合中央金庫の設立を図ること、（五）農業補習教育の普及及び内容の充実を図ること」というもので、(3) 帝農としては、農家負担の軽減（地租軽減）を基本的方針としているが、他方、政友会の地租委譲案も受け入れ、配慮（妥協）していることが判明しよう。なお、決議案の原案はさきの日記の通り、温が作成したものであった。

一月二八日、温は多忙な中、埼玉県大里郡八基村に出張した。これは、昨年末の渋沢治太郎村長（渋沢栄一子爵の甥）との約束で、同村の産業基本調査の講話のためであった。温は同村六〇〇余人に対し、村の基本調査の必要性について約一時間半講話し、帰京している。

一月二九日、帝農は減税問題小委員会を開催し、各政党本部及び総理、蔵相、内相、農相に対し、陳情することを決め、三〇日に小委員の山口左一（神奈川県）、菱田尚一（岐阜県）、松山兼三郎（愛知県）、菅野鉱次郎（岡山県）、佐藤頼光（大分県）、後藤藤平（静岡県）及び山崎・福田幹事とともに、各政党の幹部に面会し、大会決議にもとづき、減税、米穀法の運用による米買い上げ等について陳情を行なった。なお、三〇日には、憲政会が衆議院に田畑地租二分減などの減税法案を提出している。三一日にも温は小委員の山口、菱田、後藤、菅野らとともに荒井賢太郎農相を訪問し、長満欽司農務局長に対し、米買い上げ等を陳情した。

二月も温は実に多忙で、種々の業務を行なった。一日午後は衆議院に行き革新倶楽部の大口喜六議員に対し、米穀法の根本疑義について説いた。三日も衆議院に行き、議会を傍聴した。この日、政友会が「行政及税制の整理に関する建議案」（内容は地租委譲案）を提出し、三土忠造議員が説明を行ない、また、政友会と憲政会のそれぞれが「農村振興に関する建議案」を上程した。政友会案はやや抽象的であったが、憲政会案の方はやや具体的であった。(4) この日の日記に「午后衆議院傍聴。政友会案（二案）上程。三土忠造氏説明。革新倶楽部の湯浅凡平氏（能弁）半ハ賛成、半ハ反対ノ演説。

憲政会清水留三郎氏ノ反対及無所属ノ田淵豊吉氏ノ演説アリ。次ニ農村振興案ニツキ先ツ憲政会提出ハ下岡氏、政友会提出ハ小川平吉氏説明ス」とある。

二月五日は帝農評議員会を開き、矢作栄蔵副会長、志村源太郎、横井時敬、原凞、斎藤宇一郎、山口左一、伊藤広幾の委員出席の下、産業組合中央金庫問題を審議し、設立要項を決め、政府及び各政党に建議することを決めた。六日は午前農商務省の飯岡清雄と農業経営審査会の委員の選定を協議し、また、午後は農商務省に出頭し、自作農創定計画の説明を求めている。また、午後五時より紅葉にて温は西村正則代議士（政友会）、福田幹事と会合し、農村振興策について協議した。七日は午前石黒忠篤農政課長を私邸に訪問し、農業経営審査会委員の人選について協議し、あと出勤し、自作農創設に関する調査を始めた。八、九日は自作農創設案の考案等をした。また、午後五時からは東京ステーションホテルにて開催の政友会所属の農村問題委員の招待会に列席した。また、九日に矢作副会長から産業組合中央金庫に関し、高橋政友会総裁及び政友会最高幹部との密会の内容を聞いている。一〇日、温は嘔吐、頭痛のため休養した。一一日も終日在宅、一二日も気分すぐれず休養した。なお、一二日、政府は米穀委員会において、一一年産米の買い上げ一〇〇万石を決めている。一三日、温は出勤し、自作農創設資料の考案等を行なった。また、三幹事と矢作副会長宅を訪問し、産業組合中央金庫の件につき協議し、後、矢作副会長、山崎延吉とともに政友会の床次竹二郎宅を訪問した。

二月一四日、温は午前八時五〇分上野発にて八基村産業基本調査の指導のために埼玉県大里郡八基村に行き、同村小学校にて調査員に調査票の説明を行ない、終わって、午後四時四〇分発にて群馬県高崎市に向かい、豊田三郎（群馬郡農会技手）の出迎えを受け、信濃屋に投宿し、翌一五日は群馬郡農会主催の高等農事講習会で、午前九時半より午後四時半まで約六時間にわたり、現在の農政と農業組織、農会の活動、昨年来の減税運動の経過等について講義した。そして、午後五時過ぎの高崎市発にて帰京の途につき、九時帰宅した。

二月一六日、帝農に出勤し、夕方農政研究会幹事会を開き、矢作副会長、玉利喜造、山田斂、斎藤宇一郎、中倉万次郎、天春文衛等の元老連ら出席の下、農業倉庫、農務省の独立、米穀法等について協議を行なった。一九日は午後六時より帝農評議員会を開催し、矢作副会長、横井時敬、桑田熊蔵、原凞、山田斂、秋本喜七、伊藤広幾ら出席の下、温が去る五日の評議員会以来の時事問題の報告を行なった。二〇日には貴族院の農政懇談会に矢作副会長らとともに出席し、時局農業問題の対策を協議した。二一日は減税問題についての原稿を執筆した。

二月二二日、温は実科建議案問題で奔走し（後述）、そして、その夜、山形県に出張の途につき、翌二三日午前六時山形市に着し、一〇時より一二時まで山形県自治講習所（加藤完治所長）にて、家と村を基礎とした農家生活問題について講話を行ない、午後は県公会堂にて稲作品評会授与式に臨み、講演を行ない、夕方慰労会に出席し、後藤屋に投宿した。二四日も午前九時より一二時まで自治講習所にて農業基本調査について講演し、午後は一時半より地主懇談会に出席し、地主の覚悟について約二時間講演を行なった。終わって、本間光弥（山形県農会長）の招待をうけた後、石川瀧太郎（山形県農会技師）らに見送られ、夜の一一時発の急行にて帰京の途に着き、翌二五日午前一〇時帰宅した。

二月二六日、帝農に出勤し、午前中央農事協会の委員とともに農商務省食糧局を訪問し、副島千八食糧局長に対し、今回の政府の米の買上げ（二月一二日の米穀委員会で一〇〇万石の買い上げ決定）について不満の陳情を行なった。二七日は温は菅野鉱次郎とともに衆議院に政友会の渡辺修代議士を訪問し、小作調停法について希望意見を述べた。渡辺によると、政友会の最高幹部及び代議士連中の中には小作調停法に反対の意見を抱くものが多く、政府（加藤内閣）は今回は提案しないとの情報を得ている。そのため、二八日、中央農事協会の委員が高橋是清政友会総裁、小川平吉政友会総務に小作調停法について陳情したが、政友会は小作調停法は小作争議を促進するといい、絶対反対の態度であった。この日の日記に「農事協会連中カ高橋総裁及小川総務ニ小作調停法問題ノ運動ヲナシタル報告ニヨレバ、政友会最高幹部ハ絶対的ニ反対ノ由。其理由ハ該法案ハ未発生地ニ争議ヲ起サシムルノ恐レアリ、他面ニハ争議ニ対シ判決権ナキタメ法律ノ権威ナキモノト云フニ在リ」とある。

三月一日、帝農は会務分担機構の変更をした。従来の庶務部（福田美知）、事業部（第一部＝調査部、岡田温、第二部＝地方部、山崎延吉）を改め、総務部（山崎）、調査部（岡田）、給与金部（福田）とした。[5] また、旧幹事室を応接室とし、旧小会議室を調査部室とし、温がそこに移転した。二日、温は山田斂（貴族院議員、帝農評議員）の依頼で、大蔵省の農・工・商負担調査への反駁文を執筆した。

三月三〜五日は『帝国農会報』の原稿「再び米穀法を論ず」を執筆した。その大要は次の如くで、政府の米穀法による一〇〇万石の買上げ発表を受け、再度米穀法に対する根本疑義を述べたものであった。

「米穀法は発布の当初より種々の疑義がある。一昨年の大正一〇年五月の第一回買い上げに三〇〇万石買い入れの予定が漸く三六万石しか買えなかった。今回の買い上げにより愈疑義を加増し、米穀法の精神が那辺にあるか分からなくなった。自分は前回も今回も買い上げが市価に影響なしとは考えない。しかし、ここで論ぜんとするのは米穀法の性質及び運用上の疑義を考察せんとすることである。

去月一三日発表の一〇〇万石買い上げに対し、副島食糧局長の方針は（一）政府は前年来の繰越米と大正一一年度産米及び一二年度の消費予想量を計算し、一〇〇万石過剰となったので買い上げを決行することにした。（一）買い上げ価格は当時の一週間の市価の平均を基礎として諸費を加えて決定する。（一）もし市価が高騰すれば、予定量を買い上げない。（一）政府の米穀法運用方針は、量の調節、過剰米の多いとき買い上げ貯蔵し、不足のときの準備である。民間が所有貯蔵して目的が達せられるなら、政府が必ず所有する必要はない、というものであった。

しかし、遺憾なことに、米穀法の根本疑義の外に、なお我々と見解の違う点が多々ある。その主なものは時価に準拠して買い上げ価格を決める点と需給の調節、即ち量の調節に関する点である。現在の如き買い上げ価格の算出方法では、米価の低落する新原因の発生しない限りは予定量を買い上げない価格と考えられる。皮肉に言えば成るべく買わない価格となる。なぜなら、面倒な手続きをして、時価に倉敷料とか金利などの諸費を加えた価格ぐらいでは現在の価格と同じで農家は売らない。だから買い上げ出来ない価格で買い上げようとするところに法の欠陥があり、時価に準拠すに無理がある。

次に過剰米は民間が持っていても需給調節の目的が達せらるゝとは、我々と大変な見解の差異である。我々は政府の所有でなければ調節力はないと信じている。なぜなら民間は飽くまで自己の利益を本位とする故、不作などで米価が騰貴した場合、民間は米が有っても市場に出さず、所有米を隠して騰貴を促すことが常態である。

以上のことは枝葉のことで、米穀法の運用上の疑義は次の三点の矛盾にある。

一、米穀法は大正九年に農家が米価暴落の苦境を脱せんがために、大運動した結果生まれた歴史を持っている法律で、農家のために有利な政策だと確信している。

二、然るに、米穀法は消費者本位の法律になった。

三、当局者は不偏不党の位置にたって運用せんとする。

かゝる関係にあるから矛盾撞着は免れない。もし、最初から社会政策の看板で作られた法律なら、生産者の苦情など構わずに法の規定通りに行なえばよい。然し、歴史が歴史であるから、それもならず、現在の如く、時価に準拠しては買うことも売ることも出来ないように考えられる。要するに、生産者側からみても、消費者側からみても結局は法律の改正が必要である。

改正意見は革新倶楽部より衆議院に提議されているが、要点は消費者と生産者を平等に考慮し、価格の調節を運用の目標とし、以て量の調節に及ぶとするものである。かくて、価格が異常に下落すれば、時価以上の適当の価格で買い上げて下落を防止し、価格暴騰の場合は時価以下の適当の価格で売出し暴騰を抑制する様な制度にし、時価に準拠の意味を以上の如く解釈するか、或いは削除すべきである(6)」。

三月六日、温は『農政研究』の原稿「農家の公課負担の研究」を執筆した。その大要は次の如くであった。

「農家の公課負担問題は研究すればするほど他の商工業者よりも甚だしく重いことが実証される。それは、税制の欠陥から来るものである。日清戦争前までは地租が国税の中心であり、さらに膨張著しい地方税も国税と同一の税源（地租、営業税、所得税）の附課税とされ、そして、旧税（地租）に重く、新税（営業税、所得税）に軽い附課税となされたために、例えば府県税は本税一〇〇に対し、地租八三、営業税二九、市町村税は本税一〇〇に対し、地租六九、営業税四七の附課税で、農業者に重い税制となった。故に、税制の根本を改革しなければ負担の公平を期することが出来ない。だから、地租を国税より廃して地方税に委譲することが、直ちに農家の負担軽減になるのではない。また、農家の負担は重いと単純に主張するだけでは駄目で、商工業者も等しく重ければ、一蓮托生で、農家軽減の根拠にはならない。農家の重課は他の商工業者との比較対照で主張しなければならない。それは、現行税制の理論と実際から農家重課が指摘できる。自分は営業税の税率の最も高い物品販売業者と水田地租を比較計算してみたが、営業税は収益（経費を差し引いた利益）の一〇〇〇分の二〇であったが、地租は売上高（生産費を差引かない全売上げ）の一〇〇〇分の二六で、農業は商工業者より負担が過重であった。

なお、農家負担軽減論を地主擁護なりとの主張があるが、よく見れば不真面目な第三者の茶化した論である。なぜなら水田の四九％、畑の五九％は自作地である。自作者がもっとも苦しく、過半は地主に関係がない。次に小作地であるが、小作者は一層同情すべき境遇にあり、小作者の境遇を改善しなければならない。その中心は小作料の軽減問題である。この問題は地主の存在を認めない革命論の立場なれば容易に片付くが、実際問題現在の経済組織の下で解決しようとすると難問題である。即ち地主に対しても土地資本利子には相当の配分をしなければならない。ここから、小作料の軽減は国家と地主の双方で負担するより外に道はない。故に我々の負担軽減論の主張は自作者及び小作者擁護の立場から出発しているのである。農家の負担軽減論を地主擁護論だと非難しているのは多くは小作者の同情者であるが、これはひいきの引き倒しで結果は小作問題の解決を困難ならしめ、小作者の境遇改善を遅延ならしめ、そして自作者を無視するものである。来一三年度は租税制度が根本から改革せらるゝので、農業者も只茫然となすがまゝに任せておいて米穀法みたいに馬鹿を見ないようにしなければならない(7)」。

三月七日、温は農商務省に石黒忠篤農政課長を訪問し、農業経営調査の件について打ち合せを行ない、八、九日は一月末の全国道府県農会代表者会議以後の経過報告案の執筆をした。

三月九日、加藤（友）内閣は「小作調停法案」を衆議院に漸く上程した（しかし、政府側に熱意無く、また政友会が反対で、後、審議未了となる）。

三月一〇日は午後六時より日本橋の偕楽園にて、貴族院の勅選議員に就任した志村源太郎（大正一一年一二月より）、道家斉（大正一二年三月より）両氏を招き、評議員一同にて祝賀会を催した。一一日は矢作副会長とともに埼玉県浦和町に出張し、女子師範学校にて開催の埼玉県人会に出席し、温は税制改正について約一時間ほど講演した。終わって、午後六時帰京し、ただちに帝国農会に行き、農業経営調査に関する協議会を開き、矢作副会長、石黒、飯岡及び幹事らと大綱を協議した。一二日は農業経営調査に関する方法の考案に着手し、夜は午後六時より東京会館にて開催の政友会所属の農政研究会員（五〇余名）の集会に列席した。そして、この日に農村振興同志会が成立している。この日の日記に「当夜、農村振興同志会成立ス。従来屡会合サレタル農村問題ノ会合中、最モ熱心且ツ正当ノ議論多シ」とある。一三日は農業経営調査設計様式の作成を行ない、夜は午後六時より鉄道協会にて横井時敬博士主催の貴族院議員招待会に出席した。しかし、堀田正恒、米津政賢両議員のみが出席しただけで、温は日記に「先生ハ人望ナシ」と記している。一四日も農業経営調査設計様式を作成し、また、矢作副会長と農会代表者会議を開催するかどうかについての協議を行なった。さらに、農商務省食糧局の馬場由雄事務官を訪い、今後の米買い上げ方針を聞いたが、当日迄の米の買い上げは四万四、五千石で、今後は買い上げをしないとのことであった。そこで、翌一五日、温は矢作副会長と大会決議実行の一七府県の委員会を来る二四、二五日に開催することを協議した。また、この日、全国町村長会役員（金子角之助、福沢泰江など）が来会し、地租委譲問題その他について打ち合せを行なった。一七日は農業経営調査設計書の考案を行ない、一九日は飯岡清雄技師と農業経営審査会への提案について終日協議を行なった。二〇日は農業経営調査設計書の考案、二一日は帝農にて佐藤寛次博士、飯岡清雄らと農業経営調査に関して内部研究、打ち合わせを行なった。

三月二三日、温は午前六時二〇分上野発にて茨城県に講演のため出張し、九時四〇分水戸につき、今井庫太郎茨城県農会技師に迎えられ、公会堂に行き、茨城県町村農会長会に出席し、午後一時一〇分より二時五〇分まで「現下の農政問題」について講話をした。終わって、午後三時二〇分発にて帰京の途につき、七時五分上野に着し帰宅した。

三月二四日、帝農は事務所にて大会決議実行の一七府県委員会を開き、温は一月以来の活動報告を行なった。そして、午後三時より委員一同と衆議院に行き、政友会の武藤金吉、中島鵬六、憲政会の下岡忠治、高田耘平、革新倶楽部の大口喜六、西村丹治郎議員に面会し、陳情した。特に、政友会幹部に対しては地租地方委譲の約束の実行と米の買い上げ等について陳情した。なお、この日、衆議院で、政友会と憲政会の農村振興建議案が一括され、修正されて可決されている。内容は、農務省の独立、米穀法の需給調節とともに価格調節を図ること、農家の過重負担の軽減、低利資金の供給、小農・自作農保護の方策を立てること、等であった(8)。二五日は午前八時半、委員一同と農相官邸に行き、荒井賢太郎農相に面会し、米の買い上げ方を要請した。荒井農相は、今後一〇〇万石に達するまで買うことはしないが、価格その他異常を生じ、調節の必要を感じたときには買い上げをなす考えだと答え、さきの副島千八食糧局長よりは理解があった。二六日は農業経営調査設計様式の考案をした。

三月二七日から三日間、温は帝農にて農業経営審査委員会を開催した。審査委員は農商務省から石黒忠篤、伊藤悌蔵、小平権一、飯岡清雄ら、学者側から横井時敬、佐藤寛次、安藤広太郎、原熈、那須皓ら、地方農会側から大島国三郎、横山芳介、浅沼嘉重、地方篤農家側から中込茂作、清水及衛、宗豫利吉ら、帝国農会側から矢作栄蔵、山崎延吉、福田美知、温ら二三名であった(9)。この委員会は今期帝国議会の協賛を得た農会国庫補助増額一五万円により、農商務省が農業経営の調査を帝国農会及び各道府県農会に行なわせるものであった。初日の二七日、矢作副会長が議長となり、終日討議した。その結果、小委員会を結成し、安藤、那須及び地方の委員に具体案の研究を託すことになった。二八日は農業経営審査委員会の小委員会を開催し、帳簿を残してほぼ決定した。この日の日記に「帳簿ヲ遺スノ外、略決議シタルモ、根本意見ニ差異アリ。但シ、相互意見ノ交換トシテ大ニ研究トナリタリ」とある。また、この夜、帝農評議員会も開催し、村上国吉、山田斂、原熈、横井時敬、山口左一らの出席の下、全国農会代表者会議の開催の可否等の協議をしている。二九日にも農業経営審査委員会を開会した。昨日の小委員会の決議を付議したが、決議とはせず、更に特別委員を選び十分考究し、成案作成の上、委員会を開くことにし、一切を帝国農会に一任することにして閉会した。

四月も温は多忙で、種々業務を行なった。一日、温は午前六時五〇分東京発にて、静岡県に講演のため出張の途につき、一一時三〇分鈴川につき、自動車にて富士郡吉原町小学校へ行き、午後一時より約三時間、町村農会長らに対し、農村問題考察の基礎要件について講演を行ない、さらに居残りの一〇数名に対し、午後五時まで改正農会法について質疑応答をなした。あと、富士郡大宮町に向かい、諧楽に投宿した。翌二日大宮町小学校に行き、午前一一時半から約三時間、来会の四五〇余名に対し、現下の農政問題について講演を行なった。三日は午前八時一六分大宮町を出発し、志太郡藤枝町に下車し、横山芳介（静岡県農会技師）の出迎えを受け、同高等女学校に行き、午後一時半より四時まで、来会の五三〇余名に対し、農村問題の基調について講話を行なった。終わって、温は浅間神社参拝の後、一一時五〇分発にて、帰京の途につき、翌四日午前五時半東京に帰着した。

四月五日、温は帝農に出勤し、農業経営調査設計要項の再考等を行ない、六、七日も同設計書の手入れをした。九、一〇日の両日、温は帝農にて農業経営審査特別委員会を開催し、矢作副会長、安藤、那須、佐藤、林、飯岡、石黒らが出席し、議論した。飯岡清雄が頑固であったが、まとまった。九日の日記「飯岡君ノ頑固ナルタメ、議進マサリシカ、本日ハ稍進ミタリ」とあり、一〇日の日記に「種々ノ議論アリシモ、結局、農商務省ノ譲歩ニヨリ進捗ス」とある。

四月一二日、帝農は全国道府県農会代表者協議会を開催した。各道府県農会より代表者一名が出席した。午前一〇時開会し、矢作副会長の挨拶、福田幹事より農村問題の経過報告、矢作副会長より帝国農会の今後の方針について述べられ、協議に入り、決議案として、「農村問題今後の対策に関する決議」（運動の継続、全国農会大会の開催、米の買い上げ）、「農業経営審査会に対する希望」（各道府県農会に煩瑣なる事務を負わせることは避けること）が決議された。[10] このあと、矢作副会長が三幹事を招集し、内部事務の打ち合わせを行なった。それは山崎幹事が地方によく出張することに対し、矢作副会長が不満を持っていたためであった。この日の日記に「副会長……三幹事会ヲ開会シ、内部事務ノ打合会ヲ開ク……。実ハ山崎氏始終外出ニ副会長不満ヲ抱キタル結果ナリ」とある。

四月一三、一四日の両日、帝農は第二回農業経営審査委員会を開き、安藤委員が特別委員会の決議を報告し、審議の上了承し、帳簿に移り、さらに特別委員（佐藤、大島、横山、浅沼、中込、宗豫、清水、飯岡、矢作、山崎、福田、温）に一切を任すことを決めた。翌一四日に特別委員会を開催し、帳簿の審議を行ない、次のような農業経営調査方針を決めた。（一）各府県において主要なる農業組織をなせる専業的農家の経営を調査する。（二）調査は大正一三年二月一日をもって事業始めとして着手する。（三）本年八月末までに農業経営者を決める、等。そして、農業経営調査のために道府県農会の職員に対し講習会を開催すること、また、農業経営調査の種類・配置は、大経営（一〇町歩以上）九カ所、共同経営（一〇町歩以上）五五カ所、中経営（二町歩以上）四六カ所、小経営（二町歩以下）五二カ所、であった。(11)

四月一七日から温は八基村調査に従事した。一七日、温は午前七時二〇分上野発にて八基村に出張し、一〇時過ぎ八基村に着し、午前中は役場にて集計の手伝い、午後は村内を巡視した。宿泊は渋沢治太郎村長宅であった。一八日は篤農家の尋問調査を行ない、一九日は集計方法の指示などをした。ただし、最も重要なる調査事項は帝国農会に持ち帰ることとし、深谷駅午後五時発にて帰京した。

四月二〇日、帝農は業務の拡大に対応するため新たに職員（調査嘱託に東浦庄治、永井彰一、宮地質、中川潤治、天明郁夫、鈴木常蔵、雇被命に赤松清一郎）を採用し、(12)辞令を交付している（なお、このうち、東浦庄治は本年三月東京帝大経済学部を卒業し、恩師は矢作栄蔵で、後、昭和一一年に温の後を継ぎ帝農の幹事となる）。また、午後は農相官邸にて小作制度調査委員会があり、出席した。この小作制度調査委員会については官制を定め、公式のものとするとの報告があった。

四月二二日は日曜日で、温は来る愛媛県農会役員改選について、門田晋愛媛県農会幹事に対し、会長には深見寅之助

（愛媛県選出の衆議院議員、政友会）の希望を排し、第一案門田晋、第二案会長日野松太郎、副会長門田晋との意見を送っている。ここから、深見が時期会長を狙っていたことがうかがわれ、温は嫌っていたことが判明する。

四月二七日、温は愛媛県農会総会出席等の業務のため、午後五時東京を発し、帰郷の途についた。なお、矢作副会長からは、岡山、滋賀の共同経営、小作問題、大原奨農会の調査など指示があった。翌二八日午後七時過ぎ高浜に着し、帰宅した。

四月三〇日、温は県農会に出勤し、門田晋幹事と臨時総会における役員選挙の件、根本通志（大正一二年東京帝大農学部実科卒）を技手として採用、その他について内談をした。

五月二日、温は北宇和郡へ講演のため出張した。第一三宇和島丸の船中にて講演要項を考案し、午後七時過ぎ宇和島に着し、蔦屋に投宿した。翌三日、温は北宇和郡役所楼上にて、午前一一時から午後四時まで、郡農会議員、町農会長及技術者、町村青年団長ら一三〇余名に対し、講話し、終わって、午後七時発の第一三宇和島丸にて帰松の途につき、翌四日午前八時半高浜につき、後、県庁を訪問し、帰宅した。

五月七日、愛媛県農会の臨時総会を行ない、五名の選考委員を選び、新役員を選出した。県農会長には幹事の門田晋が就任した。温の意の通りであった。この日の日記に「臨時総会……。役員選挙……。今回ハ上甲君ヲ除クノ外ハ政友系ニテ党争ハナキモ、元老株多キタメ配置ニ困難シ、会長ノ外ハ二年交迭トス……。形式ハ道後岩井ニテ中食ヲナシ、選衡委員五名、鶴本、太宰、日野、亀岡（現会長ノ意ニテ）、自分ノ五人ニテ次ノ如ク選衡ス。会長門田晋、副会長日野松太郎、大野助直、帝農議員小野寅吉、太宰孫九、帝農議員予備稲垣熊市、評議員小野寅吉、武知雅一、高橋三保、稲垣熊市、松平梅太郎。会畢ツテ梅ノ舎ニテ高山、河上両代議士ノ政友会有志ノ歓迎」とある。

五月八日から温は南予の諸郡に講演に出張した。八日午前八時松山発の自動車にて一〇時五〇分喜多郡大洲町に行き、公会堂にて午前一一時より午後四時まで講演し、後、五時より公会堂にて、高山、河上両氏代議士の歓迎及び温の慰労会を催し、出席した。九日は午前一〇時半大洲発の自動車にて東宇和郡宇和町に行き、郡役所楼上にて、午後一時より四時半まで講演し、終わって、夜、山松屋にて慰労会。一〇日は午前九時半の自動車にて八幡浜に行き、天理教会にて、午後一時半より四時半まで講演をし、終わって酔月にて慰労会。夜一一時八幡浜発の群山丸にて帰松の途につき、翌一一日午前九時高浜に着した。

五月一二日、温は再び、帝農幹事の職務のため上京の途についた。この日、石井駅一番の列車にて出発し、高浜から船に乗船し、午後一時尾道に上陸し、倉敷に向かい、午後四時五〇分倉敷に着き、大原奨農会を訪問し、農場を視察した。一三日は津窪郡菅生村、児嶋郡興除村の藤田農場等を視察し、午後一一時五分妹尾発にて滋賀に向かい、一四日午前八時滋賀県大津に着き、滋賀県農会を訪問し、また、浅沼嘉重（滋賀県農会技師）とともに物産陳列場、神崎郡八幡村等を視察し、午後六時半上京し、翌一五日午前七時半着京した。

五月一七日は農政記者と懇談、一八日は農業経営基本調査略式の考案、那須皓と米価問題につき労力賃にかんし協議、矢作副会長に岡山、滋賀の視察報告等をした。二一日から三日間、農商務省において農業経営調査につき府県農会技師会を開催した。また、その間の二二日には帝国農会にて政友会の井上角五郎、西村正則、吉植庄一郎、匹田鋭吉らが来会し、三幹事臨席の上、当面の農村振興策について協議し、一、農務省の独立、二、地租委議の実行、三、米価調節、を当面の主要問題とし、これに低利資金の融通、小作争議の解決、耕地整理の国営化を決めている。

五月二四日からは帝農主催の農業経営ならびに農家経済講習会を開始した（〜一〇月二〇日）。それは、農業経営審査委員会の決議にもとづき、各府県の農会職員に対し、農業経営及び記帳の指導を主とし、農業経営学、評価学、記帳及び集計、簿記学、統計学、農業政策等々、長期にわたる講習会であった[13]。この日は山崎延吉が講義を行なった。

五月二八日、帝農は午後六時より帝農評議員会を開き、副会長、志村、横井、桑田、山口ら出席の下、来る全国農会大会に、(一) 農務省の独立（農村振興策を包含して）、(二) 地租委譲の実現、(三) 主要食糧の国策確立、を提案することを決めた。二九日は農業経営基本調査様式及び序文の執筆、三〇日は農村振興策の基調の執筆を行ない、また、午後五時からは築地精養軒にて内藤鳴雪翁の七七歳の賀寿の会に出席した。三一日及び六月一日は温が農業経営長期講習会の講義を行なった。

六月も温は種々多忙であった。二日は八基村の渋沢治太郎村長が来会し、調査の集計を依頼され、三日は中央農事協会幹事会に出席し、また、農会大会準備を行なった。夜は午前〇時半まで『帝国農会報』の原稿「農村振興策の精神」の執筆を行ない、四日に同原稿を書き上げた。この「農村振興策の精神」の大要は次の如くで、農村振興は個別的でなく、総合的でなければならないことを論じたものであった。

「第四六議会で減税問題が動機となって農村振興策なるものが政界の中心となったが、それは、余りにも漠然たる標語である。一部の人は農村を観察して、農村は疲弊困憊其の極に達しとか、有為の青年は郷関を去り田園将に荒廃に帰せんとすなどと言い、農村が次第に衰退退化しているように観ているが、それは正しい観察であろうか。

自分の観るところでは、全般的に農村自体を観察すると年一年と進歩発達しつつある。五年前、一〇年前、二〇年前、三〇年前に比すれば生産能力も、経済力も、生活状態も教育も改善している。しかし、農村と都市とを対照し、農業者の生活状態と都市の商工業者のそれを比較考察すれば年を追って進化の差違が大きくなっている。要するに、農村の不振といい、窮迫というのは都市と農村との文化経済の進歩の程度の差違の意義であって、絶対的の意味ではない。

今日の農村問題の核心は米穀問題、蚕糸問題、農家負担問題だのといった個別的な問題ではなく、他の職業者との、職業経営並びに生活状態についての、比較対照より醞醸された不平、不満である。そして、農村振興策の帰結として、一、農業の経営、二、農民の生活、三、農民の教育、の三点をそれぞれ孤立的ではなく、一貫した精神で総合的に組み立てなければならない」(14)。

六月四日午後、中央農事協会評議員会を開き、温が農会大会提出案の説明を行なった。また、この日、政友会有志議員よりなる農村振興同志会が丸の内鉄道協会にて開かれ、出席した。そこで、農務省の独立、地租の移譲、米価の調節安定が決議された(15)。

六月五日、帝国農会は丸の内商工奨励館にて午前一〇時より、刻下の重要農政問題実現をはかるために全国農会大会を開催した。全国から六〇〇余名が集まり、大盛況であった。愛媛県からも門田晋、宮脇茲雄、宮内長、日野松太郎、工藤養次郎、上甲香、稲垣熊市ら八名が出席した。まず、山崎幹事が開会を宣し、矢作副会長が趣旨を述べ、議長となり、山崎幹事が大会宣言案を朗読、福田幹事が決議事項を説明し、原案通り決定された。後、各政党代表の挨拶、来会者の五分間演説等がなされた。この日の日記に「全国ヨリ六百余名集会……正十時ヨリ開催……宣言及決議。後、政友会ノ小川平吉氏地租委譲ニ付政友会ノ所信ヲ述へ、次ハ出席ノ意見又ハ質問……。午后ハ井上角五郎、高田耘平、上原〔植原〕悦次郎、横井博士……来会者十余名演説……。午后三時閉会。三時半ヨリ山梨県出席者若尾謹三外七名ノ招キニテ陶々亭ニテ食事ヲ供ニシテ帰ル」とある。

なお、全国農会大会宣言は「農村の不振、農民の悲惨は正に其極に達す。故に農村振興の急務たるは最早論議を許さず。正に其の実行を期すべし。時は恰も政府が予算編成の期に際す。茲に全国農会大会を開催し、農民の宿望を貫徹すべく最善の努力を輸さんとす」であり、また、決議事項は「一、直に農務省の独立設置を期す、二、農民の負担を軽減すべく大正十三年度より地租の地方団体委譲を期す、三、主要農産物に対し根本政策の確立を期す、四、来るべき衆議院議員選挙には農業に理解ある者の選出を期す」というものであった(16)。

六月六日、帝国農会は全国農会大会の決議事項の実行方法を協議するために、午前一〇時より帝農事務所にて道府県農会代表者協議会を開催した。昨日の出席中より各道府県から一～二名が出席した。この協議会で帝国農会側は目的を貫徹するために、帝国農会を中心とせる運動団体の設置を福田幹事が提案し、北海道、福井の代表からは賛成があったが、福岡、広島の代表からはこのような団体を作るのは農会の権威が損なわれないかなどとの反対意見があったが、新運動団体「帝国農政協会」の設立を決めた。この日の日記に「道府県農会代表会……。昨日ノ大会出席者郡代表中ヨリ一名ト府県農会ヨリ一名トノ出席者ノ指定ナリシニ、一府県ヨリ数名ノ出席アリテ盛況。先ツ帝国農政協会ノ設立……中央農事協会ノ解散……ヲ諮リタルニ、大森、田倉反対シ、形勢不穏……。正午漸クマトマリ、十六名ノ委員ニ托シテ其要項ヲ議シ、一面ニハ各自ノ意見ヲ（十分間）述フ。午后四時一切議了……。明日ノ各方面訪問ヲ決議シ閉会ス」とある。この帝国農政協会は「農村を振興し、国家産業の基礎を強固ならしむる為め中央に帝国農政協会を設立し、農政に対する根本政策の遂行を期することを目的」とした農政運動団体で、事務所を帝国農会内に置いた(17)。翌七日午前九時、大会決議事項の陳情のため各道府県より一名宛て選出された実行委員が帝国農会に参集し、三組に分け、第一隊は総理大臣及び政友会、第二隊は農商務大臣及び憲政会、第三隊は大蔵大臣及び革新倶楽部を訪問し、大会決議を陳情した。温は、第二隊を率い、農商務大臣と憲政会本部を訪問し、陳情した。また、九日にも残留の地方農会代表者が大蔵次官を訪問、陳情した。

六月九～一〇日は『農政研究』の原稿「農会の本領」を執筆した。その大要は次の如くで、農会は自治機関であり、農業者の利益幸福を目的とする自治機関であることを強調し、その農政運動も自治機能発揮の障害を除去するためであることを強調するものだった。

「農会が全国に組織されたのは明治三二年で、年齢正に二六年、青春活動の時代となったが、未だ天分の機能を発揮するに至らないのは遺憾千万である。農会の精神は自治である。自分らの職業や境遇は自分等で改善し向上すべく努力することがその任務である。政府に米の買い上げを願ったり、政党本部へ農村振興策を頼んで回ったりするのは自治的実現手段の一部であって本領ではない。農会は仕事全部が自治的施設であるから、真面目に活動すれば適切な成績を上げ、自治に理解なければ農会は有名無実となる。府県の中には農会の役員選挙に干渉し、知事や郡長を農会長にしなければ県費補助を提案しないと威嚇するところもあるが、官吏を会長にせんとの考えは自治を育成する道ではない。

農会は農業者の利益幸福の保護増進を目的とする自治機関であって経営方針は農民本位を原則としなければならない。例えば、米麦の生産に関する研究奨励について官庁は国民全体を基礎とし、まず食糧の自給充実を考え可及的多量生産を希望し、自然と物本位の研究奨励となっている。しかし、物を多く生産すると価格を低下せしむることになる。特に近年の米麦の生産量と価格の関係は非常に農家を惑わしている。今では農家はただ土に向って耕しておれば良いと考えないようになった。農会も農民の利益にならない増産の奨励は手を引かなければならなくなった。しからば生産の減少を願うかと言えば決してそうではない。農会側は価格が適当に維持されるならば生産量は必然的に増進すると考えている。この量本位と価格本位とが、官庁と農会が見解を異にし、時として奨励政策を異にすることがある。農会としても農家としてもできるならば消費者に満足を与えつつ儲けていきたいものである。然るに経済組織の欠陥か、食糧政策の不徹底か、農業経営の不合理か、国民の農業に無理解か、往時の如く只茫々として耕作に努力するのみでは、何時とはなしに自己の生存が不安になるから、止むを得ず自衛策を講じなければならない。攻撃ではなく、防線である。消費者の利益を国家の為と言うに対し、生産者の利益も国家の為という売り言葉に買い言葉である。何よりも大切な食糧問題に生産者と消費者が我利の言い合いをするのは国家の慶事ではない。農家が安んじて生産に精励出来るよう国民総がかりで研究してもらいたい。

近年農家が政治的に自覚しつつある結果、農会が政治運動に没頭していると観るものが居るが、それは帝国農会の仕事の一部を観ての判断であろうが、各級農会の本領ではない。道府県農会以下各級農会は落ち着いて生産にも経済にも社会教育にも各方面で施設奨励に努力している。帝国農会が近年政策問題に騒ぐようになったのは、地方でいかに努力しても自治的に解決しない情勢になったためで、飽くまで自治的機能発揮の障害を除去せんとする努力のためである(18)」。

六月一一日は帝農にて農商務省技師の飯岡清雄技師と大経営と共同経営の指定県を協議し、一三日は農村生活調査要項を考案し、また、『帝国農会報』の改造について他の幹事、参事と協議し、一四日は午前中に農業経営長期講習会の講義を行ない、午後は農村生活改善調査の考案等をした。一五日は三幹事と「帝国農政協会」の規則を協議決定し、また、農業経営調査要項について協議、成案を決した。一六日は郡制廃止と農会事業の消長の調査を立案等、一七〜一九日は農業組織要項の執筆（農業経営講習講義用）等をした。二〇日から『帝国農会報』の原稿「土地の担税能力の考察」の執筆を始め、二四日は終日同原稿を執筆した。二五日は農村文化生活調査研究に関する考案、米生産費調査徹底に関する考案等、二六日は午前中に農業経営講習会での講義、午後は農業倉庫普及奨励案を作成、また、「土地の担税能力」を執筆した。二七日も「土地の担税能力」の執筆をした。二九日も「土地の担税能力」を執筆し、また、副会長、三幹事と次の役員問題、帝国農政協会問題について協議した。

七月も温は多忙で、種々業務をこなした。一日は午前中、「土地の担税能力」を執筆し、午後は駒場交友会に出席、二日は矢作副会長と来年度予算及び補助費等の協議、三日は「土地の担税能力の考察（一）宅地の部」を草了した。また、この日来年度の米生産費調査予算を作成した。四〜八日は来年度予算及び事業計画を考案、また、「土地の担税能力の考察（二）山林の部」の原稿を執筆をした。九日は矢作副会長と農商務省に行き、石黒忠篤農政課長、長満欽司農務局長に面会し、来年度新事業に対する補助の要求を行なった。会談は三時間半に及んだが、承諾されなかった。一〇日は矢作副会長と来年度予算、国庫補助其他につき協議をした。

七月一一日、温は午前一一時二五分上野発にて埼玉県に講演のため出張し、忍町公会堂における北埼玉郡農政協会（地主会）の会合に出席し、約二時間土地の担税能力につき講演し、帰京した。一二日は夜、帝農評議員会を開催した。

七月一三、一四日の両日、帝国農政協会第一回総会が丸の内帝国農事務所にて開催された。全国から五八名が出席し、愛媛からは門田晋が出席した。一日目（一三日）は午前一〇時開会し、矢作副会長が開催の趣旨、先月開催の全国農会大会の決議に対する経過等を述べ、協議事項（帝国農政協会規約案、規約付帯申し合わせ事項、役員の選挙、経費並びに基本財産、事業遂行方法に関する件、決算報告）の審議に入り、委員会付託となり、午後委員会が開かれた。夜は懇親会が開かれた。そこで、門田から来年度の衆議院議員選挙の候補者問題が出されている。この日の日記に「帝国農政協会総会。午前十時開会、午后ハ委員会。大森、福岡例ノ駄々ッ子、大ニ閉口ス。五時ヨリ鉄道協会ニテ招待会ヲ催フス。門田晋君ヨリ明年ノ衆議院議員ノ問題ヲ持出シ懇談ス……。岩崎氏運動費一部ヲ支出セント云フハ其意ヲ得ス」とある。なお、記事中、岩崎氏とは松山市長の岩崎一高（政友会）である。二日目（一四日）も午前一〇時開会し、委員会報告を受け、協議に入り、規約等はほぼ原案通り可決されたが、事業遂行方法に関しては、議論沸騰し、従来のような委員を挙げて政府や政党を訪問するがごとき月並みな運動では目的を達成することはできない、町村農会長を東京に集め、再度全国農会大会を開催せよなどと絶叫する意見が出され、結局常務理事に一任することを決めた(19)。

七月一四日、温は午後一一時上野発にて宮城県での町村農会協議会及び帝農主催の農業政策講習会のために出張した。翌一五日午前九時柴田郡の大河原駅につき、旧郡会議事堂に行き、柴田、伊具、亘理の三郡の町村農会協議会に出席し、来会の二三〇余名に対し、午後講演を行ない、午後四時に終わって、五時二五分発にて玉手棄陸（宮城県農会技師）とともに石巻町に向かい、九時着し、千葉旅館に投宿した。翌一六日午前一〇時石巻中学校に行き、石巻町村農会協議会に出席し、午後講演をした。一七日は午前六時石巻町を出発し、古川町に行き、高等女学校にて開催の町村農会協議会に出席し、来会の四五〇余名に対し、午後三時間ほど講演を行ない、終わって、鳴子町に行き、桑原旅館に投宿した。一八日は桃生郡鳴瀬村に行き、篤農家・遠藤与右衛門、我孫子清輝宅を視察し、終わって、栗原郡築館町に向かい、午後七時半着し、小野寺旅館に投宿した。一九日は午前九時より築館町の公会堂にて開催の町村農会協議会に出席し、来会の二〇〇余名に対し、午後講演を行ない、終わって、登米郡佐沼町に行き、午後九時着し、佐沼ホテルに投宿した。二〇日は午前九時より登米郡役所にて開催の町村農会協議会に出席し、来会の四〇〇余名に対し、午後講演を行ない、終わって、仙台に向かい、午後九時二〇分着し、国分町菊平旅館に投宿した。二一日は午前一〇時より県会議事堂にて開催の、仙台を中心とした名取、宮城郡の町村農会経営研究会に出席し、来会の農会関係者二〇〇余名に対し、午後一時より四時四〇分まで講演をした。本年宮城県では冷夏に見舞われていた。この日の日記に「宮城県ハ挿秧以来雨、曇天、低温続キ、稲作ハ有効分けつ期ヲ過キ、例年ヨリ不出来ニテ、大正三年ノ六分作、三十八年大凶作ノ如キナキカヲ恐レ、本日農業関係者ニテ対策ヲ講ス」とある。二二日は午前は講習会の準備、午後は名取郡玉浦村の大地主・安久津庄七宅（一三町歩経営）を訪問し、視察した。二三日から宮城県仙台市における帝国農会主催の農業政策講習会を県公会堂にて開催した（〜二七日まで五日間、講師は温、飯岡清雄、高島一郎）。二三日午前九時開会し、三二〇名が出席し、温が農業時事問題について講義した。二四日も温が午前三時間、二五日も午前三時間講義をした。講義が終わって、仙台の名所を見物し、午後一〇時四〇分発にて帰京の途につき、翌二六日午前上野に着し、帰宅した。

七月二七日は「土地の担税能力の考察（三）田畑の部」の起草を始め、二八日は午前は農業経営講習会で講義を行ない、午後は土地担税能力を執筆し、二九日も終日土地担税能力の考察を執筆した。三一日は農業経営講習会で農会の精神について講義を行なった。

『帝国農会報』の原稿「土地の担税能力の考察（一）～（四）」の大要は次の如くで、宅地や山林には担税能力はあるが、田畑は重課であり、担税能力はないことを論じたものであった。

「我々農業者が地租委譲に賛成したのは、地租委譲そのものを歓迎したのではない。只地租委譲により税制の根本改革が行なわれ、その改正によって年来の不公平な農業への過重負担が軽減されることを願ったためである。故にこの改正に当たって政府が各種の土地の担税力をいかに認定するか、これが我々にとって非常に重大問題である。農業者の要求する負担軽減の理由は税そのものに難癖をつけるのではなく、他のものよりも多く課せられている過重の部分を軽減して一般国民と同一の公課負担にして欲しいというものである。また、たとえ、地租委譲がなされても農家負担の過重という根本欠陥が矯正されなければ一大騒動が起こるだろう。

土地の課税の歴史は古く、地価（収益より割り出した法定地価）とか、賃貸価格とか、評価格とかを標準に課税されて来たのであるが、課税の結果、負担の実際を見れば不合理・不都合が多い。

まず、（一）宅地について。市街地の宅地と農村の宅地とは同じ宅地でも所得を生ずる要素は大変な差違がある。市街地の宅地は商工業の発展、人口の集中等のため宅地需要が増大し、地代、地価が増騰する。その騰貴額は不労所得と言うべきで、担税能力は最も大きい。然るに農村の宅地はその位置により農産物の収益が増大し、地価が騰貴するわけでない。また、農家が増加したからといって宅地価格が上昇するわけでない。農村の宅地の担税能力は附近の田畑に準じるしかない。現在の宅地租は明治四三年の宅地地価修正法により地価を賃貸価格の一〇倍とし、その二・五％を課税している。だが、大正元年における地価と売買価格を大蔵省の資料より観ると、村の売買価格は地価の一七・一倍だが、市街地のそれは四四・四倍となっている。市街地と農村の宅地を一度決めた標準で一〇年も二〇年も同じ課税では不公平である。今度税制改革に際し、賃貸価格を標準とするならば、五年単位で改正し、さらに宅地に等級を付し課税率に差違をもうけ、公平を期すべきである。

（二）山林について。山林は大規模な資本家に所有せられ、大規模直接経営が行なわれているところが少なくない。その山林の課税は地租が地価の五・五％で、率よりいえば最も高いが、地価が非常に安いから税額は僅少で、山林の租税制度は時代の実際とかけ離れている。故に、山林は生産要件を基礎として課税標準を定め、一〇町歩以内は現在の課税標準にとどめ、一〇町以上は累進法を用い、税率を高くすべきである。

（三）田畑について。現行土地課税の標準となっている法定地価（全国平均反当り）は、田三四・五六一円、畑は八・七一一円であり、地租は四・五％で、地租額は田一円五五銭五厘、畑は三九銭二厘であり、これに府県税市町村税の賦課税や水利費、および戸数割を合計すれば、耕地の負担額は世界一の多額となっており、かゝる重税を課すのは農業経営上はもちろん、食糧政策上、社会政策上穏当ではない。農業はそもそも工業と違う。工業は精巧な機械を用いれば生産が増大するが、農業は生産の主要部が機械化できない。例えば、鶏の卵を器械で孵化することはできるが、卵を機械で造ることはできない。故に農業での機械利用はきわめて狭く、機械を用いるにしても一部の作業の補助に過ぎない。これは農家の無知のためではなく、日本農業の本質である。故に、田畑の生産は殆んど筋肉労働であり、不労の利得は殆んどない。しかし、農産物の価格がその生産費よりも一般物価よりも常に高価であれば、そこに不労利益が生じる可能性はあるが、田畑の収支計算がそのような場合に遭遇することは稀有である。田畑の担税能力を考究するためには、その生産力と生産費との関係を精査検討する必要がある。

自作者の水田を中心にその関係を見てみよう。生産費は複雑だが、〔甲〕直接生産を支配する栽培に属する生産費として（一）種子代、（二）肥料代、（三）農具代、（四）耕作用家畜費、（五）病虫害防除材料費、（六）畦畔、作道、用水設備等の修繕費、（七）納屋、畜舎、肥料舎等の維持費、（八）労働賃銭、〔乙〕直接生産費を支配せざる生産費として、（九）租税諸公課、（十）土地資本に対する利息がある。そのうち、（一）より（八）までと、（九）（十）とは性質が違う。（八）までの生産費はこれを投じなければ生産は出来ないが、（九）（十）は直接生産物の増減を支配するものではない。自分は農産物の生産金額より甲の生産費を引き去った残額が土地の収益に帰するものであって、土地の担税力はこれより発生すべきであると考える。なぜなら、もし、（八）までの費目の中から租税を負担すると、それは、正当の労賃が減少するか、肥料を減じるか、農具や家畜を減じるかしなければならず、結局生産の減少をもたらすことになり、それは、農事改良禁止税、農民駆逐税となる。そして、現在の税制及び習慣では（八）までを控除した残額を国家と地主が分配する。そして、生産金額が（十）までの全生産費と同額であったならば、自作者は（八）と（十）とが収益となり、小作者は（八）が収益となり、地主は（十）が収益となる。故に（八）までの生産費を控除した残額が多額であれば、担税能力は大となる。

全生産金額と生産費との関係は生産物価格の高低により、次の如く種々の場合がある。

A．生産物の売上額より（九）までの経費を控除し、相当の残額がある場合

B．生産物の売上額より（九）までの経費を控除したならば殆んど残額がない場合

C．生産物の売上額より（八）までは控除しうるも、（九）の公課全部を支払うだけの残額なき場合

D．生産物の売上額より（八）までの経費を控除したならば残額なき場合

E．生産物の売上額より（七）までの経費を控除したならば殆んど残額なき場合

F．生産物の売上というほどのものなく、生産費は全然損失となる場合

（F）（E）の如きは大凶作だから租税は免除されるが、労働は無賃となり、肥料代とかの生産費は丸損となる。（D）の如き場合でも租税は免除されない。すると公課はいかにして払われるか、それは、（八）の労賃より支出され、そのために労賃が低下する。このような場合、公課は土地所得が負担するのではなく、耕作者の勤労所得の負担となる。（C）の場合も公課は土地の収益と労賃で分担するので、勤労所得重課となる。（B）の場合は土地資本利子の中から公課を支払うことができるが、しかし、土地資本利子は殆んどない。（A）の場合は土地の生産で総ての生産費を支払い得、残額が多ければ、企業者利得も生ずる。多くの年が（A）の場合であれば、農家経済は窮迫せず、小作争議も起こらないであろうが、稀である。

目下、帝国農会では大正一一年度の米生産費の集計中である。六月までに材料の揃った一七府県の調査資料を示すと、生産物の売り上げ金額は七二・七九円、他方生産費中、種子代一・一四円、肥料代一八・八四円、農具費三・一四円、害虫駆除、畦畔作道、修繕諸材料一・五一円、合計二四・六三円。労働日数は人二二・五四人、牛馬一・五六である。ここからでも相当研究できる。まず売上額より生産費の一部二四・六三円を控除すれば、残額は四八・一六円である。合理的に収支計算すれば、ここから労賃、家畜、農業用建物費用、租税公課、地代利子を支弁すべきだが、仮にかかる諸経費一切を支払わず、全部人畜の労賃に当ててみた場合、一日の賃銭（牛馬は人の四倍として労力に換算して、二八・七四人）は一円六七銭三厘にしかならない。建物経費や土地資本利子は無視しても、租税公課は納付しなければならないから、それだけ労賃が減少するのである。稲作は盛夏につくるので、主要労働は火を吹くような炎天と闘っての作業である。かかる労働が低賃金の上に、さらに他の職業には比べ物にならぬ重課を課せられる。

然るに、同じ水田でも地主は小作料より租税公課を支払い、なお相当の残額がある。地主には土地資本利子がある

が、それは小作者の労働賃銭が減少されて小作料の形で租税公課及び土地資本利子の方に移ったからである。

以上の関係になっているから、土地の収益を考察する場合、現在地主の収得する小作料を以て正当の土地の収益と認定し、課税標準を割り出したならば、その租税の一部、または大部分は、栽培に属する生産費中の労賃が負担することになるだろう。したがって田畑の重課が続くと、自作者は衰亡し、地主は小作料を軽減せず、小作争議はますます激甚となろう。今回税制改革に際しては思い切って田畑の負担の軽減するにあらざれば、国民の公租負担の均衡は保たれないだろう。

なお、負担軽減の主張に対する一大障害は地主の負担問題である。土地の負担の重いことが地主が高い小作料を小作人から取る口実になっているから、この口実は可及的に除去するのがよい。そして、一般の田畑の負担を軽減し、小作地に対しても、あらゆる方法をもって小作料の軽減に努めたならば小作争議も緩和されるだろう」[20]。

八月も温はよく原稿を書き、また出張、講演を行なった。三~四日は『講農会々報』の原稿「農村問題の考え方」の執筆を行ない、また、四日、坂上道（農商務省嘱託）や小林隆平と農業経営調査の共同経営調査について協議等をした。

八月五日、温は群馬県新田郡太田町での夏季大学（四日より九日まで開催）講義のために、午後七時浅草駅発にて出張し、一〇時一〇分太田町に着し、芭蕉屋に投宿し、翌六日、温は中学校講堂にて開催の太田町夏季大学にて、来会の五二〇余名に対し、午前九時より午後三時まで「農村問題の解剖」について講義を行なった。七日も午前中講義を行ない、終わった後、高山神社等を参拝し、午後三時五〇分発にて、帰京し、六時半浅草に着し、帰宅した。

八月八日、温はまたまた兵庫、香川、愛媛での各種講習会に出席するため、出張の途についた。この日午後一〇時東京発にて出張し、翌九日午後二時明石に着し、山口屋に投宿した。一〇日、温は明石女子師範学校にて開催の兵庫県農会高等講習会に出席し、来会の二〇〇余名に対し、午前九時より一二時半まで講演を行ない、夜は前瀧千仞（兵庫県農会幹事）らと晩餐をともにした。また、翌一一日も温は午前九時より一二時半まで講演を行ない、終わって、午後三時明石を出発し、前瀧幹事に見送られ、五時神戸発紫丸にて高松に向かい、一〇時高松に着し、岡田義宏夫妻（新宅の岡田義朗の次男、香川県農事試験場長）、吉田貞造（香川県農会技師兼幹事）らに迎えられ、義宏宅に宿泊した。一三日午前九時より帝国農会主催の農業政策講習会が高松の県会議事堂にて開催された。温が趣旨を述べ、午前は矢作副会長が、午後は温が農業経営について講義を行なった。一四日も午前は矢作博士が講義し、午後は温が講義を行なった。香川県での帝国農会の講習会は一七日まで続いたが、温は、一四日午後一〇時発の紫丸にて矢作副会長と共に愛媛での高等農事講習会のために松山に向かった。翌一五日午前四時半高浜に着し、多田隆（愛媛県農会技師）に迎えられ、矢作博士を道後の鮒屋に送った。この日、愛媛県農会主催の高等農事講習会が始まり、午前は佐々木林太郎（愛媛県農事試験場長）、午後は木津無庵が講義を行ない、温も聴講した。一六日は午前は矢作副会長、午後は木津無庵が講義し、木津は「仏教徒問題より視たる農業問題」と題して、二日間で八時間半にわたり講義した。一七日、矢作博士が温の実家を訪問した。「矢作博士御来訪ニ関シ打合ヲナシ……買物ヲシテ帰宅ス。午后二時矢作博士、石井君ト来駕サル。家族一同ヲ渉介ス……。午后四時頃御帰宿」。

八月一八日、午前一〇時より第二二回愛媛県農事大会が開催され、出席した。大会では矢作博士が農民の負担軽減、地租委譲の可能性について二時間にわたって講演し、夜は六時より梅の舎にて慰労会があった。大会二日目の一九日には、温も演説を行なった。尚、この日の夜、温は石井村農政協会の協議会に出席し、農政倶楽部を農政協会に変更し、正副会長の選任をした。会長は重松亀代、副会長は大原利一であった。重松は大字井門出身の石井村会議員（大正七年一月～一五年一月）、大原利一も大字星岡出身の石井村会議員（大正一一年一月～昭和四年一月）[21]であった。

八月二〇日、温は東予の地主懇談会に出席するため、午後六時松山発の自動車にて今治に行き、順成舎に宿泊した。翌二一日午前一〇時より越智郡役所楼上における東予地主懇談会に出席した。来会の地主八〇余名に対し、坪井秀（岐阜県農会顧問）が講演し、温も意見を述べた。翌二二日、温は坪井らとともに自動車にて西条町に行き、同公会堂における新居郡農会主催の地主会に出席した。来会の西部の地主七〇余名に対し、坪井が講演を行なった。翌二三日には午前八時三〇分発にて新居浜町に行き、泉川村農学校にて開催の新居郡農会主催の地主会に出席し、来会の東部の地主七〇余名に対し、坪井と温が講演した。終わって、午後四時五〇分発にて西条に帰り、福亭に投宿し、翌二四日午前八時半西条発の自動車にて松山に帰っている。二五日は午後温泉郡役所楼上にて開催の中予地区の地主懇談会に出席した。伊予・温泉両郡の地主七〇余名が出席し、坪井が約四時間半にわたって講演した。両郡にて小作制度研究会組織の相談をし、終わって梅の舎にて慰労会があり、出席した。

なお、中央政界では、八月二四日、加藤友三郎首相が病死し、加藤内閣は二六日に総辞職し、元老西園寺公望の挙国一致内閣構想で二八日に海軍大将の山本権兵衛に大命が下った。山本は後藤新平を相談役に革新倶楽部の犬養毅を普選即行を条件に入閣させたが、政友会、憲政会両党首は入閣を拒否し、挙国一致構想は実現しなかった。組閣中の九月一日、関東大震災がおこり、二日急遽組閣した(22)。農商務大臣は田健治郎貴族院議員（勅選議員）であった。

九月一日の午前、石井村会議員の重松亀代（石井村農政協会会長）が温宅を訪問し、温に衆議院議員候補の件、等を談じて帰っている。この日の日記に「重松亀代君来訪。……自分衆議院議員云々ノ件、……談シ、約一時間ニテ帰ル」とある。温が地元で候補に上がった最初の記事である。その後、温は体調不良であったが、午後二時四〇分高浜発にて、中国地方に講演のために出張し、音戸で乗り換え、吉浦から海田市に行き、駅前の海田旅館に投宿した。この日、午前一一時五八分関東地方でマグニチュード七・九の大地震があった。関東大震災の勃発であった。一日の日記の欄外に「東京、横浜、静岡地方大震災、大火災、大海嘯トカ」とある。二日、温は安芸郡海田市の明顕寺に行き、安芸郡農会の農事懇談会に出席し、来会者四五〇余名に対し、午前一〇時より正午まで「農村問題の考へ方」と題し講演を行ない、終わって、午後二時四〇分発にて双三郡三次町に向かい、六時着し、香川旅館に投宿した。関東大震災の被害状況が号外で報道されていた。この日の日記に「本日号外ニテ、東京、横浜地震、大火、全焼全滅トアリ。以下報知ナク人心恟々。三次ノ宿ニテ見タル号外ニヨレハ、四谷ト芝ヲ除ク外全市焦土ト化ストアリ、又死屍累々山ヲ為ストアリ」と記している。三日、温は午前八時半の自動車にて三次町から松江に向かい、木次町を経て午後四時松江に着し、常盤旅館に投宿した。途中の木次町で新聞を見て、東京の震災の惨状に戦慄している。「木次ニテ本日ノ大阪新聞ヲ見、東京ノ惨状愈劇甚ナルニ戦慄ス」。四日の午前、島根県農会を訪問し、農会の業務や郡村農会の情況を聞き、午後一時五〇分松江を出発し、鳥取県気高郡浜村に向かい、午後五時半浜村に着し、杉山善夫（鳥取県農会技師）の出迎えを受け、梅木旅館に投宿した。五日、温は午前一〇時より浜村小学校にて農会長ら一五〇余名に対し、午後一時半まで講演を行ない、夜は慰労会に出席し、浜村に投宿した。六日は午前八時発にて鳥取市に行き、県農会を訪問し、石谷源十郎副会長、杉山技師から県下の農家の経済状態及び小作争議の状況を聞き取りしている。「東、西伯ノ小作争議ハ相当ニ時代思想ヲ以テ、小作者ハ対応ス……。弓浜六ケ村ハ発源地ナリ」。そして、その夜午後一〇時杉山技師に見送られ、京都に向かい、翌七日午前六時京都に着した。東京への通信は未だ通ぜず、また汽車も不通のため、温は一旦松山に帰国することとし、午前八時半京都を出発したが、京都、大阪、神戸の駅は東京からの被災者でごったがえしていた。日記に「京都、大阪、神戸其他各駅ニ東京ノ避難者ノ救済会大ニ活動ス。特ニ大阪ハ迎ヘノ者其他ニテ駅外充満ス。プラットホームニハ握飯、茶、菓子等ヲ用意シ、施給ス」と記している。午後三時尾道発の船に乗り、帰松した。九日に石井村出身の柏盛計（帝農嘱託）が東京から帰松し、東京の状況を伝えてくれた。それによると、温の牛込区市谷田町の自宅は大いに傾きたるが火災を免れ、また、飯田町の妹ケイ宅も火災を免れたとのことであった。以降、矢作副会長の安否や親戚の安否を気遣い、また、自宅の修繕、庭の手入れ等で数日過ごした。

九月一五日に、帝農雇員の赤松清一郎（北宇和郡泉村の村長赤松勝馬の長男）が、帝国農会の福田幹事からの使として温宅を訪れ、二八日までに帰京するようにとの手紙を持ってきた。そこで、温は、翌一六日正午石井発にて上京の途につき、松山にて食料（菓子類）、売薬等を整え、午後二時一〇分高浜発にて尾道に行き、翌一七日午前一一時半名古屋に下車し、そして、中央線に乗った。名古屋駅は被災者でごった返していた。この日の日記に「大阪、京都駅ハ去ル六日通過シタルトキニ比シ、関東避難者救護閑散ノ様ナリシカ、名古屋ハ全ク状況ヲ異ニシ、市役所、佛教各派、金光教徒、在郷軍人会、青年婦人会ナトガ各事務処ヲ構ヘ、庭内ニハ四ケノ天幕舎ヲ設ケ、各車ニテ来ル避難者ニ茶、菓子、古着ナトヲ与ヘ……、避難者ハ非常ニ疲労シ、且ツ跣足ノモノ多シ。已十七〔日〕目ノ今日、尚此ノ如クナル。以テ東ノ状況ヲ想像ニ難カラス」とある。翌一八日塩尻をへて、東京に向かった。途中、上野原と与瀬の間でトンネルが破壊されており、徒歩するなど苦労して、午後二時頃新宿についた。新宿の被害大であった。この日の日記「新宿三丁目ヲ中心ニ一帯焼失シ、其他電車通ノ地震ノ被害大ナリ」と記している。温は新宿から四谷までは電車、それより徒歩で自宅（牛込区市谷田町）に帰ったが、自宅も被害大で、「宅ハ壁ハ大破損。屋根瓦落下ス」という状況であった。一九日、温は自宅の大掃除をしたが、壁破れて処々落ち、掃けども払えども泥じみは除かなかった。あと、飯田町の妹・ケイ宅、九段の勝山旅館を訪問し、神田の焼け跡を見て帰った。温はこの日の日記の最後に「火事ヲ免レシ処モ地震ノ被害ハ非常ニ多大ニシテ、各戸相当ノ損害アリ」と記している。

九月二〇日、温は帝国農会（麹町区有楽町二丁目一番地）に出勤した。帝国農会の建物は無事であったが、ここに、赤十字社本部、神田の販売斡旋所、中外商業新報が避難し、事業を開始していたため、大混雑をしていた。帝農は震・火災に対する農会の対策を協議し、全国農会にて約三万円を拠出し、貨物自動車二台を購入し、各販売斡旋所にて農産物の供給を行うことを決めた。温は焼跡を見ながら帰宅した。「永代橋ニ出テ上野ニ行キ、本郷切通シ、本富士町ノ焼境ヲ視テ帰ル……。全クノ丸焼ニテ木ノ葉一枚植物ノ青色アルモノナシ」。

震災の混乱の中、温は九月二二日午後七時日暮里発金沢行きにて、福岡に九州農会協議会のため出張の途につき、二三日、直江津、富山、金沢、京都をへて、二四日午前八時下関に着き、門司を経て、一一時二〇分博多に着し、水野旅館に投宿した。二五日、温は福岡県農会における九州農会協議会に出席した。そして、翌二六日、大森武雄（福岡県農会副会長）に見送られ、午前六時三〇分発急行にて、東京に引き返した。東海道線に乗り、沼津駅まではさしたる被害がなかったが、御殿場以東は家屋の倒壊が見られ、駿河駅では紡績工場の倒壊をみ、最もひどかったのは松田、国府津で、人家が殆ど倒壊していた。線路が寸断され、谷蛾・山北間は徒歩し、二七日午後八時東京に着した。

九月二八日、温は数日来の新聞を読み、四谷より赤坂までは電車、それより徒歩にて溜池、虎ノ門、佐久間町、桜田町の焼跡を視察して、烏森、山下町を経て帝農に出勤した。帝国農会で在京評議員会があり、横井時敬、原凞、志村源太郎、桑田熊蔵、山口左一、斎藤宇一郎、秋本喜七の各委員が出席し、明年度予算及び建議案を決議した。終わって、矢作副会長より、会長、副会長問題について相談を受けている。来る帝国農会総会での役員改選のことであった。二九日以降、温は震災見舞い、震災視察、対策等を行なった。二九日、久松家を訪問し、内藤克家家令に震災の見舞をした。三〇日は『帝国農会報』第一三巻第一〇号の原稿「大震災に関する所感」を執筆し、午後は焼跡視察のため、御茶ノ水、万世橋、神田、浅草を訪れた。浅草は焦土化していた。「花ノ浅草モ観音様ノ外ハ焦土トナリ、惨憺タリ」。

一〇月も温は震災の見舞いや種々業務、帝農総会等を行なった。一日は八基村の調査票の整理等、二日は神奈川県農会を訪問し、職員への帝国農会からの震災見舞いとして、用紙類や砂糖などの日常品を贈呈し、横浜の震災跡を視察した。

この日の日記に「東京ニ比シ一層残酷ナリ。南京町ニテ婦人ノ死体ト子供ノ足首付ノ靴ヲ見ル。悲惨々々」とある。三日は大塚に行き、同地で開催されている全国連合販売斡旋所の小売状況を視察、四日は三輪田元道、石原助熊、渡辺修を見舞い、五日は帝農において千葉、埼玉、神奈川県農会のメンバーと資金の融通、肥料の配給問題を協議した。七日は「農村より視たる帝都復活問題」の原稿を執筆した。八日は矢作副会長宅を訪問し、震災農村の復興計画及び会長、副会長改選問題を協議した。一〇日は午前中、須田町から銀座四丁目までの焼跡を視察し、午後は三浦実生食糧局長を司法省の仮事務所（農商務省の庁舎は震災で焼失のため、司法大臣官邸に移っていた）に訪問し、米問題に対する政府の方針を聞いている。一一日にステーションホテルにて農商務省の米穀委員会（会長は農商務大臣・田健治郎、委員二〇名）が開催された。帝農側からは矢作副会長が出席した。温は矢作に米価に関する意見を具申している。この米穀委員会で、政府側は、震災で政府貯蔵米二〇万石、民間貯蔵米三〇万石が焼失したことに鑑み、五〇万石の米の買上げを諮問した。委員会で、矢作が現在の米の生産費（一石三七円二〇銭）をあげ、九月一二日に政府が決定した米輸入税の免除の勅令は内地米価を圧迫すると批判し、また、内地米の五〇万石の買い上げでなく、農民救済のために一〇〇万石を買い上げよとの修正提案をしたが、賛成者は矢作、志村源太郎、山本悌二郎、関直彦の四人にすぎず、ブルジョア側の浜口雄幸、藤山雷太ら多数が反対し、原案通り、五〇万石に決まった(23)。一二日、矢作副会長が温宅を訪問し、昨日の米穀委員会の状況を聞き、また次期の帝国農会長問題について協議している。そのあと、温は三浦実生食糧局長を訪問し、昨日の米穀委員会の模様を聞き、且つ三浦から府県農会に対する通知並びに尽力方を依頼されている。一三日は山崎延吉、福田美知幹事と別々に帝農の役員選挙問題について意見交換、また、帝農総会提出問題について協議した。一五日は産業組合中央会内の農政課（震災のため農政課が移転）に石黒農政課長、飯岡技師を訪問し、農業経営審査につき在京委員会開催の件等の打ち合わせ。一六日は司法省内の三浦食糧局長を訪問し、馬場事務官から買い上げ米の農会斡旋問題の真意を聞いている。一七日は駒場に原凞先生を訪問し、帝国農会役員問題等を話した。一八～二〇日は帝国農会総会の準備等を行なった。

一〇月二〇日に温は『農政研究』の原稿「帝都復興に関する地方人の概括的所見」を執筆した。その大要は次の如くで、後藤新平（帝都復興院総裁）の帝都の理想論等に反対するものであった。

「大震災後の帝都復興は国家の重大事であるから、国民は多大の犠牲を払ってでも一日も早く復興せしめねばならない。しかし、帝都に対する理想や復興費の分担などは非常に議論のある問題である。当局者の中にはかかる議論を捉えて復興そのものに反対するが如くに曲解し、不忠不義の非国民なるが如く言っているのは不都合千万である。一般国民は年来の都市集中政策により地方を犠牲にして建設した帝都が、瞬時にして灰燼となることに対し、非常の不安と馬鹿馬鹿しさを痛感したのであるから、堅実な安泰な帝都を願うのは当然である。しかし、復興計画の内容も具体的経費も一切分らず、ただ漠然と復興には一〇億～三〇億円の経費を要するが国民は臥薪嘗胆挙国一致云々の大風に灰をまくような議論に賛成することは出来ない。地方人の帝都復興に対する意見は当局者には反対意見と響くかも知れぬが、以下述べよう。帝都復興院総裁の後藤内相は政治経済文化の中心たる帝都を復興するのだから東京市民の問題でなくして国民全体の問題であるなどと言明している。即ち後藤総裁の理想の帝都は政治、経済、文化の一切を集中したもので、これを完備したものを国民に要求するものである。然し、政治、経済、文化の一切を集中したものが理想の帝都とは余りに独断過ぎやしないか。かくの如き帝都は今回の如き震災にあえば政治、経済、文化の主脳が一時に破壊され、国家は心臓麻痺的危険状態に陥る。元来都市集中政策は資本主義経済組織より生まれたる商工繁栄政策であって、地方民、特に農民の幸福を犠牲にする政策である。都市と農村の不均衡は農村生活に不安をもたらし、国家の大患を醸成する。都市集中政策という一九世紀的都市は理想の帝都ではない。文化、経済は可及的に地方に分散せしめ、全体をつりあいよく発達させるのが国家百年の大計で、後藤氏の帝都に対する理想論には反対である。また、多額の復興費は増税にしても起債にしても、結局は国民の負担となる。今日の地方民の課税は相当重い。且つ現行税制では農家は諸公課の負担が最も重い。然るに多額の復興費が従来のような割合で附課されたならば大変なことになる。故に、私は帝都復興に反対するわけではないが、さりとて無条件では賛成できない(24)」。

一〇月二二日、温は矢作副会長宅を訪問し、役員選挙の件につき協議した。そして、午後五時より福田幹事とともに評議員の原凞先生を訪問した。原先生は会長に玉利喜造（貴族院議員、温の恩師）を強く推薦され、温は不快感を感じている。「玉利博士推挙、強談アリ……。例ニヨリ不快ヲ感ス」。二三日、在京農業経営審査会を開催し、横井、佐藤、那須、加賀山辰四郎、農商務省より数名出席し、すべて原案が了承された。あと、温は矢作副会長と帝農役員問題を協議した。矢作副会長は、玉利の会長就任に反対であった。この日の日記に「副会長来会。居残リテ役員問題ヲ談ス。目下ノ処副会長ハ玉利氏出スレハ副会長ヲ受ケスト談セリ」とある。

一〇月二四日、温は午後二時二〇分発にて東浦庄治、原田雄一と同道、京都にて開会の第一四回帝国農会通常総会（関東大震災のため、東京での開会不可能なため）のために出張した。東海道線を利用したが、箱根山中の山北・谷蛾間はなお不通で徒歩であった。翌二五日午前七時京都に着し、亀屋旅館に投宿した。

一〇月二七日から三〇日まで、帝農は京都府会議事堂にて、第一四回帝国農会通常総会を開会した。全国から帝国農会議員四三名、特別議員一一名が出席した。一日目（二七日）午前一〇時開会し、矢作副会長が議長となり、山崎幹事が大正一二年四月以降の会務報告を行ない、次に帝国農会役員選挙に移った。矢作が議長を退き、中倉万次郎（長崎県選出の帝国農会議員）が仮議長となり、長田桃蔵（京都府農会長）より会長、副会長の選挙は帝国農会会則第九条第三項但し書きにより、指名推薦の方法により指名者を秋本喜七（東京府農会副会長）と提案し、承認され、秋本が会長に大木遠吉、副会長に矢作栄蔵を指名推薦し、次に評議員の選挙に入り、長田が議長指名の五名の銓衡委員により選考せられたしと提案し、承認され、中倉万次郎、藤原元太郎、麻生正蔵、松浦五兵衛、池田亀治の五名が指名せられ、この銓衡委員が一五名の評議員を推挙し、承認された。この日の日記に「午前十時開会……。帝国農会通常総会……。京都府庁会議室ニ於テ……。一瀉千里ニテ役員選挙ヲ行フ。即チ長田議員ノ発言ニテ会長、副会長ハ指名選挙トシ、秋本氏ヲ指名者トシ、秋本氏、会長大木遠吉、副会長矢作栄蔵ヲ指名、拍手……。次テ評議員ノ銓衡委員五名ヲ指名選挙トス。池田亀治、麻生正蔵、松浦五兵衛、藤原元太郎、中倉万次郎。小憩ノ後、評議員選挙ヲ挙ク。即決スヘキ更正予算其他ヲ即決ス」とある。会長に就任した大木は貴族院議員、伯爵同志会会長で、政友会系である。日記中、長田桃蔵と秋本喜七はともに政友会の衆議院議員であり、政友会主導の下に、会長・副会長人事が決まったことがわかる。また、各農区の評議員は、東武（北海道）、八田宗吉（福島）、秋本喜七（東京）、山口左一（神奈川）、西村正則（石川）、三輪市太郎（愛知）、長田桃蔵（京都）、藤原元太郎（岡山）、山田恵一（香川）、山内範造（京都）が選出されたが、長田、東、八田、三輪はいずれも政友会であった。このように、この大会では政友会の進出が目立った。福田美知幹事は後に『農会の回顧』で「政友会が農会を乗っ取った結果、帝国農会長に大木伯爵が就任され、従って、各地の農区選出の評議員も政友会議員の独占といふ次第になり、それまでの篤農家の評議員議員が一掃されるといふわけで、農会の組織が一変した」と述べている。[25] 大会二日目（二八日）は大正一三年度経費収支予算案等の説明が福田幹事よりなされ、委員会に付託され、ついで、農商務大臣からの諮問案「農村に及ぼせる関東大震災の影響及之に対する意見如何」が石黒忠篤農政課長から説明があり、委員会に付託され、ついで、帝農から建議案「農村振興に関する建議案」「農務省新設に関する建議案」「米麦価格維持に関する建議案」「農業者の負担軽減に関する建議案」「震災地方地租特別処分並に産業復興資金融通に関する建議案」が提案され、諸建議案は二組とし、予算案と農商務大臣諮問案とで四つの委員会に付託され、審議された。温は、米麦価格維持に関する建議の委員会に出席し、また、温は各府県農会職員の有志の販売斡旋問題の会議にも出席した。大会三日目（二九日）は午前府県農会職員有志の販売斡旋問題の会議に出席し、午後は委員会に出席し、温が米麦価維持問題について建議案を起草することになった。大会四日目（三〇日）は最終日で、午前中に全部原案を可決した。なお、「米麦価格維持に関する建議案」は「食糧政策に関する建議」と「米麦輸入税復旧に関する建議」に二分され、他の建議は「農村振興に関する建議」「農務省新設に関する建議」「農業者の負担軽減に関する建議」「震災地方地租特別処分並に産業復興資金融通に関する建議」「衆議院議員選挙法中市部郡部選出議員人口割当基準改正に関する建議」「農業低利資金に関する建議」「農会法施行規則改正に関する建議」であった。(26) 閉会後、円山公園のホテルで駒場同窓会があり、横井先生以下五〇余名が出席し、「非常ノ盛況」であった。

翌一〇月三一日には午前一〇時より京都府会議事堂にて帝国農政協会（農会の別働隊）の役員会を開催し、打ち合わせ不十分で醜態をさらしたが、農家負担軽減方法として地租委譲に関する件、明年度の総選挙に際し農業に理解あるものを選出するの件、決議事項実行委員に関する件等を協議した。(27) 夜は赤十字社楼上で帝大農科大学実科の同窓会があり、母校問題の経過・現状を報告している。

一一月一日、温は午前八時五〇分発にて矢作副会長、山崎幹事とともに、帰京の途につき、途中福井に立寄り、松平康荘前会長に挨拶し、二日午前九時東京に着し、帰宅した。

一一月三日、温は飯岡技師らと農産物販売斡旋所の件について協議、四日は駒場に原凞先生（帝農評議員）を訪問し、京都の帝農総会の状況を報告した。温は「右ニテ不愉快ナル義務ヲ了ス」と記している。

一一月五日、温は『帝国農会報』原稿「帝都復興の支障とならずや――穀物輸入税撤廃問題――」を執筆した。その大要は次の如くで、米価維持のために外米輸入関税の復旧を求めるものであった。

「政府は大震災の翌九月二日に戒厳令を、七日に治安維持令、支払い延期令を、九日に米穀等の輸入税免除の勅令を公布した。非常突発の大変事に際してはいずれも時宜を得た処置であろう。この場合は臨機の処置は一切是認せねばならぬ。しかし、今日は最早人心が常態に復帰したから、当時の処置に錯誤があれば躊躇なく元に戻すべきだ。どうしても機宜を得た処置と認めることが出来ないのは米穀の輸入税の撤廃である。震災後における東京へ回送されつつある産地米価は石当り六、七円下落している（例えば、庄内米は震災前の三三・二〇円が震災後二七・〇〇円に下落）。東京、横浜は食糧の生産地でも貯蔵地でもない。例えその在米全部焼いてもただちに全国で食糧不足が生ずることにはならない。当時米がなくて困ったのは、地方から東京横浜に運搬配給機関が破壊されたためである。だから、緊急対策は内地米の輸送配給の回復であって、外米の輸入税の撤廃ではない。また、輸入税の撤廃は米価暴騰の抑制策として拙い方策である。米価暴騰の抑制は米穀法の運用と暴利取締令の適用で十分である。一部の商人が大儲けできる米輸入税の撤廃は間違っている。米輸入税は速やかに旧に戻すべきである。もし、かかることを政府が押し通せば、多くの農家は経済上の打撃と精神上の不満のために帝都復興に対する誠実奉公の念が滅却しよう[28]」。

一一月六日には内部事務の分担について福田幹事と協議し、七日は会務分担の案の作成等をした。八日は矢作副会長、福田幹事と会務分担の協議を行ない、また、山崎延吉幹事の進退問題について、協議した。山崎進退問題とは、帝国農会総会で評議員全部が政友会の代議士らによって占領されたことに反発して辞表を提出していた問題である[29]。矢作副会長は山崎幹事を解任することが、本人のためにも帝農のためにもよいとの見解であった。この日の日記に「山崎処分ニツキ考究ス。副会長ハ幹事ノ地位ヲ去ラシメタルカ、同氏ノタメ会ノタメナリトノ意見ヲ述ヘラル」とある。九日は参事、副参事らと協議し、帝農の会務分担を協議し、一、総務部（一）庶務課、（二）会計課、（三）出版及情報課、二、事業部（一）農会課、（二）農村課、（三）調査課、とした。一〇日は販売斡旋所員を集め、所見を述べ、また、事務分掌について各員に言い渡した。

一一月一一日には『講農会々報』の原稿「不徹底——農業問題と社会問題の混同」を執筆した。その大要は次の如くで、農業問題と社会問題の混同を批判し、農業経営、農家経済、農業本位の立場を鮮明にしたものであった。

「農商務省や府県の農業政策は常に社会政策と混同して、消費者のためか、生産者のためか訳がわからぬことが多い。例えば、現在の農事試験場の事業方針は消費者を基礎とした社会政策的見地から可及的安価に米麦を供給せんとしているが遺憾千万である。然るに、農家の生活を基礎とした農業経営上の立場からすれば、生産物の売り上げ金額と生産費の差額、即ち純益の多きが目標である。純益問題は生産物の価格によって支配される。仮に、米麦の価格が生産費をまかなえない場合どうするか、農業者は自己生存の必要上、一部の米麦作を放棄して他に有利な経営をおこなわねばならない。農業試験場が農業経済の変化も農民の思想の変遷にも頓着なく、農業経営の原則を無視した社会奉仕的米麦栽培の旧思想に縛られ、農家の経済の窮迫を救うことができないと試験場無用論が起こるだろう。他方、農会もその経営事業や活動が何のためか、不徹底なものが多い。役員も政党が支配し、農業者の主張を曖昧ならしめている。農会は純然たる民設機関であり、如何なる場合でも農業本位で押し通さねばならない[30]」。

一一月一三日は出勤した山崎延吉幹事と同氏の一身上の件について協議した。一四日は中央亭にて副会長、三幹事と山崎幹事問題について協議、一五日は農業問題の系統の考案等、一六日は農産物販売斡旋所の業務のため千葉県農会及び県庁を訪問した。一七日は農商務省食糧局を訪問し、本年の不作とそれに対する政府の対策について意見を述べた。一九日は農産物販売斡旋所事業方針について、山崎時治郎（千葉県農会技師幹事）らと協議した。二一日は米関税撤廃延期反対意見を福田幹事と相談し、矢作副会長に送った。また、この日、内藤友明（参事）から一身上の相談を受けている。

一一月二一日、温は午後七時五〇分上野発急行にて、北海道に講演、視察の出張の途についた。翌二二日午後三時青森に着き、四時半の船に乗り函館に行き、九時一五分着し、一〇時札幌に向かい、二三日午前八時半札幌に着し、中村屋に投宿した。二四日、若林功、時田民治（北海道農会技師）の迎えで、北海道農会事務所に行き、午前一〇時より道農会主催の農会経営研究会に出席し、全道各級農会役員及び技術者一八〇余名に対し、午前は二時間、午後は二時間二〇分間、農会経営について講演を行なった。二五日は中島公園内の市立札幌高等女学校における全道農会大会に出席し、後、植物園、ビール会社等を見学し、二六日は道農会事務所にて郡市農会技術者協議会と道農政協会実行委員会の打ち合わせ会に出席した。二七日は吹雪の中、午前七時半札幌を出発し、石狩平野、十勝平野を視察し、池田に行き千韻館に投宿した。二八日は釧路、北見を視察し、名寄に着き、富士屋に投宿した。二九日は名寄から旭川に行き、近文のアイヌ部落を視察し、札幌に戻り、そして、夜九時発にて帰途についた。三〇日午前六時半函館に着し、そして、七時四〇分発の連絡船にて青森に向かい、一二時に到着し、午後一時半青森発の急行に乗り、翌一二月一日午前七時上野に着した。

一二月も温は種々業務や出張をした。三日、大会決議の実行委員会委員（国光五郎、八田宗吉、赤石武一郎、松浦五兵衛、長田桃蔵ら）が上京し、運動方法を協議し、また、午後五時より帝農評議員会を開催し、横井、桑田、志村、安藤、山口の各委員の出席の下、松平前会長を名誉会長に推薦すること、帝国農会創立に関しもっとも功労のある玉利喜造氏に記念品を贈呈することなどを決めた。(31) 四日、温は矢作副会長、上京の大会決議実行委員らとともに、田健治郎農相及び山之内一次鉄相を訪問し、大会決議事項を陳情した。五～七日は『帝国農会報』第一三巻第一二号の原稿「北海道一瞥」の執筆等を行ない、一〇日からは農村問題の体系の執筆を始めた。一三日の午前、温は青山三丁目の玉利先生宅を訪問した。玉利先生は今回の帝国農会の会長人事に対して不満――玉利は会長を希望していたので――を表明した。この日の日記に「同道シテ貴族院門前迄談ズ。……帝農会長問題ハ不興ノ由」とある。また、この日から温は副会長の命により自作農創設案の立案を始めた。一四日、温は副会長、山崎幹事とともに玉利先生宅を訪問し、帝農総会決議による感謝記念品を贈った。しかし、先生の機嫌は良くなかった。この日の日記に「総会決議ニヨル功労感謝記念品、書斎（金三千円）ヲ贈ル。先生快受セラレサルモ、兎モ角モ贈呈シテ帰ル」とある。

一二月一一日、山本権兵衛内閣下、第四七臨時議会が招集され（一二月一一～二三日）、政府が提出した帝都復興予算案に対し、一八日野党の政友会が反対の態度を決定し、翌一九日の衆議院予算委員会で予算を大削減した。そのため、議会解散の空気がみなぎっている。一九日の日記に「臨時議会解散ノ空気漲ル……。蓋シ、昨政友会代議士会ニ於テ復興予算一億三千余万円ノ大削減ヲ加ヘタルニヨル」とある。

一二月一九日、温は午後一〇時五〇分上野発にて帝農主催の関東地方での農業経営講習会のために福島県郡山町に出張した。翌二〇日午前五時五〇分郡山町に着き、安積郡役所に行き、帝国農会主催の農業経営並農家経済講習会（二〇～二四日）を開催し、一九県中一七県の農会メンバーが出席し、午前、温が農業経営について講演した。午後は経営帳簿について打ち合わせを行ない、終わって、午後一一時五〇分郡山発にて、帰京の途につき、翌二一日午前六時上野に着した。この日、午後五時より霞町末広にて帝農の忘年会があり、出席した。

一二月二二日、温は青山三丁目の玉利先生宅を訪問し、書斎一棟是非受け取ってくれるよう懇願した。しかし、玉利先生は頑固で、気むずかしかった。この日の日記に「夜、玉利先生ヲ青山三ノ六ニ訪問シ、書斎一棟云々ノ件ニ付、是非受取ヲ懇願シタルニ頑トシテ聞カス。農会経営ノ教訓ナリトテ説伏セラレ、已ムヲ得ス引取ル」とある。
一二月二五日、温は和歌山県での帝国農会主催の農業経営講習会に出席するため、午後一一時四〇分東京発にて出張し、翌二六日午前六時大阪下車し、和歌山に向かい、八時和歌山に着した。和歌山県県会議事堂にて開会の帝国農会主催の農業経営講習会（二六～三〇日）に出席し、この日、来会の関西二二府県農会関係者八〇余名に対し、温が終日農業経営について講義した。二七日も温が午前一〇時より一二時半まで生活問題について講義した。終わって、午後一時和歌山を出て、神戸に向かい、五時発の安東丸に乗り、愛媛に帰郷の途についた。なお、この日午前、摂政の皇太子が第四八議会（山本内閣）開院式出席の途中、虎ノ門の近くで難波大助に襲われる事件が発生した（虎ノ門事件）。温は日記に「虎ノ門ノ大不敬事件突発ス」と記している。そして、山本内閣はその責任をとって総辞職した。そのような中、温は二八日午前八時高浜に着し、帰宅した。そして、年末、家族と新年を迎える準備をした。

注

（1）『帝国農会報』第一三巻第一号、大正一二年一月、一〇～一三頁。
（2）帝国農会史稿編纂会『帝国農会史稿　記述編』農民教育協会、昭和四七年、三八八頁。
（3）『帝国農会報』第一三巻第二号、大正一二年二月、二頁。
（4）『大日本帝国議会誌』第一四巻、五三六～五四八頁。『帝国農会報』第一三巻第二号大正一二年二月、四五～四六頁。
（5）『帝国農会史稿　記述編』一三三頁。『帝国農会史稿』の記述では四月一日に会務分担機構の変更となっているが、温の日記により、三月一日であった。
（6）『帝国農会報』第一三巻第三号、大正一二年三月、一五～一八頁。
（7）『農政研究』第二巻第四号、大正一二年四月、二九～三三頁。
（8）『帝国農会報』第一三巻第四号、大正一二年四月、五九～六〇頁。
（9）同右書、六五～六六頁。
（10）『帝国農会報』第一三巻第五号、大正一二年五月、五三～五四頁。

(11)同右書、五四頁。
(12)同右書、五七頁。なお、これより先、四月一二日に原田雄一、一八日に野崎新太郎を調査嘱託に、また、一三日に田崎梅子、一七日に小杉健太郎を雇被命に採用し、職員体制を充実していた。
(13)『帝国農会報』第一三巻第五号、大正一二年五月、五四〜五五頁。
(14)『帝国農会報』第一三巻第六号、大正一二年六月、二〇〜二五頁。
(15)同右書、四八頁。
(16)同右書、二、三九〜四五頁。
(17)同右書、四五〜四七頁、系統農会史編纂会『系統農会を中心とせる農政運動資料』昭和二八年、一九七頁。
(18)『農政研究』第二巻第七号、大正一二年七月、二一〜二五頁。
(19)『帝国農会報』第一三巻第八号、大正一二年八月、二四頁。
(20)『帝国農会報』第一三巻第七号、大正一二年七月一五日、一一〜一七頁。『帝国農会報』第一三巻第八号、大正一二年八月一日、五〜六頁。『帝国農会報』第一三巻第九号、大正一二年八月一五日、六〜八頁、『帝国農会報』第一三巻第一〇号、大正一二年九月一日、一六〜一八頁。
(21)『石井村史』一〇七〜一〇九頁。
(22)『日本史大事典』より。
(23)『戦前における歴代内閣の米穀・食糧行政（五）』二九七〜三三一頁。
(24)『農政研究』第二巻第一二号、大正一二年一二月、二六〜二九頁。
(25)『帝国農会史稿　記述編』二二八頁。
(26)『帝国農会報』第一三巻第一一号、大正一二年一一月、五〜八、三三〜三六頁。
(27)同右書、三六〜三七頁。
(28)『帝国農会報』第一三巻第一一号、大正一二年一一月一五日、一三〜一五頁。
(29)『読売新聞』大正一三年一月二四日。
(30)『講農会々報』第一三一号、大正一二年一二月。
(31)『帝国農会報』第一三巻第一二号、大正一二年一二月、三一〜三二頁。

四　大正一三年　清浦奎吾・加藤高明内閣時代

大正一三年（一九二四）、温五三歳から五四歳にかけての年である。本年も温は帝農幹事として、帝国農会の業務（各種会議、米生産費調査、本年から温が立案企画した農業経営調査の実施等）に取り組むとともに、第一次大戦後・震災後の農業、農民、農村の危機に対し、引き続き、下からの農政活動・農村振興運動（農家負担の軽減、外米関税の復旧、米穀法の改正、米麦関税の引き上げ、農務省独立化、義務教育費国庫負担増額、自作農の維持創設、小作法の制定、小作調停法の制定、衆議院選挙活動等）に取り組んだ。また、本年も温は全国によく出張し、講演に飛び廻った。

また、本年は第二次護憲運動の高揚期である。一月一日枢密院議長の清浦奎吾に組閣命令が出て、貴族院を背景に、七日清浦内閣が発足した（農商務大臣は前田利定貴族院議員）。それに対し、一〇日、政友会、憲政会、革新倶楽部の三派有志が清浦特権内閣打倒の運動を始めた。そして、一月三一日衆議院が解散され、五月一〇日に第一五回衆議院選挙が行なわれ、護憲三派勢力が勝利する。この選挙にさいし、各地で農民の代表を議会に送り出す運動がとりくまれ、温に郷里から立候補の要請があり、種々の経過を経て、温が立候補し、当選する。衆議院議員・岡田温の誕生である。日記に、選挙関係ならびに温の活動にかんし大変興味深い記事が見られる。以下、帝国農会幹事として、また衆議院議員としての温の多面的な活動を見てみよう。

この年の正月、温は故郷の石井村で過ごした。一日から原稿（農業経営について）の執筆を行ない、午後四時からは南土居部落の新年宴会に出席し、二日は家例の鍬初めを行ない、また万福寺にての表忠会理事会に出席した。三日は県農会の技術者たち、多田隆（県農会技師）、加藤和一郎（同技手）、福島正巳（同）、大西広人（同）、根本通志（同）、真木重作（同）、中川英嗣（同）、石井信光（書記）ら八人を自宅に招待し、四日は原稿の執筆をした（農村問題の体系）。

一月五日、温は県農会に出頭し、午後一時からの農政記者同志会の例会に出席した。同会に門田晋（県農会長）、宮脇茲雄（温泉郡農会長）、升田常一（同郡農会技手）、佐々木林太郎（前、農事試験場長）等が出席し、別席にて、温は門田晋（門田は政友会の幹部でもある）から代議士立候補の要請を受けた。しかし、温はこの時はっきりと断った。この日の日記に「午后一時ヨリ農政記者同志会ノ例会ヲ開キ出席ス……。別席ニテ門田君ヨリ代議士立候補ノ件ニ付相談アリ。明晰ニ拒絶ス」とある。また、この日の夜六時から道後すし元で、温は伊予郡農友会（農学校出身の農村青年の団体、非政友会・非憲政会）の幹部と会合した。伊予郡農友会は、昨年の第一九回県会議員選挙において、伊予郡（定員二）から伊予郡農会長の宮内長（無所属・中立）を推挙し、政友会、憲政会と戦い、当選させており(1)、次の衆議院選挙でも独自に候補を擁立する考えで、青年たちは意気高揚していた。この日の日記に「昨年県議選挙以来ノ形勢及本年国・議ニ対スル意見ヲ聞ク。非常ノ意気込ナリ」とある。なお、この会合でも温は立候補の要請を受けたが、やはり断った。それは、のち、温が『農政研究』に執筆した「立候補より当選まで」のなかで、農友会から衆議院候補の要請を受けたが、絶対に謝絶したとの記事から判明する(2)。六日は石井村の篤農家懇話会に出席し、一時間余り本村の農業経営上の注意と生活調査に関する注意について述べ、七、八日は県農会にて開催の郡市農会役職員協議会に出席した。在松中も多忙であった。

一月九日から温は帝農幹事の業務に戻り、この日午後二時半高浜発の滋賀丸にて大分に講習会のため出張し、一二時別府に着き、松屋旅館に投宿し、翌一〇日佐藤頼光（大分県農会技師）が来訪し、打ち合わせを行ない、午前一〇時より県会議事堂にて開催の大分県農会主催の郡市農会役職員に対する農会経営講習会に出席し、一八〇余名に対し、講義を行なった。一一日も午前一〇時より午後まで講義を行なった。一二日は大分県農会役職員協議会に出席し、終わって、午後六時二〇分別府発にて、佐藤頼光らに見送られて上京の途につき、下関、神戸をへて、一四日午前九時二〇分に東京駅に着し、そのまま帝農に出勤した。この日、秋本喜七評議員（東京府農会副会長、代議士）が来会し、矢作栄蔵副会長とともに農務省独立問題について臨時評議員会開催の件を協議した。一五日は午前五時五〇分強震があり、関東大震災以来の強震で壁が所々破損した。後、出勤し、福田美知幹事と前日の秋本喜七との協議について話し、一八日に政友会の農会関係代議士を召集することを決めた。

一月一六、一七日の両日、帝国農会は帝国農政協会（帝国農会の別働隊）総会の準備会を開き、各農区からの委員、北畠保治（宮城県農会技師兼幹事）、高井二郎（埼玉県農会技師兼幹事）、双川喜一（富山県農会幹事）、前瀧千仞（兵庫県農会技師兼幹事）、菅野鉱次郎（岡山県農会技師兼幹事）、森部隆輔（福岡県農会幹事）ら委員の出席の下、（一）一月二四日に帝国農政協会総会を開催、（二）農務省の独立、（三）農家の負担軽減、地租委譲遂行、教育費増加、（四）米穀法の改正、（五）自作農創設基金の制定、（六）小作法の制定、を決めた。また、一七日午後三時、温は大蔵大臣官邸に河上哲太代議士の紹介にて勝田主計蔵相を訪問し、農村振興問題について意見の交換をしている。

さて、清浦貴族院内閣の登場に対し、中央政界は緊迫した。一月一〇日、政友、憲政、革新倶楽部の有志が清浦特権内閣反対の運動を起し、一五日には、政友会総裁高橋是清が同会幹部会で清浦内閣反対を表明した。そこで、一六日政友会の幹部のうち、山本達雄、中橋徳五郎、床次竹二郎、元田肇、鳩山一郎らが脱党し、政友会が分裂した（のち、二九日脱党組は政友本党を結成し、清浦内閣の与党となる）。政友会の分裂は帝国農会の農政運動にとって支障であった。一七日の日記に「政友会の分裂。首領株の山本、床次、元田、中橋ノ四氏脱会。右ニテ農会運動ニ支障ヲ生ズ」とある。

一月一八日、帝国農会は政友会所属代議士の帝農評議員会を開いた。東武、西村正則、松浦五兵衛、三輪市太郎、秋本喜七らの政友会代議士が出席し、そこで、前日の帝国農政協会の委員会決議が報告、承認された。なお、大木遠吉帝農会長（貴族院の伯爵同志会会長）が政友会の代議士連を前に挨拶した。この日の日記に「大木会長ヨリ清浦内閣成立の事情経過及帝国農会等ニ関シ、巧妙ナル辞令ノ挨拶」とある。大木は清浦内閣支持派で、政友会が分裂し政友本党が創立されるや、政友本党と政友会の提携に奔走したようだ(3)。

一月一九日、帝国農会幹事の山崎延吉が辞任した。これは、かねてより、矢作副会長とうまくいっていなかったこと、および昨年一〇月京都で開かれた帝国農会総会において評議員が政友会に占領されたことに反発して山崎が辞表を提出していたためであった(4)。そして、その後任に、増田昇一と高島一郎両参事が幹事に昇格し、また、内藤友明副参事が参事に昇格した。なお、山崎は相談役嘱託となった。これにより、帝農の幹事は、福田、岡田、増田、高島の四幹事体制となった。

一月二一、二二日、帝農は農業経営審査会を開会した。横井時敬が座長となり、審議し、議論の末、安藤広太郎、那須皓、飯岡清雄、林義雄（埼玉県農林技師）、浅沼嘉重（滋賀県農会技師）、清水及衛（群馬県の篤農家）、宗豫利吉（福島県の篤農家）を委員とし、審議を託し、大、中、小経営および共同経営を決めた。なお、二一日には帝農評議員会を開催し、志村源太郎、桑田熊蔵、安藤広太郎、横井時敬の委員出席の下、矢作副会長より職員体制の変化、農政協会総会提出問題等が報告された。

一月二四日午後一時より帝国農政協会の第一回総会が丸の内鉄道協会において開催された。全国から一〇〇人余が出席し、矢作副会長が座長となり、宣言、決議を満場一致で決定した。宣言は「農業の不利と都鄙文化の懸隔のため農民の不安逐年増大し来り、思想動揺して農業に安住せず、国家の深憂是より大なるはなし。茲に帝国農政協会の総会を開催し、健全なる国論を喚起し、農政を刷新し、農村を振興し、以て都鄙併進の実現を期せんとす」であり、決議は、（一）農務省独立、（二）食糧政策の確立、（三）農家の負担軽減、（四）自作農の維持創設、（五）小作調停法の制定、（六）小作法の制定、（七）衆議院議員選挙、であった。翌二五日には午前一一時より帝農事務所において各府県一名の農政協会実行委員会を開催し、矢作副会長が議長となり、大会決議の実行方法を協議した。そこでは外米関税復旧問題（関東大震災のため、政府は大正一二年九月から輸入関税を免除していたが、それを一三年二月引き続き、免除を決めようとしていたので、帝農にとっては、米価維持の立場から忌々しきことであった）と来るべき総選挙において農業に理解があり誠意のあるものを選出することなどが議論された(5)。

一月二六日、温は午前中『帝国農会報』の原稿「政変に当面して」を執筆し、午後は赤坂離宮前にて皇太子のご成婚のパレードを拝観した。二七日も「政変に当面して」を執筆、草了した。大要は次の如くで、農民に自覚を促し、理想選挙による農村派議員の選出を呼びかけるものであった。

「清浦内閣が成立し、憲政擁護運動が起こり、政友会が分裂したが、それは政界の稀有の大事件であるが、帝国農会としては政友会が分裂しようが、他党と合同しようが、それらに顧慮することなく、従来の如く各政党に対し同様の態度で臨むことにかわりはない。国民は真の民本政治を望んでいるが、これまで四ヵ年に五度も内閣が更迭しており、国政の大本が定まらず、そのたびごとに世相を悪化させ、人心を不安ならしめている、また、不思議なことに政党は都合の良い時にはかゝる内閣を擁護し、都合の悪い時にはこれを倒すことを憲政擁護として騒ぎまわっている、尾崎行雄氏はこれを猿芝居と評しているが蓋し適評である。国家産業の基礎である農業経営が如何に不利益になろうが、国民の食糧が不安に陥ろうが、そんなことに注意を払わない憲政、地方農民の生活が逐年不安になっているのに、なお庶民を踏み台にして私利権勢の争奪を事とする憲政、かゝる憲政を何の必要があって擁護するのか、清浦内閣を倒せば政界の化け物が退散されると思ったら馬鹿を見るだろう、吾々は何時までもかゝる猿芝居を見物しては居れないから化け物を葬り去り、一日も早く国民の休戚を基礎とせる真の憲政の擁立に努力しなければならない。来る五月に総選挙がある、これまで議員を選挙するに際し、候補者の具体的政見を聞かず、従来の行動人格も吟味せずに投票するようでは不当に農家の負担が過重になろうが、農業経営が圧迫されようが、改善救済の実現がされるはずがない、農村を今日の窮境に陥らしめたのは農村の有権者の罪である、自業自得である、多くの政治家の中には百姓は相変わらず馬鹿なもの、三円か五円で自由に買収して踏み台にできるものと見ているらしいが、かくまで愚弄されて尚覚醒し得ずとせば、天を仰いで嘆かざるを得ない。しからばどうしたら良いか、各町村において真に覚醒した有志と理想を生命とする青年が団結して理想選挙を行うのである、そして、農村に理解のある議員を選出することである」[6]。

一月二八日、温は矢作副会長、三幹事にて外米関税復旧問題の研究を行ない、そして、副会長とともに農商務省に行き、鶴見左吉雄農商務次官と川久保修吉食糧局長に面会し、外米関税の復旧を陳情した。二九日は福田幹事、那須皓博士と減税問題の協議を行なった。三〇、三一日は外米輸入関税の復旧、輸入税免除延期反対の意見書を草した。

一月三一日の衆議院において、前日の護憲三派の党首への列車転覆未遂事件に関する浜田国松議員（革新倶楽部）の緊急質問中、暴漢三人が衆議院に乱入し、議場を占拠し、大混乱を来たし、衆議院が解散となった。「暴漢衆議院議員席ニ乱入シ、小松鉄相ノ草稿ヲ奪ヒ去リ、大混乱ヲ来シ……逐ニ解散トナル」。かくして、総選挙が行なわれることになった。

二月一日、温は帝国農政協会実行委員会を招集し、黒須寛六郎（栃木県農会副会長）、飯島雄之助（埼玉県農会）、伊藤正平（千葉県農会技師）、宮川千之助（山梨県農会副会長）、松山兼三郎（愛知県農会幹事）、坪井秀（岐阜県農会顧問）、菅野鉱次郎（岡山県農会技師兼幹事）ら出席の下、外米関税免除延期反対意見を決め、当局に陳情することを決めた。その後、副会長と福田幹事は前田利定農相を訪問し、外米関税免除延期反対を陳情した。翌二日、帝国農政協会実行委員は前田農商務大臣を訪問し、同要望を要請し、大いに農業者の決心を示し、その後、政友本党（清浦内閣与党）を訪問し、元田肇総務に「談判」している。しかし、農商務省当局は外米関税撤廃を続ける意向であった。この日の日記に「本日各局長、農相官邸ニ会議ヲ開キ、関税延期ノ決定ヲ論ジツ、アリ」とある。また、この日の夕刻、帝国農政協会の実行委員会を開き、来るべき総選挙対策を議論し、一二名の政況視察委員を定め、二月中に各府県を巡視することを決めた。四日は農業経営審査会常置員会を開き、安藤、那須、佐藤、林、渡邊らの委員出席の下、共同経営全部を審査した。五日、温は福田幹事と協議し、政況視察委員を松山兼三郎、大島国三郎、菅野鉱次郎、坪井秀、田倉孝雄（福島県農会副会長）、磯野敬（千葉県、元衆議院議員）、赤石武一郎（群馬県農会選出の帝農議員）、森部隆輔（福岡県農会幹事）、福田美知、岡田温、増田昇一と仮決定し、視察委員会を一五、一六日に開くことを決めた。七日、幹事会にて政況視察委員の選定および視察要項を決めた。

二月一〇日、温は『帝国農会報』の原稿「如何にして総選挙に臨む」を執筆した。その大要は次の如くで、農民の覚醒、理想選挙による農村派議員の選出を訴えるものであった。

「総選挙は五月一〇日に決した。この選挙は農業者に大切な選挙で真に農民が覚醒すれば尚議会に優勢な地位を占めることができる。最近政友会が分裂し、絶対多数党がなくなったことは各政党に相当の反省を与え、従来の如く選挙民を踏みつけることはできないだろう。各政党の政綱には真っ先に農村問題を羅列している、従来の慣例によれば選挙前に掲げる政党の政綱や候補者の政見などはでたらめで選挙が終わればそれっきりであったが、今度は政界の事情も変化し、農民の政治思想も進んでおるから従来のような無責任なことはできないであろう。今は年来の農村問題を解決する絶好の機会である。当面の対策として農業に理解のある議員を農業者の仲間より多数選出することだ。有志の者が真に覚醒すれば、その選挙区より農会長なり、町村長なり、青年会長なり、選考して多額の選挙費を使わず、理想選挙を行えば真正の代表者を得られる。英国は労働党の天下となっているが、労働党の首領株は労働者より叩き上げた手足の太い人物である。鋤鍬を持ち新聞を読むものが議員となってはじめて公平な国政が行なわれる。今までの代議士は弁護士か、会社の重役か、役人の古手か、政治商売屋かにあらざればできない仕事の如く考え、地方の有志を棄てゝ、かゝる連中を迎えるのは自ら侮り、自ら卑しむものだ、農村を今日の如くしたのは自侮自屈の結果である。余は大正九年の衆議院選挙に郷里の農政倶楽部で有権者協議の上候補者の立会演説を求め、その上各自の判断により投票することにした。かゝることは選挙の訓練となり、理想選挙に進む階梯と確信している。この主旨はその後大いに進化し、今や純真なる農民運動の有力なものになっている。淵に臨んで魚を羨むより帰って網を結ぶ方が早道だ。村長なり、青年なりが中心となり、各村において農民運動を起こせば、必ず何物か得られる。地方農村の有志諸君、自尊心を発揮せよ」(7)。

二月一二日、清浦内閣は帝農側の反対にもかかわらず、外米関税の免除を六月三〇日まで延期することを決定した。この日の日記に「外米関税免除、六月三十日迄延期ニ決ス。吁」と記している。そして、帝農で矢作副会長出席の下、幹事会を開き、外米関税対策を協議したが、良法はなかった。一三日は農商務省に行き、農務、食糧局長に面会し、外米関税延期について所見を聞こうとしたが、不在で会えず、石黒忠篤農政課長に会い、また、政権与党の政友本党の井上角五郎議員や中西六三郎議員に会い、外米関税免除延期について所見を求めた。一六日、帝国農会は総選挙の政況視察委員の打ち合わせ会を開き、坪井秀、大島国三郎、田倉孝雄、磯野敬委員ら出席の下、視察事項および受け持ち区を協議した(8)。その後、坪井、大島、田倉が政友本党を訪れ、瀧正雄代議士（愛知県選出、政友本党）に外米関税免除延期の弁明を求めた。また、一七日には視察委員の坪井、大島、田倉、松山、福田、増田、高島らが政友本党総務の山本達雄（貴族院議員、原・高橋内閣時の農相を歴任）を訪れ、外米関税免除延期問題を質しているが、山本は「意外ニモ事情ヲ知ラズ」であった。一八日は午後五時からは鉄道協会にて開催の久松伯爵の送別会（帰松・定住）に出席した。二〇日は鉄道協会にて開催の関東部販売斡旋所の総会に出席し、また、『農政研究』の原稿「政見によって向背を決せよ」を執筆した。

二月二一日、温は午後八時一五分東京発にて三重県の農業経営講習会での講義ならびに四国地方の政況視察のために、出張の途についた。翌二二日午前八時津に着し、この日は井出伊角（三重県農会技手）とともに県立一志実業女学校を視察した。二三日、温は県農会に行き、午前一〇時より講義を行なった。この日、皇太子夫妻が津に行啓したので、温は午後三時講義を切り上げ、一同とともに皇太子の列車を奉迎し、温は感激している。「三時三十一分津御着。四分間停車。各功労者ニ車中ヨリ謁ヲ賜ヒ、御出立。……両殿下車中ニ直立シテ御答礼遊ハサレ、思ハス嬉シ涙ノ溢レタリ」。二四日も県農会にて午前九時より午後四時まで講義した。二五日も午前九時より正午まで講義し、終わって、午後一時一八分発にて神戸に行き、神戸にて浦戸丸に乗り、政況視察のため高知に向かった。翌二六日午前七時半高知に着し、県農会副会長および山岡瀧寿（徳島県農会幹事）の出迎えを受け、本町筋城西館に投宿し、午後三時県農会を訪問し、協議した。高知は政友会と政友本党の両党争奪激しかった。この日の日記に「昨今高知ハ一昨日支部総会以来、両党争奪ニ夢中トナレル時ナリシヲ以テ、一般ノ有志ニ農業問題ナト耳ニ入ラス。故ニ米穀法ノ改正ト農家負担軽減ノ下ニ義務教育費中教員給国庫支弁・（外米関税免除）延長反対ヲ対選挙要項トシテ候補者ニ約束スルコトニシテ散会シ、得月楼ニテ晩餐ヲナシテ散ス」とある。二七日、温は午前七時半、畠中卓爾（高知県農会長）、山岡県農会幹事に見送られ、高知を出て、徳島に向かった。大歩危、小歩危を通り、池田を経て、午後五時半徳島に着き、仲通町志摩源に投宿した。中村秋平（徳島県農会技師）らが来訪し、晩餐、歓談した。翌二八日に午前一一時より県農会事務所にて、帝国農政協会の役員会に出席した。山田庄一（徳島県農会長）、三木利五郎（副会長）、吉川綾吉（帝農議員）らと種々の意見を交換した。しかし、徳島の農政協会は政友本党系であり、不徹底であった。二九日午前六時四〇分、温は徳島を出て、高松に向かい、一一時に高松市に着き、香川県農会を訪問し、山田恵一（香川県農会副会長）、加藤謙吉、藤田政男両議員らから政況を聞いた。終わって宴会、その後夜九時発の義州丸にて、松山に向かった。

三月一日、温は午前七時半に高浜に着し、愛媛県農会に行き、門田晋（県農会長）から県下の政況を聞いた。このとき、門田から温に立候補の要請があった。この日の日記に「県農会ニ行ク。門田晋君ヨリ県下ノ政況ヲ聞キ、且ツ自分立候補問題ニツキ懇談アリ」とある。また、夜五時から梅ノ舎で、県農会関係者の門田晋、宮脇茲雄（温泉郡農会長、前荏原村長）、宮内長（伊予郡農会長、伊予農友会推薦の県議、前南伊予村長）、重見番五郎（元愛媛県農会長、前立岩村長）、日野政太郎（政友会の県議、湯山村長・村農会長）、石井信光（県農会書記、石井村会議員）らと会食した。いずれも、温泉郡・伊予郡の農会関係の実力者である。ここでも温の立候補問題が話題に出たものと思われる。この会食の後、温は石井信光と立候補問題を協議した。「石井信光君共ニ帰リ、立候補ノ問題ニツキ意見ヲ交換ス」。翌二日、温は石井村会議員で農政協会会長の重松亀代からの要請があり、石井小学校にて、村会議員その他の有志五〇余名と会合し、やはり立候補の要請をうけた。このとき温は「立候補未決心」の旨を伝えている。しかし、その後、道後すし元に行き、伊予郡及び温泉郡の有志と会合し、また要請をうけ、立候補の止むを得ざる状況となっている。この日の日記に「午后三時ヨリ腕車ニテ石井校ニ行キ、村会議員其他有志五十余名ニ対シ立候補未決心ノ旨ヲ伝へ、其ヨリ道後すし元ニ行キ、伊予郡及温泉郡ノ有志七、八名ト会合ス。右ニテ立候補ノ止ムヲ得サルニ至ルへキ形勢トナレリ……」とある。この時の有志の名前は日記に出てこないが、宮内長や石井信光らであろう。さらに、午後一一時、温が帰宅したが、そのとき、門田晋が温宅を訪れ、須之内品吉（須之内は、清浦内閣の蔵相勝田主計が推挙。無所属中立だが、政友会が推薦）が断念したので、温に政友会からの援助で立候補せよと再度勧誘した。だが、温は政友会の援助を断った。この日の日記に「門田晋君来訪……。須之内断念ニ付、立候補勧誘ノ相談アリ。体良ク挨拶ヲナス」とある。

立候補の決意を固めた温は、三日、県農会にて温泉郡農会長の宮脇茲雄にあい、立候補について経費と有志団体の援助を要請した。四日にも県農会に行き、宮脇茲雄、門田晋に対し、政党所属の有志団体の推薦を求めた。しかし、容れられなかった。この日の日記に「県農会ニ出テ、宮脇、門田両君ニ各政党所属ノ有志ノ団体ヨリ推選ノ方法ヲ提出セシニ容レラレズ」とある。夜、従兄弟の越智太郎（前、石井村会議員、明治四四年一月～大正一一年一月）を招き、立候補の可否を相談したが、太郎からは立候補を勧められた。五日、温は武智太市郎（元、浮穴村長）を訪問、相談したが、やはり立候補を勧められた。後、温泉郡役所に行き、宮脇茲雄に立候補の決心の旨を告げた。その際、一度辞退していた須之内が無所属中立だが、政友会の推薦で再び立候補する情報を得て、温は「稍失望」している。その後、県農会に行き、門田晋に立候補の決心を告げたが、門田は温に多少悪感情を持っていた。この日の日記に「県農会ニ行キ、門田氏ニモ同様ノ相談ヲナス。要スルニ、昨日ノ会見ニ於テノ自分ノ政友会ノ援助ヲ受ケサルベク言明セルタメ、多少悪感情ヲ持チ、計画ヲ変更セシナラン。右ニテ、大体、両君トノ関係薄クナル」とある。その夜、温は久保田旅館にて、伊予郡の宮内長（伊予郡農会長、県会議員）、渡辺好胤（伊予郡農友会幹事長、南伊予村助役）、野村茂三郎（岡田村会議員）、福島正巳（愛媛県農会技手、前、伊予郡農会技手）、大西洪（岡田村長）らと会合、その後、石井村の青年たち、今村菊一（元、石井村長・今村馬太郎の四男、大字古川）、堀内雅高（大字南土居の堀内新太郎の長男、青年団長）、柏忠太郎（村会議員、大字南土居）、勝田長太郎（大字南土居）らと会合し、立候補の意思を固めた。

三月六日、温は県農会に行き、再度門田晋、宮脇茲雄と会見した。門田・宮脇は、温に不利益な須之内との妥協を求めて来、やむなく受諾している。この日の日記に「三番町金子ニテ門田、宮脇両君ニ会シ、須之内擁立ト妥協ノ相談ヲ受ク。岡本馬太郎君同席……。自分ニ不利益トハ承知シナカラ両君トノ関係ヲ考慮シ、陽ニ受諾ス」とある。また、この日、温は佐竹義文愛媛県知事を訪問し、立候補の経過を話し、そして、午後五時より石井村役場にて有志五〇余人の会合において、温は立候補を言明し、有志に対し、決心を促した。

しかし、温は帝国農会の現職の幹事である。したがって、立候補に当っては帝国農会の了解を得なければならない。三月七日、温は石井信光、大原利一と打ち合わせ、午前一一時高浜発にて上京の途についた。尾道への船中にて、東村縫次郎（南吉井村会議員）ら一四名の友人へ立候補の文章を書き、午後四時半尾道につき、五時一五分の急行にて東京に向かい、翌八日午後〇時半東京に着し、帝農に出勤した。九日温は早朝、福田美知幹事宅を訪れ、郷里における立候補の状況を説明した。福田氏は大木帝農会長に面会し、「何カ計画セン」との考えであった。この日の日記に「早朝、福田君ヲ自宅ニ訪ヒ、風邪安臥中ナリシヲ以テ寝室ニ入リ状況ヲ談ス。同君ハ大木会長ニ面シ何カ計画セントノ考案ラシ」とある。また、この日、温は矢作副会長に立候補問題を説明した。だが、先生は温の立候補を危ぶんだ。日記に「郷里ニ於ル立候補問題ニツキ談合ス。先生ハ頗ル危フミタリ」とある。

三月一〇日、帝国農会は、午前一〇時より事務所にて帝国農政協会選挙視察委員会を開き、大島国三郎、松山兼三郎、坪井秀、原鐵五郎、磯野敬、田倉孝雄、寺尾政篤、松島為太郎らが出席し、去る二月二〇日より三月五日にわたる視察状況を報告し、総選挙対策について、（一）講演の希望に応じ出演する、（二）帝国農政協会の名を用い、宣伝ビラを二、三〇万部配布する、（三）帝国農政協会幹部の推薦状は十分に詮衡し考慮する、（四）特殊の候補者の応援も三項同様注意の上行なう、等の決議をした。

三月一一日、福田幹事が大木帝農会長に温の立候補問題につき交渉をしたが、「或条件付ニテ或提供ヲナスヘシトノ回答」を得ている。意味不明だが、大木は清浦内閣支持、政友本党支持であり、恐らく、政友本党系なら支持するが、そうでないなら反対との意味であろう。その結果、温の立候補が難しくなった。一二日になって、温は福田幹事と相談し立候補の辞退を決意した。なお、神奈川県から立候補を予定している帝農評議員の山口左一も温と同じ境遇であった。一三日、温は大木帝農会長の招きにより、大木邸を訪問したが、大木会長は温に立候補辞退を勧告した。それは、温の立候補が「(政友)本党及政府ノ大頭痛ナル状況」とのことであった。そこで、温は立候補断念を決めた。この日の日記に「大木会長ノ招ニヨリ同邸ヲ訪問ス。病気臥床中ニテ面会ス……。立候補〔辞退〕ノ勧告ヲ受ク。自分ノ立候補ハ本党及政府ノ大頭痛ナル状況ナルヲ以テ、少時考慮ノ結果、断念ノ旨ヲ答ヘテ辞ス」とある。また、日記の欄外に「大木伯ノ勧告ニヨリ立候補ヲ断念ス」と記している。そして、温は、郷里の門田晋、宮脇茲雄、石井信光、大原利一、重松亀代、堀内浅五郎、宮内長、隅田源三郎らに立候補断念の電報及び手紙を出した。

三月一四日、温は午前七時一五分上野発にて長野・富山・熊本での講演のために出張の途につき、午後一時長野県上田市に着き、郡役所に行き、関弘矣(長野県農事組合長)、宮崎正則(長野県農会技手)と会し、ともに別所温泉に行き、柏屋に投宿し、翌一五日午後二時より上田公会堂にて開催の長野県農事協会連合会主催の講演会に出席し、来会の農事小組合員七〇〇〜八〇〇名に対し、午後五時まで講演をした。終わって、六時上田を出て、長野に行き、さらに翌一六日午前一時四〇分発にて富山に向かい、午前六時五〇分富山に着し、富山館に投宿した。午後、大石茂治郎(富山県農会技師)とともに中新川郡五百石町に行き、同小学校にて、来会の五〇〇余名に対し講演を行ない、終わって東雲楼の慰労会に出て、富山館に投宿した。なお、この日、温は郷里の東村縫次郎(南吉井村会議員)ら九名に立候補辞退決心の手紙を出した。また、郷里の大原利一に一八日に神戸で会うとの発電をした。翌一七日、温は朝九時、大石茂治郎技師とともに富山を出て、氷見郡上庄村に行き、同村小学校にて、来会の三〇〇余名に対し、二時間ばかり講演した。終わって、直ちに車にて氷見に帰り、高岡に行き、午後八時三〇分発にて神戸に向かった。なお、この日、福田幹事が広島出張のかたわら、温の依頼で松山に行き、伊予、温泉郡の有志と会合し温の立候補辞退を説伏したが交渉不調に終わっている。(9) 翌一八日、温は午前六時四〇分に神戸に下車し、そこで、温を待ち受けていた郷里より三名の交渉委員、松田石松(石井村助役、石井村会議員、大字東石井）、大原利一（石井村会議員、大字星岡）、野村茂三郎（岡田村会議員）に喜久屋にて会合、彼らから立候補するよう「談判」された。しかし、温は福田幹事と相談しなければ、立候補の決心ができない旨回答し、その後、彼らはさらに尾道まで同乗し、温を談判し続けた。温は尾道で大原らと別れ、講演のため熊本に向かい、一九日午前三時三〇分に熊本に着した。駅前の春日屋に仮眠、休憩のあと、熊本県農会を訪問し、会場の坪井研究所に行き、午後、熊本県町村農会長会に出席し、農村振興の意義について講話した。なお、この日、郷里の工藤養次郎（新居郡農会長、新居郡選出の県会議員、政友会）、日野松太郎（周桑郡農会長、周桑君選出の前県議、政友会）から是非立候補してほしいと長電を受け取った。また、午後五時、大原利一から福田幹事との会合結果について、次のような電報を受け取った。「フクダシニオウタ。キミノケツイアレバ、テイコクノウカイノホウハスベテヒキウケル。ケツイセヨ」。この電文を見て、温は翻意し、ついに立候補することを決意した。そして、即座に郷里の東村縫次郎（南吉井村会議員）、西村央（垣生村長）、三津山保太郎（川上村会議員）、仙波茂三郎（川上村の豪農、村会議員、温泉郡農会副会長等歴任）、渡部荘一郎（川上村助役）、大原利一（石井村会議員）、松田石松（石井村会議員、助役）、野村茂三郎（岡田村会議員）、本多儀一郎（北伊予村、元村会議員）、野中親三郎、戒能新平、森重善太郎等に立候補の電報を打った。

しかし、三月二〇日の午前八時に福田幹事から温に次のような電報が来た。「最後迄（伊予・温泉郡の青年達の）説得ニ努メタリ。年配ノ人ニハ或程度ノ了解ヲ得タルモ、青年者ハ益崛起セントス。出来得ルカギリジセ。已ムナクモ冷静ニ形勢ヲ見ヨ。君ノ返如何ニ関セス運動ハ継続ス。友人トシテ僕ハ飽迄反対ヲノベ置キタリ」。この福田の電報と一九日の大原の電報とは正反対で、福田美知は基本的に温の立候補に反対で、自制を促していた。

温は混乱したが、千思万考し、最終的に二〇日熊本にて立候補を決意した。温は後に『農政研究』に執筆した「立候補より当選まで」のなかで、「二十日の朝福田君より談判不調の電報が到着した。それと前後して各方面より四、五十通の電報を受取った。其内には選挙区以外の友人の強制的勧誘などもあった。ここに於て再び脳中が混乱し、千思万考の結果、今日迄考への基礎とした一身の保全策を棄て丶、已むを得ずんば郷党の青年の希望に殉ぜんと内心略決意した」と述べている(10)。

温は、三月二〇、二一、二二日の三日間、午前一〇時より熊本県会議事堂にて、県農会主催の農会経営講習会で町村農会の役員及び郡町村の技術者一〇〇余名に対し講演を行なった。その間、二〇日には伊予郡の武智雅一（松前村会議員等歴任）、武智逸郎（伊予郡選出の県会議員、政友会、松前町北黒田）、岡井三郎（松前村会議員等歴任、松前町南黒田）、岡井亀三郎（温の妻・イワの兄、松前町北黒田）に立候補に関する手紙を出し、二一日には伊予郡、温泉郡の各町村長に出す手紙を石井村役場に送り、また、大原利一に電報にて新聞に立候補の主旨を掲載すべく発電し、二二日には増田、高島幹事に立候補の決心、応援依頼の手紙を出し、また、郷里の白石大蔵（元、温泉郡選出の県会議員）に賛同および鶴本房五郎（余土村長）説伏の手紙を出した。

三月二三日、温は午前一〇時宿を出て、合志茂市（熊本県農会技師）、上益城郡の楠田技手とともに上益城郡御船町に行き、午後三時より郡農会事務所にて、来会の一二〇余名に対し、現下の農政と議員選挙と題して二時間余り講演し、終わって、愛媛への帰郷の途につき、深夜一二時小倉に下車し、巴屋に投宿した。二四日午前は巴屋で、午後は門司の停留所待合にて郷里の友人らへの手紙を認め、午後五時門司発の姫川丸に乗船し、二五日午前七時高浜に着した。高浜港では元気な連中、大原利一、松田石松、重松亀代、石井信光、越智太郎らに迎えられ、有信館にて打ち合わせし、そして、一同と松山市の久保田旅館に行き、伊予、温泉郡の青年有志と会談し、立候補を決した。青年たちは「殺気」だっていた。この日の日記に「久保田旅館ノ大評議……伊、温ノ青年有志ト会合ス。当日ハ起否ヲ決スル日ナルヲ以テ青年ノ一部ハ殺気立テリ。仙波茂三郎君参加シ、選挙長ヲ引受ルニ至リ、起立ト決ス。午〔後〕十一時過トナル。当日ハ自分ノ生涯ノ一運命ヲ決スル日ナリシ」とある。仙波茂三郎は川上村会議員、郡会議員、温泉郡農会副会長等を歴任した人望のある豪農である。(11)

三月二六日、温は午前八時松山発の自動車にて宇摩郡での講演のため出張の途につき、今治で汽車に乗り換え三島に向かい、午後二時より三島中学校講堂における宇摩郡農会の主催の小作米品評会にて、講演を行ない、また賞品授与式に出席し、千鳥亭に宿泊し、翌日、午後二時松山に帰った。

三月二七日、温は立候補宣言をした。立候補までの経過ならびに温の思いが判明するので引用しよう。

「私は伊、温両郡の同志諸君の、余りに熱烈なる勧誘に動かされて衆議院議員の候補に立つことを承諾しました。私は私の年来の主張が、動もすれば私自身の問題に向はんとするを苦痛として居りました。それは私には他に適当な仕事があって、私が政治的方面の主張の如き局面に立つことは、却てその任でない、自己の天賦を知らないものになることを承知して居るのであります。

昨年末帰省の際、友人より来る総選挙に立候補云々の話がありましたが、私は絶対に拒絶し、且つ斯る計画をしないことを懇請したのでありました。

然るに去る二月、帝国農政協会の四国の政情視察の際帰って見れば実際問題として画策しつゝあって、具体的な勧誘を受けました。

併し私は二十年来只一筋に、天の私に与へた道を踏来ったので、今更選挙の地盤もなく、金もないものが、柄にもない事をすべきにあらずとの理由で謝絶しました。

然るに友人等は、私の年来の主張を逆用して、私の辞退を反撃し且つ、私の諾否如何に拘らず、私を目標として、運動を推し通すとの決意を示されました。

併し私は現在の社会相を、もっと深く考へているから、単純な理想論には心服出来ない、只私の弱点は、平素農村問題を考ふると、結論の一項として、今日の我国情に於て、覚醒した農民の政治運動は、非常に重大であると信じている事が私の常識判断を迷はし、万一にも私の態度如何により、この貴重なる運動の発育を阻止する様な事になりはせずや等と考へる事が私を禍して、即座に去就を鮮明になし得ず、其内上京期切迫のため七日に出発上京し、中央にて種々考究してみたのであります。

然るに研究の進行中、思ひもよらぬ支障が突発した、私は今言明するを好まないが、私の問題が政争に関係し、累を帝国農会に及ぼしはしないかといふことであります。

私はかゝる事情に立ち至ることを最も遺憾とし苦痛とするのであるから、これは全然謝絶すべきものと決心し、一三日に其旨を郷里の友人に電通し、而して同僚の福田美知君を煩はし、伊、温の有志に面会して計画中止の談合をして貰ふことにしました。蓋し伊温の諸君は私の心事境遇を熟知して居るから、これ丈けの事情と手続にて充分に了解して呉れるものと信じ、翌一四日に北陸九州へ出張しました。

私は富山で数通の電報に接し、神戸にては二、三の有志が汽車の通過を待ち受けて強談されました。随分むつかしい事情になって居るやうだが、然し私は既にやらぬと決心し、且つ帝国農会の係累問題につき、福田君の考へを聞かねば何とも返答が出来ぬと答へて別れました。

然るに松山にて福田君が如何に折衝されたものか、私は熊本に着いた夕刻に『福田氏の了解を得たから決意頼む』といふ意味の電報が来た。然し福田君の電報によれば已むを得ざる場合は致し方がない位の意を示されたのだらう、然も一同は福田君の勧告に従はないので同君も困ったまま出発したらしい、尚熊本では各方面（他郡もあり）より詰責的の電報を受取ました。私は熟考した、これは問題の形質が変化してよほど重大となった、最早岡田といふ目標でやって居るとは考へられない。

醇朴な農家が永年の間野心政治家の踏台となり、運動屋の喰ひ物にされ、そうして農業の経営は年と共に不利益となり、食糧政策は次第に消費者本位に傾き、租税は勿論種々の義務の負担はますます過重され、かくて農村生活は年と共に不安になっても、多くの政治家は尚農村問題を踏台にして、私利争奪を事として居ることに気の付いた覚醒者が、古い型の政党本位の選挙に飽き、新しき活路を求めんと焦心し、何とかせねば農村は立ち行かぬ、との悲壮凄烈な農村擁護運動である、私は二十年来の主張の手前、かゝる情勢に立ち至っても尚安全地帯に遁れて、この運動を傍観して居らるるでせうか。

それでは起たふ、起って溺者のつかむ藁にならふ、この際逃ぐるは男子の行為ではないと私は決心した……かかる純真な農村擁護運動に対し、如何なる処に反対があらふ、内か外か、農村問題の声の大にして実行の出来ない真の原因の所在を闡明しよう、これ丈でも高価である。

私が加はれば第二区は激しい競争になりませう、然し其争ひは詮じつむれば、高価な権利を安値に売らしめようとする運動と貴重な権利を自分で高価に働かせようとする運動の争ひである。農家を営利の踏台にせんとの運動と農家を国宝の保護者にせんとの運動の争ひである。

伊、温両郡の同志諸君、私の当落などは眼中に置かず、正々堂々とやって下さい、多年軽侮された吾々農民の実力を発揮して下さい[12]」。

温の立候補の結果、第一五回総選挙の愛媛第二区（温泉郡・伊予郡、定員二）の立候補者は、政友会が須之内品吉（弁護士、無所属・中立）を、政友本党が現職の成田栄信を、憲政会が渡部善次郎（松山高等商業学校教授）を擁立、そして、無所属・中立から岡田が出て、四人で二議席を争うことになった。なお、これら候補者擁立の事情は次の如くである。政友会は政友本党に走った成田栄信への憎しみから岩崎一高の出馬を検討したが、岩崎が松山市長の現職にあり、また温泉郡の政友会が解体同然にあることから、実現せず、勝田主計蔵相の推挙で出馬した須之内を推薦することにした。憲政会は現職の門屋尚志を候補に内定したが、門屋が固辞し、代わって県議の窪田吾一を立てようとしたが、温がその無党派・清新さから人気を博しているのをみて、急遽、松山高等商業学校教授・松山高等学校講師の渡部善次郎を説得し、渡部もこれを受け、松山高等校長由比質や同校教授北川淳一郎など、松山高校・松山高商の教官生徒による応援態勢をとった。無所属・中立の温は伊予郡・温泉郡の農友会が手弁当、わらじ履きで応援した(13)。

三月二八日より、温は本格的な選挙活動に取りかかった。朝七時、温は石井村有志四〇〜五〇名と椿神社に参詣し、選挙の必勝を祈祷した。その後、県庁を訪問し、また、梅ノ舎での農政協会各郡幹事会に出席し、さらに、余土村長の鶴本房五郎を訪問し、懇談し、さらに、亀乃井にて伊予日々新聞社員、石井村有志と会談した。二九日には万福寺住職の三浦仙章とともに、温泉郡の坂本村、荏原村の有志数十名を訪問した。三〇日は午前川上村の仙波茂三郎を訪れ、選挙の全権を委託し、午後は野村茂三郎（岡田村会議員）とともに伊予郡の原町村、砥部村を訪問し、さらに中川英嗣（前、愛媛県農会技手）とともに荏原村を訪問し、その夜六時から森松座で政見発表演説会を開いた。七〇〇名余りが集まった。この日の日記に「六時ヨリ森松座ニテ政見発表ノ演説会ヲ開ク……。生レテ初テノ仕事ナリ。応援弁士ハ野口、武智、宮内、野村諸君。来会者七百余名、静粛」とある。三一日は伊予郡に行き、郡長、警察署に挨拶し、午後宮内長（伊予郡農会長、県議）とともに南伊予村の有志二〇〜三〇人を訪問し、夜六時から郡中町の劇場にて政見発表演説会を開いた。一二〇〇名ほどが集まり、野口文雄（温泉郡坂本村）、武智雅一（伊予郡選出の県農会議員）、大西広人（県農会技手、伊予郡岡田村長大西洪の長男）、宮内一乗（宮内長の長男）、野村茂三郎（岡田村会議員）、重松亀代（石井村会議員）らが応援弁士を務めた。温の演説は、他の候補のような憲政擁護とか、特権内閣打倒とか、反対党の攻撃などでなく、平常の講演と同じく農村問題の演説、宣伝であった(14)。

四月一日、温は朝から伊予郡に行き、富永安吉（喜多郡三善村長、前、喜多郡農会技手）とともに郡中町の有志七、八戸を訪問し、一〇時過ぎから野村茂三郎、隅田源三郎（伊予郡農会技手）、富永らと自動車にて上灘村、下灘村に行き、村の青年有志と懇談し、さらに、野村とともに岡田村に行き、有志三〇余名の会合に出席し挨拶をした。二、三日の日記は選挙活動で多忙のためか、記されていない。四日も温は朝から伊予郡に行き、宮内長（伊予郡農会長）、渡辺好胤（伊予郡農友会幹事長、南伊予村助役）とともに、南・北山崎村、郡中村、松前村、北伊予村を訪問し、松山に帰り、道後ホテルに宿泊した。五日は午前八時半ホテルを出て、桝村新吉（温泉郡立岩村）、今村菊一（元、石井村長今村馬太郎の四男）らとともに温泉郡北部の河野村、北条町、浅海村、難波村、正岡村等を訪問し、有志青年たちと懇談した。なお、この日、温は腹心の村議・大原利一を第三区（今治市、越智郡、周桑郡）から出ている政友会代議士河上哲太のもとに派遣し、会見させている。のちの記事から勝田主計蔵相の支持を求めたものであった。

四月六日、温は帝農幹部に了解を得べく、上京の途についた。この日朝九時に石井駅を出て、翌七日正午東京に着した。直ちに、帝国農会に出勤し、福田美知幹事と協議した。後、農政記者会と会合し、記者会は温のため後援会を開くとのことであった。夜、温は矢作副会長を訪問し、立候補の釈明をした。翌八日には勝田蔵相を訪問したが、病気のため面会しえず、そのあと、大木遠吉帝農会長を訪問して立候補の弁明をした。この日の夜、矢作副会長が温宅に来て、東京帝大農学部の原凞先生が温が立候補することに反対との意見を伝えに来た。九日には、勝田蔵相を再度訪問し、河上哲太代議士の手紙をわたし、立候補にいたった状況を説明している。勝田は「希望ノ主旨ニハ賛同シ、暫時考慮セン」との態度であった。この日、午後五時より帝農にて講農会幹事会があり、内藤友明、飯岡清雄が温の後援会について熱心に議論した。一〇日、温は駒場に原先生の諒解を得るべく訪問したが、先生から立候補に反対の忠告を受けた。しかし、温は「当ラズ」と記している。

四月一〇日、温は再び郷里で選挙活動を行うべく、午後七時五分東京発にて帰郷の途につき、車船中にて、「私の主張と立場」一七枚の原稿（伊予日々新聞投稿）を執筆し、一一日午後九時松山に着し、道後ホテルに宿した。

四月一二日以降、温は精力的に演説会を開いた。一二日は仙波八三郎（温泉郡久米村の梨栽培の先駆者）の案内で久米村を訪問し、その夜七時より、公会堂にて政策発表演説会を行なった。三〇〇～四〇〇名ほど集まり、野村茂三郎、隅田源三郎、野口文雄らが応援演説を行ない、さらに横井時敬先生一行が選挙応援に来て、横井先生ならびに渡辺鬼子松（農民新聞社長、第三区から無所属で立候補、越智郡日高村出身）が応援演説を行なった。演説会は「大盛況」であった。一三日は、横井先生一行と北条町及び味生村での演説会に臨んだ。北条町大西座では七〇〇～八〇〇名、味生村南斎院法積寺では二〇〇余名ほど集まり、演説会は「非常ノ盛況」であった。この日、内藤友明（帝農参事）が応援に来松し、味生村の演説会に出演した。以降、内藤は温の応援に張り付いた。一四日、温は内藤、伊予郡農友会の一同とともに伊予郡広田村に行き、演説会を開き、七〇～八〇名が集まった。午後七時からは総津劇場にて演説会を開き、五〇～六〇名ほどが集まった。演説会終了後二〇余名の青年が温の宿に来て、運動の打ち合わせをした。熱心なる青年多く「有望」と温は述べている。一五日には伊予郡中山村に行き、午後七時より同劇場にて演説会を開き、一二〇～一三〇名ほどが集まった。

四月一五日、温泉郡青年団有志が中心となり、去る大正一三年二月一七日に結成した不偏不党の立憲青年党（党首は松山市の弁護士篠原進）が分裂した。それは、立憲青年党の幹部が党員の意思を無視して、政友本党の成田栄信（第二区から立候補）と結託したとして、批判し、別に立憲農村青年党を組織し、農村に理解のある岡田温を推薦することにした。

その代表が白石薫、松尾森三郎であった[15]。一五日の日記に「立憲青年党崩壊し、多く脱退シ、幹部十二名久保田ニ来タリ、吾々ノ帰リヲ待ツ。別ニ立憲農村青年党ヲ組織シ、同志ノ運動ヲ援助セントノ交渉アリ。大体快諾ス」とある。

四月一六日、温は温泉郡余土村と垣生村で演説会を開き、内藤友明、石丸富太郎（伊予広告通信社長、松山市）、多田隆、野口文雄、松尾森三郎（温泉郡の立憲農村青年党）と温らが演説した。一七日は温泉郡朝美村真光寺にて演説会を行ない、午後は一色松美の案内で同村の有志を訪問した。一八日は伊予郡に行き、午後二時より下灘村豊田および明屋敷にて演説会を開き、午後七時からは上灘村の芝居小屋にて演説会を開き、石丸、内藤、富永などが演説した。一九日は温泉郡小野村平井劇場で演説し、「大盛況」であり、二〇日は内藤、野口と共に温泉郡川上村役場に行き、村長らに挨拶し、次に三内村信用組合を訪問し、佐伯恵義らに挨拶し、午後から三内村安国寺で演説会を開いた。来会は三〇余名と少なかったが、「非常ニ熱心ニテ精神成功」であった。その夜は川上村名越座で演説会を開き、一四〇～一五〇名が集まり、石丸、内藤、野口らが演説した。二一日は夕方伊予郡北伊予村に行き、演説会を開いた。二二日は午前温泉郡潮見村に行き、有志を訪問し、一二時より立岩村に行き公会堂にて演説会を開き、一〇〇余名が集まった。夜は浅海村に行き、多田、野口、石丸らと共に演説したが、立憲青年党（政友本党系）の地盤が強く、多田は殆んど「野次リ倒」されている。二三日は大森仙之丞の案内で久枝村を訪問、また、野口文雄の案内で潮見村の有志を訪問し、午後七時より潮見村吉藤誓重寺にて演説会を開き、七〇～八〇名が来会し、多田、石丸と来援の古瀬伝蔵（農政研究の編集者）が演説をした。あと、久枝村安城寺で演説会を開き、八〇～九〇名が出席し、石丸、古瀬らが演説した。二四日は温泉郡興居島村大字由良に行き、山岡広一君の案内で有志を訪問し、午後三時より青年会堂で演説会を開き、七〇～八〇名が出席し、古瀬、石丸らが演説をし、「当地トシテハ大ナル盛況」であった。二五日は温泉郡浮穴村大字南高井集会場と伊予郡岡田村大字上高柳と北川原の補習学校にて演説会を開き、双方とも一二〇～一三〇名が集まり、「盛況」で、石丸、古瀬らが演説した。

二六日は午後森重善太郎（桑原村長）の案内で、温泉郡桑原村の有志を訪問し、夜、素鵞村大字小坂と桑原村大字正円寺の公会堂にて演説会を開き、古瀬、石丸、そして、前日来援の麦生富郎（広島県農会技師）らが演説した。二七日は麦生、内藤、石丸らと荏原村に行き、午後二時より大字東方大蓮寺で演説会を開いた。有権者殆ど全部が出席し、「盛況」であった。後、伊予郡南伊予村に行き、演説会を開き、二〇〇余名が集まり、「盛況」であった。二八日は内藤、石丸、沖喜予市（新居郡農会技手、伊予郡郡中村上吾川出身）らと温泉郡拝志村に行き、夜、上林伝宗寺にて、演説会を開き、一二〇～一三〇名が集まり、演説した。二九日は午後温泉郡北吉井村に行き、田中好忠（村会議員田中好五郎の長男）の案内で同村の有志を訪問し、夜、大字横河原の芝居小屋と大字志津川の青年会堂にて演説会を開いた。当地は政友本党の本拠地であるが、「漸次動揺」しており、温の演説は「良好」であった。三〇日、大島国三郎（京都府農会技師）が来援し、午後七時より温泉郡生石村大字南吉田と雄群村大字土橋で演説会を開き、大島が双方で応援演説した。

五月一日、岡田義宏（従兄弟、香川県農事試験場長）が温の応援のため来松し、この日、温は義宏、石丸、松尾らと共に温泉郡興居島村大字泊に行き、演説会を開き、六〇名程が集まった。なお、この日、大島、内藤の一行は伊予郡郡中村に行き、演説会を行なった。二日、温は内藤、石丸、松尾らと共に、温泉郡東中島村に行き、大字大浦では村の青年・桑原藤太郎と共に一〇〇余戸の個別訪問をし、後、神浦と大浦にて演説会を行なった。大浦では七〇～八〇名が集まり、「多大ノ好感ヲ与」えた。三日は雨を犯し、桑原青年、内藤らと共に山越えし西中島村に行き、大字吉木にて午後一時より演説会を行なった。七〇～八〇名が集まり、「当村ノ政談演説ハ最初ノ催シナリト好感ヲ与」え、演説会の後、村の青年一〇数名が残り、挨拶と激励をした。後、大字宇和間に行き、演説会を開き、一二〇～一三〇名が集まり、「頗ル盛況」であった。また、この日、講農会から来援の片山熊太郎氏（明治二六年帝大農科大学実科卒）が来松した。四日、温は片山、石丸、松尾らと共に温泉郡坂本村に行き、青年有志の斡旋により円福寺にて演説会を開き、一四〇～一五〇名が集まり、「盛況」であった。後、温泉郡堀江村に行き同劇場にて演説した。堀江は一人の運動員も居なく心細さを感じたが、六〇～七〇名が集まり、「演説ハ相当効果」があった。さらに粟井村に行き、教会にて演説した。粟井でも「満堂充員」で、両所とも「予想外ノ好結果」であった。五日は来松した勝田主計蔵相を鮒屋に訪問し、午後温泉郡北部に出張し、まず難波村の会議所にて、五〇～六〇名に対し演説し、次に河野村大字柳原の劇場にて、五〇〇余名に対し演説し、さらに正岡村役場の会議所にて一〇〇余名に対し演説した。なお、前日来松した山崎延吉（前、帝農幹事）が難波と正岡村で応援演説した。六日は午後七時半より伊予郡砥部村の劇場にて演説会を開き、三〇〇～四〇〇名が集まり、山崎延吉、内藤、石丸らが演説し、また、同時刻森松にても演説会を開き、山崎、石丸、片山らが演説した。七日は内藤、宮内長とともに伊予郡佐礼谷村に行き、村長以下四〇～五〇名に対し演説し、午後七時からは郡中町郡中座にて演説会を開き、山崎、石丸、内藤らが応援演説し、山崎、石丸、片山らが応援演説した。八日は午前一〇時より温泉郡三内村大字則之内の富久繁一宅で演説会を開き、四〇～五〇名が集まり、午後は川ノ内金比羅寺で演説会を開き、当地の名望家・近藤文一郎、佐伯恵義らの尽力で一七〇～一八〇名が集まり、「空前ノ盛況」であった。後、湯山村に行き、山口高茂宅にて演説会を開き、四〇～五〇名が集まった。九日、温は伊予、温泉郡の選挙事務所を訪れ、最後の督励をした。また、石井村の運動員が総出動し各村に入った。この日の日記に「最後ノ督励。午前十一時頃ヨリ八木定君（後ハ、真木重作君）ト両郡ノ事務所を訪問シ、状況ヲ窺ヒ督励ヲ加フ……。石井村総出動。各村ニ石井村ノ運動委員入リ込ム」とある。そして、伊予郡農友会が温の得票数を、温泉郡は二一八七票、伊予郡は一二六三票、計三四五〇票と予想した。

なお、この長い選挙期間中、温の応援弁士は、石丸富太郎、野口文雄、松尾森三郎、宮内長、野村茂三郎、大西広人、重松亀代、隅田源三郎、富永安吉、栂村新吉、今村菊一、多田隆、沖喜予市、白石大蔵等々であり、中央、県外からは、

東京帝大教授横井時敬（四月一二～一三日）、帝農参事内藤友明（四月一三～五月八日）、『農政研究』編輯者古瀬伝蔵（四月二二～二七日）、広島県農会技師麦生富郎（四月二五～二八日）、京都府農会技師大島国三郎（四月三〇日～）、香川県農事試験場長岡田義宏（五月一日～）、講農会の片山熊太郎（五月三日～）、前帝農幹事山崎延吉（五月四日～八日）らが応援に来た。

五月一〇日が第一五回衆議院選挙の投票日で、一一日が開票日である。第二区（定員二、温泉郡、伊予郡）の開票結果は、成田栄信（政友本党）が三二三七票、岡田温（無所属、中立）が三〇六五票で当選し、須之内品吉（無所属、中立、政友会が推薦）が二九五五票、渡部善次郎（憲政会）が二九〇六票で落選した。(16)温の得票は予想より少なく、且つ次点、次々点との票差が極めて少なく、全く激戦であった。

温は衆議院議員に初当選した。その喜びが日記にあふれている。「開票ノ日。十時発ニテ出松。事務所ニ行キ、刻々ノ開票数ヲ報スルヲ聞ク。各村ノ運動員ツメカケ、十時ニシテ喜憂転倒ス。午后三時半頃開票ヲ終ル。一時最高点ニテ当選ノ報アリ。歓声堂ニ溢ル。一台ノ自働《ママ》車ハ之ヲ村ニ伝フ。然ルニ二百ノ読違ヒアリ。成田最高点トナリ、吾ハ次点。左ノ如シ。午后十時過頃、石井村事務処ニ帰リ挨拶ヲナス。殆ト提灯行列ニ行キテ不在、宅ニ帰レハ国旗ヲ上ケ、寄贈ノ大提灯ヲ点シ、祝客ヲ待ツ。午后二時十分荏原村ノ自転車隊ノ提灯行列来リ、之レヲ最終トス。各村大歓喜」。

温の選挙戦への基本的立場ならびに選挙状況について、職場を一ヶ月近く休み、選挙に張り付いた帝農参事・内藤友明の選挙戦の回顧「政戦を顧みて」を紹介しよう。温の人がら、理想選挙の具体的状況が判明する。

「私は岡田幹事の応援に丁度一ヶ月出かけ、力の限り応援した。岡田幹事は大正九年の総選挙の折にも郷党の有志から立候補を勧められたが、その器にあらずとして辞退された。其後時勢の変化は著しく、農業経営は年を逐うて不利益となり、公課の負担は加重となり、農家生活はいよいよ圧迫されて、次第に文化に遠ざかるに至った。然るに多くの政治家は口に農村の振興とか農村の救済とかを盛んに唱えるが、実際は是という具体案も誠意も熱心さもない。農村問題が喧しく論議されるほどには実行されておらず、農民は野心政治家の踏み台にされていた。ここに目覚めた伊予温泉両郡の有志及び青年は猛然と反抗し立ち上がった。従来のような政党本位の選挙では所詮農村は政治家の食い物になって疲弊衰亡すると覚って農村擁護運動に立ち上がった。その熱烈さ、真面目さに対し、岡田幹事は辞することが出来なかった。人は感情の動物である。慈父の如く温容な岡田幹事は人の誠意に動かされずにはいられなかった。家族の反対、親戚の忠言にもかかわらず、純真な農村擁護の声に岡田幹事は非常の決心の下に立候補された。その出発点が濫りに出たがる人々の型とは違った。岡田幹事は徹頭徹尾農村擁護が主義の全部であり、政見の総てであった。政党的立場も厳正中立、純農民代表であった。岡田幹事の中立は当選せんがための便法ではない、只農村問題を一途に解決したいという信念からである。既成政党は農村問題を弄ぶのだから政党に入ることは出来ない。入党しては主義主張が貫徹出来ない。従来、農村文化面では、例えば交通、水利、治水、土木事業など地方の問題が既成政党により恩恵的売名的に取り扱われ、政党の拡張に利用されたりして、その解決が遅滞、困難となっている。だから既成政党に頼ることは出来ない、むしろ既成政党は正面から破壊しなければならない。都市本位の政策の既成政党には農村擁護を主義主張とするものは到底入党することは出来ない。こうした立場に立って岡田幹事は立候補した。愛媛県第二区は、政友会は東京で弁護士をしている須之内品吉、政友本党が新聞社長の成田栄信、憲政会は松山高等商業学校講師の渡部善次郎が立候補し、その中へ岡田幹事が伊予温泉両郡の農友会及び農村青年党から擁立された。そして理想選挙を掲げ、主義主張一点張りで孤軍奮闘した。その運動方法は主義の宣伝のほかに何もなかった。私は四月一三日高浜に上陸すると、すぐに松山市の近くの農村に行って講演し、以後五〇回以上講演会に出た。山又山へ行き、島又島に渡り、云うべからざる苦心をなめたが、大抵聴衆が満堂にあふれ、文字通り盛会であった。両郡で六〇ケ町村あるがもれなく講演会を開いた。吾々の運動は理想選挙を標榜しているのだから、目覚めない農民に対し一通りではいかない、時として腹だたしいことがあり、泣きたいこともあった。農村擁護は自分たちのことなのにどうして理解してくれないのか、自分の生き血を吸い取られながらなぜ既成政党のために走りまわるのか、都会本位の政治を何の理由をもって助長するのか、政党者流の笛や太鼓に何のために舞わねばならないのか。道を一緒に歩いた岡田幹事をみてホロリとすることが何度あったかも知れぬ。ことに東中島から西中島へ雨の中を峠を越したとき、汗をふきふき、『岡田さん全く悲観せざるを得ませんね』と云えば、『イヤ、道を説き歩く人の心持はみんなこうしたものだ』と慰めあいながら勇気を鼓舞したものだった。こうした雰囲気の中に純真な青年の活動、目覚めた農民の努力、それは目覚しいものであった。何れにしても同志の努力は命がけであった。理想に燃えての活動であった。五月七日の伊予郡郡中町での演説会を最後に翌八日松山を山崎延吉先生と立ち、一〇日郷里の富山に帰り、気抜けし、茫然としていた。一一日に岡田幹事からの電報が来た。当選したのである。うれしくてたまらぬ。一二日に大阪の新聞を見ると、全くの激戦であった。岡田氏と須之内氏の差は一一〇票、その差は投票総数一万三〇〇〇余りの一〇〇分の一にすぎない。恐ろしいといわねばならぬ。とにかく、農民代表が勝ったのである。然し、一万三〇〇〇人の有権者のうちで本当に農村振興、農村擁護について深甚、考慮している人は僅か四分の一の三〇〇〇人に過ぎないことを思うと農村振興も未だ道遠く、暗いのだと云わなければならない(17)」。

なお、愛媛県下の選挙結果は、一区（松山市、定員一）は杉宜陳（無所属、準政友）、二区（伊予、温泉郡、定員二）は成田栄信（政友本党）、岡田温（無所属）、三区（越智、周桑、今治市、定員二）は、河上哲太（政友）、村上紋四郎（憲政）、四区（宇摩、新居郡、定員一）は小野寅吉（政友本党）、五区（上浮穴、喜多郡、定員一）は高山長幸（政友）、

六区（西宇和、東宇和郡、定員一）は佐々木長治（政友）、七区（北宇和、南宇和郡、定員一）は太宰孫九（政友本党）が当選し、政友三、政友本党三、憲政一、無所属二で、政友本党の健闘と憲政会の予想外の惨敗が特徴であった[18]。しかし、全国的には、憲政会一四六（改選前、一〇三、以下同）、政友本党一一二（一四九）、政友会一〇一（一二九）、革新倶楽部三〇（四三）、実業同志会八、無所属六七で、政友会と革新倶楽部は多少減少したが、憲政会が四三議席を増やし、第一党となり、護憲三派（憲政・政友・革新倶楽部）がさらに優勢となり、他方、清浦内閣与党の政友本党は三七議席を失って、第二党となり、敗北した[19]。

五月一二日、初当選した温は、午前佐竹義文愛媛県知事を表敬訪問した。しかし、成田栄信が先に来て座っていた。温は日記に「面白カラス」と記している。その後、温は伊予郡と温泉郡の選挙事務所ならびに仙波茂三郎、佐伯文四郎家（川上村の豪農、豪商）にお礼の挨拶に行き、この日は道後ホテルに泊まり、大原利一、越智太郎、池田長重と会計の整理をした。一三日は自動車にて荏原村、北条村、正岡村、立岩村、難波村、河野村、粟井村の支持者を訪問し、お礼、一四日も石井村役場や選挙事務所、また、久松伯爵や警察署、県庁、渡部善次郎等に挨拶周りをし、そしてその夜、亀乃井にて支持者（仙波茂三郎、石丸富太郎、宮内長、大原利一、今村菊一、石井信光、大西広人、渡辺好胤、野村茂三郎、富永安吉、徳永清次郎、栂村新吉、武智秀俊、等々）らと懇親会を催した。

五月一五日、温は午前一一時四〇分高浜発にて仙波茂三郎、石丸富太郎、宮内長、大西広人、中川英嗣、石井信光、松田石松、大原利一、堀内浅五郎、門田晋、松尾森三郎ら、多くの見送りをうけて、上京の途につき、翌一六日正午東京に着した。東京駅には、帝農の職員一同が出迎えており、共に帝国農会に行き、一同に挨拶し、また、来会せる新聞記者連や佐藤寛次、那須博士、山崎延吉、斎藤宇一郎、山田斂氏らと歓談した。そして、その夜、矢作栄蔵副会長宅を訪問し、当選の報告をしている。一七日には、大木帝農会長、原先生、横井先生宅を訪問、挨拶し、一八日は茂木洋服店に燕尾服、モーニングを注文し、一九日には、農商務省に報告、挨拶を行なった。また、この日、温は農業議員団体組織のために、斎藤宇一郎、二木洵、山本慎平、太宰孫九、有馬頼寧代議士に手紙を出している。

五月二一日、温は衆議院議員として、また、帝農幹事としての活動を始めた。この日、温は愛媛県一区で初当選した杉宜陳（無所属、準政友）と大蔵大臣官邸にて面会し、中立団組織について意見の交換をし、また、勝田蔵相に面会し、県選出議員の糾合について打ち合わせを行なった。丁度そのとき、兵庫県選出の井上雅二議員（無所属）から中立議員の打ち合わせ会の案内が来て、出席の返事を出した。翌二二日午前一一時半より帝国ホテルにて中立議員二七名が集まり、井上雅二、若尾璋八（山梨県選出、無所属）、長岡外史（山口県選出、無所属）らの発起で中立議員が集まり、中立議員の交渉団体を組織することを決めた。この日の日記に「十一時半ヨリ帝国ホテルニテ中立議員二十七、八名会合シ、交渉団体組織ニツキ協議ス。若尾、長岡、井上其他ノ発起……。来ル三十一日再会ヲ約シ、中食ヲナシ、散会ス」とある。二三日、温は来る帝農評議員会と府県農会役職員会への提出問題の起草を行なった。また、二四日は当選祝辞の礼状四〇〇通を出した。

五月二五日、温は『伊予日々新聞』掲載の衆議院選挙の所感と弁明を執筆した。その大要は次の如くであった。厳正中立、農村擁護の断固たる精神が窺われる。

「今回の私の立候補は甚だ不準備であった。従って難戦であったが、決して悪戦苦闘ではなく、善戦快闘であった。主義理想を軽侮し、選挙は政党と金力と決めている連中には、我々の勝利を奇跡と観察したようだが、私どもは理想に燃え、強き信念を以て日夜活動した村の青年たちと青年の意気を認識し、その背後に立った覚醒者が、新日本を造り、農村を救うものと痛感した。

先日何かの新聞に私が政友本党に入党したと報じたとか、心外である。私は厳正中立、農村擁護を年来の主義とし生命としている。それは五〇余回の選挙演説で高唱した。これは私が議員にならんがための出鱈目ではなく、三〇余年間農村問題を研究した結論である。私の終生を貫く生命である。これを棄てゝは私の存在はない。故に私は只一人になってもこの立場と主張を固守し、世間に迎合しようとは思わない。

私共と同じ立場と同主義の新議員が一二、三名いる。目下私ともはこの連中を結合し、これを中心とした団体を結成することを計画中である。また、議会内で中立議員が集まって交渉団体を結成することを計画中である[20]」

五月二六日、帝国農会は午後六時より帝農評議会を開催し、横井時敬、山口左一ら出席の下、来る道府県農会役職員協議会への提案を決めた。

五月二七日、温は午前七時一五分上野発にて群馬県前橋に農会講習会のために出張し、女子師範学校における県農会主催の講習会に出席し、午前一一時より午後四時まで、県、郡、町村農会の技術者一七〇余名に対し、講義を行なった。後、東郷旅館に投宿し、同窓の久保貞次郎（群馬県農事試験場、明治三一年実科卒）、多胡覚朗（群馬県農会技師兼幹事）らと歓談した。二八日も午前九時より午後二時半まで講義し、終わって、午後三時二〇分前橋発にて帰京し七時上野に着した。

五月二九日午前、温は中立農業議員の団体組織化のために、帝農関係の同僚議員、松山兼三郎（無所属、衆議院議員、愛知県農会幹事）、山口左一（無所属、衆議院議員、神奈川県選出の帝農議員）らと協議した。この日の日記に「松山、小野寅吉、高木音蔵、山口左一氏会合。種々協議ヲナス」とある。午後、温は矢作副会長、高島一郎幹事、内藤友明参事、野崎新太郎調査嘱託、等と農務省独立、農家負担軽減、米価維持の実行方法等について協議した。

五月三〇日、中立議員の中正倶楽部発会式があり、温も入会した[21]。この日の日記に「中正倶楽部成立し、加盟ス」とある。なお、発足時の中正倶楽部の人数は三九名で、憲政会、政友本党、政友会につぐ四番目の会派であった。帝農関係の同僚議員である松山兼三郎、山口左一も入会した。

五月三〇～三一日の両日、帝国農会は道府県農会役職員協議会を開催した。全国から八七名の役職員（会長または副会長、幹事、技師等）が出席し、そこで、帝国農会提出案、府県農会提出案が協議され、「農業経営調査に関する決議」「米生産費調査に関する決議」「帝国農会主催農村振興講習会の件」「震災農村救済の件」「農会販売斡旋事業振興に関する件」「農村振興議会対策に関する決議（農務省の独立等）」「開墾助成法を北海道に適用する件」「繭価崩落対策に関する決議」を決議した[22]。三一日の夜、講農会は、青山のいろはで温と湛増庸一[23]の当選祝いをし、幹事、技師の講農会員の多数が参加した[24]。

六月一日、温は辞職を決意していた福田幹事（理由不明だが、健康上の理由と総選挙をめぐる人間関係のもつれと思われる。しかし、後、撤回）を訪問し、反省を促した。また、この日郷里では温泉郡農友会が結成され（道後ホテルに二〇〇余名が会合、温の選挙参謀を務めた仙波茂三郎が会長に就任、副会長が栂村新吉、松田石松が就任、温が顧問となった[25]）、温は祝電を打っている。二日は挨拶礼状の執筆等を行なった。三日は午後六時より帝国農政協会発起の各派農業議員の会合を行ない、新加入者勧誘を申し合わせなどした。四日は皇太子殿下結婚の宮中大饗宴があり参内し、午後二時からは帝国ホテルにての中正倶楽部の茶話会に出席した。さらに五時からは温らが呼びかけた中立農業議員の会合を帝国農会にて開き、一二名が参加し、瑞穂会と命名し、温と山口左一、松山兼三郎の三人が幹事に就任した。なお、一二名は、温、山口左一、松山兼三郎のほかに、斎藤藤四郎（栃木、中正倶楽部、大阪化学肥料取締役）、山本慎平（長野、中正倶楽部、長野新聞社長）、太宰孫九（愛媛、無所属、北宇和郡農会長）、高木音蔵（岐阜、中正倶楽部、海西村長、郡農会等）、二木洵（長野、政友会、県議）、小川郷太郎（岡山、中正倶楽部、京都帝大教授）、猪野毛利栄（福井、無所属、政治及経済界主宰）、湛増庸一（岡山、無所属岡山県農会評議員）、森矗昶（千葉、中正倶楽部、昭和電工社長）である。[26]これらの職業、経歴をみると農業議員とは言えない者も入っているが、緩やかに呼びかけたものであろう。

六月五日は東京市主催の皇太子殿下御成婚奉祝会に出席し、後、帝農に出勤し、『帝国農会報』の原稿「総選挙雑感」を執筆し、午後六時からは温が呼びかけた県選出代議士懇親会を帝国ホテルにて開催し、高山長幸、河上哲太、佐々木長治、杉宜陳が出席した。六日は午後二時からは帝国ホテルにて開催の中正倶楽部代議士会に出て、組閣問題、普選問題、外交問題の討議を行ない、普選と外交問題について委員会を組織し、温は外交部委員となった。また、この日「総選挙雑感」を書き上げた。その大要は次の如くで、温の厳正中立、理想選挙論、都市と農村の併進論などの主張がよく判る。

「自分は種々の事情や時の勢いのため今回の総選挙に擁立され、はじめて選挙の渦中に身を投じ、有益な体験をした。選挙区は温泉、伊予二郡五九か町村、有権者一万三〇〇〇余人、定員二名、政党は政友会、憲政会、政友本党各互角の状態で、その間へ厳正中立で割り込み、三政党を向こうに廻しての闘いとなり、年来の友人である各町村の有力者は各所属政党に立てこもって反対側に立つか、中立的態度となったため、自分の運動員は従来選挙運動に経験の少ない有志と青年、要するに素人の集まりであった。しかし、それがため理想選挙が行われ、且つ将来有力なる農民運動の基礎が作られた。両郡青年のほとんど全部が政党的色彩の有しない理想選挙に大活動したことは腐敗せる地方選挙界の革正に多大な貢献をした。自分は厳正中立の立場により農村問題一点張りにて直進してきたので、今後もこの主張と立場を押し通す覚悟である。現在の各政党は都市本位政策の謳歌支持者であって、吾々の主張している地方文化建設を基礎とした農村振興政策とは相容れない。自分の信奉する農村問題とは、直接農業問題のみを目標とするのではない、今世間で唱えられている農務省の独立、米価維持、負担均衡、自作農創設を行なっても、それで農民を満足せしめ、農業に安住せしむることは出来ないだろう。自分は農業問題の淵源が農村にあらずして都市にあると観察している。故に、現在の如き都市偏重政策の根本に革正を加え、都鄙併進政策が如実に行なわなければ、農村問題は一を解決すれば他に問題が発生して、飯の上の蝿を逐ふようなものである。したがって、政治、経済、教育、産業、交通等一切の国政を農村の立場より批判する積もりである。

選挙中痛感したのは地方の政党が余りに時代遅れのことをしていることであった。学問も商工業も農業も進歩しているが、幾年たっても進歩しないのは地方政党員の政治思想、議員選挙方法である。議員選挙は本来各候補者の主義政策、具体的政見によって争わなければならないが、然るに実際は憲政会とか、政友会とか、政友本党とかの看板や伝統的地盤や情実、買収、或いは地方的餌などで争っていて、四年前も一〇年前も同じで化石と化している。中央では護憲三派などと政友、憲政、革新倶楽部が連合しているが、地方では憲政会と政友本党が連携したり、政友会と憲政会が喧嘩している。第三者から観れば、主義もなく節操もなく、ただ私利争奪のために離合集散しているに過ぎない。この化石の保護者の多くが町村の有志、支配階級に属する人たちである。農村問題が職業政治家の踏み台に扱われ、農民の力が政治上に現われないのはここに原因がある。故に一般農家の希望する農業振興政策の実行は、これらの有志が覚醒し自ら農民運動の陣頭にたつか、あるいは所属政党を鞭撻反省せしめて都鄙併進政策を行はしむるか、然らずんば隠遁して青年に任すか、三者いずれかしかない。真面目な農村振興はまず町村で考究、画策しなければならない、今日の如く町村の多くの有志が農村問題の重大なることを自覚せず、一切万事を政争の犠牲に供することが農村の大なる病弊である」[27]。

六月七日、温は出勤し、種々業務をなし、午後五時からは目黒の大黒屋にて、温のために在京の同窓・先輩たち（大橋賢之輔、岩本虎信、関慎之輔、片山熊太郎、石原助熊、和田徳三）が祝賀会を開いてくれ、出席した。八日は『農政研究』の原稿「立候補より当選まで」を執筆した。九日は農業経営設計書の手入を行ない、午後六時からは帝国経済会議の農業部の委員を鉄道協会に招待した。一〇日は斯民社の原稿「選挙と農村問題」の訂正や生産費調査の集計様式を考案するなど、多忙であった。

六月一一日、総選挙結果をうけて、護憲三派内閣が成立した。首相は第一党の憲政会総裁加藤高明が就任し、また、政友会より高橋是清が農商務大臣に、革新倶楽部より犬養毅が逓信大臣に入閣した。なお、外相は幣原喜重郎、蔵相は浜口雄幸である。護憲三派が与党で、政友本党が野党、温らの中正倶楽部は中立であった。

護憲三派内閣下、温は衆議院議員として、帝農幹事として多忙であった。一一日は中正倶楽部の茶話会に出席し、また、『講農会々報』に原稿「総選挙所感の一片」を執筆した[28]。一三日は東京横浜の販売斡旋所に加盟している販売斡旋主任者の会議及び農業経営設計書研究会に出席。一四日は中正倶楽部の外交委員会に出席。一五日は『農政研究』の原稿「立候補より当選まで」を草了した。午後六時からは加藤高明首相の招待会（中正倶楽部、実業同志会、無所属）に出席した。一六日は農業経営ならびに農家経済改善指導の主任者を養成するための講習会の開会式を駒場の東京帝大農学部にて開催し、出席した（講習会は六月一六日～七月一四日）[29]。

六月一七日、温は午前七時上野発にて埼玉県八基村産業基本調査のため出張し、一九日まで渋沢治太郎村長宅に宿泊し、一日中調査集計に従事し、集計を終えた。また、一九日の夜は役場にて渋沢村長らから衆議院議員当選祝賀の宴を催され、感謝している。翌二〇日、温は午前四時五〇分深谷発にて帰京した。

六月二〇日、温は飯岡清雄（東京市技師、大正一二年一二月農商務省退職）の依頼で農商務省に石黒農政課長を訪問し、飯岡の嘱託採用の件を頼んだ。二一日は実科独立問題で文部省を訪問し、陳情した後、帝農にて幹事会を開き、農家負担問題等の協議をした。二二日は八基村産業調査の緒言、調査要旨を執筆した。二四日は正午より中正倶楽部の外交委員会と代議士会に出席、そして、全院委員長には中正倶楽部の若尾璋八（山梨県選出）を推すことを決定、等々。

六月二五日に加藤高明内閣下の第四九特別議会（六月二八日開会、七月一八日閉会）が召集された。開院時の各派議員数は、憲政会一五五、政友本党一一五、政友会一〇一、中正倶楽部四二、革新倶楽部三九、実業同志会八、無所属一四であった。温はこの日、午前九時に登院し、書類及び徽章等を受取った。一〇時本会議が開会され、議長、副議長選挙があり、議長に粕谷義三（政友会、埼玉県選出）、副議長に小泉又次郎（憲政会、神奈川県選出）が選出された。この日の日記に「第四十九議会開会……。九時登院。書類及徽章等ヲ受取リ……暫時会議ヲ開キ、十時開会……。出席議員四百三十三。議長、副議長選挙。議長粕谷義三君。副議長小泉又次郎君。本日瑞穂会開催ノ筈ナリシガ、時間遅クナリシヲ以テ、来ル三十日帝国農会ニテ五時ヨリ開会ト決ス。代議士会アリ」とある。二六日は帝国議会休日で、帝農に出勤し、農業経営主任会の提案を検討し、夜は午後六時より築地新喜楽にて若尾璋八の招待会に出席した。二七日は登院し、午前九時より中正倶楽部の代議士会に出席し、一〇時より帝国議会が開会され、出席。粕谷議長、小泉副議長の挨拶及び各議員の部属、役員を決定した。その後、午後六時より農政研究会の世話人の会合があり、温も出席した。集まったのは八田宗吉、東武、長田桃蔵、山内範造（以上、政友会）、荒川五郎、川崎安之助、高田耘平（以上、憲政会）、西村丹治郎（革新倶楽部）、山口左一、松山兼三郎、温（中正倶楽部）らの各派の有力な農業関係議員であった。なお、温日記には政友本党の出席議員が記されていない。この会合で、来る七月四日に農政研究会の総会を開き、農村振興建議案を一致して提出することを申しあわせた。

六月二八日、帝国議会の開院式が貴族院にて開会され、出席した。摂政宮が出席した。この日の日記に「帝国議会開院式。十時登院……通常礼服……。貴族院ニテ十一時摂政宮殿下御臨場ニテ挙式……。殿下ハ玉座ノ右ノ稍小形ノ椅子ニ着カル。式畢ツテ開会。勅語、奉答文ノ委員十八名ヲ指名シ、別室ニテ起草シ、議場ニ奉告シ、右ニテ閉会」とある。後、温は中正倶楽部の外交代議士会に出席した。二九日は午前一〇時より鉄道協会にて、古瀬伝蔵、内藤友明のよびかけで、全国各地方の農民党、農友会等の団体二二団体の代表者が集まり、これに今回の選挙運動の中心人物、温、磯野敬、松岡勝太郎、山崎延吉、松山兼三郎、山本慎平、太宰孫九らが加わり、全国農政団連合を結成した。愛媛からは立憲農村青年党、伊予郡農友会、温泉郡農友会も出席した。結成の意図、方針は瑞穂会とほぼ同様であった(30)。

六月三〇日、衆議院の本会議が開かれ、全院委員長選挙、および予算委員会、決算委員会、懲罰委員会、請願委員会の各部の常任委員選挙がなされた。全院委員長には中正倶楽部の若尾璋八が多数にて選出された。終わって、午後五時より帝農にて第二回瑞穂会を開会し、松山兼三郎ら一三名が出席し、農村問題の討議を行なった。

七月一日、午後一時より衆議院本会議が開かれ、加藤高明首相、幣原喜重郎外相、浜口雄幸蔵相の演説がなされた。加藤首相は米国の排日移民法に遺憾表明し、施政方針として、今後ソビエト・ロシアとの国交回復、普通選挙制の確立、そのための衆議院議員選挙法の改正、貴族院改革、綱紀粛正、財政の緊縮整理に取り組んでいくことを表明した。それに対し、野党・政友本党の元田肇、松田源治、中村啓次郎らの質問、政府攻撃がなされた(31)。二日午前一〇時登院し、中正倶楽部の代議士会に出席し、普通選挙問題を討議し、午後一時より本会議に出席した。この日は、実業同志会の武藤山治、中正倶楽部の坂東幸太郎が質問した。日記に「本党ノ質問ハ政府攻撃ノミ。之ニ反シ、中立ノ武藤氏ト中正ノ坂東氏ノ質問ハ政策ナリシヲ以テ有益ナリシ」と記している。なお、この日、政友本党が六月二七日の申し合わせにかかわらず、単独で「農村振興に関する建議案」を提出している(32)。

七月三、四日の両日、帝国農政協会は午前一〇時より事務所にて理事会を開催した。衆議院の農政研究会に帝農の農政要求を働きかけるためであった。全国二八県の理事が来会し、愛媛からは日野松太郎（周桑郡農会長）が出席した。会議では矢作栄蔵副会長が議長となり、福田美知（常務理事）が会務報告、および、協議事項・農村振興に関する件、（一）農務省の独立、（二）農家負担の軽減、（三）米価維持、（四）義務教育費国庫補助の増額、（五）小作調停法の制定、（六）自作農の維持及び創定の六項目の説明を行ない、質疑があり、結局七名の委員会に付託した（委員長は天春文衛）。温は午後は衆議院本会議に出て、また帝農に帰り、委員会に出席した。委員会では次のような成案を得た。

一、今期特別議会に政府より提出を要望する事項、（一）農務省の独立、（二）小作調停法。

二、今期特別議会に議員より提出を要望する事項、（一）米穀法の改正及び米穀委員会官制の改正、（二）関税定率法及び同別表の改正。

三、次期通常議会に政府より提出を要望する事項、（一）農家負担の軽減、（二）義務教育費国庫負担の増額、（三）農業倉庫の普及及び充実、（四）自作農の維持及び創定、（五）小作法の制定、（六）農業金融の充実、（七）農業教育の改善、（八）其他農業振興に必要なる事項であった。

そして、決議の実行方法として、農政研究会総会に要望して、その実行をはかることであった。この決議のうち、二の（一）の米穀法の改正は第一条、二条を改正し、米穀の需給調節のみならず、米価維持のために価格の調節を求めるものであり、（二）の関税定率法の改正は米麦の関税を二倍に引き上げるもの（米及び籾現行一〇〇斤一円を二円に、小麦一〇〇斤七七銭を一円五〇銭）で、帝農の切実な要望事項であった。(33) そして、この決議案の理由書を書いたのは、温ら帝農幹事であった。三日の日記に「委員会ニ出席シ、成案ヲ得タリ。散会後、職員幹部居残リ、米穀法改正、関税改正其他ノ理由書ヲ作成ス」とある。そして、四日午前一〇時からの帝国農政協会理事会を開き、前日の委員会の決議通りの議案を決定し、実行委員一一県を決めた。

七月四日午後三時より農政研究会各派幹部会が開かれた。しかし、帝国農政協会決議通りには決まらなかった。また、議員立法でなく、建議案に止まった。さらに、政友本党との協調も出来なかった。というのは、政友本党は単独で、七月二日に「農村振興に関する建議案」（床次竹二郎外一七名）を議会に提出していたからであった。そして、午後五時より帝国農会にて農政研究会総会を開催した。衆議院選挙後はじめての会議であったため、一六〇余名の議員が出席し、帝国農政協会理事を合わせて二〇〇余名の出席で盛況であった。矢作副会長が議長席につき、会則、常任幹事二一名を選出し、ここに農村振興議案を托することにした。

翌七月五日、午前一〇時から図書館にて農政研究会常任幹事会を開き、農村振興建議案の打ち合せを行なった。この会合に政友本党は参加せず、四派連合（憲政、政友、革新倶楽部、中正倶楽部）で「農村振興に関する建議案」を提出することになった。そして中正倶楽部内をまとめ、四派連合で建議案を提出することに尽力したのは温であった。この日の日記に「午前十時登院、図書館ニテ農政研究会当番幹事会ヲ開キ、農村振興建議案ノ打合ヲナス。本党ハ加ハラス。四派連合ニテ提出スルコト、ス。一方運動委員ハ各派幹部及当局大臣へ陳情ス。……午后本会議……。農村振興建議ト小作調停法ノ件ニテアチコチ奔走シ、……閉会後、中正会代議士会ヲ開キ、農村振興建議案ニツキ討議シ、自分ノ主張ノ如ク四派協調ニ決ス」とある。このように、四派連合の農村振興建議案提出にあたり、温の尽力大であったことが判明しよう。

また、七月五日、加藤護憲三派内閣はさきの第四六議会で提出したが、委員会で審議未了となった「小作調停法案」を再度提出した。本議会の農村関係の最重要法案であった。直ちに委員会に付されたが、温は委員になっていないが、同僚議員の松山兼三郎が委員ならびに理事になっている。温はこの小作調停法に賛成で、尽力した。五日の日記に「小作調停法ノ件ニテアチコチ奔走」とある。

七月七日は郷里の大西良実（南吉井村長）が上京し、温に重信川改修工事の建議の依頼があり、河上哲太代議士とともに協議した。八日は午前一〇時に登院し、温は成田栄信と紹介者となり、重信川改修工事の請願書を提出した。また、午後一時より本会議があり、出席した。

七月九日も本会議があり、出席した。そこで、政府提出の「小作調停法案」が本会議で審議に付され、野党側の政友本党も賛成し、全会一致で通過した。九日の日記に「小作調停法通過、全院一致」とある。また、「大正十三年度歳入歳出総予算追加案」も審議に付され、護憲三派の多数のもとで、可決され、温も賛成した。

また、七月九日、温は、実科独立問題でも尽力した。温は原鐵五郎（交友会副会頭）らと母校問題を協議し、小野重行（神奈川県選出の衆議院議員、憲政会）らと文部省を訪問し、実科問題を陳情している。そして、一一日、温は午前九時登院し、小野重行と共に母校問題の建議案を作成し、温、小野ら六名の提案者、七〇余名の賛成者の署名を得て、議会に提出した。その建議案は次の通りである。

「東京帝国大学農学部実科は駒場農学校創立以来既に三十有余年、此の間卒業生を出すこと二千七百余名に及ひ、我産業界に貢献せること頗る大なりとす。然るに政府は最近に至り東京帝国大学農学部を本郷に移転するに決し、此の歴史ある功績ある実科に対しては何等の考慮施設を加ふる所なし。斯くては実地に重きを置き其の特徴を発揮したる実科の本質を失ひ其の設立の主旨に悖るの虞あるを遺憾とす。故に政府は速やかに東京帝国大学実科を東京において分離し、之を独立したる専門学校に改定せられむことを望む(34)」。

七月一二日、温は正午過ぎに登院し、中正倶楽部の代議士会に出席し、政府提出の「復興貯蓄債券法案」への態度を決め、本会議に出席した。同法案は東武議員の希望――農村より無理に募集しないこと、集金は半額を地方産業に用いること――の条件付で可決された。一三日は本会議なく、午後帝国農会にて開催の交友会総会に出席した。一四日も本会議なく、帝農に出勤し、午後五時から帝国ホテルにて農政研究会の幹部、東武ら一五名を招待した。一五日は午前中は帝国農会にて開催の各府県農業経営調査主任会議を開催し、大正一三年度農業経営設計書に関する件等の協議事項の説明及び議長を務め、午後は衆議院本会議に出席した。

七月一五日の本会議に政友本党の議員提出「農村振興に関する建議案」（床次竹二郎外一七名）と四派連合の議員提出「農村振興に関する建議案」（東武外一六名）とが上程された。政友本党の建議案は「農村の興廃は国運の消長に関する最大なるものあり。然るに今や疲弊其の極に達せり、国家の為洵に深憂に堪へず。本院は嚢に農村振興の建議を為し切に其の対応施設を望みたるに、現内閣施政の方針中一言の農村に及ふなし。政府は速に適当の対策を樹て之か振興の実を挙くべし」で、本党の提案説明は川原茂輔が行なった。川原は、現在農村の疲弊は極点に達しているが、現加藤内閣は施政方針のなかで農村問題について一言も触れず、冷淡、遺憾千万であり、また、この建議案は七月二日に提出したのに今日まで遅延したのは与党が冷淡であったためだなどと糾弾的に説明した。そして、本党の具体的提案は、（一）農務省の独立即行、（二）米穀法の改正、（三）農産物の価格安定、（四）干拓開墾地整理に関する施設、（五）農村負担の軽減、（六）農村金融機関の完備、（七）低利資金の供給、（八）自作農の維持創成、（九）小作制度の改善、（一〇）肥料の需給改善、（一一）副業の奨励、（一二）農業経営の改善、（一三）産業組合並農業倉庫の普及助成、（一四）農村教育の改善、の一四項目であった。[35]

それに対し、四派連合の建議案は「今や農村は疲弊困憊の極に達し、各種の社会問題惹起しつつあり。この際に当り、適当なる方策を講ずるに非ざれば遂に農村は滅亡し国家の基礎を危ふするに到るや必せり。仍て政府は這般の事情に鑑み速かに左の各項の実施を図り、以て国本の培養に勉むべし。一、農務省の独立、二、農家負担の軽減、三、米穀法及関税定率法改正、四、自作農の維持及創定、五、農業金融の充実、六、農業倉庫の普及及充実、七、農業教育の改善、八、義務教育費国庫負担の増額」であった。この四派連合の提出者は東武、八田宗吉、長田桃蔵、河上哲太、山内範造（以上、政友）、川崎安之助、高田耘平、川崎克、荒川五郎、谷口宇右衛門、村山喜一郎（以上、憲政）、西村丹治郎、土井権大（以上、革新倶楽部）、山口左一、松山兼三郎、岡田温（以上、中正倶楽部）、有馬頼寧（無所属）の一七名であった。四派連合の提案説明は憲政会の高田耘平が行なった。高田は、政友本党は弾劾的に質問するだけで、何故農村振興をしなければならないのかの説明がないなどと反駁し、農村疲弊の現状を具体的に説明し、提案した。すなわち、農家戸数が減少している、自作農が減少している、農家の負担、農家の債務が増大している、米麦の耕作反別が減少している、田畑価格が下がっている、小作争議が頻発している、農業者の子弟が都市に集中している。それらの原因は農業が収支均衡のとれない産業となっているためで、帝国農会の大正一一年度の米生産費調査によると、一石あたり自作農は七円九一銭、自小作農は六円九七銭、小作農は四円八六銭の欠損となっている、その原因は物価騰貴に対し米価がともなわず、物価が騰貴しても農業者は価格に転嫁できない、そして、政府の米穀法の運用が消費者本位に適用されている、外米関税が低いために外米がどんどん入ってきている、等々を述べ、米穀法の改正（生産費を基礎とする価格の調節）、米麦の関税引き上げ、農家負担の軽減、義務教育費の国庫負担の増額、自作農創設、農村への低利資金の供給、農業教育の充実、農務省の独立などの農村振興策を具体的に提案した。[36]この日の日記に「農村振興ノ建議出ツ。本党ハ川原茂輔氏、連合ハ高田耘平氏説明ス。高田氏ハ詳説シ、農民ノタメ気焔ヲ上ク」と記している。この二つの建議案が「農村振興に関する建議案外一件委員会」に付託された。温は委員となり、また、理事に選任された。他の理事は、降旗元太郎（憲政）、谷口宇右衛門（憲政）、山内範造（政友）、原田佐之治（政友本党）、土井権大（革新倶楽部）であり、委員長は憲政会の降旗がなった。

七月一六日午前一〇時より第一回「農村振興に関する建議案外一件委員会」が開催され、温が米穀法の運用について質問した。大要次の如くで、外米五〇〇万石輸入の根拠を問うものであった。

「農商務当局にお尋ねします。米穀法の運用に関して、農商務当局は昨年の米が不作だと認定され、どうしてもこれは端境期に五〇〇万石の不足が生ずるから、なんとかして外米を輸入しなければならないと言明されているが、端境期に五〇〇万石も備蓄しなければならぬ根拠は何か、また、不作の年に五〇〇万石も輸入すると内地米の価格を抑え、重大な農村問題になる、食糧自給上重大な問題となる。五〇〇万石の根拠は何か」。

それに対し、川久保修吉農商務省食糧局長は、端境期に持ち越し米五〇〇万石を確保するのは米穀法以来の方針であると答弁した。

また、四派連合の他の委員から、米穀法を数量の調節だけでなく価格調節を行なえるよう改正せよ（山内範造、高田耘平）、最低価格を制定せよ（荒川五郎）、米麦の関税引き上げよ（土井権大）、農務省の独立、農家負担の軽減、地租軽減、義務教育費の国庫負担の増額、米穀法の改正せよ（長田桃蔵）等々の意見が出された。

それらに対し、委員会に出席した高橋是清農相は、農務省の独立についてはできるならば来る通常議会に成案を得たいと望んでいる、米穀法については不安心なら変えることは差し支えないが、米穀法の精神はそもそも数量調節の中に価格調節を含んでいるので、現行法のもとでの運用で十分できる、農家負担の軽減、教育費の国庫補助については財政上許すことができればよろしかろうなどとかわしていた。

政友本党の植場平が高橋農相に対し、本党の一四項目の提案、護憲三派の八項目の提案に対し、農相は容認するかを問われ、高橋農相は、この建議案に列挙している事項は一つとして悪いことはない、ただ実行する方法をよく考えなければならぬ、根本の問題は農家をして年中安心して農業に従事し得ることだと思ふ、などと云いかわしていた。

午後も農村振興の建議委員会が続いた。午後も温が質問した。大要次の如くで、小麦関税の引上げを求め、外米輸入は食糧自給破壊だと批判した。

「全国の麦の生産費調査をみますと生産費を償わない、これは食糧問題として重大だと思いますが、政府はこの麦についてどういう方針ですか。内地で小麦を増産しようとすると現在の関税ではいけない、今の関税は明治四三年のときの関税であって、今日では二倍にするのが適当だと思います。内地で小麦の需要は増加しているし、小麦を栽培する土地は沢山あります。経営条件さえ整えば十分小麦の生産が出来ます。どうか小麦の関税を引き上げていただきたい。それから、外米の消費先について近頃の状態を見ますと、都市よりも、農村、漁村、山村に相当入っている、従来農村は麦や芋などを作って食糧自給していたが、今やそれらを作らずに外米を買い、農村の食糧自給が破壊されています、これは一面外米が余りにも安いのが原因だと思います。安い外米輸入は農村の食糧を破壊することになるのでないか」。

それに対し、川久保食糧局長は温の外米を輸入しないで、小麦や裸麦を増産したらという趣意は尤もで、食糧は成るべく自給自足が理想だといいながら、米穀法が出来、米の生産が不足する場合には供給を潤沢にするために輸入は止むを得ないとかわしていた。また、高田耘平（憲政）が再度、米穀法の改正を主張し、また、西村丹治郎（革新倶楽部）が内地米価を圧迫している朝鮮、台湾米移入の制限の意見も述べた。

そして、採決となり、四派連合の農村振興に関する建議案に対し、長田（政友）、荒川（憲政）、土井（革新倶楽部）、温（中正倶楽部）が賛成した。しかし、野党側の松浦五兵衛、東郷実（政友本党）が我々の方が一四項目で優れている、四派連合の案は微温的である、米以外の農産物の価格安定の項目がない、小作法の制定がない、副業の奨励が欠けている、農業経営の改善の具体的施設がないなどと不備を挙げ、反対した。しかし、採決の結果、四派連合案が可決された(37)。また、この日午後六時からは帝農にて第三回瑞穂会を開き、松山兼三郎、高木音蔵、小屋光雄らが出席した。

七月一七日、午前農村振興に関する建議案の委員会（第二回）があり、この委員会に急遽、用排水幹線改良事業国庫補助に関する建議案がかけられ、全会一致可決したが、その後、政友本党案は審議されないまま、散会した。そして、午後本会議があり、降旗委員長より農村振興に関する建議案の委員会報告がなされたが、降旗委員長が政友本党の建議案の理由書を読まなかったために、大紛擾した。そこで、政友本党の植場平ら外三名が四派連合の農村振興建議案・委員長報告に対する修正案を出した。それは、一の「農務省の独立」の下に「即行」を加える、五の「農業金融の充実」を「農村金融機関の完備及低利資金の供給」に改める、六を「産業組合並農業倉庫の普及及充実」に改める、そして、八の次に、九「農産物の価格安定」、一〇「干拓開墾耕地整理に関する施設」、一一「小作制度の改善」、一二「肥料の需給改善」、一三「副業の奨励」、一四「農業経営の改善」を追加修正するもので、それは、四派連合の農村振興案を更に強化する修正案であった。その修正案の説明を政友本党の東郷実が行なった。そして、本党の修正案の賛否の採決がなされ、四派連合の反対で少数にて否決された。その後、政友本党側が次善をとるといい、降旗委員長報告に賛成し、結局、大多数の賛成にて四派連合の農村振興に関する建議案が可決された(38)。この日の日記に「午后本会……、三、四ノ質問演説アリ。農村振興案ニ入リ、降旗委員長本党案ノ理由書ヲ読マサリシヲ機会ニ、本党大ニ弥次リ大紛擾。委員長立往生……休憩。再開、委員長簡単ニ報告ヲ終リ、質問アリ。本党ノ修正及之ニ対スル賛否ノ演説アリ。修正案倒レタルヲ以テ、本党ハ更ニ原案賛……即、全院一致……中立ニ不賛成アリニテ通過ス……。要スルニ不真面目ナリ」とある。

以上、四派連合の農村振興建議案は野党側の政友本党にかきまわされ、曲折があったが、最終的には本党の賛成も得て可決された。四派連合の建議案は温の議員第一号の成果であるといえる。

七月一八日は第四九特別議会の最終日で、午前一〇時に登院し、本会議に温提出の「東京帝国大学農学部実科に関する建議案」（岡田温外五名提出）も上程され、温が提案説明を行ない、即決、可決された。この日の日記に「午後二時帝・農・実科ノ建議ハ即決、可決トナル」とある。

七月一九日に議会の閉院式があったが、温は出席していない。また、加藤首相の議員招待会があったが、中正倶楽部の代議士会のため、出席していない。なお、午後五時より赤坂高砂にて中正倶楽部懇親会があり、出席した。

七月二一日、温は午後八時二〇分上野発にて、新潟県刈羽郡柏崎町に農業夏季大学講習のために出張し、翌二二日午前六時柏崎町に着き、新潟県農会の職員及び縄田寿一（新潟県産業技手、前、愛媛県農会技手）の出迎えを受け、柏崎町小学校にて開催の帝国農会と新潟県農会の連合の講習会（二〇日より一週間、矢作栄蔵、山崎延吉も講演）に出席し、午前九時から午後四時まで農業経営について講義を行ない、駅前の岩戸旅館に投宿した。翌二三日は午前一〇時柏崎発にて南蒲原郡加茂町に行き、同小学校にて、午後三時より五時まで来会の一五〇余名に対し、食糧政策について講演し、長岡に行き、大野屋に投宿した。二四日は西頸城郡大野村に行き、午後、同小学校にて三時間講演した。終わって、帰京の途につき、翌二五日午前八時帰宅した。この日は終日八基村産業調査の編集を行なった。二六日は郷里より東予煙害事件について、一色耕平（壬生川町長）、加藤徹太郎（越智郡選出の県会議員）らが上京し、住友の煙突改造について農商務省に行き、ともに陳情を行なった。午後は幹事会を開き、ここで、矢作副会長より内藤友明参事の処分問題が持ち出された。内藤処分とは、内藤友明が先の総選挙の後、古瀬らとともに農民党の結成に動いたことなどが矢作らの逆鱗に触れたことであった。二七日は八基村基本調査編集を行ない、夜は内藤問題で矢作副会長宅を訪れた。

七月二九日、温は内藤と共に午後六時五〇分上野発にて富山県に出張の途につき、翌三〇日富山県射水郡小杉町に着した。そして、午前一〇時より小杉町光胎寺にて開催の射水郡農政会（内藤友明、宮林初太郎発起）に出席し、温が午後一時間余り、七〇余名に講演した。終わって千紫万江楼にて一同懇親会、その後、温は麻生正蔵（富山県農会選出の帝農議員）、内藤とともに射水郡大門町に行き、旅館に宿泊した。そこで、温は麻生に内藤の一件を話し、県農会に引き受けてくれるよう依頼した。三一日、温は午前八時、大門町を出発し、大阪に行き、午後九時発の第一八共同丸にて、徳島県で開催の帝国農会講習会講義のために小松島町に向かった。温は船中にて、雑誌『改造』依頼の「農村振興建議案の批判」を草した。翌八月一日、午前五時勝浦郡小松島町に着し、中村秋平（徳島県農会技師）の出迎えを受け、万野旅館に休憩した。すでに矢作副会長が来ていた。この日から小松島小学校にて帝国農会講習会（～四日）が始まり、午前八時から一一時まで矢作が講演を行ない、一一時から一時間程温が講演した。なお、この日、温は農村振興建議案批判を草し、改造社に送った。二日は午前七時半より一時間ほど講義を行なった。三日は午前二時間講演、四日は午前七時半より一二時まで講演し、終わって修業証書授与式を行ない、五一二名に修業証書を授与した。五日は小松島町小学校講堂にて開催の徳島県農会主催の農会経営研究会に出席し、温は午前八時四〇分から一二時まで来会の六〇〇余名に対し、農会経営についての講演を行なった。六日も中村技師の懇請により農会経営研究会に出席し、種々意見を述べ、終わって、一心不乱に八基村産業調査の結論部分の執筆に専念した。七日も午前六時より午後三時まで休むことなく、同調査の結論部分を草し、午後一〇時発の新造船二十八共同丸にて中村技師に見送られ、山口県に向かった。八日午前七時天保山につき、梅田に行き、午前九時一五分発の下関急行に乗り、午後七時一五分山口県都濃郡徳山町に着し、都濃郡書記の原田秀に迎えられ、松政旅館に投宿した。九日、午前七時原田書記とともに鹿野村に行き、北部六カ町村の農会総代会にて、町村長、農会長ら三〇〇余名に対し、午前一一時半から五時まで講義した。終わって慰労会に出席し、鶴岡旅館に投宿した。翌一〇日午前七時四〇分鹿野村を出て、帰郷の途につき、広島、海田市を経て、午後四時吉浦発の相生丸にて七時高浜に着した。高浜には、温の支持者（仙波茂三郎、栂村新吉、石丸富太郎、大原利一、松田石松、石井信光、玉江律之、豊田為市、西原英夫等）が出迎え、商船会社楼上で演説会の打ち合せを行ない、帰宅した。

なお、温が『改造』に執筆した「農村振興建議案批判」は次の如くで、農村振興とは項目の羅列ではなく、農業者の経営と生活を改善向上させるための体系的総合的政策であるべきことを建設的に提案したものであった。

「今回の特別議会を通過した農村振興建議案は、我々中正倶楽部の議員は殆ど全部賛成し、自分も提案者の一人で、あれこれ批評すべきでないが、案そのものは漠として要領をえないものであった。議会の建議案とはかかるものと言えばそれまでだが、第四六議会は前年の営業税軽減、営業税法の改正が動機となって農家の負担軽減問題がやかましくなり、地租軽減とか全廃とか委譲とか終始農村問題で騒いだ議会で、初めて農村振興建議案という総括的農村改善問題が提案された。だが、出来上がった成案は、系統性もなく、農村問題のあれこれ羅列したようなものであった。

本年の総選挙では多くの候補者は農村問題を高唱し、相当の理解と公約を以て当選され、一面には民衆を基礎とした真の政党内閣が組織され、その最初の特別議会においてはかなり新しい気分が横溢すべき筈であるが、提案された農村振興案は、依然として古い建議案が繰り返され、殊に国家の難問題である小作問題が困却されたのは遺憾である。

我々の希望する農村振興策は、農業の経営と農民の生活を中心とし、一切の政策はこれを改善向上促進するか、若しくはその障害をなしている法律、税制、制度、習慣を除去するかの大方針の下に総括的体系を整え、そして、都会と田舎の経済文化の併進調和を図るような、道筋も到着点も明らかな総合案である。

然るに今回の建議案は一つ一つは意義も目的も明らかだが、単に雑然と並べて輪郭も中心も不明である。政友本党の提案修正も単に項目が多いだけであり、五十歩百歩である。

自分の考えでは根本問題――耕地対人口問題、農業経営の根本改良、土地問題の如き――はさておき、まず食糧政策を中心として各関係問題に進むのがよい。其の食糧政策は、（一）食糧作物の経営が経済条件の下に職業として成立すること、（二）可及的安価に消費者に供給すること、である。

この二要件を骨子として関係農村問題を考察するときは非常に広範なものとなる。即ち、農業経営の必須的要件として農産物の価格問題と生産費問題を解決せねばならぬ。価格問題として米穀法問題、輸入農産物関税問題、販売組織問題、農業倉庫問題、金融問題のどの一つも欠けてはならない。また、生産費問題として肥料問題、輸入肥料問題、人造肥料問題、改良農具問題、農業労働問題、家畜問題、土地負担問題、土地資本問題、小作料問題、開墾問題、耕地整理問題、水源涵養問題も一つとして欠けては食糧の充実、ならびに安価供給の要件たる生産費減少の解決は出来ない。また、地主小作問題に対しては、一部の極端論者が唱える如く、地主撲滅策の如きは別として、少なくとも双方の権利義務を確定し、収益分配において経営の理論上余り不合理にならないような、即ち、小作農業に安定を得るだけの要件が備えられなければ、食糧政策は徹底しない。これは結局小作料の問題になるが、小作料軽減を全部地主に要求しても地主は負担に堪えられないから、国家と地主が分担するのである。即ち、国家は食糧生産地の租税を軽減し、地主は土地資本利子を土地の地価で算出せず、収益利子により算出し、できるだけ軽減し、かくて双方から削りだしたものを小作料の軽減に充てれば、やや合理的分配になり、小作者の境遇は大分安定される。かくの如き一つの食糧政策を徹底的に遂行するためには、以上の諸問題の一つが欠けてもならない。

食糧政策の樹立について、アチコチで衝突する難関は、日本の食糧農業放棄論、即ち、買喰い食糧政策論である。故田口鼎軒氏や肝付兼行氏らは挙国買喰論を主張し、日本農業を犠牲にしても、安価な食糧を世界に求めて国民の生活費を少なくし、国民は商工業に従事し、海外貿易を盛んにし国利民福の増進を図ることが最良の国策なりとする排農商論である。

我々は重商には賛成であるが、排農には反対である。多種多様の政策の結果、いくらか一方が他方の犠牲になることは免れないことであるが、この場合、多数の為に少数が犠牲になるというのではなく、犠牲を払い得る者が多くの犠牲を甘受することにしないと社会は治まらない。農業保護の結果、多少商工業者に迷惑が及ぶことがあっても、経済力の大なる商工業者はその犠牲を払いつゝ、尚発展し得るが、商工業者のために農業を犠牲にした場合、農業者は堪え得ないのである。

また、世界の国際関係は一面には国際連盟、人種平等、国際平和が提唱され、他面には国家主義、排他主義、人種差別主義の二潮流が併行して流れている。かゝる間に、権威ある国家の独立を維持するには日常必需品たる食糧の如きは、可及的自給方針をとり、如何なる場合も他国のために国民の死命を制せらるゝが如きことなきよう、大本的国策を確定することが肝要である。

商工業の隆昌発展は勿論必要であるが、商工奨励が農業を犠牲にするようになれば、職業闘争を挑発して国家の大患を誘致するに至るであろう。要するに現今の社会状態は農業立国とか、商工立国とかに偏した政策は健全な国策ではない。強いて言えば三業鼎立で協調併進を図るが適当であろう(39)」。

八月一一日、温は愛媛県農会に行き、各員に挨拶し、さらに道後ホテルに行き、仙波、栂村、石井、大原らと会合し、温の議会報告会や県農会関係の講演日程を決めた。一二日は暑中見舞いの手紙、一三日は越智太郎宅の仏事等、一四日は土居部落の農民に議会の模様を説明等、一五日は八木忠衛宅を訪問等、一六日は県庁、市役所、県農会を訪問し、後、午後一時より道後ホテルにて開催の温泉郡農友会幹事会に出席した（仙波、石丸その他二五名出席）。一七日、温は午前九時発にて伊予郡郡中町に行き、同劇場にて伊予郡農友会総会に臨み、午後から同劇場にて議会報告演説会を行ない、仙波に続いて温が演説した。終わって彩浜館にて懇親会があり、各町村支部長四〇余名が出席した。一八日は温泉郡河野村に行き、岡本馬太郎村長に会い、さきの選挙の対立の融和のために訪問し、後、北条町鹿島を清遊、そして、午後八時から同町大正座にて議会報告演説会を行ない、渡辺好胤、仙波茂三郎、石丸富太郎と温が演説し、後、大黒屋に投宿した。

八月一九日、温は午前八時半の北条発相生丸にて尾道に行き、午後二時一一分尾道を発し、東上し、翌二〇日午後一二時二〇分着京した。帝農に行き、開会中の農政研究会幹事会に出席した。この幹事会に川崎安之助（憲政会）、八田宗吉、長田桃蔵（以上、政友会）、三輪市太郎、池田亀治、東郷実（以上、政友本党）、山口左一、松山兼三郎（以上、中正倶楽部）の各幹事が出席し、今後の農村振興問題について協議し、農務省独立、米穀法改正、農家負担の軽減の三問題について、政府（加藤護憲三派内閣）に要望することを決定した。翌二一日、温は農政研究会幹事である加藤政之助、川崎安之助、村山喜一郎（以上、憲政会）、八田宗吉、長田桃蔵（以上、政友会）、三輪市太郎、東郷実、池田亀治（以上、政友本党）、山口左一、松山兼三郎（以上、中正倶楽部）および矢作副会長とともに、加藤首相、高橋農相、浜口蔵相の三大臣を訪問し、農務省の独立、米穀法の改正、農家負担の軽減を陳情した。また、この日、帝国農政協会実行委員会を開き、大島国三郎（京都）、石坂養平（埼玉）、高井二郎（埼玉）、松岡勝太郎（岐阜）、後藤藤平（静岡）、木津慶次郎（三重）、福士進（岩手）、麻生正蔵（富山）、日野松太郎（愛媛）ら出席の下、帝農幹事らと、農村振興の実現対策を協議し、先の七月の理事会の決議事項、（一）農務省の独立、（二）米穀法の改正及び関税定率法の改正、（三）農家負担の軽減及び義務教育費国庫負担の増額、（四）自作農の維持及び創定、（五）農業倉庫の普及及び充実、（六）農業金融の充実、（七）農業教育の改善、（八）小作法の制定、の実現を期するため、総理、内務、大蔵、農商務、文部の各大臣及び各政党幹部を訪問することを決め[40]、翌二二日に温は農政協会実行委員らとともに各政党本部を訪れ、陳情した。翌二三日には、農政協会実行委員たちは、農商務省、大蔵省、内務省、文部省等を訪れ、陳情した。また、この日、温は内藤問題について、福田幹事と懇談した。福田氏は意外にもこれ以上内藤を執念深く追い詰める意なきが如くであった。二五日に矢作副会長と内藤問題を懇談した。矢作先生の心が動いたようだ。

大正一三年の夏は晴天の日々が続いていた。温の日記の天気欄を見ても、六月は晴か曇ばかりで、降雨は一八日だけである。七月もひどく、一五日に夕立があった程度で、晴天が続いた。八月も晴天が続き、漸く二五〜二七日にまとまった雨が降った程度で、旱魃となった。

八月二七日、温は午後八時発にて京都、福井、香川、愛媛での講演、旱害地視察等のため出張した。二八日午前八時半京都に着し、京都府農会にて開催の旱害地善後策協議会に出席した。前瀧千仞（兵庫県農会技師）、太田宗治郎（大阪府農会技師兼幹事）、緒方尚（奈良県農会技師）、浅沼嘉重（滋賀県農会技師）、和田為次郎（和歌山県農会技手）ら出席の下、各県の被害状況を聞き、善後策を講じた。終わって、温は午後五時三〇分発にて講演のために福井県に向かい、夜一一時五〇分福井に着し、幾代旅館に投宿した。翌二九日午前一一時、温は松本修介（福井県農会技師）とともに坂井郡鶉村に行き、同村の小学校にて二〇〇余名に対し、二時間半ほど講演し、終わって宿に帰り、山田斂会長、松本修介らと五台楼にて晩餐をともにした。三〇日は午前は松本技師とともに羽二重の織物工場、物産陳列館を見学し、後、福井県農政協会総会に出席し、来会の五〇余名に対し、最近の農政問題について報告した。終わって、午後一時五〇分発にて旱害地視察のため、香川県に向かい、翌三一日午前七時五〇分高松に着した。この日、温は吉田貞造（香川県農会技師兼幹事）とともに香川郡下笠居村、仲多度郡南村、丸亀市等の旱害地を視察した。下笠居村は一〇余町歩の旱害、南村は全村、丸亀市は局部的であったが、「激甚」であった。終わって、温は午後五時二〇分発にて、愛媛県での講演や業務のために、帰郷の途につき、この日は夜九時西条に着し、新屋に投宿した。九月一日、温は西条公会堂にて新居郡農会主催農村経営講習会に出席し、午前一〇時より午後三時まで、五〇〇余名に対し、食糧政策（昨年の関東大震災時の政府の応急策としての米穀法の運用を取り上げ）について講演を行なった。二日は新居郡泉川村に行き、農業学校にて午前一〇時より午後三時まで、三五〇名余に対し、講演を行ない、新屋に帰り、上岡茂（新居郡農会技手）、沖喜予市らと晩餐。翌三日午前六時半西条を出て、小松に行き、同地からは腕車にて帰宅した。四日、温は午前は伊予郡北伊予村に行き、同小学校にて三〇〇余名に対し、二時間ほど講演し、午後は石井村小学校に行き、苗代、紫雲英品評会授与式に出席し、講演した。さらに石井村農友会発会式にも参列した（四〇〇余名が出席）。五日は出市し、松山市長岩崎一高、愛媛県知事佐竹義文を訪問し、午後県公会堂にて、第四九特別議会の報告演説会を開催した。会衆は八〇〇余名で、渡辺好胤、野口文雄、石丸富太郎とともに温が演説し、「非常ノ盛会」であった。六日は午前八時に出市し、松田石松石井村長や石井村会議員とともに県に行き、石井小学校増築の陳情をし、午後は松山市で開催の第二三回愛媛県農事大会に出席し、温が約一時間半ほど農政問題の推移について講演を行なった。翌七日も午前中は県農事大会に出席し、決議案の作成も行なった。

九月七日、温は東京での帝農活動に戻るために、石井信光、加藤和一郎、野口文雄、野村茂三郎らに見送られて、午後一時発にて上京の途につき、途中、中国近畿地方の旱害状況を視察した。この日、六時広島県宇品に着き、麦生富郎（広島県農会技師）、山上岩雄（広島県農会幹事）の出迎えを受け、大手町の吉川旅館に投宿した。翌八日は赤十字社楼上にて広島県農会主催郡町村農会職員講習会に出席し、午前九時半より午後四時二〇分まで講義した。九日も午前九時より午後四時まで講義し、四時四〇分広島発にて、麦生技師同行にて福山に行き、坂田旅館に投宿。一〇日は午前八時自動車にて、麦生技師、石井貞之助（深安郡農会長）らとともに深安郡加茂村の旱害状況を視察した。同村の稲は「枯死ニ瀕シ……収実ノ見込少ナシ」といった状況であった。そして、一一時二〇分福山を出て、岡山県小田郡笠岡町に行き、守屋松之助（岡山県農会幹事）、水河卓爾（同）とともに、川面村の旱害、笠岡町富岡の未植地の被害状況を視察し、笠岡町を午後九時半に出て、一一時岡山に着き、小出旅館に投宿した。一一日は午前七時四〇分岡山発にて水河幹事とともに児嶋郡灘崎村に行き、被害状況を視察した。同村も未植地多く、「被害川面村ト伯仲ス」という状況であった。後、午後一時五〇分岡山発で兵庫県に向かい、四時半姫路に降り、朝来郡和田山町に行き、群鶴亭に投宿した。一二日は午前五時和田山町を出て、福知山で乗り換え、氷上郡竹田村に行き、旱害状況を視察した。竹田村の水田三六八町歩中、約二〇〇町歩は「収穫皆無」であった。さらに、多紀郡今田村に行き、視察した。今田村は竹田村よりさらに「激甚」という状況であった。後、福知山、京都を経て梅田に着き、道頓堀新夷橋の岸沢支店に投宿した。一三日は太田宗治郎大阪府農会技師とともに中河内郡布施村、長瀬村の旱害状況を視察した。布施村は「収穫皆無多シ」という状況であった。終わって、奈良に行き、県農会長らと生駒、磯城、北葛三郡の旱害状況を視察し、京都に向かい、午後九時五〇分発にて上京につき、翌一四日午前一〇時東京に着した。

九月一四日、温は午後一時帝農に出勤した。このとき、矢作副会長より意外にも内藤友明参事解職の話があり、温に承諾を求め、已むを得ず承諾している。この日の日記に「副会長自分ヲ招キ、内藤君解職ノ止ムヲ得サルヲ論シ承諾ヲ求ム。已ムヲ得ス承諾ス」とあり、また、欄外に「内藤君問題解決ス。最大苦痛ヲ味フ」と記している。後、幹事会を開き、山崎延吉（帝農相談役）出席の下、評議員会への提出議題を討議している。

九月一五、一六の両日、帝国農会は来るべき第一五回通常総会に提出する議案のために帝農評議員会を開催し、長田、山口、八田、藤原、山内、安藤、横井、志村、桑田、斎藤の各委員出席の下、決算及び予算関係、建議案関係（農務省新設に関する建議、米穀法改正に関する建議、関税定率法及び同別表改正に関する建議、農業者の負担軽減に関する建議、義務教育費国庫負担増額に関する建議、自作農の維持及び創定に関する建議、小作法制定に関する建議、農村教育改善に関する建議、農村社会事業奨励に関する建議、海外移民に関する建議、内国拓殖事業の振策に関する建議、灌漑排水幹線に関する建議、耕地整理に対する政策改善に関する建議、水源涵養及び治水政策に関する建議、国立農具研究所の設置に関する建議、農産物の人工乾燥に関する建議、農業倉庫の普及充実に関する建議、肥料政策改善に関する建議、農業低利資金に関する建議、干害地の救済に関する建議、衆議院議員選挙法改正に関する建議、農業改善に関する建議）を決めた。(41) 評議員会の後、矢作副会長が職員退席の上、内藤解職の件を報告した。一七日は岡山県の旱害の陳情員が帝農を訪問し、応対し、夜は講農会幹事会に出席した。一八日は岡山県の旱害陳情委員及び小橋藻三衛議員（岡山県選出、革新倶楽部）とともに大蔵省に陳情を行なった。

九月一九日は『帝国農会報』の原稿「農村振興に対する難癖」を執筆した。その大要は次の如くで、小作擁護論者と自由貿易論者の一面的主張への反論、ならびに農村擁護の精神を主張したものであった。

「農村振興について宣伝より実行に入らんとするに随い、種々のけちがついてきた。その大なるものは小作擁護論者よりの、地主擁護なりとの批難、反対である。然し、このけちには多大の疑問がある。この一派は農産物の価格の騰貴や農家の負担の軽減、農村の金融の充実、自作農の創設、農務省の独立などは地主の保護増進とはなるが、小作者には何等の利益はなく、農村振興の意義をなさないとして批難攻撃し、反対しているが、この速断認定が甚だ疑問である。小作者の一部にはこの主張に賛成、雷同するものも要るかも知れないが、天下の真面目な小作者を集めて、その作った生産物の価格は高いのが良いか、安いのが良いか、農村の金融は低利が良いか、高利が良いか、公課は重いのが良いか、軽いのが良いか、田畑を買いたいものに低利の融資があるのが良いか、無いのが良いかなどを尋問したならば、この一派の論者のように生産物は安い方が良い、負担は軽減されない方が良い、金利は高い方が良い、田畑などは地主から売って貰わない方が良いなどと答えるものは、純粋な小作者のなかには滅多にいないだろう。また、一派の論者のように前記の如き農村振興策は地主が一〇〇円利益を受けるのに対し、小作者は三円、五円、一〇円ぐらいしか利益がないので恩典利益の分配が不当だというのならばそこに真理があるから、出来るだけ厚薄の差を少なくしなければならないが、頭から反対し左様なものは農村振興策にあらずと言うならば、少し目の明いた小作者はそんな実際にあわない議論には賛成しないだろう。吾々も小作擁護に関しては一派の小作保護論者と見解にさ程大なる差があるとは思っていないが（土地は耕作者が只取りすべきとの極端な論者とは少々距離があるが）、農村振興策につき、農村の中堅たる自作者及び自作兼小地主（四、五町持ち位まで）の境遇を無視し、直接小作者にのみ利益の及ぶものにあらざれば農村振興策にあらずと言うが如き議論には賛成することは出来ない。

小作保護には種々の問題があるが、問題の八分九分までは小作料の軽減の問題である。それは小作法の制定により地主小作の権利義務を確定し、もって小作者の地位を安定し、小作調停法の運用、即ち公の機関の調停により収益分配法の公正に導かれ、土地の負担軽減により小作料軽減の機会と理由を生じ、自作農創設奨励により一部分は自作者に進み、低利資金の供給により自然小作者の金融の便利を増すなど、これ皆小作者保護である。然るにこれらの施設は小作者に要なしとしてこれを排斥しては他に如何なる良策があろう。小作者を救済し、保護すると云っても現在の自作者以上に有利な境遇になるわけではない。無対価で土地を与えても自作者と同等の境遇である。然るに、自作者の利益擁護を中心とせる振興策を排斥しては自己の進路を塞ぐだけである。真面目な小作者はそんな考えを持っていない。

次に、政策実行上の必要より農務省の独立を要するというなら正当であるが、単に農商務省を二分して農務省と商工省に分割してみたところで農村振興にならないという難癖がある。純理より見ればそのとおりであるが、吾々の如く永年農村問題で苦心しているものにとっては、現在の農商務省の如き制度組織では農民の切望する農政の方針が確定しない、否、不可能である。例えば食糧政策において米価は安い方が良いと主張する局課長と高い方が良いと主張する局課長、あるいは食糧は無条件で可及的多量に作ることを奨励する技術者と農家の経済を基礎として無条件の多収穫栽培などは奨励しない技術者がいる組織の下では、徹底した農業政策の樹立は望めないだろう。尤もかゝる対立は大臣の裁定によりいずれかに決するであろうが、商工業に理解厚き大臣であったならば、農村問題はあとまわしとなり、農村は都市繁栄の犠牲となる。吾々は永い間この苦き経験をしてきたので、この純理論に服従することは出来ない。もし、農務省が出来たならば議論倒れが少なくなり、各課競って農村振興策を考究、農政の根本方策を樹立することが出来るだろうと信じている。世界各国を見ても英米をはじめ文明国は農務省は独立している。吾々は声のみの農村振興策には飽き飽きしたが故に、徹頭徹尾農務省樹立を主張する。

次に農産物価格維持策は国民経済の発展を阻害するという批難がある。これはマンチェスター型の経済学説で、生産者の生活問題を要件とせずに生産物の安価なるが国民の幸福だと論ずる如き極端な商工偏重主義であり、資本主義の古い思想である、人を本位とせず物を本位とする議論である。尤も農産物の価格を安くするもこれを生産する農家が一般国民と同じように生活し得る方法があれば結構なことだが、現今では学者の空論である。農業が引き合わなければこれを棄てゝ商工業に走り外国より儲けて生活すべしと云ってみたところで、現在の農家が農業を棄てゝ何業に従事すれば儲けられるか、商工業に従事すればただちに生活の安定向上が得られるという簡単なものではない。農産物の生産者には生産者の生活問題が絶対条件であるから、その生活が脅かされるが如き低い価格となっては国民の幸福でも何でもない。購買者の幸福で生産者の不幸である。かゝる国家だの国民だのと冠詞をつけるのは古い時代の農民犠牲の政治思想より出たもので現在政治の要諦を理解しない議論である。吾々はかゝる批難に対し飽くまで対抗して自己生存の擁護に務めなければならない(42)」。

九月一九日、温は午後七時東京発にて、京都の竹野郡での講演のために出張の途につき、翌二〇日午前七時京都につき、八時発にて府農会の坂崎、大石茂治郎（富山県農会技師）同道して宮津町に向かい、午後一二時四〇分宮津に着し、山嘉楼に投宿した。翌二一日温は午前七時半の自動車にて大西俊児府農会技手とともに竹野郡深田村に行き、同村小学校にて、京都府農会主催の農談会に出席し、会衆七〇〇～八〇〇名に対し、午前中二時間ほど現下の農政問題について講演を行なった。終わって、午後一時宮津に戻り、湾内をボートにて一周、見学し、六時宮津を出て、帰京の途につき、翌二二日正午東京に着した。

九月二三日、温は午前九時四〇分飯田町発にて、山梨県甲府市に講習会のために出張し、午後三時五〇分甲府に着き、錦町の談露館に投宿した。翌二四日朝、県庁に行き、県会議事堂における山梨県農会主催の農会経営講習会に出席し、午前九時から午後四時まで各郡村農会関係有志、小作組合長等二〇〇余名に対し、講義を行なった。終わって、宮川千之助県農会副会長らと中巨摩郡池田村を視察した。翌二五日も午前九時から午後三時半まで講義し、終わって勝沼町の葡萄園等を視察した。その夜一一時五〇分発にて帰京の途につき、翌二六日午前五時半帰宅した。この日、温は四谷税務署に出頭し、帝農の俸給三一八〇円、賞与一二〇円の合計三三〇〇円の所得税は郷里にて納税することを談判している。九月二七日、温は午前七時東京発にて神奈川県に出張し、一一時平塚町につき、武蔵野楼にて午後三時半から一時間半ほど、来会の五〇余名に対し、「産業の発展と農村問題」について講演し、終わって、伊勢原町に行き、同町の小学校にて午後九時半から一二時まで、来会の二四〇余名に対し、同様の講演を行なった。二八日は午前山口左一代議士らと大山町の水害地を視察し、午後は秦野町に行き、同小学校にて、来会の二二〇余名に対し講演を行ない、終わって、藤沢町に行き、同窓会に臨席し、一二時東京に帰っている。二九日は自作農創設政策案の作成を行ない、三〇日は中正倶楽部の会合に出席した。

一〇月、温は帝農の業務や原稿の執筆、帝国農会総会の準備、総会に提出する建議案の執筆等に従事した。一、二日は米生産費調査の検討、三日は内務省に行き、社会事業の調査、四日は午前、統計の改善と旱害地救済に関する二建議案を執筆し、午後は矢作副会長、桑田、志村、幹事らと自作農創設建議案について協議した。五日は副会長、幹事と建議案の協議を行ない、また、朝日新聞依頼の原稿「小麦の輸入税増加は重要なる農村振興策である」を執筆した。六日は米生産費調査表を作成し、また、午後五時より安藤広太郎、有働良夫（農商務省技師）らを招き、帝農総会の建議案を協議し、七日は自作農創設建議案の執筆、八日は小麦関税問題の原稿および自作農創設建議案の執筆を行なった。九日は旱害地救済に関する建議案の改作を行ない、また、朝日新聞依頼の小麦輸入税増加の原稿を草了した。また、午後五時からは帝農にて交友会幹事会を開催した。一〇日は矢作副会長に自作農創設建議案を見せた。一一日は農業統計改正案の作成、また、この日、横井先生、山崎延吉が来会し、農村教育問題と移民問題について協議した。一二日は『農政研究』の米専売反対の原稿を執筆し、翌一三日に古瀬伝蔵（農政研究主幹）に渡した。一四日は農村社会事業奨励に関する建議案を執筆、一五日は米の生産費についての原稿執筆を行ない、また、矢作副会長と帝農総会の建議案の協議、一六日は農業統計の改善に関する建議について、内閣統計局の浜田富吉統計官らと協議、また、夜は副会長、幹事とともに建議案の手入れを行なった。一七日は新嘗祭にて終日在宅し、夜、駒場に原凞先生を訪問した。温は日記に「例ニヨリ不快ヲ感ス」とあり、相変わらず、温と原先生とはうまくいっていない。一八日は農業統計の改善に関する建議案を草了した。そして、午後五時より、農政記者を集めて帝農総会に出す建議案の説明を行なった。一九日に帝農評議員会を開催し、三輪市太郎を除き全員が出席し、第一五回帝農総会の全議案の審議を終えた。以上から、帝農総会の建議案の大半は温が立案したことがわかる。

一〇月二〇日から二三日まで、帝国農会は第一五回帝国農会通常総会を本会事務所に開催した。全国から四五名の帝農議員及び一一名の特別議員が出席した。総会には高橋是清農商務大臣、長満欽司農務局長、柴山雄三農政課長らも臨席した。一日目（二〇日）午前一〇時半開会し、大木会長挨拶、農商務大臣の告辞の後、矢作副会長議長となり、まず、農商務大臣からの諮問「農家共助共営の精神を鼓吹し農業に関する協力経営を普及徹底せしむる方策如何」を議題とし、長満局長の説明の後、委員会に付された。ついで、福田幹事より諸般の報告、評議員の補欠選挙の提案（西村正則の死去に伴う選挙）、顧問推薦があり（堀尾茂助、瀧口吉良）、そして、福田幹事より大正一二年度の決算、一四年度の予算案の説明があり、委員会に付され、また、帝国農会側から諸建議案「米穀法改正並に米穀に関する関税定率法改正に関する建議」「小麦の関税定率法改正に関する建議」「自作農維持及創設に関する建議」「小作法制定に関する建議」「農業者負担軽減に関する建議」「農業低利資金に関する建議」「農業倉庫の普及充実に関する建議」「旱害地救済に関する建議」「農村教育改善に関する建議」「農村社会事業奨励に関する建議」「肥料政策改善に関する建議」「衆議院議員選挙法改正に関する建議」「内国拓殖事業振作に関する建議」「用排水幹線改良に対する国営及国庫補助増額に関する建議」「国立農具研究所の設置に関する建議」「農産物人工乾燥に関する建議」が出され、委員会に付された。そして、午後六時よりは鉄道協会にて招待会を開き、高橋農商務相以下出席した。高橋農相は「機嫌良ク長演説ノ挨拶」をした。二日目（二一日）、温が「農業統計の改善に関する建議」「旱害地救援の件」の説明を行ない、午後は委員会が行なわれた。三日目（二二日）は終日委員会で、温は農商務大臣の諮問と農業統計の委員会に出席し、「尤モ真面目ニ尤モ熱心ニ多クノ時間ヲ費シタルニ、凡々タル答申ヲ得タリ」と述べている。四日目（二三日）午前一〇時より総会を開き、大半を議決し、一〇名の実行委員（長田桃蔵、東武、八田宗吉、山内範造、池田亀治、斎藤宇一郎、山口左一、木津慶二郎、酒井虎蔵、矢作栄蔵）を決めて、午後三時半終了した。(43)

翌一〇月二四日は午前に農政研究会幹事会を開き、東、長田、山内、池田、川崎安之助、荒川五郎、松山兼三郎らが出席し、午後は総会の運動委員や町田嘉之助、坂入与兵衛らも出席し、終わって高橋農相を訪問、建議について陳情した。二六日は帝国農政協会総会を帝農事務所にて開催し、全国一七県の委員、八六名が出席した。会議はさしたる波乱なく終わり、（一）農務省の独立、（二）米穀法の改正及び米穀に関する関税定率法の改正、（三）小麦に関する関税定率法の改正、（四）義務教育費の国庫負担の増額を今期議会の必成すべき決議とし(44)、委員は関係各省、各政党本部を訪問、陳情することを決めた。

一〇月二九日、温は午前九時五分両国発にて千葉県君津郡楢葉村に行き、同村の重城氏の大経営（一四町歩）を視察し、午後一〇時半帰京、帰宅した。三〇日は休暇であったが出勤し、農業経営審査会の協議事項を起案、三一日は午前八時上野発にて栃木県下都賀郡に行き、同郡小野寺村の共同経営を視察し、午後八時半帰宅した。

一一月も温は帝農の業務や農政活動等に従事した。一日は郷里から上京した伯方村長の岡田喜一郎とともに逓信省を訪問し、後藤保険局長に対し、同村への融資を依頼、二日は高知県の視察団が帝農に来会し、温は一行に現今農政問題の傾向を説明するなどした。

一一月三日から六日まで、帝農は農業経営審査会開催し、設計書を検討するなどし、また、常設委員会を置くことにし、横井時敬、安藤広太郎、佐藤寛次、木村修三、清水及衛の五名を選んでいる。また、その間、四、五日には『帝国農会報』の原稿「米生産費の内容及調査法」を草した。その大要は次の如くで、疑義のある生産費について温の考えを表明したものであった。

「帝国農会は大正一一年度より米生産費資料調査を行ない、一一年度分は調査を完了したが、これで米生産費と決定するにはなお研究を要することありて公表を見合わせていたが、近時米問題がやかましくなるに従い、また、各界から要望もあったので、去る一〇月の帝農総会で一部発表した。ただ、調査の主旨や調査上疑義多き事項について説明していないので、説明しておこう。

一、調査の主旨。自給自足時代やその余習が農家の経済思想を支配している時代には収量と品質が米問題の全部であったが、生産量と米価と収支計算の結果が判然と離れて観察せられるようになった今日では、価格問題が最大の問題となった。今後は米の生産の増減も公租負担問題も地価も小作料も主として米価に左右されるだろう。

米の価格は何によって構成されるかは非常に複雑な問題であるが、市価と実価の二つの価格がある。市価は日々取引される市場相場であるが、この変動常なき市場相場は、何の基準もなく動くのではなく、実価を中心として上下騰落している筈のものである。即ち、市価が実価より高ければ農家は改良に励み生産を増やすが、これに反し、市価が実価より低きことが続くと、農家は水田を稲作以外に利用したり、肥料を減らしたりして生産は減少する。故に米価は主として実価に支配されるものと言いうる。

実価とは生産費である。米を作るに要する一切の経費である。故に生産費に関する研究が、価格に関する研究の基礎である。稲垣博士はかって穀物価格は生産費に支配されるものではないと言われたが、自分はそのように思わない。米の如き重要なる生産物は、必ず正当なる生産費を中心として上下に動くべきものと信ずる。そして、問題は正当なる生産費の内容である。

実際に米をつくりだす一切の経費を精査してこれを数字に表すのは非常に困難な作業である。すべての調査統計においても真の実際というものは調査できないことが多い。最も簡単な人口問題でも実際は分からない。種々の仮定を用いて正確なものと見なすほかはない。

故に、米の生産費でも、真実を調査出来るものは調査し、真実を数字で表すことが出来ないものは、合理的推定を以て、真実に最も近き数字を算出するのである。米の生産費調査は推定を用いなければならぬ事項が数々ある。その推定を可及的合理的要件を具備せしむることが調査統計の技能であり、生命である。以上の主旨により次の如き方法で調査した。余り議論のない事項は略す。

二、疑義の多き事項の調査法

（一）家族の労働賃銭。この算出には随分議論が多いが、同質同様の仕事をする雇い人の賃銭を標準とすれば算出できる。その場合、常雇いを標準とするか、臨時雇いを標準とするかの問題があるが、帝国農会にては両方を斟酌して定めることにした。さらに二者いずれに近からしむるやについては種々の議論があるが、稲作期は最も多忙で炎暑の時期の苦労多い作業ばかりであるから、臨時雇に近く計算するのが正当であろう。

（二）肥料。有機肥料が議論が多い。藁稈類、緑肥類、厩肥の如きは使用した作物に全部利用されるものではない。また、有機質肥料の分解は土質、気候、施用法、施用期等により著しく異なるので、一般的推定は出来ない。故に結局は認定するしかなく、夏期は肥料の分解が早いので、稲作に施した肥料を、稲作の肥料とするのが合理的であろう。

（三）農具費。この調査には二つの難事がある。一つは我国の農具は人手用の小農具が沢山あって、多くは諸作物兼用であって米作専用のものはない。調査不可能であるが、稲作専属のもの以外は実地老練者が認定して分割するより外はない。もう一つは農具の維持年限の認定である。これも土質、使用程度、使用者の巧拙、修繕の程度等により著しく異なり、老農も農学者も合理的認定は出来ないという。しかし、ある農家のある年生産費調査を調査する場合は調査農家の当年の農具に要した経費、即ち、新調費と修繕費、及び自家製造の材料及び労賃を合計したものを調査し、多数の平均を以てその年の農具費と見なす以外にない。

（四）租税諸公課。一毛作田は問題はないが、二毛作以上の耕地では公課を作物別に分担せしむるべきや否やが問題である。然し、古来幕政時代の水田年貢が二毛作地や麦作に対し分割されていたことを聞かない。また、明治の地租改正では、地価を課税の標準としたが、そのときの収入に麦作は加算されていない。以上の課税の歴史より考察すると き、二毛作田の公課は米作のみに負担せしめるのが正当であると思う。

（五）農舎費（納屋畜舎等）。これは生産費中の難物である。米作に収納舎の必要なことは明らかであるが、幾何ほどの経営に幾何ほどの納屋が必要であるか標準がないし、さらにやっかいなことは納屋も倉庫も畜舎も住宅も兼用のものである。さらに償還金算出の維持年限の算定も至難である。これらに対し、帝国農会では目下研究中であるが、納屋、畜舎の建築は住宅に比すると遥かに粗末だから各地方の大工などの意見を基準にして維持年限を五〇年とみなして、新築価格を維持年限で割ったものを減価償還金として米作に負担せしめる方法である。

（六）土地資本利子。これはまず元金の問題に議論が多い。現在の売買価格は生産経済の要件より割り出した収益的価格ではなくして、他の種々な欲望に価格を付けたものが多い。かゝる価格にまで利子を支弁するのは不合理である。また、リカルドの地代論を適用して総収入より生産費を差し引き、収益を還元して算出するとせば、今度は収入金額を支配する米価の問題がある。米価と生産費とが交互に循環して議論は際限がない。この問題は学者の研究に任せ、私は目前に売買されている価額を取るのが一番実際的であると思う。しかし、その売買価格は明らかに収益価格でない以上利率は他の資本に対し安くなくてはならない。しからばいくらが適当かといっても認定する材料がないが、自分の私案としては二分、三分、四分、五分と各利率のものを算出して地方の事情に依って判断するのが実用的であると思う。

以上の六項目が疑義の多い生産費であるが、以上のように認定し、一つに決定至難のものはいくつか算出して見ようというのが帝国農会の方針である[45]」。

一一月八日、温は午後八時半発にて、父の一三回忌のために愛媛への帰郷の途についた。汽車中にて八基村調査書の訂正をし、九日午後三時尾道発の船に乗り、風雨、シケの中、御手洗にて風待ちしつゝ、一〇日未明高浜に着した。自宅に帰ってみれば一昨夜の暴風雨で、豆大の霰が降り、籾が落ち、収穫不良であった。そこで、温は小作者と協議をなし、全部升入れとし、地主五割五分、小作四割五分の分配を決めた。一一日、温は午後五時より久米村に行き、公会堂にて講演会を催した。秋収穫期であったが、二〇〇名ほどが参加した。一二日は仏事の用意、一三日は亡父・為十郎の一三回忌仏事を執り行なった。一四日、小作総代、永木宗太郎、永木太郎、日野道得、柏恒一郎らが来て、温に小作料の減額を要求した。しかし、温は一三年の小作料は先日決めた通りとして帰した。

一一月一五日、温は東京での業務のために、午前一〇時石井発にて上京の途につき、高浜から第一五相生丸に乗り、尾道に行き、午後五時二〇分発にて東上し、翌一六日午後一時東京に着した。

一一月一七日、温は午前八時五〇分上野発にて埼玉県大里郡八基村へ出張し、同村小学校に行き、午後一時より図書館にて八基村産業基本調査の報告会を行なった。このとき、渋沢栄一子爵も参列し、演説をしている。夜は渋沢子爵とともに渋沢村長宅に宿泊した。翌一八日渋沢子爵と談じ、子爵の生い立ち、出家前後の状況を聞いている。そして、一二時帰京の途についた。

一一月二五日、帝国農会は午前一〇時より帝国農政協会運動委員会を開いた。矢作副会長や菅野鉱次郎（岡山県農会嘱託）、古川精一郎（京都府農会長）、松岡勝太郎（岐阜県農会副会長）、松山兼三郎（愛知県農会幹事）、木下秀盛（山梨県農会技師）、白石貞二（埼玉県農会技師）、磯野敬（元、千葉県選出の衆議院議員）、池沢正一（千葉県農会評議員）らが出席し、運動を協議し、翌二六日、農政協会の運動委員たちは大蔵、農商務、文部省や各政党を訪問、陳情した。また、この日温は六時より中央亭にて、義務教育費国庫負担増額のために帝国農政協会、全国町村長会、帝国教育会の代表者の会合に出席し、三団体の連合会の組織を決め、宣言及び決議事項を決定している。そして、翌二七日に三団体の代表者とともに四政党の幹部を訪問し、陳情した。二八日は中正倶楽部の代議士会を開催し、義務教育費と移民問題とを討議した。二九日は三団体の代表とともに憲政会本部を訪問し、義務教育費の国庫負担増額についての協議状況を伺った。三〇日は土屋清三郎代議士（千葉選出、政友会）の懇請により、千葉県山武郡農政協会総会に出席し、来会者一四〇余名に対し、講演を行なった。

一二月も温は帝農の業務、農業経営の視察・出張、帝国農政協会の運動等多忙であった。一日は午後帝農にて農業経営審査特別委員会を開き、横井時敬、安藤広太郎、佐藤寛次委員ら出席の下、経営審査その他の協議をした。

一二月二日、温は午後四時上野発にて、小林隆平（副参事）、鈴木常蔵（調査嘱託）を伴ない、農業経営視察のために群馬、栃木、山形県に出張の途につき、八時前橋市に着き、東郷館に投宿し、翌三日群馬県大胡町の横堀氏の農業経営を視察し、午後三時視察を終えて、栃木県に向かい、六時四〇分栃木町に着き、福田巌（栃木県農会技手）の出迎えを受け、晃陽館に投宿した。四日は栃木県下都賀郡中村の神山原治の農業経営（六町歩）を視察し、夜、午後一〇時山形県に向かい、翌五日午前七時山形県東置賜郡糠野目に着き、同郡中郡村の寒河江一郎の農業経営（六町歩の自作農）を視察し、終わって午後三時帰京の途につき、六日午前五時五〇分上野に着き、帰宅した。

一二月七日は終日在宅し、土地国有化反対論の原稿を執筆した。八日は帝国農政協会の運動のために、兵庫、三重、岐阜の三県に運動委員上京、派遣の電報を発するなどの雑務を行ない、午後は中央報徳会に行き、野口援太郎（帝国教育会）、繁田武平（全国町村長会）、福井清造（同政務調査主任）の諸氏と義務教育費国庫負担増加の運動法を協議した。九日は帝国地方行政学会の求めで米専売反対論を執筆し、夜は中央亭にて野口、繁田、福井の諸氏らと新聞記者を招き義務教育費運動の相談を行なった。そして、一〇日午後二時より野口、繁田、牛場勘四郎（三重県農会幹事）らが政友本党を訪問し、義務教育費増額問題を陳情した。一一日、帝国農政協会の運動委員の前瀧千仭（兵庫県農会技師兼幹事）、安田育示（岐阜県不破郡静里村農会長）が上京し、牛場勘四郎とともに、運動を協議し、午後に憲政、政友会本部を訪問し、陳情した。なお、この日矢作副会長が帝農に来会し、温と種々協議したが、矢作副会長は義務教育費国庫負担増加運動にかんし、帝国農会が帝国教育会や全国町村長会と連合して運動していることに対し、内閣が倒壊する恐れがあるとし、好まぬ態度であった。この日の日記に「副会長来会、種々相談ス。副会長ハ運動ニ教育会及町村長会ト連合ヲ好マヌ風アリ。又内閣倒壊ニ至ラシムルヲ恐ル、風アリ」とある。一二日、前瀧、安田、牛場の運動委員とともに、農商務省、政友本党を訪問し、義務教育費増額等を陳情した。一三日に、温は入院中の福田幹事を訪問し、（一）帝国農政協会の運動委員を二二日に招集すること、（二）農政研究会幹事会を二四日に開くこと、（三）震災金一〇〇〇円を千葉県に贈ることなどを決めた。一四日は終日『帝国農会報』の原稿「関税定率法の改正について」を執筆した。

一二月一五日、帝国農会は評議員会を開催した。矢作副会長、志村源太郎、桑田熊蔵、山口左一らが出席し、温は帝国農政協会の運動経過を報告した。一六日は内務省、逓信省を訪問し、農会費補助、郷里の魚成村への融資の件等を陳情した。一七日は午前中「関税定率法改正について」の原稿執筆を行ない、午後は陶々亭にて高山長幸代議士、村松恒一郎（前代議士）、井谷正命（元日吉村長、県議）らと宇和島鉄道の相談を行ない、また、来会した高田耘平（憲政会代議士）と教育費補助問題について「密談」している。一八日は「関税定率法改正について」の原稿を執筆し、午後三時からは義務教育費国庫補助問題について高田、矢作副会長と会合した。一九日は農商務省を訪問し、石黒忠篤の農務局長就任の挨拶等をした。二一日は大木会長を訪問し、帝農の取り組んでいる問題の経過を話した。

温が執筆した『帝国農会報』の原稿「関税定率法改正について」の大要は次の如くで、自由貿易論者の関税撤廃論、食糧自給粗略論を批判し、関税による農業保護、食糧自給論を論じたものであった。

「政府（加藤護憲三派内閣）は議会に関税定率法の改正を提案するという。それは本議会中の重大法案の一つである。関税改正の去就によって各政党の産業政策による主義主張が明瞭になる。保護政策か自由放任政策か、保護政策にしても工業保護に重きを置くか、農業保護に重きを置くか、もしくは各産業均衡的保護方針を取るかである。関税の存廃増減に関しては、学説、政策双方共に相当に議論がある。即ち、輸入品の関税を増加すれば国内の同種産業の価格を上げるが、関税を撤廃すれば価格を下落させてその産業を衰退せしめる。故に、生産業に関係しないものにして私経済の目前の利益より判断するものや英国式の自由貿易論の信者などは、物価の安いことが国家国民の幸福なりとの理由で関税撤廃、即ち自由貿易を主張し、保護政策に反対する。他方、農、工、水産等の実業者は安価な外国品の輸入のために自己の生産物が安くなるので関税の増加、即ち保護政策を要望する。

ところが、同じ保護論の主張者であっても、それは工業に限り、農産物の如きはなるべく安価な方が国民の生活費を低下させ、したがって生産費が安くなり、輸出工業を盛んにするから、これが唯一最良の産業政策だとして輸入工業品には重き関税で国内工業を保護し、農産物の関税は低くして内地の農産物を下落せしめるのが良いと主張する。この主張は東京の工業倶楽部や各地の商業会議所の意見で、商工本位・都市本位の政治家や言論界などはこの説に唱和し、盛んに太鼓を叩いている。他方、農業関係者、帝国農会その他の団体は、米及び小麦は農業経営の中心作物であって、輸入米麦のために価格が圧迫されて、農業経営が困難になっているから現在の関税を二倍に引上げよと主張しているが、この主張は都会では甚だ評判が悪く、言論界でも一向に支援をしてくれない。

吾々も農産物の関税増加がそれほどまでに海外貿易の発展や国民生活に不利有害であるならば、それを無理やり盲目的に主張するような非国民的なことはしない。農業の不利衰弱に対し、適当な対症療法があるならば喜んでそれを迎え、関税増加の主張を放棄しよう。しかし指し向き現実的な良案はないが、兎も角も工業の発展が大切であるから農業の方は我慢せよ、国家の要求に農業の方は服従せよという主張、商工業の盛大のためには農業は衰滅しても構わないという主張（故、田口卯吉博士などが唱えた）ならば、我々とは国家存立の根本意見に差異があり、産業政策以上の問題である。

現在の国民の多数はなお農業者である。国民の総ての職業中、農業を生業としているものが大多数である。その農業が外国の農産物の輸入のために経営が不利益となり、生活の安定が保てなくなり、そして、農業経営の改良もその他奨励政策を行なっても安価な輸入品に対抗できなくなり、さればとて職業替えして活路を他に見出さんとするも見出すことが出来ず、満策実行期せられず、結局、只関税増加の保護策の外に農業経営の維持困難な場合、これを顧りみないことにより発生する不利弊害は農産物の価格維持によって生ずる弊害よりもはるかに多大であると吾々は信じている。

また、農業保護反対論者は我国の食糧自給放棄の結果に楽観している。もし、関税による保護政策を棄てたならば、農家は穀作に重きを置かぬようになり、改良増殖に努力せぬようになり、結果は収量が漸減し、多量の食糧を外国に輸入依存することになる。かゝることは国家のためにも農村のためにも良いことではない。我国の米作が不足だと直ちにインドの米が騰貴する。農産物の供給国は多くは未開国か強国の属領国であるが、彼等の文化の進むに従い、農産物の生産費も高くなり、また、強国の支配力も薄くなりつつあるのが世界の大勢であり、いつまでも未開国・属領国から安価な食糧を任意無難に手に入るとは考え難い。そんな呑気なものでない。況や現在の国際関係は他国の窮所弱点を窺ってこれを抑えんとする関係だから我国が食糧自給を粗略にして、食糧輸入が非常に増加した場合、一朝外国と事を構えるようなことがありとせば、相手の一挙糧道断絶のために手も足も出なくなることは何人も想像できることである。かゝる弱点があっては平常に於いて対等の交渉が出来ないであろう。故に関税政策の軽視、食糧自給を粗略にすることは軍備を撤廃するよりも我国の威力を失墜するものであると信じる。食糧の輸入依存は他国の政策によって支配されることになる。我国は天然資源が豊富でないから、工業を隆盛ならしむるにも原料を諸外国より輸入しなければならない。故にせめて食糧だけはあらゆる手段方法を尽くして自給することに務めなければ独立国の威信と対面を維持することは出来ない。また、輸出入貿易の上から判断しても多額の食糧輸入代を決済し得る工業の見込みは立たない。諸外国の農産物関税額を見ると、自国農業を保護するために関税を掛けている。例えば小麦の場合、一石当り関税額はイタリアが三・九八円、フランスが三・七一円、ドイツが三・六〇円、アメリカが三・一六円で、日本の一・八五円の約二倍の関税額を掛けて自国農業を保護している。我国の小麦の関税が低い結果外国の輸入小麦に圧倒されて不利益となり、小農の収入を激減し米麦二毛作の農業経営の維持ができなくなった。我国の如く国土狭く、耕地少なく、人口の多い結果、小規模の集約農業をやっている場合はどうしても生産費が高くなり農作物の価格が高くなるのは已むを得ないことである。小規模農業経営を米国式の機械大経営にすれば農産物が安く供給出来るなどというが我国情を理解しない机上の空論である。吾々も一歩でもそのような方向に進みたいと研究は怠らないが、現実はそこまで行かないし、また大農経営に進むべき要件はない。かかる事情にあるのは農業者の怠慢でなければ過失でもない。天然資源の薄弱なる我国の然らしむる所であるから、日本国民全体総掛でこの不利益を分担するのが所謂共存共栄の大道である。農業者ばかりがその責任者のようになって消費者の犠牲となるべき性質のものではない。土地が狭くて、人口多きが故に工業を盛んにするの外発展の余地がないから、工業保護を厚くしようという議論には異議は唱えない。工業原料の輸入税の軽減はよかろう。しかし、一歩進んで何故工業保護をしなければならぬかといえば、工業者の儲け、贅沢というがごとき理由ではなくて、人口増加に対する国民の生活問題の解決のためである。しからば、一部の国民の生活問題の解決のために他の方面の多数の国民（農民）の生活の安定を奪うような政策は股肉を喰って餓を凌ぐようなもので、結局は全身が壊れてしまう。故に、いくらか高き穀物を喰ってもなお発展し得るような産業政策でなければ、万全の国策とはいえない。

吾々が言論界に評判のよくない、世間に反対の多い農業保護論を強いて主張する、その心底には実に悲痛な事情がある。即ちそれは現在の農業経営が、特に米麦作地の農業経営が非常な困憊状態に陥りつゝあるからである。その源は米麦価格とその生産条件・生産費が不調和になったからである。大正一一年の米生産費資料調査によれば、反当り九八・一四円のコストに対し、収入は七七・〇三円で赤字である。吾々が農産物の関税引上げを要求するのは工業保護に対する政策の均衡もあるが、近年米価や麦価が生産費以下に下がる年が多いからである。我国の食糧は米と小麦の自給によって独立が出来る。そして、自給力の増進には一面に生産費を考究して少しでも安く作りだすことを奨励することと、他面において関税を増加して輸入穀物の圧迫を軽減して適当なる価格の維持を図ることである。自分は昨年五月の総選挙の際、政見発表演説中、農村振興の重要なる一政策として農産物の関税の増率改正を高唱した。故に関税改正案が提出せられるならば、微力ながら農業保護の目的にそうが如き改正に全力を傾注する覚悟である。若し、農産物の税率は現状据え置きとし、各種の工業品のみ増率するようなことになれば、農村振興の根本は消滅である。従来唱えられてきた農村振興とは大方虚偽であったことになろう」(46)。

一二月二二日、帝国農会は帝国農政協会実行委員会を召集した。池田亀治（秋田）、松岡勝太郎（岐阜）、木津慶次郎（三重）、野原種次郎（兵庫）、菅野鉱次郎（岡山）らの運動委員が出席し、午前中運動を協議し、午後三団体（帝国農政協会、帝国教育会、全国町村長会）の義務教育費国庫負担金増額協議会に臨み、来年一月二五日に連合大会開催を決議した。二三日には、帝農に、町村長会、教育会の代表が集まり、帝国農政協会のメンバーとともに各政党を訪問し、陳情した。また、この日午後三時より、中央亭にて中正倶楽部の代議士会があり、町村長会の代表とともに中正倶楽部に陳情した。

一二月二四日、加藤護憲三派内閣下の第五〇帝国議会が召集された。午前一〇時に開会し、部員を定め、温は予算委員となった。午後は帝国農政協会委員会を開き、（一）来年の一月一八日に農政大会を開くこと、（二）一九日に三団体の連合大会を開くことなどを決めた。さらに、午後五時より農政研究会幹事会を開き、当面の農政問題を協議した。二六日に貴族院にて帝国議会の開院式があり、出席した。摂政宮が臨台し、勅語を述べ、終わって、勅語奉答文の起草委員を選び、箕浦勝人委員長が案文を朗読し、起立により採決し、閉会した。その後、中正倶楽部代議士会に出席し、義務教育費国庫負担法中改正法律案を政友本党と離れて提案することに決定した。二七日は午前一一時登院し、全院委員長選挙、常任委員の選挙がなされた。全院委員長に佐々木平次郎が選出され、温は予算委員理事に当選した。この日、貴族院改正問題について政友本党から緊急質問が出て、加藤総理の出席を求め、紛糾している。日記に「貴族院改正問題ニテ大騒ヲ生ス。……午后八時半未夕閉会トナラサリシガ帰宅シ、帰国ノ準備ヲナス」とある。なお、この日、山崎延吉帝農相談役が相談役を辞任した。(47) 二八日から第五〇議会は休会となった。この日の朝、温は矢作副会長の宅に挨拶に行き、午後八時半東京発にて帰国の途につき、翌二九日午後九時帰宅した。三〇日出市し、買物をし、仙波茂三郎、石丸富太郎へ反物を、重松亀代、大原利一、玉井善治、石井信光へ砂糖桶を送った。三一日は迎年祭神の準備をした。この年末の日記に「相変ラス多忙ノ年ナリシ」と記している。

注

（1）愛媛県議会史編さん委員会『愛媛県議会史』第三巻、昭和五六年、九一八頁。
（2）岡田温「立候補より当選まで」（『農政研究』大正一三年七月、岡田温撰集第三巻『農村時論』所収）。
（3）『帝国農会史稿　記述編』二一九頁。
（4）『帝国農会報』第一四巻第三号（大正一三年三月一日）に山崎延吉は「幹事を退くの辞」を載せている。山崎は今日農民が認められないのも農村が不振に陥っているのも、その原因は農民自身の無自覚にある。今日農村振興の声が高くなっているが、その実が上がらないのは本当の農民の叫びでないからである。農会の活動も農政協会も本当の農民が組織せねばならない。吾輩は農民に目覚めてもらいたい、目覚めた農民を作りたい、それが吾輩の希望であり、理想である。吾輩は今後とも農界のために気を吐く、吾輩の生命は農にある、吾輩の生活は農にあると、述べている。
(5)『帝国農会報』第一四巻第三号、大正一三年二月一日、二一～二二頁。
(6)同右書、三～五頁。
(7)『帝国農会報』第一四巻第四号、大正一三年二月一五日、四～五頁。
(8)受け持ち区は東北は田倉孝雄、北陸は高島一郎、関東は磯野敬、増田昇一、東海は松山兼三郎、近畿は大島国三郎、中国は菅野鉱次郎、四国は岡田温、九州は坪井秀であった(『帝国農会報』第一四巻第五号、大正一三年三月一日、一八頁)。
(9)前掲「立候補より当選まで」一三二頁。
(10)同右書、一三二頁。
(11)仙波茂三郎は明治一五年川上村南方の豪商・佐伯文四郎の次男に生まれ、二八年に母親の里、松瀬川の仙波茂三郎家(同村村長等も歴任)の養子に入り、松山中学、早稲田大学を卒業し、四二年に家督を相続。大正三年に同村の松木喜一と共同で則之内に発電所をもうけ、九年には川上水力発電所に発展させた。川上村に電燈をともしたのは、茂三郎の手腕によるところが大きい。又、温泉郡米券倉庫を創設し、其経営にあたり、米を関西に輸出した。さらに、県下に先駆けて、戸主会、婦人会をつくり、小作保護にも努めた人物で、人望が高かった(『川内町史』『川内町新誌』)。
(12)前掲「立候補より当選まで」一三三～一三六頁。
(13)『愛媛県議会史　第三巻』九二七～九二八頁。
(14)前掲「立候補より当選まで」一三七頁。
(15)『海南新聞』大正一三年二月一八、一九日、四月一九日。愛媛県議会史編さん委員会『愛媛県議会史』第三巻、昭和五六年、九二九頁。
(16)『愛媛県議会史　第三巻』九三三頁。
(17)『帝国農会報』第一四巻第一二号、大正一三年六月一五日、六～八頁。
(18)『愛媛県議会史　第三巻』九三三頁。
(19)『議会制度百年史　院内会派編衆議院の部』二九六、二九七頁。
(20)岡田温前掲『農村時論』、二四六～二四七頁。大正一五年七月一五日伊予日々新聞。
(21)中正倶楽部は無所属議員を中心に三九名でもって組織(『議会制度百年史　院内会派編衆議院の部』二九八頁)。

(22)『帝国農会報』第一四巻第一二号、二五〜二六頁、『帝国農会史稿　資料編』一〇一二頁。
(23) 岡山県選出の衆議院議員。無所属。明治一九年生まれ、四一年東京帝大農科大学卒業。
(24)『講農会々報』第一三三号、大正一三年七月。
(25)『海南新聞』大正一三年六月三日付け。なお、理事に徳本憲一、渡部荘一郎、野口文雄、篠原重一、吉久為三郎、豊田幸三郎、大原利一、石井信光、河本賢吾、近藤文四郎、本田常盤、山中治三郎、堀内雅高、玉江律之、土屋次郎、徳永清次郎、関谷忠一、西山積、武村秀俊が就任した。顧問に岡田温の他、白石大蔵、石丸富太郎、武智太市郎が就任した。
(26) 瑞穂会結成の経過、および今後の方針について、温は「最初から農民党として政党組織にして進むべしと云ふ意見が有力であったが、今日の場合、一足飛びに農民党とする事は他の政党に籍を有する農民議員の立場を困難ならしめ、後日有力な政党として進む上に支障を来すから、此際一時瑞穂会とする事に衆議一決し、……尚瑞穂会としては貴衆両院議員で政党政派を横断した農政研究会に全部加入し、各派と行動を共にすると共に、此等の団体を絶えず刺激して農村問題を一時的の人気取り政策に利用されないやうにする事になった」と語っている（鈴木正幸「立憲農民党運動の展開と帰結」日本史研究、二五一号、一九八三年七月、三七頁）。
(27)『帝国農会報』第一四巻第一二号、大正一三年六月一五日、五〜六頁。
(28)『講農会々報』第一三三号、大正一三年七月。
(29)『帝国農会報』第一四巻第一三号、大正一三年七月一日、三三頁。
(30) 鈴木正幸「前掲論文」三七〜三八頁。
(31)『第四十九回帝国議会衆議院議事速記録第三号』大正一三年七月二日。
(32)『大日本帝国議会誌』第一五巻、一九八頁。
(33)『帝国農会報』第一四巻第一四号、大正一三年七月一五日、二六〜二八頁。
(34)『第四十九回帝国議会衆議院議事速記録第十四号』大正一三年七月一八日。
(35)『農政研究』第六巻第五号、昭和二年五月、八頁。
(36)『第四十九回帝国議会衆議院議事速記録第十一号』大正一三年七月一六日。
(37)『第四十九回帝国議会衆議院農村振興に関する建議案外一件委員会議録　第一回』大正一三年七月一六日。
(38)『第四十九回帝国議会衆議院議事速記録第十三号』大正一三年七月一八日。
(39)『改造』大正一三年九月号、一五七〜一六一頁。
(40)『帝国農会報』第一四巻第一八号、大正一三年九月一五日、二七頁。
(41)『帝国農会報』第一四巻第一九号、大正一三年一〇月一日、三〇〜三一頁。

（42）『帝国農会報』第一四巻第一八号、大正一三年九月一五日、九～一〇頁。第一四巻第一九号、大正一三年一〇月一日、四～五頁。
（43）『帝国農会報』第一四巻第二二号、大正一三年一一月一五日、二五～三一頁。
（44）同右書、三一頁。
（45）同右書、一六～二〇頁。
（46）『帝国農会報』第一五巻第一号、大正一四年一月一日、六～一〇頁。
（47）『帝国農会報』第一五巻第二号、大正一四年一月一五日。二九頁。

五　大正一四年　加藤高明内閣時代

大正一四年（一九二五）、温五四歳から五五歳の年である。帝国農会の幹事と前年初当選以来衆議院議員の双方の仕事で極めて多忙である。

本年も第一次大戦後の農業、農民、農村の危機が続いており、温は帝農幹事として、種々の業務（各種会議、米生産費調査、農業経営改善調査等）に従事するとともに、農村振興運動に取り組んだ。前年の大正一三年七月の加藤高明護憲三派内閣下の第四九帝国議会で、小作調停法は通過したが、他の重要な農政問題である、米穀法の改正、農務省の独立、農家負担の軽減、義務教育費の国庫負担増額、米麦関税の引き上げ、自作農の維持創定、小作法制定等々が未解決のままであった。本年、加藤内閣は第五〇議会（大正一三年一二月二六日～一四年三月三〇日）において、米穀法の改正や農林省の独立などの準備をしていたが、他の重要な農政課題、農家負担の軽減や義務教育費国庫負担増等々は提案していなかった。そこで、温は種々発言し、運動した。また、温は論争的論文をよく書き、本年から自分の著作『農業経営と農政』を書き始めた。また、よく出張した。

以下、本年の温の多面的な活動を見てみよう。

この年、温は正月を故郷で迎えた。一日は午前九時に石井小学校における拝賀式に出席し、午後三時からは南土居部落の新年宴会に出席し、一場の訓話を行なっている。二日は家例の鍬初や来客（中川英嗣、松尾森三郎ら）に応対し、三日は経済的危機に陥っている新宅の岡田義朗宅の家産整理等を行なった。五日は親戚の八木忠衛や越智太郎の訪問を受け、子供の進学、新宅の整理問題など相談している。六日は出市し、温泉郡農会、県農会、農事試験場を訪問し、その夜、道後ホテルにて、支持者の仙波茂三郎（温泉郡川上村の豪農、温の選挙の事務局長、温泉郡農友会会長）、松田石松（石井村長、温泉郡農友会副会長）、三好英夫（温泉郡朝美村長）、升田常一、大西宰三郎、田中恒一（いずれも温泉郡農会技手）らと小宴を催している。なお、支持者との会合には金が要る。七日の日記に「石井信光君来訪。昨夜ホテルノ支払全部支払ノ件、手当（県農会）残額ヲ同君ノ支出セル運動費ノ内入ヲ承諾ス。面白カラサル行為ナリ」とある。

一月八日、温は東京での帝国農会幹事、衆議院議員としての活動のために上京の途につき、途中兵庫、静岡に講演のため立ち寄った。この日午前一〇時石井駅を出発し、松山停車場では支持者の仙波茂三郎、大西宰三郎、石井信光、松尾森三郎、今村菊一、三好英夫らに見送られ、高浜港から船で尾道に行き、尾道から姫路を経て、兵庫県朝来郡和田山に午後一一時五〇分着した。翌九日、温は午前一二時二〇分和田山を出て、城崎郡城崎町に行き、午後一時四〇分城崎につき、午後六時から城崎倶楽部にて城崎郡青年農民会の幹部四〇余名と懇談し、油箇屋に投宿した。一〇日には城崎郡豊岡町に行き、午後一時より劇場にて開催の城崎郡青年農民会の発足式に出席し、来会の三〇〇余名に対し、一時間四〇分ほど講演した。終わって、京都に戻り、夜一一時二五分発にて浜松に向かい、翌一一日午前九時に浜松に着し、午前は静岡県浜名郡農会主催の町村農会総代会に出席し、午後二時から四時過ぎまで、来会の四〇〇余名に対し、講演を行なった。そして、その日の夜一一時四分浜松発にて東上し、翌一二日午前六時二〇分東京に着した。

一月一二日、温は帝農に出勤し、矢作栄蔵帝農副会長と山崎延吉（前、帝農相談役、前年一二月二七日に相談役辞任）

の問題について、協議している。それは、去る一月七、八日の両日、読売新聞が山崎延吉擁護、福田美知幹事批判の立場から、帝国農会にとって不快な記事を掲載したためであった。一月七日の読売新聞記事は、「引きつゞくお家騒動、之ては帝国農会も末、山崎相談役に突然と解職の通知状、岡田幹事の地位もスコブル危うい、残るは福田主席幹事一派の陰謀組」という衝撃的な見出しで、内容は福田幹事が昨年五月の総選挙で政党の走狗となり、農会を政争の具にし、そして、不偏不党の立場であった山崎延吉一派を農会から駆逐すべく術策を労し、昨年一〇月には内藤友明参事、一二月には山中直一書記を首切り、さらに今回遂に地方農民から慈父のように敬慕されている山崎相談役を突然解職し、そして、次席幹事である岡田温も狙われている、副会長の矢作栄蔵は福田幹事のためにすべて明を蔽われて為すがまゝに放任しているとの記事であった。また、一月八日の読売記事は「記事掲載の中止運動や苦しまぎれの声明書、あわてた帝農の福田幹事」との見出しで、内容は福田幹事が正力読売新聞社長に帝農の内輪もめの記事の掲載中止を求めたこと、山崎辞任は首切りでなく、山崎の一大抱負である高等国民学校創立のための辞任であると弁明しているが、実際はそうでなく、山崎氏が請われて帝国農会幹事に就任し、主席幹事として農会と生死を共にし、農民の覚醒を促し、大いに貢献をしてきたのに、福田幹事が濃厚な政党的色彩で活動し、農会を政争の具にしてきたこと、そこで、山崎氏が農村問題を政争の具にすることは農民を惑わし、農村問題の解決を困難にするとして農会幹事を去ったこと、しかし、矢作副会長の取り計らいで相談役にとどまったが、相変わらず山崎氏が農会の実権をもっているので、それを福田幹事が快く思わず、福田幹事が権力を掌握するために山崎氏と氏の崇拝する職員を一掃したのだ、との記事であった(1)。ただ、この読売記事は山崎延吉寄りでバイアスがかかっており、温は読売記事にも、帝農の福田の弁明にも共に不快感を示している。一二日の日記に「去七、八日ニ読売新聞ニ面白カラサル記事ヲ載セ、農会ハ之レニ釈明シタリト。共ニ面白カラス」とある。また、一三日には農商務省の渡邊侶治らが温を訪問し、帝国農会内紛問題や温の問題について心配し、協議している。この日の日記に「午后ハ農商務省ヨリ渡邊君以下三名来会。協議ス。散会後、渡邊、大石、小林、残留。帝国農会問題……自分ノ問題ニツキ協議ス。同窓ノ後進ノ士ハ自分ノタメ、尤モ忠実ニ心配セリ」とある。一五日、温は福田幹事に会い、山崎問題を腹を割って話した。「山崎氏一件ニツキ赤心ヲ談ス。……同君モ同心」。一六日は農商務省の石黒農務局長を訪問し、矢作副会長と山崎延吉の対立問題について協議した。また、この日、矢作副会長、幹事と明日からの帝国農政協会の会議の打ち合わせを行ない、また、報徳会に行き、来る一九日の三団体連合の義務教育費国庫負担増額期成同盟会大会の打ち合せをするなど多忙であった。一七日は東京帝国大学農学部の原熈先生在職二五周年祝賀会に参加し、祝辞を述べ、終わって、帝国農政協会実行委員会を開き、明一八日の全国農政大会について協議した。

一月一八日、帝国農会は農村振興運動を盛り上げるために、午前一一時より同事務所にて全国農政大会を開いた。この大会は第五〇帝国議会開会（一月二二日）を前にして、政府（加藤高明護憲三派内閣）や各政党に圧力をかける大会であった。全国から農会の役員一五〇名ほどが出席し、矢作副会長が議長となり、福田幹事と温が農政協会の経過並びに義務教育費国庫負担増額期成同盟会の経過を報告し、議事に入り、午前は会議、午後は演説がなされ、大会宣言と決議が可決された。大会宣言は「農村振興の声大なりと雖も其実之に伴はず、田園の荒廃は日を逐ふて益々甚しからんとす。今にして農家の多年唱導せる主要なる農業政策の断行を見ずんば国家の前途亦荒廃し、茲に全国農政大会を開催し、健全なる国論を喚起し、第五十議会に於て之が実現を期せんとす」というものであり、また、決議事項として、（一）農林省の独立、（二）義務教育費国庫負担の増額、（三）米穀法の改正、（四）米及び小麦に関する関税定率法の改正、（五）自作農の維持及創定、を決めた(2)。大会後、全員を四組に分け、午後三時から各政党を訪問、陳情し、温は憲政会を訪問した。

一月一九日、三団体連合（帝国農政協会、帝国教育会、全国町村長会）は義務教育費国庫増額期成同盟会の大会を丸の内鉄道協会にて開催した。全国から五〇〇余名が出席し、温が開会の辞を述べた。そして、大会宣言、決議が可決され、各派の演説（松田源治、東武、樋口秀雄、畔田明）がなされ、夜は、丸ビルの精養軒で懇親会を催し、三〇〇余名も出席した。

宣言は「義務教育費国庫負担金増額実現の急務は吾等之を呼号する事久し。世論亦奮然として共鳴し、今や其の熱烈なる叫は全国に満てり、然るに現内閣は此の世論を無視し、顧みず、単に財政困難に藉口して之が実現に努めず政府与党亦多年の公約あるに拘はらず直に之を解決せんとするの意気なし。若し目下の形勢の推移に任せんか吾等の期待を裏切り国論の圧倒せらるゝに至らん事火を睹るより明かなり。吾等は到底現状を座視するに忍びず、奮然決起しあらゆる方途を講じ飽まで其の所信の遂行に向って猛進し、誓って之が実現を図り以て国論の光輝を発揚せん事を期す。敢て天下に宣す」であり、決議事項は「大正十四年度に於て義務教育費国庫負担金二千万円増額の実現を期す」で、そして申し合わせとして、「一、義務教育費国庫負担金二千万円増額を十五年度に於て実行す可しと云ふが如き声明には一切耳を藉さゞること、一、本件を十四年度に成立せしむることに反対する代議士は将来絶対に之を排斥すること、一、本件若し十四年度に於て不成立の場合には、其真相を全国民に宣伝周知せしめ徹底的に其善後策を講究すること(3)」というかなり激しい決議であった。

翌一月二〇日、三団体連合の代表が首相官邸を訪問、若槻礼次郎内相に陳情し、さらに、政友会、政友本党、憲政会、貴族院を訪問、陳情した。温は首相官邸及び政友本党、憲政会を訪問、陳情した。また、この日の帝農の前参事で、昨年の総選挙の問題で矢作、福田の怒りを買い辞任させられた内藤友明（現、富山県農会技師）が温を訪問し、温に幹事辞任を勧めている。この日の日記の欄外に「内藤君辞任ヲス、メ来ル」とある。また、二一日は同窓の宇都曾一（鹿児島県農会副会長）、前瀧千仞（兵庫県農会技師兼幹事）、高井二郎（埼玉県農会技師兼幹事）、渡部安三（前、秋田県農会技師）、青木国治（前、奈良県農事試験場長）、栗下恵毅（宮崎県農会技師）、小林隆平（帝農副参事）らが温を心配してやって来た。そこで、山崎延吉辞任問題について話し、温が「山崎氏一件ノ釈明」をしている。また、この日、帝国農政協会運動委員と今後の方針について協議し、さらに、午後四時から中正倶楽部代議士会に出席し、第五〇議会対策の基本方針を決定している。

一月二二日、護憲三派内閣下の第五〇帝国議会が開会した。加藤高明首相が所信表明演説を行ない、行財政整理、普通選挙法の制定、貴族院の改革等を表明した。また、浜口雄幸蔵相、幣原喜重郎外相も演説した。後、野党側の松田源治（政友本党）、吉植庄一郎（同）らが質問に立ち、護憲三派内閣を攻撃した。二三日も野党の中村啓次郎（政友本党）、小川郷太郎（中正倶楽部）、木下謙次郎（政友本党）らが、二四日も長岡外史（中正倶楽部）、高見之通（政友本党）、桜内幸雄（同）らが質問に立ち、政府攻撃をした。二五日は予算委員会における質問の準備等を行ない（温は中正倶楽部の予算委員）、二六〜三一日に予算委員会があり、出席し、三〇日第五回予算委員会に温が登壇した。その大要は次の如くで、温は加藤内閣の基本姿勢、商工偏重政策を批判し、国政の大本を問うた。

「私は現在の産業政策及び経済政策とその結果の分配が甚だ不公平、少数の階級に有利で、多数の国民にとって不利になっているようにみえる。更に云うと、商工業を営むものには有利で、農業を営むものには不利になっている、都会に住んでいるものには有利で、農村に住んでいるものには不利になっている。農村で生活しているものは、都市の犠牲になっているように思われる。その結果、農村問題がやかましくなっている。当議会に農林省の独立をはじめ農業振興策が提案されており、それはまことに結構なことであるが、農村が今日の如く非常に窮乏状態に陥ったのはどういう原因であるか。私共の考えでは、経済政策、例えば、金融政策にしても、租税政策にしても、交通政策にしても、教育政策にしても、社会政策にしても、どの点から見ても、農業者には不利益になるような仕組みになっているためでないか。仮に農林省ができて、農村振興策がなされても、他の省庁が従来の商工業中心の政策なら、農業政策の効果は減殺されてしまう、諺に一〇日温めて一日冷すということがあるが、農林省が農村振興を講じても、他の九省が農村を窮乏困憊に導く政治をしている限り、農村は温まることはないと思う。政府は国政全体の根本精神について、農村に対して如何に考えているのかお尋ねしたい(4)」。

それに対し、浜口雄幸蔵相は「政府は総ての産業政策を立て、或は経済政策を実行する上に於きまして、都会を重しとするとか、或は商工業に偏重して農業を偏軽ならしむるが如き考は毛頭持って居りませぬ、都会も農村も商工業も農業も同様に之を重く見て居る訳であります……政府と致しましては此消費者の利益と生産者の利益とを出来得る限り調和せしめて、国民全体の福祉を増進する(5)」などと言いかわしていた。

なお、その間の一月二七日に、温は農業経営調査特別委員会を開き、また、二九日には農政研究会幹事会を開き、東、長田、山内、川崎、高田、西村、土井、三輪、池田、松山、山口の各代議士や大島、菅野、木津、磯野、松岡らの帝国農政協会の幹部が出席し、米・籾・小麦の関税増加と農村振興の建議などを決めるなどしている。

一月三一日、温は予算委員会、理事会に出席した後、夜九時四〇分発にて滋賀県での講演のために出張の途につき、翌二月一日午前八時米原に到着し、そこからは車で長浜に向かった。そして、一一時半から坂田郡農会主催の多耕作及び繭真綿の品評会授与式に参列し、午後一時半から二時間ほど、来会の五〇〇余名に対し、農村振興の意義、内容について講演した。終わって、午後六時発にて帰京の途につき、翌二日午前七時に東京に着した。自宅で小憩の後、帝農に出勤し、そして、登院し、予算委員会に出席した。

二月三日午前は予算委員会分科会、午後は本会議に出席した。この日の本会議に、野党側から床次竹二郎(政友本党)

外二〇名提出の「市町村義務教育費国庫負担法中改正法律案」と増田義一（中正倶楽部）外四名提出の「市町村義務教育費国庫負担法中改正法律案」の二つの法律案が上程された（内容は同じで、四〇〇〇万円を六〇〇〇万円に引き上げる案）。趣旨説明は、政友本党の元田肇と中正倶楽部の増田義一が行なった。趣旨は農村負担の増大は義務教育費の増大であり、したがって、国庫負担を増やすことは農村の負担軽減につながり、農村振興に役立つというものであった。しかし、護憲三派内閣側は予算案に国庫負担補助増額を計上せず、この野党案には反対であった。本会議で憲政会の高田耘平が反対討論で政友本党を攻撃し、その中で不穏当な発言があったために、政友本党側が怒り、本党の牧山耕蔵、原惣兵衛議員が直接行動に出て、議場が混乱した。両議員は懲罰に付された。しかし、護憲三派側から討論打ち切りの動議が出され、混乱の中、強行採決され、野党側提出の義務教育費国庫負担増額案は護憲三派の数の力により否決された(6)。この日の温の日記に「午、本会議。義務教育費国庫負担法律改案ノ上程ニヨリ一大騒擾ヲ起ス。自分ノ目前ニテ猪野毛君乱打サル。二回暴行ヲ敢テシテ、与党、本党策戦（十二時迄壇上占拠）ノ裏ヲ掻キ、賛成演説ヲナサス。高田君反対演説ニテ討論終結トナル。十時二十分本案否決、散会」とある。

二月四日は予算委員会の分科会があり、温は五分科（司法省及び文部省所管）で実科独立問題について発言し、ついで、第二分科（内務省所管）では郡役所が廃止された場合の郡農会問題について質問をした。五日午前は予算委員会の第五分科、午後は本会議に出席した。また、この日午後六時から帝国ホテルで、義務教育費国庫負担増加を求める三派連合（町村長会、教育会、帝国農会）による慰労会があり、出席した。六日は午前予算委員会の第六分科（農商務省所管）の分科会に出席し、温は農家は農産物の生産費削減に努力しているが、租税公課負担が重く、生産費が高く、その削減が困難であること、他方、外国から安い米や小麦が入ってきて、国内の米麦が圧迫され、生産費が償なえず、食糧の自給自足、食糧充実が困難になっていることを指摘し、農家負担の軽減と米麦の関税を引き上げよと主張した。それに対し、農商務政務次官の三土忠造は随分難問題であるが、農家の負担軽減は勿論やらねばならぬ、米価低落は米穀法があるから生産の維持はできる、小麦については関税政策で生産を増殖したいと楽観的答弁をしていた。

二月七日、加藤内閣は「米穀法中改正法律案」（米穀の数量調節から数量又は市価調節への改正）を本議会に上程した。政府委員の三土忠造が趣旨説明し、それに対し、野党側の無所属・多木久米次郎がこれまでの政府による農村圧迫政策を批判する発言があり、また、政友本党の吉植庄一郎の質問があり、三土忠造、高橋是清農商務大臣が答え、委員会に付された。温は委員にならず、同僚の松山兼三郎が委員、理事となった。八日は午後三時より中正倶楽部の代議士会に出席し、予算案に対する態度を協議した。そのうち文部関係の師範学校改善費削除説が多く出て、結局各人の自由となった。九日は予算委員会の第五分科（文部省所管）の分科会に出席し、師範学校改善費について温は意見留保、政友本党も留保したが、与党の護憲三派の賛成により、原案を可決した。一〇日九時半登院し、中正倶楽部代議士会に出席し、予算に対する最終的な態度を協議し、希望条件、付帯決議をもって予算委員会の総会に臨むことにし、杉宜陳代議士が付帯決議を述べたが、認められず、護憲三派の原案通り可決された。また、この日午前一〇時より図書館にて農政研究会総会を開き、農村問題に対する態度をきめ、夜は中央亭にて農政研究会幹事と米穀法改正の委員を招き、協議している。一一日は帝農にて瑞穂会を開催し、松山兼三郎、山口左一、高鳥順作、石坂豊一らが出席し、協議した。一二日は午後二時から本会議に出席した。この日大正一四年度予算案が審議に付された。予算委員長の町田忠治（憲政会）が経過報告をした。それに対し、政友本党の吉植庄一郎が修正案を出し、また、政友本党の鳩山一郎が朝鮮の鉄道工事費にかんし、憲法違反、会計法違反とし、予算返上の緊急動議を出し、否決されると、政友本党側は一同退場し、護憲三派側の多数にて予算案は可決された。温たち中正倶楽部は付帯決議をつけて予算案に賛成した。(7) この日の日記に「午后二時、議会ニ出席ス。予算案上程。朝鮮咸鏡南道鉄道工事費ニ関シ、政友本党ハ憲法違反、会計法違反トシ、予算返上ノ緊急動議ヲ提出シ、倒ル、ヤ一同退場ス。跡ニテ与党ノミ、東、大口、杉三君演説ニテ討論終決、可決」とある。

二月一三日、温は農商務省にての農業経営集計打ち合せ会に出席し、終日質疑応答。一四日は登院して米穀法改正委員会を傍聴した。一五日は日曜日で中正倶楽部の山口左一、本田義成、高鳥順作ら代議士と箱根に清遊し、奈良屋に宿泊。一七日の午前中は帝国農会に出勤し、久し振りに会務をこなし、午後は本会議に出席した。一八日は終日、農会で事務を見る。夜は講農会幹事会に出席した。

二月一九日、本会議に出席した。この日「米穀法中改正法律案」の委員会報告がなされ、本会議で審議に付された。高田耘平（憲政会）、東郷実（政友本党）、八田宗吉（政友会）、土井通憲（革新倶楽部）が賛成し、また、温（中正倶楽部）も賛成演説し、全会一致で可決された。この日の日記に「米穀上程、賛成演説ヲナス。高田、東郷、八田、自分、土井通憲賛成演説」とある。本会議での温の発言の大要は次の如くで、米穀法改正には賛成であるが、その運用が農業犠牲になっていることへの批判であった。

「政府提出の改正案に大体において賛成である。ただ、米穀法の主旨、運用について種々の疑義があり、希望を述べておきたい。米穀法は世間では農業保護政策と見られているが、確かに農業保護する所があるが、一面には農業の利益を抑える所があり、差し引きして見ると、農業保護政策に属するものではなく、どちらかというと農業者の利益を犠牲にする社会政策であると思う。なぜかと云うと、今日一番大切なものは、価格保護政策である、殊に外国から安い輸入米による内地米の圧迫に対し、内地米の価格維持政策が最も重要だが、その価格維持は従来関税定率法での農業保護によってなされているが、米穀法の第二条の勅令で輸入税の免除ができることになっており、関税による保護が大変減殺されているのである。また、米価が下落した場合に政府が米穀を買い上げるのは確かに保護政策であるが、米価が騰貴した場合にはこの政府貯蔵米が米価を抑える役割を果たし、利害を相殺してしまい、損得不明だが、どちらかといえば、不利益が多い。ただ、米穀法の撤廃というようなことは不穏当だと考えている、米穀法が社会政策ならば、農業者の犠牲をなるべく少ないようにしてもらいたい、農業保護政策ならば、その実が上がるようにしてもらいたい(8)」。

さらにこの日、二月一九日、護憲三派内閣は「治安維持法案」(国体若しくは政体の変革を企てたり、また私有財産制を否認することを目的として結社を組織した者に対し、一〇年以下の懲役に付す)を突如上程し、内相の若槻礼次郎が趣旨説明をした。それに対し、質問者が多く、革新倶楽部から星島二郎、清瀬一郎、田崎信蔵、政友本党から鳩山一郎、原夫次郎、中正倶楽部から山口政二、実業同志会から前野芳蔵、政友会から青木精一、無所属から安藤正純、有馬頼寧らが質問し、反対意見が出たが、与党側の多数で委員会付託となっている。特に、与党の一員からも反対意見が出た(9)。

二月二一日、護憲三派内閣は「普通選挙案」(納税資格の撤廃、男子普選)を上程した。加藤首相、若槻内相による趣旨説明が行なわれた。それに対し、政友本党の松田源治、鳩山一郎、祷苗代、土屋興らが、納税資格の撤廃は家族制度の破壊だ、世帯主にとどめるべきだ、普選になると、無政府主義者、共産主義者が議会に進出してくるなどと反対意見を述べたが、与党側の多数で委員会付託となっている(10)。この日の日記に「年来ノ政界ノ大問題、普選案上程。若槻内相説明シ……、各員ノ質問ニ答フ。実ニ天下ヲ負フテ立ツノ概アリ」とある。

二月二二日は全国農政団体会議が鉄道協会にて行われ、愛媛から上京中の宮内長、野口文雄らとともに出席した。来会者は山口、岡山、長野、千葉、愛媛と少なかったが、そこで、農民党設立の委員一二名を選んでいる。二三日は帝農に前相談役・山崎延吉、前参事の内藤友明が来会、会談している。二四日は午前は帝農に出勤し、午後から登院した。この日、「米麦其他農産物の関税定率法改正に関する建議案」(荒川五郎外一五名)が上程されている。

二月二六日、本会議に、前議会でも建議されたが、再度四派連合（憲政、政友、革新倶楽部、中正倶楽部）の「農村振興に関する建議案」（荒川五郎外一五名）と野党・政友本党の「農村振興に関する建議案」（床次竹二郎外一四名）の二つが上程された。四派連合の建議案は「政府は農村振興の為に速に左記事項を実行せられんことを望む」とし、（一）農家負担の軽減、（二）自作農の維持及創定、（三）農村教育の改善、（四）農業金融の充実、（五）副業の奨励、を掲げていた。政友本党の建議案は「農村振興の喫緊なることは衆議院屢次の建議案通過に見るも国論の一定せるを徴すべし。政府は宜しく院議を尊重し速に農村振興に必要なる各般の施設を実行すべし」と抽象的であった。四派連合の建議案は憲政会の荒川五郎が提案説明し、野党の政友本党の建議案は三輪市太郎が提案説明した。[11] この日の日記に「農村振興ノ建議案出ツ。四派連合ハ荒川君……、野党ハ三輪市太郎君説明ス。両君トモ熱心ナル農村振興論者ナレトモ農村問題ノ現代的理解ナク、為ニ識者ノ賛成ヲ得難キヲ感ス」と記している。

四派連合の建議案は、農政研究会および帝農と協議の上、提出されたものだが、帝農が求めている義務教育費の国庫負担増額はなかった。それは、護憲三派内閣が財源がないと、反対していたため、四派連合の建議案の中から削除されたのであった。その点を野党・政友本党の三輪市太郎がこの日の本会議で批判している。この両案は一括して、一八名の委員を選び委員会に付された。温も委員となった。

二月二七日、温は午前中は「農村振興に関する建議案外一件」委員会（第一回）に出席し、午後からは東京芝の協調会館で開かれた日本農民組合大会（第四回大会）に出席、傍聴した。この日本農民組合大会について、温は日記に「日本農民組合大会ニ出席ス……。小作者ノ一団ノ活動前途畏ルヘシ」と記している。[12] 温の農民組合への批判的なスタンスがわかる。

二月末、帝国農会は山崎延吉辞任を受け、会務を処理する為、部制改革を行ない、四部制とし、一層会務の奨励と能率の増進を図ることにした。それは次の如くであった(13)。

総務部（庶務、会計及び給与金に関する事項）、総務部長福田幹事
農業経営部（農業経営に関する事項）、農業経営部長岡田幹事
調査部（農業に関する諸般の調査及び図書に関する事項）、調査部長増田幹事
地方部（地方農会及び会報編集に関する事項）、地方部長高島幹事

三月も温は議員活動で多忙であった。一日は米穀法改正の賛成演説の原稿を改作した。二日、本会議に「衆議院議員選挙法改正法律案」（普選法案）の委員会報告がなされ、審議に付された。政友本党から修正案（二五歳以上の世帯主に限る等）が出されたが、審議の結果、修正案は否決され、護憲三派案が多数で通過した。温も普選法案に賛成した。三日は午前一〇時より予算委員会に出席した。また、この日、午後の本会議で荒川五郎外一五名提出の「米麦其他の農産物の関税定率法改正に関する建議案」が上程され、委員会に付されている。また、午後六時から帝農で評議員会を開き、大正一三年度予算更正や農会設立二五年の功労者表彰などについて協議した。四日は米穀法改正の論文を執筆し、また、逓信省を訪問し、魚成村への低利資金融資の談判、文部省を訪問し、実科問題への希望等を述べた。

三月五日、温は午前一〇時より「農村振興に関する建議案外一件」委員会（第二回）に出席し、温は質問に立ち、三土忠造農商務政務次官に対し、農村振興の根本問題は何か、政府の農村振興策は不十分でないか、すなわち、耕地整理の奨励が不十分である、自作農創出政策が不十分である、農産物の価格維持政策、関税政策が不十分である、小麦の関税は諸外国に比べて保護が薄い等、農村問題の根本に十分触れていないと批判し、また、早速整爾大蔵政務次官に対し、農家の負担が重い、それは水田に対する税負担が世界に類がないほど重いためである、また、農村の宅地の税は都市の宅地に比して重いし、戸数割も重い、等々と批判し、改善するよう要望した。それに対し、三土農商務次官は農村振興の根本問題

は農家経済の改善で、政府が行なっている諸般の施設は根本問題に触れているとかわし、また、早速整爾大蔵政務次官は農家負担が過重であることを認め、税制整理の際には軽減していきたい旨述べていた。六日も温は午後同委員会に出席し、鈴置倉次郎文部政務次官に対し、地方の農学校の農業教育が不十分であるが、文部省はどう考えているのか、等の質問をしている。(14)

三月七日、午後登院、本会議に出席した。この日、治安維持法案の委員会報告が前田米蔵委員長よりなされ（原案の第一条中「若ハ政体」を削除）、審議に付された。無所属の田淵豊吉、菊池謙二郎、革新倶楽部の清瀬一郎、湯浅凡平、実業同志会の武藤山治、中正倶楽部の坂東幸太郎らが質問及び反対討論に立ち、また、政友本党から修正案が出たが、護憲三派の多数にて否決され、委員長報告どおり、治安維持法が衆議院を通過した。なお、温は本会議の途中、午後四時、出張のため議会を退席し、六時上野発にて福島に向かった。そのため、この治安維持法への賛否の態度は不明である。

三月八日、温は福島県郡山市公会堂にて開催の第二回福島県農政大会に参加し、午前中は会議、午後は四〇〇名に対し、講演を行なった。終わって懇親会に出て、その夜一一時五〇分郡山発にて、帰京の途につき、翌九日午前六時上野に着き、一旦自宅に帰り、その後帝農に出勤した。

三月一〇日、温は午前登院し、正午図書室にて開催の農政研究会幹事会を開き、開墾助成法の建議を提出することを決めた。一一日は、帝農に出勤し、矢作副会長と府県農会幹事・技師会の打ち合わせ、税制その他の調査事項について打ち合わせ、一二日は府県農会幹事・技師会の議案の起草等を行なった。一三日は郷里の重信川改修工事の請願書を提出した。一四日は午前予算委員会に出席し、午後は本会議に出席、本会議で革新倶楽部の尾崎行雄の演説を聞き、その雄弁ぶりに感心していた。この日の日記に「尾崎氏初メテ登壇。議長ニ二十ケ条ノ質問ヲナス。矢張リ言論雄……。質問寸分ノ間隙ナシ」とある。一五日は農村振興建議案賛成演説草稿を執筆した。一六日は終日予算委員会に出席し、一七日は早朝郷里の佐々木義潔（和気村長）、矢野信次（久枝村長）の訪問を受け、松山線の停車場問題の陳情を受け、後、予算委員会と本会議に出席した。一八日も本会議に出席した。この日、本会議で大正一四年度予算の追加予算が可決された。一九日午後本会議に出席した。この日、実業同志会の武藤山治外四人から「金輸出解禁」決議が上程され討論に付されている。しかし、浜口大蔵大臣が時期尚早と反対し、護憲三派側の多数にて否決されている。二〇日、登院し、請願委員会に臨み、重信川改修について請願の説明を準備していたが、すでに成田栄信（愛媛県選出の衆議院議員、政友本党）が先に説明し、同請願は採択された。温は不愉快であったのか、本会議を欠席している。

三月二〇日、温は午後九時四〇分東京発にて岐阜県での農会講習の出張の途につき、翌二一日午前七時四〇分岐阜に着し、岩本虎信（岐阜県農会技師兼幹事）、戸島寛（同県農会技師）に迎えられ、元物産陳列場における岐阜県農会主催の農業講習会に出席し、来会者一七〇余名に対し、正午まで講義を行ない、午後は戸島技師とともに揖斐郡鶯村の篤農家を視察した。二二日も午前九時より午後四時半まで農業経営と農政について講義を行ない、その夜九時五分発にて帰京の途についた。

三月二三日、午前九時帰京するや、温は直ちに鉄道省に行き、矢野信次（久枝村長）、芳野市蔵（和気村大字和気浜）らと共に鉄道省の八田嘉明建設局長に面会し、松山線の停車場問題の陳情を行ない、後、帝農に出勤し、幹事会を開催した。午後は登院し、本会議に出席し、さらに午後六時から帝農にて瑞穂会を開き、松山兼三郎、山口左一、石坂豊一、高島順作、永田新之允、堀田義次郎、小屋光雄ら出席の下、農民党樹立について協議した。

三月二四日午後一時登院、本会議に出席した。「北海道農地特別処理法案」（自作農創出）が上程され、委員会報告がなされ、討論に付された。温が質問に立ち、北海道の拓殖は、開拓以来自作農扶植主義であったのに、なぜ、大地主制になっているのか、この政策は土地の兼併者（地主）の擁護になるのではないか、自作農創設は北海道より内地が先でない

か、等々の反対意見を表明した。しかし、多数で可決されている。(15)

また、三月二四日、衆議院の本会議に「農村振興に関する建議案」が上程され、小西和委員長より委員会報告がなされ、討論に付された。温が賛成討論に立った。温の賛成発言は大要次の如くで、世論の間違った農業保護論を批判し、如何に農業予算が少なく、農家負担が重いかを具体的に発言した。

「私は荒川五郎君外一五名の農村振興建議案に賛成するものです。理由はもはや述べぬでもよろしいが、しかし、今日、農村振興論の支障になっている事柄は、今日も尚学者、言論界等において、今日の農業は相当に保護されている、農業への世話は十分行き届いているのに、農業者は我田引水的で、余りに勝手だと、我々の唱導する農村振興論に耳を傾けない傾向が一部にあるからです。故にこれらが農村振興上一大支障と思いますから、少し質しておきたい。まず、国費の分配上から考察しますと、来年度農林省が独立することになっていますが、その経費は四一四六万円余で、この金額は電話交換拡張費の三七〇〇万円とほぼ伯仲する金額です。また、食糧政策費（開墾助成等）は六六一万円余で、逓信省の航路補助費よりも一六万円も少ないのです。これらを見ると、現在の政策が如何に都市に重く、農村に軽いのかが数字的に証明することが出来ると思います。また、国家社会に対する義務の負担はどうか。農商工の負担を比較しますと、所得を同一にして農家負担が一〇〇とした場合、工業者七二、商業者五八、金貸四八、従業者二七で、農業者の負担が最も重く、保護恩典が最も薄くなっています。また、産業政策上最も重要な関税政策を見ますと、例えば、小麦の関税額を見ますと、百斤に対し、イタリア一円七五銭、フランス一円六三銭、アメリカ一円三九銭、それに対し、日本はただの七〇銭に過ぎないのです。諸外国は日本に比べはるかに厚い保護政策をとっているのです。故に、言論界、学者なりが、日本の農業は非常に保護されている、世話は行き届いているなどというが、如何なる材料に依って言われるのか、私には理解が出来ない。私は、事実において農業が非常に薄い取り扱いを受けているのに、エライ保護されていると言われるのが非常に苦痛です。幸い、明年度から農林省が独立し、農村振興政策がとられるようですが、この精神が拡充されたならば、平和な方法をもって農村振興を進めることが出来ると思います。故に、この建議案に賛成いたします。政友本党より提出された建議案については、精神については反対するものではありませんが、何をなすべきかが不明で空論だと思います(16)」。

本会議では、政友本党の丹下茂十郎が義務教育費の国庫負担増がないなどと言い、委員長報告に反対したが、四派連合の多数の賛成で、農村振興建議案が可決された。

三月二五日、温は登院し、衆議院本会議に出席した。第五〇議会の最終日であった。この日、貴族院に回付されていた大正一四年度の予算案が可決されている。そして、この日、貴族院の本会議に、衆議院より貴族院に送付されていた「衆議院議員選挙法改正法律案」（普選法案）の貴族院の委員会報告（選挙権の拡張をできるだけ縮小しようとする修正報告）がなされた。それに対し、貴族院改革問題等で時間をとったため、時間不足で、会期が一日延長となった。温はこの普選問題には大いに関心があり、この日の日記に「貴族院ハ貴革問題討議中ニテ普選ニ移ラズ。本日ハ十二時ニ至ルカ、或ハ延長カトナルヘシ。不快ヲ感セシ故、七時退場ス」と記している。二六日、温は登院し、貴族院での普選法案の審議を傍聴した。貴族院では、衆議院の普選法案を修正・可決した。その結果、衆議院と貴族院の対立となったため、さらに会期が二日間延長となった。日記に「貴族院普選討議ニ入ル。形勢見込立タス。……十一時四十分二日間延期ノ詔書下リ、散会ス」とある。そして、二七日に両院協議会の委員を選出し、二八日に両院協議会が開かれた。しかし、対立が続き、深夜になって漸く妥協が成立した。日記に「午后登院、両院協議会ニテ互ニ相譲ラス折衝ス。開会セラレサルカ故ニ囲碁等ヲナシ時間ヲ消ス。午后十一時半頃ニ至リ交渉会ニテ妥協案成立セシトノ報アリ……。十一時四十分開会」とある。そして、二九日に両院の本会議で普選法案が成立した。この日、午後六時より帝国農会主催の下に帝国ホテルにて農村問題に対する今期議会の労を謝するため貴族院議員招待会を開き、荒井賢太郎、野村益三、小畑大太郎、上山満之進、山田斂、矢口長右衛門らが出席し、懇談した。

三月三〇日は午後五時より農政研究会幹事会を開き、高田、八田、川崎、土井、西村、三輪、松浦、池田らと帝農幹部一同が出席し、本議会において農会多年の要望である農林省独立、米穀法改正の重要案件の解決を得、さらに今後の農村振興について協議し、農村金融制度の確立（低利資金問題）、自作農創定、農家負担軽減（税制整理）、農家経済組織改善等を課題とすることを決めている。(17)

三月三一日は第五〇議会の閉院式であったが、温は欠席し、帝農に出勤し、業務を行なっている。なお、三月三一日、加藤内閣は勅令第三十五号をもって農林・商工両省の分離を決定し、翌四月一日より施行することを決めた。帝農は大正五年以来毎年農務省新設を建議し続け、また、議会に対しても、大正七年の第四一議会以来殆ど毎年議員を通じて建議案を提出し続け、そして、大正一三年四月設置された帝国経済会議（清浦奎吾内閣）で、農務省独立の答申がだされ、本年（一四年）漸く、加藤内閣、高橋農商務大臣の下で実現したものであった。(18) 農林省の独立は、温にとっても長年運動してきた成果であり、感慨深いものがあると思うが、特に日記には記していない。

四月、温は帝農幹事として、種々業務を行ない、また、講演のためによく出張した。さらに議員としても種々業務を遂行した。一日は、午前宮中に出頭し、両院の議員とともに正午摂政宮殿下と謁見した。この日の日記に「正午摂政宮殿下謁見ヲ賜リ、次テ酒饌ヲ賜フ。南海村落ノ一農夫トテハ無上ノ光栄ナリ」とその感慨振りを記している。二日は鉄道省を訪問し、八田建設局長に国鉄松山線の堀江駅停車の模様を聞いた。和気の方は調査中とのことであった。後、玉利喜造先生宅を矢作副会長らと訪問し、記念品を贈呈し、その夜は横井時敬先生、矢作副会長らと農会記念史編纂の打ち合わせを行なった。なお、この日、勝賀瀬質と東浦庄治が参事に昇格し、鈴木常蔵が副参事に昇格した。[19] 三日は終日自宅で八基村の基本調査について手入れを行なった。四日は郷里の芳野市蔵（和気村）、矢野信次（久枝村長）が上京し、ともに鉄道省を訪問し、俵孫一政務次官に面会、和気駅停車場の陳情をした。

四月四日、温は午後九時四〇分東京発にて、瑞穂会の会合及び講演のために三重県に出張の途につき、翌五日午前九時津に着し、駅前の遠帆楼に行き、山口左一、堀田義次郎、猪野毛利栄ら瑞穂会のメンバーと合流し、自動車にて三重高等農林学校、実業女学校等を参観し、後、一志郡郡役所にて講演し、終わって二見に行き、朝日館に投宿した。六日は午前は伊勢神宮を参拝し、神官より祓をうけ、「実ニ石井村ノ一農民ニシテ誠ニ難キコトナリ」と感動し、午後は宇治山田市々立高等女学校における帝国農会主催の講演会に出席し、[20] 来会者五〇〇～六〇〇名に対し、矢作副会長の挨拶、渋沢元治博士（東京帝大教授、工学博士）の「電気界より見たる新農村」の講演の後、温が「選挙法改正と農村問題」と題して、講演を行なった。終わって、鳥羽に行き、錦浦館に投宿した。七日は鳥羽の御木本幸吉の真珠養殖場を視察し、午後帰京の途についた。

四月八日、温は午前六時四〇分東京に着し、一旦帰宅した後、帝農に出勤し、八基村の基本調査校正などした。九日は矢作副会長、四幹事（温、福田、増田、高島）にて終日自作農創設案の研究を行ない、夜は『愛媛県農界時報』の原稿「選挙法改正と農村問題」、「焦眉の急は政治教育」の執筆を一時過ぎまで行なった。一〇日は中正倶楽部の代議士会に出席し、夜は前日の原稿の仕上げを行なった。「選挙法改正と農村問題」の大要は次の如くで、普選を機会に有権者に都合の良い主張をする扇動政治家が進出し、農村振興の妨害となることが起こり得るので、農民は彼らに惑わされずにしっかりした考えをもたなければならない、というものであった。

「普選は是だが、普選実施の暁には政党が選挙で多数の賛同を得るために都合の良い主張をするだろう、すなわち、従来資本主義の政策を援助したものが、今度は社会政策だとか、労働問題だとか、小作問題だの言い出し、その場限りのでたらめの農村振興論を言い出すであろう、だから国民は普選実施により起こりうる時流に対し迷わぬよう、種々のことを考究し、しっかりした意見を持っておかなければならない。

さて、今日、一部の学者や農民組合員、またそれに共鳴する人たちが、従来の農村振興策――租税公課の軽減、米価維持、自作農創設、農村金融の充実等――などは地主本位、地主擁護であり、小作者や自作者には何の利益もないと批判しているが、普選となるとすべての農家が有権者となるので、その空気は濃厚になるであろう、さらに、この情勢を利用し、只農家の票を得んために出来もしない農村問題、社会問題を製造して小農をごまかして目的を達し、議会に出ると資本家に買収されるような扇動政治家も出て来て農村振興の妨害となるようなことも起こると想像される。なお、自分は農民組合員、またその共鳴者に知人も少なくなく、そのうち農村問題をよく理解して、小作者の立場にたち、終始小作者の利益を主張している者に対して、たとい自分と見解を異にするところがあっても、その所説に敬意を払い、行動もともにすることが出来ると信じているが、しかし、農村問題をえさに小作者を踏み台として野心を満たさんとする扇動政治家などは可及的に農村侵入を防止しなければならない。

さて、ここで現在唱えられている農村振興問題について、果たして地主本位であるかどうか吟味しておく。もし、一部の論者の見解の如く地主本位のものであるなら、それはぜひとも自作者本位に改め、小作者の境遇改善を加えねば農村振興問題の意義をなさない。自分は目下の農村振興問題は決して地主本位ではないと信じる。尤も同じ問題で地主擁護の目的で論議し、尽力しているものもいるが、しかし、耕作をしない地主は農業者とはいえない。これを目標にしたものは農村問題ではない。農村問題とは農業の経営および農家の経済を包容する経済問題を中心としてこれに社会問題を加えたものである。故に問題の対象物は自作者、小作者即ち耕作者でなければならぬ。しかるところ、今日の農業経営上の不利益を改善せんとその具体案を持ち出すと、負担の軽減、米価維持、金融の充実などの問題となって、実施の結果は地主の分け前が多いようなことになるために、見ようによっては地主擁護のように解せられるが、最大の原因は小作料で、それが古来の実物経済の遺物であるのと、その小作料が土地に対する租税公課と土地資本利子から構成されていることであり、故にこの問題を研究して如何にして小作者の利益を増進し得るやを考えて見たならば誤解の大部分は氷解するはずである。また、かゝる農村振興策は地主擁護で小作者に何の利益もないとして農産物価格を下落させ、租税公課を加重にし、農村の金融を逼迫させ、金利を高くするほうがよいとして、そのような政策を取ったとしたら、自作者や小作者はどうなる、自作、小作は滅亡してしまう。だから、農家の負担軽減や農産物価格の維持や農村金融の充実などの農村振興政策は地主擁護で自小作者の問題でないなどと解釈するのは、全く農村問題を研究したことのないものか、または為にする扇動者であろう。また、今日捉えられている農村振興策は農村問題の一部であり、また、小作者に対する直接の問題を十分にとりいれていないから補足する必要がある(21)」。

四月一二日は終日『帝国農会報』の原稿「第五十議会雑感（一）」を執筆した。その大要は次の如くで、議会の政争に馬鹿馬鹿しくなったが、加藤内閣の行財政整理、農林省の独立については評価するものであった。

「当議会は口汚い野次と殴り合いの活劇とその後始末に費やした時間が一番多く、多忙な議会で、馬鹿らしく感じ、嫌な気分となったが、日を経るに従い、もう少し真面目に議案を研究討議する方法はないものかと考えるようになった。当議会は行財政整理・緊縮の議会で、従来の如く借金を重ね、不適当な事業を行なうことは堅実でなく、現内閣の消極策は大多数の国民の希望に沿うものである、当議会の唯一の新事業は農林省と商工省を各独立させ、そして、農林省に農村振興費として二五〇万円増設し、また、文部省に師範教育改善に四〇〇万円を増設したことであり、農村問題の一進展と考えて良い[22]」。

四月一三～一五日は道府県農会職員協議会の準備、八基村調査の手入れ等を行なった。

四月一六日から二〇日まで帝国農会は事務所において道府県農会職員協議会を開催した。福井と大阪を除き、六〇余名が出席し、愛媛からは多田隆、真木重作が出席した。午前一一時開会し、大正一三年度の事業報告、第五〇議会における農村問題経過報告、大正一四年度事業計画の説明等がなされた。一七日は協議事項、郡役所廃止に伴う郡農会の善後策に関する件、町村農会発展に関する件等について協議し、委員会に付託することとし、一八日は各府県農会の事業報告、一九日は各委員会を開催し、温は町村農会発展策と農産物販売斡旋所問題の委員会に出席、二〇日は各委員会の報告、農村振興に関して農林当局の説明と質疑応答があった。農村振興については委員会を作り決議案の協議がなされ、五日間にわたる協議会を終了した。この協議会の決議事項は、「郡役所廃止に伴ふ郡農会善後策に関する決議」（郡役所の農業関係技術員を郡農会技術員とし、又地方費より補助すること等）、「町村農会発展に関する決議」（町村農会に専門技術員を設置し、国庫補助を要望する等）、「農会販売斡旋所に関する決議」（帝国農会に販売斡旋主任をおくこと等）、「重要農産物実収調査に関する決議」、「農村教育に関する決議」（農業補習学校の普及充実等）、「農村振興費に関する決議」（振興費の増額等）であった[23]。二一日は幹事、菅野鉱次郎らと道府県農会協議会の決議事項の処理を協議し、二二日は幹事、那須博士らと自作農創設調査項目の協議等、二四日は鉄道協会にて開催の山林会顧問会に出席し、建議案の協議、二五日は米麦生産費調査補助簿の作成等を行なった。

四月二七日、温は衆議院議員として、鉄道省を訪問し、八田嘉明建設局長、青木周三鉄道次官に面会し、松山線の堀江停車場を依頼し、また、逓信省を訪問し、桑山鉄男逓信省次官に面会し、魚成村の自作農創出資金融通決定の情報を得て、直ちに魚成村に通知している。二八日は憲政会本部を訪れ、八並武治幹事長に松山線の和気停車場問題を陳情等している。

四月三〇日、温は『帝国農会報』の原稿「第五十議会雑感（二）」を書き上げた。その大要は次の如くで、農林省の独立化を評価しつつも、農林省の経費が商工業に比して軽少であり、不均衡の是正を求めるものであった。

「帝国農会が農務省の独立を要望し始めたのは、大正五年一〇月の総会決議が最初で、足掛け一〇年、ようやく実現し、祝すべきことである。農務省独立化の理由は、農業政策と商工政策とは利害が一致しない場合が少なくないので、一省の事務の下に混同・統括するのは産業政策の不徹底を来たし、政府の産業方針いずれにあるやの判断に迷い、不都合であり、又農業者の立場よりすれば現在の資本主義経済組織の下では政策当局の政策立案者の意思は都市だの、商工だのとの偏見がないにしても、結果は商工業者に非常に有利となり、農村は都市的文化政策の犠牲となっている、これは交通政策でも金融政策でも租税政策でも、社会政策でも証明できる。だから、両者を分離して農業政策は農業の特性、農村の事情にもとづき適当な政策を講じなければ、農村振興は百年河清を俟つの類となる。

本年度の農林省の経費は四一四六万五〇八九円で、前年に比し七七二万七一八七円の減額である。それについて不満を感じるのは、農林省の経費全額が逓信省の電話交換拡張費と相伯仲する金額に過ぎないのである。電話交換拡張費は文明の利器だが、その利益恩典を受けるのは都市の中流以上のもの、商工業者であって、村落の農家などは直接にも間接も毛頭の利益もないのである。

また、農林省予算中食糧生産に関する経費は六六一万七八九〇円余りであるが、この経費は日本郵船、大阪商船、東洋汽船などへの航路補助費よりも少ないのである。海運会社は今日では不況のようであるが、日清、日露や先の戦争に際して法外に儲け、好景気の時に二、三割の配当をなし、積み立てをし、事業拡張し、重役に莫大な給与を支給するなどいずれも独り立ちのできる会社である。好景気のときの大儲けを不景気のために積み立て貯えておかずに、予算を分捕り、その埋め合わせを国民が負担するような政策の下では、商工業は非常に有利となり、農業者が犠牲となるのは至極当然で、農村不振の原因がどこにあるかは明瞭であろう。政費分配の大局より見れば、まだまだ農民は義務の負担が重大で、恩典の分配は軽少である。我々は農林省の独立を一転機としてあくまで不均衡の矯正に努力しなければならない」。[24]

四月三〇日、温は午後七時二〇分東京発にて、島根、鹿児島での帝農主催の農村問題講習会及び宮崎県での町村農会経営研究会講習会での講演のために出張の途につき、翌五月一日午前七時半京都に着き、島根に向かい、午後七時七分松江に着し、松平次郎（島根県農会技師）に迎えられ、東茶町銀水旅館に投宿した。二日は島根県農会の岡本義久技手の案内で、八束郡熊野村、大庭村を訪問した。三日は島根県農会楼上にて、帝国農会主催の農村問題講習会（一日〜四日）に臨み、温は午前一〇時より午後四時まで、翌四日も午前九時より午後三時まで講義を行なった。講習が終わって、午後三時五〇分松江発にて浜田に行き、亀山旅館に投宿した。なお、この日、温は新聞にて、政友会、革新倶楽部、中正倶楽部合同の情報を見ている。「汽車中大阪新聞ニテ政革中ノ合同ノ記事アリ」。五日、温は午前中旅館にて「政費分配ヨリ見タル農政」（一四枚）を一気に書き、一二時二〇分浜田を出て、小郡、門司を経て、鹿児島に向かい、翌六日午前九時鹿児島に着し、宇都曾一（鹿児島県農会副会長）に迎えられ、薩摩屋旅館に投宿した。そして、温は鹿児島高等農林学校にて開催の帝国農会主催の農村問題講習会（五日～八日）に臨み、午後から講義を始めた。講習生は各方面から一四〇余名が参加した。夜はお多福にて懇親会に出席した。鹿児島高等農林学校生ら六〇余名も出席し、盛会であった。翌七日も温は午前九時から午後三時まで講義し、さらに午後三時半より五時まで鹿高農生の希望により現下の農政について講演をした。午後、宇都曾一とともに玉利先生を訪問した。八日も温は午前九時より一二時まで講義を行なった。終わって、午後三時発にて迎えの栗下恵毅（宮崎県農会技師）とともに宮崎県都城に向かい、午後八時都城に着し、水元旅館に投宿した。九日、温は午前一〇時より県立都城農学校にて開催の県農会主催の町村農会経営研究会に出席し、一二時半より四時半まで講演を行ない、夜は竹葉亭にての慰労会に出席した。

なお、中央政界では、五月一〇日、革新倶楽部が分裂し、革新倶楽部の主流の犬養毅らが政友会に合流した。その際、温の所属する中正倶楽部の一部（一一名）も政友会に入り、分裂した。その前日の九日、温は松山兼三郎、山口左一に中正倶楽部残留、結束の手紙を記した。

五月一〇日も温は都城農学校にて午前九時より一二時半まで講演を行ない、終わって、午後二時一五分都城発にて南那珂郡飫肥町に向かい、午後七時飫肥町に着き、沈新亭に投宿した。翌一一日、温は飫肥中学校における南那珂郡農会総代会に出席した。この日温は体調がすぐれなかったが、来会者約四〇〇名に対し、約四時間にわたって講演を行なった。終わって、午後三時に飫肥町を自動車にて出発し、宮崎市に向かい、宮崎で医者に診察をしてもらったが、腸を損じていた。また、熱も三八・五度にのぼり、静養を勧められている。しかし、翌一二日、熱が三七・五度に下がったため、温は宮崎を一〇時四〇分発に出発し、児湯郡妻町に向かい、妻町の小学校講堂にて、児湯郡農会ら三郡の来会者四〇〇余名に対し、病を推して三時間程講演した。また、翌一三日も午前九時より一一時四五分まで講演した。終わって、一二時四〇分妻町を出たが、日豊線が不通のため、鹿児島周りにて帰ることとし、宮崎市に下車し、午後六時二〇分宮崎発にて、福岡に向かい、一四日午前六時福岡につき、門司に行き、下関に渡り、九時四〇分下関を出て広島に行き、広島から宇品に行き、高浜に渡り、午後九時前にようやく帰宅した。

帰郷後も温は忙しい。一五日午前は休養したが、午後は石井小学校の増築上棟式に参列した。なお、この日、温は母を説得して、自作田の浦田、小田を小作に出すことにした。一六日は出市し、県農会における農業倉庫管理者の協議会に出席し、五〇余名に対して、温が米穀法改正について報告し、終わって、青野岩平、宮脇茲雄、門田晋、多田隆らと道後で小宴を催し、帰宅した。一七日は正午より石井村の篤農家懇談会に出席し、普選と農村問題について講演した。そのあと、東温一一カ村の有志の会合に出席し、税制改正について講演した。一八日は松山に行き、久保田旅館における農友会理事会を開き、午後二時より県公会堂にて、温の議会報告演説会を催した。仙波茂三郎が開会挨拶し、野口文雄、松尾森三郎が演説し、ついで温が約二時間にわたって講演した。一九日には、伊予郡郡中町に行き、午後一時半より寿楽座にて議会報告演説会を開催し、三〇〇～四〇〇名が来会し、富永安吉が開会挨拶し、渡辺好胤、石丸富太郎らが演説した後、温が講演した。

五月二〇日、温は午前九時石井駅を出発し、東京での活動のために上京の途につき、翌二一日一二時半東京駅に着し、そのまま、帝農に出勤した。二二日は帝農に出勤し、また、登院し、中正倶楽部の代議士会に出席し、政友会との合同に反対の佐々木平次郎、増田義一、永田新之允、石坂豊一、井上孝哉、佐藤潤象、武藤嘉門ら残留組と結束し、そして、革新倶楽部の残留組と合同し、新交渉団体を結成することを決めた。(25) 二四日は『帝国農会報』の原稿「第五十議会雑感(三)」を執筆した。二七日は愛媛より上京の佐々木義潔（和気村長）、芳野市蔵（和気村）、安藤音三郎、清水隆徳、武内作平らとともに鉄道省を訪問し、八田嘉明建設局長、青木周三次官に面会、和気停車場問題について陳情した。二八日は横浜に行き、海軍の演習を参観し、夜六時より帝農にて農業各団体の組織・二八会（帝国農会、産業組合、蚕糸会、畜産会、山林会等）の初会合を持った。二九日は午前は米生産費調査の資料精査を行ない、午後は中正倶楽部の代議士会を開き、明日の合同に関する打ち合わせを行ない、午後六時からは農政研究会幹事会を開催し、憲政会の加藤政之助、高田耘平、川崎安之助、荒川五郎及び松山兼三郎、山口左一らと地租委譲問題の意見交換をしている。三〇日午後三時より工業倶楽部にて、新正倶楽部の発会式を挙行し、参加した。新正倶楽部は、政友会入りをしなかった革新倶楽部の残りのメンバー八名（尾崎行雄、関直彦、湯浅凡平ら）と中正倶楽部の残りのメンバー二〇名（温、松山兼三郎、山口左一、増田義一ら）で結成した。(26)

五月三一日、温は終日在宅し、『帝国農会報』の原稿「第五十議会雑感（三）」を草了した。大要は次の如くで、米穀法制定の歴史を論じ、農業保護ではなく、消費者保護の社会政策になっていることを批判し、さらなる改正（特に二条）の必要について論じたものであった。

「大正四年の大隈内閣の米価調節調査会、大正八年の原内閣の臨時財政経済調査会、九年米価暴落下の米投げ売り防止運動等の歴史をへて、大正一〇年四月に米穀法が制定されたが、米穀法について農業者側の希望的観測は米の生産増殖の意を含んだ農業保護政策であったが、然るに生れた米穀法は消費者本位の社会政策であった。最近まで政府が採ってきた調節方針は数量目標で、政府が責任をもって供給量の安定を保証すること、即ち、米不足の場合には外米輸入により供給安定をはかるが、米過剰の場合は輸出して供給安定をはかるのでなく、国内に積んでおくので、政府の持米は常に市場を圧迫し、結局は米価を下落させることになって、消費者のためには利益であるが、生産者のためには非常に不利益となっていた。また、米穀法のために外米に対する関税定率法の保護効力が軽減された、それは同法第二条により外米関税の撤廃が容易に行なわれるようになったためである。

以上のように、農業関係者が大騒ぎして出来上がった米穀法だが、農家に不利な社会政策であったから、施行の翌年から改正運動が起こった。帝国農会が要求した改正は三カ条で、（一）調節は量と価格を目標とする、（二）第二条の削除、（三）委員制の改正であった。五十議会で改正されたのは、（一）だけであって、他は改正されなかった。米穀法第二条は政府当局の意思により自由自在に関税を増減免除できるから、関税定率法の効力は薄弱となっている。要するに、米穀法は改正されたが、生産者のために最も不安を感じる外米関税の問題が残っているから、さらに次の改正が必要である。最後にこの議会を通じ、委員会でも、本会議でも農業保護に甚だ冷淡な議員が多かった」[27]。

六月も温は種々業務に従事した。一日は帝農幹事会を開き、来る六日の全国農会大会提出問題等を協議し、夜は帝農評議員会を開催し、横井、安藤、桑田、東ら出席の下、大会問題等を協議した。二、三日は旱害見舞金の分配案の作成等、四、五日は米生産費調査の作表、大会準備等をした。

六月六、七日の両日、帝国農会は全国農会大会及び農林省独立祝賀会を上野精養軒及び帝農にて開催した。一日目（六日）午後二時より全国農会大会を上野精養軒にて開会した。全国から二〇〇余名が集まった。まず大木遠吉帝農会長の挨拶、矢作副会長による大会宣言及び決議事項の説明、そして、来会者、酒井為太郎（茨城県農会）、鳥羽久吾（長野県農会副会長）、杉田隼平（愛知県農会）、小串清一（神奈川県農会評議員）、斎藤与左衛門（栃木県農会長）、原三郎兵衛（長野県農会）らの演説があった。大会宣言は「今や朝野を挙げて農村振興の論議極めて熾なり、然も農業政策の解決せられざるもの頗る多く、農村の前途依然として不安の情態に在り、惟ふに農林省の新設せられたる所以実に茲に存し、今後農業政策の遂行上面目を一新するものあるべしと雖、此機会に於て全国農会の意思を表明し、刻下の急務とする農村振興の重要政策を掲げ、大に世論を喚起し、誓って之が実現を期せんとす、敢て宣す」であり、決議事項は、（一）農産物関税定率の改正、（二）農家負担の軽減、（三）農村金融の充実、（四）耕地政策の改善、（五）自作農の維持創設、（六）小作法の制定、（七）農村教育の改善、の七項目であった。終わって、午後六時より農林省独立の祝賀会を上野精養軒にて開催し、岡崎邦輔農林大臣以下農林次官、局長、課長、招待者二〇〇余名が出席し、盛会であった。大会二日目（七日）は午前一〇時より帝国農会事務所にて開会し、決議事項に関し各自の演説があり、さらに、松岡勝太郎（岐阜県農会副会長）による昨年以来の帝国農政協会の運動の経過、福田幹事より帝国農会の運動の経過報告があり、終わって、決議事項の実行方法を協議し、各府県一名の代表委員を出し、運動することを決め、閉会した。そして、午後代表委員と農政協会の理事が合同で会議を開き、三組に分け、総理、農林、文部は矢作副会長、内務、憲政、政友、新正は福田幹事、大蔵、逓信、政友本党は温が同行、陳情することを決めた[28]。翌八日午前八時、温は陳情委員とともに、逓信省を訪問し、安達謙蔵逓相に陳情し、更に大蔵省を訪問し、浜口雄幸蔵相に陳情した。更に政友本党を訪れ、松浦五兵衛に面会、陳情した。その夜は農政研究会幹事会を開催した。

全国農会大会後も温は種々業務を行なった。一一日は憲政会本部を訪れ、八並武治幹事長に松山線の和気停車場問題について憲政会の意向を質している。一二日は帝国地方行政学会より依頼の原稿「農村より観たる地方行政整理」を執筆し、一三日は輸出入品に関する調査を行なった。一四日は午後中央大学にいき、学生四〇〇～五〇〇名に対し、農業問題について講演した。一五、一六日は米生産費調査の研究、一七日は二八会（帝国農会、産業組合、畜産組合、水産組合、蚕糸同業組合、山林会の農業各団体の協議会）の発会式を挙行した。一八日は米生産費調査の研究等を行なった。

六月一九日、温は『帝国農会報』の原稿「第五十議会雑感（四）」を執筆した。その大要は次の如くで、行政の無駄・弊害を指摘し、改革を求めるものであった。

「現政府が成立当初より最も力を注いだのは行財政整理である。財政の緊縮はある程度行われたが、行政整理の方は根本的に行なわれていない。行政整理の意義は現在のような分解的、孤立的、或いは人のために官を設けた複雑な行政組織を革正し、事務の統一簡素化を図り能率を増進することである。中央、地方の官庁及び官吏には業務分捕りの弊習があり、そのため、同じ系統の事業が異なった役所に分割管理され、政令が二つ出たり、意見がまとまらぬために事務が渋滞したり、重要なポストに何の経験もない人が任命され、更にしばしば更迭されるために事務の渋滞をきたすことなどの弊害が多い。自分は予算委員会で、北海道の拓殖事業は主として農業経営であり、これは、本来行政の統一上農商務省が管理するのが適当であるのに、何故、農業に関係のない内務省に所管されているのか、そのため、奨励上不統一を来たし、政令が二つも三つも出て、無益の経費を使うことが少なくない、行政整理とは、こういうのを統一するのが精神でないのかと(29)」。

六月二〇日、温は午前一一時四八分上野発にて千葉県松戸に行き、千葉高等園芸学校における学生の農政研究会に出席し、講演し、午後四時二〇分松戸発にて帰京した。二二日は自作農創設案の研究、二三日は米生産費の集計を行ない、二四日は午後六時より農政研究会幹事会を開き、加藤政之助、川崎安之助、荒川五郎、高田耘平、松浦五兵衛、松山兼三郎、赤間嘉之助ら出席の下、自作農創設維持と農村金融問題を協議した。二六日は松山兼三郎代議士と外務省、大蔵省を訪問し、佐分利貞男通商局長、黒田英雄主税局長に面会し、鶏卵輸入税免除反対を陳情した。二七日は午後六時より帝国大学学友会、社会研究会の招きにより、来会の一六名に対し、農村問題の話をした。二八日には茨城県土浦に行き、小畑大太郎氏（貴族院議員）の農場を視察した。三〇日は関西府県農会聯合会の決議により帝国農政協会の委員会を開き、麦生富郎（広島県農会技師）、菅野鉱次郎（岡山県農会嘱託）らと農村振興費について協議した。

七月一日も昨日の委員会の続き、二日にはその決議事項をもって農林省を訪問し、石黒農務局長に対し陳述した。四日は米生産費の調査を行なった。五日、温は著書を出すことを決心し、執筆を始めている。七日は米生産費の手入をした。八日は午後一時より鉄道協会にて帝農評議員会を開催し、志村、桑田、横井、安藤らが出席し、三土忠造農林次官参列の下、自作農創設案の審議を行ない、また、午後六時からは農政研究会幹事会を開き、高田、青木、村上、松山、池田らが出席し、自作農創設案について協議した。九日は鉄道省を訪問し、八田嘉明建設局長に和気停車場問題で面会、一〇日は午後六時より帝国地方行政会の招待により会議に出席した。

七月一一日、温は午後二時上野発にて栃木県農会主催の町村農会経営講習のため塩谷郡塩原町に出張し、七時二〇分塩原に着き、上那須屋に投宿し、翌一二日午後一時より三時まで塩原町小学校にて講義を行なった。また、一三日も午前八時より午後四時半まで終日講義した。そして、一四日午後二時五〇分西那須発にて帰京した。

七月一五日は『帝国農会報』の原稿「第五十議会雑感（五）」を草した。その大要は次の如くで、郡農会の存続、官僚本位の農村振興に反対するものであった。

「行財政整理のため郡役所の廃止に関連して、郡農会の存廃問題が議論されているが、自分は廃止すべきにあらずとの意見である。その理由は、農村振興は政治家の演説だけでは運ばない、天下りの画一的方策では進まない、農業の経営は天然自然の差異により改良の具体的方法を異にし、生産経済を指導する産業行政の施設は地方的なものが基礎にならねばならず、郡農会の存続はぜひとも必要である。今日の県の産業方針は次第に都市本位、商工本位になっている、地方に郡農会があれば地方の農業利益を代表する故に都市本位、商工本位を緩和することが出来る。

次に、本議会で通過した二五〇万円の農村振興費についてであるが、新規予算で兎も角も農村振興の一進展である。

然るに、事業の根本精神について、自分は農林省当局と全く所見を異にしている。農林省当局の農村振興は官庁の直営を最良とし、民設機関の活動を排除する方針を採っている。画一的官僚本位主義は遺憾であり、これについて我々は闘わねばならない(30)」。

七月一六日、温は午後一一時東京発にて、中川潤治（帝農副参事）、鈴木常蔵（同）とともに愛知、岐阜、石川に農業経営視察のために出張の途についた。翌一七日午前八時岡崎市に着き、野村国市（愛知県農会技手）の出迎えを受け、西尾線に乗り三江島に下車し、幡豆郡三和村の辻村氏の農場を視察し、後、西尾町の村田旅館に投宿した。一八日は午前七時四〇分発の自動車にて碧海郡安城町に行き、赤松弘（愛知県農会技師）らの出迎えを受け、安城町の共同経営農場や農事試験場、産業組合等を視察した。終わって、午後四時五〇分発にて名古屋に向かい、富沢町の大松旅館に投宿した。一九日は岐阜より来た松岡勝太郎（岐阜県農会副会長）、戸島寛（同県農会技師）及び赤松弘らと自動車にて諏訪原に行き、諏訪原共同経営を視察した。終わって、松岡、戸島らと多治見町に向かい、ビードロヤに投宿した。二〇日は午前九時多治見町を自動車にて出て、岐阜県可児郡中村に行き、共同経営を調査し、温が一場の講演をした。終わって、上之郷村鬼岩温泉に行き、岩本虎信（岐阜県農会技師）、戸島寛らと投宿した。二一日は午前七時鬼岩を出て、御嵩より汽車にて多治見町に出て、恵那郡大井町に行き、自動車にて恵那郡遠山村に行き、三宅利八、原田宇一氏の住宅を視察した。終わって、大同ダムを見学し、午後七時二五分中津町発にて、金沢に向かい、翌二二日午前七時四〇分金沢に着し、石川県農会を訪問し、藤屋旅館に投宿した。夜は、鰐甚にて神田重義（石川県農会長）、松田豊彦（石川県農会技師）らと会食した。二三日は午前七時半宿を出て、松田豊彦らと石川郡郷村の東三日市共同経営を視察し、終わって、粟津温泉に行き、法師善吾楼に投宿した。二四日午前九時宿を出て小松町に行き、藤元与善（石川県農会技手）とともに小松より一里の能美郡板津村の平田政蔵氏の中経営を視察し、終わって、午後四時二〇分発にて金沢市に戻り、松田、藤元に見送られ、夜七時半発の急行にて帰京の途につき、翌二五日午前一〇時過ぎ帰宅した。二六日は農業経営視察記を草した。

七月二七日、第五回農政研究会在京幹事会を開催し、荒川五郎、川崎安之助、松山兼三郎ら出席の下、自作農創設問題を協議し、翌二八日、農政研究会幹事会を開催し、荒川、川崎、松山、赤間嘉之吉、三輪市太郎、山口左一ら出席の下、自作農創設案を決定し、一同農林省を訪問し、三土忠造農林次官に陳情した。夜は午後六時より中央亭にて二八会を開き、出席した。二九日は矢作副会長とともに農林省を訪問し、三土農林次官、馬場由雄農政課長を訪問し、郡農会存続、町村農会技術者補助の陳情を行なった。三〇日は終日原稿（農業経営視察）を執筆した。

中央政界では、七月三〇日、税制整理問題をめぐって憲政会と政友会の対立が激化した。日記に「本日ノ閣議ニテ税制案ニツキ政友、憲政協調決裂ス」とある。そして、三一日、加藤高明連立内閣は、閣内不統一のため、総辞職した。八月一日、大命は野党の政友本党ではなく、憲政会の加藤高明に再び降下した。この日の日記に「今朝迄大命加藤子爵ニ降ルト観測サレシカ、牧野子、西園寺訪問ニヨリ混沌トシテ、本党降下ノ観測多シ。然ルニ内相帰京。午後五時大命加藤氏ニ降下。政本提携ノ策士馬鹿ヲ見ル」とある。そして、二日に第二次加藤高明内閣が成立した。憲政会単独内閣であった。議会では少数の内閣となった。新農林大臣には早速整爾が就任した。三日、温は早速整爾農林大臣を自宅に訪問、就任の挨拶をし、後、帝農に出勤し、幹事会を開き、来年度予算について協議した。

八月五日、温は『帝国農会報』の原稿「農会の本領」を書き上げた。その大要は次の如くで、農会の本領は農業者の福利増進であり、温の農会論の真髄が判る。

「系統農会が組織されて二七年、農業界の一大重要機関となり、実業界の民設機関中、最も真面目に、最も多く仕事をしているのは農会であろう。ところが、農会の本領について第三者は勿論、会員の中にも十分理解されていないのは遺憾である。農会の組織は農会法第一条によりその町村において耕作するものと耕地を所有するものを会員として、市町村農会を組織し、郡農会、道府県農会、そして帝国農会を組織している。農会は総ての農業関係の土地所有者と農業経営者を包含した純然たる民設的大機関である。農会の精神は農会法第三条により、（一）農業の指導奨励に関する施設、（二）農業に従事する者の福利増進に関する施設、（三）農業に関する研究調査、（四）農業に関する紛議の調停又は仲裁、（五）その他農業の改良発達に必要なる事業、と規定されている。その中で農会の精神は第二項にあり、農会の本領は農業に従事する者の福利増進を図るところにあって、直接農業に関係ないものの福利増進を図ることは農会の使命ではない。例えば、食糧問題について考えると、農会の方針は農事試験場のように米麦そのもの、研究、また、官庁のように需要供給の調節を目標とするものではなく、飽くまで農業経営上の利益の増進を目標として指導奨励するものである。故に生産増殖に利益がある場合は多収穫生産の奨励を指導するけれども、多収穫栽培が農業経済の適合限界を脱した場合は農会は価格の維持とか作物の転換とか異なった方法をとるのが、農会の本領であり、使命である。農民は古来より国家とか国民とかの名によって農民以外の国民の福利増進となり、農民には不利益が強制されてきた。農会は飽くまで農業者の福利増進を考え、もし、政府が国民の福利増進の施設だと云っても、それが農業者にとって不利益であるならば反対の態度をとり、陳情、建議その他の行動でそれを阻止し、緩和するのが農会の使命であり、本領である[31]」。

八月六日以降、温は出張の連続であった。この日、温は午後一一時東京発にて、愛知、山口、愛媛、長野等への出張の途についた。翌七日午前九時一五分名古屋に着し、赤松弘（愛知県農会技師）とともに電車にて知多郡大野町に行き、新舞子駅に下車し、舞子旅館に投宿した。翌八日、温は大野町小学校に行き、愛知県農会主催の夏期大学に臨み、午前八時より正午まで、来会の一三〇余名に対し、講演を行なった。終わって、修了証書を授与し、金谷料亭での慰労会の後、熱田から名古屋に出て、午後四時三七分発の特急にて山口県吉敷郡小郡町に向かい、九日午前七時小郡町に着し、更に乗り換え、湯田温泉に行き、松田旅館に投宿、休養した。翌一〇日、温は小郡町に戻り、小郡町会議事堂において山口県農会主催の農業経営講習会に臨み、午前一〇時半より午後一時半まで、来会者二七〇余名に対し、講演を行なった。終わって、午後二時小郡を自動車にて山口町に向かい、県農会を訪問し、湯田に戻り、投宿した。一一日、温は午前七時宿を出て、井上虎太郎（山口県農会技師）とともに豊浦郡小月村に行き、同村明円寺において、九時半より一二時半まで、豊浦郡、美弥郡、厚狭郡の有志二二〇余名に対し、講演を行なった。終わって、直ちに二時小月発にて阿武郡萩町に向かい、五時萩につき、萩では松陰神社、松下村塾等を見学し、阿武川畔巴橋の富田屋に投宿した。翌一二日、温は阿武郡役所において、午前九時より一二時二〇分まで、来会の一〇〇余名に対し、講演を行なった。終わって、自動車にて小郡に行き、午後三時四〇分小郡に着し、さらに汽車にて柳井町に向かい、五時半着し、黒川旅館に投宿した。一三日、温は柳井津町小学校に行き、午前八時二〇分より一二時まで、来会の二五〇余名に対し、講演を行なった。終わって、午後一時、国光五郎（県農会長）、井上虎太郎（県農会技師）らに見送られ、柳井を出て、愛媛に帰郷の途につき、広島、宇品をへて、夜九時過ぎ帰宅した。

温は帰郷後も多忙であった。八月一四日午前、温は県農会に行き、県内講演の打ち合わせを行ない、午後一時半松山発の内子自動車にて大洲に向かい、途中内子の親戚芳我清蔵家に立ち寄り、五時大洲に着き、小西旅館に投宿し、河内完治（農業、五城村会議員）、富永安吉（前、三善村長）らと肱川に船を浮かべ休養した。翌一五日、温は大洲村小学校講堂に行き、午前七時半より一二時半まで、高等農業補習学校生徒ならびに一一カ町村の青年、在郷軍人ら有志三〇〇余名に対し、農政及び農業経営について講演を行なった。温はこの講習に対し「同村稀有、盛況ナリシ」と記している。終わって、午後四時三〇分大洲発にて自動車にて帰宅した。

八月一六日、松山高等学校において、帝国農会主催の農事講習会を開催した（〜一九日）。この日、温が午前八時より一二時まで「農業経営と農政」と題して講演し、午後も一時間半ほど税制整理問題について講演した。一七日は那須皓博士が「農村社会問題」について、大石茂治郎（帝農参事）が「農会の経営」について講演し、一八日も午前那須博士、大石が講演し、午後は温が一時間ほど「無産政党と農政」と題し講演した。一九日午前那須博士が講演し、一二時に講習会が終了し、温が閉会の辞を述べた。終わって、那須博士とともに余土村、石井村を訪問し、石井村では那須博士が石井小学校にて一時間余り、来会の村民五五〇余名に対し講演を行なった。終わって、那須博士を高浜に見送った。

八月二〇日、温は愛媛県郡市農会技術者協議会に出席し、二一日は石井村大字南土居の部落の人たちを集め、農業経営について講話を行なった。二二日は来客に応対し、午後道後ホテルに行き、県農会の技術者と会合。二三日は午後生石小学校に行き、生石の青年二〇〇余名に対し、講演を行ない、夜は道後ホテルにて、支持者の仙波茂三郎、大原利一と来る衆議院選挙に対する打ち合わせを行なった。

八月二五日、温は午前一〇時石井を出て、松山では知事官邸、警察署長、温泉郡農会等に挨拶し、高浜に出て、仙波、松田、多田、門田らの見送りを受け、上京の途についた。途中長野に講演のため立ち寄り、二六日午後五時二〇分長野に着し、三木俊夫（長野県農会技師）らに迎えられ、犀北館に投宿した。翌二七日、温は長野中学校における長野県農会主催の高等農事講習会に出席し、午前八時四〇分より一二時半まで、郡村技術者その他有志二〇〇余名に対し、農業経営と農政について講義し、午後は矢作副会長が講義した。二八日も温が午前八時四〇分から一二時半まで講義し、昼食後、農事試験場や蚕業試験場を参観し、〇時六分長野発にて、伊藤千代秋（長野県農会技師）らの見送りを受け、帰京の途につき、翌二九日午前七時東京上野に着した。三〇日は午前七時半迎えの自動車にて築地本願寺に行き、全国布教師講習会（二七日より開催中）に出席し、午前八時より一二時まで本願寺の布教師五〇余名に対し、講演を行なった。

九月も温は種々業務を行なった。一日は青山に横井時敬先生を訪問し、帝農大会及び越智郡講習の件について依頼、二、三日は大正一五年度帝農事業及び予算の項目を作成、四～六日は原稿（農村の文化生活）の執筆等、七日は鉄道省を訪問し、八田嘉明建設局長に面会し、和気駅の件を聞き、八日は農林省を訪問し、渡邊侫治技師と共同経営の件等を協議、一〇日は午前、米生産費調査の作表、午後は幹事会を開き、本年度予算更正の件、明年度事業の協議等を行なった。一一日も米生産費調査の作表等を行なった。

九月一二日、温は午後一時上野発にて福島県に講習会のため出張の途につき、午後八時五〇分若松市に着き、大垣内柳助（福島県農会技師兼幹事）、木村重一郎（福島県農会技師）らの出迎えを受け、清水旅館に投宿した。翌一三日、温は若松市公会堂にて開催の農会経営講習会に出席し、各郡農会、市町村農会技師、役職員等に対し、午前九時半より午後三時まで講演を行なった。一四日も午前九時より午後一時まで講演を行なった。終わって、河沼郡郡役所にて金山村の小林氏より大経営並びに大家族制に関し意見を聞き、小林宅を訪問、視察し、若松に帰り、午後一〇時五〇分発にて、木村重一郎らの見送りを受け、帰京の途につき、翌一五日午前八時半帰宅した。

九月一六日は米生産費調査の改稿等をした。一七、一八日は下痢、一九、二〇日は発熱のため休養した。二一日から温は出勤し、福田、高島両幹事と帝農予算の内容を協議し、二二日は米生産費調査の発表の原稿を執筆し、また、矢作副会長と明後日の評議員会問題を協議した。二三日は終日『帝国農会報』第一五巻第二〇号の原稿「農家の住宅」の執筆を始めた。

九月二四日から三日間、帝農は来る一〇月二七日より開かれる帝農総会に提出する議案協議のために評議員会を開い午前九時から午後四時まで決算等について協議した。二四日は志村源太郎、安藤広太郎、横井時敬、山田斂、山田恵一、山口左一、八田宗吉ら出席のもと、午前九時から午後四時まで決算等について協議した。二五、二六日も評議員会を開き、明年度予算、建議案等を決定した(32)。

九月二七日、温は終日在宅し、著書の目次を考案した。二八日は出勤し、米生産費調査を執筆し、午後五時より農政研究会幹事会を開催し、川崎安之助、高田耘平、谷口源一郎、東武、松山兼三郎らの議員、帝農側からは矢作副会長、福田、大石茂治郎が出席し、温が従来の経過を説明し、対議会対策を協議した。そして、明日農林、逓信省を訪問し、自作農創設と関税の問題を陳情することにした。二九日は午前は米生産費調査を執筆し、午後は農政研究会の幹事らと農相官邸を訪問し、早速整爾農林大臣に面会し、自作農創設と関税問題を陳情している。三〇日は米生産費調査の執筆等をした。

一〇月も温は帝農の業務を種々行ない（農業経営調査、帝国農会総会の準備等）、また、出張し、講演等を行なった。一日は府県別田畑地租の算出や福島での講演の原稿の手入れをし、三、四日も同原稿の手入れを行なった。五日は農業経営調査集計様式を考案、また、『帝国農会報』の原稿「農家の住宅」を執筆した。この日、新正倶楽部の代議士会があり、出席した。六、七日も農業経営調査集計様式の考案等を行なった。

一〇月八日、温は午前七時二〇分上野発にて群馬県に講演のため出張し、勢多郡富士見村時沢小学校にて開催の農学科教育法の研究会に出席し、来会の三〇〇余名に対し、二時間四〇分にわたり、農村振興問題について講演し、終わって、午後五時一二分前橋発にて帰京の途につき、九時半帰京した。九日は農業経営調査様式の作成、帝国農会総会提出の建議案の作成等に従事した。

一〇月一〇日、温は午前八時二〇分東京発にて福井県農政協会総会に出席するため出張の途についた。温は汽車中、帝農総会提出の建議案と三派の税制整理案の批判文を草している。午後一一時五〇分福井に着し、岡本篤二（福井県農会技手）の出迎えを受け、幾代旅館に投宿した。翌一一日、温は松本修介（福井県農会技師）の案内で、永平寺を参詣し、午後一時より福井県農政協会総会に出席し、来会の七〇余名に対し、第五〇議会以来の時事問題について講演した。終わって、午後四時五〇分福井発にて帰京の途に着き、翌一二日午前一〇時二〇分帰宅した。

一〇月一三日、帝農は農会販売斡旋所主任及び農会主任技師会を開いた。また、関西農会聯合会の運動委員（松岡勝太郎、菅野鉱次郎、大島国三郎、麦生富郎）が上京し、明日から農村振興決議の陳情することにした(33)。翌一四日、温は松岡、菅野、麦生、前瀧らとともに農林省、逓信省、大蔵省、内務省を訪問し、決議事項の陳情を行なった。また、一五日も関西の運動委員と内務省と大蔵省を訪問し、俵孫一内務政務次官、武内作平大蔵政務次官に陳情した。その後、温は帝農総会提出の建議案（農産物関税、農村教育、農業統計に関する建議案）を執筆した。一六～一九日は生産費調査表の作成、また、総会提出建議案の精読等を行なった。二〇日は午前一一時半から帝国ホテルにて、上京した松山市と隣村の合併委員（倉根是翼松山市助役等）と愛媛選出の代議士（高山、河上、杉、成田、須之内、深見、温）との会合に出席し、認可の運動方法等について協議を行なった。二一日は午前生産費調査の作表を行ない、午後は古在東京帝大総長を訪い、実科問題について協議。二二日も生産費調査の作表等を行なった。二四日は東京農業大学（学長は横井時敬）の大学昇格祝賀会に出席し、午後は幹事と帝農総会提出の建議案について協議した。二五、二六日の両日、帝農評議員会を開催し、山田斂、山田恵一、斎藤宇一郎、山口左一、秋本喜七、横井時敬、安藤広太郎、山内範造、藤原元太郎ら出席の下、帝農総会議案を協議した。

一〇月二七日から二九日まで、帝国農会は第一六回通常総会を開催した。全国から帝農議員、特別議員、顧問ら五九名が出席した。一日目（二七日）午前一一時開会し、大木会長の挨拶、矢作副会長が議長席につき、議事を進めた。福田幹事より会務状況の報告、大正一三年度収支決算、大正一五年度収支予算案の説明等があり、委員会に付され、ついで、農林大臣の諮問案「農家に家畜家禽の飼養を普及せしむべき適切なる方法如何」の説明があり、ついで各種建議案、「自作農維持創設に関する建議」「農産物関税に関する建議」「海外移民政策に関する建議」「家畜保険法制定に関する建議」「肥料政策改善に関する建議」「郡農会技術員に対し国庫補助に関する建議」「町村農会技術員設置に対し国庫補助に関する建議」「農村に於ける電力利用に関する建議」「農耕地山林に対する鉱毒煙害救済に関する建議」「農業技術官優遇に関する建議」「農業者の負担軽減に関する建議」「農業低利資金に関する建議」「農業統計改善に関する建議」「小作法制定に関する建議」「国立農具研究所設置に関する建議」「農村教育改善に関する建議」「耕地政策に関する建議」「農業倉庫業法改正に関する建議」が出され、委員会に付された。夜は上野精養軒にて招待宴会が行なわれた。二日目（二八日）は、委員会を開き、諮問案と建議案を協議し、三日目（二九日）の総会ですべての議案を議了し、多岐にわたる決議を行ない、午後三時に終了した。あと、評議員会を開き、五時より中央亭において早速農林大臣の招待会に出席した[34]。

帝農総会の後、一一月一、二日の両日、恒例の帝国農政協会の総会、委員会を帝農事務所にて開催し、協議を行なった。そこで、次のような決議事項を決めた。農村の振興は朝野の世論として重要視せられ、漸く実現の域に向かいつつあるが、なお、未達成だとして、（一）自作農の維持創定、（二）農産物関税定率法の改正、（三）小作法の制定、（四）農家負担の軽減、（五）義務教育費国庫負担の増額、（六）農村金融制度の改善、（七）農村教育の改善、（八）郡市町村農会技術員費国庫補助、（九）農村振興費の増額並に使途改善、（一〇）耕地政策の改善、の一〇項目を決議した。午後は五組に分かれ、農林、大蔵、文部、各政党へ陳情を行ない、温は農林省を訪問し、小山松寿農林政務次官に陳情した[35]。

一一月三、四日、温は休暇をとり、小作料の研究をなし、那須博士の公正なる小作料の精読批判、河田博士の農業労働と小作料を精読した。五日は出勤し、午後矢作副会長と農林省を訪問し、小山農林政務次官に面会し、特に農会技術者補助の件を依頼した。六日は米生産費調査の手入、七日は帝農職員一同と熱海温泉に行き、露木旅館に投宿し、八日は江ノ島を遊覧し、午後六時帰宅した。九日は出勤し、米生産費調査の起稿、一〇日も米生産費調査の起稿を行ない、また、農林省に行き、高田耘平参与に面会し、下級農会技術員補助の件について懇談し、同件は大蔵省で削られたが、昨夜三五万円に減じて復活交渉し、大蔵省の査定を通過したとのことであった。一一～一七日は米生産費原稿起草等をなした。一八日には土地国有論反対意見を草すなどしている。

一一月一九日、温は午後八時半上野発、新潟経由にて秋田、山形県での講演のために出張の途につき、二〇日午前八時四〇分新潟に着き、秋田行きに乗り換え、午後五時秋田県由利郡本荘町に着し、小園館に投宿した。翌二一日午前は園芸懇談会に出席し、午後は一時より二時半まで「農業経営の研究」と題して講演を行ない、夜は宮六での慰労会に出席した。二二日は午前七時五〇分発にて、池田亀治（秋田県農会長）らに見送られ、本荘町を出発し、山形に向かい、午後三時半山形に着き、室岡周一郎（山形県農会技手）らに迎えられ、後藤旅館に投宿した。翌二三日、山形県農会主催の農会経営研究会に出席し、郡村農会役員及び技術者一五〇余人に対し、午後一時より三時まで温が講演を行なった。夜は千歳楼にて県農会の晩餐会に出席した。二四日も同研究会に出席し、午前一一時より午後一時まで講演を行なった。終わって、県庁の自動車にて高橋徳弥（山形県農会技手）の案内で、物産陳列館、農事試験場、千歳村の自作農家などを参観し、山形に戻り、思三楼の懇親会に出席し、帰京の途につき、翌二五日午前八時四〇分上野に着し、帰宅した。この日に、午後一時より下岡忠治（朝鮮総督府政務総監）の告別式、五時より交友会幹事会、六時より松山倶楽部の会合に出席し、温が農村問題について講話した。二六日は午前農業経営審査会の準備をなし、午後は帝農幹事会を開き、明年度事業、大会決議事項等の協議を行なった。二七日も農業経営審査会の準備をした。

一一月二八、二九日の両日、帝農は農業経営設計審査常置委員会を開いた。二八日は午前一〇時過ぎより横井時敬、安藤広太郎、佐藤寛次、木村修三、清水及衛らの委員出席の下、午前一〇時過ぎから午後四時まで、大正一五年度農業経営設計書審査の件を協議した。二九日も同常置委員会を開き、設計の変更はなるべく行わないことを決めた。三〇日と一二月一日の両日は全委員からなる農業経営審査会を開いた。三〇日の午前は温が審査事務及び視察状況を報告、横井博士が昨日来の常置委員会の結果を報告し、午後は中込茂作、飯塚幸四郎の視察状況の報告、各県の設計書の審査を行ない、翌一二月一日も数県の審査を行なった(36)。

一二月二日は農業経営審査会の後始末、三～五日は米生産費調査書の訂正、六日は終日在宅し、原稿「産業機関の統一」「農民労働党について」の執筆等を行なった。七日は午後五時より帝農評議員会を開き、横井、志村、安藤、佐藤、那須、加賀山、神戸、山口、秋本、桑田らの出席の下、帝農総会決議の建議事項について協議し、小作法制定、土地制度の確立、肥料政策の確定、農業教育の四問題について特別委員を置き、具体案作成を決めた。

一二月八日、温は午前六時東京発にて静岡県へ農業経営視察に出張し、一一時三島町に着き、塩沢恵助（静岡県農会技師）、水島俊一（同技師）らに迎えられ、自動車にて田方郡中郷村に行き、同村の長沢栄太郎氏の経営（米麦、養蚕、乳牛）を視察し、その日は沼津町に行き、杉野旅館に投宿した。九日は午前七時沼津町を出て、三重県四日市に行き、牛場勘四郎（三重県農会幹事）、土上重助（三重県産業技師）らに迎えられ、電車にて菰野に行き、湯ノ山温泉に行き、寿亭に投宿した。一〇日午前八時半宿を出て、三重県鵜川原村に行き、位田藤吉氏の経営（小経営）を視察した。その後、温は小学校にて村民に対し、講演を行なった。終わって、津市に行き、県農会の主催による晩餐会に出席し、松坂屋に投宿した。一一日は午前八時半宿を出て、自動車にて河芸郡白子町に行き、水原老農宅、農事試験場、長谷川農場等を視察した。その夜八時津を出発し、帰京の途につき、翌一二日午前九時東京に着し、帰宅後は、原稿「産業機関の統一」の清書、改定を行なった。

一二月一三日は午前一〇時上野発にて千葉県東葛飾郡千代田村に行き、出迎えの伊藤正平（千葉県農会技師）、高橋深蔵（同技師）らとともに柏小学校における千葉県農会主催の講演会に出席し、午後一時より講演を行なった。その夜は成田町に行き、海老屋旅館に投宿した。翌一四日は成田不動、宗吾神社に参詣後、印旛郡佐倉町に行き、堀田農場を視察し、午後二時より印旛郡役所にて来会の一〇〇余名に対し、講演を行ない、午後五時五〇分佐倉発にて帰京の途につき、八時半帰宅した。

一二月一六日は米生産費の原稿の再検討を行ない、また、新潟の大地主真島桂次郎が帝農に来会し、小作争議の状況を聞くなどした。一七日は農業年鑑の作成の協議等、一八日は農業経営調査成績の検覧や種々原稿の執筆（農村文化の促進など）等を行なった。一九日は農林省を訪問し、小山松寿農林政務次官に面会し、米買上げにつき陳情した。米買上げについては、早速農林大臣が「毎日考慮中」とのことであった。二〇日は著書の『農業経営と農政』の冒頭を起草した。二二日は農業経営調査成績の印刷原稿の手入れを行ない、また、八基村長らが来訪し、応対し、夜は帝農の忘年会（帝劇の見物）を行なった。二三日は新正倶楽部代議士会に出席し、議会対策を協議し、二四日も新正倶楽部の代議士会を開き、常任委員その他の問題を協議した。

一二月二五日、第二次加藤高明憲政会内閣下の第五一回帝国議会が召集された。加藤内閣は、議会で憲政会が少数のために、議会を切り抜けるために、政友本党（総裁は床次竹二郎）と提携した。二六日が開院式で、温は午前一〇時登院し、一一時摂政官殿下の御台臨の下、開院式に出席した。そこで、勅語を賜り、あと、勅語奉答文起草委員の選挙、奉答文の決議を行ない、閉会した。また、午後五時半より新正倶楽部の記者招待会があり、出席した。二八日も午前一〇時議会に登院した。この日、全院委員長、常任委員長選挙が行なわれた。憲政会と政友本党が提携し、常任委員は議席按分となり、全院委員長に多木粂次郎（無所属、後に政友本党）、予算委員会は憲政会、決算委員会は政友会、請願委員会は政友本党、懲罰委員会は新正倶楽部が委員長となった。温は日記に「右ニテ本議会ハ無事カ」と観測している。その夜午後八時東京発にて帰郷の途につき、二九日尾道に下車し、船に乗り、午後八時高浜に着し、帰宅した。三〇日は松山市に行き、買物をし、また、新玉町の石丸富太郎の選挙事務所に立ち寄った。三一日は迎年の準備をした。大晦日も温は原稿「土地問題につき」を執筆した。

注

(1)『読売新聞』大正一四年一月七日、八日。
(2)『帝国農会報』第一五巻第三号、大正一四年二月一日、二九頁。帝国農会史稿編纂会『帝国農会史稿　資料編』農民教育協会、昭和四七年、一〇一四頁。
(3)『帝国農会報』第一五巻第三号、大正一四年二月一日、三〇～三一頁。
(4)『第五十回帝国議会　衆議院委員会議録』大正一四年一月三〇日。
(5)同右書。
(6)『大日本帝国議会誌』第一五巻、九九三～一〇〇五頁。
(7)同右書、一〇六三～一〇八四頁。
(8)同右書、一一三九～一一四〇頁。
(9)同右書、一一四〇～一一五一頁。与党の革新俱楽部の星島二郎は、「諸君、吾々は現政府を信任致して居る一人であります、普通選挙を断行せんとし、貴族院改革を致さんとする現政府を支持致して居る一人であります。然るに其与党に属する私共が突如此法案に、而も反対の意思を以て質疑をしなければならぬと云ふことは、洵に遺憾至極に存ずる次第であります」と切り出し、この治安維持法案に種々反対意見を述べた。
(10)『大日本帝国議会誌』第一五巻、一一六九～一一八五頁。
(11)『第五十回帝国議会 衆議院議事速記録 第二十号』大正一四年二月二七日。
(12)日農の第四回大会は、東京芝公園の協調会館で、二月二七、二八日、三月一日の三日間にわたり、三八八名の代議員と八〇〇名の傍聴者を集めて開催された。この大会で、日農の組織は大正一一年末の九六支部、六一六六人が、一三年末には三八三支部、二万五四八四人に拡大していた。また、この大会で、日農総本部を東京に移転し、全国的に政治運動に乗り出し、さらに政党組織の為に闘うことを決めた（青木恵一郎『日本農民運動史』第三巻、三三六、三三七頁）。この日農の組織の発展ぶり、政治闘争化を傍聴して、温が「小作者ノ一団ノ活動前途畏ルヘシ」と記したのだろう。

(13)『帝国農会報』第一五巻第五号、大正一四年三月一日、一九頁。
(14)「農村振興に関する建議案外一件委員会会議録」第二回（大正一四年三月五日）、第三回（同年三月六日）より（『第五十回帝国議会衆議院委員会議録　下』所収）。
(15)『大日本帝国議会誌』第一五巻、一五九一〜一五九二頁。
(16)同右書、一六一〇〜一六一二頁。
(17)『帝国農会報』第一五巻第八号、大正一四年四月一五日、三三頁。
(18)『農林行政史』第一巻、昭和三三年、一六七〜一六八頁。
(19)『帝国農会報』第一五巻第八号、大正一四年四月一五日、三三頁。
(20)『三重県農会報』第二〇〇号、大正一四年三月一五日、三七頁。
(21)「普選の実施と農村問題」は『愛媛県農界時報』第三六七号、大正一四年五月五日に掲載。
(22)『帝国農会報』第一五巻第九号、大正一四年五月一日、一六、一七頁。
(23)同右書、一二三、一二四頁。『帝国農会史稿　資料編』一〇一五〜一〇一八頁。
(24)『帝国農会報』第一五巻第一〇号、大正一四年五月一五日、二〇〜二二頁。
(25)五月一〇日革新倶楽部は総会を開き、政友会との合同を決定、一四日政友会は臨時総会を開き、革新倶楽部との合同を決定していた。
(26)升味準之輔『日本政党史論』第五巻、東京大学出版会、一〇三〜一〇四頁。『議会制度百年史　院内会派編衆議院の部』三一二頁。
(27)『帝国農会報』第一五巻第一二号、大正一四年六月一五日、一二〜一四頁。
(28)『帝国農会報』第一五巻第一三号、大正一四年七月一日、二六頁。
(29)同右書、九〜一二頁。
(30)『帝国農会報』第一五巻第一五号、大正一四年八月一日、一一〜一四頁。
(31)『帝国農会報』第一五巻第一六号、大正一四年八月一五日、二一〜五頁。
(32)『帝国農会報』第一五巻第二〇号、大正一四年一〇月一五日、二八頁。
(33)九月二〇日より三日間、岐阜県農会主催の下に関西二府一七県農会聯合役職員協議会及び農政大会を稲葉郡役所及び県会議事堂にて開催し、農村振興政策の実現を訴え、農家負担の軽減、義務教育費の国庫負担増額、農村教育の改善、自作農の維持創定、小作法の制定、農村金融の充実、耕地政策の改善、農会国庫補助増額、農会技術員設置に対する国庫補助、を決議した（『岐阜県農会報』第二巻第二〇号、大正一四年一〇月一日）。
(34)『帝国農会報』第一五巻第二二号、大正一四年一一月一五日、二五〜二九頁。『帝国農会史稿　資料編』八二〇〜八四三頁。

（35）『帝国農会報』第一五巻第二三号、大正一四年一二月一日、二九頁。
（36）『帝国農会報』第一五巻第二四号、大正一四年一二月一五日、二六頁。

六　大正一五年　加藤高明・若槻礼次郎内閣時代

大正一五年（一九二六）、温五五歳から五六歳にかけての年である。

本年も第一次大戦後の農業、農民、農村の危機が続き、温は帝国農会の業務（各種会議、米生産費調査、農業経営改善調査、農産物販売斡旋事業等）に取り組み、また、農村振興運動（農産物関税引き上げ、農家負担軽減・地租軽減、農会の発展策等）に取り組んだ。また、温は全国によく出張し、講演を行なった。さらに、温はよく論争的原稿を書き、自分の著書『農業経営と農政』の執筆も続けた。

本年の内閣は第二次加藤高明憲政会内閣である。加藤内閣は第五一議会において、関税改正法律案（工業品の関税引き上げ、農産物の関税引き下げ）と税制改正法律案（所得税減税、地租減税等）を準備していたので、温は衆議院議員として、農産物関税引き上げ及び地租軽減を求めて種々発言、行動した。

大正一五年も政界の離合集散は激しかった。加藤高明内閣は第五一議会を乗り切るために、政友本党（総裁は床次竹二郎）と提携した。それに激昂したのが、政友本党内の政友会との合同派であった。政友本党合同派の鳩山一郎ら二一名は、一月一五日、政友本党を脱党し、同交会を結成し、二月一二日には政友会入りをした。その結果、政友会が拡大し、憲政会の議席に接近し、政友本党は落ち込んだ（大正一五年三月二五日現在、憲政会一六五、政友会一六一、政友本党八七、新正倶楽部二六、実業同志会九、無所属一六、計四六四）。温は、引き続き、新正倶楽部に属した(1)。以下、本年の温の活動を見てみよう。

この年、温は正月を故郷で迎えた。一日は石井小学校における拝賀式に出席し、また、南土居部落の新年宴会に出席し、それぞれ講話を行なった。本年は松山市会議員、石井村会議員選挙の年である。二日、温は松山市に行き、温の支持者で市議に立候補している石丸富太郎（伊予広告通信社長、温泉郡拝志村出身）を激励した。四日に松山市会議員選挙が行なわれ、石丸は当選した。また、四日に石井村会議員選挙があり、大字南土居からは叔父の岡田義朗が再選された。五日、温は伊予郡郡中町に行き、支持者の宮内長（伊予郡農会長、県議）、渡辺好胤（南伊予村助役、伊予郡農友会幹事長、村会議員）、隅田源三郎（伊予郡農会技手）らと会合し、伊予郡農友会の今後の運動について協議をした。六日は出市し、石丸富太郎、久松別邸等を訪問し、七日は香坂昌康愛媛県知事、県農会長の門田晋等を訪問し、午後二時半発の自動車にて、越智郡農会主催の講演会のために今治に行き、村瀬武男（越智郡農会長）、加藤徹太郎（前、桜井村長、前、県会議員）らに迎えられ、錦水旅館に投宿した。そして、翌八日午後越智郡農会主催の講演会に出席し、町村農会長や同技術者らに対し、農会経営について講演した。終わって、午後六時発の汽車にて菊間まで帰り、それより自動車にて帰宅した。九日は午後二時より道後ホテルにて伊予・温泉郡の農友会最高幹部会を開き、宮内長、渡辺好胤、隅田源三郎、仙波茂三郎（温泉郡農友会長）、大原利一（石井村会議員）、松田石松（石井村長）、石丸富太郎（松山市会議員）らと会合し、農友会の今後の運動方針について協議し、そこで、温は自分の引退を述べたが、容れられなかった。この日の日記に「自分ノ隠退説容レラレズ」とある。一〇日は大原利一が来訪し、農友会費借金一三〇〇円の処分問題について協議し、温が六〇〇余円を引き受けることを決めている。

一月一三日、温は東京で活動のため、午前一一時石井発にて出発し、松山停車場では仙波、隅田、松田、大原、石井、大西宰三郎（温泉郡農会技手）、升田常一（温泉郡農会技師）らに見送られ、上京の途についた。一四日午後一二時二〇分東京に着き、一旦自宅に帰り、直ちに帝農に出勤した。一五、一六日は統計局の農家家計調査の研究を行ない、また、関直彦（東京府選出の衆議院議員、新正倶楽部）を訪問し、税制整理案の免税点の研究を協議し、一七日は小農保護の建議案を草するなどした。一八、一九日は帝農幹事会を開催し、来る府県農会長会議の協議を行ない、二〇日は午前中、農林省にて農事試験場長会議に出席し、農会の立場から発言し、午後五時からは中央亭における小製糸家連合協議会に出席し、さらに、四谷三河屋における講農会員の懇親会にも出席した。

一月二一日、第二次加藤高明憲政会内閣下の第五一回帝国議会が再開した。この日、温は午前一〇時登院し、新正倶楽部の代議士会に出席し、午後一時本会議に出席し、加藤高明首相の施政方針演説、また、浜口蔵相の財政演説、幣原外相の外交演説を聴いた。あと、質問戦に移り、野党側の山本悌二郎（政友会）、松田源治（政友本党）、武藤金吉（政友会）らが質問に立った。翌二二日も本会議があり、吉植庄一郎（同交会）、山崎達之輔（政友会）らが質問に立ち、大いに気焔をあげていた。

また、二二日午後六時からは、帝農にて農政研究会幹事会を議会対策のため開いた。高田耘平、荒川五郎、谷口源十郎、岡本実太郎（以上、憲政会）、山内範造、八田宗吉、土井権大（以上、政友会）、池田亀治（政友本党）、松山兼三郎（新正倶楽部）ら出席の下、刻下の重要問題である農産物関税問題（加藤憲政会内閣は、関税定率法中改正法律案を準備し、農産物関係では米、小麦の輸入関税は据え置き、鳥卵は引き下げを提案の考え）について対策を協議し、幹事においで意見を取りまとめることにした(2)。

一月二三日も本会議が続き、武藤山治（実業同志会）、安藤正純（政友会）らが質問に立った。温は登院の後、帝農に帰り、農業経営成績に関する協議会に出席し、夜は帝農在京評議員会を開催し、桑田熊蔵、横井時敬、八田宗吉、山内範造、秋本喜七、長田桃蔵ら出席の下、来る二五日開催の道府県農会長協議会に提出する議案等を協議した(3)。また、二二、二四日は帝国地方行政学会依頼の原稿「如何に自覚する」の執筆を行なった。

一月二五日から二八日まで四日間、帝農は第五一議会再開にあわせ道府県農会長協議会を開催した。政府に圧力をかけるためで、全国から四七名の農会長らが出席した。この協議会では（一）本会事業に関する件（農業経営事業、調査事業、講習会等）、（二）郡農会の発展に関する件、（三）農産物の販売斡旋に関する件、（四）農会職員優遇に関する件、等の他に（五）農産物関税に関する件などが議題であった。(4) 二五日（一日目）午前一〇時半開会し、矢作副会長議長となり、福田幹事の会務報告があり、ついで、温が（一）の本会事業中、農業経営事業について説明した。午後も協議会が続いたが、温は議会に登院した。

そして、一月二五日、加藤高明内閣は本会議に税制整理に関する諸法律案提出（所得税法中改正法律案、地租条例中改正法律案、営業収益税法案、資本利子税法案、相続税法中改正法律案、酒税法中改正法律案等）を提出した。農会側にとっては、地租条例中改正法律案＝地租を四・五％から三・五％に減税する法律案が重要法案であった。浜口雄幸蔵相が提案説明を行ない、現内閣は行財政整理緊縮を方針とし、税制は直接国税の体系を是認し、所得税を中枢とし、地租、営業収益税及び資本利子税を以て補完するのが最も適当であるとして、今回、改正の提案をした。目的は負担の均衡、国民福利の増進と産業の発展に寄与することである。具体的には、所得税、相続税の免税点の引き上げ、地租の軽減（地価の四・五％から三・五％に軽減、免税点の新設）、営業税を廃止し営業収益税にする、資本利子税を設ける、綿織物消費税、通行税、醤油税、売薬税の免除、財源不足を補填するために相続税及び酒税の増税、煙草の値上げ等を提案した。それに対し、野党側の政友会が動議として「市町村税地租法案」（山本悌二郎外一三名提出、地租委譲案）等を提案し、また、政友本党も動議として「地租条例中改正法律案」（床次竹二郎外二三名提出、自作農の免租）、「市町村義務教育費国庫負担法中改正案」（床次竹二郎外二三名提出、四〇〇〇万円を八〇〇〇万円に増額）等を出した。政友会案は三土忠造が提案説明し、政友本党案は小川郷太郎が提案説明し、論戦が行なわれた。(5)

一月二六日も道府県農会長協議会（二日目）が続き、出席した。郡農会の発展に関する件、農産物販売斡旋に関する件などが議題となった。ところが、この日、向かいの保険協会にて全国町村長会が開かれており、そこで、郡農会廃止問題が提案されたため、委員を選び、温らが全国町村長会に交渉に行った。その結果町村長会では郡農会廃止は決議しないことになり、そのあと、温は午後三時登院し、本会議に出席した。

一月二六日の本会議で前日政府側から提出された「関税定率法中改正法律案」の提案説明が行なわれた。浜口大蔵大臣が趣旨説明し、現行関税率は明治四三年に制定以来、部分改正はあったが、本格的改正はなかった。欧州大戦以来、物価、ならびに産業貿易に大変動を来し、現行税率は重要産業保護のために適合しなくなっているので、改正したい。そして、その方針として、国内の重要産業については保護のために関税の引き上げを行なうが、国民生活の必要品については、軽減、低率または据え置くことにすると説明した。[6] しかし、農会側から見ると、この関税改正は商工業偏重で農業を軽視する法律案であった。そこで、政友本党の岩切重雄、政友会の土井権大らが農産物の関税、とりわけ、小麦、小麦粉の関税引き上げを主張する発言をし、後、委員会に付された。二七日、温は午前登院し、関税定率法中改正法律案委員会（第一回、以下、関税改正委員会と略）が開かれ、委員会は二七名で、温も委員となった。委員長選挙があり、憲政会の加藤政之助が選出された。また、理事は三人で憲政会の永田善三郎、政友会の吉津度、政友本党の岩切重雄が選任された。終わって、温は道府県農会長協議会（三日目）に出席した。この日に緊急重要問題である関税問題に関し、実行委員を選び（一道二二府県）、運動することにした。夜は五時より鉄道協会にて、道府県農会長招待会を開き、終わって、関税改正実行委員会（委員長は神奈川県農会副会長黄金井為造）を開き、運動方法を協議し、大いに意気をあげている。二八日は道府県農会長協議会の最終日で、各委員会の報告があり、「産業各種機関の連絡統一に関する決議」「郡農会の発展に関する決議」「農会販売斡旋所に関する決議」等が決議された。後、農会功労者への表彰、関税改正実行委員会の報告があり、明日衆議院の関税改正委員に陳情することを決めた[7]。

一月二八日、午前八時二〇分加藤高明首相が俄かに逝去し（六七歳）、内閣総辞職となり、議会は二八日から停会となった。翌二九日、大命は憲政会の若槻礼次郎に下った。

一月二九日、帝農は評議員会及び特別議員の連合会を開催し、桑田熊蔵、横井時敬、安藤広太郎、山内範造、三輪市太郎、山田恵一、藤原元太郎（以上、評議員）、佐藤寛次、原凞、那須皓、加賀山辰四郎、神戸正雄、月田藤三郎（以上、特別議員）ら出席の下、小作法及び農業教育制度調査組織について協議し、少数の委員にて原案を起草することにした[8]。

三〇日、帝農は午後一時から府県農会長会議の残員、大森武雄（福岡県農会副会長）、糸原武太郎（島根県農会長）、宇都曾一（鹿児島県農会副会長）、藤原元太郎（岡山県農会副会長）、高橋正照（宮崎県農会副会長）ら出席の下、関税改正委員訪問の報告を聞き、今後の打ち合わせを行ない、来る二月三日に農政研究会の幹事会、一〇日に全国農会大会を開催することを決めた。

また、三〇日に温は帝国地方行政学会の雑誌『地方』原稿「如何に自覚する」を草了したが、その大要は次の如くで、農家、地主、小作者に自覚を求めるものであった。

「社会の改善や振興などは、外部よりの刺激、誘導もあるが、究極は当事者の自覚が基礎である。ところで自覚は無為に起臥していては起きないし、南無阿弥陀仏を説いても自覚は困難である。殊に我が国には古来より国民の自覚を妨げるものがある。それは国民の指導者たる学者の中に往々外国崇拝者がいて、それが、国民の自覚を妨げている。たとえば、かの荻生徂来の如きは唐人のような名をつけ、我が国を東夷と卑下し、転居のときは尊敬する支那に近づきたいとの考えから一町でも一間でも西に移ったとの戯話があるくらいである。今日は欧米の方に移り、英独への心酔学者が幅を利かしている。足元にある生きた材料によって工夫するよりも事情の異なった欧米研究の資料をそのまま借用する傾向が耐えない。かかる外国崇拝思想は我が国民的自覚を妨げている。故に自覚とは上から下まで各階級すべてに共通である。

一、農家の自覚の目標について。それは現代思想を支配しつゝある生活問題であろう。すなわち、時代文化の精神を取り入れた意義のある、趣味のある、住み心地よい簡易生活に改造し、そこに安住の求め、新しい農村文化生活を建設しようということである。今日農村の青年が村を棄てゝ都市に集まっており、経世家の憂慮する問題となっているが、内容が複雑で十把一束に論じられない。農業経営には一定の耕地が必要だから、農村の人口収容には一定の限度があり、それ以上収容しては共食い共倒れとなる。そこで、農村では村に残り農業に従事する人と都市に出て行く人ができて来る。農村に残るべきものが残って、出るべきものが出るならば、それが都会に向かってもさほどとかく言う問題ではない。しかし、農村に残るべきものが都会に出て行くとなると、これは農村の衰微となるので由々しき問題であるが、今日農家数は減少してはおらず、農村に残るべきものは残り、農業に従事している。

ところで、農村に残るものと都市に出て行くものと、どちらが幸福かという問題である。一概に言えぬが、わが国のごとく人口過剰となっている現状では、農村で祖先の家業を継承し、真面目に精励し、生活の安定が得られゝば、都市でのような終生激烈な現代生活戦争などに直面せずに済むのだから、何といっても幸福と言わねばならぬ。この都市と農村との比較考察による理解と覚醒があって、そこに農村文化生活の建設が開始される。近年農村にこの曙光が見え始めたことを非常に力強く感じる。

二、農業経営に対する自覚について。農家の生活は農業経営より産出されるのだから、経営の巧拙は収益の多少を来し、直に生活に影響する。最高最多の収益を収める農業経営方法について、目下私等が研究に心血を注いでいる。農業経営について、多くの農家はまだ十分自覚していない。それはまず、現在の経営について不合理な点を発見することである。それを発見する理論的順序として、家族の働いた労働報酬が幾らぐらいになっているか計算してみることである。この一点が分からなければ、何を改善するのが効果が最も大きいか分からない。家族の労賃報酬を産出するには、（一）経営に投じている全資本を計算し、（二）家族の働いた全労力を計算し、（三）一切の生産費を計算し、（四）全収入（農業及び副業）を計算し、それより算出せねばならぬ。そのためにはそれらに対する精確な記帳がなければならない。それらの記帳によって農業経営の改良ができ、経営への自覚がなされるのである。

三、政治的自覚について。農業者は政治的自覚が足らない。味方の旗振り役で選出されたはずの議員が敵の旗振りをやっても農業者は問詰しない。厳正中立で当選したものが、当選した後、甲党、乙党、丙党へと節操もなく、利のある方に転々としても、農業者は問詰しない。私は一昨年の衆議院選挙に当選したとき、中央の知名の士より中立団組織について勧誘を受け、自分の意志と一致したので加盟したのであるが、一年もたたぬ内にその発起者連が我々を置き去りにしてあちこちの政党に加入した。それでも、選挙民、農業者は問詰しない。農民の政治に対する無知無自覚である。現に目前の第五十一議会に提出された（一月二十五日）関税定率法の改正案について、工業において生産奨励の主旨により関税を増加して保護政策を厚くしているが、農業に対しては据え置き方針をとっている、小麦は現在の低率のままで増産政策を放棄、鶏卵は百斤六円の関税を四円五十銭に引き下げ、外国卵の低価輸入を誘導し、養鶏業を困難ならしめようとしている。関税政策は各種の産業政策中、最も重要な政策であるが、現内閣は厚工薄農の方針を出している。このような関税改正が通過すると、農村振興政策は根底において壊れてしまうことになるだろう。

四、地主の自覚について。農村問題の難問題は小作問題である。たとえ完全な小作法が制定されても解決しない。結局は当事者互譲の精神でもって、農業経営の理論の道を進まなければ解決しない。そのために地主は一日も早く自覚を要する。社会観念もよほど変化した今日、天下の地主がなお耕地に関する利益と権利を従来の通り持続せんとしては問題にならない。今日、土地の所有者とそれを利用する企業者とは人格上差別はない、否、近代思想においてむしろ後者を尊しとするのである。また、小作料についても、従来の如く地主が収穫物よりまず小作料を取り、残りで小作人が生産費を支払い、その最後の残額が労働報酬となり、それが不足であっても過少であっても仕方がないという分配方法は今日不合理とされることになった、また、生産費を厳密に計算してみると、今日の小作料はある程度軽減しなければ農業経営の理論に合致しなくなったのである。だからこの二点を地主は自覚し、できる限り譲歩しなければならない。

五、小作者の自覚について。概して、小作者の境遇は気の毒であり、小作条件は小作に不利であるから改善を要する。しかし、一部のものが唱えるように土地は無対価で小作者がもらうべきものとか、小作料は小作者の生活費を支払ってあまりがあれば支払ってもよいが、なければ支払わなくてもよいなどといった共産主義者のまねごとの様なことを言ってはこれまた問題にならない。小作者が小作料を抑えて不法不当な談判ばかりしていると、中小地主は自己生存のため自作経営をするようになるだろう。すると、小作者の多くは転業しなければならなくなるだろう。その点、小作者は争闘気分で地主に対抗し、法外の要求をするようなことは、天を仰いで唾するような結果になるだろう。それよりかは、小作人は確実に小作権を得、確実に義務を履行し、小作料問題はあくまでも道理で争い、そして経営改善によって収益増加を図ることが肝要である(9)」。

一月三〇日、若槻礼次郎憲政会内閣が、前、加藤内閣の閣僚全員留任の下、成立した。農相は早速整爾が続けた。二月一日、停会明けの第五一議会が再開された。温は登院し、関税改正委員会に質問の申し込みをした。この日の本会議があり、若槻首相が簡単な施政方針演説を行ない、そこで、前内閣の予算案は撤回し、再提出することを表明した。ついで、質問戦に入り、野党側の田淵豊吉（無所属）、小川平吉（政友会）らが質問に立った。小川平吉は満州問題、前年の郭松齢事件を取り上げ、幣原外交の「不干渉主義」、「軟弱外交」を攻撃し、それに対する幣原外相の答弁をめぐって、議場が騒然となっていた。二日は故加藤高明首相の葬儀があり、出席した。三〇〇〇余名も参列し、かってなき盛葬であった。三日は午前関税改正委員会（二回）に出席、午後は本会議に出席した。また、この日夜六時より帝農にて農政研究会幹事会を開催し、荒川五郎、谷口源十郎、村上国吉、三輪市太郎、東郷実、山内範造、長田桃蔵、松山兼三郎の各幹事が出席し、関税改正（農産物の税率の引き上げ）を協議した。四日も午前関税改正委員会（三回）に出席、午後は本会議があったが、温は用事のために欠席し、帝農にて業務を行なった。五日も午前一〇時より関税改正委員会（四回）があり、温は午後一時二〇分より三時まで、関税政策の根本について発言した。大要次の如くで、若槻内閣の関税政策、農業軽視への批判であった。

「先日浜口大蔵大臣が関税改正の提案理由として、原料品とか生活の必要品などは成るべく安いのが宜しいから無税か、軽減か、据え置くと云われたが、この根本方針に対して私は疑義をもっている。私のみるところでは、内地で生産するものが、安価であれば国民全体の利益だというような単純なものではない、原料品とか、生活必要品を生産しているのは農林業者である、故に、若し、この原料品や生活必要品が安いのが宜しいということを原則とするなら、原始生産に従事しているもの、すなわち農林業者の収入は成るべく少ない方が宜しいということになる、そのような考え方で作られた関税改正案だとすると疑義がある。浜口蔵相は産業保護と云ったが、それは工業を指すのか、それともそのなかに原始産業を含んでいるのか、伺いたい、また、原料品や生活必要品が成るべく安い方がよいということは農業政策は他の政策の犠牲となり、農業不振の原因となる、これでは幾多の農業振興策を施しても到底効果があがるものではない、この点を明確に答弁されたい。政府は根本において生産者の生活の脅威を軽く見ているのでないか、例えば、今回の関税改正で鶏卵の関税が二割五分程引き下げられている、卵を消費するのは都会の中流以上の家庭である、ところが生産するものは皆農村の小農で、農村の日常生活は卵を消費せず、農村では必要品となっていない、その結果、どうなるか、関税引き下げは農村の貧乏人の頭を刎ねて都会の中流以上の者を保護することになるでないか、また、政府当局の云う産業保護とは工業に限定して農業などの原始産業は入っておらず、農工差別でないか。次に小麦について、年々輸入が激増している、然るに小麦の国内生産が殖えず、一〇年前と変わらず、私どもは非常に疑義をもっている。今回の関税改正で小麦は据置になっている、今回の関税改正における食糧政策の根本の精神がわからない、首相が唱えられるように食糧の自給だけは是非図りたいと言うのであれば関税改正で価格を引き上げるべきでないか[10]」。

六日も午前関税改正委員会（五回）に出席し、午後は税制整理委員会を傍聴した。七日は終日、関税改正委員会の準備をした。八日は午前一〇時より午後四時まで関税改正委員会（六回）に出席し、工業保護関税について工業内部の矛盾をつく鋭い発言をした。

「工業の一次産業の保護関税を行なうと、その生産に従事するものは救われるが、二次、三次の工業に従事するものやそれを消費するものは不利益を蒙るのではないか、例えば、紙を例に取ると、国産保護のために関税を高率にすると、価格が高くなって製造業者はそれだけ有利になるが、今度はその紙を原料として生産をなす種々の工業は不利益となり、それを消費するものにも不利になると思う。便益を受けるのは一部の有力な大製造業者だけで、中間の工業会社は不利になると考えられる。これは農村の副業にも重大な関係がある。農村の副業は大体二次、三次の工業であり、保護関税により悪い影響を受けることになるだろうと想像する、だから政府は一部の大会社のみに重きをおいて、その他は重きをおかないのか」[11]。

なお、二月八日午後六時からは帝農にて農政研究会幹事会を開催し、加藤政之助ら一四名が出席し、明日の総会に関する打ち合わせを行なった。

九日も関税改正委員会（七回）に出席した。総論的質問が終わり、明後日から各論に入ることになった。そして、午後六時より生命保険協会にて農政研究会総会を開催し、七〇余名が出席し、温が開会の挨拶及び総会の斡旋を行ない、農産物関税定率に対し相当の引き上げを決議した[12]。

そして、翌二月一〇日、帝国農会は過般の道府県農会長協議会の決議にもとづき、鉄道協会にて農産物の関税引き上げを要求する全国農会大会を開催した。政府や関税委員に圧力をかけるためであった。全国から二〇〇名ほどが出席した。午前一〇時福田幹事が開会を宣し、矢作副会長が主催者を代表し、全国農会大会開催の趣旨を述べ、農産物関税引き上げの必要性について一時間余り説明し、温が宣言、決議を朗読した。大会宣言と決議は次の如くであった。

「宣言　農村振興は今や朝野の輿論として重要視せらる、に至りたると雖、産業政策中尚此れに副はざるものあるは誠に遺憾とする所なり。今次政府より提出せられたる関税定率法改正案の如き国家産業の保護と社会政策とを基礎として立案せりと称するも、其の内容を検するに商工業を偏重して農業を軽視し、特に社会政策にありては都会民のみを考慮して農民を顧みず、如斯は農村振興上著しき欠陥を齎すのみならず、食糧政策の根底を危殆に導くものにして、国家の不安定之より大なるはなし。茲に全国農会大会を開き、農会多年の主張に基き我国農業の基礎を確立する為、農産物関税定率改正の必要を絶叫し、以て社会の公正なる批判に訴へんとす。敢て宣す」。

「決議　農産物関税に対し左記の如く定率改正の実現を期す。

記

米及籾　毎百斤二円

小麦　毎百斤二円

大豆　毎百斤一円四〇銭

小麦粉　毎百斤四円八〇銭

牛肉　毎百斤五円

豚肉　毎百斤八円

鳥卵　毎百斤八円」。(13)

これらの七品目の関税率は、政府の関税定率法改正案のほぼ二〜二・五倍であった（政府の関税定率法改正案では、米が一円、小麦が七七銭、大豆が七〇銭、小麦粉が一円八五銭、牛肉二円、豚肉四円、鳥卵四円五〇銭）。午後は討論に移り、憲政会の町田忠治、政友会の三土忠造、政友本党の川原茂輔が政党代表して発言し、又地方代表も数名演説した。本日の大会を温は「大成効〔功〕ナリシ」と日記に記している。一一日は全国農会代表者が自県代議士を訪問、農産物関税引き上げを陳情した。翌一二日は午前にその報告、午後は衆議院図書館にて、各政党幹部の出席を求めて関税の修正を陳情した。

二月一二日、第八回関税改正委員会があり、出席し、温が朝鮮米増殖の結果内地米価が圧迫されている、朝鮮に米穀法を適用せよ、また、麦関税を引き上げよと発言した。

「二、三お尋ねします。まず米について。大正九年の朝鮮産米増殖計画によりますと、一五年間で四〇万町歩の土地改良により九〇〇万石の増産をはかる計画です。我々も朝鮮の産業開発から云っても、内地の食糧生産から云っても必要で賛成するのでありますが、ただ今日の経済界においては物の総量が殖えさえすればよいと云うわけではない。このような大計画の結果、生産費の安い朝鮮米が移入され、内地米の価格を支配して不都合がおきている、その上、米穀法が朝鮮に適用されていないために、外米が朝鮮に入り、入れ代わって朝鮮米が内地に入ってきて、脅威になっている。次に小麦について、我国の食糧政策が米に偏していて問題だ、我国の食糧政策は米と麦の両本位でなければならないと思う。政府は麦も重要視していると云っているが、朝鮮、台湾米の増殖には多額の金をかけているが、麦にはそういうことが一向に見えてこない。現在の小麦の関税率では到底外国品との競争に堪え得ない、世界の小麦の関税を見ると、日本ほど安い所はない。例えば、カナダは一割三分四厘、フランスは一割九分四厘、ドイツは二割二分三厘、スペインは三割二分三厘、イタリアは三割九分三厘で、日本は一割二分である。これが世界の大勢である。私は関税を増やせば生産を増加させることが出来ることを自信を以て言える。少し関税を増加すれば、農家は全馬力をかけて増殖に努めることが出来る(14)」。

二月一三日、第九回関税改正委員会があり、砂糖、バター、鶏卵関税について発言した。

「政府の関税改正案では砂糖は据置になっているが、沖縄の産業の中心は砂糖であり、沖縄の産業奨励のためにも引き上げるべきでないか、バターについても据置となっているが、どういうわけか、また、鶏卵の関税が引き下げられており、これでは養鶏業者が相当減るのではないか[15]」。

なお、一三日、本会議閉会後、秘密の新正倶楽部代議士会を開き、税制整理案につき、新正倶楽部より仲裁案を出すことを協議している。一四日は原稿（小麦関税引き上げ反対への駁論）を執筆するなどした。なお、この日、帝農会長の大木遠吉伯爵が死去した。一五日は終日関税改正委員会（一〇回）に出席し、終わって午後五時より帝農にて緊急の在京評議員会を開催し、桑田、志村、秋本、山口、東、長田、山内らが出席し、大木会長死去の善後策を協議し、矢作副会長が代理することを決めた[16]。また、六時より農政研究会幹事会を開き、農産物関税改正にかんし、小委員として長田（政友会）、東郷（政友本党）、松山（新正倶楽部）、村山喜一郎（憲政会）の四名を選び、関税率を、米及び籾は一円五〇銭、小麦一円五〇銭、大豆一円四〇銭、小麦粉三円七〇銭、牛肉、豚肉、鳥卵は現状維持とすることとし、秘密裡に運動することを決めた。一六日は午前九時より緊急の新正倶楽部の代議士会を開き、税制整理案について、新正倶楽部より仲裁案を出すことを決め、後、温は一一時より関税改正委員会（一一回）に出席した。一八日は終日関税改正委員会（一二回）に出席した。一九日も関税改正委員会（一三回）があったが、大木伯葬儀のため欠席した。二〇日は午前は関税改正委員会（一四回）に出席した。

二月二〇日午後、衆議院本会議が開かれた。本会議に税制整理案（所得税法中改正法律案、地租条例中改正案など）の委員会報告が、元田肇委員長（政友本党）及び小川郷太郎小委員長（政友本党）によりなされた。そこで、委員会で、（一）政友本党の提案にかかる自作農の免税について協議し、地価の二〇〇円未満の者の地租は徴収しないこと、ただし小作地は除くこと、また、（二）政友本党の提案にかかる市町村義務教育国庫負担増額四〇〇〇万円を八〇〇〇万円に増額することについて、政府原案の地租一分減を見合せ、それを財源として、大正一五年度には七〇〇〇万円とし、一六年度以降に八〇〇〇万円とすること、すなわち、政府原案の地租一〇〇分の四・五から三・五に一分軽減されていたのを取りやめ、教育費国庫負担増に回したこと、さらに（三）委員会では政友会提出の地租委譲論を否決したことなどを報告した。憲政会と政友本党との提携、本党主導の結果であった。それに対し、温が質問に立ち、大要次の如く批判した。

「只今の元田委員長の報告になった修正案に疑義が起きました。第一に政府原案では地租一分減がありましたが、修正案ではそれが撤廃されまして、小学校教育費の補助に回されているようですが、元来地租と教育費の補助とは全然性質が違うであります。それを取り換えたのは如何なる精神でありますか。申すまでもなく、農家の負担が一般国民の負担に比較して過重であることはもはや天下が等しく認めているところであります。農業者の負担が重い原因は耕地の負担が重い点にあります。税制改正におきまして、負担の均衡を図ろうとするならば、その根源に改正を加えなければ目的を達することができないのであります。ところが、政府の最初の計画では地租一分減で、少額なりともそれだけ減じたならば農家の負担が軽減されるのです。ところがどういうわけか、農家の負担軽減に充当される分が廃されて、教育費の補助になったということは、都会その他の負担軽減になりますから、結果的には農村と都市との不均衡が拡大するではないか。第二に地租が減税されないとなると、地方税のなかで、他税との釣り合いが変わり、地租の比重が多くなるでないか、第三に営業税との釣り合いで、営業税は五〇〇万円減額されているのに、地租がそのままだと営業者と農業者との不均衡が拡大し、不公平となる。今度の税制整理でこんなことになるとは夢にも思っていなかった。世の中でよく農村振興ということが言われているが、私どもが要求する農村振興とは、農民に均等の機会を与えることです。産業政策にしても、租税、金融政策にしても、教育政策にしても、商工に偏せず、都市に偏せず、とにかく農民に均等の機会を与え、後は農民自身の努力によることが農村振興だと思っております。ところが、今議会では、産業政策、食糧政策、関税政策などにおいて、農産物価格は安い方がよい、言い換えれば、農業者の収入は成るべく少ない方がよい、というようなことが言われている。更に税制整理において、農業者の負担軽減がなされないとなると、これでは農業者は立ち行かない。如何に農村振興が講じられても根本において常に農村に不均衡を与えられておいては、農業者はどうすることもできない[17]」。

二月二一日は午前関税改正委員会（一五回）に出席し、午後は衆議院本会議に出席した。この日、本会議で、税制整理案が討論に付され、野党の政友会は反対したが、与党の憲政会と政友本党が賛成し、また、温所属の新正倶楽部も賛成し（温は反対だが）、可決された。

二月二二日は午後一時より新正倶楽部代議士会を開き、温が関税改正委員会の経過を報告し、意見の交換を行なった。但し、賛否の態度は決めなかった。午後六時より帝農にて小作法調査委員会の第一回目の会合を開き、矢作副会長、桑田、安藤、那須、山口左一ら出席の下で大方針を決めた。二三日は午前関税改正委員会（一六回）、午後は本会議に出席した。この日、大正一五年度予算案の委員会報告が上程され討議に付された。二四日は午前関税改正委員会（一七回）、午後は本会議に出席した。本会議では一五年度予算案の採決がなされ、憲政会、政友本党の賛成で可決された。二五日は終日関税改正委員会（一八回）に出席し、会議の最後に佐々木平次郎委員（新正倶楽部）から、関税改正は内容が多種多様で複雑であり、このまま進行しても時間を要するといい、各派の打合せ会を設置し、委員長の外に各派二名を選び、そこで懇談審議したらどうかとの動議が出て、憲政会の永田善三郎、政友本党の岩切重雄、政友会の倉元要一（前、政友本党）、政友会の星島二郎らも賛成し、動議を可決し、散会した[18]。終わって、温は帝農にて農政研究会を開き、三輪、荒川、松山、長田、山内の委員及び地方の運動委員らと関税改正問題の打ち合わせを行なった。二六日は大蔵、農林、鉄道省等を訪問し、種々要望した。二七日は登院し、本会議に出席し、若槻首相の府県制改正の説明を聞き、後、帝農での農業教育改善の委員会に出席した。二八日は終日在宅し、関税改正にかんし、修正項目の考究を行なった。

三月一日、本日より関税改正の小委員会が開かれた。小委員は委員長の加藤政之助、憲政会から橋本喜造、永田善三郎、政友会から山本条太郎、吉津度、政友本党から田中隆三、岩切重雄、新正倶楽部から佐々木平次郎、岡田温の九名であった。この日は一寸開会したが、各党の態度未決定のため延期となった。なお、二日も関税改正小委員会は延期となった。三日も関税改正小委員会は延期となった。一一時から新正倶楽部の代議士会を開き、温が関税問題の経過を述べ、対応は一切委員一任となった。四日も関税改正小委員会は延期となった。それは政友本党が農産物の関税の引き上げに強硬であったためである。温は農会の威力が政友本党を動かし、痛快と感じている。日記に「本党ノ内部強硬論者力強クシテ政府妥協出来ス。為ニ小委員会延期トナル。探聞スル処ニヨレバ、本党ハ難問ヲ提出シ、米一円五十銭ニテ下院ヲ通過セシメ両院協議会ニカケル趣……。農会ノ威力、遂ニ茲ニ至ラシム。痛快」とある。なお、この日、本会議があり、出席したが、憲政会の中野正剛が田中義一政友会総裁の陸軍機密費問題ならびに田中陸軍大将を政友会総裁に担ぎ出した政友会幹部の小川平吉、小泉策太郎、秋田清、鳩山一郎の査問を要求して、騒然となっている。五日は午後三時から関税改正小委員会の予定であったが、またも延期となった。それは、政友本党と政府側（憲政会）側の妥協はなお成立しなかったためであった。日記に「昨日来、床次、浜口両氏ノ会見ニテ妥協成立セザリシニヨル」。六日も関税改正小委員会は延期となっている。この日本会議があり、出席した。本会議では中野正剛に対する政友会側の報復論が予想され、傍聴者が充満した。そして、政友会の秋田清が中野正剛を査問すべしとの動議を出したが、憲政会の反対で成立しなかった。そのあと、農業倉庫業法改正法律案（政府提出）が上程されたが、政友会側の土井権大、赤間嘉之吉、加藤知正、高橋熊次郎らが腹いせにつぎつぎ質問を出し、議事を妨害しつづけ、温は馬鹿々々しくなり、途中退席している。

三月八日にようやく正式に関税小委員会が開催された。政友本党の岩切重雄が農産物関税引き上げの修正案を出した。それは小麦の関税を改正案の七七銭を一円五〇銭に、小麦粉は改正案の一円八五銭を二円九〇銭に、鳥卵は改正案の四円五〇銭を六円に引き上げるという、三品目だけの修正案で、米は据え置きであった。野党の政友会の山本条太郎、吉津度が反対したが、憲政会、政友本党、新正倶楽部の六名が賛成し、可決された。温も賛成した[19]。しかし、不満であった。その修正案について、温は「修正案ハ形式ニ於テ、精神ニ於テ農業者ノ全勝ナレドモ賢明ナル修正案ニアラズ。各員凡テ不満足ナル案ナリ。要ハ政府カ貴族院ノ修正ヲ恐レテ圧迫ヲ加ヘタルカ故ナリ」と述べている。九日に関税改正委員会（第一九回）が開かれ、政友本党の岩切重雄が小委員会の報告・修正案を行なった。それに対し、政友会の山本条太郎、倉元要一、長田桃蔵らがしつこく質問し、さらに政友会が三品目でなく、更に米、大豆、牛肉、豚肉等々他の農産物など六七品目の関税を強化する修正案を出し、吉津度、長田桃蔵が提案説明した。しかし、政友会の修正案は少数で否決され、三品目だけの修正案が多数にて可決された。一〇日、関税定率法改正法律案が本会議に上程された。温は、この三品目だけの修正案に不満であった。そこで、本会議で発言するつもりで、朝、矢作副会長、福田、高島幹事に相談した。福田、高島は反対論であったが、矢作の激励を得て、登院した。しかし、同僚議員の山口左一、松山兼三郎が見合わせを要請し、質問の取り下げを行なっている。この日の日記に「関税定率法改正ニ関シ、新正倶楽部ノ代表演説ヲスルノ可否ニツキ、雨中帝国農会ニ行キ、副会長、福田、高島諸君ニ相談ス。副会長ハヤルヘシト賛シ、両幹事ハ反対又ハ沈黙ヲ可トストノ説ナリシモ、自分ハ副会長ノ勧ニ力ヲ得テ登壇ニ決心シ引返シテ出院ス。然ルニ山口君、松山君再ヒ見合セヲ勧誘セラレ、気挫ケテ演説ノ通告ヲ取消ス」とある。

三月八日の衆議院本会議で加藤政之助委員長が委員会の報告（三品目の修正案）を行なった。それに対し、新正倶楽部の畦田明が、新正倶楽部の多数は委員長の修正報告に賛成だが、畦田の信念として自由貿易論の立場、農産物関税の引き下げ論の立場から反対を表明した。後、賛否の討論にはいり、与党の憲政会の紫安新九郎が賛成、政友本党の田中隆三も賛成、他方、野党の政友会の長田桃蔵は政友会の修正案の説明（三品目のみならず、米など六七品目にわたり関税引き上げ）、政友会の星島二郎が修正案に賛成した。そして、採決に付され、政友会の六七品目の修正案が憲政会、政友本党の多数にて否決され、委員長の報告（三品目の修正）が多数にて可決された。温の態度は、政友会の修正案については賛否の態度は表明せず、委員長の報告には不満だが、賛成したものと思われる[20]。

三月一一日、本会議があったが、温は欠席し、一〇日から丸ノ内の中央会議所にて開催されている農林省委託の道府県農会職員対象の庶務会計講習会（〜一七日）を視察した。愛媛からは石井信光が参加していた[21]。なお、この日、議会では政友会から憲政会の中野正剛に対する「反省処決を促す件」が出され、休憩に次ぐ休憩、大混乱となり、また、場外では政友会の壮士と政友本党の壮士が乱闘となり、負傷者もでている。一二日、温は正午中央会議所に行き、庶務会計講習会に出席し、農会の精神について一時間ほど講演し、午後二時登院し、請願委員会に出席した。請願委員会では郷里愛媛の重信川改修の請願（成田栄信が説明）が採択された。一三日、本会議があり、政友会により中野議員問題が議論され、延会となった。一五日は日本勧業銀行法中改正法律案、農工銀行法中改正法律案（政府提出）の委員会に出席し、その改正（重要輸出工業組合にも貸し付ける）が農村に不利となる点について質問した。また、本会議にも出席した。終わって、午後五時より帝農にて開催の小作法調査委員会、さらに七時からはとなみにて開催の新正倶楽部の懇談会に出席した。一六日は本会議に出席し、農会の講習生を議会傍聴させている。一七日は鉄道省、内務省を訪れ、国鉄松山線の和気停車場問題を協議し、午後五時から講習生との懇談会等をした。一八日は午前生産費調査の考究、午後は中央会議所における庶務会計講習会終了の授与式を行ない、後、本会議に出席し、夜六時からは紅葉館での関税改正委員の懇親会に出席した。

一九日は午前登院し、土地賃貸価格調査法案（政府提出）委員会に出席し、温も委員、理事となった。午後は帝農における副会長、幹事、参事の会合があり、来る道府県農会職員協議会の議案を協議した。二〇日は午前土地賃貸価格調査法案委員会に出席し、温は小作地の賃貸価格で自作地も類推するのはおかしい、と質問している。

三月二〇日、温は午後一一時二〇分上野発にて長野県での講演のために出張の途についた。翌二一日午前六時四九分田中駅につき、尾崎盛信（長野県農会技手）、塩沢巌（横鳥村農会技手）の出迎えを受け、自動車にて、蓼科農学校に行き、北佐久郡横鳥村、三都和、芦田三村合同の講演会に臨み、午前一一時より午後三時半まで、来会者五五〇余名に対し、政治と農村と題して講演した。終わって、上田市に行き、別所温泉に行き、花屋に投宿した。二二日は上田市公会堂に行き、午前一〇時半から午後三時半まで、来会者六〇〇余名に対し、農業経営と農政について講演を行なった。終わって、南佐久郡臼田町に行き、清集館に投宿した。二三日は臼田町公会堂に行き、来会者二五〇余名に対し、午前九時半より一二時四〇分まで講演を行なった。終わって午後二時二九分発にて帰京の途につき、午後八時上野に着した。

三月二四日、温はまた、午後六時上野発にて、福島県での講演のために出張の途につき、〇時四〇分安達郡本宮町に着し、翌二五日、本宮町の繭共同市場の事務所にて、郡農会主催の講習会に出席し、午前一〇時より午後四時まで、来会の約二〇〇名に対し、講演を行なった。二六日も温が午前九時より午後三時まで講演した。終わって、午後三時四〇分発にて帰京の途につき、一〇時四〇分上野に着した。なお、この日、議会の閉院式があった。

三月二七日、帝農にて小林嘉平治貴族院議員発起による貴族院議員との農政懇話会の会合があり、貴族院一〇余名が出席し、今後の農村問題の打ち合わせを行なった。また、午後五時より晩翠軒にて矢作副会長が農政研究会の幹事を招待し（第五一議会の慰労会）、加藤政之助、東武、三輪市太郎ら一五名が出席した。

三月二七日の午後八時半上野発にて、温はまたまた富山県での講演のため出張の途についた。翌二八日午前五時二〇分直江津に着き、六時発にて西砺波郡石動町に行き、午後二時より石動町末広座にて開会の西砺波郡農政会発会式に出席し、温が一時間半ほど講演を行なった。終わって懇親会に出席し、午後八時発にて帰京の途につき、翌二九日午前九時上野に着した。

三月三〇日、温は駒場の東京帝大農学部を訪問し、郷里の武智二郎（浮穴村長・武智太市郎の次男）の入試の状況を聴き、後、町田咲吉農学部長、原先生に面会した。三一日は帝農に出勤し、大正一五年度事業計画や増田幹事以下の職員の増俸を決めている。

四月、温は帝農の業務を種々行ない、また、地方によく出張し、講演を行なった。二日は農村生計調査様式の考案をした。三日は埼玉県の加藤政之助議員の懇請により北埼玉郡種足村における小作組合計画の講演会のために、午前八時五五分上野発にて出発し、午後一時より種足村小学校にて来会者五〇〇余名に対し、温、加藤らが講演し、終わって、午後五時三〇分発にて帰京した。五日は震火災、旱害の見舞金の決算等をなし、午後五時からは帝農にて安藤広太郎、那須皓委員出席の下、小作法調査委員会を開いた。六日は震火災、旱害の見舞金の決算等をした。七〜八日は米生産費調査書の手入れ等を行なった。九日は米生産費調査書の手入れ等を行なった。一〇日は午前一〇時穂積陳重枢密院議長（愛媛県宇和島の出身）の告別式に参列し、後、青年会館における東京帝大農学部教授・沢村真博士祝賀会に出席し、温が実科総代として祝辞を読んでいる。

四月一〇、一一日、温は『帝国農会報』第六号（五月号）の原稿、第五一回帝国議会を顧みて「農業者側より見たる税制整理——第五一議会と農村問題（一）——」の執筆を行なった。その大要は次の如くで、地租軽減がなされず、免税点も地価二〇〇円未満の自作地にとどまったことを批判したものであった。

「第五一議会は、政府与党の憲政会が絶対多数を有しないため、終始不安定の状況にありながら、税制整理、関税定率法の改正など、いくつかの重要問題を片付けたこと、農村問題が焦点となったこと、各政党が旧悪の暴きあいに全力を傾注したことなどが特徴であった。そして、予算において大正一五年度の農林省予算は四四九三万四六二八円で、昨年より六・六四％の増加で発展であるが、兄弟分の商工省予算は昨年より一一・九％の増加で、発展の速度に大差がある。税制整理は現政府の三大政策の一つであり、当議会の重大問題であった。議会に政府（憲政会）の税制整理案とともに政友本党案と政友会案の三案が出されたが、政府案と本党案は現行の税制体系を基礎に改正を加えたものであるが、政友会案は国税地租を市町村の税源に移譲する根本的改正であった。この政友会案は否決され、政府案と本党案が残った。それを農家の側から批判しよう。

政府案は地租一歩を減じて三歩五厘とし、これによって九六〇余万円を減税し、さらに地価二〇〇円以内の所有者の地租を免除して一二〇〇万円を軽減し、合計二一六〇万円余の軽減する案であった。これに対し本党案は一般の地租軽減は行なわず、その代わり義務教育費国庫補助を二〇〇〇万円増加し、そして、免税点は田畑の自作地全部の地租を免除するという案であった。双方しのぎを削って争い、成立した妥協案は、政府案は地租一分減を撤回し、本党案は義務教育費国庫補助を二〇〇〇万円を一〇〇〇万円に譲歩し、そして、免税点については政府案は地価二〇〇円以内の所有者全部をそのうちの自作者に譲り、本党案は自作者全部を一部に譲り、妥協した。その結果、一般的に地租軽減を行なわず、免税点は地価二〇〇円以内の自作地の免除となった。この妥協案は、農家の立場から見れば、政府案よりも本党案よりも悪い。双方の不利益な部分のみを寄せ集めた修正である。修正の結果、一般の地租軽減が地租一分減がなされず、義務教育費国庫負担が一〇〇〇万円増加したが、農家の負担軽減はなされず、国民全体の負担軽減にとどまった。農家はせっかく手に入れようとしたものを一分横取りされてしまった。また、免税点の修正により小作地が除かれたため、免税金額は半額に減じた。商工業者は政府原案通りの負担軽減の上に、義務教育費の国庫負担増で二重の利益を収め、他方農家の方は二重の損失をした。ただ、大局より見れば多年の要望たる地租の免税点が設置され、義務教育費負担が増加されたことは、農村としては相当の成績であった[22]」。

四月一二日、帝農は午後幹事会を開き、道府県農会職員協議会について協議し、午後五時から在京評議員会を開催し、安藤広太郎出席の下、協議会提出問題を協議した。一三日、温は同協議会提出問題の研究及び立案を行なった。

四月一五日から二一日まで、帝農は道府県農会役職員協議会を帝農事務所にて開催した。各道府県の幹事、技師等六一名が出席した。一日目（一五日）午前一〇時開会し、矢作副会長の挨拶の後、帝農各幹事より大正一四年度事業報告、第五一議会における農村問題経過報告、一五年度事業計画等が報告され、質疑が行なわれた。二日目（一六日）は午前農産物生産費調査に関する件、産業各種機関の連絡統一に関する件が協議され、委員会に付され、午後は東京日々新聞社、農林省の東京米穀倉庫の見学を行なった。午後五時からは青山いろはにおける講農会の懇親会に出席した。三日目（一七日）は午前農産物販売斡旋に関する件の協議がなされ、委員会に付された。また、農林省農事試験場技師の広部達郎の改良農具の講演があり、午後は農林省農務局長の石黒忠篤の農林省農村振興費に関する施設の説明があった。四日目（一九日）は農村振興費に関する件、農会法改正に関する件、郡役所廃止に伴う郡農会の善後策に関する件等の協議がなされ、委員会に付された。また、協調会農林課長の太田利一の農民組合に関する講演があった。夜は上野精養軒にて一同の招待会を行なった。五日目（二〇日）は午前内務省地方局財務課長田中広太郎による地方税制の説明等があり、午後は帝国農政協会に関する件の協議、農村振興費に関する件の委員会等があった。なお、この日、温は福田幹事と農林省を訪れ、高田耘平農林参与官を訪問し、郡農会存続問題を陳情し、さらに早速整爾農林大臣にも同様の陳情を行なっている。六日目

（二一日）は午前各道府県の農会事業の説明があり、午後は各委員会の報告が委員長よりあり、委員長報告どおり可決した。この協議会において決議されたものは、「農村振興費に関する決議」（農村振興費の増額等）、「現行農会法改正に関する決議」（経費賦課法を地租割から地価割にすること等）、「産業各種機関の連絡統一に関する決議」、「農産物販売斡旋に関する決議」、「郡役所廃止に伴ふ郡農会の善後策に関する決議」（郡役所の農業関係技術員を郡農会技術員とし、又地方費より補助すること等）、「市町村農会発展に関する決議」（町村農会に専門技術員を設置し、国庫補助を要望する等）であった。(23)

四月二二日は午前一〇時より午後五時まで帝農事務所にて帝国農政協会理事会を開催し、農政運動経過に関する件、農村振興費に関する件、義務教育費の国庫助成同盟会解散に関する件等を協議した。(24) 終わって、午後六時より中央亭における農政協会、町村長会、教育会の晩餐会を開いた。国庫助成同盟会の解散式の予定であったが、存続となった。

四月二三日、帝農に出勤し、雑事を行なった。なお、この日から石橋幸雄（鹿児島高等農林学校卒）を帝農職員に採用し、米生産費調査の手伝いをさせている。

四月二四日、温は夜八時上野発にて山形県における農会事業研究会での講演のために出張した。翌二五日午前四時五〇分米沢に着し、室岡周一郎（山形県農会技手）らに迎えられ、休憩のあと、南置賜郡役所に行き、午前一〇時より郡役所楼上にて同郡農会主催の農会事業研究会に出席し、午後三時半まで講演を行なった。しかし来会者はわずか二五、二六名に過ぎず、途中で講演を休止している。翌二六日も午前一〇時より講演を行なった。午後は協議の予定であったが、郡農会当局に何の案もなく、温は「無為無策ノ地方ナリ」と嘆じている。二七日は午前八時、島貫万太郎（東置賜郡農会書記）、伊藤浩一（南置賜郡農会技手）とともに宿を出て、東置賜郡小松町に行き、小松町公会堂にて、東置賜郡農会主催の農会事業研究会に出席し、午前一〇時半より午後四時まで、来会者一一〇余名に対し、講演を行なった。二八日も同研究会に出席し、午前一〇時より午後四時まで講演を行なった。二九日は島貫及び奈良崎晴雄（西置賜郡農会幹事）とともに、西置賜郡永井町に行き、同郡教育館にて農会経営講習会に出席し、午前一一時より午後四時まで、来会者五〇余名に対し、講演を行ない、夜は菅野三津蔵（山形県農会技師兼幹事）らと晩餐会をし、角万旅館に投宿した。三〇日も同講習会に出席し、午前一〇時半より午後三時まで講演を行ない、終わって、菅野と赤湯温泉に行き、入浴後、午後九時四〇分赤湯発にて帰京の途につき、翌五月一日、午前八時半上野に着した。

五月も温は帝農の業務の傍ら、よく出張した。一日、温は午後五時二〇分飯田町発にて、山梨県農会主催の町村農会経営研究会に講演のために甲府に行き、一一時五〇分甲府に着し、木村重一郎（山梨県農会技師）らに出迎えられ、談露館に投宿した。翌二日温は山梨県会議事堂に行き、山梨県農会主催の農会経営研究会に出席し、午前一〇時より午後四時まで郡町村農会長、同技術者等約二〇〇名に対し、講演を行なった。三日も午前九時半より一二時半まで講演を行ない、午後は研究会に出席した。四日午前二時甲府発にて帰京につき、六時四〇分飯田町に着し、帰宅した。後、『帝国農会報』原稿「関税定率法の改正と論戦」の執筆等をした。

五月五日は午後四時幹事会を開き、事務上の打ち合わせをなし、そして、この夜八時半東京発にて愛媛での議会報告会等のため帰郷の途につき、翌六日午後三時尾道から船に乗り、午後八時高浜港に着き、帰宅した。また、この日も『帝国農会報』の関税改正に関する原稿を執筆した。七日は終日在宅し、明日以降の演説会の準備等をした。またこの日「大衆時代」（無産者新聞）の高市盛之助が温を訪問し、新聞を購読している。八日以降、温は衆議院議員として毎日講演の連続であった。八日は午前県農会にて開催の郡農会長会に出席し、後、午後一時より伊予郡郡中町に行き、同劇場にて第五一議会報告演説会に臨み、野口文雄（温泉郡坂本村の農村青年）、仙波茂三郎のあと、来会者約三〇〇名に対し報告演説し、さらに、石井村に帰り、午後七時より来会者一四〇余名に対しても報告演説した。九日は午前は知事官邸、伊予日々新聞社等を訪問し、後、県農会の郡農会長会に出席し、郡農会存廃に関する意見を述べ、午後二時からは松山公会堂に行き、第五一議会報告演説会に臨んだ。三五〇余名が出席し、野口文雄が開演の辞、仙波茂三郎、渡辺好胤の演説の後、温が演説した。盛況であった。さらに夜六時からは大街道のカフェーにて温の歓迎会があり、門田晋、青野岩平ら六〇余名が出席し、これまた非常の盛会であった。一〇日、温は東宇和郡での講演のため、午前八時半自動車にて出発し、午後一時卯之町に着き、二時より小学校講堂にて講演会を開催し、来会者四〇〇余名に対し、五時半まで講演を行なった。夜は松屋に投宿した。一一日は午前一〇時発自動車にて野村町に行き、午後二時より公会堂にて講演会を開催し、来会者三二〇余名に対し、四時四〇分まで講演した。終わって、卯之町に帰り、宿泊。翌一二日午前九時卯之町発にて帰宅の途につき、午後一時帰宅した。

五月一二日、温は『帝国農会報』第一六巻第七号の原稿「関税定率法の改正と論戦——第五一議会と農村問題（二）——」を草了した。その大要は次の如くで、加藤・若槻内閣の関税改正論＝工業品の関税引き上げ、農産物の関税引き下げ論を批判するものであった。

「関税定率法中改正法律案は当議会の最大重要問題ばかりでなく、近年にない重要問題であった。わが国の関税は安政五年米国と関税に関する条約を結んだのがこの制度の始まりで、明治三二年にようやく関税自主権を回復し、四三年の改正で現在の関税定率となった。その後、欧州大戦後、産業貿易に一大変動を来たし、今回の大改正となった。今回の政府原案は税率据え置きが四九二品目、税率引き上げが九〇六品目、税率引き下げが二六六品目であった。本案は一月二六日に衆議院に提案され、二七名の委員に託され、一八回委員会を開き論戦したが、成立の見込み立たず、各派二名づつ八名の小委員を設けて審議し、三月八日の小委員会でようやくまとまり、九日の委員会、一〇日の本会議で修正案を可決した。今回の改正は原則として農産物の関税は据え置きか軽減し、工業品は大部分引き上げるというのが、政府の方針で、それは浜口大蔵大臣の次の説明によって明らかである。改正の根本方針は内地産業の生産条件を有利ならしめると共に、重要産業につき外国品の競争に対し、一様なる程度の保護を加え、他面消費者の利害を考慮し、国民生活の安定を策し、且つ税率の適当なる按排をはからんとするにあり。すなわち、第一に、わが国に生産なき物品や、生産ありとも乏しき原料品に対しては無税又は低い税率に据え置くこと、第二に、重要産業にして発達過程にあるものに対しては保護を与えること、第三に、外国との競争に耐え得るものに対しては税率を軽減するか、据え置くこと、第四に、国民生活の必要品に対しては税率を軽減し、もしくは据え置くこと、第五に、嗜好品に対しては相当の関税を課すること。

しかし、我々農業関係者と政府の間で、根本的意見を異にしたのは、原料品と日常必要品は可及的安価なるが産業上、社会政策上必要なりという内容の解釈の問題であった。農産物関税に対する意見の差異は農村問題に対する見解の差異の核心であり、この機会に消費者又は言論界の代表的見解・農産物関税引き上げ反対論とみるべきものを紹介しよう。例えば、東京商業会議所（指田義雄会頭）の小麦関税引き上げ反対意見は、第一に重要食糧品である小麦粉の価格を騰貴せしめ、国民生活を圧迫する、第二に我国農家の多数は小麦の生産者ではなく、却って小麦粉の最大消費者であり、農村振興に反する、第三に小麦の作付け面積は近年減少しており、小麦関税引き上げによって面積、産額増大は図り難い、というもの。次に全国製粉業者は小麦関税引き上げに猛烈な反対運動をしたが、その反対理由は商業会議所と同様で、更に関税引き上げは製粉業者を破滅せしむると述べていた。言論界・都下の各新聞の論調も殆んど同一筆法で農産物の関税引き上げに反対していた。例えば東京日々新聞は、農業を以て主要産業となさんには我国土は余りに狭い、商工業の発展を以て立国の大本とせねばならぬことは何人も異論はない。されば農業の保護はその大方策を妨げぬ方策、例えば地租の軽減、肥料の低価供給、農村金融の緩和を図るが当然で、これらの政策に手を染めずして農産物の関税を引き上ぐるは一般生活費を騰貴せしめ、社会的不安を醸成せしめ、将来の主要産業たる商工業の発展を阻害し、国運の伸張を妨げるといわねばならぬ、と絶対反対した。その他の東京朝日、時事新報、国民新聞等も殆んど同じ主旨で、農産物関税引き上げに反対し、農業界の運動に痛撃を与えた。また、経済関係の雑誌も同様で、例えば、四月創刊の「企業と社会」の日清製粉会社の斎藤熊三郎氏の「小麦関税の引上げの議について」などは、小麦関税引き上げは百害あって一利なく、小農を踏み台にして地主を擁護する悪政なりとまで述べていた。以上、産業界、言論界の反対論を紹介してきたが、それへの反駁論は次回に述べることにする」[25]。

五月一三日、温は帝農幹事として、九州地方（熊本、佐賀、福岡）に農業経営の視察、各県農会主催の講演会等のために出張した。この日、午後一時半家を出たが、妻の岩子が淋しそうであった。日記に「岩子ノ淋シサフニ見送リタル、気ノ毒ニ堪ヘス。東洋ニハ志士ノ国事ニ奔走スルヲ家人ノタメニ産ヲ治メスト云フカ、コレハ幸福ニアラス」と書きとめている。午後六時高浜発利根川丸に乗り、門司に向かい、翌一四日午前五時半門司に着し、熊本に向かい、午後一時半熊本に着し、岩崎羆（熊本県農会副会長）、野崎正雄（同県農会幹事）に迎えられ、研屋に投宿した。一五日午前七時五〇分熊本発にて岡村三千年（同県農会技手）とともに、下益城郡豊福村に行き、内田豊治氏らの共同経営を視察し、午後一時鏡町に行き、熊本県農会主催の町村農会経営研究会に出席し、二時間ほど講演した。終わって熊本に帰り研屋に宿泊した。一六日午前七時五〇分宿を出て、県農会の一行と玉名郡横島村に行き、木村元之氏の農業経営を視察し、午後同郡横島村小学校にて開催の町村農会研究会に出席し、来会者一〇〇余名に対し、二時間半ほど講演し、宿に帰った。一七日は午前一〇時自動車にて岡村三千年技手とともに鹿本郡米田村の大津山氏の農業経営を視察し、山鹿に戻り桜井旅館に投宿した。一八日は午前七時山鹿を出て、佐賀県に向かい、三養基郡基山村に行き、田崎竹一（佐賀県農会幹事）の出迎えを受け、午前は同役場にて、小作争議の経過、農会の状況等を聞き取り、午後は農会総代、技術者等一五〇名ほどに対し、四時まで講話を行ない、終わって、博多に向かい、栄屋に投宿し、大森武雄（福岡県農会副会長）、広吉政雄（同県農会幹事）の来会を受けた。一九日は大森、広吉に送られ、午前七時博多を出て、米倉茂俊（同県農会幹事）とともに糸島郡前原村に行き、末崎豊太郎氏の共同経営を視察し、午後は糸島郡役所にて振農会総会に出席し、五〇分ほど講演し、ついで糟屋郡青柳村の実行組合事業を視察し、終わって、古賀駅を午後八時に出て下関に行き、一一時発にて、東上の途についた。二〇日午後六時京都に着し、ついで奈良に行き、菊水館に宿した。二一日午前八時、大宅農夫太郎（奈良県農会技師）とともに生駒郡役所を訪問し、折柄郡内実行組合幹部会を開催しており、温は郡長に強いられ、一時間半ほど講演を行なった。その後、菊田楢伊（奈良県農会技手）らとともに矢田村を視察し、奈良に戻り、京都をへて、帰京の途につき、翌二二日午前一〇時東京に着した。

五月二六日は農林省を訪問し、間部彰農産課長に愛媛県穀物検査所長、農事試験場技師の件等を依頼し、夜は青山いろはにて講農会の懇親会に出席した。二七日は米生産費の手入れ、二八日は中央亭での二八会の会議に出席、二九日は小作官会議に上京中の藤井伝三郎（愛媛県小作官）と愛媛の小作問題の協議を行ない、また、米生産費原稿の手入れ、農業基本調査様式の考案、等々をした。三〇日午前は自著の『農業経営と農政』の目次を考案したり、河上肇の経済原論を読み、午後は高輪東禅寺にての内藤鳴雪翁（大正一五年二月二〇日没）の追悼会に出席した。来会二〇〇名ほどで、勝田主計や河東碧梧桐、高浜虚子なども参列していた。

六月も温は帝農の業務等を種々行なった。一日は米生産費原稿の手入れ、著書の『農業経営と農政』の冒頭部分の起草を行ない、二日は新正倶楽部の例会に出席、後、帝農の幹事会を開き、農産物販売斡旋所主任者協議会への提出問題の協議を行ない、三日は養蚕生産費調査様式の作成等をした。

六月三日に、若槻内閣の内閣改造がなされた。新農林大臣に町田忠治氏が就任した。翌四日、温は町田を訪問し、祝辞を述べた。午後は農林省に渡邊侻治を訪問し、経営調査主任会のことなどを協議した。五日は養蚕生産費調査様式の考案、六日は著書の起草等、七日は麦類及び桑生産費様式の考案、経営主任会議の案の起草等を行ない、夜は帝農にて小作法調査委員会を開き、桑田、安藤、那須委員が出席し、小平権一小作調査会幹事の特別出席を求めて、前小作法案の説明を聞き、八日は『帝国農会報』掲載の「農業基本調査について」(第一六巻第八号)の前書きを執筆し、九日は米生産費調査、農業経営調査帳簿改正の研究等、一〇、一一日は田畑賃貸価格調査の研究等を行なった。一二日は陳情のために上京した南伊予村の玉井温次郎とともに鉄道省を訪問し、八田嘉明建設局長に面会し、南伊予村停車場の陳情した。

六月一二、一三日、温は『帝国農会報』第一六巻第八号の原稿「関税定率法の改正と論戦——第五一議会と農村問題(三)——」を執筆した。大要は次の如くで、実業界・言論界の農産物関税引き上げ反対論への全面的な反駁文であった。

「実業家、言論界には農業者側の所論に賛意を表するものが皆無であった。原始産業の地位を理解し、現代思想を持って国民経済を達観し、公正な議論がなかったことを遺憾とする。実業界・言論界の反対論は、(一)農産物関税を引き上げれば諸物価の騰貴を促すが故に反対である、(二)食糧品の関税引き上げは特に国民生活を脅威するが故に反対である、(三)小麦鶏卵関税の引き上げは農家のためにも不利益で却って農村を困厄に導くので反対である、(四)小麦関税の引き上げは大地主擁護の目的にて時代逆行であるから反対である、(五)小麦は関税を引き上げるも生産を増加する余地のないものであるから反対である、の五カ条である。以下、この五ケ条について反駁しよう。

第一に、関税政策の本質的作用は物価を騰貴せしむるものであるから、農産物のみを抑えんとするは不合理である。

すなわち、関税政策は本来が商品の独占価格を維持するために考案されたものであるから、その本質的作用は物価を騰貴せしめるものである。関税政策を認める以上はいくらかの物価騰貴は認容しなければならない。農産物にしても、他の物品との関税のつりあい上、税率を増す理由があればそれを増し、そしてそれがために多少物価に影響するとしても、それは当然の結果で致し方ない。それが悪いとすれば他の関税も引き上げはできない。工業関税は引き上げられるが、農産物関税が引き上げられないと、農家は買うものが高くなり、売るものが安くなる、もしかかる政策が行なわれたならば窮乏の甚だしい農家の経済は益々困難となる。一般物価を騰貴せしめる政策にはある程度まで農産物もこれに伴なわせしめることが正当である。

第二に、食糧の関税引き上げは消費者には不利益でも生産者には利益である。すなわち、政府の関税改正の方針は原料品及び日常必要品は可及的安価なるが良いとの方針の下に、農林水産物に対しては据え置きか軽減とされた。据え置きとは明治四三年に定めた現行税率をそのまま据え置くことで、当時の物価に比すれば多くは価格が二～四倍に騰貴しているので、関税の効果は半減又は四分の一に低減したのである。一部の経済学者の所論の如く、原料品又は日常必要品はなるべく安いほどが良いというが、その原料品および必要品を生産するものは農林業者である。それ故、それらの物品は安いほうが良いという論理を究極すれば、農林業者の収入は少ないほうが良いということになる。それは農林業者を犠牲とする産業政策である。私は犠牲が必ずしも悪いとは思わない。しかし、その犠牲は国民全体が身分相応に分担する犠牲である。資本家も労働者も都市民も農村民も身分相応に分担する犠牲である。甲の階級のために乙の階級を苦しめる犠牲ではない。消費者が食糧騰貴のために受ける生活上の苦痛も、生産者が農産物の下落による収入減のために受ける苦痛も同じものである。学者や言論界は工業製品に対してはいかなる不合理の関税増税にも賛成し、農産物に関しては製粉業者やパン屋と同じような議論をなすにいたってはその研究と識見の程度を疑わざるを得ない。我々が他の物品との均衡上、数種の農産物の関税引き上げを主張したのは極めて当然の主張であって、かくせざれば農民は偏頗な産業政策の犠牲となるが故である。消費者側より見れば食糧の騰貴を導く政策に対しては生活の脅威を感じるであろう。しかし、農民側よりすれば購入品は高くなり、自己の生産品は安くなる政策に対してはより以上に生活の脅威を感じる。

第三に、小麦は勿論農産物価額の騰貴は農村振興となる。すなわち、小麦の関税を引き上げれば小麦は騰貴し、その製品も騰貴し、消費者は不利益となる。農業者も小麦を生産せず消費するものは不利益となる。しかし、生産の奨励を目的とした関税政策の得失は生産者と消費者の頭数を比較し、多数決で決する性質のものではない。総ての物品は生産者より消費者が多数である。工業品の如きは一層大にして五、六の会社の製品にて数百万の消費者を有する者が少なくない。関税政策は生産条件を改善するのが目的で、たとい少数の生産品にてもその物品を国内で生産することが必要であるから保護するのである。関税保護の効果はその物品を生産するもののみ及ぼすものであって、例えば、銑鉄に関税をかければ、銑鉄業者は保護されるが、工業者全部が保護せらるゝものではないのみならず、鉄を原料としている他の工業者は不利益となる。織物でも同じである。しかし、これを工業保護というのであり、それで工業が発達するのである。小麦の場合も同じである。農村振興とは種々の振興策の総称であって、そのうち最も重要なものは生産物の価額の問題で、農家としては正当な生産費を償い、尚いくらかの利潤のあることである。一口に言えば適当な価額の維持である。小麦の価額を維持し、繭の価額を維持し、果物の価額を維持し、牛乳の価額を維持することが農村振興である。反対者のいう如く生産者と消費者の頭数を勘定して消費者の数が多いから、小麦は安いほうが良い、繭は安いほうが良い、果物は安いほうが良い、というようなことを農村振興とは言わないのである。

第四に、小麦の関税引き上げは小農の利益擁護にて地主の擁護にはならない。すなわち、小麦関税の引き上げは大地主の擁護政策なりという日清製粉の斎藤熊三郎氏の論拠は、（一）小麦は多くは小作料として地主の取得する、（二）小麦は大部分が大地主の自作である、という二カ条が前提とならねばならない。ところが、事実は否である。小麦が小作料となっているところは、全国的に殆んどない。また、小麦の大部分を大地主が自作しているというのも事実ではない。これは理論の問題でなく事実の問題であるから実地調査をすれば直ちに判明する。私たちの調査では小麦の大部分は小規模の自作者や小作者が生産し、自由販売している。だから、小麦価額の騰貴は小農の利益となる。要するに事実の観察が正反対であるから結論も正反対である。これ以上論ずる必要はない。

第五に、小麦は生産条件さえ改善されれば増殖の余地は少なくない。すなわち、小麦関税引き上げ反対論者は、大正七、八年に小麦が騰貴したにもかかわらず、栽培面積も産額も増加しなかったことを挙げているが、大正七、八年は小麦のみが騰貴したのではなく、麦類はもちろん米、大豆など何もかも騰貴したのであり、また、麦類の中では、小麦よりも裸麦や大麦の方がより騰貴したのである。だから、小麦のみが特に騰貴し、且産額が増加しなかったならば、反対論者の理由もあるが、事実は小麦よりも裸麦、大麦の方がより騰貴したので、小麦が増加しなかっただけである。反対論者は資料の使い方を間違っている。また、反対論者は耕地が制限されていて小麦を栽培する余地がないことを挙げているが、蒙もまた甚だしい。麦作には弾力性があり、生産条件がよければ、利用面積も反収も増大し、自給も不可能ではない。

最後に、農産物関税論に対する賛否は食糧買い喰い論（輸入依存）と自給論の差異であり、容易に意見の一致を見出せないが、我々は農産物を可及的安く売るために、土地及び労力の能率増進と生産費の低減に全力を傾注している。幸いにして目的を達成し、安価に販売しても農業が立ち行くようになれば、関税などに固執せずに自他共に便利な経営をなし、共存共栄の道を行きたいものである(26)」。

六月一六～二二日、温は養蚕生産費調査様式、農業経営調査帳簿改正、麦生産費調査様式の研究、販売斡旋主任会議の提案の協議等を行なった。

六月二三日から二六日まで、帝農は第一回道府県農会販売斡旋主任者協議会を事務所にて開催した。道府県農会の技師、技手と東京、横浜、神戸、門司販売斡旋所の技師、技手六一名が出席した。会議には農林省副業課の諮問案「副業品の販売斡旋に関する適当なる方策如何」や帝農提出の協議案「斡旋所と道府県農会との連絡上改善を要すべき事項」、「販売斡旋事業振興上に関し緊急にとるべき実行方法如何」、「農産物ならびに副業品販売斡旋事業上改善を要すべき事項」が出され、協議した。二四日は委員会を開き、協議し、温は副業課諮問案の委員会に出席、二五日は深川正米市場山崎商店の川村寅之助の正米取引についての講演、東京市技師飯岡清雄の東京市の青果物市場及び販売斡旋所の活動についての講演、鉄道省運輸局の草野係官の鉄道運賃についての講演があり、また、各委員会の報告がなされ、毎年一回販売斡旋所協議会を開催することなどが決議された(27)。終わって午後六時より中央亭にて懇親会が行なわれた。温は日記に「初メテノ会議ナルカ、矢張リ一大勢力ナリシ」と感想を記している。

六月二七日、温は藤巻雪生、丸毛信勝、原鐵五郎らとともに三里塚御料牧場を見学し、二八日は帝農の農業教育委員会を開催し、横井時敬、佐藤寛次、那須皓、加賀山辰四郎、小出満二ら出席の下、補習学校について協議し、二九日は耕地拡張余地問題の研究を行ない、また、農林省耕地課を訪問し、資料を収集した。三〇日は道府県農会農業経営主任者会議の準備等をなした。

七月、温は帝農の業務を種々行ない、また、よく出張し、講演を行なった。一日は農業経営主任者会議の準備を行ない、後、副会長、幹事、菅野鉱次郎と同会議の打ち合わせをした。五日は農林省に前瀧千仭、麦生富郎、太田宗治郎らとともに行き、石黒農務局長に神戸大阪販売斡旋所支部の件にて談判し、夜は小作法調査委員会を開き、桑田、志村、那須らの出席の下、小作法問題の協議をしたが、桑田、志村委員は提案の協議を好まなかった。

七月六日から九日まで、帝農は道府県農会農業経営主任者会議を事務所にて開催した。道府県農会から四九名が出席した。打ち合わせ事項は、(一) 農業経営調査簿に関する件、(二) 農業経営調査集計様式に関する件、(三) 農業経営設計書様式に関する件、(四) 農業共同経営に関する件、(五) 米麦繭桑生産費調査に関する件、等であった。一日目 (六日) 午前九時半開会し、温が開会の挨拶を述べ、ついで小林隆平参事より農業経営調査簿についての説明があり、質疑がなされ、二日目 (七日) も午前八時半より開会し、中川潤治参事より農業経営調査集計様式、鈴木常蔵副参事による農業経営設計書様式に関する説明があり、質疑がなされ、三日目 (八日) も午前八時半開会し、温が米、麦、繭、桑生産費調査の説明を行ない、委員付託となり、午後は共同経営の調査簿等について協議した。夜は午後六時より小川町常盤にて懇親会を行なった。全員出席し、「大はしゃぎニテ近来ナキ愉快ナル宴会」であった。四日目 (九日) は最終日で協議事項総て議決し、温が閉会の挨拶を述べ終了した。[28] この協議会は大変愉快な会議で、温は一〇日の日記に「今回ノ経営調査主任会ハ非常ニ愉快ナル会議ナリシ。右ハ教育程度高キニヨルモノ主ナル原因トナルヘシ」と記している。

七月一一日、温は『帝国農会報』の原稿「米生産費研究上の諸問題 (上)」を執筆した。その大要は次の如くで、米価と生産費との関係、生産費調査の目的、直接生産費と間接生産費の区別、農産物価格が高価な原因について論じたものであった。


「帝国農会は大正一一年度より米の生産費調査を始め、私はその調査事務に従事してきた。この機会に所感の一端を述べる。私は大正一〇年五月まで地方に居て、各方面から種々の調査を委嘱され、米の生産費調査もしてきた。当時調査項目に疑問があっても相当研究されたものと思い、疑問のまゝに調査をしてきたが、現在自分が米生産費調査をするに当り、種々判断しなければならぬ立場になると、従来の調査様式にはなお研究の未熟な事項が存在することを痛感した。私は、米の生産は米価とその生産費との関係によって支配されると信じる。しかし、それはある期間を通じての平均的観察であって、年々の米価とその生産費とは直接の関係はないようである。大正一一年より三ケ年の米価とその生産費の関係は次の如くなっている。

	米価（石）	反当り生産費	反当り収穫量	一石当り生産費
大正一一年	三二・六二円	一〇三・七三円	二・五五八石	四〇・五五一円
大正一二年	三八・六三円	九七・二七円	二・三七八石	四〇・九〇四円
大正一三年	四一・四五円	九七・四〇円	二・四一四石	四〇・三四八円

世間にはその生産年度若しくは前年度の生産費を以て米価を考えんとする意見もあるがそれは正当ではない。わが国の米価はその生産が天候によって左右され、二〇〇、三〇〇万石の増減が大なる力を以て価格を支配し、一年間においても又或る周期間においても騰落率が非常に多大である。然るに、生産費の方は気候などは増減に殆んど関係を持たない。肥料もその半ばは自給肥料で市価の変動はないし、購入肥料もその施用量が天候によって増減するものではない。その他の農具費、農舎費、租税、資本利子の如きも殆んど変動がないといって良い。故に生産費も年々増減はあるが、その増減率は米価の騰落率に比すればはるかに微小で、米価の騰落率とは異なった要因によって増減するものであり、米価とその生産年度の生産費とは直接の関係はない。しかし、長期に亘り平均的に観察するならば平均的米価は平均的生産費によって支配されるものと信じる。ところで、長期間に亘る米の生産費を支配する生産費は如何なるものである

かの問題である。米の如き国民の日常品の価格は最低限度の生産費の辺に置かれるものにて、種々の政策や総ての社会事情がそれ以上に騰貴せしめないものである。食糧政策とか社会政策とかは皆それである。米の如き日常品は理由のあらん限り安価に消費されるように各種の経済政策が仕組まれるものであるから、米の生産を支配する生産費は可及的安値に計算せられんとするものである。一方農家の実際の生産費といえば千万の農家ごとに相異なる。故に限界効用理論を適用し、各農家の中で最も低廉な生産費、篤農家の改良された生産費を取り出し、これをもって最低限度の生産費として米価問題や食糧問題を論議し、それらの政策に適用されると、多数の農家の米作経営条件は生産費を償えず、非常な困難に陥ることになる。私は米の生産を支配する生産費は全米作農家の生産費の平均生産費であると信じる。かかる意味の生産費ならば米価及び米作の所得を論ずる場合の最低限度の、農家の忍び得る最低の生産費と見る事が出来る。

米の生産費調査の目的は、これを以て適当な米価を決定しようというものではない。私は生産費調査の目的は可及的安価に米価を生産し得る方法を研究し、発見することにあると信じる。農家の立場より云えば米価が非常に下落した時といえども甚だしき困難に陥らぬように経営する生産要件を研究、発見することが生産費調査の大目的である。故に生産費の内容に立ち入り、生産費の多き原因が農家の不注意怠慢ならばこれを改めさせ、試験研究の不備ならば試験研究の促進を図り、販売購買方法の欠陥ならば販売購買組織の改善を促し、或いは国家の租税金融政策の結果生産費を増大させているならばそれらの政策の改善を図ることが目的である。

現在一般に採用されている生産費には直接に作物の生育、収量、品質を支配する生産費と生産物の収量品質に頗る縁遠い生産費がある。私は研究の便宜のために、それを直接生産費と間接生産費に分けて集計した。直接生産費とは種子、肥料とか直接米の収量、品質を支配するものである。間接生産費は農具、農舎、租税とか米の収量、品質に余り関係のないものである。ただ、間接といえども農具の如きは労働能率を大ならしむるために用いられるもので、ぜひとも必要なものである。農舎に至っても一層間接的であるが、これなくしては農業経営が出来ない、絶対に必要な生産費である。しかし、土地の租税負担の如きは米を生産する上に何等の作用の必要もない。地租が免除されようが、重税が課せられようが、米の収量品質に何等関係がない。土地の資本利子もこれと相似た性質の生産費である。そして、かかる性質の生産費が全生産費の約三七％を占めている。わが国の農産物の高価なる一大原因はここに存する」[29]。

七月一二日から二週間、帝農は道府県農会技術者講習会を駒場の東京帝大農学部にて開催した。全国から五二名の技手らが出席した。温も講師の一人であった[30]。また、この日、午後帝農にて農業教育委員会を開き、横井時敬、佐藤寛次、小出満二委員が出席し、講習会について協議した。また、夜は評議員会を開き、志村源太郎、桑田熊蔵、秋本喜七委員出席の下、賃貸価格調査に関し協議した。一三日は農学部での技術者講習会に行き、午後一時半より三時二〇分まで米生産について講演をした。一四日は養蚕、桑生産費調査様式の考案、一五日は講習生との懇談会に出席等した。

七月一六日、温は午後八時半東京発にて、帝農主催の地方講演会のために広島県に出張の途につき、翌一七日午後二時福山町に着き、井納等（広島県農会技手）に迎えられ、坂田旅館に投宿した。一八日午前九時より福山町高等女学校講堂にて帝農主催の講習会に出席し、来会の約二〇〇名に対し、一八日の午前と一九日の午前に講義を行なった。二〇日は午前一〇時より広島県農会役職員協議会に出席し、温が問題の趣旨説明を行なっている。二一日、温は午前四時一〇分発にて福山町を発し、尾道に出て、五時発の第一五相生丸に乗船し、八時四〇分高浜に着し、帰宅した。

七月二二日、温は午前九時石井発汽車にて出市し、愛媛県農会に行き、南予における県農会主催の講演会の打ち合わせを行ない、二六日から多田隆（県農会技師）とともに、南予巡講（御荘村、宇和島市、八幡浜町、大洲町、小田町村）の途についた。この日、午前八時半高浜発の第一四宇和島丸にて出発し、翌二七日午前六時南宇和郡東外海村の深浦港に上陸し、九時より御荘村実業学校にて開催の講演会に出席し、来会の三〇〇余名に対し、講演を行なった。南宇和郡としては「非常ノ盛況」であった。その夜は城辺村の松屋旅館に投宿し、宿にての慰労会に出席した。二八日は午前八時松屋を出て、宇和島に行き、午後一時より宇和島市役所議事堂にて講演会を行なった。しかし、北宇和郡の来会者は九〇余名で、農会は不振であった。その理由について、温は日記に「近年北宇和ノ農会振ハス。其原因ハ太宰、清家ノ勢力争ヒト各町村長ノ農会無用論ヲ抱クモノ多キニヨル……。太宰氏ハ病気、副会長ハ差支トカニテ一切顔ヲ出サス。要スルニ現代ノ農業界ヲ解セサルモノ乎」と観察している。なお、太宰孫九は政友本党の衆議院議員、清家吉次郎は政友会の県会議員で、ともに南予の重鎮で、対立していた。二九日は県農会主催の農村経営研究会を宇和島市公会堂にて開催した。全郡より八〇余名が出席し、農村振興の具体的希望と町村農会経営の方針の二問題について討論している。午後三時に研究会が終わり、温は門田晋（県農会長）と太宰孫九を見舞い、七時発の群山丸にて八幡浜町に行き、恵比寿堂に投宿した。三〇日は八幡浜の寿座に行き、午前九時半より午後一時まで、来会の二二〇余名に対し、講演を行なった。終わって、大洲に向かい、小西屋に投宿した。三一日は大洲小学校に行き、午前八時半より一二時半まで四時間にわたり、農学校生徒ら八〇余名に対し、講演を行なった。終わって上浮穴郡小田町村に行き、ふじや旅館に投宿した。

八月一日、温は小田町村小学校に行き、午前九時半より一二時まで、来会の二四〇余名に対し、講演を行ない、終わって、午後二時小田町村を出て、六時帰宅した。三日は午後一時より道後大和屋にて、愛媛県の太田直（愛媛県農林技師、蚕糸課長）、福島俊雄（同、穀物検査所長）、門田晋、多田隆らと会食し、農会に関する懇談をした。五日は午前六時松山発の中予会社の自動車にて久万町に行き、同役場にて午前一一時より二時間四〇分にわたり、来会の中堅人物一二〇余名に対し、農村問題の争いと題して講演を行ない、「盛況」であった。この日は谷亀旅館に投宿し、離れで慰労会をした。これにて、県農会委嘱の南予講演を終了した。翌六日午前一〇時久万町発にて帰松の途につき、正午帰宅した。

八月一〇日午後、道後ホテルにて、伊温の農友会幹部会を開き、宮内長、渡辺好胤、大原利一、仙波茂三郎らと農友会負債問題と次の選挙の打ち合わせをした。温は次の選挙には出馬しない考えであった。この日の日記に「未タ心底ヲ話サズ。但シ大原君ニハ略打明ケタリ」と記している。一一日は県庁を訪問し、香坂知事に南予観察談をなし、後、県農会を訪問し、多田隆と伊予郡の農会技師の件等を協議した。一三日も温泉郡農会、久松伯爵邸、県庁等を訪問し、所用をなした。

八月一五日、温は再び東京で帝農幹事として活動するために、午後七時三〇分高浜発の紫丸にて、松田石松、大原利一、石丸富太郎、多田隆、加藤和一郎らに見送られて上京の途についた。翌一六日午前九時大阪築港に着き、奈良県郡山に行き、四海亭に投宿し、来会の大宅農夫太郎（県農会技師兼幹事）、菊田楢伊（県農会技師）、堀田清右衛門（生駒郡技師）、村尾卯之松（矢田村長）らと生駒郡矢田村の調査について協議した。一七日は菊田技師とともに耳成村に行き、東竹田の共同経営の視察等を行ない、終わって、浅田好太郎（奈良県農会長）、大宅、菊田らと郡農会廃止問題について協議し（奈良県は郡農会廃止論に傾いていたため）、午後五時出発、大阪七時半発にて上京し、一八日午前八時東京に着した。

八月二〇、二一日は『帝国農会報』の原稿「米生産費研究上の諸問題（下）」を執筆した。その大要は次の如くで、生産費調査に当たって議論の多い調査項目について温の見解を述べたものである。

「何事を調査するにしても、調査の目的と調査事項と調査方法を明確に決定することが調査の基本である。生産費調査の調査項目も頗る複雑で議論が多い。例えば租税を生産費と見るかどうかについて異なった見解がある。実際の調査を運ぶに当たっては多少の異論はあっても何とか約束をして取り掛かるほかに方法はない。帝国農会の米生産費調査において、多くの約束を用いて調査した。その約束に対する私の見解及び議論を紹介しよう。議論の多きは自給物（自給肥料、家族の労賃）の評価と租税と地代の問題である。

自給肥料について。帝国農会では、大工原博士の計算による肥効価によって評価する約束にて調査したが、私の経験では費用価、すなわち、それらの肥料を得るために要した経費によって評価する方がわが国の農業状態に適合していると思う。

家族の労賃について。これは生産費中最大の難物である。というのは、現在の米作では労賃が三三％以上にも達しているから、労賃の算出如何により生産費は著しく増減する。自給労賃は算出の方法なく、又算出すべき性質のものでないとの意見もあるが、同一労働に従事する雇人の労賃がある以上、これを標準として算出することは不合理ではない。そして、雇人の賃銭を標準とするについても、臨時雇の労賃を標準とする場合と年雇の一日当り労賃を標準にする場合がある。前者は高く、後者は低く評価される。帝国農会の調査では、稲作期間における臨時雇の賃銭を標準として算出したもので、私もそれが正当であると信じる。大正一一年より一三年までの臨時雇の一日賃銭は一・五三円である。苗代より収穫まで稲作期間は年中の多忙期で、その野外作業の賃銭としてははなはだ安価である。水田の多い地方の稲作農は稲作によって収入の大部分を得ないと農家は立ち行かない。かゝる事情の場合、同一労働に従事する前記の如き程度の臨時雇の賃銭を標準として算出することは不合理でない。

次に租税諸負担について。見解が区々あり、議論の多い生産費である。特に戸数割になると議論が出て来る。戸数割は家に課したので、土地に課したのではなく、土地の負担すべき税にあらずとの議論もあるが、しかしながら戸数割の賦課目標は資産と所得と住宅の坪数であるから、農民にとって負担する戸数割は住み家の坪数と土地の所得である。帝国農会の調査は自作農の負担する戸数割はその一割は住宅の坪数に、その他は土地に課せられたものとみなし算出した。大体において不都合はないだろう。二毛作地の土地の負担についてはその分割は難問題で帝農として研究が出来ていない。大正一一年より一三年まで三年間における米作の裏作の麦作について調査した資料によると、反当り一八円ないし二二円の赤字である。従って、この裏作に租税を分担せしめんとしても支払うべき収入がない。強いて負担せしむれば労賃が負担することになり、甚だ不合理である。然るに、米作は普通の労賃を支払っても剰余があるから米作が土地の公課を支払ってもしかるべきだと考える。

地代（小作料・土地資本利子）について。今日の小作料はそのものが不合理であり、また、自作地には小作料なるものはないので、附近の小作料に準ぜんとすればその小作料が不合理なものだから、面白くない。また、土地収益により土地価格を求めるのも正当かも知れないが、収益の算定が困難である。そこで、帝農はもっとも容易なる市価に準じて評価することにした。しかし、現在の市価は生産要素以外の種々の要素が加わっているからそれにまで利子を支払う必要はない。そこで帝農は利率について資本利子中最も低率で良いと考え、年利三、四分の二通りで算出した。但し、私は土地の収益価格から割り出したものが適当と考え、目下研究中である」[31]。

八月二四日、温は午後八時半上野発にて新潟県での講演のために出張の途につき、翌二五日午前九時頃柏崎につき、岩戸旅館に小憩し、迎えの山崎忠司（刈羽郡農会技手）とともに刈羽郡上条村に行き、同小学校にて開催の農事講演会に出席し、講演を行ない、柏崎に戻り宿した。二六日は午前六時五〇分発にて長岡市に行き、長岡市公会堂にて、新潟県農会主催の町村農会技術員講習会に出席し、九時半より一二時二〇分まで、来会の一二〇余名に対し、農業経営について講演を行なった。午後は土屋春樹（新潟県農会技手）、桑原仁右衛門（古志郡農会技手）らと古志郡栃尾町の水害の状況を視察し、栃尾に宿した。二七日は午前五時半栃尾町を出て、古志郡上北谷村に行き、水害被害状況、農家の視察を行ない、長岡に戻り、午後一時より四時まで、町村農会技術員講習会に出席し、講演を行なった。(32) 二八日は新潟県農会の滝沢信吉技手、南蒲原郡農会の渡辺貞一幹事、金子六弥（同郡農林技手）らと福島村、本成寺村、三条町の水害被害状況を視察し、新潟に着し、大野屋別館に投宿した。二九日は土屋春樹技手とともに新潟県庁に内務部長を訪問し、後、小作争議の盛んな北蒲原郡木崎村を訪問、視察した。畠山紀一郎木崎村長らから木崎争議の状況の説明を受け、農民組合本部を訪問した。この日の日記に、「争闘本部ヲ訪ヒシモ面付ノ悪シキ小作者ラシキモノ二、三人アリシモ、幹部不在ニテ話相手ナク、更ニ十五、六丁ノ目下問題トナレル農民学校ヲ視ル。八間ニ十二間ノ粗末ノ建物、教室六ケ」と記している。その夜、六時半新潟発にて帰京の途につき、翌三〇日午前七時半上野に着き、そのまま、帝農に出勤した。

八月三一日は帝国地方行政学会依頼の『地方』の原稿「郡役所廃止後の農村」を執筆した。その大要は次の如くで、郡役所廃止の結果、ますます都市偏重、農村軽視が進んだことを述べている。

「一、近頃の世相は何と観てよかろう。私は朴烈等に関する怪写真、怪文書なるものが送られてきたが、これを見て格別興味も起こらなければ、研究する必要も感じなかった。しかし、それが今や政治問題化し、大騒ぎしている。内閣の運命も支配せられるよう宣伝されている。ここにおいて私は真面目な国民の要望する政治上の重大問題と政治家の心血を注ぐ重大問題が異なっていることを今更ながら痛感せざるを得ない。

二、農村の疲弊とは、今日の処比較的の問題で絶対的の問題ではない。いずれの町村も産業も教育も文化も生活も年と共に向上、進歩しつつある。しかるに、一たび都市と比較すると経済文化の発展の差違が年を追って顕著になっている。そして、それが農業者をして不満、不安を感じせしめるようになったことが農村疲弊の真相である。それは、都市と農村との職業及び生活様式の特異性に基づくものであるが、それを助長するものが資本主義経済制度である。資本主義は商工主義であり、商工主義は都市中心主義であり、この理論により制定された政治組織が中央集権制である。

三、原始産業は天然的不動の要素がある。植林は山林のあるところ、水産業は海洋・河川のあるところ、農業は田畑山林のあるところで営まれる。そして、農業は平坦地、山間地、都市近郊と自然的要素により組織、経営を異にする。また、地勢、水利、土地系統により改良法を異にする。故に適切なる改良、指導法は地方的天然要素によって異なり、したがって、農業に関する調査研究、また応用的施設は地方毎に中心を有する小区域の集団により統制する制度を必要とする。

郡という区域は多くは山河の地勢によって区分され、この地勢的地理的区域により、産業、農業、人情まで異なっている。郡役所が存在すれば、ここに地方的小中心が形成され、地方的気分、農村的色彩が濃厚に保持されて、その気分的色彩が農業者の意志代表を意味し、農村振興の神経となり、中央集権の弊害を緩和する。しかるに、郡役所が無くなれば地方的中心が府県に移り、府県中心となって農村気分は頗る希薄となるだろう。何故なら府県の職業は複雑で、役所の所在地は都会で、知事初め部課長等は一、二年で更迭で、町村の事情を呑み込んでいるものは一人もいない。さらに、府県会の方も真に農村を代表する議員は次第に数を減じ、大多数は所属政党の利害によって動くか、中央集権、都市中心政策の謳歌者・盲従者かで占められ、農村的色彩が発揮せられることは望み乏しく、事によると農村問題などはうるさがれるだろう。

四、町村がしっかりしておれば郡役所が廃止されても、地方の中心は保持され、府県と対抗できるが、今日はそれだけの実力がない。制度は自治であっても、村費で小学校の建築をしようも知事の認可を受けなければならない程で、上級官庁の命令用務に寧日なきありさまだから地方の中心は町村に移らずして府県が中心となるであろう。すると、都市のために利便だが、村は不利を免れない。

五、逓信省の予算中に電話交換拡張費が大正十四年度に三千七百万円、十五年度に四千八百六十二万円となっている。その金額は農林省の全経費（四千四百九十三万円）より三百七十万円余も多いのである。郡役所を廃止するなら、町村役場に電話を架設するぐらいの便宜を与えてしかるべきだが、都市の電話拡張が忙しいので町村は後回しである。伝統的に都市中心政策の空気中に育成された役人や政治家では軽重の判断が容易にできないのである。ここに農村不振の原因が存する。

六、私は従来郡役所が部分的には無用有害の作用があったことを認めるが、それは政治の枝葉の問題で、根本問題は、郡役所廃止により地方特殊の事情は愈々困却され、都市偏重政策の弊を助長し、都市と農村の経済、文化の懸隔をますます大ならしめることになるからである。そして、この懸隔が極度になるとそのときは農村は真に荒廃するか、あるいは革命が起こるか、いずれにしても国家の大患を醸成するであろう。

私は、再び郡役所を回復せよという程の希望はないが、今少し、町村の自治権を拡張し、町村の合併又は聯合によって争闘権威ある地方的中心を作るだけの有力な団体ならしむる制度、法律の改正が必要と思う。

私はかゝる見地から、郡農会その他郡区域の自治的民設機関は軽々に廃止する必要はないと思う[33]」。

九月も温は帝農の業務を種々行ない、とくに、若槻内閣下の小作調査会が小作法制定を進めつつあったので（一〇月三〇日に「小作法制定上規定スヘキ事項ニ関スル要綱」が答申される）、地主側から反対運動が起き、小作法問題に対応した。また、講演のためよく出張した。一日は大正一六年度の農業経営部の予算と調査費（生産費調査、農業基本調査）を起案、二日は奈良県矢田村の農業基本調査事項の起草、三日は帝農幹事会を開き、肥料建議案に関する協議をした。四日は京都府の地主代表（桜井利三郎、大野槌三郎ら四名）が帝農に訪れ、京都府の小作争議の状況の陳情及び小作法反対の陳情があり、矢作副会長、幹事らが応対した。

九月四日、温は午後一〇時三〇分上野発にて、岩手県に講演のため出張した。翌五日午前九時半一関に下車し、福士進（岩手県農会技師兼幹事）の出迎えを受け、平泉中尊寺に参詣し、後、江刺郡岩谷堂町に行き、午後二時より同公会堂にて開催の婦人農事大会に出席し、来会の八〇〇余名に対し、農村の文化生活と題して二時間ほど講演した。六日は午前八時自動車にて迎えの福士進、高橋賛（胆沢郡農会嘱託幹事兼県農林技手）らとともに胆沢郡前沢町に行き、同小学校にて午前一〇時より二時間ほど、来会の一二〇余名に対し、講演を行ない、ついで、岩谷堂町に帰り、同公会堂にて、午後二時より四時まで、来会の一五〇〇〜一六〇〇名に対し、農村振興の意義について講演した。終わって、夜七時半発にて、帰京の途につき、翌七日午前九時上野に着した。

九月七日、温は帝農に出勤し、幹事会を開催し、来る評議員会への提出議題及び『帝国農会報』の改正問題を協議した。なお、会報の改正にかんし、矢作副会長と福田幹事が対立した。この日の日記に「会報ヲ一月ヨリ改正ノ件ニ付、副会長ト福田幹事ト衝突シ、福田君退席ス。両者ヲナダメテ再開ス」とある。また、この日、新潟の地主・伊藤太郎兵衛が来会し、小作法に反対する意見を陳述、また、大阪を中心とする一一県の地主の代表が来会し、矢作副会長、幹事、小作法調査委員会の志村、安藤、那須らに面会し、小作法反対の陳情した。夜、帝農は小作法調査委員会を開いたが、矢作副会長と桑田熊蔵が衝突している。この日の日記に「夜、委員会ヲ開ク。副会長ト桑田氏ト衝突ス」とある。それは矢作副会長の小作法制定論に対し、小作法反対論の桑田熊蔵が衝突したものであった。八日、温は帝農評議員会の準備等を行ない、翌九日全国評議員会を開催した。山田斂、山田恵一、山口左一、三輪市太郎、長田桃蔵、桑田熊蔵、八田宗吉、山内範造、秋本喜七、藤原元太郎らが出席し、来る第一七回帝農総会提出事項（大正一四年度決算、大正一六年度予算案、小作法制定、農村教育改善、肥料政策改善、農会技術員国庫補助増額、自作農地登録税免除等の建議案）を協議した。(34) また、この日、高落松男（大地主協会専務理事、大阪府農会技師兼幹事）が大日本地主会の幹部一〇数名を引き連れ、来会し、評議員に対し、小作法反対意見及び陳情を行なった。このように、温ら帝農幹事側は小作法制定論であったが、地主側が頑強に反対していたことがわかる。一〇日も評議員会を開き、一切の議案を決定した。なお、故、大木会長の後任会長問題は評議員会では触れなかった。一〇日の日記に「会長問題ハ内容ニ触レス。只、各考ヘ置クコト、ス」とある。

九月一一日は来会の松山兼三郎と小作問題について協議し、賛同を得た。一二日～一六日は小作法に対する原稿の執筆を行なった。一七日は午後五時より帝農の小作法調査委員会を開催し、桑田熊蔵、三瀦信三、佐藤寛次、大島国三郎らが出席し、幹事案の研究を行なった。一八日は麦類の価格と生産の消長に関する統計の作成、一九日は著書の『農業経営と農政』の原稿の執筆を行ない、また、夕方、農村文化協会の農村映画の試写会に出席した。二〇日は帝農の農業教育委員会を開催し、横井時敬、佐藤寛次、加賀山辰四郎、小出満二ら出席の下、帝農総会に提出する案を作成した。二一日は午前神奈川県の大船農事試験場に行き、県庁主催の農業関係者協議会に出席し、午後一時より三時間ほど、技術者等七〇余名に対し、農業経営について講演をした。二二日は午後四時半より帝農にて第二回の小作法調査委員会を開催し、志村、横井、桑田、佐藤、安藤、那須、大島、岡本英太郎らが出席し、小作法問題を協議し、二三日は午前神奈川県に行き、中郡大磯町にて、神奈川県中郡の郡町村農会役職員協議会に出席し、午後一時より四時まで講演を行なった。

九月二三日、温は午後九時国府津から急行に乗り、松山市で開催される青年議会に出席のために愛媛への帰郷の途につき、翌二四日尾道から船で高浜に行き、午後九時松山に着した。

九月二五日から三日間、松山市新栄座で愛媛新報、海南新聞主催の第一回愛媛県青年議会が開催された。この青年議会は、普通選挙法成立の下、青年の政治的覚醒を促すための模擬議会であった。総理大臣に明治大学教授の松本重敏（憲法学者）、外務大臣に成田栄信、内務大臣に村上紋四郎、農林大臣に岡田温、無任所大臣に中村啓次郎（政友本党）らが擬せられた。しかし、前日の打ち合わせから入場料問題で紛糾し、一日目（二五日）も紛糾していたが、入場料五〇銭を撤廃し、下足料二〇銭徴収でようやく午後五時に開会し、議長、副議長を選び、松本重敏首相の施政方針演説がなされた。二日目（二六日）は午前九時開会し、成田外務大臣、中村啓次郎の外交演説の後、地区別に南予を野党、中予を与党、東予を中立とし、質問に入り、選挙法改正について大いに議論をした。三日目（二七日）も午前九時半開会し、岡田温農林大臣に対して、議員から小作問題に対して如何なる対策をとるか、また、政府提出の米麦混食法案に対し、麦の増殖ができるのかなどの質問、さらに政府提出の篤農家優遇法案に対し、農業者のみを優遇するのは絶対反対だ、などの意見が出て、温が応答している。[35]二七日の日記に「午前中ハ自分ニ対スル質問及提案ノ説明応答ニテ終リタリ。但シ問題カ篤農家優遇案ヤ米麦混食案ニテハ農政意見ヲ十分ニ披瀝スルヲ得ス」と反省している。夜は亀乃井にて宴会があり、出席した。

九月二八日、温は再び上京の途についた。この日、午前一一時石井発にて出発し、松山駅では支持者の仙波茂三郎、大原利一、野口文雄、山岡栄らに見送られ、一二時二〇分高浜を出発し、尾道から岡山に行き、三好野花壇に投宿した。二九日、温は岡山県会議事堂に行き、岡山県農会主催の第二回町村農会長会に出席し、午後一時より一時間四〇分ほど、来会の三〇〇余名に対し、「農村振興の意義」について講演を行なった。終わって、午後六時五〇分発の急行にて上京し、翌三〇日正午東京に着した。

一〇月も温は帝農の業務を種々行ない、また、よく地方に出張し、講演、視察等を行なった。一日は大経営の集計の考案等、二、三日は産業評論社依頼の原稿「米価とその生産費」の執筆を行ない、六日は午前農業経営帳簿の検討を行ない、正午は新正倶楽部の午餐会、午後四時半からは帝農の小作法調査委員会を開催し、横井、桑田、岡本、那須、山口左一、大島国三郎、三瀦信三ら出席の下、協議し、大要を終了した。

一〇月七日、温は午後七時半発にて兵庫県に講演のため出張の途につき、翌八日午前七時京都に着し、山陰線に乗りかえ、兵庫県養父郡八鹿町に向かい、午後一二時三〇分八鹿町に着き、二時より同町公会堂にて開催の講演会に出席し、野原種次郎代議士（兵庫県選出、新正倶楽部）の後、温が一時間半ほど、来会の一五〇余名に対し、講演を行ない、花月旅館に投宿した。九日、温は六時四〇分八鹿町を出発し、有馬郡三田町に行き、午後二時より旧三田座にて、来会者三〇〇余名に対し、山脇延吉（兵庫県農会長）、多木久米次郎（兵庫県選出、政友本党）、野原種次郎のあとに温が講演を行なった。終わって宝塚に行き、歌劇を観て、寿楼に投宿した。一〇日は午前九時宝塚を出て、加古川郡加古川町に行き、同公会堂にて、午後二時より五時半まで、来会の二四〇余名に対し、前日と同じメンバーが講演を行なった。終わって、神戸に行き、七時五〇分の急行にて帰京の途につき、翌一一日午前九時東京に着し、そのまま出勤した。一二日は農業経営帳簿の検稿等、一三日は『帝国農会報』の改革について幹事、参事会を開き、検討した。

一〇月一四日は『帝国農会報』第一六巻第一三号の巻頭辞「産業立国とは」を認め、石井牧夫に渡した。その大要は次の如くで、お題目ではなく、その内容を問うものであった。

「近頃産業立国という標語が各政党間において使用されている。産業によって国を立てるという意義なれば簡明な標語であるが、政党の主張としては無用の言でないか。なぜなら産業によらずして国を立てる途は絶対にないからである。そのようなものは政党の異なるによって意義を異にするものではなく、言っても言わんでも同じである。しかし、原始産業の開発に重きを置くか、加工産業の発展に重きを置くかに見解の違いが生じ、対策も異なる。かくなれば政党としての主義政策の争いとなる。単に産業立国では、農村に行けば農業立国を説き、都市に行けば商工立国を説き、随所で出鱈目のごまかしをやって廻る題目のように感ぜられ、聴者に何の刺激も感動も与えない。産業立国の内容が明示されれば、我々は批判できるし、賛否も考えられるが、万人ことごとく異論のないような問題では別に反対する必要もないし、聴く必要もない。我々の聴かんとするところのものは産業立国の内容である。普選に当面し、新有権者の聴かんと欲するのもそれであろう」[36]。

一〇月一五日、温は午前九時東京発特急にて大分県に講演等のため出張の途につき、翌一六日午前八時下関に着き、別府に向かい、午後一時別府に着した。この日は浜脇にて開催中の畜産共進会を視察し、松屋旅館に宿泊し、夜は成清信愛（大分県農会長）の招きによりお留旅館にて晩餐した。一七日、温は成清信愛とともに南大分の小学校に行き、大分県農事実行組合会に出席した。小組合長ら二〇〇〇余名が参集し、温は関税及び米価問題について四〇分間ほど演説をした。終わって、農具及び副業展覧会を視察した。一八日も同小学校に行き、大分県各級農会長会議に出席し、関税その他農政時事問題について一時間半ほど講演した。終わって、入浴、小憩後、午後五時発にて帰京の途につき、翌一九日午後八時東京に着した。

一〇月一九日から三日間、帝農は評議員会を開催した。横井、志村、桑田、安藤、秋本、東、八田、山田（斂）、山田（恵二）、山内、長田、山口、三輪、藤原の各評議員が出席し、第一七回帝農通常総会に提出する、小作法要項や建議案について協議した。しかし、小作法要項は決議に到らなかった[37]。また、帝国農会長問題について、帝農幹事らを退け、評議員が密議をした。二〇日の日記に「四時頃ヨリ帝国農会ノモノヲ遠サケ、会長問題ニ付密議アリ。多分副会長ヲ昇格シ、安藤君ヲ副会長トナスコトニ決セシ模様」とある。二一日は午後五時より評議員会を開催し、各建議案を議了したが、小作法要項は結局見送りとなった。この日の日記に「小作法要項ハ今回ノ総会ニ提出セサルコトニ協議ヲナス。蓋シ議事マトマラサル処アルカ故ナリ。吁」とある。前年の第一六回総会では「小作法制定ニ関スル建議」が出されていたのに、さきの如く、桑田熊蔵らの慎重論により決まらず、後退であった。

一〇月二二日から二五日までの四日間、帝国農会は第一七回通常総会を帝農事務所にて開会した。各道府県帝国農会議員四七名、特別議員一一名ならびに顧問二名が出席した。また、農林省より町田忠治農相、石黒忠篤農務局長、小平権一農政課長、小浜八弥事務官、渡邊侳治技師らが臨席した。一日目（二二日）午前一〇時開会し、矢作副会長が議長となり、福田幹事が諸般の報告を行ない、ついで、会長、副会長、評議員の補欠選挙を行ない、矢作栄蔵を会長に、評議員の安藤広太郎を副会長に選し、故斎藤宇一郎及び安藤広太郎の評議員補欠として岡本英太郎（帝農特別議員、産業組合中央金庫理事長、元、農商務次官）、加賀山辰四郎（帝農特別議員。前、農林省蚕業試験場長）を選出した。午後三時からは駒場の帝大農学部にて、実科の在学生、卒業生の会合があり出席した。また、夜の六時からは中央亭にて町田忠治農林大臣の招待会があり出席した。二日目（二三日）は安藤副会長議長席につき、議事を進め、福田幹事より諸般の報告、大正一四年度の会務状況の報告、大正一四年度の経費収支決算等の議案報告が可決され、ついで、農林大臣の告辞、農林大臣諮問案「農村事情の推移に伴ひ農会の活動上注意すべき事項如何」の説明が石黒農務局長よりなされ、委員会に附された。後、大正一五年度の経費収支予算変更案等が福田幹事より説明、可決され、ついで、大正一六年度経費収支予算案等が福田幹事より説明され、委員会に付託され、そして、各種の建議案が提案され、委員会に付託された。建議案は「農村教育改善に関する建議案」「肥料政策確立に関する建議案」「郡市町村農会技術員国庫補助増額に関する建議案」「自作農業者の取得する田畑に対し登録税及不動産取得税免除に関する建議案」「農村金融改善に関する建議案」「自作農維持創設に関する建議案」等であった。小作法制定に関する建議案がなくなっていたため、この日、緊急動議として町田嘉之助議員（埼玉県）から小作法調査特別委員会設置の件が提案され、支持意見もあり、設置することを決めた。三日目（二四日）は、各委員会を開き、審議した。温は農林大臣諮問案委員会に出席し、答申案を作成した。終わって、午後五時より生命保険会社にて帝農議員招待会を開いた。四日目（二五日）は総会の最終日で、各委員会の報告がなされ、いずれも可決した。後、矢作会長が小作法案調査委員二七名（東武、赤石武一郎、池田亀治、町田嘉之助、八田宗吉、山口左一、松浦五兵衛、松岡勝太郎、三輪市太郎、糸原武太郎、山田斂、長田桃蔵、国光五郎、桑田熊蔵、志村源太郎、山内範造、横井時敬、那須皓、坂田貞、佐藤寛次、岡本英太郎、高岡熊雄、山崎延吉、木津慶次郎、三嶽信三、山田恵一、大島国三郎）を指名した。しかし、小作法に関する議論が出て、午後四時にようやく終わった。そして、午後六時からは新任の小作法案調査委員会を開き、政府の委員会案につき逐条審議をなし、小委員（一四名）を選びさらに研究することになった。[38]

一〇月二六日は、帝農総会の後、恒例の帝国農政協会総会を開催した。全国から八二名が出席し、愛媛からは門田晋（愛媛県農会長）が出席した。午前一〇時帝農事務所にて開会し、門田晋が議長となり、議事を進め、菅野鉱次郎理事の事務報告、決算、予算、決議案を協議、決定した。決議案は（一）自作農の維持創設、（二）小作法の制定、（三）農家負担の軽減、（四）義務教育費国庫負担の増額、（五）農村金融制度の改善、（六）農村教育の改善、（七）郡市町村農会技術員国庫補助増額、（八）農村振興費の増額並使途改善、（九）肥料政策の改善、（一〇）自作農業者の取得する田畑に対し登録税及不動産取得税の免除、等であった。[39]なお、小作法制定問題では地主側の反撃があり、紛糾した。この日の日記に「小作法問題ニツキ、意見多クシテ帝国農会ノ立場ノ困難ナル傾向ニ向ヒシ故、発言シ、委員会ニテハ遂ニ福田君ハ若尾、佐藤両氏ノ過言ニ憤慨セリ。最後ハ円満ニマトマリ、中央亭ニテ晩餐ヲ饗ス」とある。日記中、若尾は山梨県の若尾金造、佐藤は新潟県の佐藤友右衛門で、ともに大地主で、小作法に反対していたことがわかる。二七日は農政協会の実行委員会を開き、当局への陳情の打ち合わせを行なった。

一〇月二八日、温はまたまた出張し、今度は北海道、青森の農業経営視察の途についた。この日午後一時上野を出て、北海道に向かった。二九日午前六時青森に着し、七時二〇分発の鳳翔丸にて函館に向かい、正午函館に着き、札幌に向かい、午後九時五〇分札幌に着し、山形屋に投宿した。三〇日午前北海道庁を訪問し、拓殖、農産課にて移民、農産物について調査し、午後は札幌郡白石村の出納陽一の農業経営を視察した。三一日は午前は同郡琴似村のフエンガー氏の農業経営（五町歩）を、午後は真駒のラーゼン氏の農業経営（一五町歩）を視察した。後、定山渓に行き、宿泊した。

一一月一日、温は正午札幌に帰り、道庁拓殖課を訪問し、角田啓二拓殖部技師より拓殖に関する説明を受け、午後九時四〇分発にて上川郡清水に向かい、翌二日午前五時清水に着し、明治製糖、十勝開墾株式会社、ドイツ人ゴッホ氏の農業経営を視察し、帯広に行き、北海旅館に投宿した。三日は帯広の北海製糖会社、幕別村の矢野光五郎氏の農業経営を視察し、帯広公会堂にて講演を行なった。四日は根室に行き、根室牧場を視察し、逢三に投宿。五日は根室の標津原野を視察し、中標津の駅逓に投宿、六日は西別の太田則義氏を訪問し、池田町に行き仙龍館に投宿。七日は池田町を出発し、網走を視察し、常呂郡野付牛町（のっけうし、現北見市）に帰り、黒部旅館に投宿。八日は野付牛町の農事試験場等を視察し、午後二時より町役場講堂にて講演を行なった。九日は午前八時野付牛町を出発し、札幌に向かい、午後九時四〇分札幌に着し、山形屋に投宿した。一〇日は石狩町を視察し、夕方札幌に戻り、道農会職員と錦水にて晩餐し、午後九時四〇分札幌発にて青森に向かい、翌一一日午後一時青森に着き、中島旅館に投宿した。一二日は青森県農会技師の湯浅中夫、渡辺豪平技手と南津軽郡光田寺村の中村国太郎氏の農業経営を視察し、西津軽郡木造町へ行き、葛西旅館に投宿した。一三日は午前木造町にて、西津軽郡農会主催の講演会を、午後は青森赤十字社にて、東津軽郡農会主催の講演会で講演した。一四日は渡辺技手とともに再び木造町に行き、佐々木五助氏の農業経営（小作大農、帝国農会の調査農家）を視察し、浅虫温泉東奥館に投宿した。一五日青森に戻り、県庁に行き、内務部長、農産課長に挨拶し、午後一時発にて帰京の途につき、翌一六日午前八時上野に着いた。

一一月一七日は午前、深川正米市場の車恒吉より正米取引法について意見を聞き、午後は農林省の補助を得て第一回農産物販売組織調査委員会を開催し、わが国農産物販売組織についての欠陥調査等の研究のために小委員会を設けた[40]。一九日は午後農産物販売組織調査小委員会を開き、飯岡清雄（東京市商工課）、車恒吉（東京深川市場）、飯田律爾（鉄道省運輸局事務官）らと調査項目の協議した。

一一月二一日は『帝国農会報』第一六巻第一五号の巻頭辞「農会の使命」の執筆をした。この日の日記に「二、三枚ノ原稿ニ殆四時間以上ヲ費ス……。農会ノ使命、之ヲ説明ハ困難ナリ」とある。農会の使命とは何か、温でもなかなか説明が難しかったようである。以下、その全文を紹介しよう。

「農業技術の進歩、農業経営の方法及農産物の販売組織の改善を計るには一切官庁でやって行くのが容易であって徹底すると考えて居る者が今日でも全くない事はない。然し、此の如きは自治制度を理解しないものであって、官庁のみで此等の事を行なへば農民は何時でも受身であって官憲依頼主義に堕ちて農民の自立独立の精神を萎靡せしむる恐がある。殊に官庁の指導は其理想余りに高遠にして農民の要望が直に其儘実行し得られない様なことが絶無でなく、加之地方官庁の首脳者は更迭頻繁にして然も各自功を争ふの結果、産業奨励の方針も屢朝令暮改の弊がないでもない。然るに農会は知識、経験、財産所有の分量に於て差異甚だしき多数農民の自治機関であるから、産業の指導奨励を決定するにも会員の諒解を得るの必要があるから、会の決議を纏めるのに多くの時日を要するの弊はあるが、一度議が纏まった以上は農民は其事柄の重要さを覚り、各自己の境遇で実行し得る形式を以て自分の仕事として行なふのであるから、仕事に熱もあり、徹底的にこれを実行するのであって、農会の仕事は初めの内はまだるい様であるが、実は底力のある有力なものである。此立場を考察する時農会の使命の重大にして有意義なる事が自ら明らかにならうと思ふ。農業者全体の福利を図るべき農会として小作問題の如きに当面しては農作業従事者たる小作人の利益の擁護を重要視すべきは勿論であるが、猥りに現在の小作人の利益のみを擁護して将来農業労働者より進んで小作農たらんとする者の進路を閉塞するとか、又は自作兼小地主（土地所有者の九八・九％は十町以下の所有者である）が其自作経営面積を増加して国民経済上一層合理的なる農業経営を行はんとする者の進路を妨害するが如きは避けなければならない。又商工業者の財産権には何等の制限を加へずして、農業地の所有者の財産権に限り何等の賠償を与ふる事なく過大なる制限を加ふるは社会的正義に叶ったものでないから、地主小作双方の調和を図り、時代々に於ける適当なる小作条件の研究等を以て農会の使命とする。蚕糸会とか畜産会とか、同じ農業経営の研究指導に属する仲間の機関との関係に至っては、是等の機関の使命が農会の使命たる「農業者の福利増進を図る」といふ旗幟の外にあるならば対立的機関となるべきものであるが、其使命が同一であるならば、形式の整理の問題であって農会の使命に変動を与へるものではない」(41)。

一一月二二日、帝農は農産物販売組織調査小委員会の会議を開き、調査要項を決定した。二三日は終日在宅し、北海道視察の執筆、二四日は大経営の集計様式の考案等、二五日は大経営集計様式案の部内協議等、二六日は大経営集計様式を決定し、また、繭生産費様式の考案を行ない、夜は町田農林大臣らの当局と米穀委員を中央亭に招待した。二七日は帝農の小作法調査小委員会を開き、横井、那須、桑田、安藤、木津慶次郎、赤石武一郎、町田嘉之助、松岡勝太郎、山口左一、三輪市太郎、山田斂等が出席し、若槻内閣の小作調査会で審議された小作法案の各要綱に対し、修正意見を協議した。二八日も午前一〇時より午後四時まで同小委員会を開き、修正意見を決定した。後、会長、副会長、幹事にて農産物販売組織に関する調査方針について協議した。二九日は農業経営審査会の準備等、三〇日は農業経営審査会の小委員会を開き、横井、安藤、佐藤、木村修三、清水及衛及び農林省の渡邊侶治が出席し、農業経営調査成績要項に関する件、大正一五年度農業経営設計書審査に関する件について協議した。

一二月も温は帝農の業務を種々行なった。一、二日は帝農にて農業経営審査会を開催し、横井、安藤、那須、佐藤、宗豫利一、清水及衛、中込茂作、大島国三郎ら一八名が出席し、農業経営調査成績要項に関する件、大正一五年度農業経営設計書審査に関する件について協議した[42]。三日は午後第二回農産物販売組織調査委員会を開催、四日は午後講農会総会に出席し、関税問題について講演、五日は終日在宅し、小作法要綱の批判文を執筆した。六日は午前奈良県矢田村の基本調査様式を作成し、午後は米穀取引所の有松向龍、上田弥兵衛、富久彦一郎氏らを招き、取引所に関する質問をし、夜は六時より京橋芝蘭亭にて新聞記者の招待会をした。七〜九日は矢田村の調査票の作成等を行なった。一〇日は午後二時より九時まで農産物販売組織調査委員会を開催し、生産者側の機関の研究を行なった。一一日は農業経営審査会の小委員会を開き、安藤、木村、佐藤、渡邊らが出席し、大正一五年度農業経営調査農家決定の件など未決問題を決定した。一三〜一四日は郡町村農会技術者講習会の準備等を行ない、一五日から帝農は郡町村農会技術者講習会を西ケ原の高等蚕糸学校内で開催した（〜二〇日）。初日、温は午前一〇時半より午後三時まで農会経営について講義をした[43]。一七日、温は大正天皇の平癒、祈願のため葉山御用邸に奉伺にわざわざ訪問している。一八日は『帝国農会報』の新年号の原稿「新政党の簇生と帰趨に迷う農民」を執筆し、また、午後幹事会を開催し、来年一月開催の道府県農会長会議の提出問題を協議した。二〇日は西ヶ原の蚕糸学校に行き、講習終了式に参列した。二一日は『講農会々報』の一月号の原稿や、伊予日々新聞への北海道視察の記事を書くなどした。二二日は午後四時より農産物販売組織調査委員会を開いた。二三日は午後幹事会を開き、小作法案調査委員会の決議事項の検討等をした。

一二月二四日、若槻憲政会内閣下の第五二議会が召集された。だが、憲政会と政友本党の提携はすでに崩壊していた。それは政友本党の総裁床次竹二郎が、政権を譲り受けようと希望していたが、かなえられず、逆に、政友本党は後藤新平の斡旋で、政友会と連携したからであった（一二月二一日）[44]。中央政界の合従連衡はすさまじい。若槻憲政会内閣にとっては少数与党での議会となった。なお、この日、大正天皇が危篤となった。日記に「聖上御危篤」とある。そして、翌二五日午前一時二五分、大正天皇が死去した。そして、昭和と改元した。この日の日記に「午前一時二十五分天皇御崩御アラセラル。葉山御用邸ニテ。大正十五年十二月二十五日以後ヲ昭和元年ト改ム。出勤。廃朝仰出サレシモ、廃務ハナサス。平常ノ如ク事務ヲ取ル。午後二時会長来会、一同ヲ葉山ニ向ッテ最敬礼ヲナス」とある。

二六日午前一一時、第五二議会の開院式が貴族院にて行われた。若槻首相が勅語を奉読し、後、議事を開き、勅語奉答文を決し、哀悼上奏文を議した。閉会後、温は帰途四谷見付藍沢にて写真をとっている。それは、第五二議会が解散となると予想して、最後の開院式となることを記念としてのためであった。二七日、温は衆議院に登院した。この日、全院委員長選挙、常任委員長選挙が行なわれた。野党の政友会と政友本党が多数であったため、全院委員長に植場平（政友本党）、予算委員長に川原茂輔（政友本党）、決算委員長に磯部尚（政友会）、請願委員長に土井権大（政友会）、懲罰委員長に岩崎幸次郎（政友会）が就任した[45]。二八日午後一時、温は衆議院に登院した。この日、御大喪費の決議がなされている。その後、議会は明年一月一五日まで休会となった。二九日、温は賀状の配達を差し止め、午後九時一五分発にて愛媛に帰郷の途につき、翌三〇日午後一〇時帰宅した。帰って見ると、妻の岩と慎吾はチブスに冒され、ともに枕を並べて病臥していた。三一日、出市し、看護婦会に行き、看護婦を依頼し、越年の準備をした。この日の日記に、「生レテ初メテ暗キ大晦日ナリシ」と記している。

注

（1）升味準之輔『日本政党史論』第五巻、東京大学出版会、一一〇～一一三頁。
（2）『帝国農会報』第一六巻第二号、大正一五年二月、一〇九頁。
（3）同右書、一〇九～一一〇頁。
（4）『帝国農会報』第一六巻第三号、大正一五年三月、一六四頁。

(5)『大日本帝国議会史』第一六巻、五二七～五三八頁。
(6)同右書、五九六頁。
(7)『帝国農会報』第一六巻第三号、大正一五年三月、一六四～一六七頁。
(8)同右書、一七一～一七二頁。
(9)帝国地方行政学会『地方』第三四巻第三号、大正一五年三月号、三二～三七頁。
(10)『第五十一回帝国議会衆議院関税定率法中改正法律案（政府提出）委員会議録第四回』大正一五年二月五日。
(11)『第五十一回帝国議会衆議院関税定率法中改正法律案（政府提出）委員会議録第六回』大正一五年二月八日。
(12)『帝国農会報』第一六巻第三号、大正一五年三月、一六三頁。
(13)同右書、一六九～一七〇頁。
(14)『第五十一回帝国議会衆議院関税定率法中改正法律案（政府提出）委員会議録第八回』大正一五年二月一二日。
(15)『第五十一回帝国議会衆議院関税定率法中改正法律案（政府提出）委員会議録第九回』大正一五年二月一三日。
(16)『帝国農会報』第一六巻第三号、大正一五年三月、一七一頁。
(17)『第五十一回帝国議会衆議院議事速記録第十八号』大正一五年二月二一日。
(18)『第五十一回帝国議会衆議院関税定率法中改正法律案委員会議録第一八回』大正一五年二月二五日。
(19)「関税定率法中改正法律案（政府提出）各派打合会議録（第二回、三月八日）」（『第五十一回衆議院委員会会議録　下』）。
(20)政友会の修正案の賛否は記名投票でなされたが、温の名前はなく、賛成も反対もしていない。委員長報告の賛否は起立でなされ、起立多数であり、おそらく温も賛成した（『大日本帝国議会史』一六巻、一〇五八～一〇五九頁）。
(21)『帝国農会報』第一六巻第四号、大正一五年四月、一六七～一六八頁。
(22)『帝国農会報』第一六巻第六号、大正一五年五月、一三三～一三六頁。
(23)『帝国農会報』第一六巻第七号、大正一五年六月、一七四～一七八頁。
(24)同右書、一七八頁。
(25)同右書、四一～五一頁。
(26)『帝国農会報』第一六巻第八号、大正一五年七月、五一～六〇頁。
(27)『帝国農会報』第一六巻第一〇号、大正一五年八月、一九六～二〇〇頁。
(28)同右書、二〇〇～二〇二頁。
(29)同右書、二～七頁。

(30) 同右書、二〇二〜二〇三頁。
(31) 『帝国農会報』第一六巻第一一号、大正一五年九月、二〇〜二九頁。
(32) 『新潟県農会報』第二七三号、大正一五年九月、四六頁。
(33) 帝国地方行政学会『地方』第三四巻第一〇号、大正一五年一〇月、六二〜六五頁。
(34) 『帝国農会報』第一六巻第一二号、大正一五年一〇月、一七七頁。
(35) 「海南新聞」大正一五年九月二四〜二八日付け。
(36) 『帝国農会報』第一六巻第一三号、大正一五年一一月、一頁。
(37) 同右書、一五六頁。
(38) 『帝国農会報』第一六巻第一五号、大正一五年一二月、一二〜一九頁、一六三頁。
(39) 同右書、一六二、一六三頁。
(40) 同右書、一六四頁。
(41) 同右書、一頁。
(42) 『帝国農会報』第一七巻第一号、昭和二年一月、一六三頁。
(43) 同右書、一六四頁。
(44) 升味『前掲書』一一六頁。
(45) 『大日本帝国議会誌』第一七巻、三二一〜三二六頁。

第二節　講農会・東京帝国大学農学部実科独立運動関係

ここでは、温の卒業した東京帝国大学農学部農学科乙科及び実科の同窓会である講農会の活動、ならびにこの時期講農会が取り組んだ東京帝大農学部実科独立運動関係について、温の活動を中心に述べよう。

一　大正九年

大正九年（一九二〇）一一月、原内閣下の文部省内における会合の席上、松浦鎮次郎専門学務局長が「東大農学部実科の如きは将来之を廃止すべきなり」[1]と漏らし、農学部実科の在学生及び卒業生に一大衝撃を与えた。そして、在学生が騒ぎ出し、また、卒業生が立ち上がった。当時講農会の幹事長は藤巻雪生（明治三八年卒、農商務省農務局勤務、大正六年より幹事長）で、藤巻は恩師の原凞教授を訪ね、適切な指導を得、そして一二月一四日に講農会幹部会及び東京会員を招集して、実科問題について協議し、実科独立運動を起こすことを決め、そして、一五日に農学・林学・獣医の三科卒業生の臨時大会を開催し、実科独立期成同盟会を結成し、実行委員（のち、交渉委員）を選出した。一六日には講農会の臨時総会も開き、実科独立運動を始めた。講農会幹事の飯岡清雄（農商務省技師、明治四一年卒）は、病気欠勤の届けを出してまで、運動を始めた[2]。

二　大正一〇年

大正一〇年（一九二一）に入り、講農会はますます実科独立運動を強化した。当時、講農会の会長は明治三九年（一九〇六）一一月以来横井時敬博士が続けていた。一月一四日に講農会は幹事会を開き、横井先生に迷惑をかけてはいけないと会長辞任を求めることを決め、二一日に幹事長の藤巻雪生（交渉委員会の委員長）らが横井博士にあい、辞任を了解してもらった[3]。

そして、横井博士の後任会長に白羽の矢が当ったのが、温であった。一月二三日、講農会は通常総会を一ヶ月繰り上げ、会長の改選を行ない、満場一致で温を新会長に選出した[4]。そして、二五日、温に講農会長就任への要請があった。この日の日記に「講農会ヨリ会長推薦ノ電報来ル」とある。二八日、温は、藤巻雪生幹事長と飯岡清雄幹事に対し、自分を会長に推薦した真相及び質問の手紙を出した。二九日に内藤友明幹事（帝農副参事、大正七年卒）より講農会を自治制とし、温を会長に推薦するとの手紙が、さらに二月三日に藤巻幹事長より講農会長問題について詳細なる手紙が来た。そこで、六日、温は会長就任を承諾し、「藤巻君へ講農会長承諾及上京ノ手紙」を発信した。卒業生の実科廃止問題への危機感が温を講農会長に担ぎ出し、そして温は就任の決断をした。温はまだ愛媛にいたのだが、温の絶大な人望ぶりを伺うことができよう。

二月一〇日、温は実科独立運動のために上京した。この日の日記に「上京出発。公用ハ産業調査向ナリシモ、実科独立運動及米問題等ヲ用務ノ主トス」とある。一一日午後一時着京し、温は直ちに赤坂三会堂にて開催の農・林・獣の三科聯合大会に出席した。全国から二百数十名が出席し、この大会で運動の盛り上げ、三科を合同した団体・駒場交友会を設立することを決定した。そして、この日の夜八時頃より温は藤巻と共に駒場に原凞先生を訪問した。一三日は横井時敬先生宅を訪問し、午後三会堂における実科運動員会に出席した。一四日は帝国議会図書館にて各代議士に面会し、実科問題を依頼した。一五日は帝国議会を傍聴。一六日は赤石武一郎（明治二五年卒）とともに帝国農会における政友会所属農政研究会代議士会に列席し、実科問題について依頼し、一七日は農商務省にて、飯岡、藤巻、畑中幹之助（明治三一年卒）、宇都曾一（明治二八年卒）らと実科運動に関し協議をし、今後は持久運動をなすべく注意を与えて別れ、午後五時二〇分発急行にて愛媛に帰途についた。

折柄、開会中の原敬内閣下の第四四回帝国議会に対し、実科独立の建議案を提出せんと、同窓の有馬秀雄代議士（福岡県選出、明治二五年駒場農林学校卒）が中心となり、連日にわたる運動の結果、ついに二月二六日、提出者有馬秀雄代議士外四名、賛成者九七名の多数をもって、建議案「東京帝国大学農学部実科に関する建議」を議会に提出した。それは「国家産業の盛衰は一に繫って農業教育の隆替に在るは論を俟たず。政府亦た夙に見る処あり各地に専門学校を設置し、盛に農業教育の普及を図るなきにあらず。由来東京帝国大学農学部実科は駒場農学校創立以来既に三十余年間、光輝ある歴史の下に二千有余の卒業生を出し、本邦産業界に貢献せる処甚大なりとす。故に政府は速に東京帝国大学農学部実科を同所において分離し、専攻科を附せる専門学校に設定せられんことを望む」というもので、実科を独立させ、専門学校にする建議であった。この建議案は、三月二〇日にようやく上程され、有馬代議士が説明し、委員会に付され、三月二六日通過した。(5)

四月一六日、帝国農会幹事に就任した温は、講農会活動や実科独立運動にますます取り組むようになった。二五日には講農会役員会を神田柳町斡旋所事務所にて開き、二九日には帝農主催の府県農会役職員協議会の後、午後八時から赤坂三会堂にて講農会臨時総会を開いた。そこで、温が講農会長就任の挨拶をなすとともに、明日の駒場交友会総会に関する件を決議した。

四月三〇日、駒場交友会第一回定期総会が丸の内鉄道協会にて開催され、ここに交友会が正式に発足し、会頭、副会頭、理事、監事、幹事の役員を決めた。会頭は西大路吉光（貴族院議員、東京帝国大学農科大学林学実科、明治三四年卒）、副会頭は黒川幹太郎（貴族院議員、林学実科、明治三二年卒）、原鐵五郎（東京農林学校簡易科、明治二二年卒業）、有馬秀雄（衆議院議員、前出）の三人であり、理事に内藤浜治（農学、明治三〇年卒）、西村辰三（獣医科、明治二〇年卒）、山本直良（獣医科、明治二六年卒）、矢部和作（林学、明治二三年卒）ら、監事に温、幹事長に藤巻雪生が就任した。(6)なお、三〇日の温の日記には前日から開催の府県農会役職員協議会の用務しか記されておらず、交友会総会の記事はないので、欠席であったと思われる。

五月一日には講農会主催の農業労働問題研究会を赤坂三会堂にて開催した。それは、来る一〇月ジュネーブで開かれる第三回国際労働会議に出席する使用者側（資本家側）代表の田村律之助（栃木県農会副会長）のための研究会であった。その後、温は国際労働会議の農業労働問題の研究を行ない、『愛媛県農界時報』に「農業の重大問題（第三回国際労働会議)」の原稿を執筆し、六月四日には総会に出席する田村に農業労働問題に関する意見書を草した。「田村君ニ贈ルヘキ農業労働問題ニ関スル意見ヲ草ス」。それは、さきに述べた如く、欧米の農業組織における労働問題と日本の農業組織における労働問題とは余程趣を異にしており、特殊な事情にあるため、それに適する特別の規定を設けるべきではないか、農業労働者には非常に同情すべき点が多いが、一日九時間とか一〇時間に制限すると、小規模農業の家族も農業労働者と同じように働いているので、同様に適用しなければならないので、しばらくこの農業労働時間問題は保留とする、女子の夜間労働問題については、普通農事は殆んど問題がないが、養蚕には重大な関係があり、何か特別な規定が必要である、農業労働者の組合及び同盟罷業については、小作者が農業労働者になる場合があるから、それらの組合団結により同盟罷業となると農村の平和が撹乱されるかも知れず、余程慎重に考究しなければならぬ、等々で、基本的には慎重論であった(7)。

三　大正一一年

一月二二日、帝農の道府県農会役職員協議会が終了した後、午後五時半より小川町常盤にて講農会の懇親会を開いた(道府県農会の幹事、技師の多くは実科卒)。そこで、温が母校問題に関する従来の経過報告を行なった。また、二月六日には講農会幹事会を開き、来年度予算を決め、そして、三月一六日、講農会は午後五時より東京ステーションホテルにて講農会通常総会を開き、役員の改選、明年度予算等を決め、終わって田村律之助帰朝歓迎会をした。この日の日記に「午后五時ヨリ東京ステーションホテルニテ、講農会通常総会ヲ開キ、役員ノ改選、会計報告ヲナス。畢ッテ田村律之助君帰朝ノ歓迎会ヲ開ク。出席者六十六名、非常ノ盛会。実科独立運動ノ経過ヲ報告シ、今後ノ方針ニ付協議……。十一時過散会」。その後も、幹事会等をよく開いた(四月一七日、四月一九日、七月一四日、九月一八日、一〇月一七日)。

さて、東京帝大農学部実科独立運動は今年も駒場交友会を中心として行われた。三月一日、駒場交友会は丸の内工業倶楽部にて役員会を開き、再度実科独立建議案を協議し、同窓の有馬秀雄衆議院議員に要請した。この日の日記に「午后五時ヨリ丸ノ内工業倶楽部ニテ、駒場交友会役員会ヲ開ク。有馬代議士来会……。実科独立建議案提出ヲ議シ、其草案ヲ示ス。尚、今後ノ運動ニツキ相談ヲナス。今回ハ多少具体的話ニ入リタリ」とある。また、その後も忙しい中、駒場交友会の会合に出席した（三月一一日、四月二一日、五月二二日、六月二五日、九月二二日等）。

ところが、本年一一月、加藤友三郎内閣のもとで、「実科を宇都宮高等農林に合併すべし」という文部当局の意向が判明し、在学生、卒業生に一大衝撃を与えた。宇都宮農林学校は、原内閣当時の中橋文相の学制大拡張案の所産で、大正一三年開校予定になっていた。そこで、独立を叫んでいる実科を宇都宮高等農林に合併し、実科の学生をそのまま開校する宇都宮に移すという考えであった(8)。以降、大騒動に発展する。

一一月一三日、横井時敬先生から温に電話があり、温は原先生を訪問した。この日の日記に「横井先生ヨリ実科問題形勢心配ノ由電話アリ。直ニ農商務省ニ至ルモ、藤雪、飯岡、渡邊何レモ不在。……原先生ヲ訪問シ、種々ノ用談ノ後ニ実科問題ニツキ意見ノ交換ヲナス」とある。一五日には横井先生を訪問した。「早朝横井先生ヲ訪問シ、実科問題ノ近状ヲ窺ヒ、其他ノ雑件ヲ談ス」。一六日に温は駒場交友会の原鐵五郎副会頭と実科問題を協議した。「早朝、芝中門前町ニ原鐵五郎君ヲ訪問シ、実科問題ニ対スル善後策ヲ協議ス……。時ニ電話ニテ矢部和作君ノ同様ノ問題ニツキ相談アリ。尚今三人ニテ応急策ヲ行フヘキヲ約シ、同宅ヲ辞ス」。なお、日記中、矢部和作は明治三三年林学実科の卒業生である。

一一月二五日に駒場の在学生は学生大会を開き、「吾人は飽くまで初志の貫徹を期し、死すとも駒場を去らず」の悲壮な決議をし、同盟休講を決行した(9)。

一一月二七日、駒場交友会があり、出席し、温は本気に運動に取り組む決心をしている。この日の日記に「神田柳町ニテ駒場交友会アリ。今回ハ先般横井先生ヨリ自分ニ、川瀬氏ヨリ矢部氏へ伝ヘタル大学総長（？）ノ実科宇都宮移転問題ニツキ熟議ス。自分モ今回ハ本気ニナリテ運動セントノ決心ヲナス」とある。日記中、川瀬は農学部長の川瀬善太郎である。二九日に、温は在学生と打ち合わせした。「農大実科栃木移転方針略決定ノ情況ニテ、農商務省連ト駒場ニ行キ、学生ノ委員ト打合セ（明日学生大会）。一同柳町ノ事務処ニ集リ、地方員呼出大会計画ヲナシテ帰ル」。

一一月三〇日、温は実科問題で古在由直東京帝大総長を訪問し、あと、実科学生大会に出席、さらに、帝農における交友会近県大会にも出席し、宇都宮移転反対運動を行なった。この日の日記に「早朝（七時半）大学総長古在氏ヲ訪問シ、実科問題ノ真相ヲ窺フ。宇都宮移転ノ画策談ヲ聞ク。午后一時ヨリ飯岡其他四名ニテ駒場ニ於ル実科生大会ニ出席シ、宇都宮行反対ノ気勢ヲ揚ケシム。畢ツテ帝国農会ニ引返シ、在京、近県ノ交友会ヲ開キ、西大路、黒川、矢部、石川、中村、其他五、六十名出席シ、宇都宮移転反対ノ決議ヲナス。飯岡君一隊ハ古在総長ニ面会ニ行キ、其他ハ各自役割ヲ定メ、明後ノ大会迄ニ各駒場関係ノ教授ヲ訪問スルコト、シ、十時過散会」とある。

一二月一日、温は実科の宇都宮行きの画策者である川瀬善太郎農学部長宅を訪問し、談判した。「朝八時川瀬農大学部長ヲ池尻ノ宅ヲ訪ヒ、約一時間半談話ス……。実科問題ニツキ、氏ハ宇都宮行ノ中心計画者ナリ」。また、この日、駒場の学生四〇〇名が文部省に押しかけ、飯岡清雄らは古在総長に談判に行き、西大路会頭らは文部当局に押し寄せた。「駒場実科生四百余名結束シテ文部省ニ推シ寄セ、次官ニ談判ス。別ニ飯岡君一隊大・総ニ談判ス。更ニ西大路、矢部、黒川三氏文部当局ニ談ス。本日ハ柳町斡旋処及帝国農会ニ実科問題ノ本部トナリ人ノ出入多シ」。

一二月二日、駒場交友会は午後六時より帝国農会において、臨時の全国大会を開催した。在学生も三〇〇余名出席し、前日来各教授訪問の結果を二〇数人が報告し、今後の運動方針を協議した。学生が同盟休講をしているのに対し、卒業生らは復校を進めたが、学生たちは承知しなかった。この日の日記に「昨日来学生ハ一同休校シテ大運動ヲ起シタルニ対シ、其復校ヲ勧メタルニ容易ニ承知セス。結局本日ノ学生大会ニテ決シ回答スルコト、シ、地方上京者ノ各運動部署ヲ定メ、駒場実科万歳ヲ三唱シテ散会ス……。幹部ハ十二時迄協議ヲナス。西大路子爵会長」とある。なお、同日、学生は大会を開き、川瀬農学部長と団交を行ない、川瀬学部長が宇都宮移転案を提示したのに対し、学部長の面前で議題に付し即決否決した[10]。

一二月三日、在学生が学生大会を開き、復校するか否かを卒業生団に任すことを決めた。「午前八時ヨリ駒場ニテハ学生大会ヲ開キ、前夜ノ問題タル今後ノ運動ヲ卒業生団ニ任シ、復校スルヤ否ヤニツキ、討議ニテ十二時前卒業団ニ一任ストノ報アリ。一面ニハ各地ヨリ来集セル卒業者ハ二、三人ツ、部所ヲ定メ、大学関係者ヲ歴訪シ、同意ヲ求ム」。一二月四日、駒場交友会は第二回臨時大会を開催し、大学当局との交渉委員の設置を決めた。「午后五時ヨリ鐵道協会ニテ、交友会大会ヲ開キ、実科問題ニ関スル昨今ノ運動報告ト今後ノ方針ヲ協議ス……。大学当局ト交渉委員設置ヲ決議シ、一段落トナス……。十時散会」。

一二月五日、実科運動委員と学生代表が、加藤友三郎内閣の鎌田栄吉文相を東京駅に待ち、ステーションホテルにて会見した。しかし、大勢は少しも好転しなかった。六日に交友会は幹事会を開き、交渉委員の選定をきめ、温も代表委員となった。

一二月二〇日、温、原鐵五郎、矢部和作、中村道三郎（獣医科、明治三四年卒）ら交渉委員が大学当局と会見をした。「午后三時ヨリ農科大学学部長室ニテ、実科問題ニ付第一回会見ヲナス。原、矢部、中村、自分ノ四人……。素ヨリ要領ヲ得サリシモ、両者ノ間ニ何者カノ交渉アリ。各自具体案考究シテ、明年一月会見ノ約ヲナシ、約二時間半ニシテ辞シ帰途」。

一二月二六日、温は飯岡清雄とともに川瀬農学部長宅を訪問し、交渉した。「渋谷ニテ飯岡君ト出会ヒ、川瀬学部長ヲ池尻ノ私邸ヘ訪問ス……。昨日会見ノ申込ニヨリ出宅……。宇都宮問題ノ説伏ト予想シタルニ、文部次官ノ飯岡君其他ニ答ヘタル状況ノ尋ネト及之レニ乗セントスル意向ナリシテ以テ、委細ヲ托シテ辞ス」。

以上、本年は宇都宮移転に激しく反対運動を行なったが、問題は何も解決せず、越年した。

四　大正一二年

本年、母校の東京帝大農学部実科の宇都宮移転問題が更に緊迫した。一月一八日、温は原凞先生の呼び出しを受け、早朝駒場に原先生を訪問した。原先生は宇都宮移転受け入れに「変心」し、温を「勧誘」せんがためであった。そして、温も「承諾」させられている。この日の日記に「五時起床。六時前食事ヲモナサス、駒場ニ原凞氏を訪問ス。母校問題ニツキ至急会見ノ希望アリシニヨル。自分ノ所見ヲ求メラレ様子ナリシヲ以テ、宇都宮行勧誘ヲ望ミタルニ快心ノ様子ニテ承諾セラル。蓋シ、本夕ハ学生委員十八名ノ協議会ヲ開キ宇都宮案ヲ再議ニ付スル計画ナリシニヨル」とある。一九日の夜、実科問題で学生総代、菊池らが温を訪問し、意見の交換し、二〇日は原鐵五郎も同問題で温を訪問した。二一日、温はまた原先生から呼び出しを受けた。学生総代も来て、ともに会見した。温は暗に学生に宇都宮移転を勧誘した。この日の日記に「午后三時半原先生ヲ訪問ス。右ハ実科問題ニ付会見ヲ求メラレタルニヨル。学生総代モ来リ会ス。暗ニ宇都宮行ヲ勧メ且ツ原氏ニ好条件ヲ慫慂ス」とある。

しかし、駒場交友会（実科卒業生・在学生）はあくまで宇都宮移転に反対であった。そこで講農会長の温の立場が微妙になっている。二三日の日記に「午后二時頃原鐵君来会、母校宇都宮実行断行ノ風聞アリトノ話ヲ伝フ……。右ニツキ直チニ古在大学総長ヲ大学ニ問ヒ意見ヲタヾス。夫ヨリ泥中駒場ニ原教授ヲ訪ヒ、卒業生一同不賛成ノ旨ヲ伝フ。更ニ其足ニテ神田販売所ニ於ル同窓ノ会議ニ出席ス……。自分ノ立場苦境トナル。帰途電話ニテ原氏ニ伝ヘ、却ツテ不興ヲ買ヒタリ」とある。このように、原教授の説得を受け入れた温は同窓会との間で板ばさみとなり、「苦境」に立たされた。そこで、温は二四日、駒場に原教授を訪い、自分の立場を「弁明」した。「駒場ノ原教授ヲ訪ヒ、教室ニテ約三十分間談ジ、自分ノ立場ヲ弁明ス」。さらに、二四日の夜、温は芝の原鐵五郎宅に中村道三郎、飯岡清雄、藤巻雪生、八木と会合し、温を除く四人は川瀬善太郎農学部長を訪問した。そこで、飯岡らは、川瀬学部長に「何故に宇都宮へ合併せなければならないのですか」「駒場に於る実科の貢献を認めずして光輝ある歴史をふみにじるとは何故ですか」などと詰問した。(11) 二五日、温は川瀬農学部長あてに、母校宇都宮移転問題について、次の内容の文書を郵送した。「(一) 理想案ナレハ無条件ニテ断行シテ可ナリ。(二) 宇都宮案ハ理想案ニアラスシテ二善三善案ナリ。(三) 次善案ニテモ在学生、卒業生其他関係者ノ多数ノ賛成アラバ断行シテ可ナリ。(四) 賛否ノ多少ヲ決スルニハ相当ノ形式ヲ備ヘタル手続ヲ履行スルヲ要ス。然ラサレハ他日大過ヲ生スルノ恐アリ。断シテ不可ナリ」。即ち、温も再び、宇都宮移転に反対の立場に戻った。

一月二八日、農学部教授会の日であった。しかし、教授会は宇都宮移転を決定できなかった。二九日の日記に「夜、実科生上田弘一郎君来訪。実科問題ノ真相ヲ聞ク……。学生ハ宇都宮案ヲ全然否認シ、為ニ川瀬、原氏ノ意見ノ変化セルヤヲ窺ハル……。卒業生団ニ無断々行ハナサヾル意ナルヘシ」とある。

二月一日、農学部教授会が再度開かれた。宇都宮行きは否決となった。「母校問題ニ関スル教授会開会。宇都宮案ハ廃止シ、新ニ募集スルコトニ決セル由。上田弘一郎君ヨリ通知アリタリ」とある。

なお、農学部教授会で、川瀬学部長、原教授らが折れたのはなぜか。在学生・卒業生の強力な反対運動とともに、原鐵五郎交友会副会頭の政治的手腕、即ち、高橋是清、床次竹二郎を動かし、古在東大総長、川瀬学部長を説得したためであった。少し長いが、駒場交友会『母校独立記念号』を引用しよう。「農学部に於ては、十二年の二月下旬に所謂御殿会議即ち教授会を開催して、実科の宇都宮移転を帝国大学農学部教授会決議として、構はずに実施する空気であった。此内情を仄聞したるは一二中堅幹部であったが、此者を中枢原鐵五郎氏に伝へ、之が打倒案について頭を絞ったのであるが、結局一大決心を持て非常手段による外なしとし、二月十七—八日の候（日時を逸す）、原鐵五郎氏はかねての懇意の間柄たる政友会総裁高橋前首相（是清）にすがる外なしと、先ず以て床次前内相を訪問し陳情し、即夜高橋前首相と電話にて打合せ、高橋前首相より更に電話を以て、時の大学総長たる古在由直農学博士と及び農学部長たりし川瀬善太郎博士と打合す処あり。其翌日青山の高橋邸に高橋是清、床次竹二郎、古在由直、川瀬善太郎の各氏と原鐵五郎氏は会見し、原氏肺腑よりほとばしり出づる熱誠を以て、宇都宮移転論を不可と説得し、高橋、床次両巨頭又之を支持したるが為、茲に形勢一変して、古在、川瀬両大学当局は実科を駒場の地へ、若しくは不可能としても其近傍の地へ独立せしむる外なしと臍を固むるに至ったのである。翌日高橋政友会総裁は自ら議院内に於て鎌田文相を招致し前日打合せの趣旨を説明して了解を求め、大勢一変するに至った[12]」。

宇都宮移転案を葬った駒場交友会は、二月二日に、加藤友三郎内閣下の第四六議会に「東京帝国大学農学部実科に関する建議案」（有馬秀雄外三人[13]）を再度提出した。その建議は「東京帝国大学農学部実科は駒場農学校創立以来既に三十有余年、此の間卒業生を出すこと実に二千六百余に及びわが産業界に貢献せること頗る大なりとす。然るに政府は盛んに各地に専門学校を創設し或は既設専門学校を昇格し、又は研究科を附設する等専ら高等教育機関の充実を図りつつあるに拘らず、独り此の歴史あり且功績顕著なる実科に対して何等の考慮施設を加へざるを遺憾とす。故に政府は速に東京帝国大学農学部実科を同所に於て分離し、之を独立したる専門学校に改定せられむことを望む。右建議す」というものであった[14]。なお、この建議案は、一月二九日、帝農にて、飯岡清雄、渡邊俣治、藤巻雪生が会合し、作成したものであったことが、岡田日記から判明する。「帝国農会ニテ飯岡、渡邊、藤巻諸氏会合シ、母校独立ノ建議文ヲ作ル」。

そして、交友会は実科独立運動を各方面に働きかけた。二月三日午後五時より交友会役員会があり、有馬秀雄代議士も出席し、今後の対策を協議した。九日には貴族院への運動として、温は西大路交友会会頭らと貴族院議員岡田良平宅を訪問し、要請した。「西大路、飯岡、近藤、自分ノ四人ニテ小石川原町ノ岡田良平氏ヲ訪問シ、実科独立ノ配慮依頼ヲナス……。氏ハ十分ニ実科問題ヲ了解シ、種々ノ意見ヲ述ヘラル、……。右ノ結果極力研究会ニ運動スル方針ヲ定メ、明日石原助熊氏ヲ説キ、黒田、大久保両氏説伏ノ計画ヲ決シテ別ル……」とある。また、一二日にも交友会幹事会を開き、貴族院研究会、衆議院、文部省への運動を協議し、二〇日、温は貴族院の研究会役員会を訪れ、実科独立問題を陳情した。「午后四時研究会ニ（矢部、近藤、飯岡、渡辺、渡部（林）、今一人）出頭。西大路、黒川両氏ノ紹介ニテ研究会役員（十余名）ニ実科問題ノ陳情ヲナス。自分総代トシテ具申ス。右ニ対シ、所謂聞キ置クノ挨拶アリシ丈ニテ、サシタル手コタヘナシ」。また、二二日には、温は飯岡清雄、近藤正一とともに貴族院議員の蜂須賀正韶公爵邸を訪問し、実科問題について陳情し、また、衆議院に河上哲太代議士を訪問し、実科独立の請願書を依頼等している。

三月六日午前、温は貴族院に出頭し、西大路子爵に石原治良外三〇六名提出の「東京帝国大学農学部実科独立に関する件」の請願書の提出方を委託した[15]。また、この六日、衆議院の本会議で、有馬秀雄外三名の「東京帝国大学農学部実科に関する建議案」が付議され、有馬代議士が提案説明を行なった[16]。この建議案は委員会に付託され、九名の委員の下で審議されることになった。委員長は今泉嘉一郎であった。七日、温は販売斡旋所にて建議案の委員会委員の訪問の打ち合わせをし、八日に温は衆議院に建議案委員の一人内藤浜治（兵庫県選出の衆議院議員、憲政会）に面会し、依頼した。一〇日、建議案委員会の今泉委員長ら委員が駒場農学部実科を実地視察することになり、温、藤巻、飯岡らが同行した。大学側は原教授が応対した。一四日夜、温は原先生を訪問し、実科問題について談じた。原先生は「機嫌良シ」であった。

そして、実科独立建議案が、三月二四日本会議に上程され、今泉委員長が報告し、満場一致で可決された[17]。

第四六議会閉会後も講農会、駒場交友会は実科独立運動を続けた。温も多忙の中、講農会長として、また、交友会幹部として運動に取り組んだ。四月二〇日夜、温は販売斡旋所にて講農会幹事会を開催し、一二年度予算を決め、五月二一日には帝国農会にて講農会総会を開いた。この総会には在学生一〇〇余名と卒業生四〇余名の多数が出席し、那須皓帝大教授が講演し、また、母校問題の協議、幹事の半数改選、会計報告、新入生歓迎式等を行なった。五月二五日、温は丸毛信勝（東大農学部、大正三年東京帝大農学実科卒、農学博士）とともに文部省を訪問し、松浦鎮太郎専門学務局長及び赤司鷹一郎次官に面会し、実科独立問題に希望を述べた。六月七日にも、温は原、中村、藤巻、飯岡、丸毛とともに、母校問題につき高橋政友会総裁及び床次竹二郎を訪問し、従来の挨拶と将来の希望を陳述した。また、一六日には、温は古在由直東京帝国大学総長を訪問し、母校問題につき真相を聞いた。「夜、古在由直東京帝国大学総長ヲ小石川町駕籠町一九七ニ訪問シ、約二時余母校問題ニツキ談話ヲナシ、大分真相ヲ確メ帰ル」。一八日、温は丸毛とともに文部省を訪問し、実科問題につき赤司次官、粟屋実業学務局長に面会し、意見を述べた。二一日、温は原、中村、矢部、藤巻、丸毛氏を帝農に招き、母校の寄付問題、飯岡問題（後、一二月農商務省を一身上の理由により退職、事務嘱託となる。内容不明だが、実科運動が原因と思われる）等を協議した。二二日午後六時より販売斡旋所にて交友会幹事会を開催し、一九名が出席し、温が座長となり、来る七月一日に交友会総会を開催すること及び事業報告、予算を決定した。また、母校問題に関する報告、寄付金募集方針をきめ、飯岡問題を処理した。

七月一日、駒場交友会は帝農事務所にて総会を開催し、一、事業報告、二、役員改選、三、会計報告、四、寄付金募集等を議した。一〇日、温は藤巻、渡邊俣治とともに、駒場の原先生を訪問し、母校問題寄付金の件を報告及び相談を行なった。一二日も原、藤巻、丸毛、中村らと母校問題について打ち合わせをした。

以上の運動の結果、大学当局及び文部当局を動かし、八月下旬、文部省は一五〇万円をもって実科独立予算を計上し、大蔵省に回付した。大いなる成果であった。ところが、この成果を一挙に崩したのが、九月一日に発生した関東大震災であった。震災の結果、諸官庁のほとんどが焼失し、また、本郷の帝国大学も大被害をこうむった。そこで、実科独立化の予算は撤回され、ふりだしに戻ったのだった。大学当局は大学復旧に当って、総合大学の実を挙げるという理由から、農学部の本郷移転を決定し、一二月の第四七臨時議会（山本権兵衛内閣、一二月一一日～二三日）にその予算を出したが、実科独立の予算は計上されなかった。[18]

一二月三日は交友会幹事会を開催し、母校問題について打ち合わせを行ない、温は古在帝大総長を訪問することを引き受けた。そして、一五日に温は古在総長を訪問し、実科問題を協議した。この日の日記に「実科問題ノ意見ヲ叩ク……。目下実行不可能……。已ムヲ得スンハ本郷ニ伴ヒ移転シテ時期ヲ待ツト……。十分ニ要ヲ得サリシモ意ノアル処ヲ察セラル。人アリ辞シテ帰ル」とある。また、この夜、交友会の幹事会に出席し、母校問題の経過報告を行なった。

五　大正一三年

一月二九日、温は講農会幹事会を開催し、藤巻雪生（幹事長）、渡邊侃治、藤浪楠太郎、高洲俊介、牛島英喜、内藤友明、谷口俊一らの幹事が出席し、総会を四月に開催すること、会則を変更（会計年度）することなどを決めた。[19] 四月九日にも講農会幹事会を開き、温の衆議院選の立候補に伴い、後援会作りを議した。

なお、本年五月一〇日、温は衆議院議員に当選した。講農会は五月三一日に青山のいろはにて温と湛増庸一（岡山県選出、明治四一年東京帝大実科卒）の当選の祝宴を開いた。六月二九日午後一時より講農会総会を帝国農会にて開き、会則の変更、会長、幹事長、幹事の半数改選を行ない、温が会長を引き続き続けた。[20] 九月一七日にも幹事会を開き、講農会追悼会の件を議し、一二月六日に青山広徳寺にて講農会追悼会を開いた。

温は講農会長として、駒場交友会幹部として、引き続き、東京帝大農学部実科独立運動に取り組んだ。二月五日、温は原鐵五郎及び丸毛信勝とともに西大路子爵に面会し、実科独立運動の打ち合わせをした。六月二一日、温は西大路、原、丸毛、中村道三郎とともに文部省を訪問し、岡田良平文相、松浦鎮次郎次官に面会し、実科問題を陳情した。七月九日、原、牛島英喜らと実科問題を協議し、また、小野重行代議士（神奈川県選出、憲政会）とともに文部省を訪問し、陳情した。一一日、温は小野重行と東京帝国大学農学部実科に関する建議案を作成し、温、小野らが提出者となり、建議案を加藤高明護憲三派内閣下の第四九特別議会に提出した。その建議案は「東京帝国大学農学部実科は駒場学校創立以来既に三十有余年、此間卒業生を出すこと二千七百余名に及び我が産業界に貢献すること頗る大なりとす。然るに政府は最近に至り東京帝国大学農学部を本郷に移転するを決し、此の歴史あり功績ある実科に対しては何等の考慮施設を加ふる所なし。斯くては実地に重きを置き、其の特徴を発揮したる実科の本質を失ひ、其の設立の主旨に悖るの虞あるを遺憾とす。故に政府は速に東京帝国大学農学部実科を東京に於て分離し之を独立したる専門学校に改定せられむことを望む。右建議す」[21]であった。この日の日記に「九時登院…。小野重行君ト母校問題ノ建議案ヲ作成シ、提出者ヲ岡田温、小野重行、植原悦二郎、中村清造、湛増庸一、神村吉郎ノ六名トシ、七十余ノ賛成者ヲ署名シテ提出ス」とある。そして、この建議案は、一八日の特別議会の最終日に上程され、温が提案説明を行ない、即決、可決された。温の衆議院議員としての功績である。

一〇月九日は帝国農会にて交友会幹事会を開き、経過報告と内部改造運動の打ち合せを行なった。

六　大正一四年

一月一七日に東京帝大農学部にて原凞先生二五年在職の祝賀典があり、温が講農会長として実科を代表して祝辞を述べている。二月一八日に講農会幹事会を開催し、藤巻雪生、飯岡清雄、渡邊侱治、藤浪楠太郎、高洲俊介、谷口俊一らが出席し、原先生祝賀会寄付金分配問題などを協議した。七月七日にも講農会幹事会を開き、藤巻、飯岡、高洲、藤浪、谷口、阿部喜之丞、小林隆平が出席し、大正一四年度予算、幹事改選等を協議した。一〇月三日には青山の広徳寺にて講農会の追悼会を開いた。

また、講農会は実科の内容改善にも取り組んだ。一二月一五日、講農会幹事会を開き、学生も列席し、実科の内容改善の相談をし、具体案も作成している。そして、二五日、温は原鐵五郎、丸毛信勝と共に東京帝大に行き、古在総長、町田咲吉農学部長に面会し、実科の内容改善について働きかけた。町田学部長は誠意を持って対応した。この日の日記に「大学ニ行キ総長ニ面会ス。町田学部長先ツ至リ五人ニテ大分打解ケテ談ス。殊ニ町田氏ハ誠意ヲ以テ対応セラル。大ニ要領ヲ得タル」とある。

東京帝大農学部実科独立運動関係では、二月四日、温は護憲三派内閣下の第五〇議会の衆議院予算分科会で、大学復旧予算に関する質問と同時に農学部移転に伴う実科の処置如何について、岡田良平文相に質問している。そこで、岡田文相から「農学部が移転する際、実科を本郷に共に移転する事は実科従来の歴史に見ても又実科の性質から見ても共に不得手であるから実科は他に移転して独立させる意志である」[22]との良き答弁を得ている。この日の日記にも「予算分科会、午前十時ヨリ午後四時半迄出席。七分科ノ文部ト二分科ノ内務ニテ発言ス。文科《ママ》ニテハ実科問題ヲ質問ス。両科共大臣ノ説明ニテ稍満足ス」とある。そして、三月四日に文部省に松浦鎮次郎文部次官を訪問し、実科問題につき、意見を交換し、希望を述べ、また、四月一一日にも原鐵五郎、丸毛信勝とともに、文部省を訪問し、岡田良平文相に面会し、実科問題の実現尽力を要請した。さらに四月二九日にも丸毛信勝とともに文部省を訪問し、松浦次官に面会し、実科の実情と独立の急なることを要請した。温は印象として、「大ニ動キタルモノ、如シ」と感じている。その後、東京帝大に行き、古在由直総長にも面会し、さらに駒場に行き、農学部長の町田咲吉にも面会した。町田氏は前学部長の川瀬善太郎よりも印象がよかった。「駒場ニ行キ、町田氏ト会談ス。同氏ハ初メテノ会談ナレドモ川瀬氏ヨリ要領ヲ得タリ」。さらに、五月二五日には、温は、小野重行（憲政会代議士）、原鐵五郎、丸毛信勝の四人で大蔵省を訪れ、早速整爾大蔵政務次官及び田昌大蔵次官に面会し、実科独立の要請を行なった。田次官の答弁は「大ニ要領ヲ得」であり、ついで、文部省を訪問し、岡田良平文相と鈴置倉次郎文部次官に面会し、震災復興費中より実科独立の建築費を支出することを要望し、やはり良き答弁を得ている。この日の日記に「文部ニ行キ、鈴置次官ト岡田文相ニ面会シ、復興費中ヨリ建築費ヲ支出スル外ナキヲ説キ、文相決意ヲ示サル。具体的ニ進ム」とある。六月一〇日も実科問題で原鐵五郎、丸毛信勝と協議し、まず分離建設をすることを決めた。一三日、温は文部省に行き、武部欽一実業学務局長に面会し、実科問題を聞いている。文部省は建設に関する予算を作成するとのことであった。一〇月二日も文部省に行き、武部実業学務局長に実科問題の経過を聞いている。そして、二一日、温は帝大総長古在由直を訪問し、実科問題を談じた。翌二二日、帝農にて駒場交友会を開き、原鐵五郎ら多数が出席し、温が今までの運動の経過と今後の対策を話している。

七　大正一五年

二月一二日、温は帝農にて講農会幹事会、一二月四日に総会を開催している。

東京帝大農学部実科独立運動関係では、本年大いに前進、決定した。二月末に貴族院議員林博太郎に働きかけ、貴族院で実科問題を取り上げてもらうよう交渉し、三月四日に、温は原鐵五郎、丸毛信勝と貴族院での質問の打ち合わせ、七日にも丸毛と打ち合わせを行なった。一九日に林博太郎が貴族院予算委員第三分科会で、岡田良平文相に次のような質問をした。震災後総合大学の復興計画ができて、駒場の農学部が本郷に移転することになった、その際、実科をどうするのか、岡田文相は実科に同情があると承っているが、この実科をいかなる場所にいつ独立させるのか、質問をした。それに対し、岡田文相は実科を独立させて、その場所は本郷ではなく、駒場に近い場所を一両年中に選定する、[23]と答えた。しかし、四月一一日、前年発生した松戸への移転問題がまた発生したようで、一四日、温は文部省を訪問し、松浦鎮次郎文部次官に千葉高等園芸学校と東京帝大農学部実科問題との関係をただしている。松浦次官は実科問題とは関係ない、一度失敗した問題であり、再燃するはずがないと談じ、温は安心し、その旨を原、丸毛に伝えている。そして、この頃より、実科独立の候補地の物色が始まった。五月二五日は午前丸毛信勝とともに文部省を訪問し、松浦次官に実科問題を談じた。松浦次官は岡田文相の復興費より経費捻出の計画は不可能との意見であったが、他の方法にて経費捻出せんとの計画であった。そして、六月一五日、温は候補地のひとつ、府中町の演習林地を中村道三郎、丸毛信勝、中村得太郎（農学部林学科助手）とともに視察した。温は「学校敷地トシテ頗ル可ナリ」と日記に記している。二〇日に帝農にて駒場交友会通常総会を開催し、役員の外、西大路吉光会頭、学生ら二〇～三〇名出席した。そしてその夜、丸毛が温宅を訪問、府中の土地を購入する相談をしている。七月～八月にかけて、交友会幹部と文部省、大学当局とが繰り返し交渉し、八月二四日、岡田文相が丸毛信勝を招き、会見した。そこで、岡田文相は実科独立は文部省議として内定、敷地は大体府中、独立予算の一部を大学復旧費より支出することを伝えた。(24) その報告を温は二四日に丸毛より受けている。この日の日記に「実科独立ノ基礎確立ス」と記している。九月八日母校土地買い入れのため、温らは国光生命保険より借金することを決めている。「夜、帝農ニテ藤巻、渡邊、丸毛、中村、染野君会、母校土地買入ノタメ国光生命保険ヨリ借金ノ件ニ付相談シ、決行スルコトトス」。

以上のように、本年念願の実科独立の方向が定まった。

注

（1）駒場交友会『母校独立記念号』昭和一一年、三三六頁。
（2）同右書、六三～六四頁、一一二～一一九頁、三三六頁。

（3）同右書、一一五～一一六頁。「(横井博士は) 大して驚かれもせず、併し余り良い顔もせず、謂わば不承不承に夫れもよいでせうとの一言あったのみであった」と藤巻は記している。
（4）『講農会々報』第一二六号、大正一〇年九月。
（5）駒場交友会『前掲書』一五七～一六七頁。
（6）同右書、一六七～一七一頁、『講農会々報』第一二六号、大正一〇年九月、四五～四六頁。
（7）「農業の重大問題（一）（二）（三）（第三回国際労働会議）」『愛媛県農界時報』第二二四号、大正一〇年五月一五日。同、二二五号、大正一〇年五月二五日。同、二二六号、大正一〇年、六月五日。
（8）駒場交友会『前掲書』一八一～一八二頁。
（9）同右書、一八二頁。
（10）同右書、一八七頁。
（11）同右書、六五頁。なお、飯岡の回顧談で、川瀬学部長との会見の日時が大正一〇年二月頃とあるが、温日記から大正一一年一月二四日で飯岡の記憶間違いである。
（12）同右書、二三八頁。文中、「二月十七―八日の候（日時を逸す）」は一月二七、二八日の間違いであろう。
（13）同右書、一九三頁。
（14）同右書、一九四頁。『大日本帝国議会誌』第一四巻、九一一頁。
（15）『大日本帝国議会誌』第一四巻、四二四頁。
（16）同右書、九一一頁。
（17）駒場交友会『前掲書』二三六頁。『大日本帝国議会誌』第一四巻、一一八九頁。
（18）駒場交友会『前掲書』二四〇～二四二頁、三四三～三四四頁。
（19）『講農会々報』第一三二号、大正一三年二月。
（20）『講農会々報』第一三四号、大正一三年九月。
（21）『第四十九回帝国議会衆議院議事速記録第一四号』大正一三年七月一九日。
（22）駒場交友会『前掲書』二四八頁。
（23）『第五一回貴族院委員会議事速記録』大正一五年三月一九日。
（24）駒場交友会『前掲書』三四六頁。

第三節　自作農業・家族のことなど

岡田家（為十郎・ヨシ夫妻）は幕末から明治中期頃までは石井村の豪農・耕作地主であった。明治二八年一一月の時点で、岡田家の土地所有面積は三町六反九畝九歩、うち、岡田家は家族労働力の外に年雇の下男下女や常雇を使い、二町歩ほどを自作していた。

ところが、以降、岡田家は土地所有を縮小していく。岡田家は温を東京に進学させるために、二八年一二月から二九年四月にかけて五カ所の土地、合計九反余を売却し、土地所有を縮小した。さらに、温が二九年九月帝国大学農科大学乙科に入学し、三二年七月卒業、そして農事会本部に就職している間に、岡田家の家計は火の車で、多額の借金・一六〇〇円を抱えた。そこで、温は三三年末愛媛に呼び戻され、家の負債整理に従事し、三四年に四カ所の土地、合計一町四反九畝九歩を売却した。その結果、三四年末には一町二反一畝二歩に縮小した。さらにその後、四三年一月、岡田家の取引先の三好米穀商が瓦解し、そのために六〇〇円余りの借金を作り、また三カ所の土地、一反九畝二五歩を売却し、その結果、岡田家の土地所有は、明治末にはわずか九反一畝七歩ほどに縮小し、自作規模も七反〇畝一九歩（亀次作二反、大ぶけ一反五畝二五歩、浦田一反二畝九歩、神宮寺前七畝一六歩、前田・前田下六畝一五歩、東田六畝、小田二畝一四歩）で、零細な耕作小地主になっていた(1)。

温は明治三四年四月に温泉郡農会技師、三八年五月愛媛県農会技師に、大正二年に愛媛県技師も兼務した。その仕事が多忙であったのだろう。温は大正三年に東田（六畝）を小作に出し、さらに九年に神宮寺前（七畝一六歩）も小作に出し、自作規模は五反七畝三歩に縮小していた。

以下、大正一〇年以降の温宅の自作農業・家族の状況などについて述べよう。

一　大正一〇年

温は、本年四月一六日から帝農幹事に就任したため、さらに自宅の農業の世話が出来なくなり、五月一五日に自作地の亀次作二反歩（昔、亀次という人に小作に出していた土地であるが、自作していた）を永木太郎に小作に出し、さらに自作規模を三反七畝三歩に縮小した。

本年の岡田家の麦作について、五月一〇日の日記に「麦ハ開花前後降雨ノタメ早出来ノモノハ二、三割腐リ見ユ」とあり、また、一二日の日記にも「早出来ノ麦ハ傷大ニ見ユ。紅サン尤モ甚シ」とあり、芳しくなかった。全国的にも凶作であった。

五月下旬、裸麦刈取りの季節となった。岡田家では、五月二八日に前田二枚、小田の裸麦を刈り始めた。そして、三〇日に丹下留吉（岡田家の小作人）を雇い、常雇の二宮要次郎、イワ（温の妻）にて麦扱きを始めた。

六月下旬、田植えの季節となった。岡田家は六月二二日に留吉を雇い、田鋤を始め、二六日に施肥、二七日に畦作りし、三〇日より田植えを始め、この日は大ぶけの田植えを行ない、七月一日に残りの自作地の田植えをした。

一一月、稲刈の季節となった。岡田家では、六日に大ぶけの稲刈を丹下つるに委託、九日に浦田の稲を刈っている。一〇日、一一日に大ぶけと浦田の稲扱き、一三日には糯の稲刈を行ない、一八日に籾摺りをした。一八日の日記に「籾摺ヲナス（但シ糯少シ残シ）。約三反ニテ二十俵ト下等、小米等ニテ一俵弱」とある。岡田家の反収は、二・八石であり、凶作であった。

なお、大正一〇年（一九二一）秋の全国の米収穫高であるが、五五一〇万七五一二石で前年の六三一二万八三〇五石に比し、八〇二万〇七九三石の一二・七％の減収で、大凶作であった（反収は二・〇二石から一・七六石に減少）。愛媛県も、九六万四八二一石で、前年の一〇九万一四三八石に比し、一二万六六一七石、一一・六％の減収で大凶作であった（二・二九石から二・〇三石へ減少）。また、温泉郡も二四万六五三六石で、前年の二七万二〇八九石に比し、二万五五五三石、九・四％の減少（反収は二・六四石から二・三八石へ減少）で、やはり大凶作であった。(2)

家族関係について。温は実家の石井村大字南土居に住み、家族は、母・ヨシ（嘉永四年一〇月二日生まれ、六九歳）、妻・イワ（明治八年八月二二日生まれ、四五歳）、娘の長女・清香（明治二八年二月二一日生まれ、二五歳）、次女の禎子（明治三五年二月二日生まれ、一八歳）、四女の綾子（明治四一年一〇月一日生まれ、一二歳）、長男の慎吾（大正元年八月二三日生まれ、八歳）がいた。なお、父の為十郎は大正元年一一月に死去していた。また、三女・敦子は夭折した。

このうち、温の娘の長女・清香は、大正二年南吉井村大字南野田の末光徳太郎の長男・末光順一郎に嫁いでいたが、九年のスペイン風邪で夫・順一郎を亡くしたあと、末光家で、三人の子ども（照香、権一郎、満子）を育てていたが、よく、実家に帰って来ていた。

次女・禎子は、大正七年三月県立松山高等女学校を卒業し、八年東京に出て、受験勉強を行ない、九年四月東京女子大学に入学し、大学生を続けていた。

四女・綾子は、大正一〇年三月石井小学校を卒業し、三月二二、二三日に愛媛県立高等女学校入学試験を受験し、合格し、入学した。

長男の慎吾は、石井小学校に通っていた。

温の兄弟姉妹関係では、妹の長女・シカ（明治七年七月一九日生まれ、四六歳）は橋栄次郎に嫁いでいた。弟の次男・宏太郎（明治一一年二月二七日生まれ、四二歳）は放浪し、この時期、大阪に居た。妹の二女・クマ（明治一四年二月一〇日生まれ、三九歳）は高木悌之助に嫁いでいた。妹の三女・ケイ（明治一八年一月二三日生まれ、三五歳）は明治四五年以来東京に居て、大正五年和洋女子専門学校に入学し、六年に卒業、八年に職を得て調布小学校に勤務していた（裁縫教師）。しかし、一〇年調布小学校を辞め、生活は困難を極めていた。妹の四女・シゲヲ（明治二八年一〇月一一日生まれ、二五歳）は、大正六年一二月に温泉郡北吉井村の和田富太郎の三男・登に嫁ぎ、朝鮮に居た（登は朝鮮京釜鉄道勤務）。

二　大正一一年

岡田家の土地所有は九反一畝七歩であったが、本年一月一一日、窮状に陥っていた石井村大字南土居の農家・日野道得から一反四畝一九歩（反当たり八七〇円）購入し、土地所有を一町〇反二畝二六歩に増やした。ただし、この日野の土地は、家族労働力不足の関係から永木宗吉に小作に出した。

温宅の自作規模は、前年、亀次作（二反）を小作（永木太郎）に出したので、三反七畝三歩（大ぶけ一反五畝二五歩、前田・前田下六畝一五歩、浦田一反二畝九歩、小田二畝一四歩）のままである。

本年、温はきわめて多忙のため、自作農業関係の記事は殆ど見られないが、前年と同じく、妻のイワが常雇の二宮要次郎や日雇いを使い、農業を営んでいた。

家族関係では、長女の清香（二六歳）は末光家で三人の子供を育て、次女の禎子（一九歳）は、東京女子大に通い、四女の綾子（一三歳）は、愛媛県立松山高等女学校の学生を続け、長男・慎吾（九歳）も、石井小学校に通っていた。

三　大正一二年

自作農業関係について。温宅の土地所有は大正一一年一月以来、一町〇反二畝二三歩で、うち、自作規模は三反七畝三歩（大ぶけ、前田二枚、浦田、小田）であった。

ところが、本年五月、新宅の叔父・岡田義朗の経済的苦境により、新宅の土地を購入した。義朗は米穀取引商で明治末から大正前期にかけて財を成したが、大正九年の戦後恐慌による米価暴落で相当な痛手を受け、苦しかったためである。そのため、五月六日、義朗より今在家田（一町二反二五畝）の買取の交渉があり、温は一二〇〇円にて購入した。

また、同じ頃、石井村大字南土居の農家柏儀一郎家も破綻した。八月三一日、温は柏儀一郎家の家計整理につき、土地売却して負債整理することとし、温と岡田英雄（分家の岡田家）が柏の土地を購入することにし、温が五反四畝三歩を、英雄が四反五畝八歩を引き受けた。その結果、温宅の土地所有は一町五反六畝二六歩に増えた。なお、柏儀一郎から購入した土地は柏に小作させた。

なお、本年も温はきわめて多忙のため、自作農業関係の記事はない。本年も前年と同じく、妻のイワが常雇の二宮要次郎や日雇いを使い、農業を営んでいたと考えられる。

家族関係では、次女の禎子（二〇歳）は、本年三月二三日、東京女子大を卒業した。そして、東京帝国大学心理学科の聴講生となり、心理学を学ぶかたわら、岡本綺堂に師事し、戯曲を書き始める。結婚したくないということも東京帝大の聴講生になった理由のひとつである。(3) 四女の綾子（一四歳）は、愛媛県立松山高等女学校に通い、長男の慎吾（一〇歳）も石井小学校に通っている。

四　大正一二年

温宅の自作面積は前年まで三反七畝三歩であったが、温宅の妻のイワ、母のヨシも十分農業に手が回らなくなったのであろう、大正一三年から自作地の大ぶけ（一反五畝二五歩）を小作（丹下留吉）に出し、さらに自作規模を二反一畝八歩（前田二枚、浦田、小田）に縮小した。

一方、温宅の小作地面積は、柏儀一郎に五反四畝〇三歩（元、柏の土地）、永木宗吉に一反四畝一九歩（元、日野の土地）、永木太郎に二反（元、亀次作）、丹下留吉に二反九畝二四歩（大ぶけ、神宮寺、東田）を小作させ、合計一町一反八畝一六歩となった。

大正一三年の産米は全国的に旱魃であり、愛媛県も不作であった。さらに降雹もあり、凶作となった。一一月一〇日、温は郷里の自宅に帰ったが、一昨夜の暴風雨で、豆大の霰降り、籾が落ち、温宅も収穫不良であった。そこで、温は小作者と協議をなし、全部升入れとし、地主五割五分、小作四割五分の分配を決めた。一四日、小作総代、永木宗太郎、永木太郎、日野道得、柏恒一らが来て、温に小作料の減額を要求した。しかし、温は一三年の小作料は先日決めた通りとし、小作料の段下げは一四年度からとして帰した。この日の日記に「段下ハ明年ニシテ本年ハ先日極メタル通リニテ此上要求セサルヲ可トスヘシト説シテ帰ス」とある。

温は大正一三年から小作帳を付け始めた。自作規模を減らし、小作地を増やし、岡田家の地主化が進んだ反映であろう。本年の作柄ならびに小作料減額について次の如く記している。

「大正一三年ハ降雹二、三回、其他気候不順ニテ近年稀有ノ凶作ナリシヲ以テ契約小作料ニ対シ四割乃至五割ノ減ヲナシタルガ、其際小作者共同ノ要求ニヨリ明大正一四年ヨリ全体ニ一段引（反当一斗）トスルコトニ地主小作ノ協定成立ス。

近年概シテ作況良カラズ。平均二石六、七斗位ノモノガ上作ノ方ニテ、目下ノ経営状況並ニ他府県ニ於ル小作争議等二鑑ミ明年ヨリ次ノ如ク低減ス。

一等地　一石六斗　（旧一石八斗）亀次作、浦田、小田、東田
二等地　一石五斗　（旧一石六斗）神宮寺前、柏儀一郎作全部
三等地　一石四斗五升　（旧一石五斗）永木宗吉作、日野道得作
四等地　一石二斗五升　（旧一石三斗）大ぶけ、小ぶけハ一石三斗

明年度ヨリ改正新旧小作料次ノ如シ。

	反別	現小作料	改正小作料	率	小作者
田	二・〇〇〇	三・六〇〇	三・二〇〇	一六・〇	永木太郎
田	五・四〇三	八・六五六	八・一一五	一五・〇	柏儀一郎
田	一・四一九	二・三四一	二・一二一	一四・五	永木宗吉
田	一・五二二	二・〇〇〇	一・九六七	一二・五	丹下留吉
田	神〇・七一六	一・二〇五	一・一三〇	一五・〇	同　人
田	東〇・六一六	一・二九〇	一・一七六	一八・〇	同　人
田	一・四二三	（改正の年ヨリ貸ス）	二・三六三	一六・〇	二宮要次郎
田	一・二二五	（同）	一・九二五	一五・〇	日野道得
田	〇・三〇九	（同）	〇・四二九	一三・〇	柏恒一(4)」。

家族関係では、長女の末光清香（二八歳）は末光家で、子供三人を育てている。次女の禎子（二二歳）は、温とともに同居し、東京帝国大学心理学科の聴講生を続け、心理学を学び、また、戯曲を書いている。四女の綾子（一五歳）は、愛媛県立松山高等女学校に通い、長男の慎吾（一一歳）も石井小学校に通っている。温は慎吾に、「良友」や「小学五年生」「小学六年生」などの雑誌をよく東京から送っている。

五　大正一四年

自作農業関係について。妻のイワと母・ヨシが中心になり、二反一畝八歩（前田二枚、浦田、小田）を自作していたが、温は母を説得して、さらに耕作の縮小を決断した。五月一五日の日記に「母上ヲ説伏シテ、前田二枚ノ外、耕作ヲ止ムルコト、セリ。……今年迄浦田ト小田ヲ作レリ」とある。その土地は二宮要次郎に小作に出した。その結果、温宅の自作規模は前田二枚（六畝一五歩）だけに縮小した。

他方、小作地面積は増大した。本年一月三日に新宅の叔父岡田義朗の家産整理のため、一反二畝二五歩（今在家田）を購入し、日野道得に小作させ、また、五月から自作田の一反四畝二三歩（浦田と小田）を二宮要次郎に小作させたため、合計一町四反九畝一三歩になっていた。温宅の不耕作地主化が一層進んだといえる。

温宅は大正一四年度より小作料の改訂（一段引）を行なった。また、本年の作柄も悪くなかったため、小作料引き下げ要求もなく、改正小作料により小作料が完納されている。

大正一四年度の小作料帳に次の如く記されている。

「本年度モ刈取期ニ至リ予想程ノ豊作ニアラサリシモ、一般ニ減額等ノ要求モナク、改正小作料ニヨリ全部納入ス。

一、三石二斗　　　　　　　　永木太郎
一、八石一斗一升五合　　　　柏儀一郎
一、二石一斗二升一合　　　　永木宗吉
一、四石二斗七升二合　　　　丹下留吉
一、二石三斗六升三合　　　　二宮要次郎
一、一石九斗二升五合　　　　日野道得
一、四斗二升九合　　　　　　柏恒一
二宮、日野、柏ハ本年ヨリ小作」。(5)

家族関係では、長女の末光清香（二九歳）は末光家で、子供三人を育てている。次女の禎子（二二歳）は、東京帝国大学心理学科の聴講生を続け、心理学を学び、また、戯曲を書いている。四女の綾子（一六歳）は、愛媛県立松山高等女学校に通っている。長男の慎吾（一二歳）は、本年三月石井小学校を卒業し、松山中学校に入学した。そして、中学生となった慎吾に五月一六日に自転車を、九月二三日には時計を送っている。一一月二五日に慎吾から手紙が来て、それに対する感想として、温は「慎吾ノ手紙ハ子供期ノ終期。心身ノ変化期ヲ窺ハル」と日記の欄外に記している。

六　大正一五年

温宅では自作農業に従事しているのは、妻のイワと母のヨシだけであり、自作地は前田二枚（六畝一五歩）のみになっていた。

温宅の小作地面積は、前年と変わらず、一町四反九畝一三歩であった。

さて、大正一五年度の米作は不作で、温宅は小作料を減額した。温の小作料帳に次のような記事がある。

「本年ハ作柄予想外ニ不良、加フルニ刈取前十月三十日降雹アリ（指頭大ノモノ、ソレ等ノ連ナレルモノ）。一層収量ヲ減ジ、普通二石乃至二石三、四斗ニテ、小作者ノ要求ニヨリ、平均契約小作料ノ一割五分引トス。但シ早稲ハ降雹ノ被害ナカリシヲ以テ地主ハ五分引ヲ主張シ、小作者ハ晩稲同様ヲ要求シ、未解決ニテ自分ノ帰宅ヲ待チ居リ、十二月三十日帰宅、事情ヲ聴キ、一割引ニテ協定成ル。

本年ニ至リテ農民組合ノ活動、温泉郡地方ニモ及ヒ、堀江其他ニ組合支部ヲ設立シ所々ヘ宣伝ビラヲ散布シ其他ノ種々ノ宣伝ヲナシ、為ニ平穏ナリシ温泉郡平地部ハ各村殆ント団体交渉ヲナシ、小作料ヲ納付セスシテ談判ヲナスニ至ル。減額ハ次ノ如シ。

反別		契約小作料	実収小作料	減額量	小作者
田	二・〇〇〇	三・二〇〇	二・七二〇	〇・四八〇	永木太郎
田	五・四〇三	八・一一五	五・四四五	二・六七〇	柏儀一郎
田	一・四一九	二・一二一	一・八〇三	〇・三一八	永木宗吉
田	二・九二四	四・二七三	三・六三二	〇・六四一	丹下留吉
田	一・四二三	二・三六三	二・〇〇九	〇・三五四	二宮要次郎
田	一・二二五	一・九二五	一・六三六	〇・二八九	日野道得
田	〇・三〇九	〇・四二九	〇・三六五	〇・〇六四	柏恒一

不作ノ上ニ内川筋ハ水害ヲ被リ、収穫半減以下トナリシモノアリ。柏儀一郎作斎院ノ窪及ヒ丹下作大ぶけ等ハ大減収ノタメ、儀一郎分ハ小作料全免、留吉分ハ前記減額約束ヨリ更ニ三斗ヲ減ジタリ。又永木宗吉作ハ浸水回復並ニ水防等ニ五人役ヲ要シ、内半分ヲ地主負担トシ金ニテ計算。一人役ヲ壱円二十銭、計金三円ヲ支払フ(6)」。

家族関係では、石井村の実家には、妻のイワ（五〇歳）、母のヨシ（七四歳）と長男の慎吾がいて、家を守っていた。なお、妻・イワは、七月～八月と一二月に体調を崩し病臥している。

長女の末光清香（三〇歳）は末光家で、子供三人を育てている。

次女の禎子（二三歳）は、東京帝国大学心理学科の聴講生を続け、心理学を学び、また、戯曲を書いている。六月一〇日に、温は禎子に前途の方針について注意し、発心を促している。四女の綾子（一七歳）は、本年三月、愛媛県立松山高等女学校を卒業し、三月二三日、上京した。三〇日津田塾の入学試験を受けたが、合格しなかった。そこで、温は種々女子大を探し、四月九日三輪田真佐子氏から小石川の帝国女子専門学校を紹介され、一一日入学手続きを行ない、一二日綾子は同校に入学した。

長男の慎吾（一三歳）は、温の妻・イワと石井村に居て、松山中学校に通っている。温はこの年、慎吾を八月一五日、慎吾を東京帝大農学部実科に入学の方針をきめ、語学と数学、読書作文をよく勉強するよう諭している。

注

（1）明治期から大正一〇年までの岡田家の土地所有・農業については拙著『農ひとすじ岡田温――愛媛県農会時代――』愛媛新聞サービスセンター、二〇一〇年より。
（2）加用信文監修、農政調査会編集『改訂 日本農業基礎統計』一九四頁。各年次『愛媛県統計書』より。
（3）「岡田禎子年譜」愛媛県立南高等学校同窓会、代表大西貢『岡田禎子作品集』青英舍、一九八三年、五五四～五五五頁より。

（4）岡田文庫の小作料帳より。大ぶけの面積について、大正一二年までは一反二畝二五歩と温は記していたが、一三年から一反二畝二二歩に三歩ほど減らしている。

（5）同右書より。

（6）同右書より。

第二章　昭和初期の岡田温

第一節　帝国農会幹事活動関係

一　昭和二年　若槻礼次郎・田中義一内閣時代

昭和二年（一九二七）、温、五六歳から五七歳にかけての年である。帝国農会の幹事を続けている。衆議院議員も務め、双方の仕事で極めて多忙である。

本年は若槻礼次郎憲政会内閣下、金融恐慌勃発の年で鈴木商店の破綻、台湾銀行の休業など財界の変動が激しい。日記にもその記事がよく出てくる。また、本年は政界の変動も激しく、四月一七日、枢密院が台湾銀行救済緊急勅令案を否決したため若槻内閣が総辞職に追いこまれ、二〇日に田中義一政友会内閣が成立している。さらに政党の合従連衡も激しく、本年六月一日、野党の憲政会と政友本党が合併し、民政党が誕生した。しかし、温は引き続き少数野党の新正倶楽部に所属し、議員活動を続けた。

本年は第一次大戦後の農業、農民、農村の危機が続き、とくに昭和金融恐慌によって危機が深化した。例えば、米価（歴年平均、一石当たり）を見ると、大正一四年は四一・六一円であったが、一五年に三七・八六円に、そして、本年、昭和二年には三五・二六円に下落している(1)。

温は帝国農会の業務（各種会議、米生産費調査、農業経営調査、農産物販売斡旋等）に取り組むとともに、農村振興運動（米価維持、米穀需給調節特別会計の増額、自作農創設維持、義務教育費国庫負担増、郡農会への国庫補助等）に取り組んだ。また、この年、農村危機下、郡農会廃止問題がおきており、温は各地に出張し、農会の必要性について説得を行ない、また、郡農会への補助を農林省に要求するなどの活動を行なった。

若槻内閣下は第五二議会において、小作法案も提案せず、農村問題は不作の議会であった。しかし、温は農業、農民の立場から法律案を上程したり、質問を行ない、活動した。さらに、府県会議員選挙にも取り組んだ。

さらに、温はよく原稿を書き、また、自分の著書『農業経営と農政』の原稿を本格的に書き始めている。

以下、本年の温の多岐にわたる活動を見てみよう。

温は正月を故郷で迎えた。しかし、年末から妻のイワと長男の慎吾はチブスに冒され、枕を並べて臥せっており、正月の神事は省略し、さびしい正月であった。四日、温は出市し、県農会の門田晋会長らに面会、また、農事試験場に行き、森肆郎場長らに面会した。五日、温は南土居部落の農民を集め、小作争議や農民組合加入の不利を論じ、農事改良に務めるよう諭している。この日の日記に「夜、部落ノ者ヲ集メ、小作運動、農民組合加入ノ不利等ヲ懇談シ、農事改良ヲス、ム」とあり、温の農民組合に対する批判的なスタンスがわかる。

一月九日、温は病人を残して気分が進まなかったが、帝農幹事として熊本県及び朝鮮慶尚南道への出張の途についた。この日午前七時石井を出て、高浜から第十二相生丸に乗り、正午宇品につき、午後三時四〇分広島発の急行にて門司に行き、一〇時門司発にて熊本に向かい、翌一〇日午前二時二〇分熊本に着し、研屋に投宿した。この日、松本清三郎（熊本県農会長）、野崎正雄（同県農会技師兼幹事）らが迎えに来て、正午より熊本公会堂にて開催の熊本県町村長幹部会に出席し、農会の経営論、必要論、農会不振に対する所見等を述べた。

一月一一日、温は熊本から朝鮮の釜山に向かった。この日午前九時三〇分熊本を出て、門司をへて下関にわたり、夜九時半釜山行きの景福丸に乗船し、一一時出発した。なお、この時帰任する斎藤実朝鮮総督一行と同船となり、乗客が多かった。翌一二日午前八時釜山に着き、斎藤総督に挨拶し、上陸した。温は、和田純慶尚南道知事や小曾戸俊夫（同、技師）、加藤木保次（同、産業課長）等に迎えられ、慶尚南道庁の自動車で金海に行き、大長面長高農場や小山秀一の農場経営を視察した。一三日は道庁における農会主催の農業経営者協議会に出席し、温が約二時間にわたり農業経営について講演した。そしてその夜九時徳寿丸に乗り、和田知事らの見送りを受け、釜山を出発し、下関に向かい、翌一四日午前七時下関に着した。そして、八時四〇分の急行に乗り、広島に向かい、午後一時半に着き、四時宇品発の第十二相生丸に乗り、高浜に向かい、七時半高浜に着し、帰宅した。一月一五、一六日は終日在宅した。妻のイワ、慎吾ともに病状は大分回復していた。一七日、温は松山市に行き、久保田旅館にて温の選挙参謀の仙波茂三郎（温泉郡農友会長）と会談し、次期衆議院選に関し談じている。温は再度立つかどうか明言しなかった。この日の日記に「久保田旅館ニテ仙波君ト会シ、議会解散対策ヲ談ス。仙波君ハ具体的計画ヲ進メ、自分ハ自由ノ態度、留保ヲ切言シ分〔別〕ル。尚、解散ト共ニ二、三人ノ上京ヲ約ス」とある。

一月一八日、若槻憲政会内閣下、第五二帝国議会が再開した。しかし、憲政会は第一党であったが、議会では少数で、野党の政友会、政友本党の方が多数を占めており（憲政会一六五、政友会一六一、政友本党九一、新正倶楽部二六、実業同志会九、無所属一二）、最初から厳しい批判にさらされた。この日、若槻総理大臣の所信表明演説、また、幣原外相、片岡蔵相の演説がなされたが、後、野党の小川平吉（政友会）、松田源治（政友本党）、浜田国松（政友会）らが質問戦に立ち、朴烈事件での被告に対し、政府が死刑を無期懲役に減刑したことを取り上げ、政府の対応を糾弾した。また、翌一九日も本会議があり、野党の中村啓次郎（政友本党）、鳩山一郎（政友会）が再度朴烈問題を、また、三土忠造（政友会）、小川郷太郎（新正倶楽部）が財政、税制、経済問題等を取り上げ、質問に立った。そして、二〇日、政友会の小川平吉、政友本党の床次竹二郎ら二九名は若槻憲政会内閣に対し、内閣不信任案「内閣の処決に関する件」を提出し、議会は三日間停会となった。[2]その後、若槻首相、田中義一政友会総裁、床次竹二郎政友本党総裁が会談し、政争中止を申し合わせている。二〇日の日記に「衆議院紛擾、野党ヨリ不信認案ヲ提出シ、三日間停会トナリ、三党首ノ会合、妥協トナル」とある。

一月二〇日、温は東京で再び活動するため、午前一〇時石井発にて出発し、高浜では松田石松（石井村長）、大原利一（石井村会議員）、野村茂三郎（岡田村会議員）、松尾森三郎（温泉郡立憲農村青年党）らに見送られ、一二時高浜を出て、午後五時尾道発にて東上した。翌二一日午前一一時二〇分に着京し、温はそのまま、帝農にて開催中の道府県農会長協議会に出席した。道府県から四六名が出席し、愛媛からは門田晋が出席した。協議事項は（一）郡役所廃止後における郡農会発展に関する件、（二）農村事情の推移に伴い、農会の活動上注意すべき事項に関する件、（三）郡市農会技術員国庫補助増額に関する件などで、高島一郎幹事説明の後、協議事項（一）は委員会に付託され、他は帝農一任とされた。夜は、中央亭にて帝国農会の幹部と全国町村長会幹部が会合し、郡農会廃止問題について意見の交換をした。町村長会の幹部は郡農会廃止論ではなかった。二二日、二三日も道府県農会長会を開催し、協議事項（一）郡役所廃止後における郡農会発展に関する件の委員長報告がなされ、議決された。決議は地方農業の発展のためには郡農会の基礎を強固にすることが必要だとし、従来の郡役所の技術員を郡農会に帰属せしめ、その経費は地方費中より支弁すること、郡農会への補助金の増額などを求めた。[3]午後は中央亭にて午餐会を開き、さらに帝国農政協会の会議を開き、議会対策を協議した。二四日は政府の小作制度調査委員会があり、出席した。矢作栄蔵委員より永小作問題、岩田宙造委員より民法の説明がなされている。後、矢作会長らと町田忠治農林大臣に面会し、米の買上げを要請した。

一月二五日、議会停会明けの本会議が開かれた。この日、温は午前一〇時登院し、午前中は新正倶楽部の代議士会、午後は本会議に出席した。本会議では質問戦が続いた。本会議の後、温は帝国農政協会の松岡勝太郎（岐阜県農会副会長）

らとともに義務教育費増額について各党幹部を訪問、要請した。二六日は大正天皇殯宮祗候の允許当番となり、午後一時、新正倶楽部の八人と参内し、〇時より翌二七日の午前五時まで任務についた。温は「一平民ニシテ正殿ニ天皇ノ霊柩近ク六時間ノ奉仕ヲナシタルハ難有極ミナリ。六時退庁」とその感激を記している。皇室崇拝の温のスタンスが分かる。午後は登院した。

一月二八日は午後五時より中央亭にて農政研究会幹事会を開き、東武、長田桃蔵、八田宗吉、土井権大、山内範造、西村丹治郎（以上、政友会）、川崎安之助、荒川五郎（以上、憲政会）、植場平、東郷実、池田亀治（以上、政友本党）、温、山口左一、松山兼三郎（以上、新正倶楽部）ら出席の下、建議案、関税問題につき協議した。そして、糖業保護の立場からタピオカ、マニオカ、セーゴ等の関税改正案を提出することになり、温に起案を任された。二九日は帝農に出勤し、会長出席の下、幹事会を開き、米穀法問題につき協議し、午後は登院した。三〇日は終日在宅し、議会に提出する「関税定率法中改正法律案」を草した。

二月一日、温は午前帝農に出勤し、米生産費調査の各県への督促を行ない、午後は登院し、本会議に出席した。この日、温はタピオカ、マニオカ等の輸入税増加の法律案を作成し、各派の諒解を求めている。二日は帝農に出勤し、矢作会長、安藤副会長、幹事にて郡農会の事業について研究を行ない、三日は午後新正倶楽部の代議士会に出席し、政府予算案に対する態度を協議し、委員一任とした。夜は帝農にて販売斡旋に関する委員会を開いた。四日は午後衆議院に行き、温は「関税定率法中改正法律案」（温ら一三名）を提出した。五日は午後登院し、新正倶楽部の代議士会に出席し、政府予算案に対し、温は反対したが、多数にて返上案を決めた。この日の日記に「登院。代議士会ニテ予算返上ノ議出テシモ反対ス。但シ、革新倶楽部ノ人多ク、多数決ニテ返上ニ決ス。馬鹿々々シ」とある。また、この日、本会議があり、「北海道農地特別処理法案」（丸山浪弥外六名提出）の委員会報告が行われたが、論議多く、延会となっている。六日は午前一

○時より青山青年会館にて全国山林会総会があり出席し、温が運動委員となっている。七日は大正天皇の大葬があり、出席した。この日の日記に「午后五時前参内、宮城二重橋外ノ天幕集会処ニ参ス。午后六時一発ノ号砲ト共ニ霊柩御出門トナツタ。嗚呼永久ニ還ラセ給ハヌ大御幸ノ御出発。自分ハ正門ノ正門〔面〕ニ立チ、前面宗教ノ代表団アリシカ御行列ハヨク拝セラレタ。予テ聞キツ、アリシ御轜車ノ哀音ハ真ニ神秘的ナリ。夫ヨリ行列ニ加リ、新宿祭場殿ニ行。沿道人ヲ以テ埋ム。九時前着、幄舎（右）ニ入ル。九時五十分ヨリ十一時迄起立、外套脱ニテ式ヲ拝ス。同三十分終了。祭殿ヲ拝シ、葱華輦ヲ奉送シ帰途ニ着ク」とある。九日は午後五時より中央亭にて農政研究会の幹事会を開き、加藤政之助、植場平、谷口宇右衛門、西村丹治郎ら出席の下、総会の日程、決算報告をした。

二月一〇日、衆議院本会議があり、この日、昭和二年度予算案が上程され、予算委員長・川原茂輔（政友本党）より報告がなされ、審議に付された。温が新正倶楽部を代表して質問に立った。温の質問の大要は次の如くで、農村の社会政策の立場から政府予算を鋭く糾弾するものであった。

「私の新正倶楽部では予算返上論であったが、自分は賛成していない。しかし、一七億三〇〇〇万円という未曾有の大予算については多大の疑問がある。農村に対する社会政策について質問したい。内務省、大蔵省、逓信省の予算上に現れた社会政策、金融政策、交通政策を見ると殆ど都市及び都市民を対象としたもので、農村を目標として計画したと思われるものは殆ど無い。唯一逓信省の予算中に町村電話の施設費があり、これは農村を目標とした文化的事業であるが、これとてわずか一二七万三千円でこれでは容易に普及し得ない。また、大正五年から継続事業となっている逓信省の電話交換事業は本年度だけでも四八六二万円で農林省全体の経費よりも三六〇万円余り多い。この事業はどういう性質のものであるかといえば、主として大都会の中流以上の人々が利益恩典を受ける事業である。内務省の予算を見ても帝都及び震災地の復興復旧の事業の如きは本年度だけでも一億三七四〇万円で、これらはすべて都市及び都市民を目標とした事業である。内務省の地方改善費も仔細にみると、地方の小都市が恩典を受けるもので、農村に対する恩恵は洵に少ない。私の疑義はこの点にある。このようなことは予算委員会では議論にならなかったのか、お伺いしたい。私の偏見かも知れぬが、政府当局は農村には社会政策的施設は必要ないと考えているのではないか。また、近年農村に小作争議が頻繁に起こっているが、これは地主と小作の収益分配の争いのごとく見えるが、そう単純なものではない。それは現代の資本主義経済政策および都市集中政策の結果、都会と農村との経済文化の懸隔が大きくなり、農村生活への不平不満の発露である。そういう場合に農村に対する文化的事業、社会政策的事業が計画されないのはどういうわけであるか、明年度一七億三千万円という未曾有の大予算が審議されているのに、地方農村に対する社会政策的重要問題が極めて冷淡に殆ど閑却されており、国政の根本方針において多大なる疑義がある。委員長にお尋ねしたい。また、改めて若槻首相にお尋ねしたい。どういうわけで、いつまでたっても農村の方には社会政策、金融政策、交通政策などにおいて閑却されたようになって、国家の施設は非常に薄いが如何なる理由なのか。要するに、農村に対しては社会政策的事業を施す必要がないと考えているのか、また、都会に回す予算はあるが農村に回す予算はないと考えているのか(4)」。

それに対し、川原予算委員長は、岡田君のような農村問題に造詣が深い人が予算委員に入っていなかったことを遺憾とする、農村問題については吉植委員が質問したなどと答え、また若槻首相は社会政策は都市においても農村においても共に考えねばならぬ問題で、ひとり都会のみを考慮すべきではないという事柄は岡田君と全く同意見である、とかわしていた。

また、二月一〇日、政府は本会議に「土地賃貸価格調査委員会法案」（地租の課税標準たる地価を賃貸価格に改めるための賃貸価格調査委員会を設置する法案）を提出し、片岡直温蔵相が提案説明し、質疑の後、委員会に付された。

二月一一日、温は午後九時東京発にて、奈良県で農会廃止論が起きていたため、説伏のため出張した。翌一二日午前九時四〇分大阪につき、電車で奈良に向かい、奈良県農会に行った。そして宇陀郡農会長の松崎貞蔵に会い、農会廃止問題について協議し、また、井田県農務課長、海老瀬周一県農林技師や県農会長らと協議し、農会廃止論に対し亟潰しに説伏するよう指示した。一三日は正午郡山に行き、午後二時より四時半まで矢田小学校にて、農業基本調査の必要及び方法について、実行組合の人々一三〇余名に対し、講演を行ない、終わって、午後五時発にて、奈良、京都を経て帰京の途についた。なお、歯が痛く寝台中一睡もできず、翌一四日午前一〇時帰宅し、神楽坂の岸本歯科に行き、痛歯を抜き、後、休養した。夜は午後五時より丸の内の常盤屋にて、山下亀三郎の晩餐会に出席した。

二月一四日、第一回土地賃貸価格委員会（以下、土地賃貸価格委員会と略）が開かれ、温も委員となり、委員長は政友本党の折原巳一郎（兵庫県選出）が選ばれている。一五日、温は午前一〇時登院し、第二回土地賃貸価格委員会に出席し、午後本会議があったが、欠席し、高島幹事とともに増上寺における大木遠吉伯（前帝農会長）の追法会に出席した。一七日、温は第三回土地賃貸価格委員会に出席し、質問を行なった。温は田畑合計でみると小作地より自作地の方が多い、現在の小作料は高く、その高い小作料によって賃貸価格が決められると、自作者には非常に不公平、迷惑となると批判し、疑義を述べた。一八日も第四回土地賃貸価格委員会に出席し、引き続き同様の質問を行なった。温は現在の小作料は農業経営の上からみて少し高すぎる、それに対し、経営費と収穫物の価格の差が所得となる自作農に対し、不合理に高い小作料で賃貸価格を決めるのは不公平だ、同じ地主でも、土地を貸して小作料をとっている地主と自ら経営している地主・自作がある。他人に貸して得る純益と、自己の土地に生産費を投じて得る純益とは違う、不公平である等々と批判した。夜は午後五時より丸の内中央亭にて農政研究会総会を開会した。各派より四六名、帝国農会より会長、副会長、幹事が出席し、温が開会の挨拶をし、加藤政之助（埼玉県選出の衆議院議員、憲政会）を座長とし、議事を進め、今期議会に「郡市町村農会技術員費に対する国庫補助増額に関する建議案」「自作農維持創設資金増額に関する建議案」を提出することを決めた。また、吉植庄一郎（政友会）の自作農案、小西和（憲政会）の小作法、農業保険問題についても研究することにした。(5) 一九日も登院したが、重要法案がなく、退出した。二一日は午前は米生産費調査様式の考案、午後は登院し、第五回土地賃貸価格委員会に出席した。二二日も午後登院。この日、憲政会の武富済（愛知県選出の衆議院議員）らから政友会の小川平吉（加藤高明護憲三派内閣時の司法大臣）に対する問責決議案（朴烈事件に関し、朴烈と金子文子の写真撮影が自己の法相在任中ならば責任をとると、大正一五年八月二六日に発言していた）が出されたが、野党側の政友会、政友本党、新正倶楽部の多数にて否決されている。二三日も午前一〇時より登院し、第六回土地賃貸価格委員会に出席し、桑畑の賃貸価格について質問した。後、帝農に戻り、来会の鈴木誠一（千葉県君津郡農会幹事兼技師）、多田喜造（神奈川県中郡農会幹事兼技手）、伊藤千代秋（長野県農会技師）らに郡農会問題について意見を聞いた。二五日も登院し、海外移住組合委員会に出席し、質問を行なった。二六日は同僚議員で亡くなった山口政二（埼玉県選出の衆議院議員、新正倶楽部）と野田卯太郎（福岡県選出の衆議院議員、政友会）の葬儀に参列した。二七日は午後三時より日本青年会館にて日本国民高等学校協議会(6)第二回通常総会があり、出席し、石黒忠篤の報告、加藤完治の視察談を聞いている。二八日は午前一一時登院し、政府提出の「海外移住組合法案」委員会に出席した。同法案は委員会にて可決した。また、「産業組合中央金庫法中改正法律案」も委員会で可決されている。また、この日、温は、「土地賃貸価格調査委員会法案」の修正のために、東郷実（政友本党）、村上国吉（憲政会）委員と協議し、また、黒田英雄主税局長も出席し、内談した。

三月一日、午後登院し、本会議に出席した。二日も午後登院し、第七回土地賃貸価格委員会に出席した。この日の委員会にて、政友本党の東郷実が第三条の調査委員の数にかんして修正提案し、憲政会の村上国吉も賛成し、同時に三個の希望条項をのべた。その希望条項は土地の標準価格決定に適用する小作料の価格は各町村における庭相場によること、小作料を基礎に田畑の賃貸価格を定めた結果、自作農が負担する地租が甚だしく不均衡を生ずるの虞があるので、政府はこれを避けるために適当な考慮をはかること、賃貸価格が騰貴して地租が増加する土地に対してはこれを緩和すること、などであった。温も村上の希望条項を強い表現に文言を修正して賛成し、法案が可決されている[7]。この日の日記に「土地賃貸価額調査委員会ニ出席ス。本日ハ決定ノ日ニテ東郷君ヨリ修正意見ヲ述べ、村上君ヨリ希望条項ヲ述べ、自分ハ之レヲ修正シテ賛成ス。政友四名反対、其他十名賛成」とある。

三月三日午後登院し、本会議に出席した。この日、若槻内閣提出の「震災手形損失補償公債法案」「震災手形善後処理法案」について、委員会の報告がなされ、審議に付された。本会議で武藤山治（実業同志会）が片岡直温蔵相に対し、手形保持者の名前を公表せよ、政商救済だと激しく追及した。しかし、討議打ち切り動議が出て、憲政会、政友本党の多数で可決されている。後、政友会が言論圧迫だと糾弾し、泥仕合となっている。この日の日記に「震災手形法案上程……、政友会反対ヲ鮮明ニシ、新正、無所属、実業同志会モ反対。武藤氏質問ニ始マリ、愈泥仕合トナル」とある[8]。

三日午後六時、温は議会を退場し、家族の病気を見舞うために午後九時発にて帰国の途につき、車中、船中、昭和一新論の読了、また、震災手形の研究をなし、翌四日午後一〇時帰宅した。自宅ではチブスに罹っていた慎吾は直り、元気に学業に励み、また、妻のイワも大分回復しかけていた。五、六日終日在宅し、原稿の執筆（震災手形法案に対する所感、土地賃貸価格調査委員会法に関する雑感）を行なった。

三月七日、温は再び東京で活動のため、午前一一時石井発、一二時二〇高浜発にて上京の途につき、船にて尾道に行き、午後五時一五分尾道発にて東上した。なお、汽車が福山前後を疾走の頃、京都府北丹後地方で大地震があった[9]。翌八日午前一一時三〇分帰京し、直ちに帝農に出勤し、午後登院した。また、午後五時より帝農にて販売組織研究委員会を開き、出席した。九日は午後三時より農政研究会の幹事会を開会した。一〇日は午後登院し、本会議に出席した。この日、政府提出の「労働組合法案」が上程された。質問多く、山口義一（政友会）、安藤正純（無所属）らが、この法案は労働組合圧迫である、今頃提出するとは真面目に成立させる気がないのではないか、等の批判を行なっていた。一一日は風邪であったがおして午後登院し、農政研究会幹事、西村丹治郎、荒川五郎ら有志二〇余名とともに町田忠治農林大臣を訪問し、米買上げを陳情した。本会議もあったが、頭痛のため欠席し、帝農にて事務を執った。一二日も午前一〇時登院したが、風邪のため気分すぐれず、午後一時過ぎ帰宅し、農会経営についての原稿を執筆した。一三日は終日在宅し、原稿「農会改造私議」を執筆した。一四日は帝農に出勤し、雑事。なお、この日、衆議院予算総会で片岡直温蔵相が東京渡辺銀行が破綻したと失言発言した。しかし、温の日記にはその記事はない。一五日は午後登院した。本会議で、政友会の海原清平、吉植庄一郎らが片岡の失言問題を糾弾しているが[10]、温の日記にはその記事もない。一六日は帝農に出勤し、雑事、また原稿「農会改造私議」を執筆。午後は新正倶楽部の慰労会を歌舞伎座にて開いた。その後、農政研究会の調査委員会に出席し、加藤政之助、荒川五郎、村上国吉、東郷実、石坂豊一らと自作農創設問題について協議し、原案を作成した。一七日は午後登院し、本会議に出席した。この日、二五歳以下の禁酒法案が出され、温は賛成であったが、多数にて否決されている。一八日はさきの京都北丹後の大地震の災害救済のために、京都の大島国三郎（京都府農会技師兼幹事）、熊野郡農会長、与謝郡農会長らが来会し、協議をした。その後、登院し、水害地救済法の委員会に出席した。また、午後六時より帝農にて販売斡旋組織研究会を開き、飯岡清雄（東京市技師）より東京市場の説明を聞いた。一九日も午前一〇時に登院し、水害地救済法委員会に出席し、意見を述べている。午後本会議があり、政友会の小川平吉らから「片岡大蔵大臣の失態に関する決議案」が出されたが、憲政会、政友本党の反対により否決されている。温も本会議に出席していたはずであるが（日記には「蔵相問責案討議」とある）、賛否者のなかに温の名はなく、温は泥仕合には与せず、棄権したものと推定される。[11]二〇日は日曜日で、終日『帝国農会報』第一七巻第五号の原稿「農会改造論」を執筆した。二一日は午後四時より新橋演舞場での新正倶楽部主催の新聞記者慰労会に出席した。二二日は午後登院し、本会議に出席し、午後六時より帝農にて農政研究会の委員会を開き、自作農創設問題につき、意見を交換し、理想案を作成することを決めている。

三月二二日、温は午後一〇時東京発にて名古屋に講演のために出張の途につき、翌午前七時名古屋に着した。小憩の後、名古屋市図書館に行き、名古屋市農会主催の実行組合幹部に対する講演会に出席し、午前一〇時より午後三時まで、来会者一五〇余名に対し、講演を行なった。終わって、名古屋ホテルにて県農会、市農会の人々と晩餐の後、午後九時五〇分発にて帰京の途についた。翌二四日午前七時東京に着した。

三月二四日、帝農に出勤し、午後は登院した。この日、本会議で清瀬一郎（大阪府選出、新正倶楽部）が陸軍の機密費のでたらめな支出ぶりを糾弾し、また、陸軍の金塊横領問題、さらにシベリア出兵の目的以外に金が支出されていることを取り上げたために、議場が騒然となり、それに対し、政友会の砂田重政（兵庫県選出）が清瀬一郎へ機密漏洩だ、国体破壊だ、清瀬の思想の根底に赤い色が流れているなどとして、問責決議を提出し、いっそう議場が騒然となり、流会となっている。二五日は午後登院した。この日の本会議では昨日の議場混乱の責任をとって、粕谷義三議長、小泉又次郎副議長、塚本清治書記官長が辞職したため、森田茂（京都府選出、憲政会）を仮議長に選出し、議事が進められた。砂田の問責決議案に対し、清瀬一郎が反論し、「諸君は私を国体破壊者と言はれるけれども、言論の府たる議会において言論を尊重せず、暴力を以って之を破壊する、是が危険思想でなくて何であるか、諸君こそ議会破壊の危険思想である。先づ自ら省みなさい。他人を責めんとするものは自ら省みよ。議会政治の破壊者に人を懲罰する権能があるかどうか」と逆に糾弾した。その結果、砂田の問責決議は少数で否決されている。[12]この日の日記に「本日ハ政友会モ反省シ、予定ノ如ク議事進捗」とある。二六日、第五二議会が閉会となり、一一時閉院式があり、出席した。

三月二七日、温は午前八時一五分飯田町発にて山梨県、富山県に講演のため出張した。午後一時三五分甲府に着し、木村重一郎（山梨県農会技師）に出迎えられ、自動車にて城山館に行き、町村長会に出席し、午後二時より二時間にわたり、来会の一三〇余名に対し、農村問題の根本義と題して講演を行なった。しかし、温は農会に理解なきを嘆いている。この日の日記に「本日ノ決議中ニ郡農会以上ノ農会ノ経費ハ県支弁タルヲ要望ノ問題アリ。農会ヲ解スルコノ程度ナリ」とある。その夜は六時より三省楼にて宴会があり、談露館に投宿した。二八日、温は午前県庁を訪問し、三邊長治山梨県知事に面会し、一〇時二五分甲府発にて長野県に向かい、午後五時長野に着き、駅前ふじやにて休憩の後、翌二九日午前一時三〇分発の急行にて富山県に向かい、午前七時富山に着し、宮崎喜知蔵に迎えられ、県庁の自動車にて富山館に行き、休憩し、一一時富山県農会を訪問し、午後、県会議事堂にて開催の富山県農業団体連合会発会式に出席し、来会の二〇〇余名（主として小作者）に対し、「有用ナル争ヒト無用ノ争ヒ」と題して一時間半程講演した。終わって、谷欽太郎（富山県農会長）、大石斎治（富山県農会技師）、内藤友明（同）、横本堅太郎（同）、麻生正蔵（帝農議員）らと晩餐の後、午後九時三五分発にて帰京の途につき、翌三〇日午前九時上野に着し、午後帝農に出勤した。三一日は午前七時東京帝大農学部を訪問し、郷里の武智二郎の農学部実科転学を原凞先生に依頼した。後、帝農に出勤し、本年四月から刊行の『帝国農会時報』第一巻第一号の原稿「農会の精神」の執筆等をした。

四月も温は帝農の業務を種々行ない、原稿もよく書き、また、よく出張し、講演を行なった。一日は帝農幹事会を開催し、昭和二年度事業の打ち合わせ、出版部の積極経営、職員の時間励行等を協議した。また、『帝国農会時報』の原稿「農会の精神」を石井牧夫（帝国農会報編集嘱託）に渡した。その大要は次の如くで、農業者の福利増進を使命とする農会の精神、自治精神の発達を強調したものであった。

「今日、当面の問題に具体的解決案を持ち合わせぬことを、行き詰まったという言葉で覆い隠している。農会が行き詰まった、組合が行き詰まった、小作問題が行き詰まった、村の財政が行き詰まった、政局が行き詰まった、経済界が行き詰まった、外交が行き詰まった……。しかし、生きた社会に行き詰まることは絶対にない。ただ、透徹せる意見のない人々自身が行き詰まったまでのことだ。郡農会の廃止や町村農会解散の声は、いかにして農家の幸福を増進すべきや、いかにして農村を振興すべきやにつき、真面目に考究しない結果である。農会廃止論者に真に農業の理解ありや、振興の具体案ありや、熱誠ありやは多大の疑問である。

現今のごとき、産業政策も経済組織も行政組織も、その目標、その施設が資本主義、商工主義、都市中心主義の原理の下に画策され、指導される制度の下にあっては、我が農業のごときその経営が資本主義の法則に当てはまらない原始産業者は、生産資本の調達にも不利、生産物販売にも不利、生産費漸増の不利、租税負担の不利、社会政策の分配にも不利……、新鮮な空気の他、一つとして有利なものはなく、すべて政策の犠牲的立場におかれている。故に一視同仁の聖恩に浴し、国民均等の幸福を得んがためには農会のごとき、農業者の福利増進を使命とせる自己擁護の機関が必要となる。この精神により、研究し、考案し、改良しなければ、自治的発達とは言えない。町村には農家の私経済を原則とした農業経営の改良と農家の文化生活を基礎とした生活改善をとらえていけば、切実なる農会の業務はいくらでもある。

農会嫌いの人々はかかる仕事は町村役場で行なうのが便利だという。しかし、町村は小国家であり、段々職業状態が複雑になって、農業者の福利増進を図ることに全力をそそぐ訳にもいかぬところが多くなり、したがって別の機関が必要となる。殊に町村役場の系統が府県庁となり、中央政府となって、農家に特に重要な部分が国民全体の問題の内に包まれて有耶無耶になり、結局肝腎な場合に農民が犠牲になってしまう。しかるに農会の仕事になれば、その系統が郡農会となり、府県農会となり、帝国農会となり、どこまでも農業者の問題として研究されるから、農業の真状が社会に徹底する。農会の本領使命はここにある。現在の農会が未だここに至らないのは自治精神が発達しないためである[13]」。

四月二日、温は米生産費調査帳簿の改定や『農政研究』の原稿「第五十二議会と農村問題」の執筆等を行ない（一部の銀行や富豪には当り年で、農村関係では小作法案もでず、外れ年であったこと等）、四日も午前米生産費調査様式の考案を行ない、午後二時より安藤広太郎博士、佐藤寛次博士と農業経営調査の報告書を作成した。五日も午前米生産費調査様式を考案し、午後は矢作会長、幹事と帝農処務規程について協議した。六日も午前は原稿「産業機関の統制意見」を執筆し、午後は新正倶楽部の午餐会に出席した。七日は午前一〇時よりの国会議事堂上棟式に出席、午後は帝農にて米生産費調査様式の考案をし、八日に米生産費調査様式を印刷部にまわした。九～一一日は『帝国農会報』の原稿「農会改造論（上）――不耕作地主に対する那須博士と永井一雄君との論点――」を執筆した。一三日は午前幹事会にて帝農処務規程を研究し、午後は幹事、参事、副参事会を開き、産業統制について協議した。またこの日に『帝国農会報』の原稿「農会改造論（上）」を書き上げ、石井牧夫に渡した。大要は次の如くで、農会は徹頭徹尾農業経営者の福利増進の団体であり、那須博士の不耕作地主排除論と永井一雄（群馬県農会技師）の抱擁論に反駁し、また、農会が地主の擁護機関になっているとの世間の誤解に対し、具体的に反論したものであった。

「私は農村振興のために農会は極めて重要な役割を果たしていると信じている。もし農会なかりせば農村は国家のためだの、社会のためだの、食糧のためだの、地主のためだの、小作のためだのなどと、彼方より思いつき次第、かって次第に指図、引き回されるだろう。私の所見を直言すれば、農会の必要を解しないでは農村問題の真の理解はないと云いたい。何となれば、農会は農家の幸福を進めんがために造った事業団体であるから、農家の幸福を目標とし農村問題を考察するとき、農会を除外しては具体的農村振興案は考えられない訳である。自分はかく信じるが、同時に現在罹病農会の多きを痛感する。病気に苦しんでいるのが少なくない。従って組織にも経営法上にも農会の改造を必要とし、魂の入れ替えまでもしなければならぬものもある。

さて、私は先に那須博士の農会改造論、それに対する群馬県農会の永井一雄の反駁的質問、博士の駁論、又、永井君の反駁文、高島一郎君の批判文等も拝読した。博士の不耕作地主除外説と永井君の抱擁説など種々出ているが、私も研究の仲間入りをさせてもらい、農会改造論を研究してみよう。農会は農業経営者の福利増進を図るを目的とする団体で、農会法第三条に目的が明記してある。同条は五項目述べているが、約して言えば二の農業に従事するもの丶福利増進に関する施設、これが生命である。この外に農会存在の意義はない。その事業は徹頭徹尾農業経営者の福利増進を目標とすべきである。そして、不耕作地主は農業経営者ではない。故に、農会の事業に不耕作地主に直接利益になるようなことを施行するとせば、それは事業方針が間違っていて、甚だ不都合千万である。ここまでは那須博士の意見と一致する。しかし、博士は地代収得を目的とした不耕作地主を会員とすることは不合理、不純であり、ために地主擁護機関などとの誤解を受けるので除外した方がよいとの考えだが、その博士の見解については、私は博士と精神が相似て、結論が違う。また、永井君とは精神が違って、結論が相似ている。

私は農会の目的も事業も徹頭徹尾農業経営者を目標とすべきと信じるが、然し、会員には必ずしも直接の受益者・農業経営者のみでなくてよい。間接の受益者・地主も加えて組織する方が合理的であると思う。今日の小作制度においては、地主と小作とは有機の関係にあるから、農会が経営者を目標にして行なう事業は地代収得者にも回りまわって利益が流れいく。それを地主に及ばないように経営者限りで堰き止めようしても、それは不可能である。

冗長を厭わず述べよう。農業経営者の利益増進を目標とする事業の結果が非経営者の地主にも利益が配分されるという内容は、共同経営の共同利益の分配という形式によって分配されるのである。現在の小作慣行は地代として収穫物を授受すること、ならびに違作の年はその程度に応じて契約小作料の減免をなし、小作者が経営上の全責任を負担せず、地主との共同負担の形になっているので、共同経営の形式である。世間では地主と小作の関係は一から十まで利害相反するものの如く観察しているようであるが、共同経営の形式となっているので、利害共通の点が非常に多い。故に農会の事業が適良にして指導宜しく、農業経営者の福利が増進され、家富み、村栄え、郷党平和を楽しむようになったならば、小作料を値上げしないでも、地主の所得や財産が安全に保持され、土地の価格も維持される。これは経営者の利益増進によって間接に地主の受ける利益である。更に農会の販売斡旋活動によって農産物の価格政策が改善されると地主には多大の利益が分配される。農会は何も地主を目標として働いたのではない。農業経営者が自己の生産物を高価に売らんことを目標とした事業が小作料実物納付という共同経営式の制度のために経営者の利益とともに地主にも同等の利益が及ぶのである。この関係は地主を農会外に推し出しても除去することは出来ない。

以上の関係により農会の事業方針が地主の利益を微塵も考えずに計画しても、成績を挙げれば挙げるほど地主にも潤いが及ぶのであり、地主を農会員にしても除外しても同様である。なお、世間の種々の会員組織は直接間接の会員を網羅するのが普通である。それがため、多少気心の合わないものが加わっても、関係者は可及的多数を抱擁することが得策と考えられる。故に、農会においても地主を会員にして農会の発展に尽力せしむることは不合理でも不純でもない。

しかし、不耕作地主を会員とすることによって、農業経営者の機関たるべきものが不耕作地主の擁護機関の如く変質し、本家を取られるようになるから除外すると言うのは、それは理論の帰結にあらずして便利論、方法論である。私は不耕作地主を会員とすれば、必然的に議員となる＝役員となる＝農会を支配する＝地主擁護機関に変質する、これは理論の帰結とは考えられない。もしも不耕作地主が議員役員となるがために農会が無能、経営者に不利になるようになれば、そのような不適任者を議員、役員に選挙しないまでのことである。これは不可能でもなんでもない。従って那須博士の間接の受益者を会員とすることは不合理とのご意見は腑に落ちかねる。他方永井君の論旨は不耕作地主は歴史上の因縁、経費の負担者、有能有力な農会当局者としてその参加が必要との意見であるが、いかに農会の方が必要であっても先方の方が参加すべき道理や当然の義務がないならば、先方が辞退し、逃避するときは何とも致し方がない。

私の意見は農会と地主の関係は情実的依頼的に会員になってもらうというが如きものではない。経営上の利害と地主の利害とは不可分のものが少なくないから、農地を所有する限り、農会が存在する限り、除外も疎外もすべきものではなく、同時に脱退すべきでも逃避すべきでもない。いやでも応でもこれに参加し、応分の義務を負担すべきものである。そして、議員役員となってその義務負担を尽くしてくれるならばこれに信頼、感謝し、もし義務を尽くさなければ不適任者として排斥すればよろしい。

ところで、現在の農会は多くは地主が幹部となり、ために農業経営者の利益代表機関たるを忘れて、地主階級の利益代表機関の如くなっているが、それは農会の目的に反した不都合な次第であると、多くの第三者の批評がなされている。この批評に対しては農業関係者は多大の敬意を払って謹聴し、反省しなければならない。しかし、私はこの批評中にかなり誤解偏見が存在しているように思う。たしかに、帝国農会の総会、評議員会の顔ぶれ、議論等を見聞、また、これらの人々の私生活等を見れば地主論が頗る濃厚で、地主機関化していると認むるは無理のない話である。しかし、農会という組織になっては、地主を目標にして仕事をして行く訳には行かぬのである。実際の問題として、地主のみの利益となることと云えば小作料の値上げより外にない。ところが如何に何でも、農会が小作料値上げの斡旋をしているものはあるまい。私は農会が地主機関化していると解せらる丶主な原因は次の二つにあると思う。一つは米麦その他農産物の価格維持に関する調査・運動、二つは農家の負担軽減に関する調査・運動である。

第一の米穀法の運用、米の買い上げ、穀物の関税増加等に関する議論や運動は著しく地主的色彩が濃厚に見える。又、運動者にも地主階級の人が多い。しかし、農会のこの運動の出発点は、地主の利益を目標とした計画ではなくて、経営者、即ち生産者のための運動で、生産者はその生産物を可及的高価に売ることが農業経営上の必須要件である処に存する。それが前に言った通り、小作料を生産物で地主が授受する関係上、その生産物を所有するものは地主であろうが、商人であろうが、経営者と共通の利益となる。然るに、それを地主のために図った仕事だと誤認する。斯くの如く、経営者自己の利益を図ることが、他人にも利益を得させる結果になるということは何も悪いことではないが、かくして地主に不労所得を得させることが悪いというならばその根源の除去方法として小作料を金納に改正するという問題がある。しかし、それは一つの研究問題であって、差し向きの現状において、以上の関係があるからといって、農会が農産物の価格問題の調査研究、運動を中止するわけにはいかない。試みに、農会の議員役員が全部自作者・小作者となり、一人の地主も居なくなったと仮定した時、その農会は農産物の価格問題に触れないだろうか。私には営利的経営の生産者がその経営の改善に関し、生産物の価格が上がろうが下がろうが頓着ないといったことは考えられない。又、農民組合が宣伝する如く、小作者は米や麦は安い方が利益だ、農産物の価格騰貴は地主の利益となるばかりで小作には不利益だ、などということは一部の兼業農家の仲間には通用するかもしれないが、一般の農業界では通用しない。農家の中にも養蚕を主とするものは米価が下落した方がよい、米作を主とするものは繭や生糸は安いほうがよい、果樹を作らないものは果物は安いほうがよいなどと言う人たちがたくさんある。それは自分の売る者ばかりが高価で、他の者はすべて安価なものがよいという、自栄他滅の考え方で、出来ない相談である。そんな愚論をいちいち取り上げていては際限がない。共倒れになってしまう。故に農会の議員役員に地主が混在するとしないとに拘わらず、農業経営の利益増進のために、価格問題を取り扱わざるを得ない。ここに、農会特殊の立場が存する。私の考えでは農会の経営者が自作者、小作者のみになり、帝国農会もかゝる人たちによって組織されたならば、一層強烈に農産物価格維持の運動を起こすであろうと想像される。昨年、第五一議会に提出された関税定率法改正案に対し、農会関係者は最後まで奮闘して遂に政府案を修正し、小麦、小麦粉、鶏卵等の関税率を増加した。小麦や鶏卵等の輸入税率増加はほとんど全部自作者、小作者、即ち経営者に帰属するのであって地主の利益になる問題ではない。それでも世間は農会が地主のお先棒となって関税増加の運動をすると攻撃した。私は当時いくつも駁論を書いたが、世間の皮相偏見の少なからざるを遺憾とする。

第二の農家の負担軽減運動も地主的色彩を濃厚たらしめた。しかし、農会の運動は、農業者の公課負担が他の職業者よりも所得に比して過重であるから、国民の負担の均衡がとれるように改正せよ、というものである。ところで、小作者は直接に地税の負担者ではないから減税運動に利害関係が薄いようであるが、しかし、土地の諸負担は総て小作料に含まれているのだから、土地の負担の軽重は小作者の負担の軽重となる関係である。故に、土地の負担が軽くなれば小作料軽減の理由となり、それに対し土地負担が増加すれば小作料増加の理由となる。農家の負担が重いのは土地を通じての場合が多いのだから、負担の軽減と小作者とは利害の無関係なものではない。故に、小作者が小作料軽減を合法的に要求、運動するならば、農家の負担軽減運動を地主の利益擁護だ、小作者とは無関係だなどと言わずに共に運動に参加するのが、賢明なやり方であると思う。又、農家の負担の重いのは土地だけでなく、住宅や納屋の建物の坪数の多いこともその一因となっている。農家の建物の坪数の多いのは資力の多いためや贅沢な生活のためではないが、税法はそんな斟酌をしない。故に小作者にしても他の職業者に比すれば税金の負担は重いのだから、運動に参加すべき理由がある。

以上、農会の運動中、第三者が地主機関化していると誤認する、地主的色彩濃厚といわれる問題すらも、仔細に検討すれば、以上の如きものであって、生産物の価格維持運動や農家負担軽減運動は、農民全体として止むに止まれず、なさねばならぬ仕事であって、幹部がたとえ全部経営者に代わっても、現在の農会の業務を根底から改廃されることはなく、むしろ、一層経営者の利益になるようにされるであろう。

ところで、今ひとつ、農会を地主機関化と誤認する大きな問題がある。それは小作問題に対する農会の態度についてである。それは次号で所見を述べよう(14)」。

四月一四日、温は午前九時東京発特別急行にて、福岡県に講演等のため出張の途につき、翌一五日午前一一時三〇分博多に着し、広吉政雄（福岡県農会幹事）、米倉茂俊（同県農会技師）に迎えられ、相伴って西公園前にて開催の市主催の博覧会を参観し、この日は栄屋に投宿した。一六日、温は午前七時宿を出て、広吉、米倉と共に電車にて久留米に行き、さらに乗合自動車で三潴郡大川町に行き、同町公会堂にて　午前一〇時から午後三時まで、各町村農会役員総代三〇〇余名に対し、講演を行なった。終わって、三又村道海寺の共同経営を視察し、八女郡福島町に行き、高橋旅館に投宿した。一七日は午前九時八女郡福島町の公会堂に行き、一〇時より四時間余、各町村農会総代約四〇〇余名に対し、講演を行なった。同郡では小屋村その他の町村農会に郡農会廃止論があり、温が郡農会必要論を論じたため、郡農会長らは頗る満足の様子であった。終わって、小型自動車にて浮羽郡田主丸町に行き、棉屋旅館に投宿した。一八日、温は浮羽郡江南村中学校に行き、午前一〇時より午後三時まで、各町村農会総代三五〇余名に対し、講演を行なった。終わって、自動車にて久留米に出て、さらに汽車にて小倉に行き、博多にて大森武雄（福岡県農会副会長）も同乗し、午後七時四〇分小倉に着し、梅屋旅館に投宿した。一九日午前七時三〇分小倉を出て、日豊線にて築上郡宇島に行き、同公会堂にて、午前一〇時より午後三時まで、来会の三五〇余名に対し、講演を行なった。終わって、京都郡行橋町に行き、梅ノ屋旅館に投宿した。

なお、温が福岡県の各郡に講演に回っている時、中央経済界において、三月一四日の片岡蔵相の失言に始まった金融恐慌がさらに拡大し、また、政界も大変動した。四月五日に新興商社の鈴木商店がその放漫経営のために破綻し、それに伴ない、同商社に多額の融資をしていた台湾銀行が危機に陥ったため、若槻内閣は一四日、台湾銀行救済のために緊急勅令案（政府は二億円を限度として日銀に貸し出させしめ、政府において損失を補償するという緊急勅令案）を出したが、一七日枢密院がそれを拒否したため（平沼騏一郎ら右派が若槻内閣の幣原外交に反対していた）、若槻内閣が総辞職するという政局となった。その結果、一八日には万策つきた台湾銀行が休業し、それを契機に全国の銀行に取り付け騒ぎが拡大した。

そして、温が宇ノ島、行橋に居た四月一九日、組閣の大命は田中義一政友会総裁に降下し、憲政会から政友会への政権交代となった。この日の日記に「組閣ノ大命田中政友会総裁ニ降ル。政界ノ変転測ルヘカラス」とある。そして、翌二〇日田中政友会内閣が成立し、蔵相には高橋是清が、農相には山本悌二郎が就任している。温は二〇日の日記の欄外に金融恐慌拡大の記事を載せている。「第十五銀行十八、十九日大阪、京都方面ニテ猛烈ナル取付ニ逢ヒ、本日三週間ノ休業ヲ発表ス。是ヨリ財界恐慌状態ヲ呈ス」。

四月二〇日、温は金融恐慌のさなか、政権交代のさなか、福岡県で講演を続けていた。この日、京都郡行橋町の公会堂にて、午前一〇時より約四時間にわたり、来会者八〇〇余名に対し、講演を行なった。五郡中最も盛況であった。終わって、午後三時二〇分発にて門司に向かい、門司販売斡旋所にて休憩の後、下関に行き、午後一一時五〇分下関発にて松山への帰郷の途についた。翌二一日、温は午前六時広島に着き、八時半宇品発の船に乗り、高浜に向かい、正午高浜に着し、県農会に行き、愛媛県農事大会、関西農会役職員協議会等の打ち合わせを行ない、帰宅した。なお、この日、二一日には金融恐慌がもっとも激化した。宮内省の金庫として華族銀行の名のある第十五銀行の休業が発表され、一般民衆は極度の不安に襲われ、東京、大阪、神戸、京都など全国で銀行取付騒ぎが起きた。[15]そのために、二二日、枢密院が金銭債務支払い延期の緊急勅令公布の件（三週間のモラトリアム）を可決し、即日実施され、また、全国の銀行が一斉休業（〜二三日）を決めている。

四月二三日、温は銀行休業のさなか、地元愛媛にいた。温は二三、二四日の両日、北予中学校にて開催の第二六回愛媛県農事大会に出席した。二三日は午前は前回の報告があり、午後、議事に入り、各農会からの提出問題を議論し、温が農会の組織について質問に答えた。閉会後、高松・松山間鉄道開通を記念して城北練兵場で開催されている松山市主催の「国鉄開通記念全国産業博覧会」（四月一〇日〜）を博覧会接待部長の白石大蔵（元、素鵞村長、元、県会議員、県農会評議員等歴任）の案内で見学した。二四日も温は農事大会に出席した。この日午前九時より来会の矢作栄蔵帝農会長が「農村問題について」と題して農業経営、小作問題について二時間余り講演している。[16]講演後、委員会の決議が報告され、そのまま決議となっている。閉会後、温は矢作会長、門田晋、多田隆らと松山城に登り、また、博覧会を参観し、帰宅した。

四月二五日から三日間、愛媛県農会主催の関西二府一七県農会役職員協議会が愛媛県農会事務所にて開催され、矢作会長はじめ四〇余名が会合し、温も出席した。一日目（二五日）は各県農会からの提出問題を協議し、夜は六時より梅ノ舎にて宴会をした。二日目（二六日）も同協議会が続き、午後三時終わり、一同は余土村の視察をし、温は堀尾茂助（愛知県農会長）を産業博覧会に案内した。午後六時からは松山市長・御手洗忠孝の招待会があり、出席した。三日目（二七日）も午前同協議会があり、出席し、正午に一切の議事を終了した。[17]温は帰宅し、石井小学校にて石井村農会の新総代を集め懇談会を開き、温が農会の精神について二時間ほど講話した。

四月二八日、温は東京で活動するために、午前一〇時石井発にて上京の途につき、一一時五〇分高浜を出発、尾道に向かい、午後三時四〇分尾道発の急行に乗り、東上し、翌二九日午前一〇時東京に着した。三〇日、帝農に出勤し、道府県農会役職員協議会の準備等を行なった。

五月も温は帝農の業務を種々行ない、講演も行ない、原稿もよく書いた。一日は自分の著書『農業経営と農政』の起草を始めた。また、午後五時半からは東京会館にて田中新内閣の陸軍大臣に就任した白川義則（松山市出身）大臣就任の祝賀会に出席した。この会には同郷の勝田主計、山下亀三郎ら一三三名が出席し、盛況であった。

五月二日から四日までの三日間、帝農は事務所にて道府県農会役職員協議会を開催した。全国から会長・副会長・幹事・技師ら八〇余名が集まった。農林省から小平農政課長、渡邊侶治技師らが臨席した。協議事項は「現下の情勢に鑑み各級農会の発展活動を図る方策に関する件」で、一日目（二日）午前九時半開会し、安藤副会長の開会挨拶の後、矢作会長が議長席につき、議事に入り、各幹事の報告の後、協議に入り、福田幹事が協議事項の提案説明を行ない、主として郡農会問題について午後四時半まで協議した。(18) 二日目（三日）も温は道府県農会役職員協議会に出席し、午前中にて意見の陳述を終わり、協議事項を三つの委員会に分かち、審議することにし、午後からは委員会に移った。温は第二の「農業に関する各種産業団体、事業の連絡に関する件」「部落農業組合並に系統農会の活動上行政官庁との連絡提携に関する事項」の委員会に出席した。三日目（四日）も午前協議会が続き、午後は各委員会の報告が行なわれた。温は午前同委員会に出席し、前夜作成した委員会の決議案を委員長に渡した後、金融恐慌対策のための第五三回帝国議会（臨時議会）開院式のために退出した。協議会は午後四時半終わり、夜は中央亭にて出席者一同の晩餐会を開催した。協議会の委員会の決議は、帝国農会にて次のように整理起草された。第一「郡市町村農会の活動に関する事項」、第二「部落農業組合に関する事項」、第三「農業に関する各種産業団体の連絡統一に関する事項」、第四「部落農業組合並に系統農会の活動上行政官庁との連絡提携に関する事項」、第五「農会法改正に関する事項」であった[19]。

なお、道府県農会協議会開催中、中央政界で、田中政友会内閣に対抗して、野党の憲政会と政友本党とが合同し、新党倶楽部を結成した。五月二日の日記に「新党組織ニ付、政友本党大動揺、松田、元田、川原ノ諸元老以下三十余名脱会セル由新聞ノ報道アリ。国民党亡ヒ、本党亡フ。小党ノ維持難シ」とあり、本党の長老が動揺している記事がある。しかし、翌三日、憲政会と政友本党の大半が新党倶楽部（後の民政党）を結成し、議会で二三二名の多数を占めた[20]。

五月四日午前一〇時、田中内閣下の第五三回帝国議会（金融恐慌対策の臨時議会）の開院式があり、出席した。天皇陛下（昭和天皇）が臨席し、温は感激の余り、思わず涙を流している。この日の日記に「十時登院、第五十三議会開院式ニ出席ス。十一年目天皇陛下御臨幸。十一時開会。陛下勅語ヲ賜フ。御声朗々トシテ力アリ。殊ニ各員ニ告クノ告クト協賛ノ任ヲ竭サンコトヲ望ムノ望ムノ語尾ノ明晰ニテ力強キニ、思ハス難有涙ヲ落ス」とある。五日午前一〇時から本会議が始った。この日、田中首相が臨時議会開会の趣旨を説明し、高橋是清大蔵大臣が「日本銀行特別融通及損失補償法案」「台湾の金融機関に対する資金融通に関する法律案」「昭和二年勅令第九十六号（金銭債務の支払延期等に関する件）承諾を求むる件」を説明し、質問に入った。野党側の小川郷太郎（元政友本党、新党倶楽部）、山田道兄（元憲政会、新党倶楽部）、岩切重雄（元政友本党、新党倶楽部）、武藤山治（実業同志会）らが質問に立ち、政友会の金融恐慌対策を攻撃した。すなわち、政友会が在野党時代に前若槻内閣の台湾銀行救済の緊急勅令に反対し、枢密院が四月一八日に緊急勅令を否決し、そのために台湾銀行が休業となり、それが契機となり、金融恐慌が拡大し、全国に取付け騒ぎを拡大させたこと、また、政友会内閣は四月二〇日に成立しているのに、なぜすぐに金融恐慌対策を採らなかったのか、さらに、今回の法案で国民に七億円の負担が来る、暴挙でないか、等々非難した。そして、午後五時委員会付託となった。それより、政府の施政方針に対する質問に移り、野党の斎藤隆夫（元憲政会、新党倶楽部）、永井柳太郎（同）らが質問に立ち、政友会の腐敗ぶり（松島遊郭移転をめぐり、多額の金員を詐取し、政友会の選挙費用に支出した問題）、また、政友会の対中国、対ロシア外交政策（中国への干渉主義、共産党敵視政策）の誤りを糾弾するなどした。六日も本会議が続行し、新正倶楽部の湯浅凡平、新党倶楽部の横山勝太郎（元憲政会）らが質問戦に立ち、軍縮論の立場から政友会の軍拡を、また、田中首相の身辺にかかわる疑惑、陸軍機密費問題等を取り上げ、田中首相を追及した。(21) 温は、この日、「日本銀行特別融通及損失補償法案」の委員会を傍聴し、七日も同委員会を傍聴した。委員会で台湾銀行の本店が営業、内地及び海外が休業となっている事態に、法律上休業銀行とするか、開業銀行とするかで政府側が答弁に窮していた。八日、臨時議会の最終日である。まず、「昭和二年勅令第九十六号（金銭債務の支払延期等に関する件）承諾を求むる件」について、田中隆三（新党倶楽部、元政友本党）が委員会報告を行ない、採決に付され、賛成多数で可決された。ついで、「日本銀行特別融通及損失補償法案」「台湾の金融機関に対する資金融通に関する法律案」について、町田忠治委員長（新党倶楽部、元、憲政会）が委員会報告を行ない、そこで、修正案、また四カ条の希望条項が可決された旨報告された。温は、本会議で質問に立ち、「日本銀行特別融通及損失補償法案」の委員会修正案の希望条項の四番目の「信用組合中員外預金は其の制度並機能に於て貯蓄銀行と同一視すべきものなるにより産業組合中央金庫をして特別融通の途を開く為政府に於て機宜の処置をとること」に関し、その理由を質問をしたが、要領を得なかった。討議の結果、同法案は多数にて可決された。(22) 九日、閉院式があった。温は閉院式には出席せず、官邸での昼餐会に出席した。後、午後三時から帝農会長、副会長及び政友会の長田桃蔵、山内範造、八田宗吉らと農会の発展策について協議し、先日の道府県農会役職員協議会にて決議したる郡町村農会への補助金三〇〇万円の件を依頼した。

五月一〇日、温は農業経営調査要項の原稿を検閲し、印刷に回し、一一日は農業経営調査集計の研究、また、参事以上と『帝国農会時報』（隔月刊）の編集の協議、一二日は『帝国農会報』の原稿「農会改造論（中）――小作問題に対する農会の立場――」の執筆を行ない、一三日も同原稿を執筆し、また、午後幹事会を開き、郡農会補助の件について協議した。一四日も同原稿を執筆し、一六日に同原稿を書き上げ、石井牧夫に渡した。「農会改造論（中）」の大要は次の如くで、農会が小作争議に対応するのが頗る困難な原因は、会員に不耕作地主がいるためではなく、公正なる小作料論がまだ確立していないこと、また、専任技術員が置かれていない町村農会が半数に達し、半身不随に陥っているが、それを打開するためには基礎区域を拡大していくのがよい、との主張であった。

「小作争議に対する農会の立場は頗る困難である。第三者は農会の立場を忖度し、農会員の過半は小作者で、地主は少数である。小作者は農業経営者で経済上の弱者であるが、地主は不労所得の収得者で経済上の強者である。故に小作問題の如く両者の利害衝突の場合は、弱き多数の会員に同情し双方の間に折衝してある程度まで地主を抑制譲歩せしむるのが農会の進むべき正道でないか。然るに農会は小作争議の解決に積極的行動を取るでもなし、立場も鮮明にせず、殆んど傍観的態度を取ることは不思議千万である。それは農会の役員議員に地主階級が多いためであろう、などと観測し、不耕作地主などは会員としない方がかゝる拘束を受けず、農会の行動が自由となり、農業経営者の福利増進を図るに都合がよいとの議論も生れている。

私は一応も二応も以上の如き事情のあることを承知している。しかし、現在の小作問題はかく観察することの正鵠を得ざるほどに複雑となった。

農会は会員組織であるから、会員が利害の衝突によって二つにわかれて争うことになれば、農会全部が争議の当事者となり、争議の集団となる。故に調停しようにも折衝しようにもこれに当たるものがないことになる。と言えば、会員には多数の自作者が居るでないか、また、幹事や技師等の職員が居るでないかとの反論が起きる。勿論これらの中間者が斡旋仲裁の余地がある間は内部で相当の尽力しようが、これらの人々の歯も立たないような争議も勃発する。何故、自作や職員では歯に立たぬようになるかといえば、小作問題となれば、自作兼地主は地主側に参加し、自作兼小作は小作側に参加し、自作者は甚だ少数となる。そして、自作者は農業経営の堪能者であるが、小作争議の正面に小作者を説得、また、地主を抑制し難関を解決する適任者ではない。自作者は双方に加担せず、厳正中立を守ってくれれば関の山であるが、小作側の強要により心ならずもこれに加担し、争議を一層紛糾せしむるが如き事実が少なくない。

以上、地主と小作は争議の当事者であり、自作者も前記の如くである。そしてその外に農会はない。強いてあると言えば会員にあらざる幹事・技師等の職員が居る。これら職員が正当と信じる方針を立案し、農会の意志を示し、針路を指示することは出来ないことはない。しかし、職員が争議の解決案、指導案を立案作成せんとするには確然たる指導原理がなければならない。わが国の小作争議は未だ共産制度と私有制度との争いまでは進んでおらず、争議の中心は小作料問題である。そして、農業経営学上未だ公正なる小作料算定の基礎的理論が決定されていないのである。去る大正一三年の那須博士が発表された公正なる小作料論も、公正なる小作料算出の一方法としての考案であって農業経済上の確定理論とまでは完成していないのである。この争議の中心たる小作料問題に対し、理論上地主も小作人も異議を唱える余地のない権威ある裁定案を作成することが不可能である以上、農会の職員がいくら討議を重ねても纏まらない。

以上の如く、小作問題に対する農会の態度とか方針を決定せんとするも、その形式も方法もない訳である。私は農会の古参者を以て自ら任ずる。そのものが以上の如き説をなすは自己の責任を回避するように解せらるゝかも知れぬ。しかし、私は小作問題をもって農会の職員の朝飯前の仕事のように軽く考えはしない。努めて対策に思いをめぐらし、研究しているが、ただ事実を説明して、争議の塊である農会自体には解決能力は多くない。これは政府も同様である。政府、農林省にも小作料問題でも争議対策でも確定的なものはない。

農会の立場が以上のごときものになる原因は、不耕作地主が混在する為ではない。その淵源を探求すれば団体的に統制し得る指導原理が確立していないことにあると思う。故に地主全部を農会から除外し小作者のみの農会にしたところでさらさら解決しないだろう。のみならず、事によると農会が農民組合のごときものになって、いっそう小作問題を紛糾せしめるかも知れぬ。

以上で私の不耕作地主抱擁主義、ならびにこれによって農会が地主機関化するものでないという説明がわかるであろう。要するに、農業経営を有利に展開し、農業の繁栄を図るには、地主も自作も小作も渾然一体となり、争うべきことは争い、譲るべき時は譲り、相倚り相扶け、農業関係者全体の団体として行動することが極めて必要である。そして不耕作地主を抱擁するも会員の多数は自小作者であるから、経営者の福利増進に向って活動すれば、小作者の向上になる。故に会員の取捨に農会を改造することはない。

次に研究を要するは基礎農会（町村農会）の区域の問題である。目下、郡農会廃止問題がやかましいが、これは多く農会業務の経験に乏しい人、農村振興の具体案を持たない人々の議論で当たらない。農村の真相を観察し、農村振興を熟慮するものであったならば、第一に町村農会について種々考えさせられる。そして基礎農会について最も研究を要するは区域の問題である。産業の奨励機関としてその区域が三〇〇戸でも一〇〇〇戸でも同じ型で経営することは困難である。町村農会技術者設置の成績を材料にして考察しよう。技術者が周到な指導をし、確実な成績をあげるには区域の狭い方が行き届き徹底するが、その代わりに経費が増大する。現在市町村農会一万一五九〇中、専任技術者を設置しているのが四七六〇余で、半数は設置していない。基礎農会の区域を耕地や会員の大小に拘わらず現在のまゝとすれば全国的には約半数の町村農会が何時までたっても眠りこんで動かず、半身不随病なる。農会廃止論も出てくる。私はあらゆる対策のうち、基礎農会の区域を拡大することが根本的治療方法であると信じる。区域さえ拡大できれば、人のないところへ人も出来る。以上がわたしの町村農会改造に関する意見である(23)」。

五月一八日は米生産費調査資料の整理を行ない、また、『帝国農会時報』第二号の原稿「九億七〇〇万円」を起草した。一九日も同原稿の執筆などした。二〇日も同原稿を執筆し、また午後二時より帝農幹事会を開催、農林省補助問題につき協議した。二一日も同原稿を執筆した。

五月二二日、温は午後七時半東京発にて、奈良県矢田村調査及び農会調査のために出張の途につき、翌二三日午前八時京都につき、奈良をへて郡山に行き、生駒郡農会に立ち寄り、県農会の大宅農夫太郎（奈良県農会技師兼幹事）、菊田楢伊（同県農会技師）、堀田清右衛門（生駒郡農会技師）らと打ち合わせ、すぐに、生駒郡矢田村の役場に行った。しかし、役場では何一つ集計をしておらず、温が集計様式を作成し、菊田、堀田らとともに集計作業をし、郡山の四海亭に投宿した。二四日は矢田村の農業経営の現況調査のために、精農家を集め、聴き取り調査を行なった。二五日は奈良県農会の動静調査のために大宅技師、県の海老瀬周一技師から四海亭にて現状の説明を受けた。また、矢田村の調査の記述、作表等をした。二六日も矢田村役場に行き、調査を行ない、午後五時三〇分郡山発にて、帰京の途についた。翌二七日午前八時半東京に着し、帰宅し、午後帝農に出勤し、正副会長出席の下、幹事会を開き、当面の業務を協議した。

五月三〇日は『帝国農会時報』第二号の原稿「九億七〇〇万円」を執筆、草了し、石井牧夫に渡した。それは次の如くで、眼玉の飛び出るような資本家擁護の政策を糾弾するものであった。

「真面目な国民は、物質文明の進歩とは正反対に、年を逐うて租税諸負担は増し、生活の困難になって行くことに苦労して居る処へ、本年三月より五月迄、僅か二ケ月余りの間に突如として、思いも寄らぬ、而して十分に理由の分からぬ九億七百万円という、眼玉の飛び出る様な巨額の負担の義務が新たに加重された。去る三月三日第五十二議会で決議になった、震災手形損失補償公債法案による一億円、震災手形善後処理法案による一億七百万円、都合二億七百万円、それから去る五月八日、第五十三（臨時）議会にて決議された日本銀行特別融通及損失補償法案による五億円、台湾金融機関に対する資金融通に関する法律案による二億円、都合七億円、総計九億七百万円が、二回の議会に於いてその負担の義務が国民に転嫁された。尤もこれは直ちに国民が頭割りに出さねばならぬというものではない。国家が日本銀行に保証を与へ、日本銀行をして一時立て替へさせるようなもので、今後十ケ年間に借り主が元利揃へて返済さへすれば国民の負担とはならない。殊に日本銀行特別融通及損失補償法案による五億円は、預金者の取付のために応急支払いのできない銀行へ貸出すというのであるから、預金者の取付さへなければ、準備だけですむかも知れぬ性質のものであるが、他の四億七百万円は果して無事に回収出来るかどうかは不確実なものである。何れにしても、借主が返済し得なかったならば国民がこれを負担すると言う法律が出来たのであるから、国民は政府当局のやり方如何によっては、九億七百万円の負担を背負うものとの覚悟を持って居なければならぬ。

問題の起こりは、大正四、五年以来の戦時の好景気に、山師的実業家が放漫に事業を経営し、一時は成金となって威張り散らしたけれど、大正九年の反動的激変に九天より奈落に落ちたる打撃と、大正十二年九月一日関東の大震災による打撃とによる、事業家の借金の跡始末である。而して前者はもちろんのこと、後者といへども、国家的損害の外は国民の預り知る処ではない。儲けるときは黙って勝手に儲け、損失したときはこれを国民に分担させるなどは、普通ではあり得べからざることであるが、現代の経済組織を通じ、極端なる資本家擁護の歴代政府の伝統的政策の行き掛かりでは、国家の名によって処理せざるべからざるような場面となって来るのである。

目前に取付け騒ぎ、財界の混乱、預金者の悲鳴、人心の不安等の光景を見ては、社会公安の維持のため洵に止むを得ざる応急施設であるが、冷静に、理智的に、よって来る原因を考へ、其救済は誰れの為に誰れがなすかを静思するとき、吾々は多大の不快を感じる。

如何なる点に不快を感ずるかといえば、大きな商工業家又は資本家に関係のある問題は、公平に考えたならば不合理千万な事でも、国家のため、社会公安のためというような形式となって、国民総掛りで、耕地の地上げをするようなことが雑作なく行われるが、一たび農村関係の問題となると、国家百年の大計上極めて重要なる性質の問題でも、なかなか容易に運ばない。事業家、資本家のために九億七百万円の補償を覚悟する位の意気込みで自作農創設でも行へば、重大なる小作問題の如きも一挙にして解決される。然るに農村振興といっても、二百万か三百万円の僅かの金を振りまいて、小供に飴をなめさすようなことをする施政の根本観念に対し、不快を禁じ得ないのである。農村の金融に対しても、手を下せば必要なことは幾らでもある。現に農家は概算二十億円内外の、比較的高利の負債に苦しんで居る。自作農階級の倒れるものは、これに原因するものが多い。有利の事業を起こそうにも資金がなくて困って居るのであるから、農村のものは都会の事業家の失敗の始末の手伝いなどをして居る余裕はないのである。国民の信用を抵当に貸し、国家が保証して負債の整理をするとせば、農村には起死回生の大事業がある。現今の世相、村の人はこれを何と観る(24)」。

六月も温は帝農の業務を種々行ない、郡農会補助要求問題等に取り組み、また、原稿もよく書いた。一日は午前『帝国農会時報』第二号の原稿「農会発達過程の悩み」を執筆した。その大要は、中央、地方の官庁の民設機関である農会への指導方針が不明瞭なこと、同じ農業経営の内にある耕種、養蚕、養畜等の官庁の指導機関が分立していること、町村農会の区域が狭小であることなどが、農会発達道程上の悩みである、というものであった(25)。また、この日、『帝国農会報』第一七巻第八号掲載の「大正十四年度の米生産費調査資料」の説明も執筆し、午後は新正倶楽部の昼餐会に出席した。なお、この日、田中政友会内閣に対抗すべく、野党の憲政会と政友本党が合同し、民政党の結党式（総裁浜口雄幸）がなされている。三日も「米生産費調査資料」の原稿執筆を行ない、午後三時からは玉川水光亭にて開催の松山会（白川陸軍大臣歓迎会）に出席した。四日も同原稿を執筆した。五日は終日土地国有論批判の原稿を執筆、六〜八日も「米生産費調査資料」「産業組合中央金庫の機能について」などの原稿を執筆した。また、八日の午後六時より東京会館にて帝国農会長・副会長主催の農林大臣招待会を開催し、山本悌二郎農相、阿部寿準次官、砂田重政参与官、石黒忠篤蚕糸局長、松村真一郎農務局長らを招待した。

六月九〜一〇日の両日、帝国農会は昭和二年度全国販売斡旋所主任者協議会を帝農事務所にて開催した。東京、横浜、大阪、神戸、門司、札幌の各販売斡旋所の主任らと帝農幹事、参事、また農林省の渡邊侶治技師らが出席し、各販売所提出の協議事項（横浜販売斡旋所の「各斡旋所を全国的に統一する件」等）を協議し、決議した。(26) また、一〇日は「大正一四年度米生産費調査資料」の原稿を草了し、一二日に内部の職員に巡覧し、訂正した。一二日は終日「食糧問題と農業経営」の原稿執筆、一三〜一四日は「大正一四年度米生産費調査資料」の原稿整理を行ない、また、午後帝農にて正副会長出席の下、帝農幹事会を開き、農林省への郡農会補助要求問題を協議した。しかし、矢作会長は弱腰であった。この日の日記に「会長ハ例ニヨッテ弱腰ナリ」とある。一五日は「大正一四年度米生産費調査資料」の原稿整理を終え、印刷に付し、『帝国農会報』第一七巻第八号に掲載された。(27) 一六日、郷里の愛媛で、愛媛県農会臨時総会が開かれ、役員の改選がなされ、会長は門田晋（政友会）が再選、副会長は大野助直（上浮穴郡田渡村、地主、県議、政友会）に代わり、日野松太郎（周桑郡吉井村長、郡農会長、五十町歩大地主、元県議、政友会）が就任している。(28) なお、温のこの日の日記では、副会長に西村兵太郎（喜多郡長浜町長。県議、民政党）を予想していたが、またまた政友会が独占している。一七日は正副会長と帝農幹事会を開き、農林省への要求について協議し、郡農会補助二〇〇万円を引っ込め、五五万八〇〇〇円とすることを決定し、温が明日砂田重政農林参与官を訪問することにした。一八日、温は農林省を訪問し、砂田参与官、小平権一農政課長代理、渡邊侃治技師に面会し、郡農会援護のために、指導農場設置費として一郡一〇〇〇円づつ、五五万八〇〇〇円の補助を要望した。

六月一九日、温は終日『帝国農会報』第一七巻第七号の原稿「農会改造論（下）——養蚕奨励の問題が改造の中心——」を草した。その大要は次の如くで、試験研究機関の分立指導を批判するものであった。

「農会改造問題と密接に関係あるのは、今後の養蚕業を如何なる方針、如何なる機関により奨励するか、という問題である。養蚕は米と並んで我国農業経営の中心要素をなし、輸出貿易の主位を占める大生産物であるから、その経営を堅実にし、万一にも悲境を来たすことなきよう努めなければならない。ところが、昨今の如く生糸価格が下がると、結局繭価の下落となって農家の収入減となる。その対策として、農業経営の改善により全体の生産費を軽減し、営利的経営主義を持久的経営主義に改めて、価格の下落に耐えうるような養蚕法を行なう外ない。それには従来の如く唯一の国産輸出品だのといった国家経済的観察を基礎とした物本位の考えで計画した指導では駄目で、農家の私経済に立脚した農業経営、即ち、米麦養蚕養畜等を巧に組み合わせた総合経営により観察し、計画した指導でなければならない。

ところで、今日までのように、米は米、養蚕は養蚕と各専門家が勝手に分割して別々の機関で奨励することは、農家の業態に適合せず、無益の労力経費の徒費される奨励法である。一例を挙げれば、各府県とも農事試験場と蚕業試験場とは必ず別の場所に設置されている。しかし、この考え方は農事試験場では農業経営ということは念頭に置く必要はないという見解から出て居るにあらずやと思う。然らずして、農業経営を基礎として試験研究するのであれば、普通農業と蚕業の試験場が分立して居ることは双方ともに不具的ならしめる欠陥を生じ、不便不経済の甚だしいものである。農業経営を基礎として試験を計画するならば両試験場が同一場内にあって何等の不都合のないのみならず、多大の便利があろう。要するに農、蚕試験場分立の第一の欠陥は試験場の経営が農家の実際の経営と合致しないことである。また、近年各試験場には多数の見習生が修業している。この人々は他日農家の指導者になるか、篤農家になる青年である。農事試験場の見習生は養蚕のことを習得することなく、蚕業試験場の見習生は米麦種芸のことを習得する機会がない。故にいずれも部分的農業経営は習得するが、全体の農業経営を体験することは出来ない。技術の一部は覚えるが、経営の基本的知識が出来ない。もし、農事試験場が、農家の経営の如く、米麦も養蚕も牛馬も蔬菜も一切の経営をやっておれば、日々の業務は専門的に分担していても、種々の機会に農業経営の総合的知識が培養される。国家の農事試験場なれば、農家の現状より遠く離れてはるか先の研究をしてもよいが、地方の試験場は農家の実情と余り離れては試験の価値を低下する。

試験研究機関の分立していることは、農会の如く農業経営の全体を抱擁する機関にとって経営上多大の支障となる。農会の改造の研究に当たって、穀作、養蚕、畜産、園芸等につき、各別に機関を組織して指導奨励を行なうか、或いは奨励的業務は全部包括して一機関の下に統制し、農業経営より観察して、指導奨励を行なうかが根本問題である。前者を可とすれば農会の如き総括的機関は必要なしとの結論に達し、後者を可とすれば、統括法を考えなければならない。一部の議論として、生産に関することは各分科機関に担当せしめ、農会は専ら農政方面を担当し、農民の意思代表機関として活動すればよいとの意見もあるが、私は根本に於いて、指導機関が各専門に分れ、思い思いに指導することは不都合であると信じる。且つ、生産販売等に立脚しない農政運動は実際を離れたる空論に陥りやすく、且つ全国的に上から下へ常設的必要のないものであると思う。私の理想は、同系統の機関で下級のものは主として生産販売の奨励斡旋の方面を担当し、上級のものはその生産販売等に関連して起こりうる農政問題、社会問題を担当するのが最良の指導方法だと思う。

農会法より見たる農会は、農業に関する一切を世話することになっているが、事実上それが出来ない事情となったことが農会不振の主因をなしている。故に農会改造問題は内部の改造や農会法の改正などは枝葉の問題で、それより、農会が農業界における立場に関する、他の諸団体との関係の問題が重大である。この病根の治療が出来なければ農会の改造は意義をなさない。

農会の組織について種々意見がある。府県農会以下の下級農会の廃止、郡農会の廃止、町村農会の合併、自由任意主義等の議論がある。私は農会を商業会議所の如くすることに反対であり、自由任意の組合とすることにも反対である。目下、郡農会の問題が農会改造の目標となっているが、郡農会廃止に反対である。それは郡農会は永久不変であるべしとの意味ではないが、今日これを廃止すれば、多年心血を注いで築き上げた系統農会の崩壊の端を開かんことを恐れるからである。何故、さ程反対するかといえば、郡農会廃止論には誠意ある農会改造論を持っていないからである。単に郡役所が廃止されたからとか、郡農会が活動していないからとか、町村農会の負担が重いからという位の程度である。もし、町村農会の改造を基礎とした対案が提起されれば、郡農会廃止問題も実際問題となる。しかし今は動機の面で面白くない単純な廃止解散論であって、誠意ある改造の対案でないから心配である(29)」。

六月二〇日、帝農は午後六時より評議員会を開催し、矢作会長、安藤副会長及び桑田熊蔵、岡本英太郎、三輪市太郎、加賀山辰四郎らが出席し、農林省への郡農会補助の要望五五万八〇〇〇円を協議した。二一日は矢作会長出席の下、帝農幹事会を開き、郡農会補助問題の協議を行なった。二二日は郡農会特別補助計画の事業案の作成を行なった。二三日は農林省を訪問し、渡邊技師、竹山祐太郎農政課嘱託に郡農会特別補助計画の説明、打ち合わせをした。二四日は午後正副会長出席の下、帝農幹事会を開き、郡農会補助問題を協議した。二五日は郡農会補助計画書の手入れ、繭生産費調査様式の研究等を行なった。二七日は繭生産費調査様式の考案、土地私有と国有の原稿の手入れ等、二八日は繭生産費調査様式を決定した。二九日は午後農林省を訪問し、松村真一郎農務局長に郡農会補助につき、談判した。松村は非常に頑固であったが、二〇～三〇万円は出す模様であった。この日の日記に「松村局長ニ郡農会補助ニ付談ス。非常ニ頑固ナルモ、二、三十万円ハ出ス模様ナリ。若シモ会長、副会長ガ今少シ強腰ナリセバ五十五万八千円ヲ得ラレシニアラスヤト思ハル」とある。

六月三〇日、温は午前八時四〇分両国発にて千葉県に講演のため出張し、千葉市の赤十字社に行き、千葉郡農会主催の町村農会総代会に出席し、午後二時より四時過ぎまで講演した。夜は梅松別荘にて慰労会があり、梅松旅館に宿泊した。七月一日は午前七時二〇分発にて千葉市を出て、伊藤正平（千葉県農会技師）らとともに香取郡多古町に行き、同町繭市場にて香取郡南部一〇ケ町村の農会総代会に出席し、午前一一時より午後一時まで講演を行なった。終わって、伊藤らと匝瑳郡野田村に行き、小川市次郎の自作経営（五町歩、養鶏業）を視察し、八日市場町宇井忠旅館に投宿した。二日は午前八時八日市場を出て、印旛郡布鎌及び富里村に行き、養兎経営を視察し、午後六時成田発にて一〇時帰京した。

七月三日は終日在宅し、著書の農業経営の原稿を執筆したが、疲労のため進まなかった。四日は農業経営主任者協議会の準備を行なった。

七月五日より七日までの三日間、帝国農会は事務所において第三回道府県農会農業経営主任者協議会を開催した。全国から技師、技手四七名が出席した。一日目（五日）午前九時半開会し、安藤広太郎副会長の挨拶、福田幹事より帝農事業方針の説明、温の農業経営審査会の経過報告、小林隆平参事の大正一三、一四年度農業経営調査成績が報告され、あと、温が農業経営設計書ならびに農産物生産費調査への注意等を行なった。二日目（六日）も午前九時に開会し、昨日の報告事項、注意事項への質疑応答がなされた。三日目（七日）も午前は委員会、午後は協議会を開き、「農業経営の改善指導に関し道府県農会のとるべき方策に関する決議」、および本事業の完璧を期するために農林省と帝国農会に対する希望事項（経費の増額、小作農業経営の改善指導、小農経営の改善指導、事業規模拡大等）を採択して、午後四時半閉会した。(30)

七月八日は午後正副会長出席の下、帝農幹事会を開き、本年度事業大節約の協議をした。不況下、帝農も財政厳しく、人員淘汰のために各部一人の解雇が提案されたが、温は反対した。この日の日記に「本年度事業大節約ヲ協議シ、各部一人解任ノ一項ニ反対シ、明日幹事ニテ協議スルコト、ス。右ニ対シテハ最後迄奮闘ノ決心ヲナス」とある。終わって午後五時より第一回農会事業改造研究委員会を開き、農林省の小平権一、渡邊侃治、永井治良らと意見の交換をなしている。九日、帝農幹事会を開き、人員淘汰の件を協議し、温も妥協したようだ。日記に「人員淘汰ノ件ヲ内部事務整理ノ結果トスルコトニシ、来ル二十三日其具体案作成ヲ約ス」とある。一〇日は『農政研究』の原稿「人口食糧問題」を執筆した。

七月一一日、温は娘の綾子とともに愛媛に帰郷した。なお、一一〜一五日は日記に記述がない。一六、一七日は終日在宅して、著書の農業経営の原稿を執筆している。一八日は出市し、知事官邸、久松別邸を訪問し、また、道後亀ノ井にて開催の三農会（県農会、温泉郡農会、松山市農会）の懇親会に出席した。

七月二〇日、温は東京で活動するために、午前八時石井発にて上京の途につき、九時松山発の汽車にて今治に行き、午後一時今治発の船にて尾道に行き、午後三時四〇分尾道発の急行にて東上した。今治・尾道の連絡は直航にて、高浜より便利であった。翌二一日午前一〇時三〇分東京に着し、帰宅した。二二日から温は帝農に出勤した。この日午後農会事業研究会を開催し、正副会長及び農林省の渡邊侃治、永井治良技師らが出席し、協議を行なった。二三日は帝国農政協会の理事会を開催し、松岡勝太郎（岐阜県農会副会長）、高井二郎（埼玉県農会技師兼幹事）、山崎時治郎（千葉県農会技師兼幹事）、麦生富郎（広島県農会幹事）、黄金井為造（福井県農会長）、菅野鉱次郎（帝国農会嘱託）らが出席し、今秋に行われる府県会議員選挙に関し、全国の農業者の政治的自覚を喚起するために、農政協会の主張、ポスターを市町村農会に送ることを決めた。二四日は終日在宅し、著書の農業経営の原稿（土地問題）を訂正している。二五日は松岡勝太郎、白石貞二（埼玉県農会技師）と共に農林大臣官邸を訪問し、東武農林政務次官、砂田重政農林参与官に面会し、農会補助金、自作農創設につき陳情した。二六日は農業経営指導専任職員設置に関する農林省補助申請書を作成した。二七日は東京深川正米市場の車恒吉が来会し、米価下落対策につき生産者の売り止めの外なしとの話があり、温もその意見に同意した。

七月二十七日、温は『帝国農会時報』第三号の原稿「府県会議員の改選」を執筆した。その大要は次の如くで、最初の普選において、農業、農村を理解する人を選出することを訴えるものであった。

「府県会議員の改選が九月に行なわれる。それは多年の要望であった普通選挙によって行なわれるのである。もし、運動の形式や選挙結果が格別従来と違わなかったならば選挙法改正の意義をなさないのみならず、我々の期待していた若い人々も相変わらず政治に無理解であり、選挙に無理解、無気力であったことを裏書することになる。

今や中央集権の弊は地方に延長し、府県においては県庁所在地を中心として都市に有利な政治が行なわれるようになって来た。すなわち、府県費の負担は農村に重く、文化的社会的施設等は農村に不利に分配され、ここに農村不振の種子が播かれる。それは制度の欠陥より来るものであるが、一面には議員といえば弁護士だの、商工業者だの、資本家気分の地主だの、とかく都市の謳歌者、もしくはこれと利害を同じくするものが多数選出され、県会議場を制するようになったことが主原因である。

国政と違って府県の行政は何といっても農村の繁栄に重きを置かなければならぬ。というのは、資本主義政策の下における大都市は周囲の農村とはほとんど没交渉に繁栄し発達するものであるが、小都市はそうはいかぬ。地方人をお客とする商工業の市町は徹頭徹尾農村の盛衰に支配される。米や繭が相当の作柄で相当の価格であれば必ず市町の景気が好い。これに反すれば市町はたちまち不景気となる。故に県会議員の選挙にあたって、農村を理解し、農業を理解し、農政上の見識を有し、そして都市の発展と調和均衡を保つように活動する人を選挙することは、農村の為だけでなく、都会の繁栄の為にも必要である。

要するに普通選挙になっても、なお従来のごとく、候補者の閲歴も地方行政に対する意見も審査せずして、因縁情実や何やらわからずにごまかされて投票するのであれば、農村はついに政治ゴロの踏み台になり終わるであろう。農村の有志に特別の配慮を希う[31]」。

七月二八日、温は道府県農会向けの米価下落対策通知文を作成し、また、増田幹事と農会内部部制の改正について協議した。二九日、温は矢作会長、安藤副会長、増田幹事と米価下落応急策について協議し、各道府県農会に自重して米の売り控えするよう注意書を出すことを決めた。また、温は安藤副会長と農会職員人事問題について協議した。それは、安藤副会長が自分の意中の人を採用せんとしていることを予想して、その防止のためであった。翌三〇日、温は米価下落対策について、道府県農会に通牒を出した。それは、各農家が自重の態度を持し、可及的売出しを控えて価格の回復を図るが最良の調節策であるというものであった[32]。また、この日、愛媛県の第二〇回県会議員選挙に関し、支持者の宮内長（伊予郡農会長、農友会、県議）、仙波茂三郎（温泉郡農友会長、川上村会議員、郡会議員等歴任）に立候補するや否や、石井信光にも県会議員の候補者の件について手紙を出している。三一日は終日在宅し、自分の著書の原稿の執筆等している。

八月も温は帝農の業務を種々行ない、また、地方に出張し、講演を行なった。また、原稿をよく書いた。一日は著書の原稿（農業組織）の執筆等を行ない、二日は『帝国農会時報』第三号の巻頭言「米価の下落」を書いた。その大要は、先般来米価の下落は聊か予想外であるが、財界不況、田植後の豊作予想、台湾、朝鮮米の投げ売り等が原因であり、農家としては自重の態度を持し可及的売出しを控え、価格の回復を図るが最良の策である、というものであった。三日は農業経営要項について経営の内面的研究をはじめた。四日も同経営要項の研究を行ない、午後は手術後の横井時敬先生を自宅に見舞ったが、先生は「大ニ衰弱」せられていた。五日～九日も農業経営要項の研究及び著書の原稿を執筆等した。一〇日は糸価下落に対する対策を執筆、一一日も農業経営要項の研究、また著書の原稿の執筆等を行ない、また、午後横井先生を見舞った。一二日は会長、副会長出席の下、温、高島幹事と自作農創設につき、銀行業者の反対に対する対策及び相続法改正（財産分割制）に対する対策を協議した。一三日は社会教育研究所の小尾晴敏氏を訪問し、愛媛県での講演を依頼した。一四日は終日著書の精読等を行なった。

八月一五日、温は午後一〇時飯田町発にて講演のため長野県、長崎県、大分県に出張の途につき、翌一六日午前五時五〇分長野県上伊那郡辰野町に着し、出迎えの木下谷蔵（上伊那郡農会幹事）とともに伊那電にて上伊那郡赤穂村に行き、福沢泰江村長の出迎えを受け、公民小学校を参観し、同校にて生徒に対し、農家経営について四〇分ほど講演し、午後は役場での養蚕研究会に出席し、約五〇分ほど農業組織について講演し、終わって伊那町に帰り、箕輪旅館に投宿した。一七日は午前中は著書の手入れ、午後は一時より上伊那郡農会にて、郡農会議員、町村農会技術員、役員等一〇〇余名に対し、農業経営を中心に約三時間ほど講演を行なった。一八日は午前六時五〇分発にて伊那町を出発し、午後三時半名古屋につき、四時五〇分発特急にて、長崎県に向かった。一九日午前八時半下関に着き、門司にわたり、一〇時門司発で長崎に行き、午後三時大村町に着し、新井隆寿（長崎県農会技手）、寺井康人（東彼杵郡農会長）らの出迎えを受け、山札旅館に投宿した。二〇日、温は大村町高等女学校講堂にて午前一〇時半から午後四時まで来会の三〇〇余名に対し、農会経営を中心に講演を行なった。当県でこのような講演会は珍しく、聴衆は「終始謹聴」であった。夜は開屋にて慰労会があり、芸妓も侍し、「大騒キ」をした。二一日は午前八時出て北松浦郡早岐町に行き、同町早岐劇場にて、午前一一時より午後四時まで来会の三六〇余名に対し、講演を行なった。「昨日ヨリ盛況」であった。終わって、奥島孝雄（長崎県農会技師兼幹事）らと武雄に行き、東京屋に投宿した。二二日は午前六時五〇分発にて別府に向かい、午後三時別府に着き、松屋に投宿した。二三日、別府の高等女学校に行き、帝国農会主催の地方講演会（大分県別府市にて開催、高等農事講習会八月一八日より二四日まで開催[33]）に出席し、温は午前八時より午後一時まで県内外三五〇余名に対し、農業経営について講義を行なった。なお、この日石井信光（愛媛県農会書記、石井村会議員）が門田晋（県農会長、政友会）の使いで突然別府に来て、温に用談があり（県会議員選挙での支援の件）、高浜経由で帰京してもらいたいとの伝言を受けた。二四日も温は午前八時より一一時半まで講義を行ない、終わって二九〇余名に対し高等農事講習会の修了証書を授与した。二五日は午前後、午後二時より同会場にて大分県農会の各級技術者大会があり、温も出席し、一場の所見を述べている。二五日は午前中著書の原稿を書き、町田寿（大分県農会技手）の見送りを受け、午後一時別府発の紫丸にて高浜経由で帰京の途についた。高浜で門田晋が乗り込み、今治まで用談した。内容は来る県会議員選挙につき、温ら農友会の支援を希望するとのことであった。この日の日記に「后七時高浜ニテ門田晋君乗リ込ミ今治マテ用談。石井君ノ使ニヨリ打合セタル事件。右ハ県会議員選挙ニ吾農友会ノ助成ヲ希望スル事件ナリ。今治ニテ門田君上陸」とある。温ら農友会の存在力の大きさが窺われる。二六日午前七時神戸に着し、三宮八時四〇分発にて東上し、午後八時三〇分東京に着した。

八月二七日、温は帝農に出勤し、雑務を行ない、午後六時上野発にて茨城県に講演のため出張し、鹿島郡磯浜町大洗に行き、魚来庵に投宿し、翌二八日磯浜小学校に行き、午前八時より一一時半まで、茨城県北部五郡の農会役職員一一〇余名に対し、農会事務会計を中心に講演を行なった。二九日は午前九時磯浜町を自動車にて、八木岡新右衛門（茨城県農会技師兼幹事）らと行方郡麻生町に行き、大黒屋に投宿し、翌三〇日行方郡農会事務所に行き、午前九時より午後一時まで南東部二郡の農会役職員四〇余名に対し農会事務会計を中心に講演を行なった。終わって、午後二時半出発し、帰京の途につき、午後七時上野に着した。三一日終日在宅した。この日、愛媛県人会の藤原久満吉（本郷区西竹町にて製薬業を経営。越智郡宮浦村の人）が温宅を訪問し、政友会への入党を勧誘している。温はいい加減に対応している。日記に「藤原久満吉君来宅（越智宮浦ノ人）。用件ハ政友会ヘ入党勧誘ノタメラシ。良加減ニ挨拶ヲナス。蓋シ誰ノ計画ナルカ判断シ難キモ、鈴木内相ニ面会ヲ勧ムル処ナトヨリ想像スルニ、カヽル方面ヨリナルヘキカ」とある。

九月も温は帝農の業務を種々行ない、また、愛媛に帰り、議会報告演説会を行なった。全く多忙であった。一日は帝農に出勤し、不在中の雑務整理。二日は安藤副会長出席の下、温、福田、増田の三幹事にて帝国農会総会提出問題を協議。三日は午前五時半新宿発にて山梨県庁に行き、山梨県農会の計画になる町村農会技術者の俸給全額補助について、宮川千之助（山梨県農会副会長）とともに鈴木信太郎知事と懇談したが、知事はよい返事をしなかった。後、午後四時四〇分甲府発にて帰京した。

九月三日、温は山梨から東京に戻ると、そのまま、愛媛での議会報告会のために帰郷の途につき、午後九時一五分東京発下関行きに乗った。翌四日午前九時大阪に下車し、築港より第十一宇和島丸に乗り、今治に向かい、船中、講演草稿を考案した。翌五日午前四時今治港に着き、出迎えの真木重作（愛媛県農会技手）とともに、今治順成舎に休憩し、一一時今治発にて一二時四〇分新居郡の泉川に下車し、農業学校に行き、来会の一五〇余名に対し、講演を行ない、終わって、西条に戻り、新屋に投宿した。六日は午前七時五〇分西条を発し、周桑郡壬生川に下車し、福岡村大字丹原の郡農会事務所に行き、来会の三〇〇余名に対し、講演を行ない、大寿楼にて日野松太郎（周桑郡農会長、愛媛県農会副会長）、青野岩平（元、愛媛県農会長）らと食事をし、午後三時四〇分壬生川発にて松山に帰り、道後ホテルに行き、農友会幹部会を開き、演説会の打ち合わせを行ない、夜の一二時前に帰宅した。七日は午前中は地租委譲論の原稿を執筆し、午後は県庁を訪問し、尾崎勇次郎知事や羽田格三郎内務部長、萬富次郎警察部長らに面会し、午後四時から大和屋本店にて県農会職員と懇談した。八日は午後二時北条町に野口文雄（温泉郡坂本村）、玉江律之（温泉郡北条町）、仙波茂三郎（温泉郡川上村）、石丸富太郎（松山市会議員）、豊田幸三郎（温泉郡河野村）らとともに行き、午後六時半より一〇時半まで北条町大正座にて、第五二、五三議会報告演説会を開いた。五〇〇〜六〇〇名が来会し、徳永清次郎（正岡村助役）の司会の下、野口、石丸、仙波の後、温が講演を行ない、終わって、大黒屋に投宿した。九日午前一〇時北条町を発し、松山駅にて食事の後、温泉郡余土村に行き、余土村青年会にて午後二時より五時まで議会報告演説会を開き、本田常盤が司会し、温が来会の一五〇余名に対し、講演を行なった。終わって、小野村大字平井谷に行き、同公会堂にて議会報告演説会を開き、森本が司会し、温が来会の四〇〇余名に対し講演を行なった。非常に盛況であった。一〇日は午後二時より浮穴村森松座にて議会報告演説会を開き、武智太市郎（元、浮穴村長）が司会し、温が来会の四〇〇余名に対し講演した。こちらも盛会であった。一一日は午前一〇時松山を発し、石丸、仙波らと同行、また、郡中町にて宮内長、渡辺好胤、富永安吉ら同行し、伊予郡中山町に行き、午後二時より中山町劇場にて議会報告演説会を開いた。二五〇余名が来会し、宮野の司会の下、富永、渡辺、宮内、仙波、石丸の後、温が講演を行なった。終わって、自動車にて帰宅した。一二日は伊予郡郡中町に行き、午後二時半より郡中座にて議会報告演説会を開いた。五〇〇余名が来会し、盛会であった。また、この演説会は農友会斡旋の下、政友会、民政党、農友会の三派の主催であった。これにて、愛媛での議会報告会を終えた。この日の日記に「各開会ノ模様ヲ見ルニ、可及的多ク報告会ヲ開キ、議会ノ真相ヲ知ラシムルハ無上ノ政治教育ト思ハレタリ。当日伊予郡ニテハ政友、民政、農友、三派委員会合、農友斡旋ノ下ニ妥協成立ス」とある。一三日は石井村にて有志懇談会に出席し、農業上について温が一場の話をしている。終わって、出市し、榎座における農友会の幹部会合に出席し、来る県議選に対する態度を協議している。

九月一四日、温は午前六時石井発にて宇摩郡三島町での講演のため出発した。松山駅で門田晋、武内鳳吉（宇摩郡選出の県会議員）とともに三島町に行き、同町公会堂にて、午後一時より四時まで無休憩にて、同郡各町村農会総代四〇〇～五〇〇名に対し、講演を行ない、終わって、午後四時二〇分三島発にて高松に行き、高松築港から第十五宇和島丸にて大阪に向かい、翌一五日午前六時半大阪港に着し、九時二〇分発の特急にて東上し、午後八時二〇分東京に着し、帰宅した。

九月一六日、帝農に出勤し、午前は不在中の書信を整理、発信し、午後、正副会長出席の下、帝農幹事会を開き、来る帝農評議員会に提出する予算案を協議した。また、この時、幹事の福田美知が辞任を表明した。温は知らなかったが、正副会長は辞任を了解していた。一七日、温は福田幹事に辞任を翻意すべく懇談したが、余地なき状況であった。一八日は青年議会雑誌の原稿「農村振興の目標」の執筆等を行ない、一九日は県議選に出馬する郷里の武智太市郎（元、温泉郡浮穴村長。温の支持者。民政党から立候補）のために、郷里の越智秀夫、日野道得、永木亀喜らに支持の手紙を出している。二〇日は、藤原久満吉（愛媛県人会の会員、製薬業）が再度来会し、是非政友会の鈴木喜三郎内相に面会するように慫慂した。温は初めは避けていたが、一度面談するも無用ではないだろうと思い、面会を約束した。この日の日記に「夜、藤原久満吉君来訪。雑談ノ末、是非鈴木内相ニ面会スヘク慫慂シ、初メハ避ケ居タリシモ、一回面談スルモ無用ニハアラサルヘク、無策ヲ以テ先方ノ対策ヲ破ルカ他面ニ導クモ一方ト考ヘ、来ル二十九カ三十日面会ヲ約ス」とある。二一日、温は増田、高島両幹事とともに福田美知に会い、幹事辞意撤回を懇談したが、聞き入れられなかった。後、両幹事とともに安藤副会長を訪問し、相談したが、安藤氏から福田氏の辞意は四月以来だと聞き、留任勧告は無理と判断している。なお、東浦庄治、勝賀瀬質、千坂高興参事らからは、温の福田留任運動については注意を受けており、彼らは福田幹事をよく思っていなかったことが判る。二三日、明年度帝農予算を考案し、後、帝農幹事会を開き、明年度帝農事業及び帝農総会提出問題を協議した。二四日は午前九時二〇分上野発にて埼玉県北葛飾郡杉戸町に行き、同町泉屋料亭にて開催の北葛飾郡、南埼玉郡の大地主の会合に出席し、農業経営上より見たる地主の立場について一時間ほど講話した。二五日は終日在宅し、農会経営に関する講話要項を考案した。

なお、九月二五日、郷里愛媛で、第二〇回県会議員選挙が行なわれた。最初の普通選挙法による選挙であった。田中政友会内閣下、政友会有利の下で選挙が行なわれ、結果は政友二四、民政一一、中立二であった。温が推していた温泉郡から立候補した武智太市郎（民政）は次点で落選している(34)。

九月二六日、温は『帝国農会時報』第四号の原稿「地租委譲と義務教育費全額国庫負担」を草した。その大要は次の如くで、政友、民政の具体案をみないと信用できないというものであった。

「政友、民政両党より我々国民の前に二つの大きな問題が提出された。この両案は、両政党の相対立した政策と見るべきであろうか。政友会の地租委譲論について、民政党はおそらく財政上の見地から主義として反対であろうが、民政党の義務教育費国庫負担論については政友会は主義として反対ではないからである。

義務教育費全額国庫補助が実現されれば、農村の村費の四割、五割以上もが国庫支弁となるから町村財政に余裕が生じ、これを以て自村の経済文化の発展を図ることができよう。しかし、問題はいつから如何にして実行するやである。去る第五十一議会の税整理問題討議の際、政府と政友本党の駆け引きの結果、政府案の地租一分減が、政友本党案の義務教育費補助増加に修正されたことは何人も知る通りで、そのときの妥協の内容は政友本党の要求二千万円の内、一千万円は即時増加、後の一千万円は次年度に出す筈であったが、昭和二年度予算には五百万円しか計上されなかった。だから、野党に下ると、義務教育費全額支出を標榜するのだが、我々国民は実行案をみない限り何とも信用できない。

地租委譲についても、これまた具体案をみないと信用できない。何となれば地租を地方に委譲すれば、条件によっては農家（地主と自作）の負担増加に端を開き、希望と反対の結果になる恐れがあるからである。例えば、地方に委譲すると、府県税中何れかの収入と置き換えられることになり、他の職業者の負担が地租に代るのだから、比較的に農家の負担増加となるからである。

農村の立場より言えば、両案とも実施されることが希望であるが、その具体案を見なければ、比較も賛否もしようがない」(35)。

また、二六日午後五時からは在京評議員会を開催し、正副会長、桑田熊蔵、岡本英太郎、山口左一の評議員出席の下、来る評議員会及び帝農総会に提出する問題や予算、決算について協議した。二七日は『帝国農会時報』第四号の原稿「農業経営上に於る養蚕の地位」の執筆を行なった。その大要は次の如くであった。

「農業経営は土地と労力と資本を有効に利用し、成るべく多額の収益を収めることを目的として設計し、国民の――世界を通じ――生活の向上変化に伴い、農産物の需要変化に応じ、農業組織、経営も変化する。例えば、明治二四、二五年頃までは綿作は関西において重要な作物の一つであったが、綿花輸入税全廃以来殆ど壊滅した。

綿作と入れ替わったように勃興してきたのが養蚕である。面白いことは綿も生糸も被服原料であって、綿作は外国より安価な綿の輸入によって廃絶となり、養蚕は外国に安価に輸出することによって勃興した。そして、今日唯一の輸出貿易品となり、米作と並んで我国農業組織の二大中心要素の地位を占めるようになった。これらは我々の短い経験中に農産物の世界的需要供給の変化が農業組織を変化せしめた著しい事例であるが、局部的にはかゝる変化は不断に起りつゝある。そして最も巧みにこの変化に対応するのが農業経営の生命である。

農業経営より言えば、穀作とか、蔬菜とか、果樹とか、養蚕とか、畜産とかは地方地方の自然的要件により、若しくは経営上の要件により選定された農業組織の一つである。故に、地方の事情に応じて、養蚕が中心要素になったり、従属要素になったりするのである。

この辺が私達の養蚕を見るのと、蚕業専門家が養蚕を見るのと、少し見方が異なってくる。養蚕の専門家は養蚕を農業組織から抜き出して、養蚕方面ばかりから観察し、計画し、奨励するのが最良の奨励と考えている。もし、単行法的考えで養蚕経営を指導したならば、結局養蚕農家を投機的気分に導いたり、生産費の軽減に失敗したり、要するに農業としての養蚕の安定性を減殺することになることを恐れる[36]」。

九月二八、二九日の両日、帝農は評議員会を事務所にて開催し、八田、秋本、山田、山口、三輪、長田、藤原、山田(恵)、山内、桑田、岡本、加賀山の各評議員出席の下、第一八回帝農総会提出問題について協議した[37]。温が各案の説明を行なった。なお、この会議上、評議員の増員問題を協議している。

九月三〇日午前、温は藤原久満吉の勧めにより、市谷見付の内相鈴木喜三郎邸を訪問した。一五分ほどの会見で、鈴木内相より現内閣（政友会内閣）を助けてくれとの話であった。後、出勤し、午後五時より農会事業改正委員会を開き、部落農業組合を普及発達せしむる件を協議している。

一〇月も温は帝農の業務（帝国農会通常総会の準備等）を行ない、また、地方に出張し、講演を行なった。一日は農会法令改正案につき、意見を考案し、松田茂（帝農副参事）に渡し、温は午後七時二〇分東京発にて大阪、長野、福岡に講演のため出張の途についた。翌二日午前七時大阪に着し、午前は農林省の渡邊侶治技師、午後は温が来会の四〇余名の技術者に対し、大阪府農会主催の農会技術者講習会に出席し、井藤勝（大阪府農会技手）に迎えられ、堺市農学校へ行き、最近の農政問題について講演を行なった。夜は石川弘（大阪府農会長）、中村紋作（同副会長）らと食事をなし、京橋八軒屋のみゆき旅館に投宿した。三日は午前九時二〇分発の特急にて大阪を出て、名古屋を経由して、長野県に向かい、午後一〇時長野に着し、犀北旅館に投宿した。四日、長野県農事試験場に行き、長野県農会主催の町村農会技術者講習会に出席し、午前八時半から一二時半まで、来会の二〇〇余名に対し、農村経営について講演をした。五日も午前中講演を行ない、一二時半に終わり、午後二時四〇分長野を出て、直江津に行き、そして、神戸経由で福岡県に向かった。翌六日午前七時神戸に着し、さらに、九時発の下関行き急行に乗り福岡に向かった。そして、午後一一時半博多に着し、広吉政雄（福岡県農会幹事）に迎えられ、栄屋に投宿し、翌七日、博多の商業会議所に行き、福岡県農会主催の技術者講習会に出席し、午前九時より午後三時まで、来会の二〇〇余名に対し、農村経営の題目のもとに、農業基本調査及び農業経営について講義を行なった。八日、九日も午前九時より午後三時まで講義を続けた。終わって、大森武雄、広吉政雄、米倉茂俊、香月秀雄らと食事し、午後五時博多発にて愛媛に向かい、七時半門司につき、九時大分丸にて高浜に向かい、翌一〇日午前一〇時高浜に着し、県農会に立ち寄り、帰宅した。一一日は在宅し、支持者の今村菊一、野口文雄等の訪問を受け、去る九月二五日に行なわれた県会議員選挙談を聞いている。

一〇月一二日、温は再び帝農の活動のために、午後三時松山発の汽車にて高松に向かい、一一時五〇分高松港発の天龍川丸に乗り大阪に直航し、翌一三日午前六時大阪築港につき、さらに、上本町六丁目から奈良神宮行きの電車に乗り、橿原の奈良県立農事試験場に行き、農林省指定農業技術員短期養成講習会（一〇月一三日〜一七日）に出席し、午前一〇時より午後四時まで農会経営について講義した。(38) しかし、風邪のため咽喉が痛く、午後は音声困難となった。終わって郡山に行き四海亭に投宿した。一四日も午前一〇時より講義を行なったが、咽喉苦しく、十分に講演が出来なかった。この日の日記に「講習ニ行キ、苦シク音ヲ発シ、要点ヲポツ〻ト談シ、午后三時過迄続ケ大要ヲ話ス。然シ十分ニ音声ヲ発シ得サルハ講演ニ抑揚ナク勢ヒナク、為ニ主旨徹セサリシナリシ」とある。終わって、午後五時一〇分畝傍発にて奈良に向かい、六時五〇分奈良発にて京都に行き、八時三四分京都発の急行にて帰京の途につき、翌一五日午前東京に着した。

一〇月一六、一七日は終日在宅し、著書を執筆した。まだ、発音回復せず、意の如くなっていない。一九日、出勤し、午前は帝農総会提出の農会発展助成に関する建議案の作成を行ない、午後は地主連の農村振興研究会に出席し、また、六時からは農会事業研究委員会を開き、安藤副会長も出席した。二〇日も農会発展助成に関する建議案を作成し、二一日も同建議案を作成した。また、夜、農会研究委員会を開き、安藤副会長や農林省の渡邊侃治、永井治良技師らも出席し、協議した。

一〇月二三日、温は午前七時五分上野発にて群馬県に出張し、一〇時前橋につき、群馬県農会主催の第一回農業経営研究会に出席した。来会者は精農家、技術者ら三五名で、提出問題に対し、温は臨機発言し、午後四時に閉会し、後、五時八分前橋発にて帰京した。一〇月二四日は『帝国農会報』一一月号の巻頭言「宗教家の反省を希ふ」を執筆し、また、午後五時からは在京評議員会を開催し、桑田熊蔵、岡本英太郎、東武ら出席の下、米穀法改正問題等帝農総会提出案を協議した。二五日も『帝国農会報』の巻頭言と農会発展助成に関する建議案を執筆した。二六日は帝国農会総会の準備、建議案の修正等を行なった。二七日は帝農評議員会を開催し、山田斂、山口左一、山田恵一、藤原元太郎、長田桃蔵、三輪市太郎、八田宗吉、岡本英太郎、加賀山辰四郎らが出席し、総会提出案等について協議した。人事について、会長、副会長は問題なきも、評議員については種々の運動があった。

一〇月二八日より三一日までの四日間、帝国農会は第一八回通常総会を帝農事務所にて開いた。全国から帝国農会議員四七名、特別議員一〇名が参集し、農林省から山本悌二郎農林大臣、東武農林政務次官、松村真一郎農務局長、石黒忠篤蚕糸局長、小平権一農政課長、渡邊侹治技師らが臨席した。本年は四年毎の役員の改選期に当たっていた。一日目（二八日）午前一〇時半矢作会長が開会を宣し、議長席につき、議事に入った。福田幹事より諸般の報告の後、帝国農会長、副会長の選挙が行なわれ、山田斂（福井県農会長）の提案により、投票に代え、指名推薦によることとなり、矢作、安藤の正副会長が再任された。次に評議員の選挙となり、これも山田斂の提案により指名推薦の方法によることになり、議長指名の選考委員会を設け、選考し、次の一五名を評議員に選任した。南鷹次郎（北海道農会長）、長田桃蔵（京都府農会長）、山口左一（神奈川県選出の帝農議員）、中倉万次郎（長崎県選出の帝農議員）、池沢正一（千葉県選出の帝農議員）、三輪市太郎（愛知県選出の帝農議員）、池田亀治（秋田県農会長）、山田斂（福井県農会長）、藤原元太郎（岡山県選出の帝農議員）、山田恵一（香川県農会長）、桑田熊蔵（特別議員）、岡本英太郎（同）、加賀山辰四郎（同）、高田耘平（同）、八田宗吉（同）。その後、大正一五・昭和元年度の会務報告、経費収支決算等について福田幹事の提案説明あり、可決し、ついで、山本悌二郎農林大臣の告辞（米価低落に対する米穀の買い上げ、小作争議に対する自作農創設、人口食糧問題に対する開墾事業、農家経済の改善等）があり、それに対し長田桃蔵らの質問があり、農相が一々答弁した。午後は深川正米市場の車恒吉の講演があり、午後二時五〇分閉会した。そして、新評議員会を開き、自作農創設問題、事務所建設問題を協議し、また、横井時敬、志村源太郎、山内範造、秋本喜七の前評議員を顧問とすることを決めた。二日目（二九日）は四名の顧問を推薦、決定し、ついで、「昭和三年度帝国農会経費収支予算案」等の諸議案が福田幹事より提案説明され、委員会に付託された。後、農林大臣諮問案「農会法令改正に関する意見如何」が松村農務局長より提案理由の説明がなされ、委員会に付された。後、温が各種建議案「米穀法に関する建議案」「養蚕業者の組合製糸助成に関する建議案」「農会に対する国庫補助金に関する建議案」を提案説明し、委員会に付された。また、「帝国農会事務所新築の件」が矢作会長より提案説明され、委員会に付された。そして、午後五時半より中央亭にて招待会を開催した。この会合に山本農相が出席し、自作農創設維持問題については農会を扇動する発言があった。日記に「五時半ヨリ中央亭ニテ招待会……。山本農相以下出席アリシ……。農相ノ自作農問題ニ対スル所見ハ農会ニ訴フルカ如ク喧動スルカ如キ嫌アリシモ、熱心ニ強固ナル主張ヲ示ス」とある。三日目（三〇日）は帝農事務所新築案、農相諮問案の委員会を開いた。また、この日、温は午後五時より日本橋薬研堀末広にて、新正倶楽部の晩餐会があり、出席している。四日目（三一日）は総会の最終日で、各議案、農相諮問案、諸建議案を可決し、午後四時五五分終了した。(39)

なお、「米穀法に関する建議」は次の通りである。

「今や米穀法施行以来既に七年の星霜を経、米穀数量並価格の調節上相当の効果を奏し得たりと雖、近時植民地産米の改良と増殖に伴ひ、内地米を圧迫するの傾向年と共に顕著なるに至れるを以て之れが運用の点に於て一層の考慮を加ふるの要なしとせず。殊に本年度は内地、植民地及之に接近する海外諸州を通じ稀有の豊作に際会し、内地米価の之によりて受くる影響大なるものあるは蓋し想像に難からず。故に政府は之に対応する機宜の処置として

一、米穀の価格調節のため徹底的に内地米の買上を行なふこと

二、米穀需給特別会計法を改正して運用資金の増額を行ふと共に或る年度を限り其の損益を一般会計に移すこと

三、特に朝鮮総督府に交渉し、総督府自ら鮮米の買上を行ふ方策を講ずること

の外、更に又政府は国家百年の大計より打算し、内地と植民地とにおける生産費を異にせる点を考慮し内地と植民地とを通じ統一ある米穀政策を樹立し、将来に備ふるは此際特に其緊切なるを覚えずむばあらず。

故に政府は是等の事情に鑑み急を要する本年度産米に対する市価維持を為すと共に食糧恒久調節策の見地より速に米穀法及其関係法規を改正し、之が運用を時代に適応せしめ、以て其効果を完うせられんことを望む。右建議す(40)」。

一〇月三一日帝農総会が終わって、温は帝農総会に出席していた門田晋（愛媛県農会長、政友会）を勝山旅館に訪問し、明年度の総選挙について話している。この日の日記に「夜、勝山旅館ニ門田君訪問シ、明年度ノ選挙ニ対スル対策ニツキ初メテ意中ヲ話シ所見ヲ求メタルニ、考へ置クトノ状況。政友会支部各次〔自〕ノ候補者ト目セラル、モノ、内容ヲ聞ケハ見込少ナキ感アリシ」とある。ここで、温は門田に対し、次の総選挙には出ないと述べたものと推測される。

一一月も温は帝農の業務を種々行ない、また、よく原稿を書いた。一日は午前一〇時半より帝農事務所にて帝農総会後の恒例の帝国農政協会総会を開催した。二七県四〇余名が出席し、愛媛からは門田晋が出席した。菅野鉱次郎理事が開会を宣し、矢作会長が議長となり、福田理事より会務報告、大正一五年・昭和元年度決算報告、菅野理事より昭和二年度予算の説明、可決の後、米価維持に関する件、自作農の維持創定に関する件を議題とし、菅野理事が説明、可決し、明日、全員運動に従事すること、中央、地方において大会を開き、実行することを決めた。また、明年の衆議院選挙に取り組むことを協議した(41)。なお、この日、横井時敬（帝農顧問、前、東京帝大教授、元、帝農評議員）が未明に逝去している。二日は帝国農政協会の運動として、運動員を二組に分かち、政友会、大蔵、総理組と憲政会、農林組とし、温は前者の班に入り、陳情に行った。政友会本部では広岡宇一郎、岩崎勲両総務に面会し、陳情したが、大蔵、総理には差し支えのため面会できなかった。三日は明治節で明治神宮を参拝した。四日は農政協会の運動委員、入江新太郎（福島）、池沢正一（千葉）、原鐵五郎（埼玉）、菱田尚一（岐阜）、早藤貞一郎（滋賀）、佐藤為三郎（徳島）、門田晋（愛媛）とともに大蔵省を訪問し、大口喜六政務次官に陳情した。また、この日、午後二時青山斎場にて横井時敬博士の葬儀に参列し、講農会の弔辞を呈している。六、七日は一泊二日の帝国農会同人会の遠足運動として伊豆修禅寺温泉への旅行に同行し、新井旅館に宿泊した。八日は農業経営集計の項目の考案、九日は大蔵省を訪問し、大口喜六政務次官に自作農維持創設問題及び郡農会事業補助二五万円問題につき状況を聞いたが、郡農会補助について農林省は強いて主張しないとの態度であった。後、農林省を訪問し、松村真一郎農務局長を訪問し、米の買い上げ期及び郡農会補助問題について状況を聞いたが、米の買い上げに関しては遠からず買い上げるとの感触を得ている。一〇日は農業経営集計項目の考案をした。また、この日農林省が米五〇万石買い上げを発表している。一一日は農業経営審査会の準備を行ない、また、農林省が米買い上げを発表したるも米価が下落し、そのため温は農林省を訪問し、対馬弥作技師と協議している。一二日は午後工業倶楽部に行き、田中耕太郎帝大教授や阿部賢一早稲田大学教授らの講演を聴いた。また、この日、『東京日々新聞』に掲載された末弘厳太郎東京帝大教授の自作農創設問題（地主擁護策にすぎず反対）についての反駁文を草した。一三日も終日、同原稿を草し、また、著書の執筆を行なった。一五日は午後は矢作会長列席の下、帝農幹事会を開き、帝農の内部部制について協議した。福田幹事退職に伴う部制改革であったが、この日は決定しなかった。この日の日記に「内部制ニ付種々意見アリシカ、結局二十日以後ニ延ハスコト、シ決定セス。蓋シ、自分ノ立場ニ付、大ニ考ヘサルヘカラサル問題ヲ生シタルカ故ナリ」とある。一六日は『東京日々新聞』原稿（末弘博士への反駁文）、および著書の執筆等をした。一七日は農業経営設計書審査会の準備等を行なった。一八、一九日の両日、帝農にて農業経営設計書審査会を開催し、加賀山辰四郎、佐藤寛次、那須皓、木村修三、清水及衛、飯塚幸四郎、宗豫利吉、中込茂作、大島国三郎、渡邊侶治、間部彰、小浜八弥等の出席の下、順調に審査を進めている。また、一九日の午後四時半より正副会長出席の下、幹事会を開き、朝鮮米の買い上げ問題、『帝国農会報』の来年一月号は自作農創設号とすること、等を決めている。二〇日は終日在宅し、著書の執筆（大農論の反駁）を行なった。二一日の午前は甲東市場にて開催の関東・東北・北海道販売斡旋所会議に出席し、午後は二時から深川の山崎商店を訪問し、米価の近況を聞いている。二二日は午後五時より在京評議員会を開き、桑田、岡本、加賀山、山口、池沢ら出席の下、一、一二月一三～一五日に府県農会長会議を開催し、政府に自作農創設維持と米買い上げを迫ること、二、一二月五、六日に帝国農政協会常置員会を開くことを決めた。二三日は終日在宅し、著書の執筆（小農大農を圧迫す）を行なった。

一一月二三日から温が執筆した末弘博士の自作農論への反駁文「自作農創設問題につき末弘博士の教を乞ふ」（上、中、下）が『東京日々新聞』に掲載されはじめた。その大要は次の如くで、博士の言う如く地主擁護論は当たらず、また、地価は下がらず、一日も早く自作農創設を実施すべきというものであった。

「自作農創設問題はこれを徹底的に行なえば、大化の改新の班田制や明治維新の土地解放と性質を同じうする重大問題で、慎重に考究を要するが、私は現下の世相、農村の趨勢並びにわが国特有の農業経営より考察し、万難を排し自作農創設の国策を樹立すべきと信じる。私は博士の去る九日より三日間本紙に掲載された『自作農創設問題に就いて』の論文を拝見し、疑念をおこしている。有体に言えば、従来私は博士の議論を拝見して、結局は土地国有論でないかと考えていた。左様だと自作農創設とは両立しない制度だから、私等のごとく自作農制を理想とするものとは根本意見を異にし、百年議論しても水掛論を繰り返すだけで、それぞれ信ずる道を進むより仕方ないと考えていた。然るに、先日の論文を拝見すると、博士は自作農創設そのものに御異存はないようで、根本意見は同じであったことに喜ぶと同時にそこに種々の疑念が生じてきた。

博士の御議論の要点は、現在は地価も小作料も高きに過ぎる、そして今は漸落の途中にあるから、かゝる場合に地価や小作料を売買標準にした創設案は地主のためにもて余す土地を早く売り逃げて好都合であるが、小作者はそれを背負い込む不利益となり、結局小作料奴隷が年賦金奴隷に肩代わりするまでのことである、この如きものは小作者の保護向上にでなく、地主擁護案だから賛成できない、という御主旨であった。

農林当局の立案の精神が博士の解せられる如きものであったならば、私等も正面から反対であるが、私は農林当局が地主擁護の目的をもって自作農創設案を作りあげたとは考えられない。

博士は自作農創設は地価の安いことが必須条件である、ルーマニアその他が成功したのは安く広大な土地が収用されたが故である、然るにわが国は地価が高いから成功は覚束ない、という議論であるが、私も大体同感である。土地を所有するだけが能事でなく、所有した方が小作であるよりも有利で安全であるという見極めがつかないならば勧誘などしないほうがよい。博士の御議論では土地の価格は漸次下落すべきもの、現に下落しつつあるから自作農創設をするにしても、どん底まで下落するのを待って行なってよいというように窺われた。しからばどの程度まで下落したらよいだろうか。高いの安いのといっても標準がなければ意義をなさない。もしルーマニアその他の西欧諸国の自作農創設を行なった国の地価くらいに下落したならばという御意見であるならば、私はわが国の現状からして未来永劫かゝることはありえないと考える。

私もわが国の地価は高きに過ぎると思う。そのため農業経営資本の七五％まで土地資本で占められ、経営条件が悪くなる。しかし、私の見るところではわが国の地価は私らが希望する如く下落はしないだろうと思う。その理由は土地と人口が根源をなすが、地価の下落には農産物の下落が前提条件である、農産物が特別に下落することなく、独り地価が下落一方に向かうとは私には考えられない。今後、社会政策が行き届き、農業経営の研究が進んだならば、小作料はある程度までは下落しよう。従って所有権の価値も下落する。しかし、そうなれば、他方に耕作権に価値を生じ、その価値は小作料や所有権価値が低下すれば反比例的に騰貴するであろう。現に小作条件のよいところはそうなっている。そして、自作者の土地や自作兼小地主の土地は所有者の価値と耕作権との価値との合計したものが、市場における土地の価格となって現われるのである。わが国の耕地所有者の九割五分までは五町歩以内の所有者であるから、売買される土地の大部分は所有権価と小作権価の合計したものが取り扱われるから、一般的には土地の価格はさ程下落しないだろうと思う。

かく考えると、地価の非常に下落するを待って居る内に農村の不安状態は進み、思想は悪化し、年中階級闘争の巷となり、手も足もつけられないようになって後、自作農創設などといっても役に立たない。それよりも一日も早く施行し、なるべく小作者の有利になるように運用方法を講じることがよいではないか。それが小作者に対する真の同情であり、親切であると思う(42)」。

一一月二五日、温は増田、高島両幹事と帝農内部部制について協議し、また著書の原稿（小農大農を圧す）を執筆した。二七日は終日在宅し、著書の執筆（家族経営の諸要件）をした。二八日は午後五時より中央亭にて二八会を開き、出席した。二九日は『帝国農会時報』第五号の原稿「自作農維持創設案の雲行き」を執筆し、また、副会長と帝農内部部制について協議した。三〇日も『帝国農会時報』の同原稿を草し、石井牧夫に渡した。その大要は次の如くである。

「吾々農業関係者が年来の希望であり主張である自作農維持創設は、去る大正一一年度より政府が簡易保険の積立金を貸し付けることにより奨励されている。しかし、簡易保険の積立金の運用は保険金として集めた金を其の地方に還元することを根本方針とし、保険加入者数や掛込金額を標準として貸し出し金額を定めている。故に結局の処、その大部分は自分の町村から出たものを借用するものである。しかし、自作農維持創設の必要の多い町村は、いずれかと言えば簡易保険の加入者など得難い町村であるから、一定計画の下に於ける自作農創設を行なうことが出来ず、一万円の要求に対し、二千円とか三千円とかの割り当てとなって中途ハンパなものとなる。かくの如きは、農村百年の大計である自作農創設事業を遂行する計画としては甚だ遺憾、不都合である。

社会主義者は土地は国有にした方が良いとの主張であるから、地主の所有地は勿論、自作者の所有地も一切取り上げてこれを国有とし、農業者はすべて国家の小作人として仕舞ったが良いという主義主張である。故に、吾々の主張する自作農主義とは全然正反対であるから、自作農創設に反対し、自作農創設案が成立しないよう運動する。

吾々は国家社会の組織制度から観て、自作農制が最も良い制度であると信じているが、その議論はしばらくおいても、農業者の農業経営の立場として自作が最も堅実であり、安全であり、且つ有利であることは世界を通じて異論がない。故に小作者はなるべく自作者に引き立てるようにというのが自作農創設である。しかし、余り価格の高い土地を買ったり、高い利息の借金をして買ったりしては経済上の困難を来す。そこで、政府で斡旋して年三分五厘か四分の低利の金で買い得るよう、そしてその償却は長期の年賦にして支払わせ、小作者は現在の小作料を納めるよりはなお楽な程度で自然とその耕作地が自分のものとなるような方法で奨励しようというのが、吾々の希望する自作農創設政策である。

自作農創設反対者は政府の立案せる自作農創設案は土地の価格をつり上げて、地主の利益を図る方針だとか、小作者に高価な土地をつかますのだとか種々非難するが、今日の小作者は利害観念が発達して居るから、地主からごまかされて高価な土地を買い込むような心配は無用であろう。

耕地には経営上理論的価格がある。収益価格の算出は理論的にはかなり面倒であるが、大体は平均的生産総額から平均的種子代、肥料代、農具費、建物費、租税諸負担、労賃、諸雑費を差し引き、残額を四分なり五分なりの利率で還元したものである。

要するに、計算上有利であれば買うし、有利でなければ買わないまでのことであるから、小作者としてこれほど結構なことはない。

現山本農林大臣は遠大な抱負と非常な熱心さを以て自作農維持創設の国策を計画したるに、大蔵省その他の反対にあって、目下有耶無耶の間を迷っている。もしも、現内閣が自作農創設策に何等の新計画を示さないとすれば、政友会の産業立国とか農村振興とかは大本を忘れて細路に迷うものである(43)」。

一二月一日、午前一〇時より富士見町の農林大臣官邸にて小作調査会第四回総会が開催され、温は臨時委員（辞令は一一月三〇日）として出席した。山本悌二郎農林大臣以下が出席し、「自作農地法案に対する意見如何」が諮問された。松村真一郎農務局長が諮問案を説明し、質疑があり、午後四時閉会した。二日も午前一〇時より小作調査会に出席し、午後三時質疑を打ち切り、一五名からなる特別委員会を設置し、研究することとなり、矢作栄蔵、安藤広太郎の外、温もその一人に選ばれた(44)。

一二月二日、温は、矢作、安藤正副会長と協議し、福田幹事の退職に伴い懸案となっていた帝国農会の部制を協議、決定した。それは、従来の四部制（総務部＝福田、農業経営部＝岡田、調査部＝増田、地方部＝高島）を、次のように三部制（庶務部＝増田、調査部＝高島、農業経営部＝温）とした。地方部を廃止し、調査部と庶務部に移し、そして、増田と高島を交代した。温は農業経営部長のままであった。

庶務部　　増田昇一幹事

調査部　　高島一郎幹事

農業経営部　岡田　温幹事

一二月四日、温は終日著書の執筆（地代および農産物価格）に専念した。五日は午前帝国農政協会小委員会を開催し、池沢正一、原鐵五郎、松山兼三郎、松岡勝太郎、麦生富郎らが出席し、また、関西農会長会議の米買い上げ陳情委員も上京し、会議に加わり、合同で協議した。また、温は午後一時からは農相官邸における小作調査会第一回特別委員会に出席した。終わって、矢作、安藤正副会長とともに帝農に帰り、農政協会小委員会の協議に加わった。六日も帝国農政協会常務委員会（この日改名）を開催し、関西農会長会議の米陳情委員も出席し、その要求により米買い上げ要求のために来春一月に農会大会を開催することを決定した。七日は自作農地法案の研究等を行なった。八日は小作調査会第二回特別委員会に出席し、自作農地法案について質問を行なった。九日も同調査会第三回特別委員会に出席し、自作農地法案についての質問を終わり、小委員会を設け、矢作栄蔵、佐藤寛次ら七名の委員に原案作成を付託した。一〇日、帝国農会は内部部制変更のために部屋の移転を行ない、各部長に辞令を渡し、東浦、勝賀瀬、千坂に調査部係長の辞令を渡した。一一日は終日在宅し、『帝国農会報』第一八巻第一号の原稿「自作農創設問題に対する論議」を執筆した。

一二月一二日から三日間、帝農は道府県農会長会議を開催した。全国から四〇名が出席し、愛媛からは門田晋が出席した。例年は一月に開催であったが、今回は「自作農創設維持」と「米価維持」対策のために緊急に開催し、（一）自作農創設維持（自作農創設維持が農村振興の大政策であり、自作農地法案が今議会に提案されんことを望む）と（二）米価維持策（内地米の徹底的買い上げ、米穀需給特別会計法第二条中借入金限度二億円を四億円に改正すること、朝鮮と台湾に米穀法の適用、外米に一層適切に米穀法の適用すること）を決議した。また、付帯決議として、右二件実現のため、（一）地方において農会大会を開催すること、（二）中央において来春全国農会大会を開催することを決めた。[45] そして、翌一三日には山田斂ら六名とともに首相官邸に行き、田中義一首相に自作農創設と米価維持の陳情を行ない、また、一四日も首相官邸に林博太郎伯爵や望月逓相を訪問し、同陳情を行ない、さらに民政党本部、政友会本部を訪問し、野村嘉六（民政）、堀切善兵衛（政友）ら幹部に陳情を繰り返した。一五日は菅野鉱次郎らと来春の農会大会の協議を行なった。一六日は明日の駒場での講演の準備を行なった。一七日は午前、農業経営審査常置委員会を開催し、佐藤寛次、渡邊侃治、矢作副会長等と奈良、大分、石川県の農業設計書について協議し、午後は駒場に行き、実科生のために、二時より五時まで農業経営について講話した。

一二月一九日、温は『帝国農会報』第一八巻第一号の原稿「自作農創設問題に対する論議」を草了し、石井牧夫に渡した。その大要は次の如くで、自作農制を最良の農業制度だとし、自作農地法案の成立を願ったものであった。

「吾々の熱望せる自作農創設維持事業は大正一一年度より簡易保険の積立金を運用することにより漸く国策として奨励の道が開かれた。しかし、簡易保険の積立金は資金還元の条件の下で貸出され、且つ金額も小額であるから計画的に行なうことが出来なかったが、今回農林省は自作農地法を制定し、農地金庫なる機関を設け、農地債券の発行により一定計画の下に一ケ年八千万円を限度に三十五ケ年を一期として自作農創設維持を立案し、これを小作調査会に諮り、成案を得るまでになったから、今期議会に提案する運びになるだろう。

農業経営は自作よりも小作がよいという、自作農制定そのものに根本から反対の社会主義者一派の議論もある。かゝる土地制度から国家組織乃至生産制度の根本に対する見解の違ったものは論争の限りではない。私等は何れの点から観ても自作農制が最良の制度であると確信し、総ての農業者が自作農制を希望すると確認するものである。若しも農業者の内に小作農制を歓迎し、自作農制に反対するものがあるならば、それは社会の事情に疎いものか、巧妙な社会主義者の宣伝に乗ったようなものであろう。世界何れの国に於いて、農民が自作農制に反対したためしはない。

私は我邦の農業は資本主義的経営は発達しないと信じるものである。この点は福田博士其他大農論者が小農保護を不可とし、農村の振興は農業経営に資本主義の洗礼を与える外進むべき道なしという議論と全然正反対である。私の資本主義的経営の発達しないというのは、資本主義経営が不可なりというのとは少し意味が違う。我が国情に於いて不可なり、不可能なりということである。その理由は農業経営に関する事情条件が雇用労力によって経営しても経営資本に対し相当の利回りになるような経営方法が考案されないからである。

然るに家族の持っている労力を賃銭計算以外の観念によって働かせる方法、即ち、家族の労力によって経営する小規模の経営は労働の賃銭とか、資本の利回りとかの分析的計算の如何に拘わらず、経営が持続され、これによって生活の安定を得、且つ少し注意して働けば、時代相当の生活を営んでいくことが出来るのである。一部の論者より、不合理な労働だとか、自己搾取だとか、種々非難を浴びせられているが、当人は委細構わず、日出で作し、日入って息す、井を掘って飲み、田を耕して食す、篤農家的な生活が営まれて居るのである。

この小天地に安住する小規模家族経営が今後滅びるか、存続するかは自作農創設に対する賛否の根本観念をなす問題である。

私は農業に於いては、家族経営がもっとも強大なる存続力を有するのみならず、総ての生産界を通じてこれほど底力があり、弊害のない、且つ多数の人口を養いうる生産制度はないと信じる。

しかし、それは自作農に於いてその資格を完備するものであって、いかに家族経営にても小作農では其力が薄弱である。私等の自作農創設政策を要望するは目前に頻発する憂うべき恐るべき小作争議の対策としては勿論であるが、小作争議の有無にかかわらず、一家族が営々として働き、最高度に土地を利用して最大の生産を挙げ、そして搾取もせず、搾取もされず、太りもせず、滅びもせず、堅実安定的な生活をなし得る最良の農業制度であると信じるが故である。

今回農林省の立案せる自作農地法案に対しては種々の議論がある。（一）まず小作法を制定して耕作権を確立し、地価に及ぼす影響を見て自作農創設を行なうが順序である、（二）現在の小作料や耕地価格を標準とした地価は高きに過ぎるから、今日自作農創設を行なうことは、結局は地主の擁護となり、小作者は高価な土地をつかまされて、他日一層窮地に陥る、（三）耕地の価格を騰貴せしめる、（四）農地金庫の組織が悪いから財政不安である、（五）農地債券の発行は金融市場を脅威する、等々の反対意見がある。

これ等の議論にはいずれも相当の理由がある。しかし、私はこれ等の理由を加減しても、なお一日も早く施行したほうがよいと思う。純理より言えば、小作立法を先にするのが順序であろうが、小作法制定は大正九年より大家を網羅して研究を行なったが、足掛け八年にして未だ実現の運びに至らない。関係者の見解の一致点に近づくまで研究していては何年先になるかわからない。その他の反対的議論は結局見解の相違だから、多数の意見により修正すればよい。大蔵当局は銀行家の不始末に対しては九億七百万円の補償を国民に転嫁することを必要止むを得ないと考えているその頭を、少しばかり農村問題に向けるならば、自作農維持創設のごとき、より重大なる政策に対し、財政上反対するなどという偏見を押し通すことは出来ないだろう。

反対論者の指摘する事項は三年や五年研究したからといって解決できるものではない。おそらく未来永劫まで見解を異にし、議論は尽きぬであろう。我々農業関係者ほど忍耐力を持った国民はないが、その忍耐力も今は消尽し、疲れに疲れ、農村は刻々不安の事態に進みつつある。最善策が行なわれなければ、次善策でも断行することを必要とする。

農林省の自作農創設の計画は三五年を一期として毎年八〇〇〇万円を最高限度として約一万八千町歩づつを自作農地にすることを目標とした計画である。そして、現在の実納小作料を基準として標準価格を算出し、それより高い価格のものは農地金庫法適用しない。だから、小作者は現在よりは負担を増さずして従来と同じ程度の苦痛で、三五年目に自作地となる計算である。ところで、現在の小作料を標準とするから自作農地が高くなり、不都合だと反対論があるが、私もある程度左様な見解である。しかし、私の結論は、だから自作農創設に反対することにはならず、評価に適当な算出方法があると信じる。また、農林省は地主と小作の任意契約の出来たものにつき、中間にたって代金支払いを世話するだけで、強制ではない。小作の方がよいか、自作の方がよいか、よく精密に計算熟考した上で、決定すればよいのである。小作者にとってこれほど結構な奨励はないのである。

銀行家にも反対論があるようだが、しかし、私等銀行家の不始末に対し、九億円余の補償を承認するのを余儀なくされ、天下の農民は多大の不満を抱いている。だから自作農地法案が提出されても銀行家も強いては反対しないであろう。農地法案の成立するか否かは結局は農業者の政治上の力の問題である(46)」。

一二月二〇日、小作調査会第四回特別委員会があり、出席した。この日、小委員会の修正案を可決した。二一日は『帝国農会時報』第六号の原稿「農業者の選ぶ人は誰れ」を執筆、また、帝国農会同人会の一同と新橋演舞場の芝居を観覧した。二二日は午後二時より農相官邸にて小作調査会第五回総会が開かれ、自作農地法案について特別委員会の決議が那須委員の時期尚早論との反対意見があったが、可決された。二三日は正副会長と帝農会務の協議等を行なった。

一二月二四日、田中内閣下、第五四議会が召集された。温は午前一〇時登院し、部属を決め、閉会した。後、温は帝農に出勤し、副会長、那須氏出席の下、三幹事、東浦庄治、千坂高興らと調査部の方針を協議した。また、午後五時より紅葉館にて新正倶楽部の宴会があり、出席した。二五日は終日賀状を認めた。二六日は午前一〇時登院し、天皇陛下臨席の下、開院式があり出席した。この日の日記に「天皇陛下十時半御臨幸、十一時開院式ヲ挙ケサセラル。先帝御不例以来摂政宮御臨院ナリシカ、今回ハ久シフリ陛下ノ御臨幸ナリシ。天気晴快、温暖春ノ如シ」とある。二七日は一二時に登院し、午後一時より本会議があり、全委員長選挙、常置委員選挙、予算委員、その他の委員の選挙があった。また、この日午後五時より中央亭に農政研究会幹事会を開催した。

一二月二八日、温は午後九時一五分東京発にて帰郷の途につき、尾道まで汽車、尾道から高浜まで船にて、翌二九日午後九時帰宅した。自宅は一同健康であり、安心している。三〇日、三一日は迎年の準備をした。

注

(1) 加用信文監修、農政調査会編集『改訂日本農業基礎統計』、農林統計協会、一九七七年、五四六頁。
(2)『大日本帝国議会誌』第一七巻、三三〇〜三八四頁。なお、不信任案は一月二三日に撤回された。
(3)『帝国農会報』第一七巻第三号、昭和二年三月、一五二〜一五五頁。帝国農会史稿編纂会『帝国農会史稿　資料編』農民教育協会、昭和四七年、一〇二七〜一〇二八頁。
(4)『大日本帝国議会誌』第一七巻、四八六〜四八八頁。
(5)『帝国農会報』第一七巻第三号、昭和二年三月、一四九〜一五〇頁。
(6) 日本国民高等学校は、昭和二年、加藤完治が農民の教化のための農村指導者を養成するために茨城県につくった教育機関。のちには満州国への開拓移民を養成する施設に変わる。
(7) 土地賃貸価格委員会については、『第五十二回帝国議会衆議院土地賃貸価格調査委員会法案委員会議録第一回〜第七回』昭和二年二月一四日、一五日、一七日、一八日、二一日、二三日、三月二日より。『帝国農会報』第一七巻第五号、昭和二年五月、六三〜六八頁。
(8) 憲政会と政友本党は二月二五日に憲本連盟の覚書を交換し、三月一日両党代議士会で承認し、そのため、政友会が憤激し、震災手形法案に反対した。
(9) 丹後地震。京都府下死者三五八九人、家屋全壊三三四〇戸（『近代日本史総合年表』）。
(10)『大日本帝国議会誌』第一七巻、八三六〜八四一頁。
(11) 同右書、八九八〜八九九頁。
(12) 同右書、一〇二四〜一〇四二頁。
(13)『帝国農会時報』第一巻第一号、昭和二年四月、二頁。
(14)『帝国農会報』第一七巻第五号、昭和二年五月、一四〜二二頁。
(15)『大日本帝国議会誌』第一七巻、一一四一頁。

(16)『帝国農会報』第一七巻第六号、昭和二年六月、一四八頁。
(17)同右書、一四六〜一四八頁。
(18)同右書、一六六頁。
(19)同右書、一六九〜一七〇頁。『帝国農会時報』第一巻第二号、昭和二年六月、四八〜五一頁。
(20)『議会制度百年史　院内会派編衆議院の部』一九九〇年、二二四頁。
(21)『大日本帝国議会誌』第一七巻、一一六三〜一一九八頁。
(22)同右書、一二一九〜一二三六頁。
(23)『帝国農会報』第一七巻第六号、昭和二年六月、四八〜五四頁。
(24)『帝国農会時報』第一巻第二号、昭和二年六月、二〜三頁。
(25)同右書、一三〜一四頁。
(26)『帝国農会報』第一七巻第七号、昭和二年七月、一五七〜一六一頁。
(27)『帝国農会報』第一七巻第八号、昭和二年八月、一二〇〜一三二頁。
(28)岡田慎吾『愛媛県農業発達史』（愛媛県高等農業講習所、昭和四三年）一六三〜一六四頁。
(29)『帝国農会報』第一七巻第七号、昭和二年七月、二四〜三〇頁。
(30)『帝国農会報』第一七巻第八号、昭和二年八月、一六四〜一六五頁。
(31)『帝国農会時報』第三号、昭和二年八月、二、三頁。
(32)同右書、四六頁。
(33)『帝国農会報』第一七巻第八号、昭和二年八月、一六三、一六四頁。
(34)『愛媛県議会史』第四巻、四〇〜五五頁。
(35)『帝国農会時報』第四号、昭和二年一〇月、二、三頁。
(36)同右書、二二、二四頁。
(37)『帝国農会報』第一七巻第一〇号、昭和二年一〇月、一五一頁。
(38)『帝国農会報』第一七巻第一二号、昭和二年一二月、一二六頁。
(39)同右書、一五三〜一六二頁。
(40)同右書、四〜五頁。
(41)同右書、一五二〜一五三頁。

(42)『東京日々新聞』昭和二年一一月二三、二五、二七日。
(43)『帝国農会時報』第一巻第五号、昭和二年一二月、二～三頁。
(44)『帝国農会報』第一八巻第一号、昭和三年一月、一五六頁。
(45)同右書、一六〇～一六一頁。
(46)同右書、一七～二〇頁。

二　昭和三年　田中義一内閣時代

昭和三年（一九二八）、温五七歳から五八歳にかけての年である。

本年も金融恐慌後の不況が続いた。例えば米価（歴年平均、一石当たり）を見ると、昭和二年の三五・二六円が三年には三一・〇三円へとさらに惨落し、農業、農民、農村の危機が深まった。

前年末福田幹事が辞任したため、温が筆頭幹事となり、帝国農会の業務（各種会議、米生産費調査、農業経営改善調査等）や農村振興運動（米価維持、自作農創設維持等）などの活動に温が中心になって取り組んだ。また、本年は農産物販売斡旋問題（系統農会の販売斡旋事業を帝国農会に統一する）によく取り組んだ。また、全国によく出張し、講演を行ない、原稿もよく執筆し、自分の著書『農業経営と農政』をよく書いた。

また、温は大正一三年以来衆議院議員（新正倶楽部）を続けていたが、本年二月の衆議院議員選挙（第一六回）には立候補せず、政友会の候補・須之内品吉の応援に回り、当選させている。

以下、本年の温の多岐にわたる活動について見てみよう。

正月、温は故郷で迎えた。一日は石井小学校における拝賀式に参列し、講堂にて温が参列者に対し、目下の政況について講話した。二日は家例の鍬初めを行ない、午後は万福寺にて表忠会の理事会に列席した。三日は出市し、道後ホテルに行き、支持者の大原利一（石井村会議員）に対し、来る衆議院選挙対策について話をした。日記に「意中ヲ話ス」とあり、おそらく、不出馬の意を伝えたものと思われる。午後二時からは石井の青年会堂にて青年有志を集め、訓話的講話を行なった。四日は出市し、県農会、農事試験場を訪問し、新年の挨拶を行ない、午後一時からは榎町の畜産組合に行き、畜産組合改造協議会に出席した。五日、早朝榎町の畜産組合に行き、支持者の野口文雄（温泉郡坂本村の農村青年）、渡辺好胤（伊予郡農友会幹事長、伊予郡南伊予村助役）、野村茂三郎（伊予郡岡田村会議員）らと「密会」し、来る総選挙に対する所見を述べた。渡辺、野村は温の意見を受け入れたが、野口は不満であった。そして、午後一時からは千舟町の久保田旅館にて伊予、温泉郡の農友会幹部会を開いた。温が不出馬の所見を述べ、意見を聞いたが、結局は是非出馬してくれとのことであった。だが、前回ほどの熱はなかった。この日の日記に「早朝出市。榎町畜産組合ニテ野口、渡辺、野村ノ諸君ト密会……。来ル選挙ニ対スル所見ヲ述ブ。渡辺、野村両君ハ自分ノ主旨ヲ諒シ、自分ノ命令ニ服従スルノ外ナシトシ、野口君ハ不満ノ意ヲ漏ラシタルモ、結局自分ノ意志ニ従フ様子ナリシ。后一時ヨリ千舟町久保田ニテ幹部会ヲ開ク。温泉郡ハ石丸、仙波、大原、多田、徳本、野口、渡部荘一郎、徳永、豊田、玉江、堀内、伊予郡ヨリハ渡辺、宮内、野村、山岡諸氏ノ十五名参集ス。或程度迄所見ヲ述ヘ、意見ヲ聞ク。種々ノ議論アリシカ、結局次回モ是非出馬ヲ要望スルコトヲ協議ス。十一時帰宅ス。何レモ実戦ヲ経タルモノ、ミナルヲ以テ、去ル十三年当時ノ如キ熱ハナカリシ」とある。六日、温は出市し、県庁を訪問し、尾崎勇次郎知事に挨拶し、後、久保田旅館に行き、門田晋県農会長（政友会）に会い、来る総選挙問題について談じた。そして、その時、来泊の須之内品吉（弁護士、政友会、前回、伊予・温泉郡の第二区で温と争い、落選したが、今回再び立候補の予定）と面談している。

さて、温は、帝農幹事の業務に従事すべく、一月八日午後六時石井発、七時半高浜発の紫丸にて、大阪、岡山、広島、佐賀、福岡の各地に各県農会主催の農政大会に出席のため出張した。翌九日午前九時大阪築港に着き、中之島公会堂に行き、大阪府農会主催の府農会大会に出席した。来会者三〇〇〇名で、非常に「盛況」で、自作農創設維持の徹底と米価維持の実行を決議し、松岡勝太郎（岐阜県農会副会長）が米価と自作農維持について、温が農村振興の意義について約一時間講演を行なった。(1) 終わって、温は午後三時梅田発にて岡山県倉敷町に向かい、八時半倉敷に着し、三宅善夫（都窪郡農会技師）に迎えられ、池田旅館に投宿した。翌一〇日、温は倉敷町高等女学校に行き、午前一〇時半より四時間にわたり、農村振興の意義について講演した。終わって、岡山に行き、上道郡農会の智辺秀志（上道郡農会幹事兼技師）の出迎えを受け、ともに自動車で上道郡西大寺町に行き雪園旅館に投宿した。一一日は西大寺町公会堂に行き、午前一〇時半からの郡農会主催の郡農会大会に出席した。同大会には三〇〇余名が来会し、自作農創設維持、米価維持が決議され、温は午後一二時半より二時半まで講演を行なった。終わって、温は西大寺午後三時発にて広島に向かい、九時広島に着し、麦生富郎（広島県農会幹事兼技師）、井納等（広島県農会技師）らに迎えられ、鳥屋町わたや旅館に投宿した。一二日は広島県第一中学校に行き、県農会主催の農政大会に出席し、来会の二〇〇余名に対し、講演を行なった。決議の際、米の公定価格の決定が主であったので、温が自作農維持創設を加えさせている。終わって、午後四時広島発三次に行き、七時三次につき、香川旅館に投宿した。一三日は三次の旧郡役所に行き、午前一〇時半より開催の広島県農政大会三次大会に出席し、来会の三五〇余名に対し、講演を行なった。温は日記に「快心ノ講演ヲナシ、相当ノ感動」を与えたと記している。終わって、午後四時自動車にて麦生富郎（広島県農会技師）らとともに広島に戻り、わたや旅館に投宿した。一四日は午前八時広島を発し、普通列車にて佐賀に向かい、午後九時四五分佐賀に着し、白水晃（佐賀県農会幹事）の出迎えを受け、松原社前のわたやに投宿し、来宿の田崎竹一（佐賀県農会技師）と明日の佐賀大会の打ち合わせをした。一五日は午前一〇時半より佐賀市の旧公会堂に行き、佐賀県農会主催の農政講演会ならびに農会大会に出席し、来会の各級の農会役職員六〇〇余名に対し、温は午前午後三時間余にわたり、農村振興の意義について講演を行なった。大会では米価維持対策に関する件（内地米の買い上げ、朝鮮台湾に米穀法の適用、外米管理等）と自作農維持創設に関する件が決議されている。(2) 終わって、午後六時一九分佐賀発にて博多に向かい、八時二〇分博多に着し、広吉政雄（福岡県農会幹事）、香月秀雄（同技師）の出迎えを受け、共に栄屋に投宿した。一六日は博多の記念館に行き、午前一〇時半より福岡県農会主催の農会大会に出席した。県下各級農会役職員約七〇〇名が出席し、温は米価と自作農維持創設問題について、約一時間程「刺激的」講演を行なった。終わって、午後六時半の急行に乗り、帰京の途につき、下関から特急に乗り換え、翌一七日着京した。

一月一九日、温は帝農に出勤し、不在中の雑務を処理した。後、幹事会を開き、全国農会大会の準備、農政協会講演会の講師派遣の役割などを決めた。また、この日、藤原久満吉（越智郡宮浦町の出身）が温を訪れ、山岡萬之助（内務省警保局長）との面談を勧められた。翌二〇日午前八時、温は山岡警保局長を官邸に訪問、面会した。話の内容は記されていないが、時局柄、解散、総選挙のことと推測される。

一月二一日、田中義一政友会内閣下の第五四議会が再開した。議会の勢力は与党の政友会が一九〇議席、それに対し、野党側の民政党が二一九議席、新正倶楽部が二六議席、実業同志会が八議席、無所属が一六議席で、(3) 少数与党のため政局不安定であり、衆議院選挙の早期実施が必至となっていた。温も議会解散を予想していた。温は正午、新正倶楽部の代議士会に出席し、午後一時からは本会議に出席した。そこで、民政党の松田源治の内閣不信任決議案及び実業同志会の武藤山治らの衆議院解散決議案が提出されたが、政府が不同意のため、田中総理兼外相の所信表明、三土蔵相の演説がなされ、その後、野党に発言の機会を与えず、鳩山一郎書記官長が紫のふくさに包まれた解散の詔勅を捧持して森田茂議長に伝達し、議長は唯今詔勅が下りましたと告げ、詔勅を捧読し、衆議院は解散となった。[4] 日記に「昨夜来ノ空気ハ本日議会解散トナルヘク予想ナル。十二時ヨリ控室ニテ最後ノ代議士会ヲ開ク。尾崎行雄氏ヨリ政界革正、公正ナル選挙執行ニ関スル上奏案提出ノ提議アリ。自分ハ反対意見ヲ述ヘ、賛成ヲ保留ス。長岡将軍反対ノ意志ヲ表セラレ、多木氏モ賛成セス。松山、山口君モ不賛成。其他ハ賛成ス。后一時過、予定ノ如ク開会。議案報告ニ次テ民政党ノ日程変更、不信任案上程ノ議アリ。次テ、実同ノ速〔即〕時解散ノ提議ノ簡単ナル説明。首相及蔵相ノ施政方針ノ演説アリ。畢ツテ、鳩山書記幹〔官〕長ヨリ紫フクサニ包メル詔書ヲ中村書記官ニ渡シ、議長捧持シテ解散ノ詔書ヲ朗読ス。二時四十一分」とある。なお、日記中、新正倶楽部の代議士会で、尾崎行雄の普選実施の公正を期するため大詔渙発を奉るという上奏案の提案に対し、温が反対したのは、「聖慮を煩わすとは恐懼の至り」との見解のためであった。[5]

衆議院が解散になったため、一月二一日、温は郷里の支持者達、伊・温の農友会の幹部、渡辺好胤（伊予郡農友会幹事長、南伊予村助役）、野村茂三郎（岡田村会議員）、山岡栄（伊予郡の農民）、石丸富太郎（松山市会議員）、大原利一（石井村会議員）、渡部荘一郎（川上村助役）、豊田為市（河野村別府の郵便局長）、徳永清次郎（正岡村助役）、胡田友市（温泉郡北条町）、渡辺道幸（立岩村信用組合書記）、関谷忠市（味生村、銀行員）、堀内雅高（石井村の青年団長）、松田石松（石井村長）、野口文雄（坂本村の農村青年）ら一九名に議会解散の電報を発した。

一月二二日、温は帝農に出勤し、正副会長、幹事にて全国農会大会の準備の協議を行ない、翌二三日も帝農に出勤し、大会準備を行なった。

今回の第一六回衆議院議員選挙は、普通選挙法に基づく初めての総選挙で、選挙区はそれまでの小選挙区制から中選挙区制（定員三～五名）に変わり、愛媛選挙区は第一区（定員三名、松山市、温泉郡、伊予郡、上浮穴郡、喜多郡）、第二区（定員三名、今治市、越智郡、周桑郡、新居郡、宇摩郡）、第三区（定員三名、宇和島市、西宇和郡、東宇和郡、北宇和郡、南宇和郡）となった。

今回の総選挙にかんし、温は『帝国農会時報』第二巻第六号に「農業者の選ぶべき人は誰れ」を掲載した。その大要は次の如くで、農業者が農村振興の主張を明確にして、候補者に対し支持するや否やを質す活動をすることを呼びかけた。

「衆議院は予期の如く解散となった。これにて制限選挙による帝国議会は終わりを告げた。来る二月二〇日の選挙は普通選挙法により行なわれるので、大多数の国民が政治に参与する第一歩で、わが国政治上画時代的大事件である。議院政治が国民大多数の利益を基礎として行なわれる政治であり、普通選挙が国民の各階級の政治上の希望、主張を表明し得る制度であるならば、今回の選挙は各階級者の利害関係に立脚した主義、主張の争いが起こるべきである。したがって我が農村側よりは年来の都市偏重政治に対し、当然農村振興の主張が強調されなければならない。

政治家として農村問題に対する主義、主張のないものは、国民民意の大部分を知らないもので、地方選出議員、農村代表議員たるの資格はない。世間には衆議院議員は国民全体の代表たるべきで、農村代表だの、労働者代表だの言うべきでないなどの議論もあるが、それならば、普通選挙を行なう必要はない。職業や階級により利害を異にするが故に、その代表を選ぶために普通選挙が行なわれるのである。

選挙に対し、有権者側の主張が明確でなければならない。そうでないと候補者の政見に対し批判できない。政見を批判できなければ、去就を決することができない。普通選挙の時代になっても候補者の政見が内治外交を刷新とか国利民福の増進などという茫漠、捕らえどころないものなら、それは旧式の政治家で、実際の政策に対し、一定の意見のないものと見て差し支えない。

有権者の希望は細目に及ぶ必要はない。たとえば、米価問題に対し、米価は安いほど国民の幸福であり社会の平和であるとの意見もあり、また一方には米価が安くては生産の萎縮となり結局国民の不幸となるから、常に適度の価格を維持する必要があるとの意見もある。実際、政策の岐かれるのは、この見解の差異に基づくのである。

故に、農業者としては候補者に対し、米価を安くする政策を支持するや、米価を適当に維持する政策を支持するやを聞けば良い。この一事が非常に重要である。蓋し、農業経営の消長は生産物の価格に支配され、而して米価問題は農産物の価格問題を代表し、産業政策の中心問題をなすからである。候補者が米価維持論を唱えながら、他方外米関税の復活又は増率に反対したり、米穀法の改正に反対するような行動をとるならば、これを排斥し、再び郷党に入れないようにすべきである。税制問題に対しても、農村の戸数割の如く、不在地主の所得や法人経営の会社に賦課することのできない現行制度を是認するものは、農村振興に対する意見のないものとみてよい。

その他、金融政策なり、社会政策なり、農村側より主張はいくらでもある。故に農業者の主張を候補者に示してその所見を求めるようになれば、普通選挙の意義をなし、農村振興も実現の緒につく。普選の第一歩に際し、農村有志諸君はボンヤリして政党者に引き回されないよう、進んで、候補者に我が農村振興の主張を聞き容れせしめるよう、活動されんことを願う(6)」。

さて、解散、総選挙となり、温の周りがあわただしくなった。一月二三日、政友会から立候補する須之内品吉が温を訪れ、「暗ニ応援」を求めて来た。また、郷里の友人・加藤徹太郎（元、越智郡選出の県会議員、元憲政会）が温を訪れ、愛媛県の第一区において民政党から武知勇記（松山市会議員、前、伊予郡選出の県会議員）、松田喜三郎（温泉郡選出の県会議員）、西村兵太郎（喜多郡選出の県会議員）らが立候補するとの情報を伝えに来た。さらに、原鐵五郎（駒場交友会副会頭）が訪れ、温に政友会から立候補を勧め、政友会の山崎達之輔、倉元要一を説き、鳩山一郎書記官長のもとを訪れるとのことであった。この日記に「須之内君面会ヲ求メ、暗ニ応援ヲ求ム。取込ノタメ十分話ス暇ナク分ル。加藤来訪。只今武知ヲ推込ミ、松田、西村両氏立候補ト決シタル由ヲ伝フ。原鐵五郎君、俄カニ自分ノ立候補ニ付斡旋シ、山崎、倉元両君ヲ説キ、明朝鳩山氏ヲ訪問ノ計画ノ由。コノ原君ノ活動ハ如何ナル結果ヲモタラスヤ」とある。

一月二四日、帝国農会は午前一〇時半より全国農会大会を東京丸ノ内の生命保険協会にて開催した。政府（田中政友会内閣）に対し、圧力をかけるためであった。全国道府県農会より約六〇〇名が出席し、矢作帝農会長が挨拶を述べ、議事に入り、次の宣言、決議を可決した。宣言は「農村は国家の基礎にして国民食糧供給の源泉たり、其の発展振興の如何は実に国家の将来を左右する原動力たらずんばあらず、然るに近時の社会及経済事情は農業方面に幾多の問題を惹起し、農村の前途寔に楽観を許さゞるものあり、特に最近小作争議の頻発、米価の暴落は農村の存立上大なる脅威を与へつゝあり。今にして之が適当なる対策を講ずるにあらずんば、其の及ぶ所実に測るべからざるものあり、全国農会大会は如上の事情に鑑み、刻下の喫緊たる政策に関し大に与論を喚起し誓って之が実現を期せむとす。敢て宣す」であり、決議は自作農の創設維持、米価の維持であった(7)。午後は政友会の堀切善兵衛、土井権大、民政党の荒川五郎、東郷実らの演説、参加者の演説があり、午後五時閉幕した。この大会に郷里から石丸富太郎（温の支持者で松山市会議員）が出席していた。温は石丸富険協会にて懇親会を開いた。温はこの日の日記に「極メテ静穏ニテ気焔揚ラサリシ」と記している。後、生命保太郎の宿舎を訪れ、温の立候補問題について遅くまで懇談し、立候補辞退することを石丸に納得させている。日記に「帰途、紀尾井町諏訪館ニ石丸君ヲ訪問シ、十二時迄談ス……。結局立候補辞退ノ已ムヲ得サルヲ説キ、合点セシム」とある。なお、何故、温が立候補を辞退したのかはここには記されていないが、後の『帝国農会報』第一八巻第四号掲載の「総選挙雑感」によると、一つは議員活動の経験から、自分には農村と議会との中間においてなすべき重要な任務があることを痛感したこと、今一つには今回の如く二大政党の必死の対戦となった政局において、中立より立候補して必勝を期すのは多大の犠牲を払わなければならぬ大難事であると痛感したことが、その理由であった(8)。

一月二五日、温は午前中、農会大会決議事項実行協議会を開き、午後二時より二組（農林・大蔵大臣組と両党幹部組）に分れ、大会決議を陳情した。また、それより前の正午、温は交詢社にて政友会の須之内品吉、門田晋と衆議院選挙問題で会談し「相互応援」を協議している。日記に「須之内品吉、門田晋三人ニテ会談シ、相互応援ノ相談ヲナス。須ノ内君快諾ス。但シ、条件等ハ話サス」とある。「相互応援」とは、温の選挙母体の伊予・温泉郡農友会と政友会の相互応援と推測される。また、夜には森伝（早稲田出身の右翼団体「縦横倶楽部」の盟主、森伝は愛媛出身）の使いで渡辺寛吾が来会し、選挙に立候補予定の森伝の支援を懇願されている。二六日は早朝、政友会の佐々木長治代議士（愛媛県第三区から立候補予定）を訪問し、選挙談をなし、後、帝農に出勤した。そして、午前帝国農政協会理事会を開催し、来る総選挙対策を討議し、午後一時より一同と大蔵官邸に行き、三土忠造蔵相に面会し、自作農地法案、米価問題について陳情し、あと、首相官邸に行き、田中義一総理にも陳情した。また、この日、温は郷里の温の支持者・農友会の幹部、渡辺好胤、野村茂三郎、山岡栄、渡部荘一郎、松田石松、仙波茂三郎、大原利一、石丸富太郎、野口文雄、渡辺道幸、徳永清次郎、豊田為市、堀内雅高らに二九日に帰国し、三〇日に農友会幹部会を開くことを打電した。二七日、温は正副会長、幹事、菅野鉱次郎らと全国農会大会の結末を協議した。また、この日、藤原久満吉が来訪し、政友会の鈴木喜三郎内相、勝田主計貴族院議員（政友会系）との面会を勧められ、翌二八日、温は勝田主計を訪問した。この日の日記に「渡辺寛吾君ト同車ニテ勝田主計氏ヲ訪問シ、杉君トノ約束及須之内君関係ヲ話ス……。来客多カラス。政界ノ中心ヲ離レタル感アリ」とある。また、温はその後、交詢社にて、政友会の河上哲太、須之内品吉とも会談した。この日の日記に「河上君、須ノ内君ト交詢社ニテ会談。一件ハ具体案ニ入ラス、一切門田晋君ニ委託スルコトノ申合ヲナス」とある。記事中、「一件」とは、温（その支持母体の農友会）と須之内との選挙協力、または選挙支援のことと思われる。二九日、温は鈴木内相の私邸を訪問したが、面会せずに辞去した。温はこの日の午後七時発にて帰郷の途につき、翌三〇日午後一時三〇分尾道につき、三時発の船にて高浜に向かい、松山に着した。ちょうど椿神社の祭礼日であり、椿社に行き、去る大正一三年の衆議院立候補の際に村民有志と祈祷をなし、選挙戦に臨み、今回無事に殆んど全期を務めたことに感謝し、お礼参りのつもりで参詣し、夜一一時前に帰宅した。

一月三一日、温は榎町の畜産組合に行き、伊予・温泉郡農友会幹部会を開いた。そこで、仙波茂三郎、大原利一、野口文雄、徳本憲一、多田隆、三津山保太郎、堀内雅高、豊田為市、徳永清次郎、渡部荘一郎、渡辺好胤、野村茂三郎、山岡栄、石丸富太郎、山中次三郎、吉久為三郎ら多数の幹部出席の下、温は今回立候補する意思のない理由を述べ、農友会として推挙できる人がいないことを述べ、農友会としての行動について協議した。温は政友会の須之内擁護を述べなかったが、幹部の中に須之内支持者の者が多いことが見受けられた。然し、農友会が政党候補者を応援することに疑義が出て、結局一〇名の委員付託となった。この日の日記に「畜産組合ニテ伊温両郡農友会幹部会ヲ開ク。仙波、大原、野口、徳本、多田、三津山、堀内、豊田、徳永、渡部、渡辺好胤、野村、山岡、石丸、山中次三郎（興居島）、吉久為三郎。自分ノ立候補ヲ意ナキ理由ヲ述ヘ、農友会トシテ推挙スヘキ人ナカリシヲ述ヘ、農友会ノ行動ニツキ協議ス。自分ハ点〔転〕シテ須之内君擁護ノ意見ヲ述ヘサリシカ、同主義ノモノ多キヲ見受ケラレタリ。然シ政党候補者ニ対シ応援ヲナスコトニツキ、種々ノ議論出テ、結局十名ノ委員付託トシ、指名ヲ自分ニ托サレ、次ノ十名ヲ指名ス。仙波、大原、徳本、野口、徳永、渡辺、野村、山岡、石丸ト自分。時ニ十時過、徒行帰宅ス」とある。

二月一日、温は昨日の幹部会結果により、伊予・温泉郡農友会選挙対策委員会を開いた。ところが、石丸富太郎（松山市会議員）が突如立候補すると言い出し、農友会の方針が一頓挫した。その後石丸と種々協議したが、石丸は候補を降りず、委員会も窮地に陥り、再度幹部会を開くことを決めた。その後、温は亀乃井における東温懇親会に出席した。四〇、五〇名ほど出席し、温が中央の政況について述べ、後、大原利一と水月にて懇談し、大原は温と行動をともにし、須之内支持で行動することになった。この日の日記に「昨日ノ幹部会ノ結果ニヨリ委員会ヲ開ク。石丸君突如立候補ヲ申出テ、農友会ノ方針決定ニ一頓挫ヲ来ス。同君ヲ招キ、種々懇談シタルモ承引セス。委員モ処置ニ窮シ、結局白紙トシテ再ヒ幹部会ヲ開クコト、シ散会ス。而シテ幹部会伊予郡ヲ明二日、温泉郡を三日トス。石丸、仙波諸君ト亀乃井ノ東温会ニ出席ス。四、五十名ノ出席アリシ。近藤鑑君ノ発議ニヨリ、現下ノ政況ヲ聴キタシトノコト故、約五分間政況ハ不可解ナリト述へ、喝采ヲ搏シタリ。夫ヨリ大原君ト水月ニ会シ、種々打合ヲナス。大原君ト武智君ノ関係ハ農友会諸君トノ関係程重要ナラサル由、従ッテ自分ト政友会ト援助スト。徒行十時過帰宅ス」とある。二日、成田栄信（第一区から中立で立候補）が温宅を訪問し、温が立候補しないのなら自分を援助してくれと要請があったが断わり、後、温は久保田旅館に行き、須之内候補、岡本馬太郎（政友会の県会議員）と面会し、また、県農会事務所で門田晋（県農会長、政友会）とも懇談し、須之内候補応援について協議した。その後、伊予郡に行き、大谷にて伊予郡農友会幹部会に出席した。温は渡辺好胤（伊予郡農友会幹事長、南伊予村助役）、野村茂三郎（岡田村会議員）、富永安吉（前、喜多郡三善村長）、山岡栄、大西盛行らと農友会の選挙応援方法について協議した。協議結果は不明であるが、おそらく、温の不出馬を容認し、石丸の立候補表明があるが、選挙は任意行動になったものと推測される。この日の日記に「農友会ノ幹部会ニ出席ス。……大谷ニテ渡辺、野村、大西、富永、山岡君ニ会シ、農友会ノ応援方法ニツキ協議ス。政友会ノ幹部会アリ。武智雅一君ヲ招キ、農友会ノ活動方針ニツキ相談ス」とある。三日、温は午前は久保田旅館にて宮脇茲雄（温泉郡農会長）と会見し、後、県農会にて門田晋と須之内選挙の打ち合わせを行なった。そして、午後一時から伊予畜産組合にて開催の温泉郡農友会幹部会を開催した。前日来の空気を察し、欠席者が多かったが、堀内雅高（石井村青年団長）、吉久為三郎、玉江律之（粟井村）、大原利一（石井村会議員）、仙波茂三郎、石丸富太郎ら出席の下、総選挙に対し、各自任意行動とすることと決めた。四日、温は野本半三郎（政友会の市会議員で元県議）、大本貞太郎（松山市選出の県会議員、政友会）に面会し、農友会の政友会への応援ならびに大原利一に手伝わせることを談じた。そして、温は須之内候補の応援を始め、渡部道幸（立岩村）、田原糸一（立岩村）、豊田幸三郎（河野村）、関谷忠市（味生村）、仙波愛民、野中親三郎らに須之内依頼の手紙を出した。五日、温は須之内候補応援文を草し、また、野村茂三郎、宮内耕造（温泉郡立憲農村青年党）、堀内信義（石井村会議員、和泉）、大野新次（石井村会議員、朝生田）、大原仲義（元、石井村会議員、星岡）、重松亀代（石井村助役、井門）、宮内通養（石井村農会副会長）らに須之内依頼の手紙を出し、夜には大字南土居部落の永木亀喜、日野道得、金光信太郎を招き、須之内援助を依頼し、快諾を得ている。

以上のように、伊予・温泉郡の農友会は総選挙にかんし、各自任意行動となったが、温は政友会の須之内候補の応援にまわったことが判明しよう。大正一三年の総選挙では、温は伊予・温泉郡の農友会を地盤に中立で立候補し、当選後は中正倶楽部・新正倶楽部に所属し、非政友であったが、昭和三年の選挙では政友側からの働きかけにより政友会候補を積極的に応援することに「変身」したことがわかる。

二月六日、温は三重、静岡、愛知県に講演、選挙応援のために出張した。この日、船にて大阪に向かい、翌七日午前八時大阪に着き、さらに三重県に向かい、正午松阪町に着いた。そして、旧飯南郡役所に行き、農政協会大会に出席し、南伊勢より来会の二〇〇余名に対し、約二時間にわたり、「農村振興の意義」について講演を行なった。終わって、本居宣長翁の遺跡・鈴ノ屋を参詣し、伊賀上野に行き、友忠旅館に投宿した。八日、温は伊賀上野の公会堂に行き、農政協会大会に出席し、阿山、名賀郡より来会の三〇〇余名に対し、温が農政を中心とした国政批判の講演を行なった。終わって、午後七時上野を発し、九時名古屋に着し、松山兼三郎（前、衆議院議員）、山中直一（前、帝農書記）らに迎えられ、シナ忠旅館に投宿し、愛知から衆議院選挙に立候補している山崎延吉（前、帝農幹事、相談役）候補の応援について協議した。九日、午前七時名古屋を発し、一一時四〇分静岡に着し、森順平（静岡県農会技師）に迎えられ、そして、午後一時より教育会館における静岡県農政協会大会に出席し、約二時間にわたり、農村振興の意義、総選挙対策について、講演を行なった。終わって、温は山崎延吉の選挙応援のために愛知県安城町に向かい、午後九時二五分安城に着し、豊田旅館に投宿し、翌一〇日、温は山崎候補とともに幡豆郡の各地、幡豆村の劇場、西尾町の劇場、三和村小学校、一色町安休寺、平坂町小学校に行き、山崎候補の応援演説を行ない、〇時に豊田旅館に帰った。旅館には伊予郡農友会幹部の野村茂三郎（岡田村会議員）が温の帰りを待っていた。伊予郡では幹部の渡辺好胤（伊予郡農友会幹事長、南伊予村助役）が石丸富太郎を応援することとなったので、どうしたらよいかの相談であった。一一日、温は山崎候補とともに額田郡の美合村法泉寺、山中村小学校に行き、応援を行なった。山崎候補の運動は有力な政党員や真面目な青年が多く、温は当選「確実」と見ている。終わって、温は野村茂三郎とともに、午後五時五分安城発にて愛媛に帰郷の途についた。

二月一二日、温は午前七時半に尾道につき、八時尾道を出て、午後一時半高浜に着した。温は久保田旅館に行き、政友会の岡本馬太郎、宮脇茲雄と選挙対策について面談した。その結果、第一区での政友会候補（須之内品吉、岩崎一高、高山長幸）の地盤協定の関係（須之内は温泉郡、岩崎は松山市・伊予郡、高山は喜多・上浮穴郡）から、伊予郡は岩崎の地盤で、須之内候補を公然と擁護するのは紛議をきたすとのことであった。そこで、温は野村茂三郎にその旨を伝え、岩崎を応援するよう伝えた。この日の日記に「野村君ハ伊予畜産組合ニ待タセ、久保田ニ行キ岡本、宮脇両君ニ面談。伊予郡ニ於ル野村君ノ態度ニツキ協議ス……。地盤協定ノ義理合上、須之内君公然ノ擁護ハ内部ノ紛議ヲ来スヲ以テ遠慮スルヲ要ストノコトナリシヲ以テ、畜産組合ニテ野村君ト協議シ、岩崎候補ヲ推薦スル手紙ヲ認メ渡ス……。蓋シ同君ノ意図ハ須之内君ヲ推薦シタカリシナリ」とある。一三日、温は門田晋に面談し、前日の件を話し、また、岡本馬太郎に会い、東温地方で須之内候補の勧誘を引き受けた。一四日、温は永木亀喜、越智太郎、金光信太郎、勝田六郎らの運動員から各方面の情勢を聞き、須之内候補の運動を指示した。一五日も温は運動員の日野道得、勝田らを激励し、運動を指示した。一六日は夕方まで自宅にて隣村への働きかけの指導を行ない、夜の六時からは小野、久米、石井村で須之内候補応援演説に行った。いずれの演説会も「極メテ好成績」であった。一七日は門田晋に面会し、須之内候補の状況を聞いているが、政友会候補のなかでは須之内候補が「高点」とのことであった。また、伊予郡郡中に行き、野村茂三郎や合田四郎（岡田村）に面会し、須之内候補の状況を聞いているが、一二〇〇票と言ったが、実際はその半分ぐらいと観測している。夜六時から温は川上、北吉井での演説会に行き、須之内候補の応援演説を行なった。一八日、温は運動員の片岡熊太郎（石井村南井門）、伊賀上為吉らに須之内候補の運動を指示した。また、温の長女の末光清香から吉井村大字南野田の選挙情報を聞き、越智秀夫を派遣した。この日の日記に「清香来宅。野田ノ情報ヲ聞キ、秀夫ニ五〇ヲ托シ、明賀ヲ訪問セシム。三、四十八取リ得ル見込」とある。一九日、投票日の前日である。温は運動員を集め、各方面の情報を聞き対策を講じた。後、伊予郡に行き、農友会幹部の野村茂三郎、藤谷、大西洪（前、岡田村長）らに会見し、伊予郡での須之内票の情報を聞いている。また、夜は運動員を温宅に集め、各方面の取り固めを指示した。この日の日記に「運動者ヲ集合シ、各方面ノ情報ニヨリ対策ヲ講ス。岩崎一高氏ヲ自宅ニ訪問シ、挨拶ヲナス。仙骨ノ老人、自己ノ候補者タルヲ忘レタルカ如シ。梅ノ舎ニ門田君ヲ訪問シ、一区ノ情勢ヲ聞ク。須之内最高点ノ見込ノ由……。久保田ヲ訪問シ、情勢ヲ聞キ……、郡中ニ行キ大谷ニテ野村、藤谷、大西諸氏ニ面会ス。伊予郡ハ鳴ル程ニナク一千票以上ハ困難ナラン。五時帰宅。永木、日野、金光、勝田、寛太郎、稔、勝田勝ノ七名ヲ招キ夕食ヲナシ、各方面ノ取固メ警固〔護〕ニ当ラシム」とある。

二月二〇日、第一六回衆議院選挙（普選第一回目）の投票日であった。温は政友会の須之内品吉に投票した。そして、そのまま、温は東京で帝農幹事として再び活動するために上京の途についた。

二月二一日が市部、二二日が郡部の開票日であった。愛媛の選挙結果は、第一区（定員三、松山市、温泉郡、伊予郡、上浮穴郡、喜多郡）では、一位須之内品吉（政友新）一五九〇一、二位高山長幸（政友再）一三八五三、三位岩崎一高（政友元）一二四九五で、この三人が当選し、以下、武知勇記（民政新）一一五三一、松田喜三郎（民政新）一一二一六、成田栄信（中立前）二六〇五、石丸富太郎（中立新）一七五〇、いずれも落選した。第二区（定員三、今治市、越智郡、周桑郡、新居郡、宇摩郡）では、一位河上哲太（政友再）一四三九三、二位竹内鳳吉（政友新）一二四三〇、三位小野寅吉（民政再）一二三五七で、この三人が当選し、以下、村上紋四郎（民政前）一二〇九七、小岩井浄（労農新）八四二九で、ともに落選した。第三区（定員三、宇和島市、西・東・北・南宇和郡）では、一位二神駿吉（政友新）一六一七二、二位村松恒一郎（民政再）一四七四九、三位佐々木長治（政友再）一四四一二で、この三人が当選し、清家吉次郎（政友新）は一三六四五で、落選した(9)。

以上、第一区では、温が支持し、奮闘した須之内がトップ当選した。農友会出身の石丸富太郎は惨敗であった。なお、愛媛全体では、定員九人中七人までが政友会の当選で、民政党は二人に終わり、政友会の大勝となった。しかし、全国的には、政友会二一七人、民政党二一六人、実業同志会四、社会民衆党四、革新党三、労働農民党二、日本労農党一、九州民憲党一、無所属一八、等々となっており(10)、政友会は過半数を取れず、辛うじて第一党を保っただけであった。また、温が応援した愛知県の山崎延吉は第四区でトップ当選した。

二月二二日以降、温は帝農幹事に専念し、活動を始めた。この日午前七時五分東京発にて、神奈川県に出張し、大船農事試験場に行き、同県農会主催の農会技術者講習会に出席し、来会の町村農会技術者ら約一〇〇名に対し、午前一〇時より午後四時まで農村問題の批判について講演を行なった。二四、二五日の両日は帝農事務所にて、道府県農会養蚕主任者協議会を開催した。二二県の技師、養蚕関係者が出席し、午前は安藤副会長が、午後は温が座長として議事を進め、「養蚕業の改良発達に関し道府県農会の採るべき方策に関する件」などを協議し、「各級農会に養蚕技術者の設置」などを決議した。[11] 協議会に農林省の明石弘蚕糸課長、永井治良技師が両日とも出席し、温は日記に「農林省ノ意向漸次吾等ト接近ス」と記している。二七、二八、二九日の三日間は帝農事務所にて、道府県農会販売斡旋主任者協議会を開催した。全国および各販売斡旋所より五六名が来会し、また農林省より小浜八弥副業課長、見坊技師、渡邊技師、商工省より副島千八商務局長らが出席し、「中央卸売市場対策に関する件」（農会販売斡旋所に関する事項など）などを協議し、「道府県農会聯合販売斡旋所を帝国農会に移管し、重要都市に其出張所を設けられたきこと」などを決議した。[12]

三月も、温は帝農幹事として、活動に専念した。一日は帝農幹事会を開催し、大石茂治郎参事の辞任問題を協議した。二日は矢田村調査、また、正副会長出席の下、幹事会を開催した。四日は終日在宅し、著書の編集、五日からは農業経営調査の青森県の大経営や群馬県の小経営の審査をはじめ、また、正副会長出席の下、幹事会を開催した。六日も小経営の審査を行ない、午後は幹事会を開き、来年度開催の講習会を決定した。七、八日も小経営の審査をした。

三月八〜一一日は『帝国農会報』第一八巻第四号の原稿「総選挙雑感」を執筆した。その大要は次の如くで、無産政党が農村で成績が振わなかった原因を考究したものであった。

「郷党の青年達から今回も立候補せよと勧められたが、私は一度議会にたった経験上、私には農村と議政壇上との中間に、尚重要な任務のあることを痛感した。今ひとつは今回の如く勢力伯仲せる二大政党の必死の対戦となった政局に中立より起って必勝を期せんとするには多大の犠牲を払わなければならぬ大難事であるから、それこれの都合で立候補を断念した。

制限選挙が普通選挙に改正され、有権者が一躍三、四倍になったことは政治上の大改革、躍進的進歩である。しかし、選挙そのものは多くは旧式の延長で新味はなかった。

しかし、無産政党より一挙八名の代議士を出したことは急激な進歩である。願うに、これにより政界が愈々多事となり、既成政党の消長、その他政界に一転化をもたらすであろう。ここに我々が研究を要するのは、無産政党の候補者中、当選者は都市に多く、農村に少なかったことである。それに対する世間の観察は農民の無自覚で片付けているようだ。また、無産政党関係者も農村の無自覚と官憲の干渉が不成功の原因といっている。しかし、この観察の内には、農民が政治的に自覚すれば無産政党に賛同するだろうとの意味のように窺われる。しかし、私らは農民が覚醒すれば挙げて無産政党に参加するとの考えには多大の疑問を抱いている。都市の無産者は無産政党が政界に進出すれば、無産者に有利な政治が行われることは想像できるが、農村の無産者にはその点が不明である。

都市の無産者は農産物の消費者であり、農村の無産者は生産者である。そして、社会主義的政策を生命とする無産政党が、産業政策において生産者擁護の政策、例えば農産物の価格維持向上などを主張するとは想像できない。無産政党は生活必需品を低価ならしめる政策を掲げているが、価格の維持策などはどこにも見つからない。この一事においても農民が無産政党に参加して果たして福利が得られるか不明である。むしろ不利益と解せらるべき理由が多い。また、無産政党の人々は資本家が労働者を搾取することに対しては非常に喧しく騒ぎたてるが、農産物の消費者がその生産者を搾取することにより農村を今日の如き状態に至らしめた、重大なる都市対農村の搾取問題に対しては殆んど無関心の態度である。

ゆえに、無産政党が農村に根拠を持ち、産業政策、社会政策等において、都市の無産者の利益を犠牲にしてでも農村の無産者の利益を図るのであれば、農民は挙げて無産政党を支持するが、都市に根拠を持ち、都市の無産者の保護のために小農の利益を犠牲にする政策を掲げている限り、農民は無産党には参加しないだろう。

尤も小作問題は都市の無産者には何等利害関係なくして農村の無産者の福利をすすめる問題であり、無産政党の活躍によって小作者に有利に展開しつゝあるが、しかし、小作問題は小作法の制定と自作農創設に関する政策の樹立によって解決される問題である。無産政党の如く、妥協を排し、争闘によって福利を増進せんとする、むしろ横取りせんとする考えは農村気分と合致せず、小農の経営理論とも合致しない。故に、無産政党の成績が不良であった原因を農民の無自覚なことに帰するのは間違いである。

また、今回の総選挙で不思議、且つ不快に感じたのは、政友会、民政党とも地租委譲問題や小学校教育費国庫負担問題について、その政策を主張するだろう、有権者も両党の主張を聞けるだろうと期待したのに、殆んど聞かれなかった。それでは政党競争の意義をなさない。私はこれをもって選挙民も、候補者も政党もともに立憲政治に無自覚の象徴だと断じて憚らない。かくのごとく上も下も無自覚ばかりで選挙を行うとすれば、何等新らし味のない選挙になったのは当然である」(13)。

三月一二日、温は午後九時三〇分東京発にて佐賀、熊本、愛知県に講演、視察等のため出張の途につき、翌一三日午前八時二五分下関につき、佐賀に向かい、車中、チャヤノフの小農経済原理を再読しながら一二時五〇分佐賀に着した。そして、佐賀県農会に行き、農業経営調査担当者の協議会に出席し、質問に答え、終わって松本屋に投宿した。一四日は佐賀の旧公会堂協和会に行き、佐賀県農会主催の農会経営研究会に出席し、来会の農会役職員二六〇余名に対し、午前一〇時より午後四時まで「農業経営改善と農会経営に就いて」の講演を行なった。一五日は井出治一（佐賀県農会技師）とともに小城町に行き、同公会堂にて開催の小城郡農会主催の農会経営研究会に出席し、来会の三六〇余名に対し、午前一〇時より午後四時半まで講演を行ない、終わって金居旅館に田崎竹一（佐賀県農会技師）とともに投宿した。一六日は田崎技師とともに杵島郡の佐賀農学校に行き、杵島郡農会主催の農会経営研究会に出席し、東部一三ケ町村より来会の一二〇余名に対し、午前一〇時半より午後五時まで講演を行ない、終わって武雄町に行き、田崎技師とともに東京屋に投宿した。一七日は公会堂にて、杵島郡の西部一〇ケ町村より来会の八〇余名に対し、午前一〇時半より午後四時四〇分まで講演し、終わって佐賀に帰った。一八日は井出技師とともに神崎町に行き、神崎郡農会主催の農会経営研究会に出席し、午前一〇時過ぎより午後四時まで講演を行なった。終わって佐賀に帰った。一九日は午前七時五〇分佐賀発にて鳥栖町に行き、鳥栖町小学校にて、三養基郡農会主催の農会経営研究会に出席し、来会の一七〇余名に対し、また、農民組合幹部も参加していたので、温は無産党の話も行なった。終わって、駅前の竹屋旅館に田崎技師とともに投宿した。二〇日は三養基郡基山村小学校における県農会主催の農会経営研究大会に出席した。この大会には各郡から農会役職員等三五〇余名が出席し、非常な「盛況」で、午前は基山村農会の岡本技手が同村の農会経営改善の状況の説明があり、午後は協議問題を討議し、温が全体的な批評を行っている[14]。終わって、熊本に行き、研屋に投宿した。二一日は熊本県農会を訪問し、松本清三郎（前、県農会長）、三津家伝之（新、県農会長）と懇談した。二二日は熊本県農会総会に出席し、一場の挨拶を行ない、午後四時三〇分熊本発にて愛知県安城町での副業展覧会出席のために東上の途につき、翌二三日午後九時一五分名古屋に着し、シナ忠支店に投宿した。車中、温は小農原理を読み、また著述を行なっている。二四日は愛知県碧海郡大浜町、知多郡大府町に行き、養鶏場を視察した。二五日は安城町に行き、赤松弘（愛知県農会技師）とともに副業共進会を参観し、後、午前一一時からは町農会事務所における愛知県各級農会役職員会に出席した。県下から五〇〇～六〇〇名が出席し、宣言と決議、意見発表がなされ、午後は温と山崎延吉が講演した。終わって、再び副業共進会を参観し、松山兼三郎（愛知県農会幹事）とともに常盤旅館に投宿した。二六日は安城町産業組合連合会事務所に行き、碧海郡産業組合連合会表彰式に列席し、祝辞を述べた。後、農林学校における副業講演会に出席し、一場の講演を行なった。終わって、午後九時一二分安城町発にて上京の途につき、翌二七日午前六時東京に着した。二八日～三一日は帝農に出勤し、農業経営調査要項の検討、道府県農会役職員会の準備等を行なった。

四月も温は帝農幹事として、活動に専念し、また、自分の著書の著述に励んだ。一日は終日著述に専念し、地価に関する諸問題を執筆した。なお、この日、また藤原久満吉が鈴木喜三郎内相の意を受けて、温を訪れ、中立議員の政府援助斡旋の相談にきたが、適当にあしらっている。二日は正副会長、幹事と道府県農会役職員協議会の協議、三日は終日著述に専念し、農産物価格について執筆、四日は東京帝大実科独立問題で文部省に西山政猪専門学務局長を訪問、五日は著書の農産物価格について執筆、六日も同原稿を執筆し、また、正副会長出席の下、帝農幹事会を開いた。七日は京都舞鶴における講演の準備、八日は終日著書の執筆を行なった。

四月八日、温は午後七時二〇分東京発にて京都、鳥取に視察や講演のため出張の途につき、翌九日午前六時二〇分京都に着し、勝賀瀬質（帝農参事）に迎えられ、京都市中央卸売市場を視察し、果物、土物、生魚の競りの模様を見学した。後、京都府農会を訪問したが、京都舞鶴での農会役職員会議が一六日に延期のため、一時愛媛に帰郷することにし、一二時一六分京都発にて大阪天保山に行き、午後二時四〇分発の中津丸に乗船し、愛媛に向かい、一〇日午前八時高浜港につき、帰宅し、著書の家族経営の規模の執筆等をした。一一日は出市し、県庁、農事試験場、畜産組合などを訪問し、また、慎吾の件にて松山中学に倉橋教諭を訪問し相談した。一二日も慎吾の件で松山中学を訪問し、万事倉橋教諭に依頼することにした。一三日、温は午前七時松山発にて、西条町に行き、第二七回愛媛県農事大会に出席した。約五〇〇名が出席し、自作農創設維持、蚕糸業問題等が協議された(15)。温は全提出問題について意見を述べ、その夜、温は今治に出て、鳥取県における農会役職員の会議に出席するため、尾道・姫路経由で鳥取に向かった。翌一四日、温は午前五時姫路につき、鳥取県倉吉町に行き、西谷金蔵（鳥取県農会長）、毛利喜代蔵（同県農会幹事）らに迎えられ、物産共進会を視察し、後、三朝温泉に行き、斎木旅館に投宿した。一五日は倉吉の高等女学校にて開催の鳥取県各級農会幹部大会に出席し、来会の二〇〇余名に対し、温が一時間ほど講演を行なった。終わって、午後四時二四分上井発にて城崎に行き、ゆとりや温泉に投宿した。一六日、温は午前六時城崎を出て、舞鶴に向かい、九時二四分舞鶴に着き、京都府農会の大島国三郎（府農会幹事兼技師）、梅原則三（同、技師）らの出迎えを受け、舞鶴公会堂に行き、丹後五郡農会役職員協議会に出席し、午後約一時間半ほど講演を行なった。終わって、午後四時舞鶴発にて京都に向かい、帰京の途につき、翌一七日午前八時東京に帰った。

四月一七日、温は帝農に出勤し、菅野鉱次郎、勝賀瀬質（帝農参事）及び幹事らと農産物販売斡旋に関する研究協議を行ない、一八、一九日も各販売斡旋所の技師達、大島国三郎（京都販売斡旋所）、三木清八（神戸販売斡旋所）、池田駒太郎（大阪販売斡旋所）、斎藤亨（東京販売斡旋所）、吉田源一（横浜販売斡旋所）、飯岡清雄（東京市役所技師）、山崎時治郎（東京販売斡旋所）らを集め、農産物販売斡旋問題の下協議を行ない、一九日の夜中央亭での晩餐会の際に、帝農による販売斡旋事業に消極的な安藤副会長を一同で説得している。「昨日ニ続キ販売斡旋所問題ニツキ協議。五時ヨリ中央亭ニ晩餐会ヲ催フシ、一同ヨリ安藤副会長ヲ説ク」。

四月二〇日から二三日までの四日間、帝農は帝農事務所にて道府県農会主任幹事技師協議会を開催した。全国から六四名の幹事・技師らが参集した。協議事項は「近時農村事情の推移に伴い農会の執るべき方策如何」「販売斡旋事業に関し今後農会の執るべき方策如何」であり、本会議及び委員会を開き協議し、前者については農会経営の改善、経営困難な市町村農会への応急処置をとること、後者については、我が国の農業は家族的小規模経営なるをもって資本主義的大規模経営の商工業に対し、これを自由に放任するにおいては常に農家は不利益を蒙らざるを得ない、故に農会が生産者擁護のため力を尽すはきわめて重要で、道府県農会が全国六ケ所に聯合斡旋所を経営するは当然のことであるが、農産物出荷の状態は取引範囲拡大し、聯合区域外に及び、現在の組織をもってしては統制困難のみならず、法人格を有せず任意組織なるため業務遂行上支障少なからずとして、系統農会の販売斡旋事業を帝国農会に統一し、昭和四年度より帝国農会に販売斡旋部を特設し、道府県農会連合販売斡旋所をその支所とすることなどを決議した[16]。二四日は府県農会幹事らとともに農林省を訪問し、農会経営、農会組織改造について松村真一郎農務局長に陳情した。二五日は安藤副会長を訪問し、協議会決議等のことを報告し、また、帝農幹事会を開き、温が農会問題を、高島一郎が販売問題を分担することを決めた。二六日は農林省、矢作会長を訪問し、大石茂治郎（帝農参事）問題を協議し、二七日は正副会長出席の下、幹事会を開き、販売斡旋所問題、農政研究会幹事会、玉利博士への一〇〇〇円の贈呈等を決めた。

なお、中央政界のことであるが、四月二〇日、田中内閣下、普選後最初の帝国議会・第五五特別議会が召集された（四月二三日～五月六日）。召集日の各会派所属議員数は、政友会二二一名、民政党二一六名、無産党議員団八名、明政会七名、実業同志会三名、革新党三名、無所属七名であった。温が総選挙で応援した山崎延吉は明政会所属であった（他に鶴見祐輔、藤原米造、岸本康通、小山邦太郎、椎尾弁匡、大内暢三）[17]。この議会に明政会は野党の民政党とともに、先の総選挙での選挙干渉に対する鈴木喜三郎内相不信任案を準備していた。二二日、温は山崎延吉代議士に会い、山崎が鈴木内相不信任案を準備していることに対し、反対の意を表明し、また、古瀬伝蔵が主宰し立憲農政党が樹立され、山崎が総裁になっていることに対し、大変冷ややかであった。この日の日記に「朝七時、雨中古瀬伝蔵君来訪。相伴ヒ青山牛村氏宅ニ山崎代議士ヲ訪問シ、氏カ明政会員トシテ内相不信任案提出ノ策動ヲナスノ不可ナルヲ述ヘタレトモ、氏ハ平常ノ如ク是ヲ是トシ、非ヲ非トスルノ道ナリトシテ、承引ノ様ナシ。余リニ単調ニシテ現下ノ政情ヲ解セサルカ如キヲ以テ其上言ハサリシ。赤坂三会堂ニテ地方農政団体会ヲ開ク。古瀬君主宰。例ニヨッテ政界不知ノ連中四十余名会合。立憲農政党樹立ヲ決議ス。山崎氏ヲ総理トス。併シ出席者ノ顔触レニヨリ、有力ナル団体トナラサルヲ看取ス。懇親会ヲ催フシ、七時散会ス」とある。そして、二八日の帝国議会に、野党の民政党に明政会が加わり、鈴木内相不信任案が提出され、議会は三日間の停会となったが、温はこの山崎の対応に反対であった。この日の日記に「内相不信任案上程、尾崎行雄氏提案理由ヲ説明シ、終ルヤ直ニ三日間（三十日迄）ノ停会ヲ命セラル。……午后四時十分。本日ノ形勢野党連合軍一名多シ。嗚呼、山崎氏進退ヲ誤マル」とある。このように、総選挙では山崎を応援した温であるが、山崎と対立し始めていたことが判明する。

四月二八日、温は『帝国農会報』五月号の巻頭言「多数政治の真意義」の執筆した。その大要は次の如くで、少数派の実業同志会、明政会が議会でキャスチングボートを握っていることを批判する主張であった。

「議会政治は多数政治である。多数政治は多数国民の意志の総和により行なわれる政治というべきだが、今回の選挙により政友、民政の二大政党がわずか二、三名の僅差となって以来の政局は多数の意志、多数の力は両党相殺して無力となり、少数者の意志によって動くように観える。すなわち、わずか四名の実業同志会に対する政友会の態度といい、六名の明政会に対する民政党の態度といい、多数政治と称するも、事実は少数政治の観あらしめた。これは必ずしも皮相の観察でもない。少数党が政友、民政の両党に向かって策動すれば、大抵のことは両党が譲歩するだろう。これは当然のことでかくしなければ議会で多数を制することができず、多数を制しなければ政見を実現できないからである。この多数政治の形式の下に行われる少数政治は、確とした政見もないものの意志によって動くことになり、国民にとってありがたくない(18)」。

四月三〇日、政局は益々険悪化した。温はこの日内相官邸を訪問、また、愛媛県選出の岩崎一高、佐々木長治、二神俊吉代議士（いずれも政友会）を訪問し、時局を談じている。そして、翌五月一日、衆議院は再び三日間の停会となった。

五月も温は種々多忙であった。一日、温は玉利先生を訪問し、長年の功労に記念品を贈呈した。二日、温は午前六時一〇分上野発にて、山形、福島県に講演のため出張の途についた。この日は、山形にて菅野三津蔵（山形県農会技師兼幹事）、多々良哲次（同、農会技手）の出迎えを受け、上ノ山（かみのやま）温泉に行き、堺旅館に投宿し、翌三日、温は西村山郡寒河江（さがえ）町に行き、旧郡役所にて午後一時より四時まで講演を行ない、終わって伊勢屋旅館に投宿した。四日も午前一〇時より一二時半まで講演を行なった。終わって、山形に戻り、県農会に立ち寄り、菅野三津蔵とともに東村山郡天童町の温泉旅館に行き宿泊した。五日は午前八時天童町を出て、山形県鶴岡市に行き、一二時二四分に着し、伊勢屋旅館に投宿した。六日は午前八時より興農会の幹部会があり、出席し、午前一〇時半より約一時間半講演し、午後からは、来会の農民一〇〇余名に対し、約三時間講演した。終わって、午後四時五五分鶴岡を発し、福島に行き、福島ホテルに投宿した。なお、この日、民政党提出の田中内閣不信任案が未了のまま、第五五特別議会が終了している。不信任案に少数野党の明政会がまとまらなかったためである。この日の日記に「特別議会終了。民政党提出不信任議事未了ニテ会期終了。明政会ノ去就決定ノ困難ナリシニヨル」とある。七日は午前九時福島発にて郡山市に行き、高等女学校にて開催の町村農会長会に出席し、来会の一五〇余名に対し、午後二時より二時間にわたり講演を行なった。終わって、〇時五〇分郡山発にて帰京の途につき、翌八日午前八時帰京、帰宅した。

五月九日、温は午前八時飯田町発にて甲府に講演のため出張し、午後一時半甲府に着し、直ちに商業会議所に開催の山梨県農村振興会に出席し、来会の四〇〇余名に対し、約一時間半ほど講演を行ない、終わって、帰京した。

五月一〇日は終日著述に専念した。一一日は出勤し、安藤副会長に玉利先生への記念品贈呈、大石茂治郎参事の処理報告（本日辞職、中泉農学校に転任）、会務報告等をなし、また、夕方、佐々木長治代議士を訪問し、借金の相談等を行なった。一二、一三日は終日著述に従事した。一四日は午前は農業基本調査の小票の考案、午後は青山の大久保利通公五〇年の墓参、また、午後五時からは電気協会総会に出席し、大河内正敏氏（理化学研究所所長、元、東京帝大教授）の農村電化の講演を聴いた。一五日は米麦生産費調査様式の修正、一六～一九日は矢田村基本調査、帝国農会事務所建築のための委員の依頼等、また、一九日午後一時より駒場に行き、実科の会合に出席、二〇日は著述ならびに上野博覧会を参観した。二一日は東京府の地方裁判所に行き、妹のケイのため家屋の競りに参加し、落札している。二二日は歯の修繕、上歯四本を抜き取り型を取っている。二三、二四日は著述に専念した。

五月二四日、温は実家の仏事のため、午後七時半東京発にて帰郷の途につき、尾道、高浜経由にて、翌二五日午後九時過ぎ帰宅した。二六日は仏事の準備を行ない、二七日、親類を集めて、祖父・祖母（新吾・カネヨ）の五〇回、父（為十郎）一七回、叔母五〇回、叔父（直吉）一七回の五人の追善を行なった。

五月二九日、温は午前一〇時石井発にて高浜、尾道経由にて上京の途につき、翌三〇日午前一〇時帰京した。この日、午後五時より帝農評議員会を開催し、御大典に農会関係者の叙勲を銓衡した。

五月三一日は『農政研究』の原稿「郡農会存廃論の中心点」を執筆した。その大要は次の如くで、郡農会廃止論を批判し、その存続の必要性を論じるものであった。

「私の研究の筋書きはまず農村指導の原理目標を考究し、一貫した指導理論の下に農会の担任業務を考究し、組織の改廃に及ぶという計画である。不透明な理論、不徹底な研究、足の地につかない農村指導は農民の幸福をもたらさない。郡農会廃止論者の有力な理由の一つは郡役所が廃止となり、行政組織が改造された以上、系統農会においても組織を改造し、郡農会を廃止し、町村農会を府県農会に直属せしめてしかるべきであるという郡役所と郡農会の不可分論である。郡役所廃止によって地方行政事務のごときは敏活になったかもしれないが、地方産業の指導斡旋上、とりわけ農業経営の改善振興上、郡役所廃止によってその発展を促したという事例があるであろうか。私は地方に出るたびにその材料を求めんと苦心をしているがほとんど手に入らないのみならず、手に入るのはその反対材料ばかりである。つまり、郡役所廃止は農事の奨励上有利であると判断すべき材料はほとんど絶無である。次に郡農会廃止論者の有力なる理由の一つは町村農会の発達に伴い、郡農会の事業が町村農会と府県農会に分捕られ、事業範囲が縮小し為に郡農会の影が薄くなったという議論である。この議論は一理があるが、かなり杜撰な理想論である。私の見るところでは大多数の町村農会は各自の町村において、農業経営の改善、ならびに生産物の販売、及び消費経済等に調査研究も適切な指導奨励もしていない。それは郡農会が邪魔になっているからではなくて、率直にいえば町村農会の自覚が足りない、知識が足りない結果である。町村農会が農業経営の改善を中心として種々の事業を計画するとすれば、町村の技術者がいかに熟練者であっても一人の知識経験では穀作、養蚕、家畜、園芸、副業と農業経営全部を指導できるものではない。されぱといって町村経済では幾人もの技術者を置くことはできない。また、府県農会や県庁が各町村の要求に応じ、各町村に立ち入って相談相手となり、指導できるかといえば、かゝることは机上の空想で、実行できることではない(19)」。

六月も温は種々の業務に取り組んだ。一日は矢田村の基本調査の編纂、二日も同基本調査の編纂を行なった。三日は終日著述に専念した。四日〜八日も矢田村の基本調査の編纂等を行なった。また、八日には、勝田主計の田中内閣の文部大臣就任（昭和三年五月二五日〜四年七月二日）の祝賀会が東京会館であり、出席した。一〇日は終日著述に専念した。一一、一二日は妹ケイのため、家の買収手続き等を行なった。一三日は矢田村基本調査の編集、経営調査主任会議の準備を行なった。一四日も矢田村の基本調査の編纂を行なった。なお、この日、午後八時半頃、禎子が自動車に轢かれたとの連絡を受け、大騒ぎとなった（実際は打ち倒され、脳震盪を起こした）。一五、一六日、温は欠勤し、禎子に付き添い、また、自動車会社と示談交渉をした。なお、禎子は脳に損傷はなかったが、めまい、食欲は不振で入院を続けた。一八日、温は出勤し、帝農事務所改築委員会を開き、正副会長、桑田熊蔵、岡本英太郎、加賀山辰四郎、池沢正一らの評議員が出席し、二〇万円の予算で、三階建（地下一階）とすることを決めた。一九日は農業経営調査の批評材料の考案、また、農林省を訪問し、砂田重政参与官に面会し、予算の件について懇談、二〇日は栃木県の農業経営の批評の考究、二一日は米麦生産費調査資料の編纂、二二日は山口県の農業経営の批評の考究、二三日は栃木、山口県の農業経営の批評を終えた。また、この日から持病の神経痛が再発している。二四日は終日著述、二五日は帝農幹事会を開催し、大島国三郎、菅野鉱次郎出席の下、販売斡旋所問題を協議し、温は「最低度ニテ決行」と「決心」している。二六日は神経痛のため自動車にて出勤し、午前は帝農事務所にて帝国農政協会の委員会を開き、黄金井為造（神奈川県農会長）、松山兼三郎（愛知県農会幹事）、松岡勝太郎（岐阜県農会副会長）、大島国三郎（京都府農会技師兼幹事）、麦生富郎（広島県農会幹事）、池沢正一（帝農評議員）、原鐵五郎、菅野鉱次郎らの出席の下、自作農創設維持の運動を協議し、午後政友会本部を訪問し、島田俊雄幹事長、河上哲太、井上孝哉両総務らに面会し、陳情した。二七日も自動車にて出勤し、農政協会の委員等と農林省、大蔵省を訪問し、砂田重政農林参与官、大口喜六大蔵政務次官、黒田英雄大蔵次官、山口義一大蔵参与官らに自作農創設について陳情した。二八、二九日は農林省に行き、農林省にて開催の道府県農務課長会議を傍聴した。郡農会問題、自作農創設問題が議題であった。多くは郡農会廃止論で、論旨が皮相であり、ただ廃止論が起こるのは不活発な農会が多いためだと嘆いている。二九日の日記に「午后、農林省ノ農務課長会議ニ出席。二時ヨリ五時半迄。多クハ郡農会廃止論ナルカ、多クハ論旨皮想〔相〕ナリ。熱心ナル存続論者モアリ。然シ、存続論ノ困難ナルハ事実。不活動ノ農会多キニヨル」とある。

七月も温は種々の業務を行ない、また、よく地方に出張した。一日は著述、二日は歯医者に行き、また、道府県農業経営主任者協議会の準備をし、翌三日から四日間、帝農は事務所にて道府県農会農業経営主任者協議会を開催した。全員出席し、協議事項「調査農家変更に関する件」、農林省からの諮問事項「農業共同経営奨励上採るべき方策如何」などが協議され、また、群馬（永井一雄）、長野（宮崎吉則）、愛知（中村亀久生）、福岡（米倉茂俊）などからの研究発表があり、温も農業経営批判の事例と題して報告を行ない、六日に協議会が終了した。(20)

七月六日、温は午後七時半東京発にて福井県に講演及び農業経営視察のため出張の途につき、翌七日午前一〇時福井市に着した。そして、福井県農会事務所にて開催の同県農政協会総会に出席し、来会の四五名に対し、午後約一時間半ほど「中央農政事情」について講演を行なった。(21)終わって森芳雄（福井県農会技師）とともに芦原温泉に行き、べにや旅館に投宿した。八日は森技師とともに坂井郡本庄村に行き、伊藤定次郎の小作農業経営（五町九反）を視察し、さらに同郡金津町の達川養鶏場を視察し、福井市に帰り、五嶽にて、小浜浄鉱福井県知事、中谷秀内務部長、山田斂農会長、森芳雄、岡本篤二県農会技師らと晩餐をともにし、芦原温泉に帰り、宿した。九日は金井章平（福井県農会技手）とともに坂井郡木部村に行き、井上吉左衛門の自作農業経営（二町六反）を視察し、終わって、石川県の粟津温泉に行き、かみや旅館に投宿した。一〇日は石川県石川郡農会幹事の西村博とともに郷村の共同経営を視察し、終わって、金沢に出て、午後八時金沢発にて帰京の途につき、翌一一日午前一〇時半帰宅した。そして、温はこの日午後三時四五分両国発にて千葉県に出張し、千葉市にて山崎時治郎（千葉県農会技師）とともに七時半銚子に着き、大新旅館に投宿した。一二日、海上郡旭町の県立農学校に行き、海上郡町村農会経営研究会に出席し、来会の六〇余名に対し、午後一時半より三時半まで講演を行なった。終わって、午後四時五〇分銚子発にて両国に七時五〇分着し、帰宅した。

七月一三日は矢作会長、安藤副会長と農業経営調査農家の変更の件を決めた。一五日は著書の著述をなし、総論を起草した。一七日は『帝国農会時報』第九号の原稿「郡農会の問題について」（郡農会廃止論への批判）の執筆、米生産費調査様式の作成を行なった。一八日は西ケ原農事試験場に安藤副会長を訪問し、販売斡旋所問題について温の所信を述べ、また、『帝国農会報』八月号の巻頭言「自作農創設と言論界」を執筆した。その大要は次の如くで、言論界の自作農創設への難癖の批判であった。

「自作農維持創設案は目下、農林省と大蔵省との間で了解ができるらしいが、未だ十分に理解されていないのが言論界である。根本的に自作農制そのものに反対する議論はあまりないようであるが、実行案となると何だかんだと難癖をつけている。その非難点は現在自作者の農業経営が経済的不利不安の状態にあって、現状維持が困難であり、年々減少しつつある事実に直面して、これが維持創設を図るとは目先の見えぬ了簡であるという点である。

そこが見解の異なる所である。放って置いても自作農がどんどん増加するようならば、国家が世話を焼く必要はない。小作者と大地主とになって仕舞うのがよいならば打ちやっておけば自然とそうなっていく。だが、土地の兼併も行なわれず、分配争議も起こらず、そして最高度の生産を挙げる自作農が、資本主義の暴風に吹き捲くられて滅びている。そこに、国家が相当の犠牲を払っても、尚維持創設を図る必要がある所以だ(22)」。

七月一九日、温は午後七時二〇分東京発にて和歌山県に講演のため出張の途についた。翌二〇日午前七時大阪に着き、難波より和歌山に向かい、九時一五分和歌山に着し、ただちに和歌山市公会堂に行き、県農会主催の郡町村農会技術者講習会に出席し、農会技術員一〇〇余名に対し、午前一〇時より午後三時半まで講義を行なった。終わって、城山に登り、和歌浦望海楼に宿し、鎌田楠一（和歌山県農会技師）、坂本健吾（同幹事兼技師）らと晩餐をともにした。二一日も午前九時より午後三時まで講義を続けた。終わって、三時五〇分和歌山発で難波に行き、さらに神戸に行き、午後八時一〇分発の大分丸に乗り、愛媛に向かい、翌二二日午後二時高浜に着き、北土居の越智太郎宅に寄り、帰宅した。二三、二四日は原稿の執筆（喜多郡の養蚕と伊温の稲作）等を行なった。二五日は城戸屋に佐々木長治代議士を訪問し、一〇〇〇円の借金をしている。二六日は午後八時より森松座にて学生の演説会があり、出席した。

七月二七日、温は再び東京で活動するために、午前一〇時石井発、一一時高浜発の第一五相生丸で尾道経由にて上京の途につき、翌二八日午前一〇時東京に着し、出勤した。そして、この日、安藤副会長出席の下、販売斡旋問題につき協議し、消極的であった副会長を漸く賛成させている。この日の日記に「副会長出席。販売斡旋問題ニ付協議。副会長漸ク賛成。且ツ積極的計画ヲ提議ス」とある。二九日は終日著述に励み、農産物価格を草している。三〇日は勝賀瀬参事と販売斡旋に予算増徴を協議し、三一日は午後六時より帝農評議員会を開催し、正副会長、岡本英太郎、加賀山辰四郎、池沢正一ら出席の下、米価問題対策について協議し、米穀法運用資金の増額要求を決めた。だが、米買い上げ要求は不賛成者が多かった。この日の日記に「后六時ヨリ評議員会ヲ開ク。正副会長、岡本、加賀山、池沢三氏。米価問題対策ニ付協議。外米専売等ノ問題モアリシカ、結局運用資金増額ノ声明ヲ要望スルコトニ決ス。……買上要求ハ不賛成者多シ」とある。

八月も温は種々の業務を行ない、また、よく地方（朝鮮にも）に出張した。一日は『帝国農会時報』第九号の原稿「郡農会の問題について」を執筆した。その大要は、去る六月二八日より三日間農林省にて開催された道府県農務課長会議で郡農会廃止論の意見が出され、農務課長が私見として郡農会廃止論を述べたことに対し、法律を無視し、農林省の方針に反した行動であることを批判したものであった。(23) 二日は物価指数の調査、四日は農林省を訪問し、荷見農政課長に面会し、御大典に関する協議を行ない、五、六日は御大典叙勲に関する履歴書作成等を行なった。七日は帝国農政協会委員会を開催し、麦生富郎、菅野鉱次郎、大島国三郎、松岡勝太郎、松山兼三郎、池沢正一、原鐵五郎らの委員出席の下、自作農創設、米穀問題等について協議し、翌八日は帝国農政協会委員七名と政友会総務の河上哲太、大蔵省参与官の山口義

一、農林省参与官の砂田重政を訪問し、自作農創設と米価問題の陳情を行なった。九日は麦酒原料麦栽培府県農会協議会を開催し、山本潔（栃木県農会技師兼幹事）、高井二郎（埼玉県農会技師兼幹事）、八木岡新右衛門（茨城県農会技師兼幹事）ら出席の下、大麦五割増産を協議した。

八月一〇日、温は午前六時五〇分上野発にて栃木県に講演等のため出張し、九時五〇分宇都宮に着し、県農会に小憩し、河田武（県農会技手）とともに真岡町小学校に行き、芳賀郡農会主催の夏季大学に出席し、午後一時半より四時半まで農業経営について講演を行ない、終わって、宇都宮に戻り、県農会での各郡農会長会及び大麦栽培組合長会に出席し、白木屋本店に投宿した。翌一一日は栃木県農会における農業経営調査会に出席し、種々意見を述べ、午後二時五〇分宇都宮を立ち、帰京した。

八月一二〜一四日は『財政経済時報社』依頼の原稿「農村資源の開発と農制」の執筆を行なった。その大要は次の如くで、資本主義大農論、土地国有論を退け、小農家族経営論を主張するものであった。

「農村資源は土壌と水と日光と空気と廃物と農家の労力である。工業資源と異なり、幾ら使っても永久に尽くることのない無尽蔵の資源である。これらの利用によって農産物が無限に生産される。私達の問題は如何なる農制によったら最も多くの資源が利用され、開発されるかである。

アーサー・ヤングは農業経営を（一）単に生活のために営む農業、（二）営利事業として営む農業に区別し、小経営を前者とし、大経営を後者とし、近代国家には前者は必要ないとした。また、我国の福田徳三博士も代表的大農経営論者で小農保護論者を散々こきおろし、国家のため有要でないと決めつけられた。

私はヤングの小農論に根本的疑義がある。我国の小農経済は自給自足経済にあらずして、他人の必要品、すなわち商品を生産、販売して、自己の必要品に交換している。米も商品生産であり、養蚕のごときは全部商品生産である。現物本位にあらずして利益本位であり、ヤングの「単に生活のために営む農業」は我国農業には当てはまらない。

また、福田博士の主張するような資本主義大農経営だと、一人の経営者のために多数の従属的労働者、現在の小作人よりも境遇の悪い農業労働者を輩出し、農村は社会主義者の食堂になるかも知れず、治安維持も困難になるだろう。

それらの副作用は別としても、我国には大農制を行なう条件を有していない。小農制を大農制に改造することは多数の小農の財産を少数の資本家が併呑することであり、少数の労働者と機械により粗放経営を行なうことであり、その結果、多数の農民を不要にし、村外に放り出すことになり、かゝることは革命を以てしても不可能であり、資本主義大農論は空論とみて間違いない。

資本主義大経営は工業には当てはまるが、農業には当てはまらない。それは結局生産の要部が機械で生産されないからである。また、人口増大に制限はないが、土地に制限があるからである。だから、一定の土地でより多くの農産物を生産するにあらざれば、人間は生きていけないことが大真理であり、我国がその標本である。

かゝる国情の要求する第一の問題は、一定面積の土地より可及的多量の生産を挙げる集約経営である。集約経営には利潤を目的とする資本主義的経営は適さない。労働時間や賃金問題に精神を奪われている労働者には不可能である。砂礫を化して黄金となすの魔術は家族総掛かり小農経営によって初めて行なわれる。大農制でないと国家に有要でないという議論は農政を迷路に導く邪論である。

私等の理想とする農制は、土地、労力、資本を総て所有する家族経営である。自主経営である故に分配争議も起こらず、他人を搾取せず、他人から搾取もされず、必要に応じて、一五時間も夜通し働いても労働問題は起こらない。私はこのような生産制度にある国民が社会平和の重心であり、健全な思想の持ち主であると信ずる。

マルクスやカウツキーは、農業も工業と同様に大農経営が優越し、家族経営の如き小農は結局押しつぶされ、併合されてしまうと観察したが、世界の農業はこれと異なり、小農経営は却って特徴を発揮している。社会主義者は土地は国有とし、農民は総て国家の小作人とするがよいという主張であるが、それは国家と農民が対立し、平和が保持される良制度ではない。農業者としては、やはり土地を自分の所有とし、満足と安全の得られる制度を希望している。

私らは自作農維持創設を主張する。それは大観して、農業においては共産主義も小作主義も、資本主義の大農制も共に我国情に適せず、土地と労力と経営資本を所有する自作の家族経営が、最も適当なる農制であるから、ここに国策の根本を樹立し、百年の大計を確立せよというのが、私らの自作農創設維持を主張する精神である(24)」。

八月一四日、温は再び、午後七時三五分東京発にて、山口県及び朝鮮に講演のため出張の途に着いた。一五日に柳井津に下車し、普通列車に乗り換え、井上虎太郎（山口県農会幹事）とともに虹ケ浜に下り、自動車にて熊毛郡室積町に行き、金久旅館に投宿した。翌一六日、温は室積町小学校における帝国農会及び山口県農会連合にて開催の農業夏季大学（一六日より五日間）に出席し、この日来会の二〇〇余名に対し、午前九時より午後三時四〇分まで「農業経営と農会の使命」と題して講演を行なった(25)。そして、翌一七日、温は午後四時半虹ケ浜を出て、下関に行き、午後一一時下関発釜山行きの徳寿丸に乗り、釜山に向かった。翌一八日午前八時半釜山に着し、加藤木保次（慶尚南道農務課長）に出迎えられ、慶尚南道庁舎に行き、慶尚南道地主懇談会に出席し、来会の六〇余名に対し、約一時間講演を行なった。一九日は道庁の自動車で蔚山城跡、仏国寺などを見学した。二〇日は大邱に行き、同小学校における高等農事講習会に出席し、午前九時より午後四時まで、農家指導、農会経営について講演を行ない、また、二一日も午前九時より午後一二時まで講演、二二日も午後一時より三時まで講演を行ない、講習を終了した。二三日、温は午前六時二〇分大邱発にて帰国の途につき、一〇時四〇分釜山発の徳寿丸にて、下関をへて、翌二四日午前八時三〇分神戸に着いた。そして、温は来神していた、矢作栄蔵会長、勝賀瀬質参事とともに、神戸の販売斡旋所を視察し、三木清八（関西府県農会連合神戸販売斡旋所技師）、上阪正雄（同技師）から説明を受けた。この日は神戸の大野屋支店に投宿した。翌二五日は大阪の販売斡旋所に行き、矢作会長、勝賀瀬参事とともに視察した。終わって、午後八時大阪発にて帰京の途につき、翌二六日午前九時東京に着した。この日は終日在宅し、著書の農産物価格について執筆している。

八月二七日、温は帝農に出勤し、来京の大島国三郎と販売斡旋所問題、麦酒麦問題について協議し、また、夜六時より星岡茶寮にて麦酒麦問題で、大日本麦酒会社、麒麟麦酒会社、日本麦鉱泉会社の職員と懇談している。二八日は著書の米価論を草し、二九、三〇日は『帝国農会時報』第九号の原稿「精農家の労働能率――福井県伊藤定次郎氏の経営」の執筆、三一日は正副会長と帝農総会に関する協議等をした。

九月も温は種々の業務を遂行し、また原稿を執筆している。一日は農業経営審査会常置委員会提出案の準備、二日は終日著述に専念し、総論部分の改定、三日は農業経営審査会の在京の常置委員会を開き、会長、安藤、渡邊侫治、温の四名で、調査農家の変更、共同経営集計様式、帳簿などについて協議、四日は勝賀瀬質参事、幹事らと販売斡旋所についての方針及び予算の協議、五日は『講農会々報』の原稿の執筆、六日は農林省に出頭し、荷見安農政課長、渡邊侫治を訪問し、御大典の件及び経済審議会の件について協議、また、帝農にて幹事会を開き、販売斡旋所問題について協議し、七日は午前講農会報の原稿を執筆し、午後は帝農にて幹事会を開催し、安藤副会長、福田美知前幹事も加わり、販売斡旋所問題を協議し、具体化した。八、九日は体調不良（下痢）で欠勤したが、著書の執筆をした。一二日は帝国地方行政学会の原稿（農会廃止論への反駁文）の執筆、また、幹事、勝賀瀬参事らと斡旋所問題の協議を行なった。

九月一二日、温は午後九時二五分東京発にて滋賀県に農業経営の視察のため出張の途につき、翌一三日午前九時前滋賀県守山につき、県農会の野洲九郎（滋賀県農会技師）に迎えられ、ともに農業経営調査農家西村利一（二町一反余経営）氏を訪問視察し、また、常盤村に行き、篤農家高田直友氏（一町三反）の稲作の視察等を行ない、石山の三日月荘に投宿した。一四日、野洲技師とともに三上村に行き、悠紀斎田を拝観し、また、稲枝村の多収穫栽培農家の視察を行ない、午後六時稲枝発にて帰京の途につき、翌一五日帰宅した。

九月一六日、温は終日原稿（食糧問題）を執筆した。一七日は農林省に出頭し、砂田重政農林参与官、阿部寿準次官、松村真一郎農務局長らに面会し、御大典地方賜饌につき厳談をなし、午後は安藤副会長、幹事、福田前幹事と販売斡旋所問題を決した。一八日は御大典地方賜饌についての府県農会への督促の文案を起草し、また、千坂高興参事と養蚕経営調査様式の研究を行ない、午後は学士会館にて開催の地主会に出席し、傍聴した。一九日は明年度予算の計画、また、千坂参事と養蚕経営調査様式の研究をした。二〇日は養蚕調査様式を決し、午後は幹事会を開き、予算編成を協議し、温は農会宣伝費の増加を要求した。二一日は副会長出席の下、帝農幹事会を開き、第一九回帝農総会提出予算案を協議し、また、夜は在京の評議員会を開き、桑田、岡本、加賀山委員出席の下、帝農総会提出の議案の協議、二二日は福田前幹事と帝農事務所改築について協議、二三日は終日在宅し、著作の原稿の執筆（生産費中土地費の改定）を行なった。

九月二四日、二五日の二日間、帝農は事務所にて全国評議員会を開催した。南鷹次郎、池田亀治、山口左一、池沢正一、三輪市太郎、山田斂、山田恵一、桑田熊蔵、岡本英太郎、加賀山辰四郎、八田宗吉の各評議員、帝農側からは矢作会長、安藤副会長、岡田、増田、高島の各幹事が出席し、一〇月下旬開催の第一九回帝農総会通常総会の付議事項（帝国農会が農産物販売斡旋問題に着手すること及び事務所改築問題）について協議した。(26) 二八日は安藤副会長と販売斡旋所主任会の件、農会業務宣伝について協議した。二九日は『帝国農会時報』第一一号の原稿「悠紀の国農村巡り（上）」（九月一三、一四日の滋賀県農家の視察紀）を執筆した。

九月三〇日は『農政研究』の原稿「昭和維新と農村問題」を執筆した。その大要は次の如くで、農村指導原理の欠如を指摘したものである。

「私はもはや実行不明な総論を繰り返すのは嫌になった。維新的革新論議はとてもまとまるものではない。現在の農村は指導原理を失っている。資本主義の指導に随ってよいのか、社会主義の指導に随ってよいのか、既成政党の指導に随ってよいのか、無産政党の指導に随ってよいのか、これらの指導に随っていて農村の繁栄する見込みはあるのか、ないならばどうするか、ここに至って五里霧中にある。青年訓練所ができても経済問題などへの理解はない。第一指導者の信奉する理論が区々まちまちである。

私は人類の社会生活には経済問題も思想問題も一貫した理解がなければならないと信じる。私はこの問題を研究している。遠からずまとめるつもりであるが、これをもって昭和維新の農村問題に対する覚悟とする」[27]。

九月三〇日、温は午後七時三〇分東京発にて愛媛に講習会等のために帰国の途につき、翌一〇月一日午後七時半高浜に着し、道後とらやに行き、農政研究会に出席し、夜一一時過ぎ帰宅した。二日は愛媛県農会に行き、県農会主催の農会技術者講習会（一日～五日）に出席し、午後一時より五時まで講義を行ない、三日も午前八時半より一二時まで、四日も午後一時より四時まで、五日も午前八時半より一二時まで講義を行なった。そして、五日午後二時より石井村で講演会を開き、講演し、さらに、午後五時からは伊予畜産会社にて、温の支持者、農友会のメンバー、渡辺好胤、大西盛行、堀内雅高、松尾森三郎、野口文雄、野村茂三郎、石井信光らと懇談した。六日は午前県庁を訪問し、斎藤俊平内務部長に煙害問題、町村技術員、県技手問題等に対し意見を述べた。

一〇月六日、温は午後六時高浜発第十一宇和島丸にて九州での講演の途につき、翌七日午前七時門司につき、直ちに鹿児島行きに乗り、午後一時半熊本に着し、田島熊喜（熊本県農会幹事）、杉山正栄（同県農会技手）の出迎えを受け、研屋旅館に投宿した。八日、三津家伝之（熊本県農会長）、田島幹事とともに八代町に行き、同劇場にて開催の八代郡農会主催農事小組合総会に出席し、二四町村の小組合二五〇余、来会の約三〇〇〇人に対し、午前中講演を行なった。この日は葦北郡日奈久町に行き柳屋旅館に投宿した。九日は葦北郡佐敷町に行き、同農学校にて、三〇余名に対し、午前一〇時半より午後三時まで講演した。しかし、来会者は少なく、大変不熱心であった。終わって、球磨郡人吉町に向かい、球磨川旅館に投宿した。一〇日は人吉町本願寺に行き、来会の一五〇余名に対し、午前一〇時より午後二時まで講演を行なった。終わって、人吉町より日奈久町に戻った。一一日は下益城郡松橋町に行き、同劇場にて、来会の二二〇余名に対し、午前一〇時四〇分より午後一時半まで講演を行なった。終わって三角に行き小蒸気船にて天草郡本渡町へ行き、喜久屋に投宿した。一二日は本渡町公会堂に行き、来会の二五〇余名に対し、午前一〇時半より午後二時まで講演を行なった。この日は本三角町に戻り、平田屋に投宿した。一三日は宇土郡宇土町小学校に行き、来会の四〇余名に対し、午前一〇時半より午後一時半まで講演し、これで熊本県における六カ所の講演をすべて終わり、熊本に帰った。一四日は午前熊本県農会を訪問し、松本清三郎（前、熊本県農会長）に会い、一二時熊本発にて佐賀県に向かい、三時佐賀に着し、松本旅館に投宿した。一五日、温は佐賀の聖徳太子堂に行き、佐賀県農会主催の郡町村農会技術員農事講習会に出席し、来会の町村技術者一二〇余名に対し、午前八時半より午後三時半まで「農業基本調査について」の講演を行なった[28]。終わって、嘉瀬村に行き、一本正立の共同生活（日蓮宗）を視察した。一六日も同農事講習会で午前九時より午後二時まで講演を行ない、終わって、三時一五分発にて帰京の途につき、翌一七日午後八時東京に着し、帰宅した。車中、著書の原稿を執筆している。

一〇月一八日、温は終日在宅し、著書の執筆（総論の改作）を行ない、一九日は出勤し、午後正副会長と帝農総会の建議案を協議した。二一日は終日在宅し、著書の著述（第三章の資本主義経営の訂正）を行なった。二二日は帝農の全国評議員会を開催し、一日にて全て議了した。

一〇月二四日から二七日までの四日間、帝農は事務所にて第一九回帝国農会通常総会を開催した。帝国農会議員（道府県農会選出）四七名、特別議員（農林大臣任命）一二名が出席した。農林省から松村真一郎農務局長、荷見安農政課長、小平権一米穀課長、渡邊侶治技師らが臨席した。一日目（二四日）午前一〇時半開会し、矢作会長が開会、議長となり、議事日程を進めた。まず、温が本年四月以来の諸般の報告を行ない、ついで、農林大臣告辞、増田幹事の会務状況の報告、松村真一郎農務局長による農林大臣諮問案「農家生産物配給改善に関し農会の執るへき方策如何」の説明、後、増田幹事による昭和二年度帝国農会経費収支決算、帝国農会事務所建築事業の件、昭和四年度帝国農会経費収支予算案の説明、ついで、高島幹事による帝農から建議案「米価政策に関する建議案」「農会に対する国庫補助金に関する建議案」「農地相続に関する建議案」の説明がなされた。二日目（二五日）は帝農からの建議案「農地相続に関する建議案」、また、議員から「米価応急策に関する建議案」が提案説明され、委員会審議に移された。三日目（二六日）は委員会を開き、農相諮問に対する答申案を作成、四日目（二七日）が最終日で午前に総会を行ない、諮問案、提案全て議了した。諮問案への答申は、帝国農会が農産物配給組織の中枢機関となり、統一することというもので、懸案の農産物斡旋問題に対して決着をつけた。決議された建議は「米価政策に関する建議」「米価応急策に関する建議」「農会に対する国庫補助金に関する建議案」「農地相続に関する建議案」であった。このうち、「米価政策に関する建議」は、近時人口食糧問題に関する議論が轟々しく、その解決策は生産増進であるが、米価が安くては生産拡大を図ることはできない。米価安定の方法として米穀法が制定されているが、その効果が少ない。とりわけ、植民地米の生産増加とその移入額の激増の為に内地米価に重大な影響を及ぼしている。政府は米価安定のため、食糧政策の根本を樹立するため、農家経済の安定を図る為に米穀需給調節特別会計法を改正して、借入金の限度を二億円から四億円に増額すること、米穀法施行に要する事業費以外経費を一般会計の負担とすること、朝鮮、台湾に国立倉庫を建設して同地産米を買い上げること、などであった(29)。

一〇月二八日は、帝農総会後の恒例の帝国農政協会総会を開催し、矢作会長が座長となり、自作農創設に関する件、農会に対する国庫補助金増額に関する件、米穀政策に関する件を議決した(30)。

一〇月二八日、温は午後八時四〇分東京発にて大阪にて開催の関西府県販売斡旋所会議出席のために出張の途につき、翌二九日午前九時大阪に着した。そして、大阪府農会事務所にて小憩し、会場の府庁に行き、関西府県農会販売斡旋会議に出席し、京橋のみゆき旅館に投宿した。翌三〇日、午前九時五〇分大阪発にて帰京の途につき、午後八時半東京に着し、帰宅した。三一日は終日在宅し、『帝国農会時報』の原稿「悠紀の国農村巡り（下）」（滋賀県の農家視察紀）および著書の執筆を行なった。

一一月一日は農業経営設計書審査会の準備、また、来会の八基村の高橋卯一郎助役らと調査の打ち合わせ等を行なった。

一一月二日、温は午前八時半上野発にて新潟、長野県に職員協議会や農業経営視察等のため出張の途につき、午後九時半柏崎に着し、岩戸屋に投宿し、翌三日、温は柏崎小学校にて開催の北陸四県郡市農会役職員協議会に出席した。四日は午前北陸四県園芸共進会の授賞式に参列し、会長代理として祝辞を述べ、午後は刈羽村の塚田良太氏の農業経営を視察し、午後六時柏崎発にて新潟に行き、大野屋旅館に投宿した。五日は中蒲原郡両川村に行き、松田松意氏の農業経営を視察し、終わって、柏崎に帰り、一二三楼にて開催の講農会懇親会に出席し、その後、長野に行き、駅前の中島旅館に投宿した。六日は伊藤千代秋（長野県農会技師兼幹事）、尾崎盛信（同農会技手）とともに更級郡真島村に行き、高野七蔵氏の農業経営を視察し、午前一一時四〇分長野発にて帰京の途につき、午後九時帰宅した。

一一月八、九日は農業経営審査会の準備を行なった。一〇日に昭和天皇の即位大礼式があった。この日の日記に「午后二時半ヨリ三丁目一同、杉田氏前ニ会シ、三時ノ到ルヲ待チ京都ニ向ツテ万歳ヲ三唱シ、祝杯ヲ挙ケテ散ス」とある。一一日は著書の執筆（農業組織）、一四日も著書の執筆（副業について）した。一七日は農業経営審査会の準備、一八日は著書の執筆（農産物価格論）、一九日は農業経営審査会の準備を行ない、農林省に出頭し、副業課長の永松陽一氏に面会し、農業経営審査会の説明を行なった。

一一月二〇、二一日の両日、帝農は農業経営設計書審査会を開催した。荷見安農政課長、永松陽一副業課長、渡邊侄治、那須皓、木村修三、佐藤寛次、飯塚幸四郎、清水及衛、中込茂作、大島国三郎、宗豫利一、安藤広太郎ら出席の下、審査を行なった。二二日は共同経営集計様式の作成、二三、二四日は八基村の調査様式の作成、二五日は著書の原稿（農産物価格論）の執筆をした。

一一月二六日、温は午前八時半上野発にて埼玉県八基村に出張し、渋沢治太郎村長宅で幹部と打ち合わせた後、午後、小学校にて調査委員約二〇〇名を集め、第二回基本調査の協議を行なった。終わって、温は午後一〇時大宮発にて山形県に出張の途につき、翌二七日午前七時山形に着し、室岡周一郎（山形県農会技師）、多々良哲次（同農会技手）に迎えられ、県農会に行き、午前九時より県農会主催の農業経営研究会に出席し、種々意見の交換を行なった。二八日も同研究会に出席し、午前九時より午後一時まで種々協議し、その後、温が一時間二〇分ほど講演を行なった。そして、終わって、午後八時五〇分山形発にて帰京の途につき、翌二九日朝、着京した。二九日は終日在宅し、著述し、三〇日は農林省を訪問し、砂田重政参与官、荷見安農政課長に面会した。

一二月、この月は珍しく出張はなかったが、種々業務を行ない、またよく原稿を執筆した。一日は南部増治郎（神奈川県農会技師兼幹事）、松岡勝太郎（岐阜県農会副会長）ら多数の面会人に対応し、二日は終日在宅し、著書の執筆（生産費論）、三日は矢田村調査書の再閲を行ない、また、午後六時からは駒場の農学部に行き、実科生の会合に出席し、卒業後の心得について話した。四日は来会の伊藤千代秋（長野県農会技師兼幹事）、宮川千之助（山梨県農会副会長）らと蚕業委員会の打ち合わせ、五日は来会の池田亀治（秋田県農会長、衆議院議員）と農政研究会設立の協議、また、佐賀講習会の筆記手入れ等、六日も佐賀講習会の筆記手入れ等、七日も佐賀講習会の筆記手入れを行ない、また正副会長と帝農事務所建築問題を協議等、また、この日に温の著書の出版予約印刷物が出来上がっている。八日も佐賀講習会の筆記手入れを行ない、また、午後六時より文相官邸の鴨狩庸雄、稲葉武史氏を田町の紅葉に招待し、懇親の宴を催した。

一二月九日は『農政研究』第八巻第一号の原稿「稲作経営と食糧問題」の執筆を行なった。その大要は次の如くで、食糧問題と農業問題との違いを論じ、生産費を維持し、稲作経営が成り立つよう論じたものであった。

「昭和二年七月から人口食糧問題調査会が設置され、食糧問題の研究が開始された。世間では食糧問題を農政問題と取り扱っているようであるが、私は食糧問題は農政問題ではないと信じる。なぜなら、農村には食糧問題は存在しないからである。もし、仮にあったとしても吾々農業者の内輪で解決して、政府にご厄介をかける問題ではないからである。すなわち、米が不足すれば麦を喰い、麦が不足すれば甘藷を喰い、自給物には生産費の問題も価格の問題もない。然らば食糧問題は農業に関係ない問題であるかと言えばそうでなく、食糧問題として取り扱う全部が農業の問題で、工業でも商業でもない。すなわち、食糧問題そのものは全く鵺的である。頭が社会問題で、胴体が農業問題、尻尾が水産問題といったような問題である。問題の中心は頭であろう。

食糧問題の根本は如何なる場合にも食糧が欠乏し、不足することがないように、供給の充実を図ることである。単にそれだけならそれほど困難ではない。現代では価格の高いことを厭わなければ外国から食糧が手に入るからである。かって外国米に一石五〇円以上支払って輸入したこともある。けれども、食糧問題は食糧さえ手に入れば良いという問題ではなく、可及的安価に供給するという問題である。

食糧を可及的安価に供給することが食糧問題の重要要件であるなら、それは農業問題となるだけでなく、農政と対抗する問題となる。

米は我が国の生命であるから、可及的多く生産することが必要であるが、生産費を維持し、稲作経営が成り立つようにすることが肝要である。人口食糧問題調査会は稲作の経営条件を不良ならしめないようにしなければならない[31]」。

一二月一〇日は農業経営調査成績不良県（青森、大阪、宮崎、千葉、群馬、山梨、長崎）への警告文を草し、東京市役所に行き、小野義一助役に会い、青果市場事務所の件を決め、帝農事務所の建築委員会を開き、設計を協議し、また、午後六時より中央亭にて農政研究会創立準備委員会を開き、池田亀治、三輪市太郎、高橋熊次郎、石塚三郎、高田耘平、小野重行、熊谷巌、東郷実等が会合し、幹事の選定等を行なった。一一日は来会の片岡安雄（奈良県農会長）、菊田楢伊（同技師）と奈良県の郡農会廃止問題を協議し、農林省に出頭し、松村真一郎農務局長、荷見安農政課長等に面会し、郡農会廃止への対策を依頼した。一二日も片岡会長、菊田技師と会合し、郡農会回復問題を協議した。一三日は終日在宅し、著書の執筆、一四日は東京市に行き、工藤商工課長に神田斡旋所の青果市場事務所借用について依頼等をした。

一二月一五日は『帝国農会報』第一九巻第一号の原稿「自作農創設に対する枝葉の論争」の執筆をした。その大要は次の如くで、自作農創設に反対する議論を批判し、農業生産、経営の理想としての自作農制を論じた。

「自作農創設は現在の小作者をしてその耕作地を地主より買収し自作農たらしめる施設であるから、これに反対する理由はないはずだが、不思議にも小作擁護団体などから反対的議論が多い。反対論には（一）自作農主義そのものに対する根本的反対論と（二）自作農主義に反対ではないが、その創設方法が小作者に不利となるから反対であるとの二様があるようだ。前者は土地の私有を否認し土地の国有もしくは共産制度を理想とする根本的反対思想で議論の余地がないが、後者は農政に対する根本的見解は同一であるから相互に研究を重ね、枝葉の議論にならないようにしていこう。

私等の自作農主義は小作争議の解決というが如き意味ではない。農業生産もしくは国民生活の理想制度として考えている。すなわち、一、我が国の農業は家族経営によって維持される。如何に科学が進歩しても農業経営が大農経営に改造されることは不可能である。万一左様なことになると、少数の大地主の大経営と大多数の雇用労働者となり、農村に革命が起こるだろう。二、家族経営は自作においてその特性――資本と労力を最も高度に利用する特徴――を発揮するが、小作経営においてはその特性を発揮するのに多大な障害がある。三、現在の政治経済制度は自小作農の如き企業的労働者の経済を不利ならしめ、資本家の搾取に便利な制度である。したがって自作者の経済が困難となり、小作者に至っては自力を以て自作者になる資力も機会も与えられていない。かくして農村は次第に無産者化していく。四、故に国家は小作者を支援して自作者たらしめ、また、自作者の小作化を防止する義務がある。国家百年の大計とは自作農創設の如き政策である。五、自作農増加により農村の健全性がもたらされ、国家国民の利益と幸福が得られる。資本主義に偏した政策の結果としての種々の欠陥が起こり、その矯正政策が緊要となっているが、自作農創設はその最も適切なる政策である。

自作農創設と小作農について。自作農創設は極めてわずかの小作者に恩典を与えるだけで、一般の小作者には何の利益もないという理由から反対する議論があるが、それは自作農創設を以て小作の保護と観察した謬見である。自作農創設は一般の小作者を保護する政策ではない。只その条件に該当する小作者のみ保護される政策である。自作農創設は小作者を小作者として保護する政策に非ずして、小作者を自作者に引き立てる政策である。一般の小作者を保護するのは小作法による外ない。然し、小作法は小作者を保護するもので、小作者を自作者にするものではない。故に、小作法の施行がないから自作農創設の必要なしということにはならない。

自作農創設の目標について。私等の主張する自作農創設は土地に縛りつけるような窮屈な自作農制ではない。土地の所有権、処分権を有する自作農の創設である。私等の主張する自作農創設は革命によらず、無理やりの強制によらず、一定の計画により、年々なるべく自作者の総数が増加し、絶えず小作者に自作者になる機会を与え、向上の道を開くことである。

買収価格の問題について。自作農創設事業に対する論争の中心は買収価格の問題である。私は自小作者が借金をして自作者となったが、その後、米価や地価が下がって小作者になった実例をいくらでも知っているから、小作者は地価の高低に係わらず土地を買収すれば良いとは思っていないが、しかし、現在の地価では買収してはいけないというが如き考えは持たない。土地を買って引き合わない土地もあれば、引き合う土地もある。一部の論者が言うように、小作者の事情や地価の如何にかかわらず、現在は小作者が土地を買っては不利な値であるから一〇年、二〇年なり地価が大いに下落するまで待つ方が良いというが如き、雲をつかむような議論には共鳴できない。私等は自作農創設の国策が確定すれば、今度は小作者に自作者たるの可否を判断する条件を提示して過ちなきよう、堅実に自作者に進めるよう指導しなければならないと考える。国家の自作農創設政策は地主の方に多く利用されぬよう、小作者の方に便利になるように、斡旋することが必要である。それが自作農創設の精神である。

要するに、私の議論は研究でなく、実行である。近頃は議論ばかりして、実行を避けようする、もしくは実行を妨げようとする議論が多く癪である。自作農創設の必要がないと思うのなら必要なしと言明すれば良い。必要だが、方法がないと思うのなら方法なしと言明すれば良い。ところが、自作農創設は必要なるが如く、必要ならざるが如く、賛成の如く反対の如く、煮えたのやら沸いたのやらわからないような議論は民心統治に大害をおよぼすのである」(32)。

一二月一六日、温は午前著書の執筆、午後は講農会の新入生歓迎会、総会に出席し、一七日は郷里から上京の煙害委員、工藤養次郎（新居郡神戸村長、県議）、文野昇二（新居郡煙害調査会長、元、県議）、一色耕平（前、周桑郡壬生川町長、元、県議）、加藤徹太郎（元、越智郡桜井町長、元、県議）、原真十郎（越智郡波止浜村長、県会議員）らに面会した。一八日は『帝国農会時報』第一四号の原稿「米価下落の主原因とその対策」の執筆、また、中央亭にて荷見農政課長、渡邊技師、安藤副会長、幹事らと意見の交換等をした。

一二月一九日、温は『帝国農会時報』の原稿「米価下落の主原因とその対策」を草了した。その大要は次の如くで、米価低落の主要原因である朝鮮、台湾米対策を主張した。

「我国の農業は米と繭の農業である。故に、米作と養蚕が不良となったならば、農村は経済も思想も一切万事不良、不堅実となる。農村の経済力が衰微し、思想が不健全となったならば、如何に少数の大会社や大銀行が肥え太ったところで、国家の健全な発達は望まれないだろう。繭の問題は別の機会に述べ、ここでは目下甚だ困った状態にある米価低落問題について述べよう。

我国の米価の構成は非常に複雑で、したがって高低を支配する要素も複雑である。けれども大体よりいえば、需要に対し供給が少なければ価格は騰貴し、供給が多ければ価格は低落する。この原則にかわりはない。しかも米穀の数量と価格の関係は数量の増減率よりも価格の騰落率のほうが大きい。供給が一割増加すれば価格は一割五分も二割も下落し、供給が一割減少すれば価格は一割五分も二割も騰貴する。そして、供給の増減量が内地の豊凶によるならば、その原因も対策も単純である。しかし、近年は年を逐って国外よりの輸移入米の量が増加し、殊に朝鮮、台湾米の移入激増し、大消費地の都会において非常の勢いをもって内地米に代わりつゝある。そして、朝鮮米、台湾米は内地米に比すればはるかに安い生産費をもって生産されるために内地米に対する競争条件が優越しており、この優越条件を有する移入米の増加が米価低落の主原因である。

現在のところ、政府の米価低落に対する調節としては外国米に対する輸入制限と内地に於ける米穀法の運用による米穀の買い上げを行なうぐらいで、米価低落の主原因をなす朝鮮台湾の移入米に対しては何らの調節策が講じられていない。故に政府で内地米百万石を買い上げ市場の過剰米を減少しても、即時に朝鮮米に補充せられて相変わらず市場に米の過剰状態が生ずる。政府が内地米を買い上げても多少相場に色を見せるぐらいはあっても、元来底抜けの調節であるから買い上げによる米価維持の作用は微弱である。さらに政府の持ち米の多いことは、米の供給量が多いことを証明するもので、騰貴すべき米の価格を圧迫する。

ここに於いて米価低落に対する対策として、根本的には内地、朝鮮、台湾共通の調節策を確立することである。朝鮮に米穀法を施行することや外米管理もその一方法である。内地米買い上げも一方法であるが、米穀法による運用資金は欠乏しているし、且つ買い上げばかりで米価が維持されるものではない。底抜け調節の底の穴を修繕することが何よりも緊要である(33)」。

一二月二〇日、温は東京市役所に行き、工藤商工課長に神田市場事務所借用を依頼等、二一日は商工省に出頭し、石井事務官に面会し、神田市場事務所借用の説明を行なった。二二日は渋沢栄一子爵邸に行き、八基村の渋沢治太郎村長らと八基村の第二回基本調査その他につき協議し、帰途、安藤広太郎副会長を訪問し、神田市場事務所問題を報告した。二三日は終日在宅し、原稿執筆、二四日は千坂高興参事が考案した養蚕調査様式の研究等、また、来会の岡本英太郎評議員と農林中央金庫問題について長談した。また、夜、著書の地代、利潤、生産費について考察し、「快心」の結論を得た。この日の日記に「地代ト利潤ト生産費ニツキ快心ノ文章ヲ得タリ」と記している。二五日も午前は著書の執筆、また、古在由直先生（東京帝大総長）の病気見舞い等、二六日は著書の予約印刷物送付等、二七日は群馬県より都木重五郎県会議長や郡市農会長二〇余名が来会し、米価下落対策につき、陳情があり、農林省や政友会に働きかけるよう要請した。二八日は年賀状九五〇枚を出し、午後九時二五分東京発にて帰国の途についた。以下、日記記述がないが、翌二九日、郷里に帰り、例年のごとく、越年の準備等をしたことであろう。

注

(1)『帝国農会報』第一八巻第三号、一三〇～一三二頁。
(2) 同右書、一三〇～一三二頁。
(3)『議会制度百年史　院内会派編衆議院の部』三三六～三三七頁。
(4)『大日本帝国議会誌』第一七巻、一二五五～一二六〇頁。『夕刊東京朝日新聞』昭和三年一月二二日。
(5)『夕刊東京朝日新聞』昭和三年一月二二日。
(6)『帝国農会時報』第六号、昭和三年二月二五日、一～三頁。
(7)『帝国農会報』第一八巻第二号、昭和三年二月、一四八頁。
(8)『帝国農会報』第一八巻第四号、昭和三年四月、四一頁。
(9)『愛媛県議会史』第四巻、六四頁。
(10)『議会制度百年史　院内会派編衆議院の部』三三八頁。
(11)『帝国農会報』第一八巻第三号、昭和三年三月、一四二～一四三頁。

(12)『帝国農会報』第一八巻第四号、昭和三年四月、一二六〜一三一頁。
(13)同右書、四一〜四四頁。
(14)『帝国農会報』第一八巻第五号、昭和三年五月、一一八頁。
(15)『帝国農会報』第一八巻第六号、昭和三年六月、一二四頁。
(16)『帝国農会報』第一八巻第五号、昭和三年五月、一二八頁。
(17)『議会制度百年史　院内会派編衆議院の部』二四〇頁
(18)『帝国農会報』第一八巻第五号、昭和三年五月、一頁。
(19)『農政研究』第七巻第七号、昭和三年七月、一一〜一三頁。
(20)『帝国農会報』第一八巻第八号、昭和三年八月、一四八〜一五一頁。
(21)『帝国農会報』第一八巻第九号、昭和三年九月、一三八〜一三九頁。
(22)『帝国農会報』第一八巻第八号、昭和三年八月、一頁。
(23)『帝国農会時報』第九号、昭和三年八月一五日、八〜九頁。
(24)『財政経済時報』第一五巻第九号、昭和三年九月、二〜七頁。
(25)『帝国農会報』第一八巻第一一号、昭和三年一一月、一三三〜一三四頁。
(26)『帝国農会報』第一八巻第一〇号、昭和三年一〇月、一五四頁。
(27)『農政研究』第七巻第一一号、昭和三年一一月、二一頁。
(28)『帝国農会報』第一九巻第一号、昭和四年一月、一〇九頁。
(29)『帝国農会報』第一八巻第一二号、昭和三年一二月、一〜七、一三二〜一三九頁。
(30)同右書、一三〇〜一三一頁。
(31)『農政研究』第八巻第一号、昭和四年一月、三五〜三六頁。
(32)『帝国農会報』第一九巻第一号、昭和四年一月、四〜九頁。
(33)『帝国農会時報』第一四号、昭和四年一月一五日、四〜六頁。

三　昭和四年　田中義一・浜口雄幸内閣時代

昭和四年（一九二九）、温、五八歳から五九歳にかけての年である。

本年も昭和二年の金融恐慌以降、不況が深化し、農業・農民・農村の危機が深まっていた。米価（暦年平均、一石あたり）を見ると、昭和元年の三七・八六円が、二年に三五・二六円、三年に三一・〇三円に下落し、四年には二九・〇七円へと惨落・暴落していた。(1) この米価低落の原因は、慢性的不況と朝鮮・台湾からの移入米の激増のためであった。米価問題は小作争議とならんで、農政界の二大問題であった。

この時期の内閣は、田中義一政友会内閣であった。田中内閣は第五六帝国議会（昭和三年一二月二六日〜四年三月二五日）において、自作農創設維持のために「自作農創設維持助成資金特別会計法案」（毎年三〇〇〇万円を限度として交付金を支出）の準備はしていたが、米価対策の法律案の準備をしてはいなかった。それに対し、帝国農会は一月二二日に道府県農会長会議、二月一五日に全国農会大会を開催し、田中内閣に圧力をかけた。また、農政研究会を動かして議員立法の米穀需給調節特別会計の借入金現行二億円を四億円に増額する法律案や農業振興の諸建議案を議会に提出した。その中心になって運動したのは温であった。この下からの運動に押されて、田中内閣も漸く三月一四日に米価維持の応急手段として、米穀需給調節特別会計の借入金現行二億円を二億七〇〇〇万円に増額する内容の「米穀需給調節特別会計法中改正案」を提出した。しかし、それは、帝国農会の要求・四億円増に比すると極めて微温的なものであった。

なお、田中内閣は第五六議会終了後の五月二二日、今後の米穀政策の根本方針について、また米穀需給調節特別会計の制度について根本的に調査研究するために、米穀調査会を設置したが、温はその幹事に任命され、米穀政策の立案に関与することになった。

また、六月二九日にも帝国農会は再度臨時に道府県農会長会議を開き、田中内閣、ならびに米穀調査会に圧力をかけるために、下からの農政運動、米価維持運動を強力に展開した。そのときの帝農の米穀政策を立案したのも温であった。

しかし、その後、政権交代があった。七月二日、田中義一政友会内閣が張作霖事件の責任をとって総辞職し、代わって浜口雄幸民政党内閣が誕生した。浜口内閣の経済政策、緊縮政策は、農林省予算の削減となり、農業・農村、農会にとって厳しい内閣となった。

本年、帝国農会の業務に新しい事業が加わった。農産物販売斡旋事業である。従来道府県農会聯合が行なっていた農産物販売斡旋事業を帝国農会が統一することとし、七月に帝国農会に販売斡旋部を設置した。部長には吉岡荒造が就任した。そして、この販売斡旋の統一化に尽力したのも温であった。

また、温は多忙の中、執筆を続けていた、念願の著作『農業経営と農政』を四月二九日ついに脱稿し、六月二〇日、龍吟社から出版した。その著作で温は家族小農経営論の立場を鮮明にした。

以下、本年の温の多岐にわたる活動を見てみよう。

温は正月を故郷で迎えた。一日は午前九時より石井小学校における新年の拝賀式に出席し、午後は二時から石井村大字南土居の新年宴会に出席した。夜は著書の原稿の精読、修正をした。二、三日は種々の来訪者（野口文雄、松尾森三郎、永木亀喜、日野道得等）に接し、また、新宅の叔父岡田義朗宅にて家政整理の計画を行ない、さらに著書を執筆し、総論の部を終えた。四日は愛媛県農会を訪問し、職員と大和屋にて食事をし、後、中川英嗣（愛媛県農林技手）、乃万守男（愛媛県属、愛媛県農会幹事）らに会し、県庁と県農会の関係などを聞いている。五日は松田石松（石井村長）等の来訪者に接し、また、夜は親戚の越智太郎（石井村大字北土居、温の従兄弟）、永木又市（石井村収入役）と新宅の義朗宅の頼母子講の相談等を行なった。六日も親戚の後藤信正（久米村、義朗の長男・朋義の妻の実家）と新宅の頼母子講の相談をした。

一月七日、温は午前九時松山発、大洲行きの自動車にて、大洲に行き、同町公会堂における喜多郡農会主催の農業経営講演会に出席し、来会の七〇、八〇名に対し、約二時間半ほど農業経営について講演を行なった。終わって、西宇和郡八幡浜町に行き、夷子堂に投宿し、来会の神田豊二郎（西宇和郡農会技手）、岡本馨（同）と明日の講演会の打ち合せをした。翌八日、温は八幡浜の水産組合楼上にて開催の西宇和郡農会主催町村農会総代会に出席し、各町村から来会の一〇〇余名に対し、午前一一時より午後三時まで農会経営について講演を行なった。終わって、東京での帝国農会幹事として活動するために、夜一一時半の八幡浜発の第十五宇和島丸に乗り、上京の途につき、一〇日の午前六時大阪港につき、九時五〇分梅田発の特急に乗りかえ、午後一〇時帰宅した。

一月一一日、温は帝農に出勤し、留守中の雑務を処理し、そして、休む暇なく、この日午後七時上野発にて群馬県に講演のため出張した。その夜は碓井郡安中町につき、安中旅館に投宿した。一二日は永井一雄（群馬県農会技師）、内堀禎明（碓井郡農林技手、郡農会嘱託技手）らとともに、碓井郡の農家（養鯉、養蚕、果樹）を視察した。翌一三日、温は碓井郡農会楼上にて開催の群馬県農会主催農業経営中堅者養成講習会に出席し、来会の三〇名に対し、午前九時半より午後四時まで農産物価格について講義を行ない、終わって、帰京した。

一月一四、一五日は表彰郡村農会の審査を行ない、一六日は著書の執筆（総論の手入れ）、一七日は表彰郡村農会の審査会を開き、三幹事（温、増田昇一、高島一郎）、副参事（松田茂、青鹿四郎、千坂高興）らと意見交換を行なった。一八日、温は埼玉県に出張し、比企郡農会主催の農会総代会に出席し、農会の使命について講演し、午後五時四〇分鴻巣発にて帰京した。一九日は神田市場事務所を訪問し、帝農の農産物販売斡旋事務所について協議し、二〇日は著書の執筆、二一日は午前は幹事会を開き、今夜の評議員会および道府県農会長会議への議題を協議し、夕方午後五時より帝農事務所建築委員会と評議員会を開催し、来る道府県農会長会議と農政研究会の議題を協議するなどした。

一月二二日、田中義一政友会内閣下の第五六帝国議会（昭和三年一二月二六日～四年三月二五日）が再開された。帝農はこの議会に向けて、強力な農政運動、米価引き上げ運動を展開した。

一月二二日から二五日までの四日間、帝農は議会再開にあわせて道府県農会長会議を本会事務所にて開催した。全国から四四名の農会長らが集まった。協議事項「米価政策に関する件」を提出し、議論し、二四日に決議案作成の委員二〇名を選んだ。二四日の日記に「道府県農会長会開会。米問題やかまし委員二十名ヲ選ヒ委託ス（案ノ作成ヲ）」とある。そして、二五日の会議で「米価政策に関する件」を決議した。それは、一、要望事項として、（一）米穀需給調節特別会計法を改正して借入金の限度を四億円に増額すること、（二）米穀法施行に要する事業費以外の経費及倉庫建設費を一般会計の負担と為すこと、（三）米穀需給調節特別会計の損益は一定の年限を以って一般会計に移すこと、（四）朝鮮及台湾に米穀法を適用すること、（五）外米輸入制限を朝鮮及台湾に於いても励行すること、（六）緊急に米穀の大量買上げを実行すること。二、実行方法として、（一）二月一二、一三の両日帝国農会、帝国農政協会主催の下に全国農民大会を開催すること、右大会の出席者数は一郡市二名以上とすること、であった。[2] このように、帝農側の米価政策要求は、米穀会計の増額による内地米の大量買上げ、朝鮮・台湾への米穀法適用、外米は輸入制限論などであった。この時、帝国農会はまだ、植民地米の移入制限論は打ち出していなかった。翌二六日、大会決議事項を受けて、道府県農会長らは総理官邸や大蔵、農林の各大臣ならびに政党本部を訪問し、陳情活動を行なった。温は民政党本部を訪問し、山本厚三（北海道選出）、野田文一郎（兵庫県選出）議員を訪問し、陳情した。

一月二六日、温は夜九時一五分発にて京都に講演のため出張の途につき、翌二七日午前八時二〇分京都に着し、京都中央卸売市場内の共楽館における京都府農会主催の第八回府下町村農会長会に出席し、午前は提出議題として、農産物の販売統制に関する件、自作農創設維持に関する件、下級農会技術員俸給国庫補助増額に関する件、米価調節に関する件、米穀法運用に関する件、等を協議し、午後は温が来会の二五〇余名に対し、講演を行なった。(3)翌二八日は、中央卸売市場にて開催の俵米品評会および共同作業場競技会授賞式に出席し、終わって、宴会に出席し、また御所を拝観し、長田桃蔵（京都府農会長）、井上英次郎（同副会長）、大島国三郎（同農会技師兼幹事）らと会食し、夜八時二〇分発にて帰京の途につき、翌二九日午前九時一〇分東京に着した。この日は終日著書の執筆（第二章の土地）をした。三〇日も終日在宅し、著書の執筆を行なった。三一日は出勤し、『帝国農会報』の巻頭言の執筆等を行なった。

二月、田中内閣下の帝国議会開会中であり、温は農政研究会の業務（議会への法律案、建議案の作成）や全国農会大会の開催、衆議院、貴族院への陳情等で多忙を極めた。一日は、『帝国農会時報』第一五号の原稿「貴き貧者の一燈」の起稿を行ない、後、帝農の正副会長及び幹事会を開き、農政研究会より提案する法律案および建議案の協議を行なった。また、この日、渡辺鬼子松の斡旋で、龍吟社（草村松雄社長）と著書『農業経営と農政』の発刊の契約を行なった。二日は議会内の図書館にて農政研究会幹事会を開き、総会を七日に開くこと及び総会への議案を決めた。三日は著書の第二章「農業経営の形態と要素」を草了し、四日は『帝国農会時報』の原稿「貴き貧者の一燈」(4)を草了し、夕方は帝農評議員会を開き、農会功労者表彰人名を決定した。五、六日は著書の手入れを行なった。

二月七日は夕方丸の内中央亭にて農政研究会総会を開催した。農政研究会の農村代議士六〇名が出席し、この総会で、米穀需給調節特別会計法改正案（最高二億円とあるを四億円に改正）を提案すること、また、米価政策、自作農創設維持、肥料政策に関する三建議案を今議会に提出することを決めた。この日の日記に「鉄道協会ニテ農政研究会総会ヲ開ク。六十名出席。三輪市太郎君座長トナリ、米問題ハ法律改正案トシテ提出スルコトニ強行論勝ヲ制ス」とある。そして、その文案が幹事（実際は温）に任された。(5)九日、温は農政研究会幹事会へ提出する米価政策、自作農創設、肥料政策の建議案を草した。「正午衆議院ニ行キ、宮坂君ヲ伴ヒ、米価維持及自作農等ノ建議案ヲ認ム」。一〇、一一日は著書の原稿執筆等を行なった。一二日、温は衆議院にて農政研究会幹事会を開き、温作成の米穀需給調節特別会計法改正法律案と自作農創設等の三建議案を協議し、民政党の川崎安之助と西村丹治郎を提出者に決めた。この日の日記に「衆議院ニ行キ、農政研究会幹事会ヲ開キ、米穀法改正法律案ト自作農、肥料案及米穀法根本改正ニ対スル建議案四ケニ付協議ス。午后二時頃漸クマトマリ、民政党ノ川崎、西村両氏提案者トナル」とある。このように、温が、農政研究会の事務局を担当し、米穀需給調節特別会計法改正法律案（米穀会計の運用資金を現行二億円から四億円に倍増すること）や自作農創設維持助成等の建議案作成に関し、大きな役割を果たしていたことが判明しよう。一三、一四日は全国農会大会の準備に忙殺された。

二月一五日、帝国農会及び帝国農政協会（農会の別動隊）は、午前一〇時より全国農会大会を東京赤坂溜池三会堂において開催した。米価惨落下、田中内閣に下から圧力をかけるためであった。この日全国から一二〇〇名ほどが参集し、「従来ナキ緊張セル会議」となった。まず、矢作会長の挨拶があり、大会宣言の審議がなされ、修正のうえ可決され、ついで決議も満場一致で可決された。大会宣言は「今や米価惨落し農村の不安は頗る著しきものあり、若し之を現状に放任せんか農村の社会的秩序の維持亦保し難からんとす、此の焦眉の急に処するには米穀運用資金を豊かにし、米穀の大量買上を行ふと共に米穀法施行区域を朝鮮台湾に拡張施行するの外なし。斯くの如くして農村刻下の苦悶を除くと共に農家経済の安定を図り農業経営費の低減を期するは農村振興上須臾も忽にすべからざるを以て、之が根本的方策としては自作農創設維持及肥料政策の確立を要す。茲に全国農会大会は農村の現状に鑑み、極力之れが実現を期せむとす、敢て宣す」というものであった。また、決議は「全国農会大会は左記事項の急速なる実現を期す。一、米穀の大量買上並米穀法運用資金を増額して四億円とすること、二、米穀法の施行を朝鮮台湾に拡張し米穀法を根本的に改正すること、三、自作農創設維持に関する根本方策を樹立すること、四、肥料政策を樹立すること」であった。ついで、大会では来賓挨拶があり、政友会の秦豊助、民政党の町田忠治の演説があった。ところが、町田忠治が政友会攻撃を行なったため、会場が騒然となり、休憩となっている。午後一時大会が再開し、新党倶楽部の東郷実、全国町村会副会長の伊藤勇吉らの演説がなされ、そして、明日も大会を継続することにし、閉会となった。その後、委員等が田中総理に陳情を行なった。そこで、田中総理は愛想よく、「いずれもやらねばならぬ事ばかりだ。六ケ敷い問題は皆総理一任といふて私の処へ持ってくる。処で私は素人でのう。然し、何とか必ずやる。ヨシ判った」と対応した。温の日記に「前八時、大会々場三会堂ニ出頭。十時頃、千二百名位来会。十時半、全国農会大会開催。今回ハ農村問題ニ対スル不満ノ声頗ル高ク、頗ル真摯ナリシ。宣言修正、決議。秦豊助氏演説、町田忠治氏演説中、政友会政策攻撃ニ亘リ、会員及政友会議員憤怒シ、中止ナリ。十一時五十分、中食トナス。午后一時開会。東郷実氏、伊藤勇吉氏ノ演説終リ、来会十五名演説ノ時、運動法ニ関スル動議出テ、明日大会ヲ継続スルコト、シ閉会。三時、各区一名、総理、農林大臣訪問。懇親会。富山県二百五十名宿泊本願寺ニ行キ挨拶ヲナス」とある。一六日は全国農会大会の二日目で、午前一〇時より丸の内の鉄道協会にて開会された。六〇〇余名が参集し、昨日の田中総理訪問の結果報告の後、全員政友会本部を訪問し、秦豊助政友会総務らに対し、山内範造（前、衆議院議員、福岡）、大石斎治（富山県農会幹事）が代表して陳情し、ついで民政党本部を訪問し、藤沢幾之進民政党総務らに松岡勝太郎（岐阜県農会副会長）が代表して陳情し、これにて大会が閉会となった。後は道府県より各二名の実行委員が運動に当たることにした(6)。

二月一六日、農政研究会の三輪市太郎（政友会議員で、且つ帝国農会議員）外六三名は、第五六議会に「米穀需給調節特別会計法中改正法律案」（米穀法運用資金を現行二億円を四億円に増額する案、以下、米穀会計改正法と略）を提出した(7)。

二月一八日、帝国農会は全国農会大会の実行委員協議会を開いた。運動委員六〇余名が出席し、今後の運動方針を協議し、この日は、温は運動委員代表とともに新党倶楽部を訪問し、東郷実、蔵園三四郎らに陳情した。一九日、運動委員らは民政党を訪問し、安達謙蔵、町田忠治らに陳情した。温はこの日、埼玉県浦和に行き、北足立郡主催の町村農会物代会に出席し、一二時半より二時まで講演を行ない、帰京し、午後六時からは中央亭にて農政研究会幹部との懇親会に出席した。二〇日は運動委員一同と米穀法改正法律案を早く日程に上らせんと、衆議院に行き、各政党幹部には働きかけ、また、前田米蔵法制局長官に面会し、上程を促した。二一日は午前貴族院に行き、同和会等各派を訪問、陳情し、午後は各新聞社を訪問し、温は朝日、都、二六、帝国聯合通信を訪問、陳情した。二二日は午前、山本悌二郎農相、東武農林政務次官を訪問し、即時米の買上げを要求し、午後は山田恵一（香川県選出の貴族院議員、多額納税議員）の案内で貴族院の各派、同成会、同和会、公正会の幹部を訪問、陳情した。二三日も運動員一同と午前は貴族院の研究会を訪問し、堀田正恒伯爵、牧野伸顕伯爵に会見、陳情し、午後は火曜会を訪問し、一条実孝公爵、徳川頼貞公爵に会見、陳情した。二四日は午前一〇時半上野発にて埼玉県に行き、北埼玉郡農会主催の農会物代会に出席し、来会の三〇〇余名に対し、講演を行ない、五時浅草に帰った。二五日は運動員一同と貴族院の交友倶楽部を訪問、陳情した。これにて、貴族院の団体訪問を終えた。そして、その夜六時より帝農在京評議員会を開き、運動委員と懇談会を行ない、意見の交換をした。二六日、温は阿部武智雄（青森県農会顧問）、宇佐美祐次（三重県農会副会長）らと藤田四郎貴族院議員を訪問し、米穀法改正の陳情を行なった。なお、この日、三輪市太郎外六三名提出の「米穀需給調節特別会計法中改正法律案」が衆議院に上程され、二七名の委員会に付託された。委員は、高山長幸、池田亀治、高橋熊次郎、三井徳実、三輪市太郎、今井健彦、斎藤四郎、福井甚三、加藤知正、土井権大、豊田収、多田勇雄、中野猛雄、田中隆三、小山松寿、高田耘平、小坂順造、川崎安之助、西村丹治郎、野田文一郎、田昌、中島弥団次、井本常作、久野尊資、山崎延吉、熊谷五右衛門、小野寅吉であった。(8) 温は運動員一同と議会に傍聴に行ったが、満員にて入場できなかった。二七日は暇を得て、著書の原稿手入れを行なった。二八日、温は一同とともに貴族院に行き、林博太郎伯爵、堀田正恒伯爵を訪問し、米穀会計改正法の陳情を行なった。

三月も温は帝国議会での米穀会計改正法実現に向けて、種々運動した。一日は運動員一同を三組に分け、衆議院の米穀会計改正法の委員を訪問し、温は阿部武智雄らとともに民政党の野田文一郎、小山松寿を訪問し、法案の通過促進を依頼した。午後六時からは在京の帝農特別議員会を開き、桑田熊蔵、岡本英太郎、月田藤三郎、加賀山辰四郎ら出席の下、貴族院への運動方針の打ち合せをした。二日も衆議院に行き、阿部武智雄、岩田清次（兵庫県神崎郡農会長）らとともに、政友会の池田亀治に面会、陳情した。

三月二日、政府は漸く「自作農創設維持助成資金特別会計法案」を衆議院に提出した。しかし、会期も大分過ぎており、政府に熱意はみられなかった（三月一九日衆議院を通過したが、貴族院で廃案となる）。

三月三日、温は午後一〇時五〇分発にて愛知県における講習会のため出張の途につき、翌四日午前八時半安城町に着し、山崎延吉代議士と共に安城町農会に行き、愛知県農会主催の町村農会員の講習会に出席し、午前一〇時より午後四時半まで講演を行ない、海月別宅に投宿した。翌五日は午前九時半から一二時まで、農業経営の形態、農産物価格と生産費について講義を行ない、一二時一八分安城町発にて帰京し、午後九時帰宅した。

なお、温が出張中の三月四日、下からの米価運動におされ、田中内閣は米穀会計を現行二億円から二億七〇〇〇万円に増額する米穀会計改正法案を提出すること、三輪らの議員提出案は撤回を求めることを閣議で決めている(9)。

三月六日、七日、温は帝農に出勤し、雑務や地方からの運動員に応対した。八日は正午より丸ノ内の鉄道協会にて政友会所属農村選出代議士の農政会の発会式（四〇余名出席）があり、出席した。九日、田中内閣は「米穀需給調節特別会計法改正案」（現行二億円を二億七〇〇〇万円に増額）を衆議院に上程の予定であったが、政友会、新党倶楽部提出の小選挙区制案が上程されたため、議場が未曾有の大混乱となり、流れた。一一日も小選挙区制案騒動のために、政府側の米穀会計法改正案は上程されなかった。一三日は午後五時より三会堂における貴族院の農政懇談会に出席した。志村源太郎、高橋源次郎、山田恵一、糸原武太郎ら三〇名余が出席し、貴族院の各派は米穀会計法の改正案に大体賛成の空気であった。この日の日記に「三会堂ニテ午后五時ヨリ貴族院ノ農政懇談会ヲ催フシ、三十余名出席ス。幹事ノ志村、高橋、山田、糸原氏出席。志村氏、座長ニ推サレ懇談ス。米穀法改正案ニハ大勢賛成ノ空気ナリシ。但シ、決議ハセズ。精神的申合セ位」とある。

三月一四日、田中内閣は「米穀需給調節特別会計法改正案」を漸く衆議院に上程した。同案は三輪らの農政研究会議員提出案と同一の委員会付託となった。そして、一五日午前、委員会にて政府案を可決し、農政研究会議員提出案は撤回され、午後の本会議で各党一致の下、政府提出案が可決された(10)。この日の日記に「本日午前米穀法改正案委員会ニテ政府案可決。午后本会ニ緊急上程シ、肥料管理案ト共ニ可決ス」とある。政府案は農政研究会議員提出案に比べると微温的であったが、議員提出案が出されたことが、田中内閣をして政府案を提出せしめる契機になったことは間違いないであろう。政府案が通過したため、一六日、温は欠勤し、著書の校正、執筆を行ない、一七日も終日著書の手入れと校正を行なった。

三月一八日、政府提出の「米穀需給調節特別会計法改正案」が貴族院にまわされ、委員会に付託された。委員は、大隈信常、松平直平、大河内正敏、渡辺千冬、東郷安、松岡均平、近藤滋弥、石井省一郎、志村源太郎、室田義文、湯地幸平、加藤政之助、板谷宮吉、根津嘉一郎、山田恵一であった(11)。各地から貴族院にはたらきかけるために運動委員が上京した。日記に「出勤。貴族院ニ米穀法特別会計法改正案上程。各地ヨリ二十余県ノ運動委員上京。九州ハ福岡ノ城島、四国ハ門田君ト嘉田君（徳島）、麦生、大島、松山君等来会。委員ノ外運動ノ方針立難キヲ以テ、一同会議ノ模様ヲ待ツ。午后三時頃、委員付託（十五名）トナリ、委員決定セルヲ以テ、明日ハ六部分レ各委員ヲ訪問スヘク部署ヲ定ム」とある。一九日、運動員を六隊に分け、貴族院の委員に陳情した。温は阿部武智雄とともに、加藤政之助、大河内正敏、石井省一郎貴族院議員等を訪問した（ただし、不在、病気等にて面会できなかった）。なお、この日、貴族院の米穀会計委員会では肥料案を先に審議したため、温らは不安を感じている。そのため、二〇日、運動員各隊が貴族院の各委員を訪問、陳情した。温は門田晋とともに前田利定、西大路吉光子爵の自宅を訪問し、また、貴族院に帰り、他の運動員とともに渡辺千冬、松平直平、松岡均平、志村源太郎等を訪問、陳情した。しかし、衆議院での小選挙区制案騒動のため、貴族院では反政府熱が高く、温は不安を感じている。この日の日記に「前八出勤。各部、手ヲ分ツテ諒解運動ヲナス。門田晋君ト共ニ前田利定子ト西大路子ヲ西大保ノ自邸ニ訪問シ、九時半貴族院ニ来リ、他ノ運動員ト渡邊千冬氏、松平直平氏、松岡均平氏、志村源太郎氏等ニ面会、陳情ヲナス。衆議院ノ区制案ノ泥試合カ上院ニ反影〔映〕シ、反政府熱益不良。米穀法ノ殆ト望ナキカ如シ。東次官ニ談判シ、運動方針変更ヲ諮ル。一日ヲ待ツコト、シテ分ル」とある。二二日午前、危機感を抱いた政友会の土井権大、胎中楠右衛門、三輪市太郎らの代議士が再度農会大会の開催を帝農に求めたため、温は中央ホテルにて彼等と会合した。温はこの時期の農会大会開催の非を説き、思い止まらせている。日記に「自己宣伝ノ伴フ運動ハ時ニ有害」とある。午後は運動員らと貴族院に詰め、米穀需給会計法改正の委員会、また、貴族院の研究会の部会を見守った。二三日は、東京府農会主催の町村農会技術者講習会に出席し、農業経営について五時間ほど講義した。多忙である。二四日、温は運動員一同とともに、貴族院に詰めた。米穀需給会計法改正委員会は午前、午後開かれたが、決定されず、散会した。二五日、温は運動員を四隊に分け、最後の運動を行なった。温は岩田清次（兵庫県神崎郡農会長）とともに貴族院の松平直平、近藤滋弥、板谷宮吉を訪問、陳情した。その後、貴族院に運動員一同とともに詰めた。漸く、貴族院で米穀会計法改正案が可決された。この日の日記に「運動員ヲ四隊ニ分ケ、最後ノ運動ニ廻ル。自分ハ岩田清次君ト松平直平子、近藤滋弥男、板谷宮吉氏訪問。松平子一時程快談。板野〔谷〕氏小話。……貴族院ニテ一同、米、肥委員会ノ模様ヲ窺フ。刻々ノ状況不明……。一時三案通過ノ見込ノ報アリシモ、結局米穀法ノミヲ通過シ、他ハ審議未了ニ決ス。而シテ米穀法ハ全員一致可決。右ハ志村氏ノ発言ニヨリ決ス。午后五時ヨリ中央亭ニテ慰労小宴ヲ催フス。松岡、菅原、阿部、岩田、金、原、丸橋、恩地、天笠ノ九氏残留、出席ス。正副会長出席」とある。

この農会の米穀需給特別会計法改正による米価維持運動について、温とともに運動を担った帝農幹事の増田昇一は、後に、「農会の米価維持運動の顛末」と題した論文を『帝国農会時報』第一七号に載せている。その中で、増田は「空前の壮挙。最後の勝利の栄冠は、遂に我等系統農会の上に、然り我等全農家の上に落下し来った。……昭和四年三月二五日、我等は、今や米穀需給調節特別会計改正法律案の完全なる通過を見、顧みて農会の力のかくも偉大なりしやを我等乍ら驚かざるを得ぬ。此度の成果は全く農会運動の賜である。農会は初めより終わり迄、実に草切り、種蒔き、施肥し、中耕し、病虫害の駆除を為し、而して収穫したといふも何人かよく之を否定し得べき。只、此際我等の真に感謝に堪へざるは、議会の内外にありて我等を手引きし、我等の運動を徹底せしめ、而して自ら我等の運動を背景として活躍し、以て農村議員としての本分を完遂せられし、我、農政研究会の代議士各位及農政懇話会の貴族院議員諸公の涙ぐましき奮闘である。我等の運動の成功の一半は実に是等の人々の努力に帰すべきである」(12)と述べている。

三月二六日、温は午前八時半上野発にて群馬県前橋市に行き、勢多農学校における農業経営講習会証書授与式に出席し、二時間ほど講演し、終わって帰京した。二七日は終日在宅し、著書の結論部分を執筆した。なお、この日、帝国農会は事務所新築のため、仮事務所を芝協調会へ移転している。

三月二八日、温は午後一〇時飯田町発にて長野県南安曇郡に講演のため出張の途につき、翌二九日午前七時松本市につき、大町行き電車に乗り換え、豊科町に行き、豊科公会堂にて開催の南安曇郡農会主催の講演会に出席し、来会の一二〇余名に対し、午後一時より四時半まで講演を行なった。終わって、飯田慶司南安曇郡農会長らと会食の後、午後一〇時松本市発にて帰京の途につき、翌三〇日午前七時東京飯田町に帰着した。この日は終日在宅し、著書の執筆を行ない、結論部分を草し、三一日も著書の結論部分を草した。

四月も温は帝農の業務を種々行ない、地方に出張した。二日は農林省に出頭し、戸田保忠畜産局長、間部彰農産課長、荷見米穀課長に面会、三日は終日著書の結論部分を執筆した。四日は千坂高興参事と養蚕調査様式の考案を行ない、夜は午後五時より日本橋の階楽園にて、米穀需給調節特別会計法改正に尽力してくれた代議士、池田亀治、三輪市太郎、高橋熊次郎、東郷実、川崎安之助、川崎克、高田耘平を招き、慰労宴を行なった。五日は正副会長と帝農の敷地問題の協議し、六日は矢作会長宅を訪問し、温の著書の序文を依頼した。七日は終日著書の結論部分の著述をした。九日は西ケ原に安藤広太郎副会長を訪問し、販売斡旋所計画の確定を促し、温がその任に当たることを決心している。日記に「西ヶ原ニ行キ、安藤氏ニ販売斡旋所計画ノ確定ヲ促カス。此時ハ自分其任ニ当ル決心ナリシ。午后六時ヨリ中央亭ニテ荷見、長尾、渡邊三君及正副会長、三幹事会合。販売斡旋問題ニ付、意見ノ交換ヲナス」とある。一〇日、温は勝賀瀬質帝農参事ならびに三幹事と販売斡旋所の計画及び予算を作成し、一一日には、西ケ原に安藤副会長を訪問し、販売斡旋所の計画及び予算を決定した。以上のように、温が農産物販売斡旋所にかんする事業の中心で尽力していたことが判明する。

四月一一日、温は午後九時半東京発にて、大阪、奈良、山口に会議への出席、講演等のために出張の途につき、翌一二日午前九時半大阪につき、中ノ島公会堂における大阪市主催の第四回全国市農会協議会に出席した。全国から三〇市四七名が出席し、その他地元関係者合わせて一五〇名参集し、全国市農会聯合協議会設立問題などを協議し、この日北川旅館に投宿した。一三日は奈良に行き、県農会を訪問し、越前二郎（奈良県農会技師）に会い、奈良県農会の状況を聞き、後、県庁を訪問し、百済文輔知事に面会し、農会に関する所見を聞き、更に武野楢司（県農会副会長）にも会い、奈良県農会の状況を聞くなどし、あやめ旅館に投宿した。一四日は秋山利恭（奈良県農会技手）、堀保信（生駒郡農会技手）とともに生駒郡矢田村に行き、村長らに基本調査を具体的に指示して、大阪に戻り、午後八寺半大阪発にて山口県に向かい、一五日午前七時四〇分山口県湯田につき、午後二時から県公会堂における大日本農会総会（会長は皇族の梨本宮守正王）に出席し、終わって、知事招待の祇園菜香亭における招待宴に出席し、松田旅館に投宿した。一六日は県公会堂における山口県農会大会、経営共進会授与式に出席し、来会の一〇〇〇余名に対し、温は農業経営と農政について四〇分ほど講演を行なった。終わって、愛媛への帰郷の途につき、広島に行き、川島旅館に投宿した。翌一七日午前八寺半広島を出て、松山に向かい、午後二時に帰宅した。

四月一八日、温は伊予畜産組合に行き、支持者の渡辺好胤、野口文雄、松尾森三郎らと会談、一九日は終日在宅し、南土居部落の区長永木亀喜と西林寺後継問題等を協議した。二〇日に温は上京する予定であったが、叔父の義朗が突然脳貧血を起こし、人事不省となったため（二七日死亡）、一日延期した。

四月二一日、温は再び帝農の業務のために、午前一〇時石井発にて上京の途につき、高浜から尾道に行き、午後一〇時四〇分尾道発の普通列車にて東上し、翌二二日午後一一時東京に着した。二三日は帝農に出勤し、雑務を処理し、道府県農会職員協議会の準備をした。二四日は『帝国農会報』第一九巻第五号の原稿「農政運動の発達過程」の執筆を行ない、二五日も同原稿を執筆、また、正副会長と帝農事務所の建築、道府県農会職員協議会の件について協議した。

四月二六日、温は『帝国農会報』の原稿「農政運動の発達過程」を草了した。その大要は次の如くで、大正九年の米投げ売り防止運動、一五年の農産物関税改正運動、そして、昭和四年の米穀需給特別会計増額運動を振り返り、所感を述べたものであった。

「農政運動が稍具体的に行なわれたのは大正九年米価暴落に際し、米投げ売り防止運動、ならびにその延長として米価調節に対する国策樹立の要求運動であった。当時の運動は実に真剣であり、超政党的であった。而して其結果は米穀法の制定となった。以来、農家の負担軽減、及び農村振興に関する諸問題につき、年々政治季節には農政運動が行なわれるようになったが、概していえば常務的であった。

大正十五年の第五十一議会に提出された関税定率法の改正に対し、全国の農会関係者農産物の税率修正の大運動をおこした。この農政運動に対し、都下の大新聞が急先鋒となり、農産物の輸入税引き上げ運動を非国民的行動であるかの如く痛烈に攻撃し、四方八方から反対運動がなされた。而して、これに対する農業者側の運動も必死で遂に各政党を動かし、小麦と小麦粉と鶏卵に対し税率が修正された。

その次の運動は今回の米穀法運用資金増額運動である。今回は米問題が中心となり、自作農維持創設と肥料管理の問題であった。自創と肥料管理案は政府の提出であったが、米問題は北陸、中国、九州、関東と地方より起こり、全国的となった運動であった。而して問題は米穀法の運用資金の増額であった。農林省は賛成であったが、政府の態度は賛否不明であった。不明というのは反対論が有力であった。世論もまた反対が多かった。政府部内に有力な反対論があり、世間に反対論の多い問題の運動は容易ではない。

世間の誤解を解くため一言する。米穀法の使命は量の調節とともに価格の調節である。而して昨年末は米価漸落、早春は一俵九円台に惨落した。苟も米穀法の厳存する限りかかる惨憺たる低落に対し、なすこともなく傍観していては地方が納まらない。且つ米穀法の使命を失うことになる。然るに米穀法は運用資金欠乏の為に活力を失なった状態になっていたのである。すなわち、米穀需給調節特別会計の資金は二億円であるが、昭和三年一一月末には借入金現在高が一億四二八九万一〇〇〇円で、借り入れ余力は五七〇〇万円にすぎなくなっていた。借入金のうち損失金総額が五六三〇万円で、世間はその損失金を米価をつり上げるために使った損失だと観察しているが、米穀需給特別会計は珍無類の会計法にて、運用資金は借り入れのため、利子を支払わねばならず、それが一九〇〇万円、それから倉庫建設費も関係管理の俸給旅費も、大正一二年の震災の損失も一切合切計算したものである。すなわち、運用資金は米価調節に直接関係のない費用に使い減らす仕組みとなっているから、米穀法の運用資金を増加しなければ、如何に米価が暴落しても、米価維持策を行なうことが不可能という状態になっていた。それが、米穀法の運用資金を増額の運動をおこした理由である。

今回の農政運動に関する所感は、第一は地方より上京した運動委員が従来に比し非常に熱心であり、真剣であったため、超政党的農政運動が遺憾なく行なわれた。第二は衆議院の各派を通じ、農村本位の旗幟の下、活動された農村擁護議員の活動の結果である。第三は貴族院において諒解を得ることが最も必要であることである。従来私等は貴族院では農村問題に関し、衆議院における政党関係からくる反対者の諒解を得るよりも容易であると考えていたが、貴族院では農村問題の真相を解せらるゝことは容易でないことを痛感した。貴族院はいずれも立派な見識を持っておられるが、多くは資本主義的経済論をもって農業問題を観察しているような意見が多い(13)」。

四月二六日、温は午後七時二〇分発にて福井県に講演のため出張の途につき、翌二七日、米原経由にて午前一〇時福井に着した。そして、福井県農政協会総会に出席し、来会の約三〇名に対し、温が米価運動の経過を報告し、種々農政問題等を協議し、午後三時閉会した(14)。そして、午後四時三〇分福井発にて帰京の途につき、二八日午前一〇時帰京した。

四月二九日、温は著書の原稿を脱稿し、積年の目的を達している。この日の日記に「著書最後ノ執筆。午后二時三十八分、結論末節共同経営ノ執筆ヲ終リ、積年ノ目的ヲ達成ス。但シ、五〇〇頁ヲ限度トスル計画ナリシヲ以テ、結論中ニ引用セントセシ個人ノ経営事例及批判ヲ略シタルハ遺憾。昭和二年五月一日初稿ノ執筆ヲ始メ、本日終了」と記している。

四月三〇日から五月二日までの三日間、帝農は道府県農会幹事主任技師協議会を、芝公園帝国農会仮事務所にて開催した。道府県農会から六一名、農林省から松村農務局長、荷見農政課長、小平米穀課長らが、帝農側から矢作、安藤正副会長、温、増田、高島の三幹事らが出席した。協議事項は（一）帝国農会において各道府県農会聯合販売斡旋事業の統一を行なうとともに中央卸売市場に其の出張所を設置するの件、（二）農家に対し農会意識を一層旺盛ならしむる方策の件、であった。決議事項の（一）は昭和四年七月より帝国農会に販売斡旋部を設け、農家生産物の配給改善の施設を行ない、従来の各販売斡旋所の業務を統制すること、等であり、（二）は帝国農会は一層地方農会の連絡指導に努めること、農会は農政時事問題の解決に関し一層努力すること、農会の主旨並びに農政時事問題の経過成績を通俗的に記載し、多数の農会員に配布すること、などであった[15]。

五月三日、帝農は道府県農会養蚕主任者協議会を、芝公園帝農仮事務所にて開催した。道府県農会から四二名、農林省から明石弘蚕業課長、永井治良技師らが、帝農からは安藤副会長、温、増田、高島の三幹事および千坂参事が出席した。協議事項は（一）道府県農会が養蚕家の利益のために産繭処理に関し善処すべき方策に関する件、（二）農業経営の指導奨励上養蚕の堅実なる発展を期する方策に関する件、などであった。決議事項の（一）は組合製糸の設立助成、乾繭取引の奨励、等であり、（二）は養蚕業経営調査を行ない、養蚕業指導方針を確立すること、であった[16]。

五月四日、温は午後一時上野発にて宮城県に講演のため出張の途につき、九時四〇分仙台に着し、国分町菊平旅館に投宿し、翌五日、柴田郡大河原町に行き、県立農学校に開催の刈田・柴田両郡の町村農会総代会に出席し、講演を行なった。六日は伊具郡角田町に行き、伊具郡町村農会惣代会に出席し、講演、七日は名取郡岩沼町に行き、名取、亘理両郡の町村農会惣代会に出席し、講演、八日は宮城郡原町に行き、宮城郡の町村農会惣代会に出席し、三時間ほど講演を行なった。そして、北畠保治（宮城県農会技師兼幹事）、玉手棄陸（同農会技師）らに見送られて午後一一時発にて帰京の途につき、翌九日午前八時帰宅した。この日は休養在宅し、著書の序文を執筆した。一〇日は米の販売期調査様式の考案等を行ない、一二日は終日在宅し、著書の目次の作成、および校正を行なった。

五月一三日、帝農は在京評議員会を開催した。岡本英太郎、加賀山辰四郎、山口左一、池沢正一らが出席し、農産物販売斡旋所統一問題その他を協議した。一四、一五日の両日、帝農は、農産物販売斡旋統一協議会を開催した。それは本年度より従来道府県農会連合の下で行われていた農産物販売斡旋事業を帝国農会が統一することになったのでその打ち合わせのためであった。道府県聯合販売斡旋所を主管する各府県の農会長、幹事、販売斡旋所の主任らが出席し、帝農側から安藤副会長、温ら三幹事、勝賀瀬質参事が出席した。協議の結果、事業開始は農林省からの補助金の関係上七月一日から、職員は現状のまま、帝国農会に販売斡旋の本部を設置すること、などであった(17)。そして、一六日は各販売斡旋所の主任と事務的な協議を行ない、夜は著書の校正を行ない、終了した。一七日は安藤副会長、幹事と斡旋所の打ち合わせを行ない、また、安藤氏に温の著書の序文を頼んだ。

五月一七日、温は午後九時二五分東京発にて、先月亡くなった叔父の岡田義朗家(18)の家政整理のために愛媛への帰郷の途につき、翌一八日夜、帰宅した。一九日、新宅の故岡田義朗宅にて親族会議を開いた。後藤信正、八木忠衛、越智太郎、永木又市(19)らと協議し、義朗家の財産、負債の調査を行ない、家や土地の売却を決めている。二〇日、温は芸備銀行に行き、義朗の土地の売却を申し出、義朗宅は後藤より川中某に売却を申し出ているが、家屋敷は売却できなかった。

五月二五日、温は義朗宅の家政整理を甥の越智太郎に任せ、午前七時石井発にて島根県に講演、視察等のため出張の途につき、高浜から玉藻丸にて宇品に渡り、山口県小郡町を経て、島根県那賀郡浜田町に行き、亀山旅館に投宿した。二六日午前七時に浜田町を出て、一〇時島根県松江市につき、直ちに島根県町村農会長会および技術者会に出席した。この日は、講師の高田保馬博士（京都帝大教授）の農村疲弊の原因についての講演を聴き、夜は懇親会に出席した。二七日は午前中、温が講演を行ない、午後は岡本善久（島根県農会技手）とともに久木村の篤農家・神門猪之助氏の経営を視察し、午後六時松江発にて、阿部憲吉（島根県農会技師）の見送りを受け、帰京の途につき、翌二八日午後七時帰宅した。

五月二九日、帝農は帝農評議員会を開催し、販売斡旋所に関する予算更正その他を協議し、原案通り決定した。三〇日は交友会幹事会を開催、三一日は農林省に出頭し、米穀課にて米穀委員会の計画を聞き、副業課にて農業経営主任者協議会等の打ち合わせを行なった。

六月も温は帝農の業務で多忙であり、またよく出張した。一日は農業経営主任者協議会の協議案の作成、二日は午前七時三〇分上野発にて埼玉県の八基村を千坂高興参事、中川潤治参事、石橋幸雄書記、宮坂悟朗雇、森茂雄書記等と視察し、午後六時二五分深谷発にて帰京した。三、四、五日は農林省に出頭し、農業経営・農家経済改善指導調査長期講習会（六月二一日より三カ月間）の講師依頼の打ち合わせをした。

六月六日、温は午後一一時四〇分発にて名古屋に関西聯合農会の会議出席のため出張の途につき、翌七日午前一〇時名古屋に着し、赤十字楼上にて開会の関西聯合農会協議会に出席した。関西聯合の協議会では帝国農会に対し批判が出た。七日の日記に「帝国農会ニ対シ攻撃及注文多シ。殊ニ農会時報ニ関スル議論多シ」とある。八日も同協議会に出席し、終わって、午後九時五〇分名古屋発にて帰京し、翌九日午前七時東京に着した。一〇日農林省に出頭し、荷見安米穀課長、渡邊侃治と下級農会職員の待遇の件等を協議した。

六月一一日午後一時より首相官邸にて米穀調査会の第一回幹事会があり、出席した。この米穀調査会は第五六議会の終わった直後、田中内閣が今後の米穀政策の根本方針について、また、米穀需給調節特別会計の制度について根本的に調査研究するために、五月二二日に勅令で設置したもので、会長は田中義一内閣総理大臣であり、副会長は三土忠造大蔵大臣と山本悌二郎農林大臣であった。委員は全部で四五名で、内訳は政府・官僚側から、阿部寿準（農林次官）、東武（農林政務次官）、砂田重政（農林参与官）、吉植庄一郎（商工政務次官）、河原田稼吉（台湾総督府総務長官）、大口嘉六（大蔵政務次官）、秋田清（内務政務次官）、鳩山一郎（内閣書記官長）、前田米蔵（内閣法制局長官）、児玉秀雄（朝鮮総督府政務総監）、永井柳太郎（外務政務次官）、小坂順造（拓務政務次官）、成毛基雄（内閣拓殖局長）、衆議院議員から川崎安之助、秦豊助、三輪市太郎、東郷実、板谷順助、小山松寿、西村丹治郎、貴族院議員から林博太郎、橋本圭三郎、藤田謙一、前田利定、阪谷芳郎、堀田正恒、上山満之進、学識経験者として、河田嗣郎（大阪商科大学長）、橋本伝左衛門（京都帝大教授）、民間の経済界人から、上田弥兵衛（東京米穀商品取引所常務理事）、喜多又蔵（日本綿花社長）、熊沢一衛（伊勢電気鉄道社長）、木村徳兵衛（東京米穀商品取引所常務理事）、林市蔵（大阪堂島米穀取引所理事長）、安川雄之助（三井物産常務）、三橋信三（三菱倉庫常務）、加藤勝太郎（名古屋商工会議所常議員）、有賀光豊（朝鮮殖産銀行頭取）、農会側から、矢作栄蔵（帝農会長）、山田斂（福井県農会長）、山内範造（福岡県農会顧問）、などが入っていた。幹事は内閣書記官の村瀬直養、法制局参事官の金森徳次郎、大蔵省理財局長の富田勇太郎、農林省農務局長の松村真一郎、農林書記官・米穀課長の小平権一、朝鮮総督府殖産局長の今村武志、台湾総督府殖産局長の内田隆、そして、温がその末席に加わった。[20] この日の幹事会では、議事、規則、特別委員の人選などを決めた。

米穀調査会の第一回総会が六月一三日午前一〇時より、首相官邸にて開催された。この日は田中会長の挨拶の後、諮問第一号「米穀の需給及価格の調節に関し執るべき方策如何」が議題に供され、阪谷芳郎（貴族院議員）、矢作栄蔵（帝国農会会長）、三輪市太郎（衆議院議員）、川崎安之助（同）、橋本圭三郎（貴族院議員）らが発言した。翌一四日に第二回総会が開かれ、引き続き質疑がなされ、安川雄之助（三井物産常務）、河田嗣郎（大阪商科大学学長）らが発言した。その後、特別委員一五名（東武、吉植庄一郎、大口喜六、前田利定、橋本圭三郎、矢作栄蔵、河田嗣郎、三橋信三、安川雄之助、三輪市太郎、東郷実、川崎安之助、上田弥兵衛、加藤勝太郎、有賀光豊）が選出された。[21]

六月一五日より二〇日まで、帝農は道府県農会農業経営主任者協議会を帝農仮事務所にて開催した。農林省より松村農務局長、永松副業課長、石崎畜産課長、見坊技師、渡邊技師らも出席した。全国から四九名の技師、技手等が出席した。協議事項は（一）農業経営調査事務に関する件、（二）道府県農会における農業経営調査研究の普及に関する施設の件、（三）生産費調査に関する件、等であり、一七日には岡本善久（島根県農会技手）、明間宏（滋賀県農会技手）、土屋春樹（新潟県農会技手）らの調査研究発表もなされた。一八日からは同会議を農林省主催にて開催し、農林省の農家経済調査に関する協議がなされ、出席した。[22]

なお、この協議会の開催中、温の念願の著書『農業経営と農政』が龍吟社から刊行された。同書は六月一五日に印刷され、一七日に温は著書を受け取った。一七日の日記に「農業経営ト農政百部程、出来上ル」とある。そして、温は一八日に、農業経営主任者協議会に出席していた各道府県農会の技師、技手に著書を贈呈し、また、帝農経営部の七人の職員にも贈呈している。

六月一九日午前一〇時より米穀調査会第一回特別委員会が首相官邸にて開かれ、温は幹事として出席した。特別委員会の委員長には貴族院議員の前田利定が選出された。この日は、議事進行方法はまず、現行米穀法の存置を前提とし、その米穀法の不備、欠陥について議論がなされた。温も幹事として発言し、米の標準価格について次のような生産費説の意見を述べた。「米穀法運用ノ方法ハ数量ニアルモ目的ハ価格ニアリ。然ラバ価格ノ標準ハ如何。標準価格ヲ決定セザレバ国民ハ何時迄モ苦情ヲ云フベシ。此ノ標準価格ハ生産費ニ求ムベキナリ。生産費ハ或期間ノ平均生産費ト利潤ノ平均トノ和ヲ以テセバ可ナラン。適当ナル生産地ニ於ケル五箇年間ノ平均生産費ハ標準価格タルヲ得ベシ。我国内地（北海道ヲ除ク）ノ自作農ニ関スル五箇年間平均生産費ニハ地方ニ依リ十七円ノ差異アリ。生産物ノ価格ニ高低アルハ此ノ生産費ノ差異アルニヨル。此ノ差異ヲ無視シテ一ノ標準価格ヲ算出スルハ蓋シ実際ニ符合セザルベシ。……生産費高キ地方ニハ高キ標準ヲ求メ、低キ地方ニハ低キ標準ヲ求メ、生産者ヲ奨励シ消費者ヲシテ支障ナカラシムベシ。一ノ標準価格ヲトルハ不合理ナリ。生産事情ニ依リ標準米価ニ差異アルハ必要ナリ」[23]。しかし、松村真一郎農務局長、小平権一米穀課長その他委員は「理解セサルカ如シ」という状況であった。この日の日記に「総理官邸ニテ、前十時ヨリ米穀調査特別委員会開催。各委員全部出席。米ノ標準価格ニツキ所見ヲ述フ。松村局長、小平課長其他理解セサルカ如シ。午后三時閉会」とある。終わって、温は農業経営主任者協議会に出席した。

六月二〇日、温は午前、農業経営主任者協議会に出席した。同協議会は午後一時二〇分に終わり、その後、温は米穀調査会特別委員会委員である矢作栄蔵（帝農会長）、川崎安之助（民政）、三輪市太郎（政友）、東郷実（新党倶楽部）と下相談をなし、そこで、外米専売と朝鮮・台湾米の移入管理を決心した。この日の日記に「川崎、三輪、東郷三代議士ト会長ニテ后一時集会。米穀特別委員会ノ下相談ヲナス。外米ノ専売ト鮮台米ノ移入管理ヲ決心ス」とある。植民地米の移入制限方針が打ち出された。

六月二一日午前一〇時より首相官邸にて米穀調査会第二回特別委員会が開かれ、温は幹事として出席した。この日、植民地側の利害を代弁した有賀光豊が「朝鮮における調節実行方法」と題し、朝鮮米の内地移入制限に反対し、朝鮮米の内地移入は自由とし、総督府により朝鮮米の買い上げ、内地への平均的移出案を提案した。また、財閥側の三橋信三は「米穀法改正に対する意見」と題し、米穀法は存続の立場だが、過去の運用について何の基準もなく、頻繁に発動し、財政負担も大きいと批判的で、米穀法運用の基準を設定すること、米価維持のために低利資金を供給すること、植民地に米穀法を適用すること、外国米を管理することを提案し、質疑がなされた[24]。

また、六月二一日から帝農仮事務所にて農業経営・農家経済改善指導調査長期講習会が始まった（〜九月二〇日）。この講習会は農業経営・農家経済改善指導調査事業の拡張のために、道府県農会に副主任及び助手を設置することになり、その養成の講習会（三ヶ月）であった。温も講師陣に入った。[25] また、この日、関西農会聯合会決議事項陳情委員七名（松山兼三郎、松岡勝太郎、大島国三郎、長島貞、麦生富郎、門田晋、恒松於兎二）が来会し、対応している。

六月二二日午前一〇時より首相官邸にて米穀調査会第三回特別委員会が開かれ、出席した。この日、米穀商人の上田弥兵衛が米穀法の行き詰まりを指摘し、米穀法の廃止を唱えている。[26]

また、二二日、温は帝農にて関西農会の代表七名と会合し、深刻化する米穀問題に関する協議をなし、来る二九、三〇日に臨時道府県農会長大会を開催することを決めた。二四日は農会の農業経営副主任の配置の整理をし、夜は講農会の懇親会に出席した。二五日は道府県農会長会議案を作成した。二六日は農業経営の長期講習会で、農産物の価格について一時間余り講義した。また、この日、米穀調査会特別委員会対策で、幹事の小平米穀課長が来会し、矢作会長に米穀政策案を提案するよう希望した。この日の日記に「米穀委員会対策。小平米穀課長来会。矢作会長ニ提案希望ノ意ヲ述ヘラル」とある。二七日、温は農林省に行き、松村農務局長、小平米穀課長と米穀調査会への米穀政策の立案について協議した。二八日は農業経営の長期講習会で一時間半ほど講義を行ない、また、道府県農会長会への提出の米穀政策に対する温の私案を作成した。

六月二九、三〇日の両日、帝農は米穀政策の方針を決定するために、道府県農会長会議を開催した。全国から五三名の農会長らが出席した。そこで、温が米穀政策の私案を提案した。二九日の日記に「出勤。米穀政策ニ対スル農会ノ態度決定ノタメ、道府県農会長会議ヲ開催ス。矢作会長司会……。自分ノ私案ヲ提出シ、結局委員会ノ原案トナル。三時ヨリ五時マテ委員会。五時ヨリ中央亭ニテ慰労会」とある。そして、三〇日に温の私案を基にして米穀政策案が決定された。三〇日の日記に「道府県農会長会……。午前委員会。山田斂氏委員長トナリ、自分ノ私案ヨリ骨子ヲ取リ一ノ成案ヲ得。午后本会議……。委員会案ヲ可決シ、三時閉会」とある。

温の私案をもとに立案された帝国農会の米穀政策案は次の如くであった。「一、現行米穀法を存続し、量と価格の調節を併行す。量に関しては生産消費の権衡を考慮し、価格に関しては生産費を下ること無からしむを以て根本主義と為す。右主旨に依り現行法中改正を要する主なる事項左の如し。（一）米穀資金借入限度を四億円とすること、（二）従来の米穀法施行に依り生じたる損益計算は此際国庫の負担に移すと同時に将来五ケ年毎に一般会計に移すこと。（三）米穀法施行に要する事業費以外の経費は一般会計の負担と為すこと。（四）米穀法運用を正確ならしむ為一定の期間を限り米穀の最高最低価格を定めて公表し、之を基礎として出動するの規定を設くること。二、朝鮮台湾よりの移入米は之を専売とすること。三、朝鮮台湾に於ては別に常平倉制度を実行すること。四、外国よりの輸入米は之を専売と為すこと」[27]。このように、米穀生産費論、米穀会計の増額、米穀の最低最高価格の決定、外米、植民地米の専売論など、帝国農会の米穀政策立案にかんし、温の果たした役割は大きい。

七月も温は帝農の業務を種々行ない、講習会等のために地方に出張した。一日、温は農業経営の長期講習会の講義を午前一〇時前まで行ない、後、矢作会長と首相官邸における米穀調査会第四回特別委員会に出席した。しかし、この日、田中内閣が張作霖事件で瓦解したため、委員会は当分延期となった。この日の日記に「出勤。十時前講義。矢作会長ト首相官邸ノ米穀調査特別委員会ニ出席ス……。政変ノタメ、当分延期スルコト、シ、正午マテニテ閉会……。朝鮮、台湾ノ出張委員等一時帰庁ス」とある。二日も温は午前一〇時まで長期講習会の講義を行なった。

なお、中央政界についてであるが、七月二日、田中義一内閣が張作霖事件の責任をとり総辞職し、代わって、西園寺公の推薦で浜口雄幸民政党内閣が誕生した。「田中内閣総辞〔職〕。組閣ノ大命、浜口民政党総裁ニ下ル」。蔵相には井上準之助、農相には町田忠治が就任した。なお、農林政務次官に高田耘平、農林次官に松村真一郎、農務局長に石黒忠篤（前、蚕糸局長、農務局長に再任）が就任した。

七月三日、温は午前一〇時まで農業経営の長期講習会の講義を行なった。四日も講義を行ない（これにて農産物価格論は終了）、後、帝農幹事会を開催し、農家負債調査の件を協議した。七日は浜口内閣の誕生に伴ない、新しく就任した政務次官、参与官（高田耘平農林政務次官、小川郷太郎大蔵政務次官、野村嘉六文部政務次官、山田道兄農林参与官ら）への祝辞の手紙、八日は午後五時より帝農の評議員会建築委員会を開催し、桑田熊蔵、加賀山辰四郎、山口左一、池沢正一、大木金兵衛（東京府農会副会長）ら出席の下、岡田信一郎より帝国農会事務所建築設計の説明を受け、工事入札と決めた。九日は農林省に出頭し、高田耘平政務次官に面会し、農業経営調査費に関し強く要望した。一〇、一一日は佐賀講習の手入れ等、一二日も佐賀講習の手入れおよび米生産費調査の考察等行ない、また、午後六時より学士会館にて、政権交代に伴なう、前、田中内閣の勝田主計文相、白川義則陸相、砂田重政農林参与官等の浪人組（いずれも愛媛出身）の慰労会に出席した。一三日は米生産費の考察を行ない、また、午後六時から帝国ホテルにて帝農幹事に販売斡旋部長として新しく就任した吉岡荒造（七月一日就任、台湾総督府の専売局長、台南、台北知事等歴任）の晩餐会に出席した。一四日は富民協会依頼の原稿執筆等を行なった。

七月一五、一六日の両日、帝国農会は初めての販売斡旋所所長会を協調会館内にて開催した。農林省側より農政課の竹山祐太郎技手、副業課の見坊技師らが出席し、吉岡販売斡旋部長の挨拶があり、協議事項、取立て代金取扱に関する件、販売斡旋取扱手続きに関する件、駐在員に関する件、手数料に関する件、等々を審議した(28)。一七日から一九日までは全国道府県農会販売斡旋主任者協議会が開かれたが、温は出席できず、一七日午前八時半両国発にて、千葉市にて開催の関東東北農会聯合協議会出席のために、千坂高興参事とともに出張し、赤十字社にて開催の同協議会に出席し、加納屋に投宿した。一八日も同協議会に出席し、終わって、房州鴨川に行き、吉田旅館に投宿した。翌一九日午前七時一〇分鴨川発にて東京に戻り、開会中の道府県農会販売斡旋主任者協議会に出席した。そこで、道府県内出荷機関の統制連絡、全国出荷機関の統制連絡、帝国農会販売斡旋機関の対外活動方法等が決議された。[29] 二〇日は農林省に出頭し、農会補助費削減復活問題について町田忠治農相、高田耘平政務次官、松村真一郎事務次官に運動を行なった。

七月二〇日、温は午後九時半上野発にて、秋田県に農業経営視察および講演のため出張の途につき、翌二一日午後三時山本郡富根村についた。この日は富根村共同経営を視察し、また、組合員一五名に対し一場の講演を行ない、同事務所に宿泊した。翌二二日は榊原村に行き、大塚千代松氏の経営を視察し、秋田に戻り、小林旅館に投宿した。二三日は、秋田県農会主催の農会技術者講習会に臨み、午前九時より正午まで農業経営について講義を行ない、翌二四日も午前八時より一二時半まで講義を行ない、終わって、午後三時半秋田発にて帰京の途につき、翌二五日午前七時帰宅した。二八日は富民協会の原稿を草した。二九日〜三一日も佐賀講習の手入れ等した。

八月も温は帝農の種々業務や原稿の執筆、また、講演のために地方に出張した。一日は佐賀講習の手入れをした。五日は農林省に出頭し、石黒忠篤農務局長、荷見安米穀課長、小平権一蚕糸局長に面会し、米穀調査会の委員会等の問題について打ち合わせした。

八月六日、温は『帝国農会時報』第二一号の原稿「本年度実行予算について　整理緊縮の意義」を執筆した。その大要は次の如くで、浜口内閣の農業に緊縮を迫る緊縮政策の批判であった。

「内閣の更迭により本年度既定予算が変更され、九一二五万六一〇〇余円が削減された。削減額の最も多きは陸軍省で、これに次ぐのが農林省である。陸軍省の削減繰り延べには国民は首肯するであろう。しかし、陸軍省に次いで削減額が多額なるは農林省であることは不急不要の経費の多額は農林省であることを意味する。我等は整理緊縮の大方針には賛成であるが、不急不要とみる国費分配の緩急に対する見方において根本的に見解を異にする。
私の見る処では農業者は租税公課において何れの同胞より所得に比し多額の負担をし、国費の分配において少額の分け前しか与えられていない。すべての政策において不利益な立場に置かれている。故に国政の大局上緊縮政策が必要ならば、年来租税政策において、金融政策において、交通政策において、社会政策において最も恵まれた方面に大削減をなし、農村漁村の如き平常、資本家擁護の政策の下積みになっているところには手を付けない削減であれば、その整理緊縮は大多数の国民に歓迎せられ、有意義であろう。しかし、今回の如く、最も恵まれない農村漁村に向かって大鉈を加える整理緊縮は、賛同し能はざる、堪え能はざる整理緊縮である[30]」。

八月七日、温は米生産費に関する通牒を起案し、後、午前一一時より帝国農会事務所地鎮祭に出席した。八日は前日の『東京日々新聞』の記事（浜口内閣の米価放任主義に対し、帝農は米の生産制限を打ち出したという内容の記事）への反論の原稿「米価に対する帝国農会の態度」を執筆、九日は米生産費調査農家増加案を作成し、夜は午後五時より学士会館における愛媛県人会の幹事会に出席した。一〇日は農業基本調査要項の作成等、一二日も同要項の作成、一四日は『東京日々新聞』の原稿を執筆草了し、一五日に東京日々新聞社を訪問し、編集部の田中正之氏に記事の談判を行なった。一六日は米生産制限論の原稿執筆等々を行なった。なお、帝農は米価引き上げ策としての米の生産制限に反対の立場であった。その理由としては、人口食糧問題の大局上内地の米作奨励は益々必要であり、また米作以上に収益の多い作物を発見することは非常に疑問があること、さらに生産制限をした場合過剰労働力の転換ができないからというものであった[31]。

八月一七日、温は午後七時半東京発にて徳島県に講演、視察等のため出張の途につき、翌一八日朝大阪に着し、午前九時天保山発の第二八共同丸にて徳島県小松島に向かい、船中、米生産制限論の原稿を執筆しながら、午後四時小松島に着し、佃伊鎮（徳島県農会技手）の出迎えを受け、美馬郡半田町に行き、清月に投宿した。翌一九日、温は半田町にて開催の農業経営研究会に出席した。この日は篤農家の意見発表があり、ちょうど、秋蚕の上蔟期と盆踊りの時期に重なり、出席者は五〇余名と少なかった。そして、翌二〇日、温は午前一〇時より午後三時まで、来会の六〇余名に対し、農業経営について講演を行なった。二一日も午前一〇時より午後三時まで農業経営について講義を行ない、終わって、午後三時半半田町を出発し、板野郡川内村に行き、中瀬宗一の経営（三町八反）を視察し、徳島を経て小松島に戻り、万野旅館に投宿した。二二日は小松島町千代小学校にて開催の徳島県南部の農業経営講習会に出席した。四〇〇余名が出席し、篤農家の実験談の発表があった。翌二三日、二四日の両日、温は午前九時より午後二時半まで講義を行なった。二日間とも四〇〇名余り出席し、暑熱の中、熱心であった。終わって、二五日、温は午前七時四五分小松島発にて、池田町、多度津町経由にて、愛媛県へ帰省した。

なお、二五日、温は多度津にて、『帝国農会報』第一九巻第九号の原稿「米価政策の主要点」を草了し、石井牧夫に送った。その大要は次の如くで、米は安価な方がよいという農民生活無視の偏頗な議論を批判し、米価低落の主要原因が移入米の激増にあることを指摘し、米の生産価格（生産費）維持を唱えるものであった。

「米価政策は農業政策を代表する。我が国では米価政策を閑却しては農政は骨抜きとなる。何となれば、資本利子、地代、労賃、租税諸負担の当否、すなわち生産条件の消長を如実に示す諸条件が米価問題中に最も多く包含されているからである。

米穀政策に対する表面の重要条件は国民の食糧問題であるが、真実の重要条件は農民の生業問題である。消費者の方は内地米価が高ければ安価な外米を買い入れる避難策があるが、米作農家には米価が生産価格以下に低落しても他の作物に転換してその不利益を免れる避難策はない。故に米価が継続的に低落すれば、米作経営に投じた資本の価値が回収されず、正当な利子が支払われず、労賃が減少される。失業者と変わらない状態となる。米価の暴騰が社会問題ならば、米価の暴落も社会問題である。

世間には米は国民の日常必要品だから可及的安価なるがよい、故に、米価が低落して農家が困窮するなら、他の方法で救済し、米はなるべく安価に供給することが、国民の幸福であるとの議論をなす経世家がいるが、それは米に限らず、衣食住の必要品は総て同様である。それは、実は政策に定見の無きもの、世間をごまかす出鱈目の議論である。何故なら、商品として生産する大生産物が、産業政策の不徹底によって生産価格以下に低下した事情のため生産者の蒙る経済上の打撃を、他の方法を以て補償、救済するなどは実行法のあるわけがない。それが行なえる位なら、生産価格の維持策の方がはるかに容易に行なわれるだろう。

また、現代の制度は、各生産物の価格はその生産条件によって決定され、各生産物の交換条件はほゞ均衡の保てる状態にあらざれば、生産が持続されない制度である。だから、国民の必要品だから、米に限り生産価格の如何にかかわらず、可及的安価に供給するのが国民の幸福であるというが如きは、内容の空疎な、狭い、米の消費者のみを国民と見ている偏頗な議論である。少なくとも農民の生活問題を考えない議論である。

米価が生産価格以下に低下する原因は二つある。一つは国内の生産が需要以上となる場合、すなわち、供給過剰である。もう一つは国内の生産は需要以内であっても国外より安価な米が需要限度以上に輸移入され、供給過剰状態を呈することである。近年の米価低落の原因が前者に非ずして、主として後者にあることは次の数字より考察することができる。

各年度は省略するが、大正一〇年以降、朝鮮、台湾の産額増加により急速に移入量を増加し来たり、門司、神戸、大阪、東京、その他大消費地は常に朝鮮、台湾米の堆積により供給過剰状態を呈するようになった。而して国外よりの輸移入量の多くなりしことが、内地の米価を生産価格以下に低下せしめる主原因ならば、米価政策は輸移入米の制限を基礎とすべきは当然の帰結である。すなわち、輸移入米の制限調節を行なうや否やが、米価調節を行なうや否やということである。一部に考えられる生産制限の如きは価格の維持策とならない。

私等の維持を主張する生産価格とは、生産費によって算出した価格である。而して、生産費とは、種子代、労賃、諸材料費、農具代、建物費、租税、土地資本利子である。而して、資本主義的経営の他の製品の生産費の計算方法と同様のものとするという主旨を以て計算したものである。私等の日常生活が交換経済である以上、農産物と他の製品と価格構成の理論を異にし計算方法を異にしては、農家は貨幣経済を営むことができない。

而して生産価格の維持ということは、年々のその年の生産費によって算出した価格を維持しようというのではない。か丶ることは米の生産事情もしくは配給事情に徴し、不可能である。最も全産米を国家の専売にすれば価格を一定することもできるが、私等は輸移入米の制限、すなわち輸移入米の国家管理を米価政策の唯一の方法として主張するが、内地の産米までも専売とすることは好まない。

私等の主張は年々の生産事情により、ある年は生産価格以下に低落し、ある年は生産価格以上に騰貴することがあっても、騰落を平均すれば、生産価格に近接するようになることを希望するのである」(32)。

八月二六日、温は愛媛県農会を訪問し、農林省提出の郡農会補助問題について協議し、二七日は娘（清香）の嫁ぎ先の末光家を訪問し、家政整理や孫の権一郎の教育方針を協議し、二八日は新宅の故岡田義朗宅の家政整理について、甥の越智太郎と協議し、また、米生産制限論を草した。三〇日は温泉郡農会、果物同業組合を訪問し、三一日は在宅し、来訪者への対応等をなした。帰郷しても多忙であった。

九月三日、温は熊本県に講演のため出張の途についた。この日午前九時石井駅を出発し、高浜港より緑丸にて別府に向かい、船中では富民協会の原稿・農業経営を執筆し、午後三時半別府につき、自動車にて大分に行き、五時大分発豊肥線にて竹田に行き、岩城屋旅館に投宿した。そして、翌四日九時半竹田を出発して、午後三時半熊本に着し、森井清充（熊本県農会技師）に迎えられ、研屋支店に投宿した。五日、温は玉名郡高瀬町公会堂に行き、玉名郡農会経営総代会に出席し、来会の三〇〇余名に対し、午前一〇時より午後一時まで、農会経営について講演を行なった。終わって、熊本に戻り、研屋に投宿した。六日、温は田島熊喜（熊本県農会幹事）、森井清充（同、技師）とともに菊池郡隈府に行き、同女学校講堂にて開催の農村振興講演会に出席し、来会の七〇〇余名に対し、午前一〇時より午後一時まで講演した。七日は三津家伝之（熊本県農会長）、田島幹事、森井技師らと自動車にて鹿本郡山鹿に行き、同女学校講堂にて開催の講演会に出席し、来会の六〇〇余名に対し、三時間半ほど講演し、終わって一時間程質問に答えている。温は大変緊張したようで、この日の日記に「約三時間半程ノ講演ニ息ノ詰ル程緊張ス」とある。終わって、午後五時四〇分植木駅発にて帰京の途についた。八日も車中泊で、原稿の執筆や柳田國男の『都会と農村』を読みながら、翌九日午前六時半東京に着した。

九月一〇日午後、首相官邸にて米穀調査会の幹事会があり、温は幹事として出席した。田中政友会内閣から浜口民政党内閣への交代（七月二日）に伴なう最初の幹事会で、委員も交代した。会長は田中義一から浜口雄幸へ、また、副会長も三土忠造（大蔵大臣）、山本悌二郎（農林大臣）から井上準之助（大蔵大臣）、町田忠治（農林大臣）に交代し、委員も一部交代があった。また、幹事の交代もあり、農商務省側の幹事では、松村真一郎農務局長から石黒忠篤農務局長に、小平権一米穀課長から荷見安米穀課長に交代した。温は引き続き幹事となった。そして、来る一三日の米穀調査会第三回総会の協議をした。この日の日記に「午后、首相官邸ニテ米穀調査幹事会ヲ開ク……。松村局カ石黒局長ニ、小平米穀課長カ荷見米穀課長ニ代ル。来ル十三日、委員会ニ対スル準備ノ打合セ……。内閣更迭ノタメ、会長以下要部変化ニ対スル諸準備ヲ協議」とある。一一日は帝農幹事会を開き、蚕業委員会等について協議した。一二日に農業経営及び農家経済長期講習会が終了し、矢作会長、農林省の村上龍太郎農政課長、永松陽一副業課長出席の下、修了証書授与式を行なった。また、この日、米穀調査会特別委員の山田斂が来会し、明日の米穀調査会特別委員会の下相談をしている。

九月一三日午前一一時より首相官邸にて米穀調査会の第三回総会が開かれ、浜口会長は前内閣の諮問を引き継ぐことを表明し、午後からは第五回特別委員会が開かれた。この日、矢作栄蔵委員が帝農側の提案をした。それは、「米穀政策に関する私案」で、第一に、現行米穀法を存続し、量と価格の調節を併行す。量に関しては生産消費の権衡を考慮し、価格に関しては生産費を下ることをなからしむるを以て根本主義となす。右主旨に依り現行法中改正を要する主なる事項左の如し。（一）米穀資金借入限度を四億円とすること、（二）従来の米穀法施行に依り生じたる損益計算は此の際国庫の負担に移すと同時に将来五箇年毎に一般会計に移すこと、（三）米穀法施行に要する事業費以外の経費は一般会計の負担と為すこと、（四）米穀法運用を正確ならしむる為一定の期間を限り米穀の最高、最低価格を定めて公表し、之を基礎として出動するの規定を設くること、第二に朝鮮・台湾よりの移入米を専売とすること、第三に朝鮮・台湾に於いては別に常平倉制度を実行すること、第四に、外国よりの輸入米は之を専売とすること、等々であった[33]。これは、いうまでもなく、去る六月三〇日の道府県農会長会議で決定した内容（温の私案をもとに決定）を矢作栄蔵が提案したものであった。一四日も午前九時より首相官邸にて米穀調査会第六回特別委員会が開かれ、出席した。この日三輪市太郎委員からより徹底した内地、朝鮮、台湾米、外米の専売案が提案されている。一五日は終日在宅し、産業組合中央会依頼の原稿「産業組合経営上の疑義」を草した。一六日は午前一〇時より首相官邸にて米穀調査会第七回特別委員会が開催された。この日は、三輪委員の専売案、上田弥兵衛委員の米穀法廃止論への質問が出された。一七日も午前一〇時より首相官邸にて米穀調査会第八回特別委員会が開催された。この日も上田、三輪委員の提案への質問が続いた。後、帝農幹事会を開き、正副会長出席の下、米価問題の対策を考究した。

なお、矢作栄蔵は、『帝国農会報』第一九巻第一〇号に「米価下落の原因とその対策」を発表した。温の考えと同様で、その大要は次の如くで、植民地米の移入増加が内地米価圧迫の要因であり、植主内従の農政を批判し、移入米の専売を唱えるものであった。

「一、はしがき。我国の米価は最近数年来低下の一途を辿り、ために米作を主とする我が農家経済は極度の不安におびやかされ、かくて、米価維持問題は今や急務中の急務となった。農業者の利益代表機関たる系統農会は昨年末から今年にかけて米価維持運動を行なってきたが、今日依然として米価が窮地を脱し得ないのは如何なる理由であるか。以下、私は米価下落の原因と対策について論じよう。

二、内地米の特質。我国の米は他の穀物と違い特異な性質を持っている。米の生産は一定の温度、日照、雨量を必要とする関係から北半球の一部にかぎられ、収穫は年一回で、豊凶の差が大きい。これに反し、小麦は南北両大陸で年二回収穫され、豊凶の差が小さい。

また、米は熱帯米と温帯米に大別され、両者に化学成分、栄養価値にほとんど差異はないが、物理的性質に、触覚、味に差異がある。日本人はこの物理的性質に重きを置くために、温帯米を好み、内地では両者の価格に大なる差異が生じるが、他の諸国ではそうではなく、両者の価格に大差はない。

米の貿易量はその生産に比し少なく、価格の変動が大きいが、小麦の貿易量は米に比し多く、価格の変動は少ない。

米の輸出余力のある国は、熱帯米を生産するインドシナの諸国であるが、ただ、この熱帯米は我国では食糧品としては代用品としての価値しかない。他方、温帯米を産する国で輸出余力のある国は北米とイタリアぐらいで少量である。故に、内地米が不足する場合、代用品として熱帯米を必要なだけ輸入できるが、内地米が過剰な場合、内地米を外国に輸出することはほとんど不可能である。

三、我国の米価。生活必要品たる穀物の価格は工業品の価格と違い特別の性質がある。穀物の価格はその供給が減少すると普通の商品に比し騰貴率が大きく、供給が過剰になれば、下落率が激しい。その理由は米の如き生活必要品は、平常の消費量が一定しているから、供給が不足し、価格が騰貴しても、消費を減じない。反対に供給過剰となり、価格が下落しても、消費量を増やすことはない。換言すれば米の如き主要食糧品は需要の弾力性が乏しいから、供給に過不足ある時は暴騰暴落を免れないのである。しかし、国内の供給に過不足があっても、輸出入で調節の道があるが、我国の内地米は特殊であるため、過剰でも輸出できず、不足でも代用品たる熱帯米を輸入し得るにすぎない。したがって、内地米の供給の過不足によって著しく価格の変動を見るのである。

四、最近の米穀政策。大正八年から九年の初めにかけて米価は未曾有の暴騰を来したが、九年の後半には経済界の恐慌と米の豊作の為に俄然暴落し、わずか一年の間に価格が半分となった。ここに於いて米穀の需給調節は朝野の大問題となり、時の農商務省は我国の米の生産は大体において不足であるが、しかし、年により豊作の時は忽ち供給過剰となり、米価の暴落をきたす恐れありとなし、これが対策として、一方において供給不足に対応するため内地および植民地米の生産増殖の計画を樹てると同時に、他方常平倉の古制に則り米穀法を制定し、その運用により供給に過不足なからしめるとともに、作柄の豊凶その他経済上の変動によりて生じる米価の暴騰暴落を防止する方策に出たのである。而して、生産増殖の方法としては、内地に於いて開墾助成法の制定、耕地整理法の改正を行ない、朝鮮台湾に於いては大規模な産米増殖計画を樹立し、生産の増殖を図るとともに、植民地米を従来の如き内地米の代用品たる地位にとどめず、内地内と同一品質化することに努めたのである。

五、植民地米増殖計画の実績。植民地米増殖の経過を見るに、朝鮮は内地と緯度が等しい関係上、その産米の性質は内地米と格段の相違なく、早稲神力、穀良都、亀之尾等の優良な内地品種を移入し、且つ金肥を使用し、反収の増加を図り、また、開墾の奨励、水利の改良によって耕地面積の拡張および土地利用増加に努めたる結果、非常な好成績を挙げることになった。また、台湾においても品種改良は朝鮮より遅れたが、在来種より赤米を除き、最近では内地種たる蓬莱米の栽培に成功し、大いに産米の声価を高めるに至った。

六、植民地米の内地米に及ぼす影響。米穀法施行後の米価を見ると、施行以前に比し騰落の幅は縮小されたが、価格においては大正一三年三七円六四、一四年四一円九七、昭和元年三八円四七、二年三五円八六、三年三一円三八と漸落の歩調を辿り、為に内地農家をして米穀政策に対し非常の不安を抱かしめるに至った。然らば、その原因如何というに、一言にしていえば前記の産米増殖計画の成績が非常に良好であったこと、更に適当な言葉を以てすれば、産米増殖計画に根本的な見込み違いがあったものと言い得る。そして、内地米と植民地米の生産費に関してであるが、内地米は植民地に比し、集約の程度高く、労賃騰貴、租税公課負担の過重のため生産費大であり、他方植民地米の生産費は安く、両者の開きはますます拡大する傾向を有している。そして、市場に対する運賃を見ると、植民地は中央市場より距離は遠いが、航海補助政策、鉄道長距離輸送運賃逓減の結果、遠距離輸送運賃は比較的安く、運賃に大差はない。その結果、植民地米が内地に向かって盛んに移出されるのである。而してその結果、内地米が如何なる立場に置かれるか、あまりにも明白である。

今日、我が内地米の生産額約六千万石のうち、市場に供給される額は約千三百万石、それに対し植民地米の移入額は約一千万石である。言うまでもなく、米価は米の供給不足ならば最高生産費によって決定するが、供給が十分である場合には最高生産費によらない。而して今日市場に於ける米の供給は潤沢であるから、米価は最高生産費に支配されずして、寧ろ植民地に於ける米の生産費を基準として決定される傾向にある。大正一三年以来米価が下落しているのはこの事情に基づくものである。

七、米価維持対策。我国には植民地の安い生産費の米が増加して内地の高い生産費を要する米を圧迫することを可とする議論が相当行なわれているが、それは、内地の農業者の生存を無視した暴論である。然らば、内地の農家をして生業に安んぜしめる方法如何というに、勿論農業者をして生産技術の進歩、経営の改善等によりて生産費の低下を図らなければならないが、他面国家としては米価が絶対に生産費を割るが如きことなからしむる方途にでなければならない。而して、その方策として、内地米の生産費を基準とした最低価格の制定、外米の輸入専売、植民地米の生産制限――増殖計画の中止或いは整理、植民地米の移入制限――移入税の設定或いは移入専売制の採用、等を行なわなければならない。これらの対策を各個に検討するに、単独に外米のみ輸入専売するだけでは、現在の植民地米の増加趨勢から見れば効果極めて薄い。また、植民地米の増殖計画の整理縮小も、現在では内地と植民地とでは行政を異にする以上、内地政府より植民地米増殖計画の変更を求めることも困難である。また、植民地米に移入税を課することは一度関税を撤廃したのだから、今更その復活をすることも甚だ困難である。

以上の諸方策に比し、植民地米の移入専売によることは、植民地米の移入調節を完全ならしめると同時に、外米の輸入専売実施に対しても外国からの苦情に対応できる。

かく考え来る時、外米の輸入専売と同時に植民地米の移入専売を併せ行なうことが、最も妥当にして実行容易なる方策であると思う。

八、結論。最近の内地と植民地の農家一戸当たり耕作反別の推移を見ると、内地は一進一退であるが、植民地は著しく拡大している。ところが、内地の農業者は国費の四分の一の国防費を負担し、且つ兵役の義務があるが、植民地にはその負担も義務はない。然るに植民地の農業者には産米増殖の為に多額の国帑を費やして之を補助し、その結果内地の農民は叙上の如き圧迫を蒙り、生存の基礎を脅かされるに至った。まことに植主内従も甚だしき農業政策と評するの他はない。而もこの如き地位に独り内地農民のみが甘んじなければならぬ理由はどこにあろう。我等の主張する米価対策は内地農民をして植民地の農民と同一の地位に立たしめんとする最低限度の要求にすぎない。

農民の利益を代表する系統農会が存する以上、我等はこの際植主内従、商工偏重の政策を打破して、少なくとも機会均等の政策を要求しなければならぬ(34)」。

九月一八日、温は帝農に出勤し、米穀調査会用の米生産費に関する資料を作成し、午後は西カ原を訪問し、安藤副会長に面会し、米問題、肥料問題、蚕業委員会問題を協議した。一九日は午後農林省を訪問し、荷見安米穀課長、対馬弥作技師、朝鮮の池永技師と米穀調査会につき、意見の交換を行っている。

九月一九日、温は午後七時二〇分上野発にて、石川県、富山県に講演、視察のため出張の途につき、翌二〇日午前七時石川県河北郡津幡町に着し、出迎えの藤元与善（石川県農会技師）とともに汽車に乗りかえ、鹿島郡七尾町に行き、同公会堂にて開催の農政研究会に出席し、温が午前と午後を通じて講演を行なった。その夜は和倉温泉に行き、和歌崎別館に藤元技師、木下賢太郎（石川県農会評議員）らと投宿した。翌二一日は午前六時二〇分和倉を出て、七尾町を経て、一〇時に富山市に入り、直ちに県会議事堂にて開催の町村農会長会に出席し、温は来会の二三〇余名に対し、午後一時間二〇分ほど米問題について講演を行なった。二二日は午前、大石斎治（富山県農会幹事）、内藤友明（同技師）、麻生正蔵（同、評議員）らと米問題について懇談し、午後は井幡繁（富山県農会技手）、大坪唯二（下新川郡農会技手）らとともに下新川郡大布施の篤農家・大川茂二（自小作）の経営を視察し、午後八時三〇分三日市発急行にて帰京の途につき、翌二三日午前七時上野に着き、帰宅した。

九月二四日、温は帝農に出勤し、米穀調査会用の米生産費の考案および計算を行ない、また、在京評議員会を開催し、明年度事業及び予算を協議した。二五日も米生産費の考案を行ない、夜は中央亭にて帝農、農林省、産業組合の三者による輸出農産物協議会に出席し、石黒農務局長、千石興太郎産業組合中央会主事らと協議した。二六日は農業経営設計書の審査を行なった。二七日、二八日の両日、帝農は帝農仮事務所にて全国評議員会を開催し、山田斂、池田亀治、池沢正一、山口左一、岡本英太郎、三輪市太郎、桑田熊蔵、南鷹次郎、藤原元太郎らの出席の下、第二〇回通常総会に提出する議案、明年度予算案について協議した。(35) そのうち、矢作会長の米価政策に関する応急策の提案は異論が出て、修正されている。二八日の日記に「全国評議員会……。長崎ノ中倉氏出席。本日ハ建議案ナリシガ、米価ノ応急策トシテ会長ノ発案ハ異論多シ。修正ヲ加ヘテ可決ス」とある。

九月二九日、温は在宅し、『時事新報』の原稿「安川氏に質す」（三井物産常務で米穀調査会委員の安川雄之助の食料品価格引き下げ論への反駁文）を執筆した。

九月三〇日、一〇月一日の両日、帝農は、去る六月二九、三〇日開催の道府県農会長会議の決議にもとづき、米価政策実行委員会を開催した。池田亀治（秋田）、南鷹次郎（北海道）、池沢正一（千葉）、山田斂（福井）、小串清一（神奈川）、松山兼三郎（愛知）、松岡勝太郎（岐阜）、麦生富郎（広島）、長島貞（兵庫）、城島春次郎（福岡）の実行委員出席の下、米価の恒久策の決定を待っていては米価は惨落の憂き目にあう外なし、として、応急策の考究必要有りとの提議がでて、兵庫県農会の決議を原案として、応急策について協議した。その結果、（一）政府は本年新穀出回り期に二〇〇万石以上の買上げをなすこと、（二）政府は速やかに朝鮮台湾米よりの移入米に対し適当なる調節をなすこと、（三）政府は農業倉庫に於ける保管米に対し低利資金を融資すること、㈣外米の移入制限を継続すること、を決議した。終わって、委員一同農林省を訪問し、町田農相に面会し、陳情した。[36] 一〇月一日も午前米価政策実行委員会を開き、松岡、松山、城島、麦生、山崎時治郎（千葉県農会技師兼幹事）出席の下、打ち合せ会を行ない、午後、農林当局を訪問した。

一〇月一日、温は安川雄之助の食料品価格引き下げ論への反論文「安川氏に質す」の執筆を草了し、『時事新報』に送った。安川雄之助の所論は、我国の物価は戦前に比しても、欧米に比しても高く、下げたらぬ。食料品価格が騰貴すると、消費者の生活を脅かし、生活難による思想の悪化、民心の不安、犯罪の増加をもたらし、企業の利潤を低下させ、失業者を充満させる。今や金解禁を控えて貿易の改善を図るためにも現下の不況を脱する為にも物価の引き下げが必要である。物価引き下げのためにはまず労銀の引き下げを策し、労銀の引き下げの為には、食料品の引き下げを行なうのが順序である。然らば如何にして食料価格の引き下げを図るか。それは第一に関税を引き下げ海外より安い農産物を輸入すること、第二に生活必需品の消費税を軽減すること、第三に、食料品の生産費を引き下げること、たとえば、小農制を中農制にして機械力を用い労働能率を挙げることである。要するに、我が経済界、社会問題の現状に鑑み、食料品価格の低下が必要である、というもので、典型的な商工ブルジョアの主張であった。それに対し、温の反論の大要は次の如くであった。

「安川雄之助氏の食料品低下論は抽象論としては何人も異論のない公明な議論である。しかし安川氏の憂慮せられる生活の脅威、生活難による思想の悪化、民心の不穏が、農村においては安川氏の所論とは反対に農産物の価格低下、すなわち収入の減少により誘発されるのである。すべての物価が釣り合いのとれた条件で低下するが必要という議論ならば正論であるが、食料品だけに特に低下するが必要といえば、食料品の生産者に犠牲を負担せしめる議論となる。安川氏は生産費低減の方策として、小農制を中農制にして機械化する方策を提案している。然し、我国の農業は小規模の家族経営で、一戸あたり耕地面積は約一町一反である。それを安川氏の如く二町、三町、五町、一〇町に拡大すれば生産費は軽減されるだろう。然し、それは、農家の戸数人口を二分の一、三分の一、五分の一、一〇分の一に減少させ、それらの農地を併呑し、余りの農家を村外に追い出さねばならない。中農制、大農制農業に改造せんとすれば、最低一五〇〇万人ないし二〇〇〇万人の失業者を出すことになる。わずか、一〇万、二〇万人の失業者を解決し得ずして、一〇〇〇万、二〇〇〇万の失業者が農村に充満する農村改造案に実現性はない。我々は賛成できない[37]」。

一〇月三日は田中義一前首相の葬儀があり、出席した。四日は農業経営設計書審査に関する仕事、五日は農林省に出頭し、米穀課に行き、矢作案の米価政策の説明を行ない、また、松村真一郎農林次官と米穀政策にかんし、意見を戦わし、米生産費問題を説明している。

一〇月六日、温は『社会政策時報』依頼の原稿「小作立法の重点」を執筆した。それは、当時浜口内閣が社会政策審議会を設置し、小作法制定を諮問していたので、それへの温の考えの表明であった。その大要は次の如くで、現在の小作人保護だけでなく、未来の小作人保護になるような小作法制定でなければならないことを論じた。

「小作法問題について種々の方面より立論されるが、私は農業経営の立場より所見を述べよう。私の立論は次の二つの経営条件が前提である。（一）我国農業は殆ど全部家族経営である。家族経営は家族の労力を集約的に利用し、可及的多くの収益をあげることを目標とする。故に家族の労力に相当するだけの他の要素、すなわち土地と資本―特に土地―が必要であり、家族に労働力が二人いれば二人が十分に能率を発揮できる土地が必要であり、また、三人いれば三人が十分に能率を発揮できる土地が必要であること。（二）完全に家族制度が保たれている農家においては家族労働に従事するものの員数も総労働力も、年代によって多大の増減があることである。私は種々の仮定条件をもって計算するに、家族労働力の最低年代は員数二人、能率一四内外に減少、最高年代は員数六人、能率四七内外に増進する。すなわち、家族の労力供給には三倍の差があり、家族経営は家族の労力によって経営規模が大きく変化するのである。農村は変化が少ないと言われているが、一五年や二〇年の間には、地主が倒れたり、小作が自作になったり、自作が小作になったり、二、三町歩の耕作していたものが、一町、五反の小農となったり、五反、一町の小農が二、三町の中農になったり、意外に変遷のあるものである。農家の耕地移動は売買によるもの、小作の移動によるが、家族内の労力変化による耕地移動は家族経営につきものである。故に、小作法により、耕作者間の土地融通が拘束されることが生じたならば、結局は小作条件を不利ならしめ、小作者の不利益となろう。

以上の経営条件を前提に小作権の問題を考察しよう。小作法の中心は小作権を債権的なものとするか、物権的なものとするかの一点にある。私も小作権を確立し、強固なものとし、小作を地主と対等なものとすることが、小作の農業経営を安定させる第一条件であると思う。小作権が確立すると、高き小作料は漸次低下するであろう。また、所有権の価値は低下し、地価も下落するであろう。しかし、小作権の強化により、新たに重大な新小作問題が起こることを考えねばならない。すなわち、小作権に価値が生じ、小作権の強さに比例して小作権の価格が騰貴する問題である。一般の小作地に小作権価格が生じると、次の小作人は地主に小作料を支払うだけでは耕作できず、前小作者より小作権を買収しなければ耕作できないことになり、小作条件は少しも改善されていないということになる。現にそれが行なわれている。

小作法制定の目的は、小作者の保護であるが、小作法制定当時の小作者のみを一回保護さえすればそれでよいのかという根本問題である。地主と小作の関係が永久不変のものならさ程重大でないが、前提の（二）で述べたように、一五年、二〇年を一転期とし大異動をなす家族経営農業であるから実際問題として極めて重大である。これまでの小作法制定の議論は目前の小作者保護のみに注目して、未来の小作者のことを閑却している。そのような小作法が制定されたなら、小作法は我国特有の家族経営を攪乱し、耕地の融通移動を阻害し、小農に失業者を生ぜしめる等、重大な弊害がある。

私らの要望する小作法はそのようなものではない。小作法に与えられた恩典は永久の小作条件の改善になるべく、その耕地に付属すべきものにして、小作法当時の小作者が一人で持っていくような耕作権ではない。如何なる時代に何人が小作しようとも、経営条件が有利となっているように規定されている小作法である。

然らば如何なる規定に依って目的が達成されるかと言えば、これは難問であるが、私は小作権の売買を認めない、代価の授受によって小作権の譲渡を行なわせないことを規定することによって弊害の大部分は除かれると思う(38)」。

また、一〇月六日に米穀調査会特別委員会における矢作案の説明文を草した。

一〇月七日午前一〇時より首相官邸にて米穀調査会の第九回特別委員会が開催され、出席した。この日は主として三橋信三案（三菱倉庫常務、米穀法の発動の制限案）、有賀光豊案（朝鮮殖産銀行頭取、植民地米移入規制反対案）について質疑がなされた。また、温は帝国農会調査の米生産費を資料として配布した。八日も午前一〇時半より首相官邸にて米穀調査会の第一〇回特別委員会が開催され、出席した。この日、有賀案と加藤勝太郎案（名古屋商工会議所常議員、米穀法の発動の制限）について質疑がなされた。九日も午前一〇時一五分より首相官邸にて米穀調査会の第一一回特別委員会が開催され、出席した。この日は上山満之進案（貴族院議員、米価調節基準の設定論）について質疑がなされた。

一〇月一三日は終日在宅し、『帝国農会報』第一九巻第一一号の原稿「研究を要する地代論」を書き上げた。その大要は次の如くで、経済学上の地代論を自作地に適用することの疑義、又、生産費に開墾費が参入されていないことへの疑義を論じたものであった。

「地代は通俗的には土地の賃貸料、すなわち、借地料、小作料であるが、経済学の地代は生産費以上の生産といったもので、資本や労働より離れ、天然自然の土地のもっている、一個独立の生産要素としての土地の機能より得る利得をいう。土地に何故地代が生ずるかといえば、農産物の価格が最下等地の生産費によって決定せられることにより、優等地の生産物が生産費以上の価格で販売されることにより生ずるというのである。

経済学では土地には総て地代があるというのが定説であるが、私には少し疑問がある。私は地代は土地の利用形式によって生ずるもの、すなわち土地の賃借によって地代が生じるもので、賃借関係のない自作地や祖先伝来の宅地の如きは、地代論を当てはめる利用条件を有しないと思う。

地代論は生産費が前払い的に決定せられることが条件になっているが、自作地にあっては労賃は前払い的に支払われない。

私は地代論を研究するものではないが、種々の点に疑義を生じ、私の研究目的である自作農を考えるに邪魔になって仕方がないのである。

私は我国の自作の如く、殆ど無計算的に家族の労力を使用し、そして、その労賃は生産物を処分した後でないと、いくらかわからないような経営形態の自作地に対し、生産費の計算――確定的労賃の計算を含んだ――を条件とする地代論は成立しないように思う。差額地代論は下等地と上等地との生産条件の差額が、上等地に生ずる利得と見て、それを地代と称しているが、疑問がある。たとえば、甲乙二人のものが、土質、経営条件、作物、栽培方法も同一であるとし、一反歩の肥料もともに大豆粕二五貫を使用するとして、甲は肥料が最も下落したときに購入し一〇円支払い、乙は安価な時に買損じ一四円を要したとした場合、肥料の代価は異なるも、肥効は同じだから生産物は同額である。しかし、最後の決算において生産額より生産費を差し引いた残額を比較すれば、甲は乙より四円だけ多い。地代論で言えば、生産費を支払った残額が地代だから、前記の場合の四円は甲地の地代のうちに計算される。もし、この四円が地代の内に計算されないとしたら、地代論の生産費とは如何なるものか、の問題が残る。ところで、この四円は何によって生まれたかといえば、地代論の考えた土地固有の機能によって生じたものにあらずして、甲の農家が幸運に肥料を安く購入したことにより発生したものである。故に甲農家の利潤となって、甲農家の所得に帰すのであればそれで良いが、地代となって地主の所得になるものと取り扱われては、自作地にあっては観念だけの錯誤で済むが、小作地に適用しては不都合千万な農業経営論が生じる。

要するに、地代論は生産費に対する条件が決定せられたものでなければ成立しない議論である。そして、地代論を自作地に持ってくることに何の必要があるか。私にはそれが解せられない。私の考えでは地代論は経営者が地主より土地を借入れ、労働者を雇い入れ、資本を投じて経営し、生産物を処分し、地主にいくらかの借地料を支払うという経営条件の土地に必要な理論であって、自作農の場合には地代発生の理由も必要もないと思う。かゝる土地において生産費以上の利得は利潤として説明できる。私が地代論に疑義をはさむのは十分消化されていない地代論のために、自作の負担を重からしめ、農産物の価格理論に錯誤を生じる等の重大な過失が行なわれるように思うがためである。

米価問題にも地代論に関連して一層重大なる錯誤を生ずる恐れがある。リカードの地代論によれば、地代は生産費ではなく、そして、その生産費中には開墾費は計算されていない。そのような理論で米生産費が算出されると、米価が二五円になっても安くないと言うことになる。外国では平坦地の開墾費はさ程重要でないが、我国の水田では、水路の整った造田費や傾斜地の階段式の開墾費は非常に多額を要するから、これに投じた資本の利子は生産費に加算されねばならない。

要するに、地代論が経済上の一学説なら問題はないが、地代は土地より生ずる不労所得と解し、更にそれが自作地にまで存在すると考えられるに至っては、単に一個の学説として看過するわけにはいかない(39)」。

一〇月一八日、温は矢作会長を訪問し、浜口内閣の緊縮政策に伴う農林省予算、農会予算の四割大削減を伝え、協議し、また、帝農にて正副会長、幹事会を開き、対策を協議した。二一日は農林省に出頭し、町田忠治農相、石黒忠篤農務局長、河原春作会計課長、村上龍太郎農政課長に面会し、農会補助について「強硬」に希望を述べ、また、午後は高田耘平、松村真一郎両次官に面会し、同様の要望をした。この日の日記に「出勤。農林省ニ出頭シ、町田農相、石黒農務局長、河渕〔原〕会計課長、村上農政課長ニ面会、農会補助ニツキ強硬ニ希望ヲ述フ。午后。高田、松村両次官ニ面会シ、特ニ高田政務次官へハ農会補助ニ大削減ヲ加フルノ不得策ヲ述へ、反省ヲ促シタリ」とある。二二日も農林省を訪問し、山田道兄農林参与官を訪問し、農会補助について陳情した。

一〇月二四日午前一〇時より首相官邸にて米穀調査会の第一二回特別委員会があり、出席した。この日、上田弥兵衛案（東京米穀商品取引所常務理事、米穀法廃止論）を否決した。二五日も米穀調査会の第一三回特別委員会があり、出席し、三輪市太郎案（米専売案）が討議され、否決された。二六日から帝農の全国評議員会（帝農総会のための議案審議）が始まったが、この日米穀調査会の第一四回特別委員会があり、こちらの方が重要なので出席した。この日、米穀法の価格調節の可否が問題となり、価格調節を撤廃すべからずに決した。終わって、温は帝農評議員会に出席した。二七日は午前帝農評議員会に出席、午後は帝農事務所建築委員会に出席し、これにて、帝農総会の準備は終わった。この日、温は石黒幹事に米穀調査会の小委員会設置にあたり、矢作、上山、東郷の三人は必要との手紙を速達にて出した。「石黒忠篤氏ニ米・調小委員ニツキ、矢作、上山、東郷三人ハ逸スヘカラサルコトノ注意ノ手紙ヲ出ス」。

一〇月二八日から四日間の日程で、第二〇回帝国農会通常総会が赤坂三会堂会議室にて開催され、帝農議員四七名、特別議員一一名が出席し、農林省側より、町田忠治農相、高田耘平農林政務次官、石黒忠篤農務局長、小平権一蚕糸局長、村上龍太郎農政課長、荷見安米穀課長らが臨席した。一日目（二八日）午前一〇時五〇分開会し、矢作会長が議長となり、まず、吉岡荒造幹事が諸般の報告、会務報告を行ない、ついで町田農相が臨席し、小作問題、米穀問題、肥料問題、農村生産物の輸出促進等、農村振興問題に対する所見を告辞で述べた。温は「要ヲ得タリ」と評している。そして、農林大臣諮問案「農村生産物貿易振興に関し執るべき方策如何」の提案理由が村上農政課長よりなされ、委員会に付された。ついで、増田幹事が昭和三年度の収支決算、昭和五年度の予算案等を提案、説明し、委員会に付された。二日目（二九日）は午前一〇時五五分開会し、高島幹事が各種建議案「米価政策に関する建議案」「農会に対する国庫補助金に関する建議案」「農会法改正に関する建議案」「農産物鉄道輸送に関する建議案」「農会の養蚕施設助成に関する建議案」「肥料政策確立に関する建議案」「自作農創設維持に関する建議案」等の提案を行ない、委員会に付された。また、緊急動議として地租改正に関する調査委員会の設置ならびに小作法案調査委員会の設置が決められた。その夜は三会堂にて招待会を開いた。三日目（三〇日）は前日に続き、委員会が開かれた。四日目（三一日）で、農相諮問案への答申、各建議案が議決され、閉会した(40)。

第二〇回帝国農会通常総会で議決された建議のうち、「米価政策に関する建議」は次の如くであった。

「甲、米価調節恒久策
一、現行米穀法を存続し、量と価格の調節を併行す。量に関しては生産消費の権衡を考慮し、価格に関しては生産費を下ること無からしむるを以て根本主義と為す。右主旨に依り現行法中改正を要する主なる事項左の如し
（一）米穀資金借入限度を四億円とすること
（二）従来の米穀法施行に依り生じたる損益計算は此の際国庫の負担に移すと同時に将来五ケ年毎に一般会計に移すこと
（三）米穀法施行に要する事業費以外の経費は一般会計の負担と為すこと
（四）米穀法運用を正確ならしむる為一定の期間を限り米穀の最高、最低価格を定めて公表し、之を基礎として出動するの規定を設くること
二、朝鮮、台湾よりの移入米は之を専売とすること
三、朝鮮、台湾に於いては別に常平倉制度を実行すること
四、外国よりの輸入米は之を専売とすること
五、将来に於て改善又は実行を要する主なる事項左の如し（略）
乙、本年新穀の価格に対する応急策
一、台湾米の移入を適当に制限すること
二、今年の新穀出回期に於て季節的調節の為内地米の買上を行うこと
三、第二回予想の結果如何により臨時調節の為内地米の買上を行うこと
四、外米輸入制限を持続すること

五、農業倉庫に於ける生産者の保管米に対し低利資金を供給すること」[41]。

また、帝農総会と同じ日に米穀調査会の会議があった。温は帝農総会と米穀調査会の双方で多忙であった。一〇月二八日午後一時過ぎより首相官邸にて米穀調査会の第一五回特別委員会が開催され、特別委員会は直ちに小委員会を設置し、原案を検討することになった。そして、小委員に前田利定、上山満之進、矢作栄蔵、三輪市太郎、河田嗣郎、有賀光豊、三橋信三の七人が選出された。このメンバーに、温の提案も一部採用されている。日記に「米穀調査特別委員会ハ午后一時ヨリ開会。直ニ小委員七名ニ移シテ、閉会ス。小委員ハ前田、上山、矢作、三輪、河田、有賀、三橋ノ七人……。自分提案ヨリ大勢決ス」とある。三〇日は米穀調査会特別委員会の第一回小委員会があり、温は矢作会長とともに出席した。外米専売問題が議題となり、外米専売案四名、反対二名であったが、採決は延期している。三一日も午後二時より米穀調査会特別委員会の第二回小委員会があり、温は帝農総会を欠席して小委員会に出席した。この日は台湾からの移入米について討議を行ない、当分休み、来月に再開することを決め、閉会している。

一一月一日は、帝国農会総会後の恒例の帝国農政協会総会を開いた。午前一〇時より赤坂三会堂にて開き、例年より多く、三七名が出席し、帝農側からは菅野鉱次郎、温、吉岡、増田、高島の各常務理事が出席した。従来より緊張した総会で、議題は会務状況報告、収支決算、予算案、農政時事問題等で、菅野理事より説明があった。そして、議事中、帝国農政協会の現状に遺憾の点があり、これが更生策を審議せよとの動議があり、協議の結果、実行方法は常務理事、常務委員らに任された[42]。この日の日記に「三会堂ニ於テ農政協会開会。前年度ヨリ出席多シ。三十七人。中倉万次郎氏ヲ座長トシテ協議ス。福島ノ小松幹夫氏終始議論ヲナシ、従来ニ比シ緊張セリ。結局常務員ニ後事ヲ托シテ予算ヲ決議ス。夜、常務（松山、松岡、麦生、南部、山崎、原）ニテ組織更新ニツキ協議ス。結局正副会長ノ賛同ヲ得テ、帝国農会ニテ一層力ヲ注クコトヲ協議ス」とある。二日は午前に農政協会常務委員の松山兼三郎、松岡勝太郎、麦生富郎、原鐵五郎、山崎時治郎が矢作、安藤の正副会長を訪問し、後、帝農に来会し、農政協会の善後策について協議した。四日は表彰農会の表彰文を作成し、後、来会の正副会長と農政協会の更生策について協議した。五日も表彰農会の表彰文を起草し、また、共同経営設計書を審査し、六日も共同経営設計書の審査を行なった。

一一月七日は午後は一時半より首相官邸における米穀調査会第三回小委員会に出席し、朝鮮からの移入米問題について協議したが、何も決しなかった。八日も午後第四回小委員会に出席し、朝鮮米移入問題を協議したが、やはり未決であった。九日も第五回小委員会に出席し、朝鮮米移入問題について矢作案（朝鮮米移入の専売案）を協議したが、また、決まらなかった。

一一月一〇、一一日は帝農職員とともに神奈川県湯河原温泉に旅行した。一二日は共同経営設計書の審査の業務を行ない、また、原稿（農村経済受難時代）を執筆した。一三日は、朝鮮総督府技師の三井栄長が来会し、対立している朝鮮米移入について協議し、また、午後からは帝農評議員会を開催し、正副会長、山口左一、池沢正一委員出席の下、農会の表彰文、旱害地の救済策、低利資金の融通、政府持米の払い下げ、応急米価政策等について協議した。一四日は農会の表彰文の改作等を行なった。一六日は拓務省を訪れ、小坂順造拓務政務次官に面会し、米穀政策の打ち合わせを行ない、そこで、朝鮮米の移入許可制に朝鮮側が大騒ぎとの情報を受けている。この日の日記に「拓務省ニ小坂次官ヲ訪問。米穀政策ニ付打合ヲナス。移入許可問題ニ付、朝鮮大ニ騒キ居ルトノ情報アリ」。一八日は農業経営設計書審査を行ない、また、電通記者に金解禁と農業経営について話を行なった。一九日も経営設計書審査等を行ない、経営審査会の協議事項の起草をした。また、農林省を訪問し、荷見米穀課長に面会した。農林省内では米穀問題をめぐって、松村真一郎次官と石黒忠篤農務局長の意見が対立していたようである。この日の日記に「農林省ニ高田次官ヲ訪問シタルモ、行違ヒニテ面会シ得ズ……。米穀問題ニ付、松村次官ト石黒局長ト意見一致セス。其問題ノタメナリシモ。荷見課長ニ面会シテ帰ル」とある。

一二月二〇日午後一時半より首相官邸にて米穀調査会の第六回小委員会があり、出席した。この日は台湾米の統制と内地米の米価基準設定問題について討議した。朝鮮側から続々移入制限反対の情報が来ていた。二一日は午前帝農の小作法案調査委員会を開催した。南鷹次郎、池沢正一、町田嘉之助、山田斂、布施国治、小池松三郎、矢野武一、山田恵一、山口左一、岡本英太郎、佐藤寛次、那須皓ら出席の下、小作調査会の答申を基礎に審議することとし、慎重に審議するために小委員会を設置することにした。午後は一時半より首相官邸にて米穀調査会の第七回小委員会があり、出席した。この日は内地米の米価基準について生産費を基礎とすることを決定した。この日の日記に「午后一時半ヨリ首相官邸ニテ米穀小委員会……。米価基準問題ニ付協議……。生産費ヲ基礎トスル基準価格決定シ決ス……。三対二ニテ……。上山、三橋氏反対、矢作、三輪、河田賛成。有賀主旨ノミニ賛ス」とある。帝農側の案が通過したわけである。二二日は午前帝農の地租改正調査委員会を開催した。南鷹次郎、池田亀治、町田嘉之助、池沢正一、山口左一、山田斂、小池松三郎、矢野武一、山田恵一、多田勇雄、桑田熊蔵、岡本英太郎、月田藤三郎、佐藤寛次、神戸正雄ら出席の下、小委員を選び、慎重審議することを決めた[43]。また、午前一〇時三〇分より首相官邸にて米穀調査会の第八回小委員会があり、出席した。この日は将来おこるべき米穀特別会計の損失に関する対策について協議した。二四日は在宅し、農業経営設計書の概評を行なった。二五、二六日の両日は農業経営審査会を開き、正副会長ら出席の下、審査を行なった。二七日は農業経営審査会の後片付を行ない、また、朝鮮総督府の三井栄長技師が来会し、明日の米穀調査会の小委員会の打ち合わせを行なった。二八日午後一時半より首相官邸にて米穀調査会の第九回小委員会があり、出席した。この日、外米専売案は三対三で、前田委員長の反対で否決となり、上山委員の外米管理統制案が可決された。朝鮮米の移入については、朝鮮総督府の意見を聞くこととした。二九日も午前一〇時より農相官邸にて、米穀調査会の第一〇回小委員会があり、出席した。この日、矢作委員の基金案（内地米二〇〇万石、外米一〇〇万石を買入れる基金）が出されたが、否決され、米穀特別会計の赤字について、一般会計より利子を補給する案は可決された。これにて、小委員会は議了した。この日の日記に「午前十時ヨリ農相官邸ニテ米・調小委員会開催。矢作案基金制破レ、利子補填案成立シ、右ニテ小委員会ニテノ各案議了。米穀政策ノ国策的方針略確定ス。来月十二日ヨリ特別委員会開会」とある。この小委員会で決定された「国策的方針」案は次の通りである。第一に内地米に関しては、（一）米価基準設定案、この基準設定案は生産費ならびに生計費を基礎とする米価基準案、（二）農業倉庫建設奨励ならびに低利資金融通案、（三）従来の特別会計の損失を一般会計に移す案、（四）将来特別会計の事務費、倉庫建設費を一般会計に移す案、（五）特別会計借入金利子補給案。第二に植民地米に関しては、朝鮮米の移入調節案、第三に外米に関しては、外米輸入の許可制度を布く案、であった(44)。

一一月二九日、温は午後八時四〇分東京発にて鹿児島に視察、講演のため出張の途につき、一二月一日午前七時二〇分鹿児島に着し、大宅農夫太郎（鹿児島県農会技師）の出迎えを受け、薩摩屋に投宿し、図書館にて開催の九州沖縄農業経営主任者協議会に行き、来会の各県の農会技師、米倉茂俊（福岡県農会技師）、松田謙吉（佐賀県農会技手）、植木保（長崎県農会技手）、荒川玄次（大分県農会技手）、新井隆寿（鹿児島県農会技手）らの会合に出席した。午後は一同と谷山町上福元の篤農家小原仁次郎の煙草経営を視察した。二日は午前九時より鹿児島県農会楼上にて開催の農業経営研究会に出席し、温は午後二時から、来会の県農会、郡農会の技師、技手四〇余名に対し、農業経営について講演を行なった。三日は午前九時より午後三時まで九州沖縄農業経営主任者協議会に出席し、意見の交換を行なった。終わって物産陳列場の参観し、あと、大学時代の恩師の玉利喜造先生宅を訪問し、全国農事会当時の思い出を語り合っている。四日は南大隅郡田代村の吉田与吉の農業経営、薩摩郡東川内の森永光志の農業経営を視察し、午後九時五〇分川内町発にて帰京の途につき、六日午前一一時東京に着した。

一二月七日は午後五時より日比谷食堂にて帝国農会販売斡旋統一の披露宴会を開いた。問屋関係その他を招待し、一五〇名の参加があり、盛況であった。一〇日は農林省に出頭し、荷見米穀課長、対馬弥作技師を訪問、米穀問題の相談等。一一日は午後諧楽園にて、河田嗣郎、矢作会長と食事をともにしながら、米穀調査会の特別委員会に臨む態度を協議し、米価基準案のために急遽評議員会を開くことを決めた。

一二月一二日午後一時半より首相官邸にて米穀調査会第一六回特別委員会が開かれ、出席した。前田委員長より小委員会の決議が報告され、外米輸入許可制から議題に入った。

一三日は午前緊急の在京評議員会を開催し、桑田熊蔵、岡本英太郎、山口左一、池沢正一、三輪市太郎及び正副会長が出席し、河田嗣郎博士提案の内地米の米価基準価格に関する提案（生産費から資本利子を除く）について協議し、賛成しないことを決め、そして、午後一時半より首相官邸にて米穀調査会の第一七回特別委員会に出席した。この日、外米輸入の許可制案が可決された。一四日は帝農内の地租改正調査委員会を開き、神戸正雄、岡本英太郎、月田藤三郎、山口左一、池沢正一、正副会長、幹事出席の下に協議し、温の提案により、旧地租を還元して賃貸価格とするの説が採用された。一六日は午前帝農内の小作法案調査委員会に出席した。また、この日午後は首相官邸における米穀調査会の第一八回特別委員会があり、出席した。この日は米価基準設定案が議題となり、生産費について議論が沸騰した。一七日も午前は帝農内の小作法案調査委員会に出席し、午後は一時半より首相官邸における米穀調査会第一九回特別委員会があり、出席した。この日も米価基準設定案が議題となったが、決まらなかった。一八、一九日の両日、午後一時より農相官邸にて小作調査会第六回総会があり、温は臨時委員として出席した。この総会では、石黒農務局長より、小作争議のその後の変遷状況、小作法草案に対する地主側、小作側の意見、社会政策審議会における審議の経過の報告があり、小作請負契約、作況調査、永小作権問題について、議論し、昭和二年に発表された小作法案を若干の改訂の上、議会に提出されることになった。(45) 二〇日午後一時より首相官邸にて米穀調査会の第二〇回特別委員会があり、出席した。この日は米価基準設定論については票決を先送りとし、農業倉庫奨励案、低利資金供給案について論議がなされた。二一日も午前一〇時より首相官邸にて米穀調査会の第二一回特別委員会があり、出席した。この日、漸く、朝鮮米の移入問題を除き、答申案が決まった。この日の日記に「午前十時ヨリ首相官邸ニテ米穀特別委員会開会……。連日論議サレシ米価基準問題ヲ決シ、農倉、低資問題ヲ決シ、朝鮮米問題ニ付、松村殖産局長ノ総督代理ノ言明ニ対シ、質問応答、遂ニ決定ニ至ラズ。明年一月中旬同会ヲ予報シテ散会」とある。

一二月二三日は農業経営審査常置委員会を開催、佐藤寛次、渡邊侃治出席のもと、審議し、二四日は三越、松屋、白木屋に行き、買い物を行なった。二五日、温は午前九時二〇分両国発にて千葉県学務課主催の講演会のために出張し、千葉県師範学校にて来会の小学校、農学校、師範学校、中学校の教員ら約六〇〇名に対し、午前一一時より午後三時まで農業経営について講演を行ない、加納屋に投宿した。二六日も午前九時より正午まで講演し、終わって、午後一時発にて帰京した。二七日は午後五時より学士会館にて矢作会長の招待会に出席した。

一二月二八日、温は午後九時二〇分東京発にて愛媛に帰郷の途につき、二九日尾道をへて、帰宅した。三〇、三一日は迎年の準備をした。

注

（1）加用信文監修、農政調査会編集『改訂 日本農業基礎統計』農林統計協会、一九七七年、五四六頁。
（2）『帝国農会報』第一九巻第二号、昭和四年二月、一三九頁。SM生（増田昇二）「米価暴落に際して農会は何の期する処ありや――道府県農会長協議会――」『帝国農会時報』第一五号、昭和四年二月一五日、一〇～一一頁。
（3）『帝国農会報』第一九巻第三号、昭和四年三月、一二四頁。

（4）『帝国農会時報』第一五号、昭和四年二月一五日、一二頁。「貴き貧者の一燈」は関東大震災で被害をうけた帝国農会事務所の改築に対し、北海道東旭川村白川筆吉氏より米一俵分の寄付、また、鹿児島の県立鹿屋農学校学生今井田咏良氏より寸志の寄付があり、北端より西端より我が帝国農会の動静を眺めておられ、その奇特な心に感激して、それは、富豪の寄付する万燈よりも潜勢力ある光明力の強き一燈であると感謝した文章。
（5）『帝国農会報』第一九巻第三号、昭和四年三月。なお、農政研究会総会は温の日記では二月六日だが、『帝国農会報』では二月七日、『帝国農会時報』第一五号でも二月七日で、温の記述の間違い。
（6）『帝国農会報』第一九巻第三号、昭和四年三月、一頁、一三三一～一三三四頁。『帝国農会時報』第一六号、昭和四年三月一五日、二～五頁。
（7）『帝国農会史稿　資料編』一二一八～一二一九頁。
（8）『第五十六回帝国議会衆議院　米穀需給調節特別会計法改正法律案委員会議録　第一回』昭和四年二月二七日。
（9）『帝国農会報』第一九巻第四号、昭和四年四月、三頁。
（10）同右書、四頁。
（11）『第五十六回帝国議会　貴族院議事速記録第二九号　米穀需給調節特別会計法中改正 法律案　第一読会』昭和四年三月一八日。
（12）『帝国農会時報』第一七号、昭和四年四月一五日、二～一〇頁。
（13）『帝国農会報』第一九巻第五号、昭和四年五月、三一～三四頁。
（14）『帝国農会報』第一九巻第六号、昭和四年六月、九六頁。
（15）同右書、一一九～一二二頁。
（16）同右書、一二一～一二二頁。
（17）同右書、一二二頁。
（18）岡田義朗家、義朗の長男・朋義は明治四四年に死亡し、次男の義宏は東京に出て居らず、三男の義邦は明治四二年に死亡していた。義朗家には妻のトモ（慶応元年生まれ）のみがいた。
（19）後藤信正は、故、朋義の妻・トメヨの実家、八木忠衛は北土居の越智喜作の次男で南吉井村牛淵の八木家に婿養子となり、その当主。八木家は義朗の妻・トモの実家である。越智太郎は北土居の越智喜作家の長男、当主。
（20）『帝国農会報』第一九巻第六号、昭和四年六月、一〇八～一〇九頁。
（21）『帝国農会報』第一九巻第七号、昭和四年七月、一二七～一二八頁。
（22）同右書、一三三一～一三三四頁。

(23)『米穀調査会議事録』第一巻、九九～一〇〇頁。
(24)同右書、一〇〇～一一五頁。
(25)『帝国農会報』第一九巻第七号、昭和四年七月、一三四～一三五頁。
(26)『米穀調査会議事録』第一巻、一二八～一三四頁。
(27)『帝国農会報』第一九巻第七号、昭和四年七月、一三五～一三七頁。
(28)『帝国農会報』第一九巻第八号、昭和四年八月、一四五～一四六頁。
(29)同右書、一四六～一四八頁。
(30)『帝国農会時報』第二一号、昭和四年八月一五日、四～五頁。
(31)『大阪朝日新聞』昭和四年八月一八日。
(32)『帝国農会報』第一九巻第九号、昭和四年九月、一～五頁。
(33)『米穀調査会議事録』第一巻、一五七～一五八頁。『帝国農会報』第一九巻第一〇号、昭和四年一〇月、一三〇～一三一頁。
(34)『帝国農会報』第一九巻第一〇号、昭和四年一〇月、一～一二頁。
(35)同右書、一三七頁。
(36)『帝国農会報』第一九巻第一一号、昭和四年一一月、一一五～一一六頁。
(37)『帝国農会報』第一九巻第一二号、昭和四年一二月、七七～八二頁。
(38)『社会政策時報』第一一〇号、昭和四年一一月、一四～一八頁。
(39)『帝国農会報』第一九巻第一一号、昭和四年一一月、一～四頁。
(40)『帝国農会報』第一九巻第一二号、昭和四年一二月、一〇八～一一五頁。
(41)『帝国農会報』同右書、六～八頁。
(42)『帝国農会報』同右書、一〇七～一〇八頁。
(43)『帝国農会報』同右書、一一六頁。
(44)『米穀調査会議事録』第二巻、九四頁。
(45)『帝国農会報』第二〇巻第一号、昭和五年一月、一〇六～一〇七頁。

第二節　講農会・東京帝国大学農学部実科独立運動関係

一　昭和二年

温は講農会会長を続けている。一一月二六日に青山高徳寺にて講農会の追悼会及び新入生歓迎会を開き、また、総会を開き、温がまたまた会長に再選されている。

東京帝国大学農学部実科独立運動関係では、前年母校独立が文部省議として内定し、場所も北多摩郡府中町に決まっていた。本年三月、若槻憲政会内閣下、実科独立の際の敷地とすべき府中演習林の拡張費五万円の予算が通過した。

しかし、四月、政権交代があった。四月二〇日田中義一政友会内閣が成立し、文相に三土忠造が就任した。そこで、温は五月一六日に三土文相を訪問し、実科問題の経過を説明し、諒解を求めた。六月二日に駒場交友会は帝農にて幹部会を開き、一三名が出席し、二二日には午後五時より赤坂三会堂にて開催の交友会総会を開き、成毛基雄（元、奈良県知事、明治二九年卒）ら各科の中心人物も多く出席し、実科独立の運動を進めた。六月には交友会理事の山本直良（獣医科、明治二六年卒）を中心に母校予定地の地主との交渉が始まり、一〇月には演習林の西側の一部買収がまとまっている。[(1)] 一一月一四日、温は文部省を訪問し、武部欽一普通学務局長に面会し、実科問題について最近の経緯を聞き、後、午後五時より原鐵五郎（駒場交友会副会頭）宅に行き、中村道三郎、藤巻雪生、渡邊侳治らと会し、文部省より実科独立の予算を計上し、大蔵省にて査定せられんがための協議を行なった。そして、翌一五日、原鐵五郎とともに文部省を訪問し、実科問題について粟屋謙次官に陳情するなどした。二四日、温は鉄道省を訪問し、母校予定地通過の南武鉄道問題の状況を聞くなどした。

二　昭和三年

三月一日午後五時より東洋軒にて交友会幹事会を開催し、原鐵五郎副会頭ら一四名が出席し、実科独立運動問題を協議し、二八日も午後五時より交友会幹事会を開き、原、中村道三郎、藤巻雪生、渡邊俣治ら六名が出席し、四月より運動を行なうことを決めた。四月四日、温は文部省に行き、西山政猪専門学務局長に面会し、実科問題の模様を聞いたが、実科独立の根本方針は変わらないが、本年度の新計画は未着手であった。後、温は大蔵省にも訪問した。七日にも帝農にて原、中村らが会合し、実科問題の情報交換を行ない、協議した。

五月ころ、文部省および大学方面の真意不明のため、同窓生らから焦慮が出ていた(2)。そこで、一九日、温は駒場の農学部に行き、実科の総会に出席し、西大路吉光子爵（駒場交友会会頭）、原、中村らと実科独立運動について協議し、二二日に学生大会を開くことを決め、二二日には学生が生徒大会を開いた(3)。

六月、温は実科独立運動のために尽力した。二日、温は原鐵五郎とともに文部省を訪問し、安藤正純文部政務官と白上佑吉実業学務局長に面談し、実科独立を要望した。白上局長から「稍、要領ヲ得」た。文部省の方針は昭和七年度に実科を独立移転させるために、四年度から実科独立費を計上することであった。五日も温は中村道三郎とともに文部省を再度訪問し、山崎達之輔文部政務次官に面会した。八日も温は中村とともに文部省を訪問し、菊沢課長に面会し、実科独立の計画案の写しを貰った。九日、温は中村とともに農学部に川瀬善太郎（前、農学部長）を訪問し、実科の独立計画について意見を聞き、一二日も中村とともに文部省を訪問し、粟屋謙次官に面会し、一三日にも文部省を訪問し、勝田主計文相に面会し、実科問題について希望を述べ、一四日も文部省に行き、西山政猪専門学務局長に面会し、実科問題を陳情した。二三日も温は原、中村とともに勝田文相を訪問し、実科独立を要望した。原氏が大いに説得した。すなわち、東京高等農林学校創設に関する経費二一万円、総額一三七万一八五七円、三ヵ年継続事業であった。そして、七月一日、各新聞にその旨発表された。それを知った同窓、先輩、学生たちが歓喜した。(4) 後は、大蔵省が予算として認めるか否かであった。七月一四日、温は原、中村らとともに大蔵省を訪問し、大口喜六政務次官、黒田英雄事務次官、河田烈主計局長、さらに官邸に三土忠造蔵相を訪問し、実科問題の陳情を行なった。そして、夜は帝農にて駒場交友会幹部会を開き、西大路、原ら一四名が出席し、今日までの運動経過を報告し、今後の運動について打ち合わせをした。さらに、温は一六日に文部省の西山政猪専門学務局長、赤間信義実業学務局長を、一七日には大蔵省の関原忠三大蔵省主計局司計課長らを訪問し、実科問題を説明し、尽力を依頼した。

八、九月も引き続き運動を行なった。八月九日午後一時より駒場交友会幹部会を開き、西大路、原、藤巻、渡邊等が出席し、今後の運動方法を協議した。九月一二日に、温は大蔵省に行き、関原忠三主計局司計課長を訪問し、実科問題の進行状況を聞いたが、独立予算の決定は一〇月末とのことであった。一五日午後二時より駒場交友会総会を開き、約三〇名が出席し、役員の改選、今後の運動方法を協議した。一八日には原とともに勝田文相を訪問し、実科問題について陳述した。二六日も温は文部省を訪問し、勝田文相に面会し、実科問題を懇請し、文相から「極メテ良好ナル応答」を得た。二九日には西山政猪文部省専門学務局長に手紙を出すなどした。

一〇月も温は運動した。二〇日、温は中村とともに文部省を訪問し、西山政猪専門学務局長と木村正義会計課長に面会、要請した。西山は調子良い回答であった。この日の日記に「午前中、中村道三郎君ト文部省ニ出頭。母校問題ニ会計課長ノ木村氏ト西山局長ニ面会ス。西山局長病気静養中ノ処、昨日来出勤ノ由。……例ノ如ク大丈夫引受ケタト称ス。文部カ右ノ次第ナレハ一任シ置ク外ナシ」とある。二一日、実科の学生が温を訪問し、実科独立に関し、昨今の形勢憂慮を訴えたが、温は昨日の概況を説明し、学生に「安心ヲ与」えている。二三日、温は中村とともに大蔵省、文部省を訪れ、実科独立予算の計上について最後の活動を行なった。この日の日記に「中村道三郎君ト大蔵省ニ行キ、上塚司秘書官ニ母校問題ノ最後ノ運動ヲ試ミ、且ツ三土蔵相ニ書面ヲ以テ依頼ヲナス。夫ヨリ文相官邸ニ行キタルニ、復活会議ニテ木村予算課長ヲ初メ西山××部両局長其他会合……、其室ニ行キ、最後ノ運動ヲナス。杉秘書官ニテハ、廊下ニテ大臣室ニ入ルマテ強請。之レヲ以テ本年ノ母校問題ノ最後ノ運動トナス。西山局長大ニ元気ヲ失フ」とある。

しかし、一一月、大蔵省は実科独立の文部省計上予算を不急と認めて、削除した。(5) かくして、また、実科独立は今回も頓挫した。

一二月一二日、帝農にて交友会幹事会を開き、約三〇名が出席し、温は母校問題の運動結果を報告し、今後の運動方針を協議した。

三　昭和四年

実科独立運動に関しては、前年に田中義一政友会内閣下、文部省は実科独立予算を計上したが、大蔵省が不急と認めて、削除されたので、本年も実科独立運動を粘り強く進めた。三月二一日、温は午後六時より帝農にて交友会幹事会を開き、母校問題に関する協議を行ない、四月六日には温は原鐵五郎とともに文部省に行き、粟屋謙文部次官、西山政猪専門学務局長に面会し、母校問題を陳情し、また、六月二五日にも大蔵省を訪問し、関原忠三大蔵省主計局司計課長に面会し、実科問題を陳情した。

七月二日、田中義一政友会内閣から浜口雄幸民政党内閣に政権交代があった。その翌三日には、温は駒場を訪問し、宗正雄教授に会い、実科問題につき懇談、依頼した。八日には、温は文部省に行き、粟屋謙文部次官、赤間信義実業学務局長に面会し、実科問題の陳情を行なった。さらに一一日には東京帝国大学に行き、古在由直前総長を訪問し、母校問題について懇談し、二〇日にも再度古在博士を訪問した。八月二日、温は、小野重行（衆議院議員）、原鐵五郎、中村道三郎、奥野道夫らとともに、文部、大蔵両省を訪問し、浜口内閣の小橋一太文相、井上準之助蔵相に面会し、実科独立の陳情を行なった。一二日にも西大路吉光子爵とともに文部省を訪問し、野村嘉六文部政務次官、赤間信義実業学務局長に面会し、母校問題の陳情を行ない、また、午後は小橋一太文相および小川郷太郎大蔵政務次官に面会し、陳情を続けた。一〇月一二日、温は文部省を訪問し、赤間実業学務局長、河原春作会計課長に面会し、母校問題の独立予算の計上の状況を聞いているが、大蔵省の査定は不明であった。二三日も文部省を訪問し、赤間実業学務局長、河原会計課長に面会し、母校問題の状況を聞いたが、緊縮予算のために帝大、一高ともに工事が一年延期の由にて、実科独立予算は絶望的であった。二四日の早朝、温は古在由直前帝大総長を訪問し、工事延期ならびに実科問題延期の模様を聞いた。

以上、本年も前年の田中内閣同様に、浜口内閣の下においても実科独立予算は大蔵省により削除された。一二月一五日、温は青山広徳寺にて開催の講農会の追悼会及び新入生歓迎会に出席し、二六日、交友会幹事会を開き、母校問題の顛末を報告し、本年の活動を終えた。

注

（1）駒場交友会『母校独立号記念号』三四七頁。
（2）同右書、三四八頁。
（3）同右書、二七四～二七五頁。
（4）同右書、二七四頁。
（5）同右書、二七八～二八一頁、三四八頁。

第三節　自作農業・家族のことなど

一　昭和二年

昭和二年の岡田家の自作地前田・前田下（六畝一五歩）、小作地（一町四反九畝一三歩）は前年と変わらない。昭和二年の愛媛県の産米高は九九・五万石で、前年の不作（九四・五万石）に比して、大いに回復し、豊作であった。岡田文庫の小作料帳にも「本年ハ平年以上ノ作況ニテ無事小作料完納(1)」とある。

家族関係では、石井村の実家には、妻のイワ（明治八年八月二二日生まれ、五一歳）、母のヨシ（嘉永四年一〇月二日生まれ、七五歳）と長男の慎吾がいて、家を守っていた。長女の末光清香（明治二八年三月二一日生まれ、三一歳）は末光家で、子供三人（照香、権一郎、満子）を育てている。

次女の禎子（明治三五年二月二日生まれ、二四歳）は、温と同居し、東京帝国大学心理学科の聴講生を続け、心理学を学び、また、戯曲を書いている。

四女の綾子（明治四一年一〇月一日生まれ、一八歳）は、温、禎子と同居し、昨年四月帝国女子専門学校に入学し、学校に通っている。

長男の慎吾（大正元年八月二三日生まれ、一四歳）は、松山中学校に通っている。しかし、慎吾の一学期の成績は不良であった（平均点五六点）。そのため、温は松山に帰った九月一三日に慎吾を「訓戒」し、また、東京に帰った後、一八日に「精神ヲ込メシ訓戒」の手紙を出している。しかし、効果はなかったようだ。二六日の日記に「岩子ノ来信ニヨリ、慎吾ノ成績ノ不良ノ予想外ナリシト、以後改悛ノ様子少ナシト聞キ、失望ヲ感ス」とある。温は二七日、再度「訓戒」の手紙を出した。そして、一〇月一〇日に温が帰郷した際、慎吾に小鳥飼育をやめるよう忠告し、一一日に再度忠告をしている。その後、慎吾は奮起し、二学期の成績は上がり、温は安心した。一二月三一日の日記に「慎吾ノ一学期ノ成績ハ頗ル不良、平均五十六点ナリシカ、二学期ハ平均点十点ヲ増シ、六十六点ヲ得、少シク安心シタリ」とある。

親戚関係では、新宅の岡田義朗家の家産整理（戦後恐慌で家業が危機に陥り、負債を抱え、銀行により差し押さえされていた）に追われた。温が愛媛に帰郷した四月二二日に、親族一同が集まり、義朗家の家政整理を協議し、決めた。この日の日記に「午后北土居ニ行キ、八木忠衛君来リ、太郎君ト三人ニテ義朗ノ家政整理ノ方針ニツキ相談シ、結局義朗ノ意志及内情ヲ調ヘ決スルコト、シ、三人ニテ新宅ニ集マリ協議ス。其結果、一先ツ義朗ノ希望及意見ニ順ヒ頼母子ノ如キモノヲ起シ、右ニテ差押ヘノ銀行ヘ多少内入ヲナシ、差押ヘヲ解除シ、義朗名義ノ二町九反余ノ土地ヲ処分シ、整理スルコトトシ分ル」とある。そして、二七日に温は一〇〇〇円を信用組合から借用し、八〇〇円を内入れした。

二　昭和三年

昭和三年の岡田家の自作、小作地面積は前年と変わらない。

本年は不作であった。岡田家の小作料を反当たり一斗ほど減額した。岡田文庫の小作料帳にも次の如く記されている。

「本年ハ平年作以下ノ不作ノタメ、反当一斗ツ、（丹下留吉作大ぶけハ反当二斗ヲ）減額ス。外ニ奨励米一俵ニ八合ツ、給付ス。大西健多君ハ高段ノモノ一斗、低段ノモノハ減額セズ。一般ニハ八升ヲ減額ス。減額状況次ノ如シ。

反別	契約小作料	減額	奨励米	実収小作料	小作者

田	二・〇〇〇	三・二〇〇	〇・二〇〇	〇・〇六〇	二・九四〇	永木太郎
田	五・四〇三	八・一一五	〇・五四〇	〇・一四四	七・四三一	柏儀一郎
田	一・四一九	二・一二一	〇・一四〇	〇・〇三八	一・九四三	永木宗吉
田	二・九二四	四・二七三	〇・三七〇	〇・〇七八	三・八二五	丹下留吉
田	一・四二三	一・九六〇	〇・一二〇	〇・〇三六	一・八〇四	二宮要次郎
田	一・二二五	一・八六一	〇・一二五	〇・〇三〇	一・七〇六	日野道得
田	〇・三〇九	〇・四二九	〇・〇三〇	〇・〇〇八	〇・三九一	柏恒一
計	一四・九一三	二二・四二六	一・五四五	〇・三九四	二〇・四八七	

（五十一俵ト八升七合）」。(2)

家族関係では、石井村の実家には、妻のイワ（五二歳）、母のヨシ（七六歳）と長男の慎吾がいて、家を守っていた。長女の末光清香（三二歳）は末光家で、子供三人を育てている。次女の禎子（二五歳）は、岡本綺堂に師事して戯曲を書いている。三月三一日、禎子に縁談の話があった。この日の日記に「渡辺鬼子松君来訪。禎子縁談ノ議ニ付相談ス」とある。しかし、この話は沙汰闇になった模様である。六月一四日、禎子が市ヶ谷見付にて電車を降りたところ、自動車にはねられ、大怪我をする事故があった。この日の日記に「午后八時半頃、実方氏細君駆ケ込ミ、嬢様自働《ママ》車ニ敷カルト、直チニ飛ヒ行キ見レハ、杏病院ニ担キ込、手当中。打倒サレシニテ敷カレシニアラス。絶対安静ヲナシ、脳震盪ヲ起サヽル、手当ヲナス。一時大騒キ」とある。以降禎子は入院した。入院後の経過はめまい等があったが、概して良好で、七月一五日には壁伝いに歩けるようになり、八月七日には外出できるようになった。ただ、完全には回復せず、九月二二日に慶応大学病院に行き、胴と頭にギプスを施すなどしている。他方、禎子に作家・戯曲家としての才能が認められた。一一月二二日に禎子の初めての戯曲が『改造』に採択されると日記にある。それは、昭和四年一月号掲載の処女作「夢魔」と思われる(3)。作家、禎子の誕生である。

四女の綾子（一九歳）は、温、禎子と同居し、帝国女子専門学校に通っている。

長男の慎吾（一五歳）は、自宅から松山中学校に通っている。三月一四日慎吾の進級が決まり、二七日に温は慎吾に祝いの手紙を出している。四月三日、温は慎吾に勉強に専念させるためと思われるが、寄宿舎に入るよう手紙をだし、一〇日、温が帰郷した日、慎吾に「前途ノ目的ヲ指示」し、寄宿舎入居を勧めたが、慎吾は「応ゼズ」の態度であった。翌一一日、温は松山中学に倉橋教諭を訪問し、慎吾の件について相談した。倉橋教諭は寄宿舎入りは反対、掛谷教諭の下で勉強するようにとの意見であった。そこで、温はその夜、慎吾に寄宿舎に入るか、掛谷先生の下に通い勉強するかを勧めたが、慎吾は「難色」を示し、「無言ニシテ要ヲ得ズ」であった。一二日、温は中学校に倉橋教諭を訪問し、昨日来の慎吾と対応の話をなし、今期は放任して勉強ぶりを見ることとし、万事を倉橋教諭に依頼することにした。だが、その夜、温は慎吾に入舎または掛谷先生宅で勉強するよう再度勧めたが、やはり、慎吾は応じなかった。但し、この日は昨日の如く無言ではなく、所見を述べたので、温は慎吾の「意志ヲ尊重スル」こととした。親の子への思いと一五歳の少年の自立への成長を見ることが出来る。

三　昭和四年

岡田家の自作地、小作地面積は前年と変わらない。本年の作柄は良好であった。岡田文庫の小作料帳にも次の如く記されている。

「本年ハ相当ノ作柄ニテ小作問題ノ声ナク無事完納。但シ、産米検査法改正等級検査トナリシ結果、当大字ニ於テハ協議ノ上、次ノ如ク奨励米ヲ出スコト、ス。
四等　一石ニツキ二升
三等　同　四升
二等　同　六升
一等　同　八升」(4)

家族関係では、長女の末光清香（二三歳）は末光家で子供三人を育てている。

次女の禎子（二六歳）は、温と同居し、作家として活動している。

四女の綾子（二〇歳）は、温、禎子と同居し、帝国女子専門学校に通っていたが、本年三月二四日卒業した。綾子は引き続き、東京に居た。

長男の慎吾（一六歳）は、実家で母のイワとともに暮らし、松山中学に通っていた。七月二六日、慎吾が夏休みを利用して上京した。

親戚関係では、新宅の義朗叔父が四月二〇日、突然倒れ、人事不省重態となり、二七日死亡した。また、祖父の末光徳太郎（温泉郡南吉井村大字南野田、温の娘の夫・故順一郎の父親）が八月一二日死亡した。八月二五日、温は帰省した際、末光家ならびに義朗家の家産整理等について親戚と協議している。

注

（1）岡田文庫小作帳より。

（2）同。合計の数字が若干あわないが原文そのまま。
（3）愛媛県立松山南高同窓会『岡田禎子作品集』青英舍、一九八三年、五五五頁。
（4）岡田文庫小作台帳より。

第四節　温の農業経営と農政論

温は、昭和四年（一九二九）六月二〇日に、龍吟社から『農業経営と農政』を出版した。この著書は、それまでの温の農村指導、農政活動の結晶であり、一九二〇年代末時点での岡田温の農村問題論、農業経営論、家族農業経営論、農産物価格論、農産物生産費論、食糧問題論、小作経営論、小作料論、農政論などの到達点である。以下、その要点を紹介し、小農論者であり、農政理論家としての温の真骨頂を明らかにしておきたい。

目次は次の如くである。

第二章　昭和初期の岡田温

第二章　農業経営の形態と要素
　第一節　農業生産の特性
　第二節　農業経営の形態
　第三節　農業経営の要素
第三章　農業の資本主義的経営
　第一節　資本家経営型の小経営と其運命
　第二節　自作地の小作化
　第三節　大中小農の意義
　第四節　我国に大農式経営ありや
　第五節　何故我国には大農が発達せない
　第六節　アーサー・ヤングの大農論
　第七節　社会主義の小農非存続論
　第八節　中産階級代表論
　第九節　小経営が大経営を圧倒する
第四章　農業の家族経営
　第一節　家族経営の意義
　第二節　家族経営と共産制
　第三節　家族経営の内容
　第四節　家族経営の特徴
　第五節　家族経営の規模
第五章　農業組織と経営規模
　第一節　農業組織
　第二節　組織の種類

第四節　温の農業経営と農政論

第三節　家族経営に於ける経営要素の支配力
第四節　耕地の制限により誘導さるゝ経営の変化

第六章　農産物の価格
甲　総　論
　第一節　奇怪なる農業生産
　第二節　農産物の価格と経営の変化
　第三節　農産物の価格構成と農村盛衰の分岐点
　第四節　農産物の正常価格の構成
　第五節　農産物の正常価格を低下せしめんとする議論
　第六節　謬ったる物価指数観
　第七節　農産物の価格理論を曖昧ならしむる怪物
　第八節　関税定率法改正に於ける論争
　第九節　最高生産費説に対する疑義
　第十節　価格と生産費との関係は一様ではない

乙　各　論
　第一節　米価問題
　第二節　最低生産費に支配せらるゝ農産物
　第三節　繭価問題
　第四節　輸入品により価格の支配さるゝ農産物

第七章　農産物の生産費
　第一節　生産費の意義
　第二節　生産費の多方面
　第三節　生産費の負担者

529

甲　公的農業経営
第一節　何を根底として何を目標とする
第二節　農村の不平
第三節　不平緩和は都鄙均衡政策の一途
第四節　農産物価格維持
第五節　米穀の標準価格
第六節　米穀法と調節力
第七節　米価調節の鍵は朝鮮台湾に於ける産米増殖の緩急にある
第八節　自作農主義の確立
第九節　民法の改正と自作農の滅亡
第十節　小作経営の保護
乙　私的農業経営
第一節　究極の目的
第二節　家族経営の基礎条件
第三節　自給の内容
第四節　経営改善の大綱
第五節　多収穫経営と生産制限説
第六節　共同経営

第一章の「総論」に温の基本的考えが凝縮されている。第一節「農村問題の源泉」において、農村問題の本質は農業経営であるが、近代の農村問題は米を作る方法でも、繭を作る方法でも、小作問題でもない。農村問題とは資本主義経済学という貨殖万能学、商工偏重学の理論に基づく政治の下で、産業政策、金融政策、租税政策、社会政策等すべての政策が、商工資本家とその都会のために行なわれ、繁栄・発達していくが、それに対して、資本主義下の小規模農業者とその農村は、生産物の販売でも、必要品の購入でも、資金の融通でも、租税の負担でも、教育文化面でもことごとく不利不便の立場となるのみならず、往々にして商工業者の繁栄のために過重な負担を強いられ、その結果、商工資本家と農業者、都会と農村とは年月とともに経済文化の懸隔が増大し、同胞国民間に甚だしい文化の不均衡を来しつつあり、それが農村問題の源泉であるという。そして、資本主義信者は資本主義の発展のためには農業は犠牲になっても仕方がないと云うが、富豪の富のために農業者に犠牲を強いることは秕政、不都合であり承知できないと。第二節「資本主義の農業観」において、資本主義の農業観は、アーサー・ヤングや福田徳三博士に見られるように大農論で、我国のごとき小規模の農業は国家のために有っても無くてもよい、保護してみても仕方がないという議論であるが、かかる議論が学会、財界、政界、言論界の要部を占めている。我々は商工資本主義網の張り回された制度に深甚の注意を払わねばならない、と注意を喚起する。第三節「半身不随の経済生活」において、明治維新以降、我国の農家は資本主義経済の渦中に投じられ、交換経済の生活を営むことになり、農業経営は販売を目的とする商品生産となり、必要品は購入する形式となった。支出の増加に応じて収入も増加すればよいが、我国農業は生産の第一資源である土地の制約により収入増加は大なる制限を受けており、いわば、農業者は消費においては資本主義経済の型に入るが、生産においては資本主義経済の型に入り得ない、半身不随の経済生活に置かれ、ここに農村生活の困難が生ずる主原因があると論じている。第四節「資本主義網の構造」において、天網恢々疎にして漏らさずという古聖の戒めがあるが、資本主義の網は天網の如く荒目なものではなく、極めて精巧な構造に出来ており、網中に追い込まれながら、自ら網中にあることを知らなかったり、これを知って網外に逃れようとするも容易に脱却できない構造である。小作問題の如きは農業的にも国家的にも重大問題であるが、農業全体の問題ではなく、農業内部の分配問題である。地主の大部分である三～五町歩の小地主は実は網主にあらずして小作者とともに商工資本主義の大きな網の中に追い込まれ、小作者とともにもがいている。網中の鯖と鰯が喧嘩しているのが我国の小作争議で、鯖さえ倒せば鰯は安泰と考えているのが小作争議の指導者であるとして、温は資本主義の網の構造を述べている。すなわち、一、農産物低価論。すべての物価はなるべく安価なるがよいという議論は正論だが、食糧品は日常の必要品であるから可及的安価であるのがよいという議論は、生産者を犠牲とした議論で正論ではない。農産物に対し安価な方がよいという資本主義者と、その正反対の社会主義者は主張が一致しているが、それは公正な生産論でも、分配正義の議論ではない。社会主義者は労働者の労賃低下には猛然として反対するが、農産物の低下、すなわち農民の労賃の低下は差し支えないという立場である。また、資本家も工業品の価格低下には反対するが、農産物は安価な方がよいという立場で、かれらの議論は自己の利益擁護の外に一歩も出ていない。かかる議論が産業立国だとか、社会政策だとか尤もらしく吹聴されているのが、資本主義網である。二、理由なくして農家の負担が重くなる。租税の負担は国民の義務であるが、その賦課に対し公平、緩苛軽重のないように努めることが政道の大本であるが、農家の租税負担は過重となっている。例えば、所得税法における所得の計算方法は、粗収入から経費を差し引いて所得を出すが、商工業と農業とで取り扱いが異なっている。すなわち、商工業では雇い人の労賃は経費だが、農業の家族労賃は経費ではなく所得扱いである。そして、勤労所得について、六〇〇〇円未満のものは二割控除する規程があるが、農業の家族労働より得る収入は勤労所得とみなさず経営所得とみなし、勤労所得に与えた恩典を与えないことになっている。これは税法の精神より非常に不合理、不都合で、農業に不利となっている。他の税でも同様で、農家に不当な負担が課せられ、積もり積もって過重負担となっている。例えば、国税の地租と営業税を比較すると、収益一〇〇に対し、地租は一九・七七、商工業者は六・五〇で、農家は三倍の国税を支払っている。また、商工業地方と農業地方の国民所得一〇〇に対する直接税（国税、府県税、市町村税）の割合をみると、京都大学汐見教授が大正八年の計算したものによれば、商工業地方平均は一七・七、農業地方平均は三四・五で、農業地方は二倍の直接税を支払っている。その他、何れの方面から調査するも例外なく農家の負担は重くなっていることが実証される。三、農村の資金が吸い尽される。資本主義の下においては、資金は大銀行、富豪、商工業の盛んな都市に集中される。資本主義網は金融に於て最も巧妙に張られている。政府は郵便貯金を奨励し、農村から資金を吸収し、銀行も農村から資金を吸収し、商工業に融資する、事業会社も増資等によって農村の大口資金（地主）を吸収する。その結果、農村では資金が欠乏し、金利を騰貴せしめ、農業経営を不利ならしめている。四、資本家中心の経済政策。第五二議会（昭和二年）に震災手形損失補償公債法案及び震災手形善後処理法案という二つの重大法案が提出された。その金額は前者が一億円、後者が一億七〇〇〇万円、合計二億七〇〇〇万円。この処理法によって救われるのは如何なる階級か。極めて少数の資本家、事業家、銀行経営主である。これらの人々は儲ける時は勝手に儲け、贅沢し放題をなし、損失した時はその尻仕末を国民に負担せしむるのである。さらに、この五二議会の閉会後、二週間もたたないうちに台湾銀行が危機となり、台湾銀行に二億円融通しなければ破綻するという問題が起こった。政府は緊急勅令により二億円を支出して救済しようとしたのであるが、枢密院が否決して（四月一七日）、台湾銀行は休業となり、それから全国的に銀行取付騒ぎがはじまり、遂に政府の更迭となり、新政府は五月三日の臨時議会で、台湾の金融機関に対する資金融通に関する法律案と日本銀行特別融通及び損失補償法案の二つの法律案を提出した。前者が二億円、後者が五億円、合計七億円という巨額の資金で、それを国民が負担し、先と同様事業家や銀行業者の不仕末の整理をしなければならなくなった。要するに国民は何ら覚えのない、義務のない、関係のない他人の借金、九億七〇〇〇万円を引き受けたことになった。自作農創設とか、米穀法の改正とかの問題に対し、都下の大新聞は地主擁護だの辛辣に批難するが、以上の如き問題に対して極めて鈍感であり、従順であり、微温的であった。五、都会本位の社会政策。資本主義は商工主義となり、都会主義となり、ここに都会偏重政策が行なわれる。例えば、大正一五年度の電話交換拡張費は四八六二万円であるが、農林省の全経費は四五〇〇万四六〇六円で、一電話事業より少額であった。また、都市の水道補助費として政府は毎年一六〇、七〇万円を出している。都市の水道事業も結構だが、農村の生活改善にも補助金を出してもらいたい。私は、第五〇議会の予算委員会でこの問題を質問したが、片岡政務次官は、水道事業は都会を目標としたものである、農村では散在住宅のため水道施設は困難だから井戸の水で我慢してもらいたいと。地方農村では井戸もなく、河水や雨水を飲んでいる所さえ少なくないが、かかる所へは国家の恩恵はおよばないのか。河の水を飲んで働いているものより徴収した税金で都会の水道事業を奨励する、これが資本主義より転化した社会政策、農村抜きの社会政策である。そして、農村を目標とした文化的社会的施設があるかというに、私が調べたところ殆ど何もなかった。なぜかといえば、やはり商工資本主義の経済理論が当局者、政治家、言論界をして農村問題に対し、無為無能のためである。第五節「社会主義の農業観」において、資本主義の経済理論は商工業と都市の繁栄のために農村を犠牲に誘導する理論であるが、然らば、資本主義とは反対の立場に立つ社会主義の指導理論に従えば、農家の福利が増進し、農村が繁栄するであろうか。社会主義の理想とする生産組織は共産制度である。共産制度は土地その他資本をすべて社会の共有とし、個人に財産をもつことを許さず、生活に必要なものは、それぞれ分担して生産を行ない、それを各人の働いた労働量に応じて分配する制度である。農業で言えば、地主も自作も小作もなく、農業者は農産物の生産業務を担当し、生産物は自分で自由に処分出来ず、政府が徴収し、これを人民にその働いた量に応じて分配する制度である。まことに窮屈千万、不自由な制度で、生活の一切を総て支配者の指図通りにしなければならない、極端な専制政治である。何故共産制度は、特に農家が多く踏み台になり、多く搾取せらるるかといえば、すべての生産物を、特に農産物を公平に分配し得る方法基準がわからないからである。分配の標準となる労働量なるものは、口では漠然と言い得ても、実際の労働量は男女、老幼、強弱、賢愚、勤怠によりことごとく異なる。如何なる方法をもっても正確に算定し得る性質のものではない。公平な分配標準がえられないとすれば如何に分配するか、それは、古今東西の歴史が教えている。公平な分配という看板を掲げ、支配階級者やその縁故者や有力なものが多く分配を受けるのである。結局、共産制度は、農民が踏み台になり、最も多く搾取される運命となる制度である。そして、我国の穏健で現実的な社会主義者、社会民衆党党首の安倍磯雄は土地国有論（土地は水や空気と同様の性質のもので、個人の私有とすべきでなく、国有にすべきという議論）を主張している。安倍氏の議論によると、我国農家の中堅をなす自作及び自小作の土地を政府が取り上げ、農業者は全部国家の小作人となり、しかも収穫の約半額が小作料として徴収される、すなわち、現在の小作者は何ら救われることなく、自作者は全部財産を失って小作者の地位に転落する、国家は小作料によって収入を得て、営業税や酒税等の消費税を廃止するが、その結果、従来国民全体が負担していた租税を、主として農民に負担させることになると。結局、社会主義の指導に従えば、農民は踏み台となり最も多く搾取されることになると、結論づけている。第六節「斯くて農村は指導原理を失ふ」において、既成政党は資本主義的政策を支持し、無産政党は社会主義的政策を抱持し、各自党の勢力を農村に扶植せんと活動する。かくて農村は統制を失い、四分五裂し、農村には農業擁護論、小作擁護論、政友会擁護論、民政党擁護論、マルクス主義擁護論、文化生活論、勤倹節約論、思想善導論、等々、無責任な経済論、政治論、思想論が雑然と入り乱れ、農家の思想を攪乱している。かくして、農村は指導原理、指導者を失い、安定を失っていると論じている。

第二章「農業経営の形態と要素」において、農業は動植物の繁殖育成で、空気、日光、温度、水、土壌等生物生育の自然の法則を踏まえねば生産できない事業であって、工業のような生命のない原料を機械で大量生産を行なう事業とは根本原理が違い、また、農業の機械化といっても、生産工程の主要部分は機械化されない、卵は機械で孵化されるが、卵そのものは機械で作られない、殊に我国の農業は集約的で機械の利用は限定的であり、多大の人力を要すと述べている。農業経営の形態は賃労働による資本家的経営と家族労力による勤労主義家族経営の二つがあり、そして、農業経営の要素は土地、資本、労力の三つであるが、農業においては土地を以て基本とすると述べている。そして、我国の場合、耕地の過半が自作地であり、また土地所有者中九割九歩までが一〇町歩以下であり、小作問題を論ずるときすべての地主を大地主・富豪と見るのは当をえないこと、我国の農業経営は極めて小規模で二町歩以上は一〇〇人に九人にすぎないこと、土地は他人に貸せば地代を生ずるが、自作地には地代はなく、地代論は本来小作地に限られたものであるのに、田畑の課税標準に賃貸価格を用いたり、自作農創出の土地の価格算出に小作料を用いるのは不合理であることなどを明らかにしている。

第三章「農業の資本主義的経営」において、資本家的経営は雇用労働による大規模経営であり、利潤獲得が目的であること、すなわち、総生産額から経営に使用された生産費及び地代を払い、なおかつ剰余がなければ成り立たない経営である。しかし、我国には一～二町歩の小規模にて資本家的経営の形式のものが多く存在している。すなわち、祖先以来農業を営んでいた自作兼小地主が、主人が村長に就任したとか、県会議員になったとか、子女が中学校や女学校に通うようになったとか、等々の理由により家族労働力が不足して、下男や日雇いによって農業を継続して居るものは、資本家的経営の形式に入る。その経営の目的は利潤ではなく、厳格に言えば、資本家的経営とは言えないが、形式的には資本家的経営に属する。明治初期から大正七～八年頃までの農産物騰貴の時代には、小規模な賃労働経営が存続しており、私もその経験を持っている。しかし、世界大戦後、農産物価格は下がり、賃労働者は農外に流れ、賃銭が高くなり、資本家型の小規模賃労働経営は漸次廃止され、小作者の経営に移るようになった。農業経営を大別して、小経営（小農、主として家族労力による集約的経営）、中経営（中農、小経営と大経営の中間）、大経営（大農、資本主義的経営）とし、便宜的に二町歩までを小経営、二町から一〇町歩を中経営、一〇町歩以上を大経営としよう。我国では五町歩以上は全経営者のわずか一歩五厘にすぎず、九割までが二町歩以下であり（昭和二年）、我国農業は家族労力により営まれる小規模集約経営が大半である。学者や一部の政治家の中に我国農業は結局は資本主義経営の道に進むであろうというが、私はそのように簡単に考えられない。我国に大農が発達しないのは、種々理由があり、それは、（一）古来の農政が、建国以来の根本制度である家族制度に適合していること。すなわち、大化の改新の区分田制度が家族の労力によって経営し、農業に精励し、生活の安定が得られることを条件、基準とした農業経営で、その根本方針が、平等主義、生活安定主義、家族経営小農主義であり、西欧諸国の自由主義、弱肉競争とは進行の経路を異にすること、（二）我国情が大農経営に必要な条件を有さないこと。すなわち、大農経営のためには、自由に任意にまとまった広い土地が得られること及び地代が低いことが絶対条件であるが、我国はその条件を有しない。仮に大農が三〇町歩の経営を始めるとすれば、今三〇町歩を三〇戸内外が経営しているとすれば、二九戸の経営地を取り上げ、村外に追い出さねばならず、それは革命をもってしても不可能であること、（三）小農が大農を圧迫して大農経営を成立せしめないこと。すなわち、資本主義農業論だけでなく、社会主義農業論もともに小農非存続論であるが、事実は逆である。小農は滅亡せず、大農のほうが次第に小経営に分割せられている。私は勤労主義の小経営が資本主義の大経営に比し、却って優越せる競争条件を有し、ために小経営が大経営を圧迫し、大経営の発達する余地がないからだと思う。何故小農が大農を圧迫するか。その理由は一つは我国の農業は人力を多く使用する水田稲作と養蚕を中心とした経営であること、もう一つは家族労働者が賃労働者の賃金よりも低い報酬にて働くためである。後者について、何故そんな馬鹿なことをするのか。私は馬鹿なことのようで、決して馬鹿なことではなく、普通の経済理論では認められない二つの理由、すなわち、人格的覚醒と家族労働の総合能率の増進のためであると思う。人には自尊心のないものはおらず、出来得る限り他人に雇われて労働に服することを好まない。これは経済を超越した問題、精神界の問題である。恐らく、これがために、農家の子女の下男下女に出るものが年々減少し、臨時雇いも得難くなり、賃労働による経営がなりたたなくなったのである。また、自己経営による家族労働の報酬額の方が被傭労働による賃銭よりも総額が多くなる理由があるためである。それは家族経営では構成員が多く、家族総掛かりにて働き、一人一人が低い労働報酬でも総額では多くなり得るからである。

第四章「農業の家族経営」において、家族経営の定義について、温は横井時敬博士の非営利的労作経営を退け、営利を目的とした勤労主義的家族経営と定義した。そして、家族経営の特徴として、労力が唯一の資本であり、家族労働報酬は一方では生産費であるが、他方では収入であること、また、経営の機械化だとか労力の節約などという家族経営の改善論は資本主義の経済論を勤労主義の家族経営論に当てはめるもので当を得ないこと、さらに、家族経営は勤労の価値を尊ぶ生産制度であり、独立自尊の理想生活を有した生産制度であり、資本家的経営では出来ない改良が家族経営で行なわれる最高級の生産制度であり、人口扶養の高い生産制度である、等々と論じている。また、家族経営の規模、すなわち、家族の労働能率が十分に発揮できる耕地面積について、横井博士の一戸当たり一町歩以下、高岡博士の一町五反を紹介し、温は一戸を標準としてよりも、まず、家族の構成とその労働量を試算し、しかる後一戸の規模を考える手法を取り、ライフサイクル論から、男二五歳、女二二歳で結婚し、新家庭を作り、その後、長男、次女、次男の三人の子供を出生し、子供が小学校卒業後農業に従事し、長男が二五歳のとき二二歳の妻君を迎え、次女は二二歳で嫁し、次男は二五歳まで家業を手伝い、あと独立し、主人は六〇歳で労働を休止する。そして各人の労働能率を緻密に計算し、例えば、主人は五〇歳までは一〇、五一～五五歳は八、五六～六〇までは六、妻君は結婚より二年間は八、妊娠分娩の年は四、翌年より五とする、長男、次男とも小学校卒後一三歳より農業を手伝い、初年を三とし、毎年一増え、二〇歳から一〇とする等々。そして、二五歳から六四歳までの四〇年間における家族員の増減及び労働総量の増減変化を示した表を作成している。それによると、家族員の総労働量は主人二五歳の年一八（主人一〇、妻八）で出発し、主人二七歳、長男誕生の年が最小で一四（主人一〇、妻四）となり、その後次々と子供が生まれ一四、一五が続き、主人三九歳、長男が小学校を卒業し、農業の手伝いを始めと、次第に労働量が増えて行き、主人五一歳のとき、長男二五歳で結婚し新妻を迎えた年に最大で四七（主人八、妻六、長男一〇、次女八、次男七、長男妻八）となり、その後次女は他に出て、長男夫婦に子供が生まれ、次男も独立し、総労働量が減少し、主人六四歳・長男三八歳のとき、総労働量は最低に減少し、一五（長男一〇、妻五）となる。家族経営の総労働量はライフステージにより二～三倍も変化し、その増減変化に今更ながら驚かされる。だから、家族の労力を基礎とする家族経営の研究にあたっては、一戸を目標としてではなく、一人の労働にて経営し得る規模をまず考察しなければならないとし、種々の実例を勘案し、年中最も繁忙な月の一カ月間に一人にてすべての作業をなし得る分量により一人の経営し得る規模の大きさが決定されるとして、普通耕種農業に、ある程度の養蚕、牛か馬一頭、養鶏を営む場合、七・八反～一町内外の田畑で労力を十分に発揮できると言い、一戸を標準とすれば、一人前の働きをなすものが二人ならば一町四・五反以上、三人ならば二町以上の耕地がなければ、十分労働能率を発揮することが出来ないとしている。そして、大部分の農家はその耕地を有しておらず、家族経営の欠陥があり、過剰労力・失業問題が我国農村問題であると論じている。

第五章「農業組織と経営規模」において、農業組織とは米麦、野菜、果樹、養畜、各種の農産加工等の種々の要素を最も合理的に組み合わせ、最大の利益を収得する形態の組み立てで、絶えず組織の改善がなされている。その種類として、温は我国の農業状態から考察し、主穀組織（穀作、又は穀作を中心とする混合組織）、主畜組織（家畜又は養蚕を中心とする混合組織）、園芸組織（果樹又は蔬菜を中心とする混合組織）、加工組織（農産加工又は工業的加工を中心とする混合組織）に分類している。家族経営における経営規模について、第四章でも述べたように、資本家的経営と異なり、家族の労力の総労働量によって規模が決まる。例えば、土地を二町四反有していても、家族の労力が二人しかいなければ、その経営は一町六反に決定され（一人が八反しか経営出来ないとして）、八反歩の土地は利用されないことがあり得る。これらの事例は自作兼小地主にたくさんある。ただ、この場合、八反歩を臨時日雇いを入れて経営することも出来るが、賃銭が高くなれば不利で、小作に出した方が良い。また、畜力、機械力により労力不足を補い経営することが出来ないことはないが、頗る計算が面倒であり、基本は家族の労力の総労働量によって規模が決まるのが原則である。また、一方、家族の労力が十分あったとしても、土地が絶対的に経営規模を決定する。例えば、一町歩を経営していた小農が、子供が成人して労力が増え、経営規模を拡大しようにも、近隣に農業をやめるものか、経営を縮小するものがいない限りは如何ともしようがなく、家族の労働量に比例して耕地の増減をなすは殆ど不可能である。耕地拡大に制限がある場合、家族経営が労力を有効利用するには農業経営の集約経営化か、農業組織の複雑化か、副業化が行なわれるが、集約化には収穫逓減の法則の制限があり、また、生産増殖は農産物の価格を下げ、自己搾取に陥ったり、また、複雑化も自然条件の制約を受け、そう簡単ではないと論じている。

第六章「農産物の価格」において、農産物価格問題ほど研究が閑却されている問題はなく、その結果、農業者の労働報酬が不当に低減され、経営資本の利子が削減され、価値相当の分け前が与えられない結果となっており、農村問題の源泉がここに存すると論じている。

まず、農産物価格決定の特殊性について。自由競争の下における商品価格には二つの価格があり、一つは日々取引される市場価格、すなわち相場であり、もう一つは正常価格、すなわち理論上の価格である。市場価格は長期間を見れば、正常価格を中心にして騰落する。その正常価格は平均的生産費と平均的利潤との合計というのが経済学の定説である。その正常価格の主要要素は生産費で、工業では最低の生産費によって価格が決まるが、農産物では最高の生産費によって価格が決まる。何故なら、農産物は工業のように機械によって自在に大量生産できないからである。農業の場合は何としても土に種子を蒔き、自然の法則によって発育するのを待たねばならず、そして、土地には面積に限りがあり、さらに収益低減の法則もあり、一定の土地で人類の需要する穀物を生産することは不可能だからである。故に、優等地がなくなれば、中等地に及びさらに下等地に及び、さらに遠方の土地に行き、それらを耕作しなければ必要な食糧を満たすことが出来ない。そして下等地、遠方に行くに従い生産費が高くなる。要するに、農産物の価格は最高の生産費によって決まるのである。例えば、上、中、下田で米作をなし、反当たり一石の収穫に、上田には二五円の生産費、中田には三〇円の生産費、下田には三五円の生産費を要するとして、米価は三五円で決まる（中・上田には利潤が得られる）。もし、米価が工業製品の如く最低価格の二五円で決定されると、中田で五円、下田で一〇円の損失となり、かかる相場が続けば、中・下田の米作が廃止されて供給不足となり、米価が騰貴して、三〇円、三五円となる。そして、再び中田、下田に米作が回復する。かくして、米価は最高の生産費である下田の生産費により価格が決まり、農産物の価格は種々の生産費中、最高生産費によって決まるというのが最高生産費説である。

次に正常価格の構成要素の利潤について述べると、近代の工業は資本家、労働者、企業家が分離され、事業が行なわれ、資本家と労働者に支払う生産費だけしか得られず、起業者の所得となる利潤がなければ事業は行なわれない。故に生産物の価格には生産費と利潤が含まれるのが絶対的条件である。ところが、農産物においては利潤論が曖昧である。すなわち、我国の農業の如き小規模家族経営は企業と資本と労働が分離していない。農業者は経営者であり、資本家であり、労働者である。ところで、小規模家族経営の場合、資本に対する利子と労働に対する労賃があれば、利潤がなくても農業は継続されるという議論があるが、それだと、工業は生産費と利潤が構成要素だが、農業は生産費のみでよいことを是認することになり、その結果、農業者は市場において不利な差別待遇を受けることになる。私は農業においても利潤が与えられないような生産条件はあり得ないと思う。また、学会等には、家族経営の農業には利潤はない、もしくはなくても良いとか、生産費から土地費を除いたり、もしくは不当に低く評価したり、また、家族労賃や自給物を低く評価して、正常価格を低下せしめんとする議論があるが、このような議論は承服できない。

農産物の市場価格を正常価格以下に低下せしめる一大怪物がある。それは、（一）後進国の農産物との競争、（二）農産物関税保護の不徹底、（三）農産物の低下が消費者の目先の利益となっていること、である。工業品は、文化の進歩している国ほど、良い品を安価に生産し、文化が相似た国の生産品なら、生産条件は似ており、生産費に大差はない。また、差があっても関税によって保護される。然るに農産物はその反対に、未開国ほど品質の良否にかかわらず、安価に生産され、その生産費の差異が一割や二割の差異にあらずして五割や一〇割、もしくはそれ以上に大差のあるものが輸入される。関税保護も工業品なら三割、五割、七割、一〇割という税率があるが、農産物にはそのような税率はない。内地の農産物は後進国の農産物に対し、あたかも小銃を以て機関銃と戦争しているようなものである。そして、農家が後進国との苦しい競争に立っているのに、農産物の価格を低落させることが、労賃を引き下げ、輸出を促進させ、工業の利益となり、また、下級生活者の生活費を軽減させ、消費者の利益となり、社会政策となるという議論がなされている。学者の大方もこれに魅せられている。私はそれを大正一五年の第五一議会における関税定率法改正で痛感した。この議会に憲政会内閣が関税定率法の改正を提出したが、それは明治三二年以来の大改正で、一六六五品目の多きに渡り、税率引き上げが九〇六品、据え置きが四九三品、引き下げが二六六品であった。しかし、私等が驚いたのは、農産物に対する政府当局の見解が甚だ不条理なことであった。提案理由を説明した浜口雄幸大蔵大臣は、原料品と日常必要品はなるべく安価なるがよい。何故ならば我国は原料品が乏しいから、外国より原料品を輸入してこれを加工して輸出奨励することが最も重要な国策である。故に原料品はなるべく安価に輸入せらるることが必要である。また、日常必要品が高くなっては国民の生活費が増加する。かくては下級者の生活を苦しめ、社会政策と矛盾する。したがって日常必要品はなるべく安価に輸入せらるることが必要である。故に原料品及び日常必要品の輸入品に対しては無税にするか、税率を軽減するか、従来どおりの据え置きにするかの方針である、と述べた。私は原料品及び日常必要品とは何かを調べてみた。それは主として農産物であった。実に驚いた。かかる方針で関税政策が行なわれたならば、農産物に対しては関税を引き下げ、安価な輸入を促し、価格を低下せしめるが、工業品に対しては関税で保護し、価格低下を防止することになり、ために農産物と工業品では保護の均衡を失し、農産物は生産費に関係なく安価に売らねばならず、他方、購入品は保護関税に守られ、高いものを買わねばならなくなる。私は関税改正の委員会において、何故農業者が独り苦境に陥るのを顧みず、農産物と工業品との均衡をとらない、工業に厚く、農業に薄い産業政策をとるのかについて何度も質問したが、要領を得た答弁を得られなかった。政府当局は今日までかかる質問を受けたことがなく、考えたこともなく農産物は安価なことを以て天下泰平と考えていたのであろう。農業者もいつまでも阿蒙ではない。帝国農会を中心にその不当を鳴らし、主要農産物に対し、税率修正の大運動を起こした。その結果、小麦、小麦粉、鳥卵は修正されたが、米、大豆、豚肉は採用されなかった。この修正は、農産物は可及的安価なるがよいとの伝統的方針に変化を与えたことは、農業者側の運動の成果であったが、なお農産物の関税は概して低く、工業品の如く徹底的関税保護の実の挙がるものではない。

農産物価格は最高生産費によって決まる説について、それは真理であろうが、しかし、それは需要と供給が一致し、少しの過不足もない場合を仮想しての議論で、観念上存在しても現実には存在しない。もし、米価が無条件で最高生産費によって決まるならば、世界の米価は日本の米価が基準となって決定されることになるが、我国の米の生産費が如何に高くなっても、タイやインドの米価を日本の米価に近づける作用はない。タイやインドの米は品質が違うからという反論もあるが、品質が相似た朝鮮台湾米はどうか。日本の米価は収穫後の出回り期に朝鮮米の移入により圧迫され、端境期には台湾の一期米の移入によって圧迫され、低下しているのが近年の状態であり、日本米の最高生産費によって朝鮮台湾米の価格が決まっているのではない。少額移入の時代には日本の米価が朝鮮米の価格を引き上げる作用が強かったであろうが、近年の如く移入量が増大しては、朝鮮米が日本米の価格を引き下げる作用が大となった。自由競争の市場においては、生産費に多大の差違のある場合、高い生産費の価格支持力よりも低い生産費の価格低落力の方が強大であることは経済上の通則である。しかし、私は農産物の価格が最低生産費によって支配され決定されるとは考えない。必要限度においては最高生産費の支配力が大なる理論は疑いないと思う。しかし、高い生産費の価格支配力が弱く、低い生産費の価格低落力が強いのは、次の二つの事情に基づくものと思う。（一）必要限度以上に国外より安価に輸移入され、供給過剰状態を呈する、（二）多数の農家が金の必要に迫られて採算なしの売り方をする場合。これらの状態では、経済学の最高生産費説は正しく現れないと思う。しかし、私はなお、最高生産費説に大なる疑問を有している。例えば、ある一団（一村、一地方とか）の米の生産費が三〇円で、他の一団が三五円であったとき、最高生産費説では米価は三五円で決まる筈であるが、三〇円の生産費で作り得たある一団が三〇円以上であれば売却してよいとして、三一、三二円で売れば、三五円の相場は維持されず、最高生産費説は崩壊である。だから、甲、乙、丙、丁等各団の間で著しく生産費を異にするときは、一つの生産費によって一つの標準価格が決まるのではなく、種々の生産費によって種々の標準価格が決まるのではないだろうか。国内需要を国内生産が満たし、生産費に種々高低のあるものの価格は、高低二つの標準価格を構成し、その中間を騰落動揺し、低い生産費にも高い生産費にも、平均生産費にも、一つのものに支配されない。米の場合がそれに当たる。要するに、農産物の正常価格は、生産費と利潤にて構成せらるるも、その生産費は必ずしも最高のものが採用せらるるものではなく、高いものや、低いものが採用されても、不合理な価格構成ではない、と論じている。

米価調節について、国家が干渉して米価を調節する場合、高すぎるとか、安すぎるとかを認めるには合理的な基準・標準価格がなくてはならない。この標準価格について、一元説（平均生産費）と二元説（最高、最低の両限界価格を決定し、その限界を越えて騰貴又は低落するときに調節する）があるが、諸大家には二元説が多い（橋本伝左衛門、那須皓博士）。私の標準価格論は多元説であるが、米穀法に適用するときは二元説である。私は米の如く、農家の死命を制するほどの大生産に対しては、理論上の価格、即ち、標準価格を制定し、これを目標として調節を行なわねばならないと信ずる。そして、各生産者の生産費に著しい差違があるならば、その平均は生産事情を無視することになるから、生産者の堪えうる範囲の平均をとり、幾階級かの標準価格を算出することが必要である。例えば一石当たり生産費が二五円から四〇円までのものがあるならば、まず、二五円ないし三〇円までの平均を以てその一団の標準価格となし、三〇円ないし三五円までの平均を以てその一団の標準価格をなし、三五円ないし四〇円までの平均を以てその一団の標準価格とし、かくて数個の標準価格を算定し、各団の米作経営及び販売の目標とすることが合理的実用的であると思う。かくして、高低両端の各団の標準価格を以て、高低二つの標準価格となし、米価調節はこれを目標として行なうものとする。

なお、米以外の農産物の生産費と価格について。例えば、蔬菜の場合、需給一致の場合には米価と同じく、種々の生産費に準じた相場を現すが、需要の限度を越えて生産される場合、売り込み競争となって、投げ売り相場が出現し、その結果低き生産費によって価格が決定されるであろう。また、繭価は、主として生糸の価格に支配され、時には逆に繭価が生糸の価格変動を助長することも少なくないが、それらは景気の好不況によるものであり、したがって繭の価格は最高生産費によって決まるものでもなく、正常価格を中心に騰落するものでもなく、繭の生産費以外の要素によって支配されており、価格調節は不可能である。また、小麦、大豆、牛酪、澱粉等の如く、外国より輸入されるものが品質がよく、価格が低廉であるならば、国内の生産費には関係なく、輸入品の価格に支配され、輸入品の価格が標準になって価格が決定されているのである。

第七章「農産物の生産費」において、生産費とは物を生産するに必要な費用（広義の）であり、具体的には物を生産するに必要な諸材料と労賃と資本の回収と租税の総量である。生産費の研究にあたって、私は直接的生産費と間接的生産費とに区別することが便利であり、必要であると思う。直接的生産費は、種子、肥料、労力、家畜費、諸材料、農具、建物などで、これらがなければ何ものも生産されない直接絶対的に必要なものであり、間接的生産費は、租税諸負担ならびに土地資本利子等で、生産物の収量や品質、経営技術上に何の関係のない絶対的に必要性のないものである。家族経営にあっては、資本家的経営と異なり、種子、肥料、労力等で直接代価を支払わない自給生産費が多い。それがために生産費の計算にあたって、自給物を安価に評価して生産費を低く計算し、農産物の正常価格を低下せしめんとする議論の材料によく使われ、農産物の価格は厳密な計算による生産費以下に低落し、損失を受けている。しかし、天災等にあっても粘り強く切り抜ける事が出来るのも自給生産費の多きがためであり、また、自給生産費の複雑性は経営上は支出であるが、家計では収入となることであり、生産費の増加が経営の不利にならず、また、生産費の軽減が経営の利益にならないことである。これは家族経営の指導上非常に重大なことである。

農産物の生産費は、(一)種苗、(二)肥料、(三)飼料、(四)農具、(五)建物、(六)諸材料、(七)労賃、(八)租税諸負担、(九)資本利子、(一〇)土地費である。(一)より(七)の労賃までは種々議論はあるが、さほど異なった意見はないようである。しかし、租税と資本利子と土地費に非常に異なった見解があるので、この三項について所見を述べよう。(八)の租税諸負担について。それは土地に対する公課と所得税の問題である。土地公課について、大蔵省では地租と地租賦課税をもって土地の負担としているが、事実ははるかに種類が多く、府県では戸数割も家屋税も部落費も水利費も土地を基準とした公課であり、生産費に計上すべきである。所得税は余剰所得に対する課税であり、生産費ではないので計上すべきではない。(九)の資本利子について。資本主義経営の場合には総ての資本に利子が必要だが、家族経営のばあいには、借金をして土地を買ったり、機械を買ったりする経営は堅実な経営でないと信じているので、利子を生産費に計算しなくてもよいという意見である。しかし、家族経営でも肥料、諸材料の購入には利子を支払わなければ経営に支障をきたすので、かかる資本に対しては利子を計算して生産費に計上すべきである。(一〇)の土地費について。従来生産費の項目に土地費という名称を用いたものはない。私の土地費は開墾造田費である。開墾造田に要した資本、労力、及び土地改良に要した資本、労力を計算した総資本に対する利子の意味である。土地そのものは自然の賜であるが、開墾し、造田し、改良に要した資本や労力は自然の賜ではなく、それらの投資に対する利子は支払わねばならず、生産費である。この土地費は地代の如く生産物の価格が生産費以上に販売されることによって生ずるものとは違い、生産の根源に用いた費用である。

第八章「食糧問題」において、温はマルサスの人口論、すなわち、人口は一、二、四、八と幾何級数的に増大するが、食糧は一、二、三、四と算術級数的にしか増大せず、食糧は不足し、社会の窮乏や罪悪が起きるので、なんとかして人口増殖を制限しなければならないという、理論を批判している。すなわち、温は元来生物は人間に比すれば、数倍数十倍の増殖力を有する。殊に植物は一粒万倍の種子を有する。世界に播種すべき土地がある限りは、植物の増殖し得る要件は無限に備わっている。食糧問題が人類社会の重大問題になったのは、食糧の増殖に正当の努力を払わなかったからで、食糧増産に努力さえすれば食糧が不足することはない、と反論している。

食糧問題の本質について、それは鵺的問題で、果して農業問題なるや否や。私は食糧問題は農業問題でないと信じている。何故なら、農村には食糧問題は存在しないからである。もしあるとしても、我々農業者の間で解決し、米が不足すれば麦を喰い、麦が不足すれば粟を喰い、芋を喰い、政府にやっかいをかける程の問題にはならない。しかし、食糧問題は農業に関係ないかと言えばそうではない。食糧問題は鵺的で、頭が社会問題で胴体が農業問題といった関係である。食糧問題は仕事は農業の問題だが、性質は社会問題である。この点を明らかにしておかないと馬鹿げた誤魔化し論が行なわれ、鵺的問題が鵺的に扱われる。食糧問題の徹底的解決とは如何なる場合も食糧の欠乏が生じないように、供給の安定をはかることであるが、食糧を可及的安価に供給することが食糧問題の要件だと言われるならば、農政とは妥協の出来ない対抗的性質の問題となる。食糧問題は生産者と消費者の双方ともに諒解し、双方とも堪えうる条件にて生産の増殖と配給の円滑を図ることが、精神であり、条件でなければならないと思う。農業経営より観たる食糧問題は消極的であり、元来農業には食糧問題はない。マルサスやその流れを汲む諸学者の食糧問題論には、食糧を安価に供給すべしとの議論が含まれているが、それは総論で述べた資本主義網の一種であって、真理ではなく、農業経営を犠牲とする政策である。農業経営の立場から食糧政策要求は、（一）米麦に対する輸移入の圧迫を軽減し、内地における集約経営による増収の途を講じること、（二）食糧問題の根本方針を米麦両本位とし、麦類の増殖を図ること、である。以上の二要件が食糧政策の基礎となっているならば農業者は国策の命令により食糧の増殖に努力するであろうが、もし二要件に欠けるところがあれば食糧政策と農業政策の併進は不可能であろう。

第九章「小作経営」において、温は農業経営より観た小作経営について考察している。我国の農業は殆ど全部が小規模の家族経営で、一戸平均は内地が九反八畝、北海道を加えても一町一反程で、自作も小作も余り変わらず、異なるところは所有地にて経営するか、借入地にて経営するかの違いである。故に、小作経営について、（一）経営条件と小作料の関係、（二）小作料の物納と農産物の価格、（三）小作者の負担する小作料と自作者の負担する土地の租税諸公課、ならびに土地資本利子との関係については特別に研究しなければならないが、その他は概して自作も小作も同様である。

世間では農村問題中、小作問題が最大問題とされ、全国の農家のうち大多数が小作者であるかの如き議論もあるが、全部ではない。全国農家中、自作者は三一・二三％、自小作者は四一・八九％、小作者は二六・八八％であり、自小作者のうち、約半数は自作に近く、半数は小作に近い。また、土地面積から見て小作地よりも自作地が多く（昭和二年）、小作関係は全農家戸数の約半数以内の問題であり、すべてではない。また、農産物価格と小作経営との関係にかんし、有識者のなかに、高米価は地主の利益であり、小作者は米価が安価な方が利益である、農会が米価維持運動を行なうのは地主団体なるが故にて、小作人泣かせの行動であるなどと批判するものが少なくない。私はかくまで農業経営事情にわからないものが農村問題を議論する大胆無鉄砲の勇気に感心する。我々農会が米価維持策を講じるのは米作農家のためである。繭価の維持策を講じるのも養蚕農家のためである。農家のなかには米価の高いこと、繭価の高いこと、蔬菜果物の価格の高いことを不利とするものがあるからといって、農会が米価や繭価や蔬菜果物の価格下落を画策し、農産物の低落運動を行なったとしたら世間の笑いものとなり、農家の反撃を受けるだろう。このような謬論が今なお跡を絶たないことは、現今の農業経営を知らないためであると思う。

小作料低減と小作権問題について。小作料の軽減が小作条件の改善につながらないという重大問題がある。それは小作料が下がれば、土地の売買価格も低下するが、その場合小作権に価値が生じ、所有権地価の下落に反比例して小作権の価格が騰貴する問題である。すべての土地に小作権が生じるとき、現在の小作者より第二の小作者に移るとき、第二の小作者は地主に支払う小作料の外に小作権所有の第一の小作者に小作権の代価を支払わなければ小作することが出来ない。その結果、第二の小作者は地主に支払う小作料と第一小作者に支払う小作権の利子を合計すれば、小作料は毫も軽減されていないことになる。私は小作料軽減がいけないという意味ではなく、小作経営改善の条件となる小作料軽減を望んでいる。それは小作法の制定によってある程度実現すると思う。

小作料と地代との関係について。経済学上の地代には差額地代及び絶対地代があるが、さらに、商工業の発展が幼稚で、土地を借りて農業を営む外に収入を得る職業がない時代には、収益の全部が地代としてとられる飢餓地代と称される地代もある。資本主義経営の下では、差額地代や絶対地代以外の地代を支払っては経営は成り立たないが、家族経営においては、差額地代、絶対地代、さらに飢餓地代に近きものを支払っている経営が存在している。私らの扱う地主小作者間で授受される小作料は、以上の地代と生産費たる租税その他が混合されたものからなっている。

私は現在の小作料は、（一）土地費（開墾造田費の利子）、（二）公課（土地に課せらるる租税諸負担）、（三）利潤（生産額より土地費を含みたる生産費を控除したる残額）、（四）その他の生産費の転化せるもの（労賃もしくは資本の回収となるべきものの一部の転化せると看做すべきもの）から成り立っていると思う。（一）の土地費と（二）の公課は地主の負担している生産費だから、当然地主が収得すべきものであり、（三）の利潤は生産額から地主に支払う生産費と小作に支払う生産費を差し引いた残額であるから、各経営要素（土地、労力、その他資本）に分配し、（四）は小作者の収得すべきものである。これを基準として、公正な小作料を次のように判断する。（一）小作料が土地費と租税と利潤の約半額ぐらいに相当する程度なら、相当小作料である、（二）小作料中に利潤の大部分が含まれているなら、高き小作料である、（三）小作料中に労賃その他直接的生産費の一部が混在すれば、不当に高い小作料である。

小作料の物納と金納について。農業経営より観れば、小作も自作も小規模の企業的経営であり、豊凶や農産物価格の騰落に関する利害などは同一でなければならぬ。しかし、小作経営は現物小作料の存在のため、自作農と異なり、経営上不利益を蒙り、農産物の価格問題に世間の誤解を生じ、価格を低落せしめんとする議論に口実を与え、農業者全体に不利益を与えている。要するに、小作料を金納に改めなければ小作者の地位は安定しないだろう。しかし、現物小作料を金納に改正することは相当難事である。小作人は豊凶の負担・責任を覚悟しなければならない。そして、不作にあうも平年の余裕で埋め合わせるぐらいの小作料に引き下げねばならない。しかし、それには相当の研究と時間を要するであろう。

第一〇章は「結論」である。

「甲　公的農業経営」において、第一節は「何を根底とし、何を目標とする」かを問い、そこで、温は我国農業の特質である小農家族経営の特徴を多角的に明らかにし、小農家族経営の維持が根底であり、農業に関する諸政策はもちろんのこと、経済政策、社会政策その他総ての政策において、小農家族経営を支持するような仕組みにもっていくことが国政の大本であるとして、大要次のようにまとめている。

一、我国の農業は、勤労主義の家族経営である。家族経営は、家族の労力により、集約なる経営を行なうことが特徴である。従って規模は小さい。即ち小農組織である。

二、家族経営は、少額の資本と家族の労力を最も集約忠実に利用し、狭き土地より最大の生産を挙げ、最も多くの人口を収容し得る生産制度である。

三、家族経営は企業と労働の分離しない生産制度であるから、工業界に於ける労働問題の如き性質の問題はない。

四、家族経営は、家族の労力により、経営規模の制限せられる経営であるから、各農家の経営条件がほぼ似たものとなり、従って経営の大小又は貧富の懸隔が甚だしくない。

五、家族経営は、家族の勤労さへ継続すれば、生活の安定の保証せらるゝ条件を有する。

六、家族経営の、生活安定の保証は、家族の勤労が唯一の条件であるから、子女が農業に従事せずして、高等の教育に進むような家風となるに至らば、家族経営の特徴及経営の安定条件を失うのみならず、それ等の費用を、農業経営の所得より支弁することは出来ない。故に他の財産所得のないものであれば、多くは負債の根元となり、経営資本の減少となる。

七、家族経営に於ても、家族の勤労精励に必要なるだけの土地の得られないものは、家庭に不用の労力を生じ、家族の一員に失業者を生じたるが如き状態となる。而して人口増加は農業経営をかゝる状態に誘導する。

八、家族経営の種々の特性中、唯一の長所は、大なる自給力を有することである。即ち生産消費両方面に対し、家族の労力を初め、種々の原料を供給することにより、経営には現金的生産費を減少し、生活には弾力を有し、災害に堪へ、困苦欠乏に堪へ、而して節約によって資産を増殖することも出来る。故に家族経営の優劣は、自給法の巧拙、自給力の大小を一要件として判断することが出来る。

九、家族経営は、土地、資本、労力の経営要素を全部所有することにより其特性を完備する故に小作経営は其処に欠陥を生じ、農業特有の一種の社会問題即ち小作問題を生ずる。而して農業経営に於ては、小作問題に対しては、経営者の経営条件より観察する。

一〇、家族経営には長所もあり、短所もある。生産費の高くなるが如きはその短所である。併し我国情に於いては、根本的にこれを改造する途はない。即ち資本主義の大農組織に改造せんとするも、社会主義の共産制度に改造せんとするも、共に我日本の国体国情がこれを許さざるのみならず、経済的にも、国民生活の総和の上に於て、福利の増進せられる見込みはない。故に他の生産制度、若しくは社会制度に、革命的改革が行なわれようとも、農業に於ては、資本主義にあらず、社会主義にあらざる、恒産主義、勤労主義の家族経営が、永久に維持せられるであろう。即ち、我国体の精華が、天壌無窮に擁護せらるゝと、終始するであろう。

一一、我国の農業は、立国の諸制度と、地理的要件によって決定せられた経営状態であり、而して社会政策を基礎とした生産制度である。

一二、家族経営の精神は、斉家を以て根本要義となす。即ち王道の精神に合致し、皇室中心主義の大精神に合致する。

私等は、国情を異にする関係、アーサー・ヤングの農業的国家観とは正反対に、我国は、農業が小規模家族経営制でありしことが、狭き土地に多くの人口を収容し、大和民族を造成し、食糧其他国民生活の自給自立を支持し、自主独立の精神を培養し、以て強国の根底が扶植されたものと信ずる。

併し家族経営を、企業という立場より観察すれば、有利な経営形態とはいえない。家族経営の勤労は、農産物の価格其他の経営条件の如何により、往々自己搾取に陥る経営形態である。故に経営者の私経済よりいえば、機械化の行えるような資本家的経営が有利であろう。併し少数の企業者には有利である代りに、多数の農家は雇用労働者に成り下り、階級的争議を激発し、農村を不健全ならしむるであろう。即ち国家的社会的に多大の欠陥を生ずる。要するに、家族経営は農家全体のためには幸福な生産制度である。

私は以上の観察の結果として、農業に関する諸政策は勿論のこと、経済政策、社会政策、其他総ての政策に於て、農業経営と相容れないような模倣的法律制度は、可及的これを改廃し、国政の全体が、小農制の家族経営を支持するような仕組みとし、農業者をして、国政に対し、甚しき不平を抱かしめず、若しくは都会病に冒されず、農家の本分を自覚し、安んじて農業の改善に精励し、進んで農村文明の建設に努力するよう教導することが、農業経営の改善であり、農村の振興であり、而して都会の繁栄であり、国力の発揚であり、思想の善導であり、国体の擁護である。即ち国政の大本であると信ずる。

そして、第二節以降で、現下の農政の課題・農村振興の諸政策を次のように具体的にまとめている。

一、公課負担の均衡策
（一）小学教育費の国庫負担の増大、そして、農村に対する分配率を多くすること。
（二）国費を以て農林業改善指導者を全町村に設置すること。
二、農村の負債整理策

（一）土地抵当の負債を整理する（一〇町歩以上の地主は除く）。
（二）自小作及び一〇町歩以下地主の負債を有するものを以て負債組合を組織し、各組合員の所有地全部を担保に提供し、連帯責任を以て返済の義務を負担する。そして、土地を有しない小作者は他の担保を提供し、償却を安全にする。
（三）償却金は可及的長き期間の年賦償還とする。
（四）右に対し、国庫の最低利子金を融通し、若しくは政府が損失を保証する。
（五）かくすれば、資本家に安心を与え、資金の運用に困っている富豪や大銀行や各保険会社の資金が農村に流れていく。
三、自給経済の助長策
（一）低き税にて農家に自家用の濁り酒及び焼酎の醸造を許可する。
（二）自給奨励の支障となる法律、府県令を改廃する。
四、農産物価格支持策
（一）安価な輸入品に対する関税賦課。
（二）台湾朝鮮米の移入調節、産米増殖政策の緩和。
（三）米穀の標準価格の決定し、米穀法による調節。
五、自作農主義の確立策
家族経営は自作においてその特徴を発揮する。自作農制を理想とし、自作農主義を確立し、財政の許す限り自作農の創設を図ること。買収価格について、小作料標準にして買収価格を決めるのはやめて、一般的収益価格から算出すること。

六、小作経営の保護策

（一）現物小作料制から金納制度に。

（二）小作法の制定。

そして、最後に、温は「乙　私的農業経営」の第一節で「（農業）経営改善の究極の目的は何であるか」を問い、それは人生の目的と変わりないこと、即ち、「人生の目的は、幸福と進歩である。幸福と進歩とは何である。私は生活の安定を条件とした人格の向上であると思う。而して万人はこれを望んで、精励努力すれば、努力相当万人これを享受し得る向上であると思う。農業経営改善の究極の目的は、大臣大将になるのでもなく、大学教授になるのでもなく、大地主になるのでもなく、県会議員になるのでもなく、（一）生活の安定を得、向上の途を進み、（二）其処に安心立命し、（三）平和の農村、進歩の農村を造るにある」と答えている。

農業経営改善の目的は、農業者の生活の安定による人格の向上、これが温の結論であった。

著者紹介

川東竫弘（かわひがし　やすひろ）

1947年香川県生まれ。

京都大学経済学部卒業。

大阪市立大学大学院経済学研究科博士課程単位取得。

松山大学経済学部教授。博士（経済学）。

主な著書

『戦前日本の米価政策史研究』（ミネルヴァ書房、1990年）

『高畠亀太郎伝』（ミネルヴァ書房、2004年）

『高畠亀太郎日記』全６巻（愛媛新聞社、1999～2004年）

『帝国農会幹事　岡田温日記』第１巻、第２巻、第３巻、第４巻、第５巻、第６巻、第７巻、第８巻、第９巻（松山大学総合研究所、2006、2007、2008、2010、2011、2012、2013、2014年）

『農ひとすじ　岡田温―愛媛県農会時代―』（愛媛新聞サービスセンター、2010年）

松山大学研究叢書《まつやまだいがくけんきゅうそうしょ》　第81巻

帝国農会幹事《ていこくのうかいかんじ》　岡田《おかだ》温《ゆたか》（上巻《じょうかん》）――1920・30年代《ねんだい》の農政活動《のうせいかつどう》

2014年７月25日　第１版第１刷発行

著　者　川　東　竫　弘

発行者　橋　本　盛　作

〒113-0033 東京都文京区本郷5-30-20

発 行 所　株式会社 御茶の水書房

電 話　03-5684-0751

FAX　03-5684-0753

Printed in Japan

印刷・製本／東港出版印刷㈱

ISBN 978-4-275-01077-3　C3021